Schmauder/Spanner-Ulmer

Ergonomie

Martin Schmauder/Birgit Spanner-Ulmer

Ergonomie

Grundlagen zur Interaktion von Mensch, Technik und Organisation

2., überarbeitete Auflage

HANSER

Die Autoren:

Prof. Dr.-Ing. Martin Schmauder, Professur Arbeitswissenschaft Institut für Technische Logistik und Arbeitssysteme, TU Dresden

Prof. Dr. Dr.-Ing. Birgit Spanner-Ulmer, Lehrstuhl Produktion und Technik in der Medienbranche, TU München

Bibliografische Information der Deutschen Nationalbibliothek:
Die Deutsche Nationalbibliothek verzeichnet diese Publikation in der Deutschen Nationalbibliografie; detaillierte bibliografische Daten sind im Internet über
http://dnb.d-nb.de abrufbar.

Internet: www.hanser-fachbuch.de

Lektorat: Frank Katzenmayer
Herstellung: Frauke Schafft
Covergestaltung: Max Kostopoulos
Coverkonzept: Marc Müller-Bremer, www.rebranding.de, München
Titelbild: © gettyimages.de/Monty Rakusen
Satz: Dr. Svetlana Wähnert
Druck und Bindung: CPI books GmbH, Leck
Printed in Germany

Print-ISBN 978-3-446-47106-1
E-Book-ISBN 978-3-446-47358-4

Vorwort zur 1. Auflage

Dieses Buch soll Studierenden und Interessierten eine Einführung in die Ergonomie geben. In sieben Kapiteln wird dargelegt, welchen Beitrag die Ergonomie zur wirtschaftlichen und humanen Gestaltung von Produkten und Prozessen leisten kann. Das Anliegen der menschengerechten Gestaltung von Arbeit wird vermittelt und Methoden und Vorgehensweisen dazu werden aufgezeigt. Das Werk ist als Lehrbuch angelegt und ergänzt die Vorlesungen in der Arbeitswissenschaft. Die Anwendungsorientierung mit konkreten Gestaltungshinweisen und Beispielen steht im Vordergrund und soll zu einer eigenen vertiefenden Beschäftigung mit der Materie anregen.

Ein herzlicher Dank ergeht an alle, die dieses Werk ermöglicht haben. Die Mitarbeiterinnen und Mitarbeiter der Professuren für Arbeitswissenschaft an der TU Chemnitz und der TU Dresden haben durch ihre Forschungsarbeiten das Wissen um ergonomische Grundlagen und Gestaltungslösungen erweitert. Die Ergebnisse sind mit in dieses Buch eingeflossen. Sie haben fachkundig Manuskripte gegengelesen, Literatur ergänzt und Grafiken optimiert. Lehrmeinungen und Fachinhalte aus den Instituten unserer Hochschullehrer in München und Stuttgart wurden entsprechend unserer eigenen Arbeiten zusammengeführt und weiterentwickelt. Ganz besonders herzlich möchten wir an dieser Stelle unseren Doktorvätern und Mentoren, Herrn Prof. Heiner Bubb und Herrn Prof. Hans-Jörg Bullinger, danken. Sie haben unser arbeitswissenschaftliches Denken geprägt und uns die Freude an diesem interdisziplinären Fachgebiet vermittelt.

Ein besonderer Dank ergeht an Herrn Dipl.-Ing. Philipp Jung, der die Arbeiten an den einzelnen Kapiteln koordiniert hat. Herr Dipl.-Wirtsch.-Ing. Frank Dittrich, Frau Dipl.-Wirtsch.-Ing. Anne Höhnel, Herr Dr.-Ing. Jens Mühlstedt, Frau Dipl.-Ing. Kerstin Röhner und Herr Dipl.-Ing. Andreas Wagner haben ebenfalls mitgewirkt, die Herren Dipl.-Wi.-Ing. Sebastian Rank und M.Sc. Martin Däumler haben den Satz und Herr Goetz Weigel die Grafiken erstellt.

Zu Dank verpflichtet sind wir auch dem REFA Bundesverband, der es ermöglicht hat, das Werk in seiner Fachbuchreihe zu veröffentlichen. Wir hoffen, dass durch das Buch die Verbreitung ergonomischen Gestaltungswissens gefördert wird.

München und Dresden, Juli 2014

Birgit Spanner-Ulmer
Martin Schmauder

Vorwort zur 2. Auflage

Die erste Auflage dieses Buches hat bei Studierenden des Maschinenbaus, des Wirtschaftsingenieurwesens und auch der Psychologie eine gute Resonanz gefunden. Zunehmend bekommt die Ergonomie auch in der Betriebspraxis eine hohe Bedeutung, sowohl bei der Entwicklung von Produkten als auch bei der Gestaltung der Arbeitsbedingungen. Nachdem die erste Auflage des Werkes vergriffen ist, haben wir uns zur Erarbeitung einer zweiten Auflage entschlossen. Sowohl die positiven Rückmeldungen der Studierenden als auch der Betriebspraktiker, die insbesondere die aufeinander bezogene und vernetzte Kapitelstruktur hilfreich finden, haben uns darin bestärkt, den Grundaufbau des Werkes nicht zu verändern. Regelmäßig gibt es Änderungen im Vorschriften- und Regelwerk sowie in der Normung und insgesamt entwickelt sich der Stand der Technik weiter. Diese Änderungen haben wir eingearbeitet und auch das Quellenverzeichnis aktualisiert. Weiterentwickelt haben sich auch die Ansprüche an eine gendergerechte Sprache. Hier haben wir aus Gründen der besseren Lesbarkeit auf eine Anpassung verzichtet.

Ohne die Mitwirkung der Mitarbeiterinnen und Mitarbeiter der Professur für Arbeitswissenschaft der TU Dresden wäre eine solche Aktualisierung nicht möglich. Ein herzlicher Dank ergeht deshalb an Frau Dr. Christiane Kamusella, Frau Dipl.-Ing. Laura Herzog, Frau Dipl.-Ing. Carolin Kreil und Herrn M. Sc., M. Eng. Marcus Wilde, die neben ihren Aufgaben in Forschung und Lehre sich noch der Überarbeitung einzelner Kapitel gewidmet haben. Ein besonderer Dank geht an Frau Dr. Svetlana Wähnert, die neben der inhaltlichen Mitwirkung auch noch die Änderungen eingearbeitet und die Druckvorlage erstellt hat.
Ein herzlicher Dank ergeht schließlich auch an den HANSER-Verlag, der diese 2. Auflage ermöglicht hat und mit einer angepassten Titelgrafik das Werk in sein Programm eingliedert sowie gleichzeitig die bewährte Verbindung mit REFA verdeutlicht.

München und Dresden, Januar 2022

Birgit Spanner-Ulmer
Martin Schmauder

Inhaltsverzeichnis

1 Einführung in die Ergonomie

Im ersten Kapitel wird eine Einführung in die Ergonomie gegeben. Grundlegende Prinzipien und Konzepte werden angesprochen, und es erfolgt die Vorstellung der Kriterien zur Bewertung von menschlicher Arbeit. Die Bedeutung der Ergonomie für innovative Produkte wird aufgezeigt, und es wird erläutert, wie arbeitswissenschaftliche Erkenntnisse in die Rechtssystematik eingeordnet sind.

A 1 Bedeutung und Lernziele

Ergonomie ist die wissenschaftliche Disziplin, die sich mit dem Verständnis der Wechselwirkungen zwischen Mensch und Technik befasst. Wirtschaftlichkeit und Humanität sind zwei Zielsetzungen, die gleichrangig bei der Gestaltung von Arbeitssystemen und Produkten verfolgt werden. Hierzu ist Wissen um menschliche Leistungsvoraussetzungen und ökonomische Zusammenhänge notwendig. Die Erkenntnisse der Ergonomie werden durch Empfehlungen und Methoden bei der Gestaltung von Produkten (Waren und Dienstleistungen) und Prozessen umgesetzt.

In diesem Kapitel soll der Leser ein Verständnis bekommen:

- wie Ergonomie bzw. Arbeitswissenschaft definiert ist,
- welche historische Entwicklungen vorhanden sind,
- welche Prinzipien und Konzepte die Ergonomie bestimmen,
- wie der Systembegriff zur Modellbildung genutzt wird,
- welche Teilgebiete die Ergonomie umfasst,
- mit welchen Kriterienhierarchien Arbeit bewertet werden kann,
- welche Vorgehensweisen bei der konzeptiven und korrektiven Gestaltungsarbeit empfohlen werden und
- wie die Erkenntnisse der Ergonomie in die Rechtssystematik eingeordnet werden.

B 1 Grundlagen

Ergonomie ist ein Kunstwort, das sich aus dem griechischen

$$\text{ergon } (\varepsilon\rho\gamma o\nu) = \text{Arbeit und}$$

$$\text{nomos } (\nu o\mu o\sigma) = \text{Gesetz; Gesetzmäßigkeit}$$

zusammensetzt.

Ergonomie kann damit als die Lehre von der menschlichen Arbeit bezeichnet werden. Menschliche Arbeit benötigt eine gegenüber der Physik erweiterte Definition. In der Physik ist Arbeit das Produkt aus Kraft und Weg ($W = F * s$). Wird über einen Zeitraum hinweg Arbeit verrichtet, spricht man von Leistung ($P = W/t$). Ist die Richtung der Kraft senkrecht zum Weg, dann wird keine physikalische Arbeit verrichtet. Der physikalische Begriff entspricht also nicht dem allgemeinen Verständnis, nach dem beispielsweise für am Schreibtisch verrichtete Arbeit ein Entgelt bezahlt wird.
Für die Ergonomie sind folgende Definitionen von Arbeit geeignet:

Arbeit

„Arbeit ist jedes ziel- und zweckgerichtete Handeln zur Erzeugung von Gütern und Denkleistung" (Hilf, 1976).

Oder etwas ausführlicher:

„Arbeit ist eine Aktivität oder Tätigkeit, die im Rahmen bestimmter Aufgaben entfaltet wird und zu einem materiellen und/oder immateriellen Arbeitsergebnis führt, das in einem Normensystem bewertet werden kann; sie erfolgt durch den Einsatz der körperlichen, geistigen und seelischen Kräfte des Menschen und dient der Befriedigung seiner Bedürfnisse" (Hoyos, 1974).

Arbeit ist zielgerichtet, da die Aktivität die Erstellung von Gütern (z. B. Maschinen) oder Dienstleistungen (z. B. Reparaturen) zum Ziel hat. Weiterhin kann in geistige und körperliche Aktivität differenziert werden, da auch z. B. das Erstellen einer Konstruktionszeichnung ein Arbeitsergebnis ist. Damit wird zunächst nicht zwischen Erwerbsarbeit zur Existenzsicherung und privatwirtschaftlicher Arbeit wie z. B. Hausarbeit, private Pflege oder Hobby differenziert, wobei bei einer zunehmenden Entgrenzung der Arbeit diese Grenze unscharf wird.

Wirkungen und Bedeutung von Arbeit

Positive Wirkungen von Arbeit wurden in der Antike nicht gesehen. Arbeit war etwas für Sklaven und nicht für freie Bürger. Im Germanischen bedeutete „arbejo" so viel wie „bin ein verweistes (und darum zur Arbeit verdingtes) Kind". Auch im mittelhochdeutschen bedeutete das Wort „arebeit" so viel wie Not und Mühsal. Eine Differenzierung so wie im französischen in „oevre" (Werk, Arbeitsergebnis) und „travail" (Arbeit) kennt die deutsche Sprache nicht. Der lateinische Begriff „labor" bedeutet Arbeit, die mit Mühe und Anstrengung verbunden ist. Arbeit „im Schweiße des Angesichts" wird im alten Testament als notwendig gesehen, um das Leben zu fristen, unterbrochen vom wöchentlichen Ruhetag (Sabbat). Im klösterlichen Leben der Mönche ist der Grundsatz „ora et labora" (bete und arbeite) entstanden, der auf die Zusammengehörigkeit von Körper und Geist hinweist.

Die Bedeutung von Arbeit für den Menschen hat in der Philosophie einen hohen Stellenwert. Karl Marx hat den Begriff der „entfremdeten Arbeit" des Menschen geprägt, wenn der Mensch gezwungen ist, seine Arbeitskraft zu verkaufen. Hier zeigt sich auch der Wandel von der selbstständigen, handwerklich geprägten Arbeit hin zur Industriearbeit.
Nicht zu verschweigen ist an dieser Stelle auch die Parole „Arbeit macht frei" in den Konzentrationslagern während der Zeit des Nationalsozialismus. Es handelte sich um eine zynische Umschreibung für den angeblichen Erziehungszweck der Lager, wobei es um die Vernichtung von Menschen durch menschenverachtende Bedingungen ging.
Das „Recht auf Arbeit" wird in Artikel 23 der Deklaration der Menschenrechte der Vereinten Nationen als elementares Menschenrecht benannt. Die Bundesrepublik Deutschland hat die Menschenrechtsdeklaration unterzeichnet. Im Grundgesetz ist jedoch kein Bürgerrecht auf Arbeit enthalten, da das Grundgesetz nur Rechte enthält, die vor ordentlichen Gerichten einklagbar sind.
Arbeit wird neben Boden und Kapital in der Volkswirtschaftslehre als Produktionsfaktor bezeichnet. In der Betriebswirtschaftslehre werden menschliche Arbeit, Betriebsmittel und Werkstoffe als Elementarfaktoren der Produktion gesehen. Durch den derzeitigen Wandel von der Industriegesellschaft hin zur Dienstleistungs- bzw. Informationsgesellschaft verlieren Betriebsmittel und Werkstoffe an Bedeutung, wohingegen die der menschlichen Arbeit innewohnenden Kreativitätspotentiale an Bedeutung gewinnen.
Erwerbsarbeit hat aus der Sicht der jeweiligen Akteure unterschiedliche Ansprüche und Facetten, die in Abbildung 1.1 im Überblick aufgeführt werden.

Arbeit aus Sicht der:		
Arbeitgeber	**Arbeitnehmer**	**Gewerkschaften**
Mittel zur Erreichung der Unternehmensziele Leistung und Wert Kosten Organisationsbedarf	Sicherung der Lebensgrundlage – Geld – Identitätsbildung; Selbstbestätigung durch Arbeit Last und Pflicht Persönlichkeitsentfaltung (Fähigkeiten) Mobilität, Flexibilität	nicht nur Mittel zum Zweck angepasste Entlohnung gesundes Verhältnis zwischen Lohn und Arbeitszeit wichtiger Bestandteil der sozialen Struktur

Abbildung 1.1: Unterschiedliche Sichtweisen menschlicher Arbeit

Ziele der Ergonomie

Der Aspekt, dass Arbeit sowohl positive als auch negative, d. h. gesundmachende und krankmachende, Wirkungen hat, wird in den einzelnen Kapiteln des Buches behandelt. Es geht darum, durch die Anwendung der Regeln der Ergonomie positive Wirkungen zu verstärken und negative zurückzudrängen.

Primär steht in diesem Buch die Gestaltung der Erwerbsarbeit im Vordergrund, wenngleich die Erkenntnisse genauso auf die privatwirtschaftliche Arbeit angewandt werden können. So ist z. B. ein nach ergonomischen Kriterien gut gestaltetes Werkzeug sowohl im Arbeits- als auch im Privatleben von Vorteil.
Der Begriff der Ergonomie ist heutzutage aus der Beschreibung von Produkten (z. B. in der Werbung) nicht mehr wegzudenken und hat in den letzten Jahrzehnten enorm an Bedeutung gewonnen. Die Gestaltung von Produkten nach den Regeln der Ergonomie, egal ob es sich um Soft- oder Hardware handelt, ist ein wichtiges Differenzierungs- und Qualitätsmerkmal geworden. Hat in der Vergangenheit oft jeder sich selbst die auf ihn passenden Werkzeuge hergestellt, so ist es inzwischen notwendig, dass das zur guten Gestaltung notwendige Wissen verallgemeinert und systematisiert vorliegt.
Die Anpassung der Technik an den Menschen kann, kurz gefasst, als Ziel der Ergonomie gesehen werden. In allen Kapiteln wird deshalb die Wirkung der jeweiligen Belastungsfaktoren auf den Menschen betrachtet, und es werden die für die menschengerechte Gestaltung von Arbeit notwendigen Grundlagen zu den physischen und psychischen Leistungsvoraussetzungen des Menschen behandelt.
Im englischsprachigen Raum wird unter dem Begriff „ergonomics" (oder auch „human factors") das Wissenschaftsgebiet der Arbeitswissenschaft bezeichnet. Arbeitswissenschaft ist eine interdisziplinäre Wissenschaft und umfasst unterschiedliche Teilgebiete (siehe Abschnitt B 1.4).
Folgende Kerndefinition hat sich nach einem Diskursprozess im Jahr 1987 im deutschsprachigen Raum verbreitet (Luczak, Volpert, Raeithel & Schwier, 1989):
„Arbeitswissenschaft ist die Systematik der Analyse, Ordnung und Gestaltung der technischen, organisatorischen und sozialen Bedingungen von Arbeitsprozessen mit dem Ziel, dass die arbeitenden Menschen in produktiven und effizienten Arbeitsprozessen:

- schädigungslose, ausführbare, erträgliche und beeinträchtigungsfreie Arbeitsbedingungen vorfinden,
- Standards sozialer Angemessenheit nach Arbeitsinhalt, Arbeitsaufgabe, Arbeitsumgebung sowie Entlohnung und Kooperation erfüllt sehen,
- Handlungsspielräume entfalten, Fähigkeiten erwerben und in Kooperation mit anderen Persönlichkeiten erhalten und entwickeln können."

Ergonomie als wesentliche Teildisziplin der Arbeitswissenschaft hat im Schwerpunkt die technischen und organisatorischen Bedingungen der Arbeit zum Gegenstand. Anhand des Gegenstandsbereichs wird in Produktergonomie (micro ergonomics) und in Produktionsergonomie (macro ergonomics) differenziert. Die Ergonomie liefert somit Beiträge zur Verbesserung der Arbeitsbedingungen der Beschäftigten bei der Herstellung von Waren und der Erbringung von Dienstleistungen (Produktionsergonomie, macro ergonomics) und zur Gestaltung von Arbeitsmitteln, wie z. B. Geräte, Fahrzeuge, Maschinen und Werkzeuge (Produktergonomie, micro ergonomics).

Mit der DIN EN ISO 26800 (2011) „Ergonomie – Genereller Ansatz, Prinzipien und Konzepte" wurde eine Übersichtsnorm erarbeitet. Hier wird Ergonomie mit Arbeitswissenschaft gleichgesetzt und folgendermaßen definiert:

Ergonomie/Arbeitswissenschaft

Ergonomie/Arbeitswissenschaft ist die wissenschaftliche Disziplin, die sich mit dem Verständnis der Wechselwirkungen zwischen menschlichen und anderen Elementen eines Systems befasst, und der Berufszweig, der Theorie, Grundsätze, Daten und Verfahren auf die Gestaltung von Arbeitssystemen anwendet mit dem Ziel, das Wohlbefinden des Menschen und die Leistung des Gesamtsystems zu optimieren (DIN EN ISO 26800, 2011).

Diese Definition stimmt mit der von der International Ergonomics Association [IEA] (2021) erarbeiteten Definition überein.
Ergänzend wird ausgeführt: „Dies beinhaltet insbesondere die Ziele der Erleichterung der Ausführung der Aufgabe, des Schutzes und der Förderung der Sicherheit, Gesundheit und des Wohlbefindens des Arbeitenden oder des Benutzers/Operators von Produkten/Ausrüstungen durch die Optimierung der Aufgaben, der Arbeitsmittel, der Dienstleistungen, der Umgebung oder – allgemeiner – sämtlicher Elemente eines Systems und deren wechselseitiger Beziehungen. Das Erreichen dieser Ziele trägt potentiell zur Nachhaltigkeit und gesellschaftlicher Verantwortung bei."

Nachhaltigkeit

Als Beitrag der Ergonomie zur Nachhaltigkeit wird folgendes gesehen (DIN EN ISO 26800, 2011): Eine nachhaltige Gestaltung erfüllt die Bedürfnisse der aktuellen Generation ohne die Bedürfnisse der folgenden Generation zu gefährden. Durch ein Gleichgewicht zwischen wirtschaftlichen, gesellschaftlichen und umgebungsbedingten Gestaltungszielen kann dieses erreicht werden

- Wirtschaftlich:
  Die Anpassung des Gestaltungsobjekts an die Bedürfnisse und Fähigkeiten der Menschen erhöht die Verwendungsfähigkeit und die Qualität, optimiert die Effizienz, stellt preisgünstige Lösungen bereit und verringert die Wahrscheinlichkeit der Ablehnung des Systems, des Produkts oder der Dienstleistung durch den Benutzer.
- Gesellschaftlich:
  Die Anwendung der Ergonomie führt zu Aufgaben, Tätigkeiten, Produkten, Werkzeugen, Arbeitsmitteln, Systemen, Organisationen, Dienstleistungen, Einrichtungen und Umgebungen, die für die Gesundheit und das Wohlbefinden von Menschen, einschließlich der Bedürfnisse älterer Menschen und solcher mit Behinderungen, vorteilhafter sind. Die sich daraus ergebende Verbesserung der Effektivität und Effizienz sowie der Zufriedenheit hat auch Auswirkungen auf akzeptable Beschäftigungsverhältnisse.

- Umweltbezogen:
  Die Anwendung der Ergonomie bei der Gestaltung verringert das Risiko, dass Menschen Aufgaben, berufliche Tätigkeiten, Produkte, Werkzeuge, Arbeitsmittel, Systeme, Organisationen, Dienstleistungen und Einrichtungen ablehnen oder die Gestaltung zu Fehlern führt, die eine Schädigung der natürlichen Umgebung oder die Verschwendung natürlicher Ressourcen verursachen. Dadurch wird dazu beigetragen, die gesamten Umweltauswirkungen eines jeden Gestaltungsobjekts zu minimieren. Der Prozess unterstützt außerdem jene, die an einer langfristigen/lebenszyklusorientierten Gestaltung interessiert sind.

Gebrauchstauglichkeit

Gebrauchstauglichkeit (englisch Usability) entsteht, wenn Produkte nach ergonomischen Gestaltungsgrundsätzen entwickelt wurden. In der DIN EN ISO 9241-11 (2018) ist Usability definiert als:
„Das Ausmaß, in dem ein Produkt oder eine Dienstleistung durch bestimmte Benutzer in einem bestimmten Nutzungskontext genutzt werden kann, um bestimmte Ziele effektiv, effizient und zufriedenstellend zu erreichen."
Die Effektivität, die Effizienz und die Zufriedenstellung sind damit die Maße der Gebrauchstauglichkeit bzw. deren Zielkriterien. Diese können in einer Zielpyramide dargestellt werden (vgl. Abbildung 1.2). Die Kriterien bauen aufeinander auf, d. h. die unteren Zielstellungen bilden die Basis für die oberen Ziele.

Abbildung 1.2: Pyramide der Gebrauchstauglichkeit

Die Effektivität eines Produktes ist das Verhältnis der Ziele eines Benutzers zur Genauigkeit und Vollständigkeit, mit der er diese Ziele erreichen kann. Das bedeutet, ein Produkt ist dann effektiv, wenn es prinzipiell geeignet ist, das Ziel, für dessen Erreichen es genutzt wird, zu erfüllen. Die Effizienz ist das Verhältnis der erreichten Effektivität zum eingesetzten Aufwand. Wenn das gewünschte Ergebnis also mit einem möglichst geringen Aufwand erreicht werden kann, ist das Produkt effizient. Die Zufriedenstellung ist ein subjektives Maß über die Freiheit von Beeinträchtigungen und der positiven Einstellung gegenüber der Nutzung des Produktes.

B 1.1 Prinzipien und Konzepte der Ergonomie

Abbildung 1.3 zeigt die in der DIN EN ISO 26800 (2011) als Gegenstand der Ergonomie aufgenommenen Konzepte und Prinzipien.

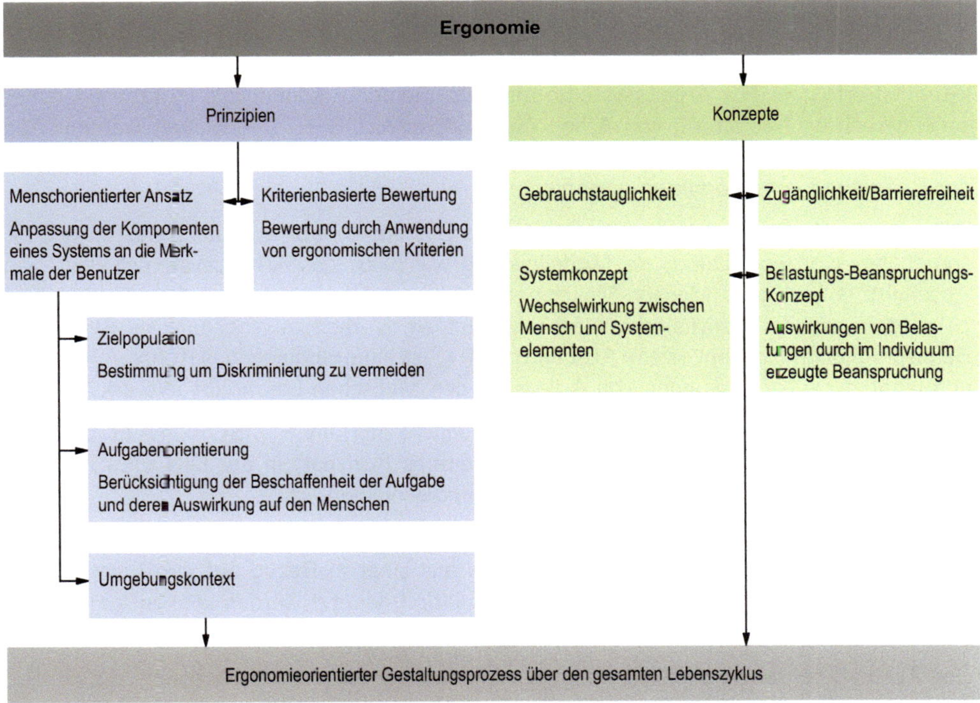

Abbildung 1.3. Prinzipien und Konzepte der Ergonomie (Stowasser, 2012)

Im Mittelpunkt der ergonomischen Gestaltung steht der Mensch mit seinen individuellen Leistungsvoraussetzungen (siehe Abschnitt B 4.1), wie z. B. Körpergröße, Körperkraft, Fertigkeiten aber auch Sehvermögen, Lese- und Schreibvermögen, Fachwissen. Im Rahmen der Gestaltungsarbeit muss deshalb die Zielpopulation in den Blick genommen werden. Weiterhin müssen die Beschaffenheit der Aufgabe und deren Auswirkung auf den Menschen berücksichtigt werden. Die aufgabenorientierte Gestaltung der Arbeit (siehe Abschnitt B 4.5) stellt sicher, dass die Arbeitsaufgaben dem Menschen angemessen sind. Die Berücksichtigung des Umgebungskontextes, d. h. die physischen, organisationsbezogenen, sozialen und rechtlichen Umgebungen, müssen identifiziert und beschrieben sein. Die jeweiligen Anforderungen müssen berücksichtigt werden.

Grundsätzlich denkbar ist es, dass durch gezielte Personalauswahl oder durch Qualifizierungs- bzw. Trainingsmaßnahmen der arbeitende Mensch an die vorhandenen Bedingungen angepasst wird. Aus der Sicht der Ergonomie wird diese Strategie abgelehnt, wenngleich es notwendig sein kann, dass z. B. bei der Gestaltung von abwechslungsreichen Arbeitsaufgaben neue Fertigkeiten erlernt werden müssen oder dass auch gesundheitsgerechte Arbeitsweisen, wie z. B. das rückenschonende Heben und Tragen, eingeübt werden müssen.

Für akzeptierte Gestaltungslösungen ist es unabdingbar, dass die von der Gestaltung Betroffenen (Benutzer, Operatoren, Beschäftigte, Arbeitende) in den Gestaltungsprozess eingebunden werden.

Neben dem menschorientierten Ansatz muss eine iterative Bewertung der Gestaltungslösungen erfolgen. Für Arbeitssysteme und ihre Elemente können die Kriterien der menschengerechten Gestaltung von Arbeit (siehe Abschnitt B 1.7) verwendet werden. Auch die bereits beschriebene Kriterienhierarchie der Gebrauchstauglichkeit ist insbesondere bei der Bewertung von Produkten geeignet.

Wesentliche Konzepte der Ergonomie sind das Systemkonzept und das Belastungs-Beanspruchungs-Konzept. Durch die Modellbildung wie z. B. das Arbeitssystemmodell (siehe Abschnitt B 1.2) oder Mensch-Maschine-Modelle wird versucht, komplexe Sachverhalte zu gliedern und darin enthaltene Wechselwirkungen deutlich zu machen. Das Belastungs-Beanspruchungs-Konzept (siehe Abschnitt B 4.1) ist ein grundlegendes Konzept, das kurz- und langfristige Auswirkungen von Arbeit auf den Menschen beschreibt und erklärt.

Neben der bereits beschriebenen Gebrauchstauglichkeit (DIN EN ISO 9241-11, 2018) ist die Zugänglichkeit bzw. Barrierefreiheit ein weiteres Konzept. In der DIN EN ISO 26800 (2011) wird bezüglich der Zugänglichkeit folgendes ausgeführt:

„Zugänglichkeit beschreibt das Ausmaß, in dem Produkte, Systeme, Dienstleistungen, Umgebungen und Einrichtungen durch Menschen aus einer in Bezug auf ihre Eigenschaften und Fähigkeiten möglichst weit gefassten Population genutzt werden können, um ein festgelegtes Ziel in einem festgelegten Nutzungskontext zu erreichen.

Das Ausmaß der Zugänglichkeit hängt sowohl von der Anzahl der Personen, die ein Produkt, ein System, eine Dienstleistung, eine Umgebung oder eine Einrichtung nutzen können, als auch von der Qualität der Nutzung ab. Bei der ergonomischen Gestaltung kann dieses Ziel sowohl durch die Erweiterung der vorgesehenen Zielpopulation als auch durch die Steigerung der Zugänglichkeit für Angehörige innerhalb der Zielpopulation erreicht werden. Deshalb müssen in Abhängigkeit von den Zielen der Gestaltung die zu berücksichtigenden Merkmale der jeweiligen Zielpopulation so unterschiedlich wie möglich sein. Beispielsweise erfordert die Berücksichtigung einer größeren Altersspanne, um dem wachsenden Anteil älterer Menschen an der Bevölkerung zu entsprechen, vom Gestalter die Beachtung der sich altersabhängig verändernden Eigenschaften beziehungsweise Merkmale. Dies kann auch die Ermittlung von bestimmten Untergruppen einschließen, die berücksichtigt werden sollten, wie beispielsweise Hörgeschädigte, Personen mit kognitiven Beeinträchtigungen, Personen, die bereits unterstützende Technologien nutzen oder solche, die individuelle Lösungen oder alternative Zugangsmöglichkeiten benötigen."

Eine ausführlichere Darstellung des Konzepts der Zugänglichkeit ist in der ISO/TR 22411 (2008) „Ergonomische Daten und Leitlinien für die Anwendung des ISO/IEC Guide 71 in Produkt- und Dienstleistungsnormen zur Berücksichtigung der Belange älterer und behinderter Menschen" enthalten.

In der DIN EN ISO 26800 (2011) ist für das Konzept der Zugänglichkeit folgendes Anschauungsbeispiel enthalten: Die Zielpopulation für visuelle Anzeigen im Cockpit von Flugzeugen ist gesetzlich auf Individuen mit hoher Sehschärfe begrenzt. Die Zielpopulation für einen öffentlichen Informationsstand zeichnet sich hingegen durch einen größeren Bereich von Fähigkeiten und Einschränkungen aus, einschließlich (Farben-)Blindheit und Sehbehinderung, und die Personen der Zielpopulation (= Nutzergruppe) haben einen Rechtsanspruch auf Zugang zu einem solchen Informationsstand. Die Berücksichtigung dieser Faktoren erweitert die Population, für die der Informationsstand zugänglich ist.

B 1.2 Systemmodelle

Ergonomie beinhaltet, wie im vorangegangenen Abschnitt aufgeführt, das Systemkonzept. Als System (griechisch σύστημα für „das Gebilde, Zusammengestellte, Verbundene") wird allgemein eine Gesamtheit von aufeinander bezogenen bzw. miteinander verbundenen Elementen bezeichnet. Es bestehen Wechselwirkungen zwischen den Elementen, so dass das System als eine Einheit angesehen werden kann. So spricht man etwa vom Fernmeldesystem, vom Verkehrssystem, vom Ökosystem oder vom Wirtschaftssystem eines Landes. Ein System kann aus Subsystemen bestehen und selbst ein Subsystem in einem größeren System sein. So besteht z. B. eine Produktionslinie aus mehreren Teilsystemen (z. B. Arbeitsplätze) und ist selbst ein Teilsystem des übergeordneten Systems, z. B. der Fabrik. Bei der Systemgestaltung sind insbesondere auch diese Schnitt- bzw. Nahtstellen von miteinander verbundenen Systemen zu betrachten, da hier die Gefahr von Informationsverlusten (Schnittstellenproblematik) besteht.
Aus wissenschaftlicher Sicht hat sich die Systemtheorie etabliert. Systemtheorie ist ein interdisziplinäres Erkenntnismodell, in dem Systeme zur Beschreibung und Erklärung unterschiedlich komplexer Phänomene herangezogen werden. Durch die Analyse von Strukturen und Funktionen bzw. der Systemelemente und ihrer Wechselwirkungen sollen Vorhersagen über das Systemverhalten gewonnen werden. Systeme können so als Modell der Realität gesehen werden und mittels Simulationsmethoden kann das Systemverhalten vorausgesagt werden.
Die Analyse und Gestaltung von komplexen Sachverhalten wird oft erst möglich, indem Systeme mit ihren jeweiligen Grenzen definiert werden. Durch die Betrachtung der enthaltenen Systemelemente und der Wechselwirkungen können umfassende Analyse- und Gestaltungsaufgaben auf handhab- und beherrschbare Umfänge reduziert werden.
In der Ergonomie wird das Arbeitssystem als Erklärungsmodell für die Leistungserstellung herangezogen. Arbeitssysteme sind sozio-technische Systeme, da der Mensch als das zentrale Systemelement gesehen wird. Der Begriff „soziotechnisches System" macht auch deutlich, dass einzelne Systemelemente nicht – so wie in einem rein technischen System – ausgetauscht werden können, sondern dass durch die soziale Teilkomponente implizite Wechselwirkungen und Erfahrungskomponenten vorhanden sind. Gleichartige Arbeitssysteme können deshalb mit unterschiedlichen Menschen unterschiedliche Interaktionen bewirken.

Von dem Technikphilosophen Ropohl stammt dazu folgende beispielhafte Erläuterung (Ropohl, 2009):
„Ein Computer wird erst wirklicher Computer, wenn er zum Teil einer Mensch-Maschine-Einheit geworden ist. Wenn Text geschrieben wird, tut das nicht allein der Mensch, aber es ist auch nicht allein der Computer, der den Text schreibt; erst die Arbeitseinheit von Mensch und Computer bringt die Textverarbeitung zuwege. Da freilich im benutzten Computer immer schon die Verwendung der Arbeit anderer Menschen verkörpert ist, da also die Mensch-Maschine-Einheit nicht nur durch den einzelnen Nutzer gebildet, sondern auch von anderen Menschen mitgeprägt wird, bezeichne ich sie als soziotechnisches System."
Insbesondere bei größeren Arbeitssystemen (Makroebene) mit einer größeren Anzahl von Menschen und Arbeitsmitteln wird deutlich, dass ein soziotechnisches System aus den zwei Komponenten (Subsystemen):

- technische Teilkomponente (Arbeitsmittel) und
- soziale Teilkomponente (Mitarbeiter)

besteht. Das Besondere ist eben, dass die Teilsysteme nicht voneinander trennbar sind, sondern es bestehen ausgeformte Abhängigkeiten, die auf Gegenseitigkeit beruhen.
Je nach den zu erklärenden Sachverhalten bzw. den zu untersuchenden Wechselwirkungen (z. B. von Mensch zu Mensch oder zwischen Menschen und mehreren Maschinen) werden unterschiedliche Modelle verwendet.
Ein Modell des Arbeitssystems, das vorwiegend für Montage- und Teilefertigungsprozesse sowie für Dienstleistungen verwendet wird, ist in der REFA-Methodenlehre enthalten. REFA wurde 1924 als Reichsausschuss für Arbeitszeitermittlung gegründet und nennt sich heute Verband für Arbeitsstudien, Betriebsorganisation und Unternehmensentwicklung. Das REFA-Arbeitssystemmodell ist statisch und wird in der Wirtschaft zur Beschreibung und Gestaltung von Herstellprozessen verwendet. Es dient auch zur Bewertung der Arbeit im Hinblick auf die Entgeltfindung.
Ein weiter gefasstes und allgemeineres Modell wird in Abschnitt B 1.2.2 behandelt. Dieses als „Strukturschema menschlicher Arbeit" bezeichnete Modell betrachtet neben den einzelnen Elementen insbesondere auch die Wechselwirkungen zwischen den einzelnen Elementen. Entsprechend dieses Modells ist das vorliegende Lehrbuch gegliedert. Die einzelnen Elemente finden sich in den Kapitelüberschriften und auch die Wechselwirkungen sowie die Verknüpfung mehrerer Arbeitssysteme zu einem Organisationsmodell werden behandelt.

B 1.2.1 REFA-Arbeitssystem

Abbildung 1.4 zeigt das Arbeitssystemmodell nach REFA.

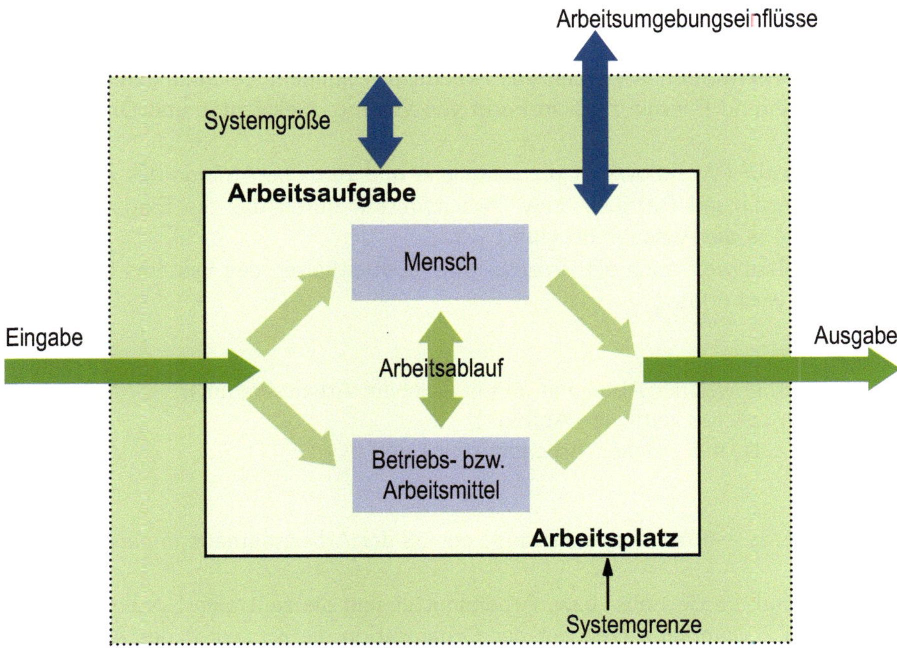

Abbildung 1.4: REFA-Arbeitssystemmodell (REFA, 2021)

Das REFA-Arbeitssystem wird mit Hilfe der folgenden Systembegriffe gekennzeichnet:

- Arbeitsaufgabe,
- Arbeitsablauf,
- Mensch,
- Betriebs- bzw. Arbeitsmittel,
- Eingabe (Input),
- Ausgabe (Output),
- Arbeitsplatz und
- Arbeitsumgebungseinflüsse.

Eine Arbeitsaufgabe ist eine zur Erfüllung eines vorgesehenen Arbeitsergebnisses erforderliche Aktivität oder Anzahl von Aktivitäten des Arbeitenden/Benutzers. Durch eine Arbeitsaufgabe werden Handlungsforderungen an den damit betrauten Menschen gestellt, denen dieser entsprechen muss.
Die Bearbeitung einer Arbeitsaufgabe erfolgt bei sozio-technischen Systemen zwischen Mensch und Betriebs- bzw. Arbeitsmitteln, bei technischen Systemen ausschließlich durch die Betriebs- bzw. Arbeitsmittel.
Die Arbeitsaufgabe kennzeichnet zudem den Zweck eines Arbeitssystems und definiert die Systemgröße sowie dessen Auslegung. Die Systemleistung lässt sich durch Kennzahlen, beispielsweise Mengenleistung, Durchlaufzeit etc. erfassen und bewerten.

Die Eingabe (Input) eines Arbeitssystems besteht im Allgemeinen aus Arbeitsgegenständen, Informationen und Energie. Diese werden im Sinne der Arbeitsaufgabe verändert oder verwendet. Im Dienstleistungsbereich kann auch der Mensch als Eingabe gelten, z. B. der Patient beim Zahnarzt.
Arbeitsgegenstände bzw. Arbeitsmittel sind z. B. Rohstoffe oder Halbfabrikate, aber auch Datenträger. Informationen werden aus Arbeitsanweisungen, Zeichnungen, Arbeitsplänen gewonnen, während Energie z. B. in Form von Wärme, Elektrizität und Druckluft bereitgestellt wird.
Der Arbeitsablauf (Workflow) ist die räumliche und zeitliche Abfolge des Zusammenwirkens von Mensch und Betriebs- bzw. Arbeitsmittel, durch das die Eingabe gemäß der Arbeitsaufgabe in die Ausgabe überführt wird.
Der Arbeitsablauf wird auch als Prozess- bzw. Zeitverhalten des Systems bezeichnet. Im Arbeitsablauf wird erfasst:

- wer,
- wo (z. B. in welcher Abteilung und in welchem Arbeitssystem),
- wann (in welcher zeitlichen Abfolge),
- womit (z. B. mit welchen Arbeitsmitteln) und
- wie

die Eingabe (z. B. ein Arbeitsgegenstand) gemäß der Arbeitsaufgabe in die Ausgabe überführt.
Der Mensch und die Betriebs- bzw. Arbeitsmittel sind die zentralen Systemelemente. Sie bestimmen im Zusammenwirken mit der Organisation die Kapazität des Arbeitssystems. Der Mensch ist das zentrale „aktive" Element des Arbeitssystems, welcher den Transformationsprozess maßgeblich determiniert. So ist der Mensch in der Lage, von sich aus tätig zu werden und „inaktive" Elemente des Systems in Bewegung setzen.
Unter Betriebs- bzw. Arbeitsmitteln werden alle Anlagen, Maschinen, Werkzeuge, Organisationsmittel und sonstige Geräte zusammengefasst, die im Arbeitssystem direkt oder indirekt daran beteiligt sind, zur Erfüllung der Arbeitsaufgabe beizutragen. Aus systemtechnischer Sicht handelt es sich bei den Betriebs- bzw. Arbeitsmitteln um „inaktive" Elemente. Die Begriffe Betriebs- und Arbeitsmittel werden synonym verwendet, wobei der Begriff des Betriebsmittels in der Fertigung gebräuchlicher ist. Dagegen findet der des Arbeitsmittels häufiger im Bürobereich Verwendung. Die Ausgabe (Output) eines Arbeitssystems besteht wie die Eingabe v. a. aus Arbeitsgegenständen, Informationen und Energie. Diese wurden jedoch im Sinne der Arbeitsaufgabe verändert, verwendet oder neu erstellt. Weiterhin können auch Expositionen und Emissionen, z. B. Staub, Ausgaben sein, die auf andere Arbeitssysteme, deren Komponenten und die Umgebung wirken. Wichtige Faktoren der Ausgabe sind die Qualität des Arbeitsergebnisses sowie die erbrachte Mengenleistung.
Der Arbeitsplatz stellt die Kombination und räumliche Anordnung der Arbeitsmittel, der Arbeitsgegenstände und der Ausstattungsmittel (z. B. Mobiliar) innerhalb der Arbeitsumwelt (auch Arbeitsumgebung) unter den durch die Arbeitsaufgaben erforderlichen Bedingungen sowie die zur Arbeitsausführung notwendigen Flächen dar. Die Arbeitsplatzgestaltung konzentriert sich auf die optimale Zuordnung der Betriebs- bzw. Arbeitsmittel zum Menschen und versucht dabei, dessen anatomische, biologische und psychische Grundbedürfnisse möglichst umfassend zu berücksichtigen.

Als Arbeitsumgebungseinflüsse werden alle von außen auf das System wirkenden Einflüsse und Faktoren bezeichnet. Diese physikalischen, chemischen, biologischen, organisatorischen, sozialen und kulturellen Faktoren besitzen einen Einfluss auf das Verhalten des Systems und die Eigenschaften der Elemente. Beispielsweise können im Arbeitssystem erzeugte Emissionen das Arbeitsergebnis bezüglich der erzeugten Qualität oder das Betriebs- bzw. Arbeitsmittel bezüglich des Verschleißes beeinflussen. Physikalische, chemische und biologische Umwelteinflüsse werden als Umgebungseinflüsse bezeichnet z. B. Licht, Klima, Schall, mechanische Schwingungen, Gase, Staub und Dämpfe. Organisatorische und soziale Einflüsse sind nicht immer trennscharf, da sich Einflüsse häufig sowohl der Organisation als auch dem sozialen Bereich zuordnen lassen. Dazu zählen z. B. die Regelung der Arbeitszeit nach dem Arbeitszeitgesetz (ArbZG), die Entlohnungsgrundsätze und das Entgelt, der Führungsstil sowie gesamtwirtschaftliche Gegebenheiten (wie z. B. die Konjunktur, Gesetze und private Einflüsse).

Unter Arbeitsbedingungen werden die über die Arbeitszeit wirkenden, aber im betrachteten Arbeitssystem als konstant angenommenen Einflussgrößen verstanden. Durch die Festlegung der Arbeitsbedingungen wird eine wesentliche Voraussetzung für die Reproduzierbarkeit und somit auch Wiederverwendbarkeit von Zeitdaten geschaffen. Eine Beschreibung der Arbeitsbedingungen erfolgt über sogenannte Arbeitsablaufbeschreibungen.

B 1.2.2 Strukturschema menschlicher Arbeit

In Abbildung 1.5 ist das allgemeine Strukturschema menschlicher Arbeit dargestellt. Es ist für die Erläuterung der Grundlagen der Produkt- und Produktionsergonomie geeignet. Das Ursprungsmodell (Bubb, 1980) wurde zur Beschreibung der Systemergonomie entwickelt und in der Münchner Schule der Ergonomie weiterentwickelt. Für die Erläuterung der Zusammenhänge in den Vorlesungen zur Ergonomie bzw. Arbeitswissenschaft wurde es von den Verfassern angepasst. Das Modell wird entsprechend der Nutzung in der Lehre zur Gliederung dieses Buchs verwendet, in jedem Kapitel wird ein Systemelement mit den jeweiligen Wechselwirkungen zu den anderen Elementen behandelt.

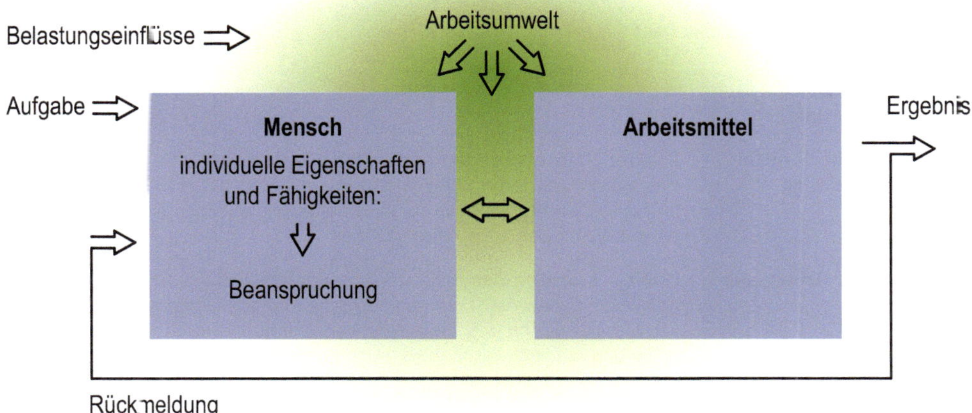

Abbildung 1.5: Strukturschema menschlicher Arbeit

Der Mensch mit seinen individuellen Eigenschaften und Fähigkeiten bearbeitet die ihm gestellte Aufgabe. Er ist dabei eingebunden in die Umwelt. Hier können sich organisatorische (z. B. Abteilung) und soziale Belastungseinflüsse ergeben, die die Ausführung der Arbeitsaufgabe beeinflussen. Schon die Arbeitsaufgabe selbst mit körperlichen und geistigen Anforderungen ist ein Teil des Systems und muss folglich entsprechend gestaltet werden. Zur Arbeitsausführung sind Arbeitsmittel notwendig. Auch der Arbeitsplatz selbst mit seiner Ausstattung kann als Arbeits- oder Betriebsmittel gesehen werden. Die Rückmeldung über das produzierte Arbeitsergebnis mit seiner Ausprägung, Menge und Qualität geht wieder als Information ein, so dass ein Regelkreis gebildet wird. Damit enthält das System auch eine wichtige dynamische Komponente.
Ein einzelnes Arbeitssystem der untersten Ordnung kann als Mikroebene gesehen werden. Sobald mehrere Arbeitssysteme und ihre Vernetzung (übergeordnete, untergeordnete, vor- und nachgeschaltete Systeme) betrachtet werden, wird von der Makroebene gesprochen. In Abbildung 1.6 wird dieser Sachverhalt dargestellt.

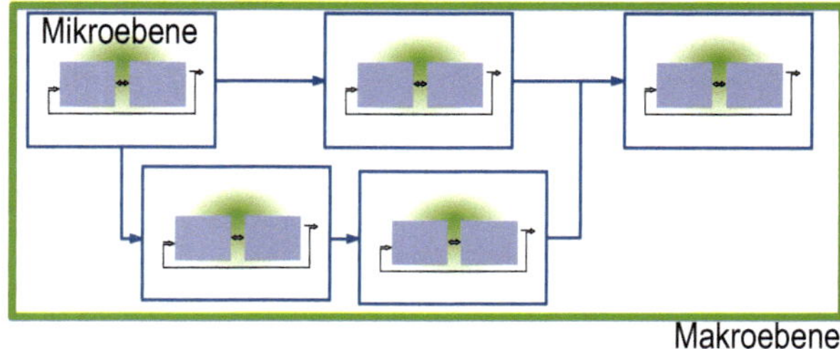

Abbildung 1.6: Mikro- und Makroebene bei der Betrachtung von Arbeitssystemen

Anhand des Strukturmodells lassen sich alle in diesem Werk behandelten Gestaltungsfelder der Ergonomie ableiten. Die jeweils entstehenden und auf den Menschen einwirkenden Belastungen werden in den einzelnen Gestaltungsfeldern im Hinblick auf die wirtschaftliche und humane Gestaltung der Arbeitsbedingungen angesprochen. In Tabelle 1.1 erfolgt eine Zuordnung der Elemente bzw. Gestaltungsfelder zu den einzelnen Buchkapiteln.

Tabelle 1.1: Aufbau des Buches

Elemente bzw. Gestaltungsfelder	Kapitel und Kurzbeschreibung
Mensch, Arbeitsmittel und Rückmeldung	**Kapitel 2 „Interaktionsergonomische Gestaltung"** Hier werden der Informationsfluss zwischen Mensch und Arbeitsmittel betrachtet und Grundlagen für die Interaktion zwischen diesen beiden Arbeitssystemelementen dargestellt.
Mensch und Arbeitsmittel	**Kapitel 3 „Anthropometrische und biomechanische Gestaltung"** In diesem Kapitel steht die geometrische und biomechanische Auslegung der Mensch–Technik–Schnittstelle im Vordergrund. Menschliche Körpermaße und biomechanische Zusammenhänge dienen dabei als Eingangsgröße für die Gestaltung von Arbeitsmitteln.

Elemente bzw. Gestaltungsfelder	Kapitel und Kurzbeschreibung
Aufgabe, Ergebnis und Mensch	**Kapitel 4 „Gestaltung der Arbeitsaufgabe“** Hier werden die Zusammenhänge zwischen den Belastungen aus der Arbeitsaufgabe, den menschlichen Leistungsvoraussetzungen und den daraus resultierenden Beanspruchungen erörtert. Auf dieser Basis folgen konkrete Gestaltungsmaßnahmen für Arbeitsaufgaben.
Aufgabe und Ergebnis	**Kapitel 5 „Gestaltung der Arbeitsorganisation“** Dieses Kapitel bezieht sich auf die Makro-Ebene des Arbeitssystems und betrachtet den Verbund organisatorisch miteinander in Beziehung stehender Systeme. Themenschwerpunkte sind Aufbau- und Ablauforganisation, organisatorische Rahmenbedingungen wie Arbeitszeit- und Entgeltsysteme sowie konkrete praktische Fragestellungen wie beispielsweise die Prozessoptimierung.
Arbeitsumwelt	**Kapitel 6 „Gestaltung der Arbeitsumwelt“** Hier werden die Arbeitsumweltfaktoren Lärm, Vibrationen, Klima, Gefahrstoffe, Licht und Farbe sowie Strahlung vorgestellt. Dabei stehen neben physiologischen Grundlagen insbesondere methodische und systematische Zusammenhänge, technische Größen und Berechnungsvorschriften im Vordergrund.
Rechtliche und gesellschaftliche Aspekte	**Kapitel 7 „Gestaltung des Arbeitsschutzes“** Hier werden Grundlagen zur Arbeitssicherheit, dem Gesundheitsschutz und der Gesundheitsförderung vermittelt. Methodisch spielen die Gefährdungsbeurteilung und das Arbeitsschutzmanagement eine besondere Rolle.

B 1.3 Historische Einordnung

Ergonomie ist eine relativ junge Wissenschaftsdisziplin. 1857 schrieb Wojciech Jastrzebowski den Aufsatz „Grundriss der Ergonomie bzw. Arbeitswissenschaft“ (Jastrzebowski, 1998). Hier wird ausgeführt: „Die Bedeutung des Einsatzes unserer Lebenskräfte, ..., wird für uns zum antreibenden Moment, uns mit einem wissenschaftlichen Ansatz zum Problem der Arbeit zu beschäftigen und sogar zu ihrer Erklärung eine gesonderte Lehre zu betreiben ..., damit wir aus diesem Leben die besten Früchte bei der geringsten Anstrengung mit der höchsten Befriedigung für das eigene und das allgemeine Wohl ernten und dem eigenen Gewissen gegenüber gerecht verfahren.“

Eine weitere Quelle für den Begriff „Ergonomie“ findet sich bei Murell (1965). 1949 wurde in England eine interdisziplinäre Forschergruppe „Ergonomics Research Society“ gegründet. In Deutschland ist seit 1953 die GfA – Gesellschaft für Arbeitswissenschaft (http://www.gesellschaft-fuer-arbeitswissenschaft.de) die relevante wissenschaftliche Fachgesellschaft. Die IEA – International Ergonomics Association (http://www.iea.cc) wurde 1959 gegründet.

Im deutschen Sprachraum wird als Oberbegriff der wissenschaftlichen Aktivitäten oft Arbeitswissenschaft und Ergonomie gleichbedeutend verwendet. Es kann eine Binnendifferenzierung erfolgen, in der Arbeitswissenschaft als Oberbegriff für alle wissenschaftlichen Teilgebiete einzelner Disziplinen gesehen wird, welche die menschliche Arbeit zum Gegenstand haben. Arbeitsforschung befasst sich eher mit übergeordneten Fragestellungen der Arbeitsorganisation und Ergonomie wird als anwendungsorientierte Arbeitsgestaltung gesehen.

Im englischsprachigen Raum wird Arbeitswissenschaft überwiegend als „ergonomics“ bezeichnet. Der ebenso gebräuchliche Begriff „Human Factors“ betrifft eher die Aspekte der menschlichen Leistungsvoraussetzungen.

In der historischen Betrachtung der Ergonomie muss auch Frederick Winslow Taylor (1856–1915) genannt werden. Beim Übergang von der durch implizites Wissen geprägten handwerklichen Fertigung (Erfahrungswissen) zur industriellen Serienproduktion war es notwendig, wissenschaftliche Erkenntnisse zur Güterproduktion zu nutzen (scientific management). Durch Arbeitsstudien (Prozessbeobachtungen) wurde für jede Verrichtung ein „one best way“ festgelegt, die Arbeitsmethode wurde also genau definiert. Eine umfassende Arbeitsaufgabe wurde in viele kleine (und damit beschreibbare) Teilschritte zerlegt. In der Folge ergab sich damit eine starke Arbeitsteilung, die dann z. B. von Henry Ford als Fließbandarbeit umgesetzt wurde. Es erfolgte eine Trennung von planenden, ausführenden und kontrollierenden Tätigkeiten und durch Zeitstudien konnten für die einzelnen Tätigkeiten auch Vorgabezeiten ermittelt und festgelegt werden. Durch die genaue Beschreibung der Tätigkeiten und die eng umgrenzten Arbeitsumfänge konnten so auch Personen ohne fachspezifische Ausbildung komplexe Produkte herstellen.

Einerseits konnte durch die Anwendung der Methoden von Taylor die Produktivität gesteigert werden, andererseits wurde auch die Trennung der Arbeit in „Kopf- und Handarbeit“ kritisiert. Durch eine Verknüpfung der Arbeitsmenge mit dem Entgelt bildeten sich Akkordlohnsysteme, die sich lediglich an den Stückzahlen orientierten. Dreh- und Angelpunkt von solchen Systemen ist die Vorgabezeit, d. h. diejenige Zeit, die bei durchschnittlicher Arbeitsleistung zur Leistungserstellung notwendig ist. An dieser Stelle gab es in der Vergangenheit oft Diskussionen zu der als „Normleistung“ anzusetzenden Vorgabe. Hier hat sich inzwischen das wissenschaftliche Methodeninventar verbessert, und die Festlegung der Vorgabezeiten unterliegt auch der Mitbestimmung, denn es muss eine Einigung der Sozialpartner (Arbeitgeber einerseits und Arbeitnehmervertretung andererseits) erfolgen.

Mit dem Rückgang des Massenmarktes durch die zunehmende Ausdifferenzierung der Produktion, d. h. der zunehmenden Variantenvielfalt, ergab sich ein Problem für die arbeitsteilige Produktionsorganisation. Die Losgrößen für gleiche Produkte wurden immer geringer, für jede Variante musste aber die Arbeitsorganisation umfassend geplant werden. Der Aufwand in den sogenannten indirekt produktiven Bereichen stieg gegenüber den direkt produktiven Bereichen deutlich an, so dass die arbeitsteilige Produktion ihre wirtschaftlichen Vorteile aufgrund der Mengeneffekte nicht mehr realisieren konnte. Selbst durch die zunehmende Automatisierung konnte diesem Effekt nicht entgegengewirkt werden, da bei kleineren Losgrößen und höherer Variantenvielfalt auch mehr unproduktive Umrüstvorgänge notwendig sind.

Als generell positiver Effekt muss die Effizienzsteigerung durch Standardisierung gesehen werden. Diese kann sowohl bei der Herstellung von Gütern als auch im Dienstleistungsbereich festgestellt werden.

In Deutschland ist als wichtiger Meilenstein für die Arbeitswissenschaft die „Humanisierung des Arbeitslebens (HdA)" zu nennen. 1974 wurden mit dem staatlichen „Forschungsprogramm zur Humanisierung des Arbeitslebens" Vorhaben zur Verbesserung der Arbeitsbedingungen initiiert. Im Rahmen der Vorhaben wurden neue Konzepte der Arbeitsorganisation entwickelt, die Rationalisierung und Humanisierung mittels Arbeitsstrukturierung ermöglichten.

Seit Beginn der 1990er Jahre werden im Nachgang einer Studie am Massachusetts Institute of Technology von Womack, Jones und Ross (1991) zur Produktivität unter dem Paradigma der schlanken Produktion (Lean Production) Forschungsaktivitäten zur umfassenden Optimierung von Arbeitsprozessen durchgeführt. Hierin eingeschlossen ist eine enge Vernetzung mit der Informationstechnik und der Logistik im Betrieb.

B 1.4 Gebiete der Arbeitswissenschaft

Die vielfältigen Anforderungen, die an die Bedingungen der Arbeit und die dabei zu erzielende Produktivität gestellt werden, erfordern dass die Arbeitswissenschaft bzw. Ergonomie mit verschiedenen Wissenschaftsdisziplinen eng verknüpft ist. Aus einzelnen Wissenschaftsdisziplinen werden diejenigen Inhalte, die menschliche Arbeit zum Gegenstand haben, in der Arbeitswissenschaft verwendet. Diese Disziplinen werden daher aus der Sicht der Arbeitswissenschaft als Aspektwissenschaften bezeichnet. Die Arbeitswissenschaft bzw. Ergonomie ist damit ein interdisziplinäres Fachgebiet.

Es existieren sogenannte praxeologische Ansätze. Praxeologisch bedeutet in diesem Zusammenhang, dass es sich um die Bereitstellung von Wissen und Aussagezusammenhängen handelt, bei denen der Praktiker letztlich nicht mehr nach den Begründungszusammenhängen fragt. Durch die Anwendung von Regeln und Empfehlungen wird also der Gestaltungsprozess verkürzt. Solche praxeologischen Ansätze finden sich in der Produkt- und Produktionssergonomie. Ergonomie bzw. Arbeitswissenschaft ist damit eine stark erfahrungsgeleitete Wissenschaftsdisziplin. Nicht empirisch zu bestätigende Axiome stehen im Vordergrund, sondern es geht um induktiv und deduktiv erarbeitete Regeln, Vorgehensweisen, Empfehlungen und Hinweise zur Gestaltung von Arbeit. Zur Gewinnung dieser werden mit wissenschaftlichen Methoden Sachverhalte untersucht. Durch die häufig nicht beliebig oft zu wiederholenden Versuchsdurchführungen bzw. zu beobachtenden Effekte muss ein breites Spektrum an Forschungsmethoden, z. B. aus Physik und Sozialwissenschaften, verwendet werden. In Abbildung 1.7 wird der Zusammenhang aufgezeigt.

Für die Gestaltung von Produkten, ob beispielsweise Sanitärarmaturen, Fahrzeuge, Arbeitsmittel oder Werkzeugmaschinen, also von einfach bis höchst komplex, bieten die Regeln und Methoden der Produktergonomie weitreichende Unterstützung. Dazu zählen vorwiegend die anthropometrischen und interaktionsergonomischen Erkenntnisse. Die unter dem Begriff der Usability erstellten Regeln haben zunehmend Bedeutung in der Softwareentwicklung.

Ziel der Produktergonomie ist die Verbesserung der Arbeitsbedingungen im Hinblick auf die bessere Bedien- und Benutzbarkeit, um die menschlichen Fehler zu reduzieren und damit eine Entlastung zu erzielen (z. B. eindeutige Wahrnehmbarkeit des Schalters der Warnblinkanlage im Fahrzeug).

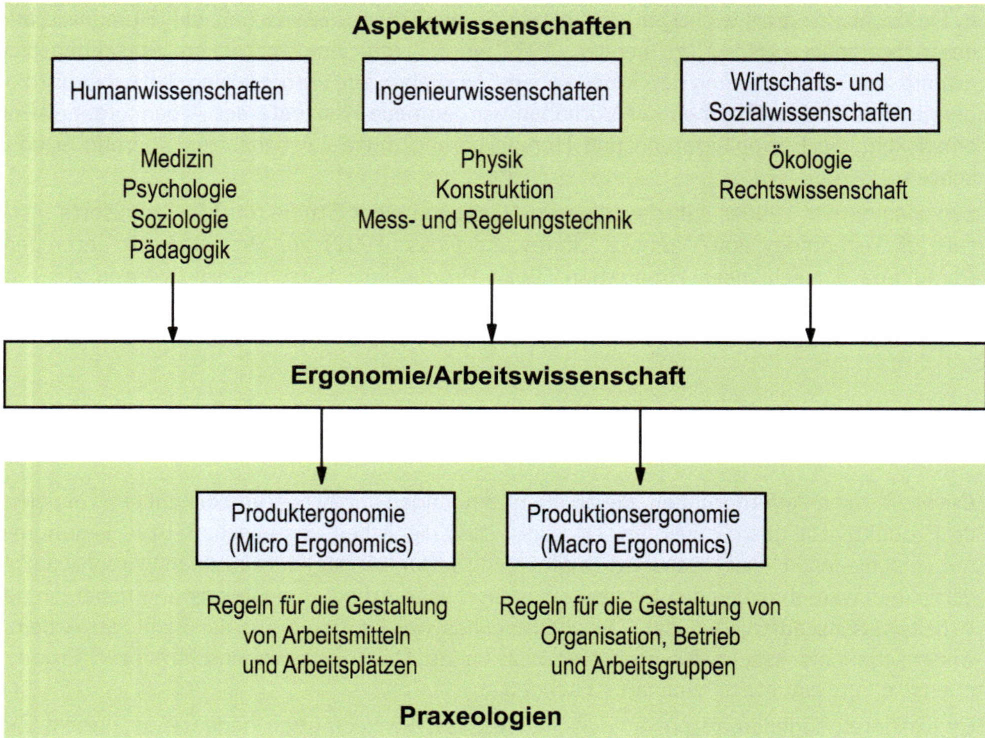

Abbildung 1.7: Aspektwissenschaften und Praxeologien der Arbeitswissenschaft

Die Produktionsergonomie oder auch Prozessergonomie zielt auf die Gestaltung der Abläufe sowie des Aufbaus von Organisationen ab. Insbesondere in den letzten Jahren hat die Anwendung von Methoden des „Lean Managements" dazu geführt, dass in vielen Unternehmen die Diskussion geführt wird, inwieweit dadurch die Arbeitsbedingungen für die Mitarbeiter verbessert werden oder/und die Produktivität und Qualität zunimmt. Die Gestaltung der physikalischen Arbeitsumwelt sowie des Arbeits- und Umweltschutzes kann ebenso der Produktionsergonomie zugerechnet werden.

Ziel der Produktionsergonomie ist die Verbesserung der Arbeitsbedingungen, damit die Erhöhung der Leistungsfähigkeit und –bereitschaft der Beschäftigten und dadurch die Erhöhung von Produktivität und Qualität.

So lassen sich Produkt- und Produktionsergonomie entlang dem Produktplanungs- und -herstellungsprozess einordnen.

Wie kommt es nun zu Neuerungen bei Produkten oder Prozessen?

Diese entstehen zufällig oder systematisch. Viele Unternehmen unterhalten eigens dafür Forschungsabteilungen, um vor allem neue Produkte zu generieren, die ihre Wettbewerbsfähigkeit erhalten oder steigern.

In der sogenannten Initialphase oder der Phase der Konzeptvorentwicklung werden aus Visionen eines Unternehmens zumeist Ideen. In der nachfolgenden Konzeptphase werden diese konkretisiert, aus verschiedenen Entwürfen werden Auswahlen getroffen und am Ende ein Prototyp hergestellt. Häufig finden dann Kundenbefragungen, z. B. auf Messen statt. Unternehmen wollen dadurch eine erste Rückmeldung über das Kundenverhalten abfragen. Bereits in der Initialphase, also in der Phase in der neue Produktideen und Innovationen generiert werden sollten neben den Marketingexperten und Entwicklern auch Ergonomen einbezogen werden. Der Ergonom, mit seiner interdisziplinären Sichtweise, sollte die möglichen Auswirkungen von Innovationen auf die Belastung des Menschen vorausblickend beurteilen können.

- Von Produktinnovation spricht man bei Einführung eines bisher noch nicht bekannten Gutes oder einer Dienstleistung oder einer neuen Qualität des Gutes/Dienstleistung.
- Eine Prozessinnovation ist die Einführung einer neuen Produktionsmethode, die den bisherigen Arbeitsablauf verändert.
- Sozial-Innovationen haben Einfluss auf das Wert- und Normensystem einer Gesellschaft.

In der Vergangenheit wurde von Unternehmen bei Neuentwicklungen gerne der „Technologie-weckt-Bedarf-Ansatz“ gewählt. Das bedeutet, dass Produkte entwickelt wurden die technisch machbar waren ohne aber die Sinnhaftigkeit zu hinterfragen. Bei frühzeitiger Einbindung des Ergonomen sollte sich ein „Technologie-generiert-Mehrwert-Ansatz“ entwickeln. Dies bedeutet, dass bereits bei der Produkt- bzw. Prozessinnovation berücksichtigt wird, dass diese nicht zu einer weiteren Belastung des Nutzers oder Arbeitnehmers führt. Im Gegenteil, bereits in der Initialphase muss überprüft werden, ob sich Vorteile und Entlastungen – also ein Mehrwert – für den Mitarbeiter oder Nutzer erzielen lassen. Nur dann sollte die Entwicklung vorangetrieben werden. Diese „Vorausschau“ in die Zukunft und die Abschätzung einer ergonomischen Bewertung kann unter dem Begriff der Trendergonomie zusammengefasst werden (siehe Abschnitt B 1.6).

B 1.5 Zukünftige Aufgabenfelder

Für die Ableitung von zukünftigen Aufgabenfeldern müssen längerfristige Entwicklungen betrachtet werden. Nefiodow (2007) hat die Basisinnovationen der Vergangenheit untersucht und leitet daraus ab, welches Thema die Zukunft bestimmt. Er kommt hier bereits im Jahr 2001 auf „Gesundheit“ als Basisinnovation der Zukunft (vgl. Abbildung 1.8), welche die Informationstechnologie als Konjunkturtreiber ablöst. In den letzten Jahren konnte beobachtet werden, dass Produkte, seien es Waren oder Dienstleistungen, rund um das Thema „Gesundheit“ einen verstärkten Zuspruch erfahren haben. Hier hat vermutlich auch der demografische Wandel einen Einfluss, da dieser eng mit allen Facetten von „Gesundheit“ verbunden ist.

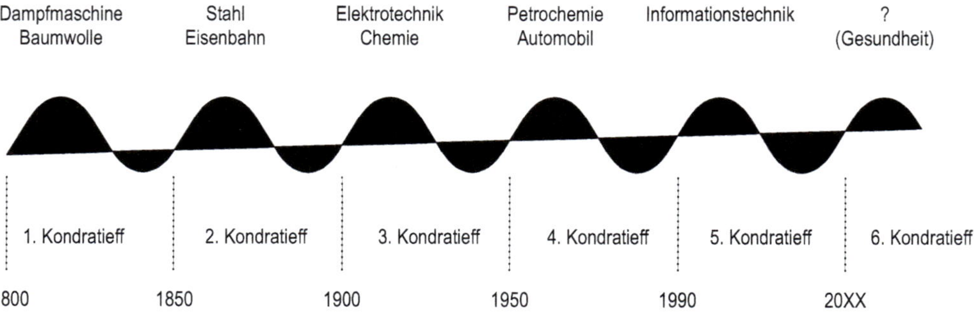

Abbildung 1.8: Lange Wellen der Konjunktur und deren Basisinnovationen (in Anlehnung an Nefiodow, 2007)

Eine Verbreiterung der Anwendung der Erkenntnisse der Ergonomie ist zu beobachten. Neben der Gestaltung von Arbeitssystemen (belastungsorientierte Verhältnisprävention) haben sich Aktivitäten der Verhaltensprävention und der Ressourcenstärkung etabliert (vgl. Tabelle 1.2), die ebenfalls die Erkenntnisse der Ergonomie nutzen.

Tabelle 1.2: Anwendung von Erkenntnissen der Ergonomie

Ansatzpunkte	Verhältnisprävention	Verhaltensprävention
Belastungsorientiert: vermeiden bzw. optimieren von gesundheitsgefährdenden Belastungen	Optimierung der Arbeitsbelastungen, Gestaltung von • Arbeitsaufgaben • Arbeitsorganisation • Arbeitsplatz • Arbeitsmittel • Arbeitszeit • Arbeitsumgebung	Schutz der persönlichen Ressourcen • Entspannungstechniken • Abbau von Risikofaktoren • gesundheitsgerechte Arbeitsweisen
Ressourcenorientiert: schaffen von Ressourcen („Kraftquellen“)	Aufbau von organisationalen Ressourcen • Vergrößerung von Handlungsspielräumen • lernförderliche Arbeitsaufgaben- und Arbeitsorganisationsgestaltung • kooperativer Führungsstil • gesundheitsförderliche Unternehmenskultur	Aufbau von personalen Ressourcen • Qualifizierung (Schulung, Fortbildung) • Trainings • Mentoring, Supervision u. ä.

Demografiegerechte Arbeitsgestaltung

Als umfassendes zukünftiges Aufgabenfeld ist die Mitwirkung an der Bewältigung des demografischen Wandels zu bezeichnen. In den westlichen Industrieländern orientierte man sich lange eher am chronologischen Alter des Menschen und setzte das mit einem Verlust an Leistungsfähigkeit gleich. Menschen jedoch altern unterschiedlich. Im Verlauf dieses

Prozesses verändert sich ihre Leistungsfähigkeit. Wie das geschieht, ist individuell unterschiedlich. Der Prozess des Altwerdens führt folglich nicht einseitig zu einem Verlust der Leistungsfähigkeit. Vielmehr beeinflussen individuelle Faktoren, wie erworbene Qualifikation und persönliche Fitness sowie die aktuelle Arbeitssituation die Leistungsfähigkeit.
Es findet somit ein Wandel der Leistungsfähigkeit statt, mit dem auch Potenziale verbunden sind. Auf Basis dieser Erkenntnisse wurde das bisher verwendete Defizitmodell des Alterns durch das Kompensationsmodell bzw. Employability-Modell des Alterns abgelöst (vgl. Abbildung 1.9).

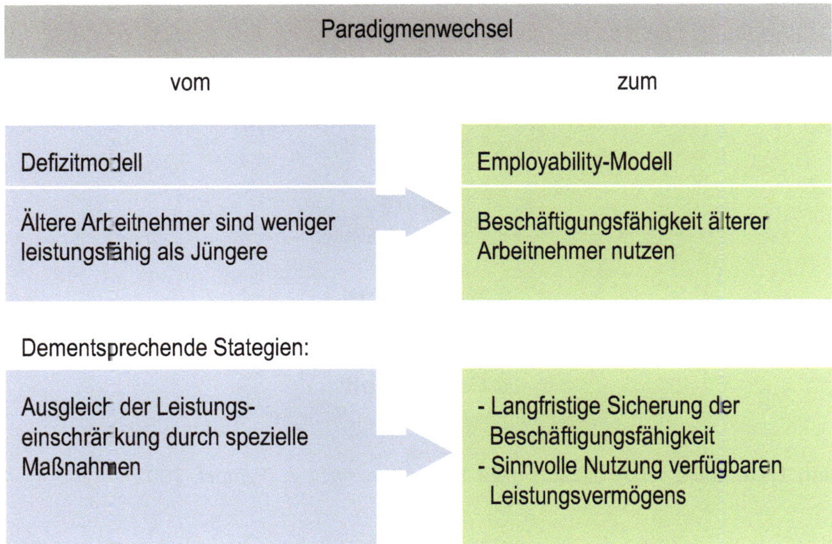

Abbildung 1.9: Vom Defizitmodell zum Employability-Modell

Als Hintergrund für das Employability-Modell dient das „Haus der Arbeitsfähigkeit" nach Illmarinen und Tempel (2002). Eine alternsgerechte Gestaltung der Arbeit zielt darauf ab, die Anforderungen der Arbeit und die Fähigkeiten der Beschäftigten aufeinander abzustimmen. Das „Haus der Arbeitsfähigkeit" zeigt, welche Bereiche dabei einbezogen werden sollten. Auf diese Weise kann eine win-win-Situation erreicht werden bezüglich der Bewältigung der Anforderungen, die durch den demografischen Wandel auf die Unternehmen zukommen.
Abbildung 1.10 zeigt das Haus der Arbeitsfähigkeit nach Illmarinen und Tempel (2002) als Erklärungsmodell für die Schaffung von alters- und alternsgerechter Arbeit.
Bewohner des Hauses sind Beschäftigte (Menschen in Arbeit), die in einem Geflecht aus sozialen Beziehungen (Freunde, Familie) mehr oder weniger in der Gesellschaft verankert sind.
Das Fundament des Hauses der Arbeitsfähigkeit, das aus vier Stockwerken besteht, bilden die persönlichen Ressourcen der Menschen (Gesundheit, Kompetenz, Werte). Gesundheit bildet also die Basis für eine gute Arbeitsfähigkeit. Werden Menschen überbeansprucht (z. B. durch Ignorieren ihrer individuellen Leistungsvoraussetzungen), wirkt sich dies auf den Gesundheitszustand und die Arbeitsfähigkeit aus.

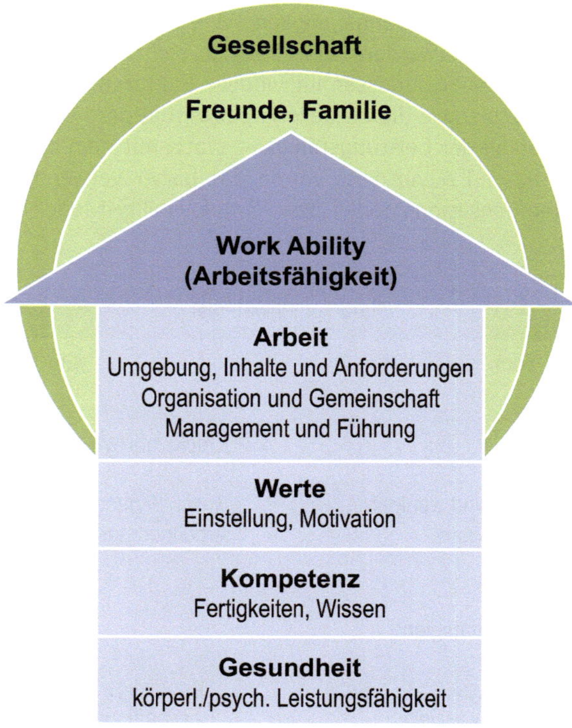

Abbildung 1.10: Haus der Arbeitsfähigkeit (nach Illmarinen & Tempel, 2002)

Im zweiten Stockwerk sind die Kompetenzen und fachlichen Qualifikationen angesiedelt, die durch „lebenslanges Lernen" oder auch betriebliche Weiterbildungsmaßnahmen (Training für Ältere) beeinflusst werden.

Im dritten Stockwerk sind sämtliche Einstellungen, Motivationen und Wünsche etc. der Beschäftigten zusammengefasst.

Im vierten Stockwerk findet sich der Bereich „Arbeit" mit seinen verschiedenen Systemkomponenten. Sind Gesundheit, Kompetenz und/oder Werte der Beschäftigten nicht tragfähig, „kippt" auch die Arbeit. Sind die drei unteren Stockwerke tragfähig, aber der Bereich „Arbeit" ist fehlerhaft, so wirkt sich auch das negativ auf die Arbeitsfähigkeit aus.

Bei der zukünftigen Arbeitsgestaltung muss die Variabilität der Ausprägung der Leistungsfähigkeit beachtet werden. Hier zeigt sich eine Abweichung zwischen kalendarischem und biologischem Alter. So kann es z. B. 50-Jährige geben, die die gleiche Leistungsfähigkeit haben wie 70-Jährige und umgekehrt (vgl. Abbildung 1.11). Der individuelle Gesundheitszustand spielt hier die entscheidende Rolle. Dieser kann durch individuelles Verhalten und Training stark beeinflusst werden.

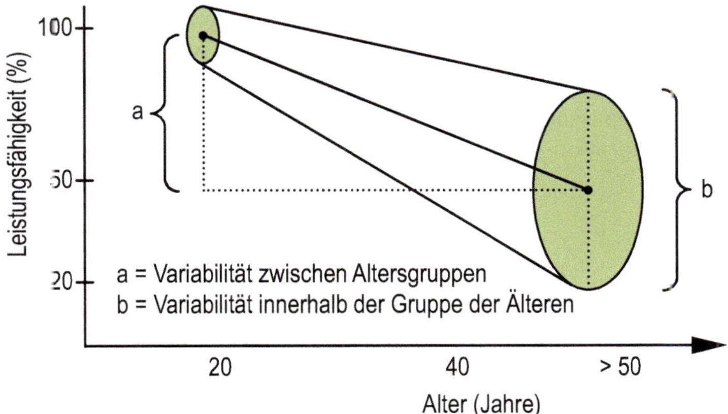

Abbildung 1.11: Zunahme der Leistungsvariabilität im Alter (Langhoff, 2009)

Durch eine entsprechende Gestaltung der Arbeit wird langfristig der Gesundheitszustand der Beschäftigten beeinflusst, was zu positiven Auswirkungen im Hinblick auf das Arbeitsverhalten führen kann. Die alters- und alternsgerechte Gestaltung von Arbeitssystemen und die zugehörige Entwicklung von Methoden und Vorgehensweisen auf allen Ebenen des Hauses der Arbeitsfähigkeit werden somit als zukünftige Aufgabenfelder der Ergonomie gesehen.

Das Methodeninventar der Ergonomie wurde inzwischen um die Altersstrukturanalyse und um den Arbeitsbewältigungsindex (auch WAI – work ability index) erweitert (Tuomi, Ilmarinen, Jahkola, Katajarinne & Tulkki, 2006). Mit der Altersstrukturanalyse kann eine unternehmensspezifische Aussage über die Entwicklung der Zusammensetzung der Belegschaft gemacht werden (Institut für Angewandte Arbeitswissenschaft [IfaA], 2017). Der WAI ist ein in Finnland entwickeltes Instrument, das auf dem Konzept der Arbeitsfähigkeit aufbaut. Im Kern besteht der WAI aus einem Fragebogen, der von den Beschäftigten ausgefüllt wird und sich u. a. auf Fragen nach

- der Bewältigung der psychischen und physischen Anforderungen der Arbeit,
- dem eigenen Gesundheitszustand und
- der eigenen aktuellen und zukünftigen Leistungsfähigkeit

bezieht.

Es handelt sich damit um eine subjektive Einschätzung der Beschäftigten selbst. Für die Auswertung werden je nach Antwort Punkte vergeben und aufaddiert (Indexbildung). Für unterschiedliche Populationen gibt es Vergleichswerte, die als Beurteilungswerte für den Stand im eigenen Unternehmen herangezogen werden können.

Digitale Ergonomiesysteme

Neben diesen beiden Instrumenten, die bereits Eingang in die betriebliche Anwendung gefunden haben, laufen Entwicklungen von digitalen Ergonomiesystemen, mit denen bereits im Planungsstadium zukünftige Beanspruchungen simuliert werden können. Mit unterschiedlichen Populationsgruppen können unterschiedliche Belastungssituationen analysiert werden, so dass bereits in der Planung von Arbeitssystemen die Aspekte der humanen und wirtschaftlichen Gestaltung integriert werden können (vgl. Abbildung 1.12). Dadurch können umfassende Gestaltungsmöglichkeiten genutzt werden und Änderungskosten durch eine nachträgliche Anpassung der Arbeit an den Menschen werden reduziert. Nachfolgend wird deshalb die Integration der Ergonomie in den Produktentwicklungsprozess aufgezeigt.

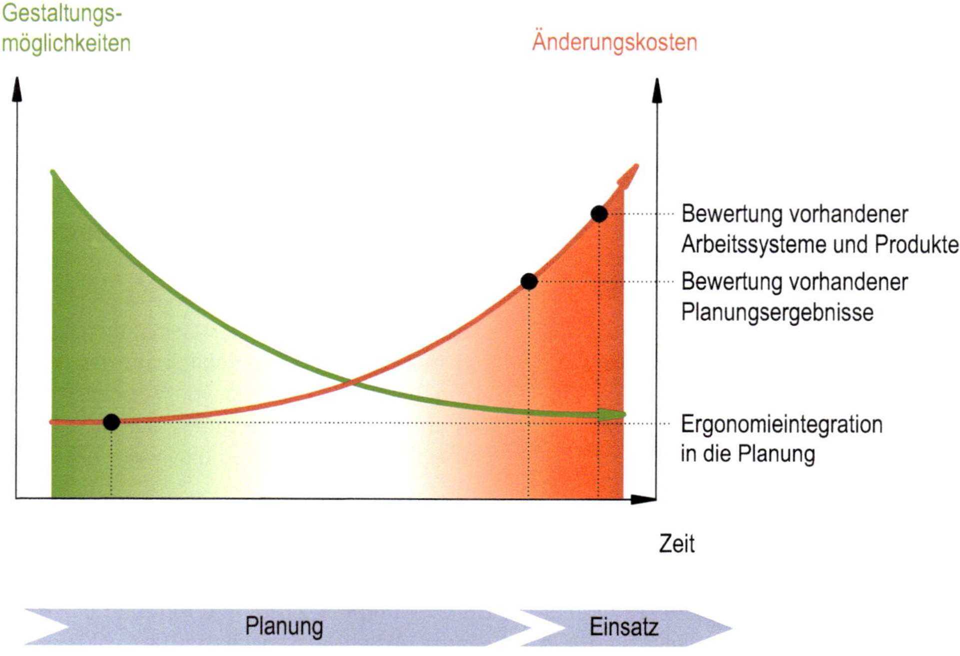

Abbildung 1.12: Zeitliche Einordnung der Ergonomie in den Produktentwicklungsprozess

B 1.6 Ergonomie als Innovationsbeitrag

Die Ergonomie hat bisher in der Entwicklung von Produkten und Prozessen Beiträge zur humanen und wirtschaftlichen Gestaltung geleistet. Trendergonomie wird als Ideengeber für die Produktentwicklung gesehen. Es soll aufgezeigt werden, wie für die Nutzer ein Mehrwert durch das neue Produkt entstehen kann (siehe Abschnitt B 1.4).

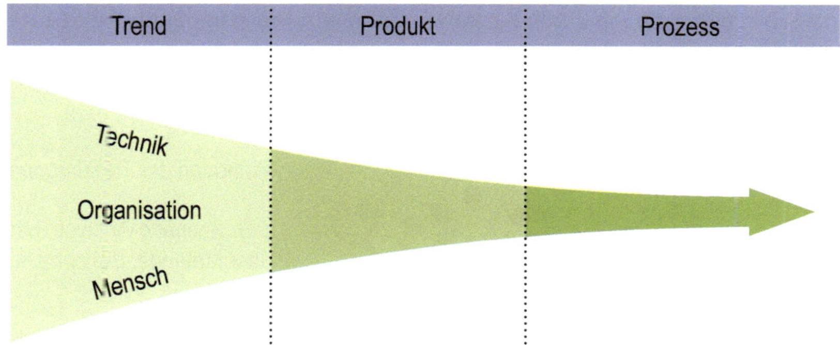

Abbildung 1.13: Ergonomie in der Produktentwicklung

Geht man davon aus, dass Neuprodukte nur dann Erfolg haben, wenn diese dem Nutzer einen Vorteil gegenüber älteren Lösungen oder Substituten bieten, dann kann die Ergonomie einen wesentlichen Beitrag zur Generierung von neuen innovationsfähigen Produktideen liefern. Das marketingtheoretische Konstrukt des Kundennutzens verhält sich ähnlich der, aus arbeitswissenschaftlicher Perspektive, geforderten „Entlastung" des Nutzers in allen Arbeits- und Lebensbereichen. Das Marketing erhebt Kundenbedürfnisse und Kundenanforderungen, clustert Menschen nach Käufer- bzw. Zielgruppen. Die Ergonomie bzw. Arbeitswissenschaft hingegen betrachtet den Nutzer, den Menschen, in seiner Umgebung. Sie ermittelt, welche Bedürfnisse vorhanden sind, da sie den Menschen und seine Beziehung zum gesamten Nutzungskontext betrachtet. Mit dieser Perspektive ermittelt sie Informationen, die zur Belastungsoptimierung oder Belastungsreduzierung des Nutzers verwendet werden können und damit zur Erhöhung seines Nutzens beitragen. Damit können aus ergonomischer Sicht Informationen generiert werden, die Innovationspotential bieten.

Dies betrifft nicht nur aktuelle Gegebenheiten, sondern vor allem auch zukünftige Entwicklungen. Der Nutzungskontext verändert sich ständig. Gesellschaftliche Veränderungen, wie der demografische Wandel wirken sich auf die Bedürfnisse und Möglichkeiten der Arbeitsaufgabenbewältigung aus. Ebenso beeinflussen technische Neuerungen die Aufgaben und die Nutzer selbst. Bedürfnisse werden durch neue technische Lösungen anders befriedigt als zuvor, was wiederum auf die Art und Gewichtung von Bedürfnissen Einfluss nimmt und damit auch wieder gesellschaftliche Veränderungen zur Folge haben kann. Am Beispiel der Entwicklung von Fahrerassistenzsystemen, ob Geschwindigkeitsregelanlage oder Spurwechselassistent, lässt sich dies gut nachvollziehen.

Innovationen entstehen damit durch technische Lösungen, die zur richtigen Zeit, die richtigen Bedarfe bzw. Probleme am Markt bedienen und lösen können. Informationen über den sich verändernden Nutzungskontext reduzieren die Unsicherheit im Innovationsprozess maßgeblich und sind in hohem Maße innovationsrelevant. Die Ergonomie kann hierzu einen wesentlichen Beitrag liefern.

Eine Vielzahl von Methoden unterstützt das Finden und Beurteilen von Ideen und Innovationen. Wird dabei der Aspekt der Belastungsreduzierung für den Menschen eingebracht, so kann bereits in dieser Phase die Ergonomie einen Beitrag zur erfolgreichen Innovation leisten.

Abbildung 1.14 zeigt auf, wie durch die Anwendung von Methoden über vier Stufen hinweg eine Verdichtung von Trends hin zu einer konkreten Idee, die in ein marktfähiges Produkt mündet, erfolgen kann.

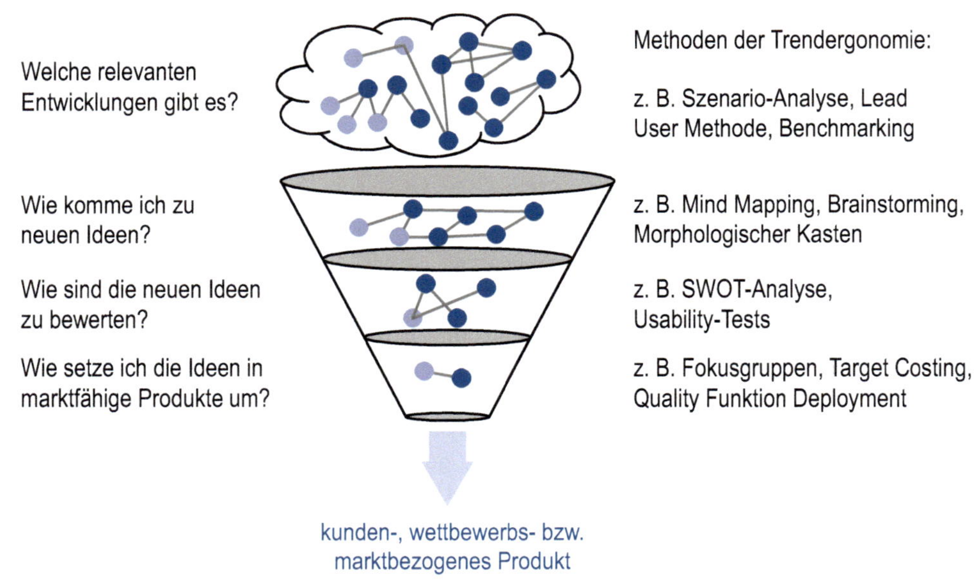

Abbildung 1.14: Vom Trend zum Produkt

Beispielhaft wird nachfolgend je Stufe eine Methode vorgestellt:

Welche relevanten Entwicklungen gibt es? – Methode Benchmarking: es handelt sich um ein Vergleichsverfahren, das sich auf Produkt, Prozess, Methoden und ihren Vergleich mit den jeweils aktuellen bzw. besten Leistungen bezieht. Ziel ist die Verbesserung eigener Prozesse und die Beschleunigung eigener Lern- und Entwicklungsprozesse.

Wie komme ich zu neuen Ideen? – Methode Brainstorming: darunter versteht man ein Gruppenverfahren zur Erzeugung einer Vielzahl von Ideen ohne Einschränkung, mit dem Anspruch, Intuition und Kreativität zuzulassen und erst im zweiten Schritt die Vorschläge zu bewerten.

Wie sind die neuen Ideen zu bewerten? – Methode SWOT-Analyse (englisches Akronym für Strengths (Stärken), Weaknesses (Schwächen), Opportunities (Chancen) und Threats (Risiken)): im Rahmen einer „Vierfelder"-Betrachtung werden die Stärken und Schwächen, d. h. die internen Eigenschaften bzw. Bedingungen des Produktes oder Produktionsprozesses, ermittelt, sowie andererseits die Chancen und Risiken mittels einer externen Analyse, d. h. der Betrachtung von Veränderungen im Markt, in der technologischen, sozialen oder ökologischen Umwelt, unterzogen. Dies führt zu einer Gesamteinschätzung der Marktchancen.

Wie setze ich die Ideen in marktfähige Produkte um? – Methode Fokusgruppen: darunter versteht man ein moderiertes Gespräch zwischen Benutzern und Usability-Experten über Anforderungen, Wünsche und Beobachtungen im Hinblick auf ein bestimmtes Produkt.

B 1.7 Bewertungskriterien für menschliche Arbeit

In Abschnitt B 1.4 wurde ausgeführt, dass die Gestaltung von Arbeitssystemen ein Ziel der Arbeitswissenschaft bzw. Produktionsergonomie ist. Mittels Kriterien können Arbeitssysteme bewertet werden. Rohmert (1987) entwickelte ein erstes hierarchisches Kriteriensystem mit den in Tabelle 1.3 aufgeführten Bewertungsebenen.

Tabelle 1.3: Bewertungsebenen für menschliche Arbeit (nach Rohmert, 1987)

Bewertungsebene		Zeithorizont	Problemzuordnung	Wissenschaftlicher Aussagebereich
4	Zufriedenheit	Langfristig	Psychologisches Problem	Individual- und Sozialpsychologie
3	Zumutbarkeit	Langfristig	Psychologisches Problem	Gesellschaftswissenschaft
2	Erträglichkeit	Langfristig	Arbeitspsychologisches, arbeitsmedizinisches Problem	Arbeitswissenschaft
1	Ausführbarkeit	Kurzfristig	Anthropometrisches, psychologisches Problem	Arbeitswissenschaft

In Abbildung 1.15 sind die Bewertungsebenen nach Hacker und Richter (1984) dargestellt. Es handelt sich ebenfalls um ein hierarchisches 4-Ebenen-System, das eine weitere Differenzierung in jeweils drei Unterebenen beinhaltet. Die Mindestanforderungen der betreffenden Ebene müssen gegeben sein, bevor die nächste Ebene relevant wird.
Folgende Fragen sind bei der Anwendung des Modells zu stellen:

1. Ausführbarkeit
   Sind die Voraussetzungen für ein zuverlässiges, d. h. forderungsgerechtes langfristiges Arbeiten gegeben?
2. Schädigungslosigkeit
   Sind körperliche und psychische Gesundheitsschäden ausgeschlossen?
3. Beeinträchtigungsfreiheit
   Treten keine, auch nur geringe und kurzfristige, Fehlbeanspruchungen (qualitativ vs. quantitativ; Über- vs. Unterforderung) mit Auswirkungen auf die Gesundheit (Befindlichkeitsbeeinträchtigung mit vorübergehenden körperlichen Begleitumständen ohne Krankheitswert, Leistungsminderung) auf?
4. Persönlichkeitsförderlichkeit
   Können ausgewählte Fähigkeiten und Fertigkeiten durch die Arbeit weiterentwickelt werden?

Bei der Betrachtung der Bewertungssysteme wird deutlich, dass jeweils verschiedene, aber teilweise ähnliche Aspekte unterschiedlich gewichtet werden, je nachdem, ob es sich um eine ingenieurwissenschaftliche oder arbeitspsychologische Sichtweise handelt. Kurz- und langfristige Wirkungen, physische und psychische Aspekte und sowohl die individuelle als auch die gesellschaftliche Akzeptanz spielen eine Rolle.

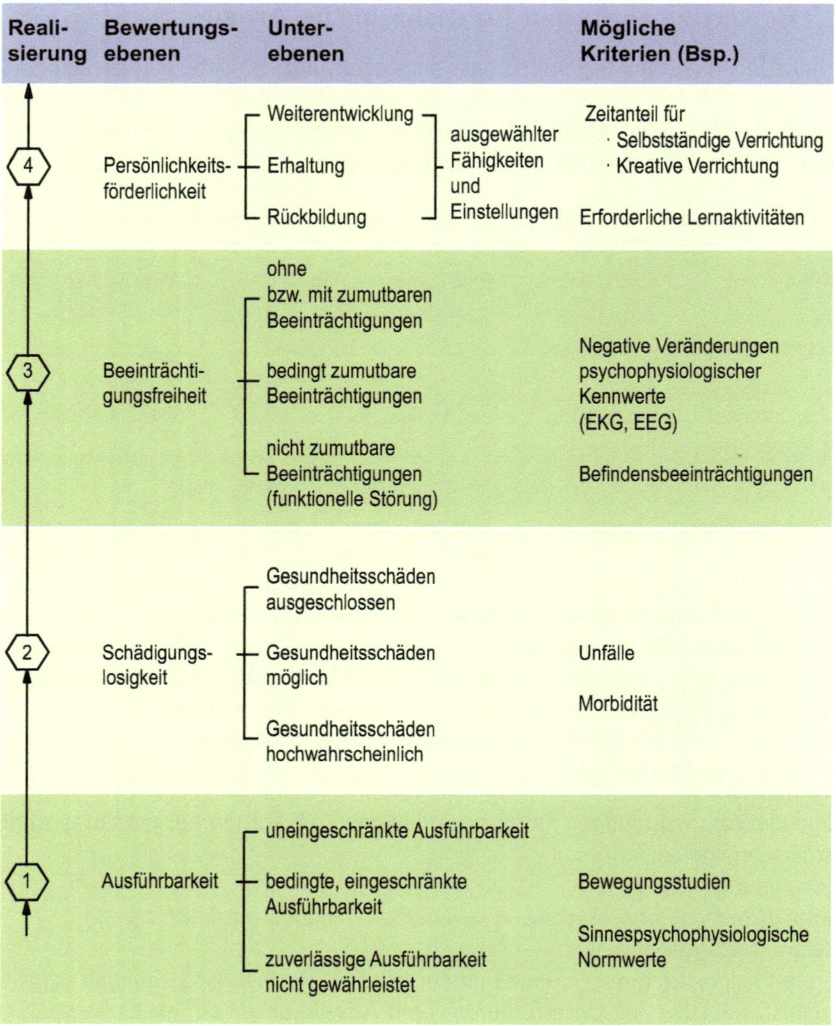

Realisierung	Bewertungsebenen	Unterebenen	Mögliche Kriterien (Bsp.)
4	Persönlichkeitsförderlichkeit	Weiterentwicklung / Erhaltung / Rückbildung ausgewählter Fähigkeiten und Einstellungen	Zeitanteil für · Selbstständige Verrichtung · Kreative Verrichtung Erforderliche Lernaktivitäten
3	Beeinträchtigungsfreiheit	ohne bzw. mit zumutbaren Beeinträchtigungen bedingt zumutbare Beeinträchtigungen nicht zumutbare Beeinträchtigungen (funktionelle Störung)	Negative Veränderungen psychophysiologischer Kennwerte (EKG, EEG) Befindensbeeinträchtigungen
2	Schädigungslosigkeit	Gesundheitsschäden ausgeschlossen Gesundheitsschäden möglich Gesundheitsschäden hochwahrscheinlich	Unfälle Morbidität
1	Ausführbarkeit	uneingeschränkte Ausführbarkeit bedingte, eingeschränkte Ausführbarkeit zuverlässige Ausführbarkeit nicht gewährleistet	Bewegungsstudien Sinnespsychophysiologische Normwerte

Abbildung 1.15: Bewertungsebenen für menschliche Arbeit (nach Hacker & Richter, 1984)

Vor dem Hintergrund einer sich wandelnden und sich weiter ausdifferenzierenden Arbeitswelt, in der neben der klassischen (körperlich orientierten) Produktionsarbeit zunehmend geistige Arbeit verrichtet wird, wurde in der Gesellschaft für Arbeitswissenschaft ein umfassender Diskursprozess zum Selbstverständnis geführt. Unterschiedliche Fachdisziplinen haben eine unterschiedliche Sichtweise auf die menschliche Arbeit, und es wurde versucht, ein gemeinsames Verständnis zur Bewertung von Arbeit zu entwickeln. In Abbildung 1.16 ist die entwickelte 5-stufige Bewertungshierarchie enthalten, die auch im Weiteren in diesem Buch verwendet wird.

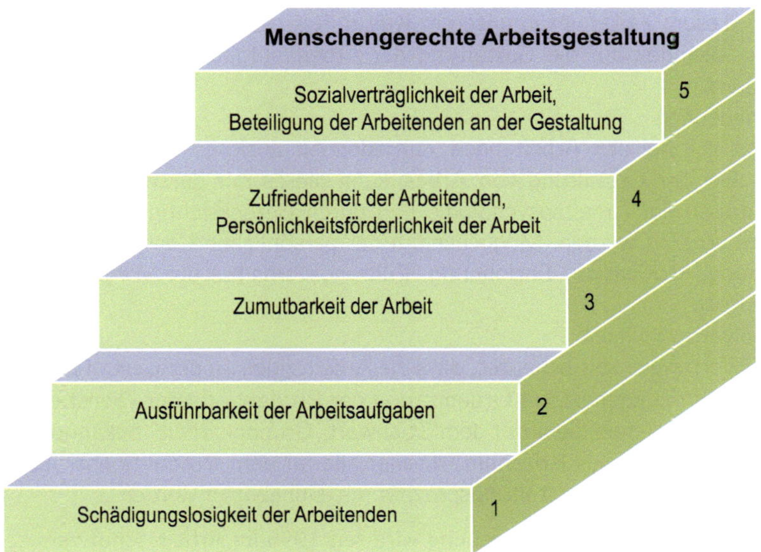

Abbildung 1.16: Arbeitswissenschaftliche Bewertungskriterien (Luczak, Volpert, Raeithel & Schwier, 1989)

Die Bewertungsebenen bauen hierarchisch aufeinander auf und beschreiben den Weg zum Ziel der menschengerechten Arbeit.

1. Schädigungslosigkeit
   Das erste Kriterium lautet: Arbeit muss schädigungslos und erträglich sein. Das setzt voraus, dass keine physiologischen und ökologischen Prinzipien verletzt werden. Arbeit soll also so gestaltet sein, dass der Mensch im Einklang mit der Natur seiner Arbeit nachgehen kann. Dies ist auch unter dem Gesichtspunkt der Langfristigkeit zu sehen. Die Arbeit darf nicht nur einmalig oder kurzfristig ausführbar sein, sondern muss mehrmalig über ein ganzes Arbeitsleben hinweg ohne Gesundheitsschäden wiederholt werden können. Hier spielen vor allem die Arbeitsdauer, die Arbeitsschwere und auch die Umgebungsbedingungen (z. B. Lärm, Klima) eine Rolle.
2. Ausführbarkeit
   Arbeitsaufgaben, vor allem Operationen mit Werkzeugen und Maschinen, müssen ausführbar sein. Die dem Menschen gestellten Aufgaben dürfen unter Berücksichtigung der individuellen Fähigkeiten und Fertigkeiten nicht zu einer zu hohen Beanspruchung führen. Der Spielraum wird festgelegt durch die menschliche Biomechanik zum einen und die mentale Kapazität der Arbeitsperson zum anderen. Die individuellen Leistungsvoraussetzungen müssen berücksichtigt werden. Konkret bedeutet dies z. B. die Erreichbarkeit von Stellteilen, die Verständlichkeit von Informationen oder die Möglichkeit, ausreichend Kraft zur Ausführung einer Tätigkeit aufzubringen.
3. Zumutbarkeit
   Die Frage der Zumutbarkeit ist ein persönliches Problem und kann nur vom Einzelnen selbst beantwortet werden. Das persönliche Erleben steht dabei jedoch in Beziehung zum kulturellen Umfeld und eventuell vorhandener Erfahrung. Zumutbare Arbeit sol

nach diesem Kriterium in unserem Kulturkreis dem Einzelnen einen Handlungsspielraum, bezogen auf die Gestaltung der Arbeitsaufgaben und der Arbeitsumgebung, einräumen.

4. Zufriedenheit
   Arbeit soll bei den Arbeitenden Zufriedenheit auslösen und persönlichkeitsfördernd sein. Bei der Gestaltung von Arbeit kann dieses nur durch die Umsetzung der Erkenntnisse der Arbeitspsychologie und durch Berücksichtigung des kulturellen Umfeldes erreicht werden. Möglichkeiten der persönlichen Gestaltung der Arbeit, Anerkennung, Motivation, Entlohnung, Führungsverhalten der Vorgesetzten etc. spielen eine Rolle.
5. Sozialverträglichkeit
   Sozialverträglichkeit bedeutet, dass die Arbeitenden an der Gestaltung der Arbeit, bezogen auf die kooperative Organisation der Produktion oder Dienstleistung, beteiligt werden. Besonders die unter dem Stichwort „Gruppenarbeit" bekannten Arbeitsstrukturen erfüllen dieses Kriterium, da hier alle an dem Produktionsprozess Beteiligten aktiv in den Arbeitsgestaltungsprozess mit einbezogen werden.

Im Zuge der Arbeitsschutzgesetzgebung wird seit 1996 im Arbeitsschutzgesetz (ArbSchG) in § 5 die Beurteilung der Arbeitsbedingungen durch eine Gefährdungsbeurteilung gefordert. Gesetzlich gefordert ist die Vermeidung von Gesundheitsschäden durch ungenügend gestaltete Arbeitsbedingungen. Hier greifen – auch unter langfristigen Aspekten – die ersten beiden Stufen der Bewertungshierarchie. Eine konsistente Überführung der Bewertungsebenen in den Arbeitsschutz ist schwer möglich, da hier die Begrifflichkeiten „Gefährdung und Gefahr" verwendet werden und in der Ergonomie bzw. Arbeitswissenschaft „Belastung und Beanspruchung" (siehe Abschnitt B 7.4.2).
Neben den genannten Kriterien zur Bewertung von Arbeit sind in Normen Hinweise zur menschengerechten Gestaltung von Arbeit enthalten. Merkmale gut gestalteter Aufgaben nach DIN EN ISO 29241-2 (1993), DIN EN 614-2 (2008) und DIN EN ISO 6385 (2016) sind (Hacker, 2009):

1. Vollständige/ganzheitliche, sinnvolle Arbeitseinheiten,
2. Für Arbeitenden erkennbarer bedeutsamer Beitrag,
3. Angemessene Vielfalt von Fertigkeiten und Fähigkeiten; Vermeidung repetitiver, einseitiger Aufgaben,
4. Handlungsspielraum (hinsichtlich Arbeitstempo/Abfolge/Vorgehen),
5. Ausreichend sinnvolle Rückmeldungen über Aufgabendurchführung,
6. Berücksichtigung der Kenntnisse, Erfahrungen, Fertigkeiten und Fähigkeiten des Arbeitenden (keine Über-/Unterforderung),
7. Möglichkeit zu Einsatz und Weiterentwicklung vorhandener bzw. Aneignung neuer Kenntnisse, Erfahrungen, Fertigkeiten und Fähigkeiten,
8. Vermeidung sozial isolierender Arbeit.

Für Bürotätigkeiten mit Bildschirmarbeit nennt die DIN EN ISO 29241-2 (1993):

- Benutzerorientierung: Erfahrungen/Fähigkeiten des Benutzers werden berücksichtigt.
- Vielseitigkeit: Es sollte eine angemessene Vielfalt von Fertigkeiten, Fähigkeiten und Aktivitäten angestrebt werden.

- Ganzheitlichkeit: Ganzheitliche Aufgaben sind Bruchstücken vorzuziehen.
- Eindeutigkeit: Die Aufgabe sollte einen bedeutsamen, dem Arbeitnehmer verständlichen Beitrag zur Gesamtfunktion der Arbeit leisten.
- Handlungsspielraum: Es sollte ein angemessener Handlungsspielraum bezüglich Reihenfolge, Tempo und Vorgehensweise vorhanden sein.
- Rückmeldung: Rückmeldungen über die Aufgabenerfüllung sind vorzusehen.
- Weiterentwicklung: Möglichkeit, bestehende Fähigkeiten weiter zu entwickeln und sich neue im Rahmen der Aufgabe anzueignen

C 1 Methoden

Neben den einzelnen Methoden, die in den folgenden Kapiteln erläutert werden, soll hier die generelle Einordnung der Produkt- und Produktionsergonomie in den Entwicklungs- und Gestaltungsprozess behandelt werden.

- Hersteller von Produkten sind verpflichtet, ergonomische Erkenntnisse zu berücksichtigen.
- Für die Nutzung von Produkten ist der Arbeitgeber verpflichtet, entsprechende ergonomische Einsatzbedingungen sicherzustellen.
- Neben dem gesetzlichen Auftrag sichern ergonomische Arbeitsbedingungen aber auch die Leistungssteigerung bzw. den Leistungserhalt im Arbeitsprozess.

Darüber hinaus haben zahlreiche Hersteller die Ergonomie als Werbefaktor erkannt, da sich insbesondere der effiziente Umgang mit dem Leistungsangebot der Mitarbeiter und die Effizienz von Arbeitsprozessen als eindeutiger Mehrwert darstellen lassen.
Als allgemeine systematische Vorgehensweise gilt in der Ergonomie der „Dreiklang" von Analyse, Bewertung und Gestaltung (vgl. Abbildung 1.17). Aufbauend auf einer methodengestützten Analyse der Ausganssituation erfolgt eine Bewertung anhand der ermittelten Grenzen der Über- und Unterforderung des Menschen. In der Gestaltung erfolgt die Umsetzung der Erkenntnisse mit dem Ziel der menschengerechten Gestaltung von Arbeit.

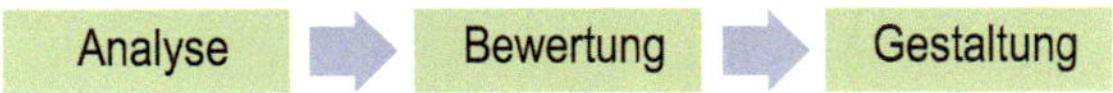

Abbildung 1.17: Allgemeine Vorgehensweise in der Ergonomie

Konzeptive und korrektive Gestaltung

Oft werden Produkte und Arbeitssysteme nach Beschwerden von Nutzern oder Beschäftigten optimiert, es wurden also bei der Benutzung der Produkte oder während der Arbeit Defizite erkannt, die beseitigt werden müssen. Bei der Entwicklung von Software kann die iterative Optimierung, z. B. durch Servicepacks erfolgen, was aber bei Maschinen, Geräten und auch Arbeitssystemen nicht möglich ist.

Sinnvoll ist ein konzeptives Vorgehen bei der ergonomischen Gestaltung. Berücksichtigt man Aspekte der Ergonomie von Beginn an, so lassen sich mögliche Fehlentwicklungen, durch die entweder unkalkulierbare Folgekosten oder unerwünschte Belastungen der Mitarbeiter entstehen, bereits im Ansatz vermeiden. Die konzeptiv ergonomische Gestaltung ist deshalb gegenüber der korrektiven Vorgehensweise zu bevorzugen (vgl. Abbildung 1.18). Gleichzeitig muss aber festgestellt werden, dass diese Vorgehensweise anspruchsvollere Methoden erfordert, da bereits in der Entwicklungs- bzw. Planungsphase der spätere Nutzer berücksichtigt werden muss. Simulationsmethoden, mit denen bereits im Vorfeld der Nutzung die Beanspruchung des Menschen ermittelt und bewertet werden kann, sind hier notwendig (z. B. sogenannte Systeme vorbestimmter Beanspruchungen, digitale Menschmodelle).

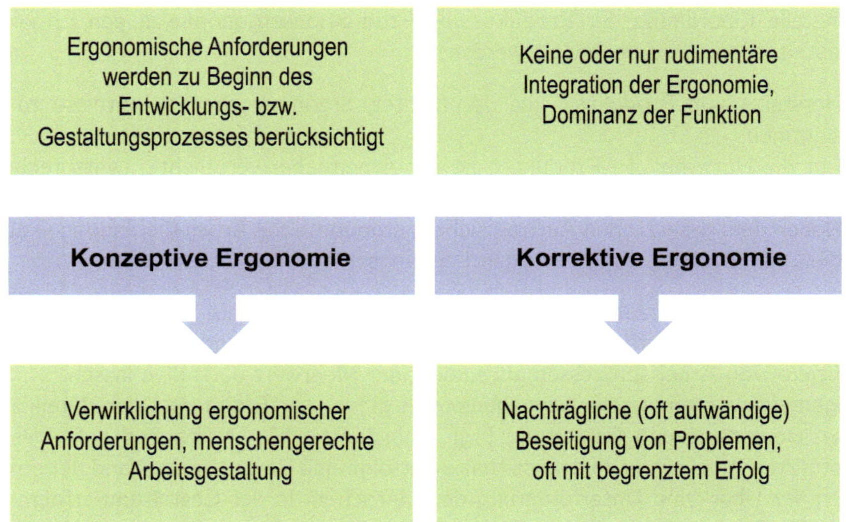

Abbildung 1.18: Gegenüberstellung von konzeptivem und korrektivem Gestaltungsansatz (in Anlehnung an Merkel & Schmauder, 2011)

Für den systematischen Entwurfsprozess in der Produktgestaltung orientieren sich viele Entwickler an der Konstruktionsmethodik nach VDI 2222 Blatt 1 (1997). Mit der DIN EN 614-1 (2009) liegt für die ergonomische Gestaltung ein vergleichbares Vorgehensmodell vor. Durch die Verknüpfung beider Vorgehensmodelle wird die Ergonomie in die Produktentwicklung integriert (vgl. Abbildung 1.19).

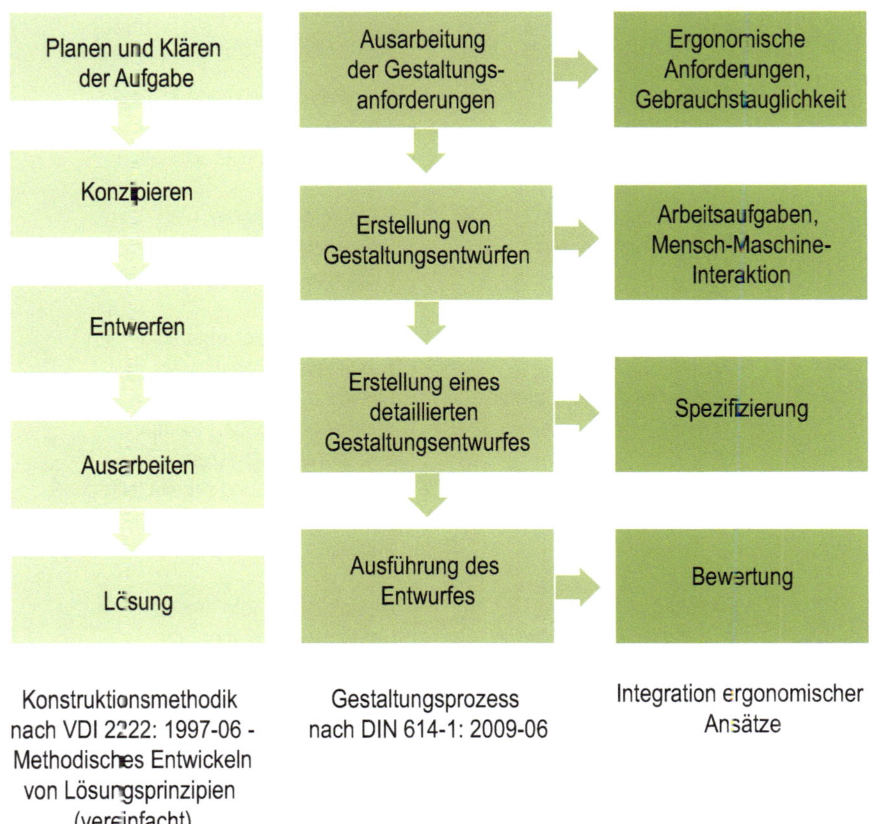

Abbildung 1.19: Gegenüberstellung der Konstruktionsmethodik (nach VDI 2221, 2019 und VDI 2222 Blatt 1, 1997) und dem Vorgehensmodell zur ergonomischen Gestaltung (nach DIN EN 614-1, 2009)

Für die Planung von Arbeitssystemen hat sich die REFA-Planungssystematik (alte Bezeichnung: REFA-6-Stufen Methode) bewährt.

Stufe	Inhalt	Vorgehen
1	Ausgangssituation analysieren	- Analyseschwerpunkte festlegen - Analyse durchführen - Analyseergebnisse darstellen
2	Ziele festlegen, Aufgaben abgrenzen	- Ziele konkretisieren - Ziele gewichten - Planungsaufgaben abgrenzen
3	Projektlösung/Produkt/ Prozess/ Arbeitssystem konzipieren	- Arbeitsabläufe erarbeiten - Arbeitssystem entwickeln - Qualifikationsanforderungen abschätzen und Personalbedarf planen - Belastung abschätzen - Entgeltsystem und Arbeitszeitregime planen bzw. vereinbaren - Varianten bewerten und auswählen
4	Projektlösung/Prozess/ Arbeitssystem detaillieren	- Gestaltungsregeln umsetzen - Betriebsmittel planen - Personal planen - Realisierungsplan erstellen
5	Projektlösung/Prozess/ Arbeitssystem einführen	- Betriebsmittel beschaffen bzw. bauen - Personelle Maßnahmen durchführen - Arbeitssystem installieren - Probebetrieb durchführen - Belastungen analysieren - Daten ermitteln
6	Projektlösung/Prozess/ Arbeitssystem einsetzen	- Abschlussdokumentation erstellen - Erfolgskontrolle durchführen

Abbildung 1.20: REFA-Planungssystematik (Institut für Angewandte Arbeitswissenschaft [IfaA], 2012)

Durch die systematische Vorgehensweise ist gewährleistet, dass qualitativ hochwertige Ergebnisse entstehen. Anforderungen der Ergonomie können und müssen insbesondere in Stufe 2 bei der Festlegung der Ziele integriert werden. In Stufe 3 werden Belastungen abgeschätzt und in die Bewertung der Alternativen einbezogen. Im Rahmen der Systemeinführung (Stufe 5) besteht noch die Chance, durch korrektive Maßnahmen die Lösungen weiter zu optimieren.

E 1 Empfehlungen und Regeln (Vorschriften)

In diesem Abschnitt wird die Systematik des Vorschriften- und Regelwerks sowie die Einordnung und Bedeutung der Ergonomie darin beschrieben.

E 1.1 Systematik des Vorschriften- und Regelwerks

Rechtliche Vorgaben mit Bezug zur Arbeitswelt sind in der Bundesrepublik Deutschland entsprechend Abbildung 1.21 gegliedert.

Abbildung 1.21: Gliederung des Vorschriften- und Regelwerks

Gesetze geben eher abstrakte Schutzziele vor, die durch das untergesetzliche Regelwerk weiter ausdifferenziert werden. Von Bedeutung ist zunächst das in Artikel 2 des Grundgesetzes der Bundesrepublik Deutschland (GG) formulierte Recht auf körperliche Unversehrtheit. Das Arbeitsschutzgesetz (ArbSchG) konkretisiert dieses im Hinblick auf Arbeitsprozesse und das Produktsicherheitsgesetz (ProdSG) für die Arbeitsmittel. Verordnungen untersetzen diese Gesetze, wobei diese häufig durch Technische Regeln weiter ausdifferenziert werden.
Folgende beispielhafte Aufzählung soll diesen Sachverhalt für das ArbSchG verdeutlichen:

- Arbeitsstättenverordnung (ArbStättV) mit den ASR,
- Betriebssicherheitsverordnung (BetrSichV) mit den TRBS,
- Lärm und Vibrations-Arbeitsschutzverordnung (LärmVibrationsArbSchV) mit TRLV Lärm und TRLV Vibrationen,
- Arbeitsschutzverordnung zu künstlicher optischer Strahlung (OStrV) mit den TROS IOS und TROS Laserstrahlung,
- Verordnung zum Schutz der Beschäftigten vor Gefährdungen durch elektromagnetische Felder (EMFV) mit den TREMF,

- Biostoffverordnung (BiostoffV) mit den TRBA,
- Verordnung zur arbeitsmedizinischen Vorsorge (ArbmedVV) mit den Arbeitsmedizinischen Regeln AMR.

Das Produktsicherheitsgesetz wird mit der 9. Verordnung zum Produktsicherheitsgesetz (9. ProdSV) und das Chemikaliengesetz (ChemG) durch die Gefahrstoffverordnung (GefStoffV) mit den TRGS untersetzt. Das Arbeitszeitgesetz (ArbZG) macht Vorgaben zum Arbeitseinsatz von Beschäftigten.
Die staatlichen Regeln zu den einzelnen Verordnungen entfalten Vermutungswirkung, d. h. es kann vermutet werden, dass die in den Regeln beschriebenen Maßnahmen die in der jeweiligen Vorschrift beschriebenen Anforderungen erfüllen. Ein Nachweis der Wirksamkeit der Maßnahmen seitens des Anwenders ist nicht notwendig.
Das Regelwerk der Unfallversicherungsträger ist hierarchisch in Vorschriften (z. B. DGUV Vorschrift 1), Regeln (DGUV Regel xxx-yyy), Informationen (DGUV Information xxx-yyy) und Grundsätze (DGUV Grundsatz xxx-yyy) gegliedert.
Normen (z. B. DIN, EN, ISO) sowie VDI-Richtlinien und VDE-Richtlinien differenzieren das Regelwerk weiter aus und entfalten teilweise Vermutungswirkung.
Die Bundesanstalt für Arbeitsschutz und Arbeitsmedizin (BAuA) bereitet ihre Forschungsarbeit regelmäßig für die Praxis auf. Von der Gesellschaft für Arbeitswissenschaft e. V. (GfA) erarbeitete Erkenntnisse werden als „Arbeitswissenschaftliche Erkenntnisse der GfA " veröffentlicht. Es handelt sich um praxisorientierte, arbeitswissenschaftlich begründete Handlungsempfehlungen für die Gestaltung von Arbeit.
Für den Bereich der Arbeits- und Umweltmedizin erarbeitet die Deutsche Gesellschaft für Arbeits- und Umweltmedizin e. V. (DGAUM) Empfehlungen und Leitlinien.

E 1.2 Ergonomie und Gesetze

In der Ergonomie geht es um die umfassende menschengerechte Gestaltung von Arbeit. Diese wird in § 2 ArbSchG als Maßnahme des Arbeitsschutzes aufgeführt. Die Ergonomie liefert damit einen wichtigen Beitrag zur Verbesserung von Sicherheit und Gesundheitsschutz der Beschäftigten. Dieses ist Gegenstand der Produktionsergonomie (macro ergonomics). Im Arbeitssicherheitsgesetz (ASiG) wird bei der Präzisierung der Aufgaben der Fachkräfte für Arbeitssicherheit in § 6, Abschnitt 1, Absatz d aufgeführt, dass der Arbeitgeber bei der Gestaltung der Arbeitsplätze, des Arbeitsablaufs, der Arbeitsumgebung und in sonstigen Fragen der Ergonomie zu beraten ist. Für die Fachkräfte für Arbeitssicherheit ist damit die Ergonomie Teil der sicherheitstechnischen Fachkunde.
Auch in der Produktergonomie (micro ergonomics) gibt es einen Bezug zum Regelwerk. Ergonomische Gestaltungsanforderungen zum Schutz der Nutzer sind durch Vorgaben im Produktsicherheitsgesetz bzw. der Maschinenverordnung (9. ProdSV) festgeschrieben.
Bei der Beschreibung der grundlegenden Sicherheits- und Gesundheitsschutzanforderungen im Anhang der Maschinenrichtlinie wird explizit die Ergonomie folgendermaßen genannt: „Bei bestimmungsgemäßer Verwendung müssen Belästigung, Ermüdung sowie körperliche und psychische Fehlbeanspruchung des Bedienungspersonals auf das mögliche Mindestmaß reduziert sein unter Berücksichtigung ergonomischer Prinzipien wie:

- Möglichkeit der Anpassung an die Unterschiede in den Körpermaßen, der Körperkraft und der Ausdauer des Bedienungspersonals;

- ausreichender Bewegungsfreiraum für die Körperteile des Bedienungspersonals;
- Vermeidung eines von der Maschine vorgegebenen Arbeitsrhythmus;
- Vermeidung von Überwachungstätigkeiten, die dauernde Aufmerksamkeit erfordern;
- Anpassung der Schnittstelle Mensch-Maschine an die voraussehbaren Eigenschaften des Bedienungspersonals."

Grundlegend für die Auslösung der Vermutungswirkung bei der Maschinenkonstruktion ist die DIN EN ISO 12100 (2013) zur Sicherheit von Maschinen. Hier werden in Abschnitt 6.2.8 explizit ergonomische Grundsätze aufgeführt.
Eine Schnittstelle zwischen Produktions- und Produktergonomie bildet die Verwendung von Arbeitsmitteln im Betrieb. Die Technische Regel zur Betriebssicherheit [TRBS] 1151 (2015) „Gefährdungen an der Schnittstelle Mensch – Arbeitsmittel – Ergonomische und menschliche Faktoren" gibt hier Hinweise, wie durch eine ergonomische Arbeitsmittelgestaltung die Betriebssicherheit verbessert werden kann.

E 1.3 Stand der Technik und Vermutungswirkung

Die gesetzlichen Vorschriften bestimmen das Schutzziel und die technischen oder arbeitswissenschaftlichen Regeln und Erkenntnisse füllen diesen Rahmen konkret im Detail aus. Sie sind in die Auslegung der Rechtsvorschriften mit einzubeziehen. Sie sind zwar keine Rechtsnormen, lösen aber oft eine Vermutungswirkung aus. Wenn die in den Regeln beschriebenen Maßnahmen angewandt werden, dann kann davon ausgegangen werden, dass das im Gesetz bzw. in der Verordnung genannte Schutzziel erfüllt wird.
Der Stand der Technik ist der Entwicklungsstand fortschrittlicher Verfahren, Einrichtungen oder Betriebsweisen, der die praktische Eignung einer Maßnahme zum Schutz der Gesundheit und zur Sicherheit der Beschäftigten gesichert erscheinen lässt. Bei der Bestimmung des Standes der Technik sind insbesondere vergleichbare Verfahren, Einrichtungen oder Betriebsweisen heranzuziehen, die mit Erfolg in der Praxis erprobt worden sind (Bundesanstalt für Arbeitsschutz und Arbeitsmedizin [BAuA], 2015). Im Regelwerk zu den Arbeitsschutzverordnungen (TRBS, ASR, TRGS usw.) wird u. a. der Stand der Technik beschrieben. Gleiches gilt für den Bereich des Produktsicherheitsgesetzes bzw. der Maschinenverordnung. Hier ist in spezifischen Normen der Stand der Technik festgehalten. Auch die DGUV Vorschriften lösen Vermutungswirkung aus.

E 1.4 Gesicherte arbeitswissenschaftliche Erkenntnisse

Im Arbeitsschutzgesetz wird die Umsetzung gesicherter arbeitswissenschaftlicher Erkenntnisse gefordert. Gesicherte arbeitswissenschaftliche Erkenntnisse, z. B. der Arbeitsmedizin, der Ergonomie, der Arbeitspsychologie sind solche, die in den betroffenen Disziplinen als gültig anerkannt sind, bisher nicht widerlegt wurden und die herrschende Meinung der internationalen Fachwelt darstellen. Dazu gehören z. B.

- Arbeitswissenschaftliche Erkenntnisse und Leitlinien der Gesellschaft für Arbeitswissenschaft (GfA),
- relevante DIN, EN- und ISO-Normen,
- Regeln und Informationen der Unfallversicherungsträger (Berufsgenossenschaften),

- Veröffentlichungen der Bundesanstalt für Arbeitsschutz und Arbeitsmedizin (BAuA) und der staatlichen Arbeitsschutzbehörden.

Die gesicherten arbeitswissenschaftlichen Erkenntnisse stellen einen vergleichbaren Schutzstandard dar – ähnlich zum Stand der Technik – sie gelten für die Praxis als hinreichend gesichert. Ihre Anwendung ist im Arbeitsschutzgesetz § 4 Nr. 3 und im Arbeitszeitgesetz § 6 gefordert und im Betriebsverfassungsgesetz (BetrVG) §§ 90, 91 erwähnt, wodurch sie eine wichtige Bedeutung für die Mitbestimmung der Interessenvertretung im Betrieb erhalten.
Im BetrVG geht es u. a. auch explizit um die Gestaltung von Arbeitsplatz, Arbeitsablauf und Arbeitsumgebung. In § 90 wird ausgeführt:
„(2) Der Arbeitgeber hat mit dem Betriebsrat die vorgesehenen Maßnahmen und ihre Auswirkungen auf die Arbeitnehmer, insbesondere auf die Art ihrer Arbeit sowie die daraus ergebenden Anforderungen an die Arbeitnehmer so rechtzeitig zu beraten, dass Vorschläge und Bedenken des Betriebsrats bei der Planung berücksichtigt werden können. Arbeitgeber und Betriebsrat sollen dabei auch die gesicherten arbeitswissenschaftlichen Erkenntnisse über die menschengerechte Gestaltung der Arbeit berücksichtigen."

F 1 Literatur

Arbeitsschutzgesetz (ArbSchG) vom 7. August 1996 (BGBl. I S. 1246), das zuletzt durch Artikel 1 des Gesetzes vom 22. Dezember 2020 (BGBl. I S. 3334) geändert worden ist.

Arbeitsschutzverordnung zu künstlicher optischer Strahlung (OStrV)vom 19. Juli 2010 (BGBl. I S. 960), die zuletzt durch Artikel 5 Absatz 6 der Verordnung vom 18. Oktober 2017 (BGBl. I S. 3584) geändert worden ist.

Arbeitsstättenverordnung (ArbStättV) vom 12. August 2004 (BGBl. I S. 2179), die zuletzt durch Artikel 4 des Gesetzes vom 22. Dezember 2020 (BGBl. I S. 3334) geändert worden ist.

Arbeitszeitgesetz (ArbZG) vom 6. Juni 1994 (BGBl. I S. 1170, 1171), das zuletzt durch Artikel 6 des Gesetzes vom 22. Dezember 2020 (BGBl. I S. 3334) geändert worden ist.

Betriebssicherheitsverordnung (BetrSichV) vom 3. Februar 2015 (BGBl. I S. 49), die zuletzt durch Artikel 7 des Gesetzes vom 27. Juli 2021 (BGBl. I S. 3146) geändert worden ist.

Betriebsverfassungsgesetz (BetrVG) in der Fassung der Bekanntmachung vom 25. September 2001 (BGBl. I S. 2518), das zuletzt durch Artikel 4 des Gesetzes vom 16. Juli 2021 (BGBl. I S. 2959) geändert worden ist.

Biostoffverordnung vom 15. Juli 2013 (BGBl. I S. 2514), die zuletzt durch Artikel 1 der Verordnung vom 21. Juli 2021 (BGBl. I S. 3115) geändert worden ist.

Bubb, H. (1980): *Ergonomische Bewertung von Umwelteinflüssen*. Zeitschrift für Arbeitswissenschaft 34 (6 NF), S. 26 - 30.

Bundesanstalt für Arbeitsschutz und Arbeitsmedizin [BAuA] (2015): *Begriffsglossar zu den Regelwerken der Betriebsicherheitsverordnung, der Biostoffverordnung und der Gefahrstoffverordnung.* Unter: https://www.baua.de/DE/Angebote/Rechtstexte-und-Technische-Regeln/Regelwerk/Glossar/Glossar_node.html, 10.11.2021.

Chemikaliengesetz (ChemG) in der Fassung der Bekanntmachung vom 28. August 2013 (BGBl. I S. 3498, 3991), das zuletzt durch Artikel 115 des Gesetzes vom 10. August 2021 (BGBl. I S. 3436) geändert worden ist.

DIN EN 614-1 (2009): *Sicherheit von Maschinen – Ergonomische Gestaltungsgrundsätze: Begriffe und allgemeine Leitsätze.* Berlin: Beuth.

DIN EN 614-2 (2008): *Sicherheit von Maschinen – Ergonomische Gestaltungsgrundsätze: Wechselwirkungen zwischen der Gestaltung von Maschinen und den Arbeitsaufgaben.* Berlin: Beuth.

DIN EN ISO 12100 (2013): *Sicherheit von Maschinen – Allgemeine Gestaltungsleitsätze – Risikobeurteilung und Risikominderung.* Berlin: Beuth.

DIN EN ISO 26800 (2011): *Ergonomie – Genereller Ansatz, Prinzipien und Konzepte.* Berlin: Beuth.

DIN EN ISO 29241-2 (1993): *Ergonomische Anforderungen für Bürotätigkeiten mit Bildschirmgeräten: Anforderungen an die Arbeitsaufgaben; Leitsätze.* Berlin: Beuth.

DIN EN ISO 6385 (2016): *Grundsätze der Ergonomie für die Gestaltung von Arbeitssystemen.* Berlin: Beuth.

DIN EN ISO 9241-11 (2018): *Ergonomie der Mensch-System-Interaktion – Teil 11: Gebrauchstauglichkeit: Begriffe und Konzepte.* Berlin: Beuth.

EMFV - Arbeitsschutzverordnung zu elektromagnetischen Feldern vom 15. November 2016 (BGBl. I S. 2531), die zuletzt durch Artikel 2 der Verordnung vom 30. April 2019 (BGBl. I S. 554) geändert worden ist.

Gesetz über Betriebsärzte, Sicherheitsingenieure und andere Fachkräfte für Arbeitssicherheit (ASiG) vom 12. Dezember 1973 (BGBl. I S. 1885), das zuletzt durch Artikel 3 Absatz 5 des Gesetzes vom 20. April 2013 (BGBl. I S. 868) geändert worden ist.

Grundgesetz (GG) für die Bundesrepublik Deutschland in der im Bundesgesetzblatt Teil III, Gliederungsnummer 100-1, veröffentlichten bereinigten Fassung, das zuletzt durch Artikel 1 u. 2 Satz 2 des Gesetzes vom 29. September 2020 (BGBl. I S. 2048) geändert worden ist.

Hacker, W. (2009): *Arbeitsgegenstand Mensch: Psychologie dialogisch-interaktiver Erwerbsarbeit.* Lengerich: Pabst.

Hacker, W. & Richter, P. (1984): *Psychologische Bewertung von Arbeitsgestaltungsmaßnahmen: Ziele und Bewertungsmaßstäbe* (2. Aufl.). In: Hacker, W.: Spezielle Arbeits- und Ingenieurpsychologie in Einzeldarstellungen. Lehrtext 1. Berlin: Springer / VEB Deutscher Verlag der Wissenschaften.

Hilf, H. H. (1976): *Einführung in die Arbeitswissenschaft.* (2. erweiterte Auflage). Berlin, New York: De Gruyter.

Hoyos, C. Graf (1974): *Arbeitspsychologie.* Stuttgart: Kohlhammer.

Ilmarinen, J. & Tempel, J. (2002): *Arbeitsfähigkeit 2010 – Was können wir tun, damit sie gesund bleiben.* Hamburg: VSA-Verlag.

Institut für Angewandte Arbeitswissenschaft [IfaA] (2012): *Methodensammlung zur Unternehmensprozessoptimierung* (4. Aufl.). Köln: Wirtschaftsverlag Bachem.

Institut für Angewandte Arbeitswissenschaft [IfaA] (2017): *Der demografiefeste Betrieb.* Handlungsordner. Düsseldorf: IfaA.

International Ergonomics Association [IEA] (2021): *Definition of Ergonomics.* Unter: https://iea.cc/what-is-ergonomics/, 11.10.2021.

ISO/TR 22411 (2008): *Ergonomische Daten und Leitlinien für die Anwendung des ISO/IEC Guide 71 in Produkt- und Dienstleistungsnormen zur Berücksichtigung der Belange älterer und behinderter Menschen.* Berlin: Beuth.

Jastrzebowski, W. (1998): *Rys Ergonomiji czyli Nauki o Pracy opartej na prawdach poczerpnietych z Nauki Przyrody. Przyroda i Przemysl* (1857), Poznan, 29, 227-231; 30, 236-238; 31, 244-247; 32, 253-255. Warschau: Centralny Instytut Ochorny Pracy.

Langhoff, T. (2009): *Den Demographischen Wandel im Unternehmen erfolgreich gestalten: Eine Zwischenbilanz aus arbeitswissenschaftlicher Sicht.* Heidelberg: Springer.

Lärm- und Vibrations-Arbeitsschutzverordnung (LärmVibrationsArbSchV) vom 6. März 2007 (BGBl. I S. 261), die zuletzt durch Artikel 3 der Verordnung vom 21. Juli 2021 (BGBl. I S. 3115) geändert worden ist.

Luczak, H., Volpert, W., Raeithel, A. & Schwier, W. (1989): *Arbeitswissenschaft: Kerndefinition - Gegenstandskatalog - Forschungsgebiete; Bericht an den Vorstand der Gesellschaft für Arbeitswissenschaft und der Stiftung Volkswagenwerk.* (3. Aufl.). Eschborn: RKW-Verlag.

Merkel, T. & Schmauder, M. (2011): *Ergonomie für Konstrukteure.* Berlin: Beuth.

Murrell, K. F. H. (1965): *Ergonomics. Man in His Working Environment.* London: Chapman and Hall.

Nefiodow, L. A. (2007): *Der sechste Kondratieff: Wege zur Produktivität und Vollbeschäftigung im Zeitalter der Information.* Sankt Augustin: Rhein-Sieg-Verlag.

Neunte Verordnung zum Produktsicherheitsgesetz (Maschinenverordnung) (9. ProdSV) vom 12. Mai 1993 (BGBl. I S. 704), die zuletzt durch Artikel 23 des Gesetzes vom 27. Juli 2021 (BGBl. I S. 3146) geändert worden ist.

Produktsicherheitsgesetz (ProdSG) vom 27. Juli 2021 (BGBl. I S. 3146, 3147), das zuletzt durch Artikel 2 des Gesetzes vom 27. Juli 2021 (BGBl. I S. 3146) geändert worden ist.

REFA-Institut (Hrsg.): *REFA-Grundausbildung 4.0 – Begriffe und Formeln.* REFA-Kompendium Arbeitsorganisation, Band 3, Hanser, 2021.

Rohmert, W. (1987): *Arbeitswissenschaft 1.* Umdruck zur Vorlesung. Institut für Arbeitswissenschaft der Technischen Hochschule Darmstadt.

Ropohl, G. (2009): *Allgemeine Technologie – Eine Systemtheorie der Technik.* (3., überarbeitete Auflage). Karlsruhe: Universitätsverlag.

Stowasser, S. (2012): *Die neue Ergonomie-Grundnorm DIN EN ISO 26800.* In: KANBrief, Nr. 2/2012, S. 3. Unter: https://www.kan.de/fileadmin/Redaktion/Dokumente/KAN-Brief/de-en-fr/12-2.pdf, 16.12.2021.

Technische Regel für Betriebssicherheit [TRBS] 1151 (2015): *Gefährdungen an der Schnittstelle Mensch – Arbeitsmittel - Ergonomische und menschliche Faktoren, Arbeitssystem.* GMBl. Nr. 17/18 vom März 2015, S. 340 ff.

Tuomi K., Ilmarinen J., Jahkola A., Katajarinne L. & Tulkki A. (2006): *Arbeitsbewältigungsindex. Work Ability Index.* (3. Aufl.). Bremerhaven: Wirtschaftsverlag NW.

VDI 2221 (2019): *Entwicklung technischer Produkte und Systeme - Modell der Produktentwicklung.* Berlin: Beuth.

VDI 2222 Blatt 1 (1997): *Konstruktionsmethodik – Methodisches Entwickeln von Lösungsprinzipien.* Berlin: Beuth.

Verordnung zur arbeitsmedizinischen Vorsorge ((ArbMedVV) vom 18. Dezember 2008 (BGBl. I S. 2768), die zuletzt durch Artikel 1 der Verordnung vom 12. Juli 2019 (BGBl. I S. 1082) geändert worden ist.

Womack, J. P., Jones, D. T. & Roos, D. (1991): *The Machine That Changed the World: The Story of Lean Production.* New York: Harper Collins.

2 Interaktionsergonomische Gestaltung

Ein Teilgebiet der Ergonomie ist die Analyse und Gestaltung der Beziehungen zwischen dem Menschen und einem Arbeitsmittel. Der Fokus der Betrachtungen liegt einerseits auf der maßlichen Auslegung des Arbeitsplatzes und der Arbeitsmittel (sogenannte anthropometrische Arbeitsgestaltung, siehe Kapitel 3) oder ist andererseits auf die Untersuchung und Gestaltung des Informationsflusses zwischen Mensch und Arbeitsmittel gerichtet (siehe Abbildung 2.1). Als Synonym für Interaktionsergonomische Gestaltung kann auch die Abkürzung MMI – Mensch-Maschine-Interaktion oder HMI – Human-Machine-Interaction verwendet werden.

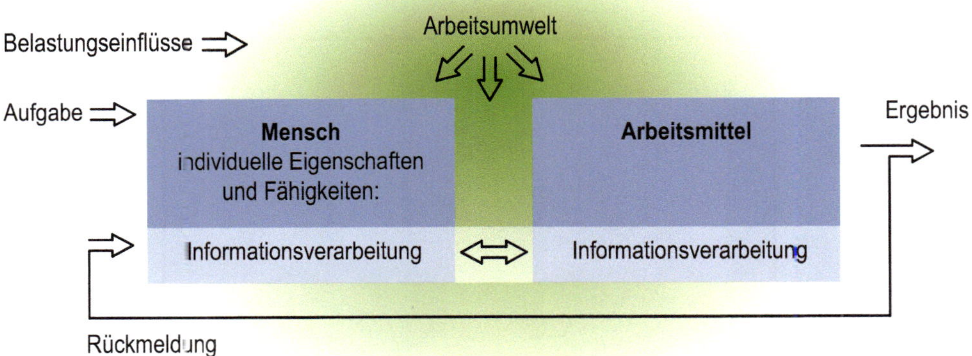

Abbildung 2.1: Strukturschema menschlicher Arbeit – Interaktionsergonomische Gestaltung

Das abgebildete Strukturschema menschlicher Arbeit beschreibt einen einzelnen Arbeitsplatz, ein sogenanntes Arbeitssystem, und zeigt die Interaktion zwischen Mensch und Arbeitsmittel bzw. die Rahmenbedingungen, die auf das System einwirken. In der Vergangenheit spielte überwiegend die Steuerung von Arbeitsmitteln durch das Einleiten von Kraft bzw. Bewegungen (manuelle Schreibmaschine, Hydraulikventile an Maschinen und Fahrzeugen, Drehbewegung an Steuerrädern) eine Rolle. Durch die Weiterentwicklung der Technik hin zu Servosystemen ist heutzutage primär das Einleiten von Informationen in technische Systeme von Bedeutung. Die Informationsausgabe des Arbeitsmittels erfolgt entweder mittelbar oder unmittelbar. Durch die Rückmeldung an den Menschen über unterschiedliche Sinneskanäle kann dieser die Information verarbeiten und ggf. entsprechend der Aufgabenstellung reagieren.
Während dieses Vorganges ist der Mensch verschiedenen Belastungen aus der Arbeitsumwelt ausgesetzt wie beispielsweise Lärm, Beleuchtung oder Klima. Zielstellung ist die Optimierung der Mensch-Arbeitsmittel-Schnittstelle, damit ein hoher Wirkungsgrad erzielt wird. Fehlhandlungen müssen vermieden werden, damit die Zuverlässigkeit hoch ist.

A 2 Bedeutung und Lernziele

Die fehlerfreie Interaktion zwischen Mensch und Arbeitsmittel ist von großer Bedeutung. Ist diese Schnittstelle und somit der Informationsfluss nicht optimal gestaltet bzw. unterbrochen, sind Störungen, Unfälle oder Fehlbeanspruchungen oftmals die Folge. Aus diesem Grund ist bei der Gestaltung eines Arbeitsmittels beispielsweise darauf zu achten, dass das Gerät sich intuitiv bedienen lässt und die Anordnung der Stellteile und Anzeigen die Ausführung unterstützt.

Überall bei der Mensch-Arbeitsmittel-Interaktion, z. B. im Betrieb, im Haushalt, im Kraftfahrzeug, bei Unterhaltungselektronik oder im Straßenverkehr müssen Informationen vom Mensch wahrgenommen oder technische Systeme überwacht oder benutzt werden. Die Beispiele in Abbildung 2.2 zeigen, dass die Gestaltung der den Menschen umgebenden Systeme nicht immer optimal, d. h. benutzergerecht, ist.

Abbildung 2.2: Beispiele für Defizite der Interaktionsergonomie

Im linken Bild wird eine Situation im Straßenverkehr gezeigt, bei der passieren kann, dass der Verkehrsteilnehmer durch die Anordnung der Verkehrsschilder irritiert wird und dadurch eine kritische Situation hervorgerufen werden könnte. Ein Beispiel schlecht gestalteter Produkte aus dem Haushalt ist im mittleren Bild zu sehen. Bei dem dargestellten Elektroherd ist zum einen nicht erkennbar, welches Stellteil für welche Kochplatte vorgesehen ist und zum anderen müsste zur Bedienung der Kochplattenregler die Hand über die Kochplatten hinweg bewegt werden. Das im rechten Bild dargestellte Beispiel für schlecht gestaltete Produkte ist aus dem Bereich der Unterhaltungselektronik. Diese Fernbedienung besitzt eine Vielzahl hinsichtlich Form und Farbe kaum zu unterscheidender ähnlicher Stellteile (Tasten). Das Ziel, ein Produkt auch ohne das vorherige Lesen der Bedienungsanleitung anwenden zu können (Selbstbeschreibungsfähigkeit), ist hier sicher weit verfehlt. Vor allem bei ungeübten Benutzern könnten Schwierigkeiten bei der Benutzung dieser Fernbedienung auftreten.

Zwar sind die in der Abbildung 2.2 aufgezeigten Produkte schlecht gestaltet, ein erheblicher Schaden in Folge einer Fehlbedienung ist jedoch nicht zu erwarten. Anders sieht das im Bereich der Leitwarten von großtechnischen Anlagen, Flugzeugen oder in der Medizintechnik aus. Treten hier Fehler bei der Bedienung von Maschinen auf, kann dies zu erheblichen

Personenschäden oder sogar zu Katastrophen führen. Die Abbildung 2.3 verdeutlicht die Zunahme eines Schadens durch Fehlbedienung anhand einiger ausgewählter Bereiche.

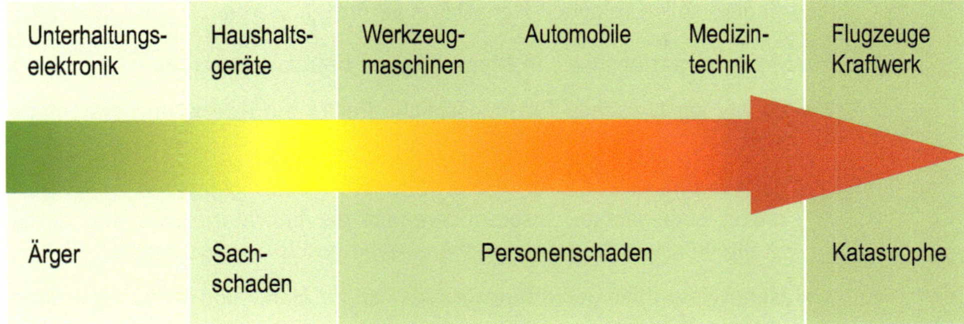

Abbildung 2.3: Zunahme des Schadens aufgrund einer Fehlbedienung

Beispielsweise lag die Ursache eines Absturzes einer Boeing 737-300 im Jahr 2005 in Athen an einem falsch eingestellten Schalter der Luftdruckkontrolle. In diesem Cockpit existierten gleiche Warnsignale für unterschiedliche Probleme. Nach Erkenntnissen der Ermittler erkannten die Piloten das Warnsignal für dieses Problem nicht, so dass durch Druckverlust die Piloten das Bewusstsein verloren und das Flugzeug knapp zwei Stunden mit Autopilot weiter flog, bevor es wegen Treibstoffmangels in der Nähe der griechischen Hauptstadt Athen abstürzte und an einem Hügel zerschellte. Dieser Absturz mit 121 Toten hätte vielleicht durch eine besser gestaltete Mensch-Arbeitsmittel-Interaktion verhindert werden können, in dem nur ein Warnsignal für ein konkretes Problem ertönt wäre (Tsolakis, Katsifas, Kassavetis Alexopoulos & Georgas, 2006).

Um eine für den Menschen gefährdungsfreie Bedienung und eine fehlerfreie Mensch-Arbeitsmittel-Interaktion zu gewährleisten, ist es zwingend notwendig, dass die Eigenschaften und Fähigkeiten der späteren Benutzer beachtet werden. Daneben hat die ergonomische Gestaltung von Produkten eine nicht unerhebliche Bedeutung für die Akzeptanz von Geräten. Beispielsweise ist ein Mobiltelefon, das im Vergleich zu Konkurrenzprodukten zu kompliziert zu bedienen ist, weil fundamentale ergonomische Gestaltungsprinzip en nicht beachtet wurden, heute nicht mehr wettbewerbsfähig. Das frühzeitige Einbeziehen ergonomischer Aspekte in die Produktentwicklung führt also auch zu einer besseren Marktstellung und einer Reduktion von Kosten aufgrund späterer Produktänderungen.

Umgangssprachlich wird von der Bedienung von Maschinen, Geräten, Anlagen usw. gesprochen. Die entsprechenden Einrichtungen werden folglich als Bedienteile bezeichnet. Wissenschaftlich korrekt ist es, von Stellteilen zu sprechen, da der Mensch die Maschine nicht bedient, sondern Steuerbefehle übermittelt.

In diesem Kapitel soll der Leser ein Verständnis über die Beziehungen zwischen Mensch und Arbeitsmittel bezogen auf die Interaktionsebene erhalten. Insbesondere sollen folgende Kenntnisse vermittelt werden:

- der Informationsfluss im Menschen soll betrachtet werden,
- es werden Ursachen für menschliche Fehler aufgezeigt und systematisiert,
- des Weiteren wird auf den Informationsverarbeitungsprozess im Arbeitsmittel eingegangen, insbesondere auf die Informationseingabe durch Stellteile sowie die Informationsausgabe durch Anzeigemedien,
- Kenntnisse über Gestaltungsgrundsätze für Hard- und Software werden vermittelt sowie
- methodisches Wissen bezüglich der Vorgehensweise bei der Auswahl und Gestaltung von Arbeitsmitteln wird gegeben.

B 2 Grundlagen zur Interaktionsergonomischen Gestaltung

B 2.1 Modell des Menschen

Alle menschlichen Aktivitäten sind mit Prozessen der Informationsverarbeitung verknüpft. So werden sowohl bei geistigen als auch körperlichen Handlungen Informationen bewusst oder unbewusst verwendet. Auf den „Informationsfluss im Menschen" soll im Folgenden näher eingegangen werden.

B 2.1.1 Informationsfluss im Menschen

Vom Menschen zu überwachende und zu steuernde Prozesse erzeugen eine Vielzahl von Informationen. Diese werden von ihm mittelbar oder aber unmittelbar über seine Rezeptoren aufgenommen, im Gehirn verarbeitet und ggf. in Form von Informationen oder Handlungen an den Prozess zurückgeführt. In Abbildung 2.4 ist der Informationsfluss im Menschen innerhalb des Strukturschemas menschlicher Arbeit abgebildet.

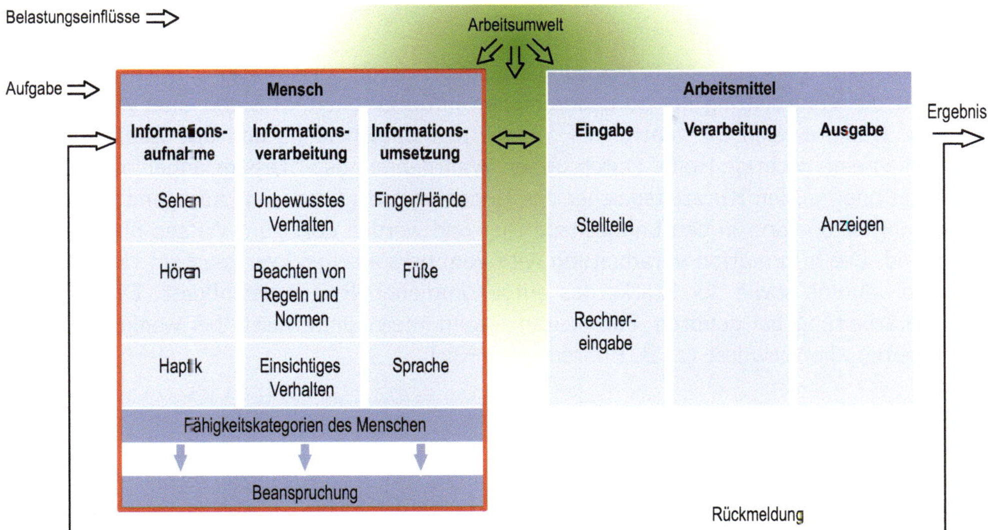

Abbildung 2.4: Informationsfluss im Menschen

Informationsaufnahme

Der Mensch nimmt über seine Sinnesorgane fortwährend Informationen seiner Umwelt auf. Diese Reize werden über viele Nervenzellen an das Gehirn weitergeleitet, wo sie für die Weiterverarbeitung zur Verfügung stehen. Die Wahrnehmung von Informationen kann beim Menschen auf mehrfache Weise erfolgen. Unter anderem lassen sich die nachfolgend aufgeführten drei Sinneskanäle der Wahrnehmung unterscheiden:

- taktiler oder haptischer Sinneskanal - Fühlen, Berührung,
- optischer oder visueller Sinneskanal - Sehen,
- akustischer oder auditiver Sinneskanal - Hören.

Eine ausführliche Beschreibung der Wirkungsweisen der einzelnen Sinneskanäle sowie zu deren Zusammenwirken erfolgt in den Abschnitten B 2.1.2 und B 2.1.3.
Die Übertragung von Informationen, also die Kommunikation zwischen Informationsquelle und dem Menschen als Informationsempfänger, kann entweder unmittelbar oder mittelbar erfolgen. Erstere ist durch eine direkte Informationsaufnahme (z. B. akustisches Signal) gekennzeichnet. Bei der mittelbaren Informationsübertragung werden Hilfsmittel, wie beispielsweise Anzeigen, verwendet. Die Werte werden erst verzögert aufgenommen, da sie zunächst dekodiert werden müssen. Aus diesem Grund ist die unmittelbare Informationsübertragung anzustreben. Die mittelbare Übertragung über Anzeigen erfolgt, wenn die Informationsquelle unzugänglich ist oder die Informationen durch menschliche Sinne nicht oder zu ungenau wahrnehmbar sind.

Informationsverarbeitung

Die Phase der Informationsverarbeitung schließt sich der Informationsaufnahme an und versteht die Verarbeitung der aufgenommenen Informationen im Sinne einer Aufgabenerfüllung. Dabei spielen die zentralen Prozesse des Entscheidens und das Gedächtnis des Menschen eine wichtige Rolle. Durch diesen Wahrnehmungsprozess gelangen ausgewählte Informationen in den Kurzzeitspeicher des Gedächtnisses, wiederum Ausschnitte davon in umorganisierter Form in den Langzeitspeicher und werden dort zum Wissen über den Gegenstand. Die Informationsverarbeitung wird vom persönlichen Wertesystem (Motivation) des Individuums sowie der Stärke des aufgenommenen Reizes beeinflusst. Die Informationsverarbeitung bei geübten Tätigkeiten erfolgt meist unbewusst, bei weniger geübten Tätigkeiten eher bewusst (z. B. Führen eines Kfz).

Informationsumsetzung

Nach der Informationsaufnahme und -verarbeitung wird die als sinnvoll ausgewählte Reaktion in eine Handlung umgesetzt (Bokranz & Landau, 1991). Diese kann entweder durch Bewegung der oberen Extremitäten (Finger/Hände) bzw. unteren Extremitäten (Füße) oder durch Sprache erfolgen. Dadurch kann Information beispielsweise an ein Arbeitsmittel übertragen werden oder die Information wird für die Menschen eines ganzen Systems erkennbar bzw. verständlich.

B 2.1.2 Wahrnehmungssysteme

Informationen können über verschiedene Sinnesorgane des Menschen aufgenommen werden. Tabelle 2.1 zeigt eine Übersicht verschiedener Wahrnehmungssysteme mit den zugehörigen Organen und Empfindungen.

Tabelle 2.1: Übersicht der sensorischen Modalitäten (Landau, 2007)

Wahrnehmungssystem	Organ	Empfindung
Visuell	Auge	Farbe, Helligkeit
Auditiv	Innenohr	Tonhöhe, Lautstärke
Taktil	Haut	Druck, Berührung, Vibration
Vestibulär	Vestibulärapparat (Mittelohr)	Linear- und Winkelbeschleunigung
Olfaktorisch	Schleimhaut (Nasenraum)	Geruch
Gustatorisch	Zungenoberfläche	Geschmack
Kinästhetisch	Muskelspindel	Stellung der Körperteile
Thermisch	Haut	Temperatur
Schmerzwahrnehmung	Alle freien Nervenenden	Schmerz

Für die systemergonomische Gestaltung von Produkten haben vor allem die visuellen, auditiven und taktilen Wahrnehmungssysteme eine große Bedeutung.

Visuelles Wahrnehmungssystem

Das Auge als das wichtigste Organ zur Informationsaufnahme übermittelt ca. 80-90 % aller Reize aus der Arbeitsumgebung, beispielsweise verschiedene Schriftzeichen, Zahlen, Symbole oder Graphiken (Schlick, Bruder & Luczak, 2018). Es ist ein kugelförmiger, mit Flüssigkeit gefüllter Hohlkörper, in dem von außen einfallende Lichtstrahlen optisch gebündelt und in Nervensignale umgewandelt werden, die dann in den visuellen Arealen des Großhirns weiterverarbeitet werden können. Diesen Vorgang bezeichnet man als „Sehen“ (siehe Abschnitt B 2.2.2). Das Auge sieht also nicht, sondern es ist ein Sinnesorgan, das die für die visuelle Wahrnehmung notwendigen Sinnesinformationen liefert (Kebeck, 1997).

Auditives Wahrnehmungssystem

Unter auditiver Informationsaufnahme ist die Erfassung von gehörten Informationen zu verstehen. Diese umfasst die Verarbeitung von Geräuschen, Tönen und Klängen. Auditive Signale werden in Arbeitssystemen häufig zur Informationsübertragung verwendet.

Das menschliche Ohr besteht aus zwei Sinnesorganen - dem Organ zur Wahrnehmung von Schallwellen und dem Organ zur Wahrnehmung von Beschleunigungen (Schmidtke, 1993). Die Anatomie des menschlichen Ohres wird in die drei Teile Außenohr, Mittelohr und Innenohr eingeteilt. Das Außenohr ist für das Aufnehmen des auditiven Signals zuständig. Im Mittelohr findet eine mechanische Wandlung statt, die eine optimale Übertragung des Signals vom Außenohr zum Innenohr ermöglicht. Im Innenohr wird der Schall in einen Nervenimpuls umgesetzt. Der Frequenzbereich des menschlichen Ohres reicht beim Jungendlichen von 18 Hz bis 18 kHz. Mit zunehmendem Lebensalter sinkt die obere Frequenzgrenze ab.

Die Struktur des auditiven Systems ist im Vergleich zum visuellen System wesentlich komplexer. Bei der Gestaltung von Hilfsmitteln zur Informationsübertragung ist die Wahl der Modalität (Wahrnehmungsart) oft zwangsläufig vorgegeben. Beispielsweise werden Straßenschilder visuell dargestellt und Durchsagen am Flughafen meistens über Lautsprecher auditiv wiedergegeben. Es besteht jedoch auch die Möglichkeit zwischen unterschiedlichen Modalitäten zu wählen. Tabelle 2.2 bietet einige Auswahlkriterien zwischen auditivem und visuellem System.

Grundsätzlich gilt, dass auditive Systeme mehr selektierenden Charakter besitzen und visuelle Systeme gewöhnlich das Selektierte näher untersuchen und demzufolge eher gerichteten Charakter haben (Schlick et. al., 2018).

Das Zusammenwirken von visuellen und auditiven Signalen kann am Beispiel „Autofahren“ erläutert werden. Das Autofahren erfordert einerseits eine auf die Straße gerichtete visuelle Aufmerksamkeit. Zusätzlich müssen andere visuelle Signale wie Anzeigen im Fahrzeuginneren aufmerksam verfolgt werden. Mittels der akustischen Kodierung der angezeigten Informationen durch auditive Systeme wird das Zusammenspiel der beiden Vorgänge sehr erleichtert. Hierbei ist darauf zu achten, dass das Warnsignal gut kodiert ist, damit Verwechslungen zu anderen Warnsignalen ausgeschlossen werden. Im Prozess des „Autofahrens“ kann eine Vielzahl derartiger Informationsaufnahmen auftreten, die aus einer Kombination von visuellen und auditiven Signalen bestehen. Diese Mensch-Arbeitsmittel-Interaktion gilt es bestmöglich zu gestalten.

Tabelle 2.2: Auswahlhilfe für auditive gegenüber visueller Modalität (Bullinger, 1994)

Bevorzugt auditiv	**Bevorzugt visuell**
Einfache Nachrichten	Komplexe Nachrichten
Kurze Nachrichten	Lange Nachrichten
Keine spätere Bezugnahme auf Informationen	Spätere Bezugnahme auf Informationen
Die zeitliche Folge in der Information ist wichtig	Informationen über räumliche Anforderungen sind relevant
Die Nachricht erfordert sofortige Handlung	Die Nachricht erfordert keine sofortige Handlung
Das visuelle System ist bereits überfordert	Das auditive System ist bereits überfordert
Die Umgebung ist zu hell oder zu dunkel (Adaption erforderlich)	Die Umgebung ist zu laut
Die Arbeit bedingt ständige Ortsveränderung	Die Arbeit erlaubt es, an einen Ort gebunden zu sein

Haptisches Wahrnehmungssystem

Bei der systemergonomischen Gestaltung von Produkten haben neben visuellen und auditiven Informationsaufnahmen auch haptische Informationsaufnahmen eine große Bedeutung. Unter haptischer Informationsaufnahme wird die Wahrnehmung von drei-dimensionalen Objekten durch Berühren verstanden (Goldstein, 2015). Der menschliche Tastsinn beruht auf dem haptischen Wahrnehmungssystem. Durch Ertasten kann die Umwelt wahrgenommen werden. Informationen über Oberflächeneigenschaften (z. B. Schalterstellung) erhält das zentrale Nervensystem dabei über Mechanorezeptoren der Haut. Auf diese Weise können Arbeitsgegenstände in ihrer Beschaffenheit plastisch eingeschätzt werden. Für Blinde spielt der Tastsinn eine besondere Rolle. Er ermöglicht ihnen eine ähnlich sichere und schnelle Entschlüsselung ihrer speziell kodierten Blindenschriftzeichen, wie das visuelle System der Sehenden es für herkömmliche Schriftzeichen vermag (Schlick et. al., 2018). Neben der auditiven Wahrnehmung können auch taktile Wahrnehmungen erfolgreich zur Entlastung des visuellen Sinneskanals eingesetzt werden. Beispielsweise benötigt ein geübter Fahrzeugführer beim Betätigen des Blinkhebels den Blick nicht von der Straße zu wenden. Sowohl durch akustische (Ertönen des Blinktones) als auch haptische (Einrasten des Blinkhebels in die gewünschte Position) Wahrnehmungen werden dem Fahrer Informationen über die korrekte Betätigung des Blinkhebels gegeben. Ein weiteres Beispiel sind Mobiltelefone, die dem Benutzer durch den Vibrationsalarm die Ankunft einer neuen Information signalisieren.

B 2.1.3 Zusammenwirken der Wahrnehmungssysteme

Um die Informationsaufnahme für den Benutzer zu erleichtern, sollte diese multimodal erfolgen. Das heißt, dass verschiedene Wahrnehmungssysteme, beispielsweise das visuelle, auditive und haptische System, gekoppelt angesteuert werden. Jedoch sollte eine Reizüberflutung durch zu viele Informationen verhindert werden. Je nach Situation ist eine bzw.

sind mehrere geeignete Modalitäten auszuwählen. Die Vor- und Nachteile der einzelnen Modalitäten sind in Tabelle 2.3 zusammengefasst.

Tabelle 2.3: Vor- und Nachteile visueller, auditiver und haptischer Informationsaufnahme

Wahrnehmungssystem	**+++ Vorteile +++**	**– – – Nachteile – – –**
Visuell	• hohe Empfindlichkeit für Bewegung/Veränderung im peripheren Sichtfeld • Benutzer kann aus Information auswählen • Benutzer entscheidet über Wahrnehmungszeitpunkt • sehr große Anzahl einfach zu unterscheidender Symbole • geeignet für grafische und textuelle Informationen	• Reaktionszeit 200 bis 400 ms • „Übersehen" wichtiger Informationen möglich • eng begrenztes Feld des scharfen Sehens
Auditiv	• Reaktionszeit 100 bis 150 ms • Wahrnehmung nicht an Fokus gebunden	• Benutzer kann Wahrnehmung schlecht selektiv steuern • begrenzte Anzahl einfach zu unterscheidender Symbole • ungeeignet für grafische Informationsteile
Haptisch	• Reaktionszeit 80 bis 150 ms • einzige Modalität zur Erfassung mechanischer Objekteigenschaften	• Wahrnehmung an Körperkontakt gebunden • nur Informationen geringer Komplexität übermittelbar

Ein Vorteil visueller Informationen liegt darin, dass der Benutzer selbst über den Wahrnehmungszeitpunkt entscheiden kann. Bei auditiven oder haptischen Informationen kann die Wahrnehmung nicht selektiv gesteuert werden - die Information wird in jedem Fall aufgenommen.

Der größte Nachteil visueller Informationsaufnahmen besteht in einer zu hohen Reaktionszeit. Der Mensch benötigt hierfür zwischen 200 und 400 ms und somit im Vergleich zur auditiven Wahrnehmung (zwischen 100 und 150 ms) und haptischer Wahrnehmung (zwischen 80 und 150 ms) über das Doppelte an Zeit. Weiterhin besteht bei visueller Informationsaufnahme aufgrund der Einschränkung des Gebiets scharfer Sicht die Gefahr, dass wichtige Informationen übersehen werden können.

Für die Gestaltung der visuellen Informationsaufnahme existiert im Gegensatz zur auditiven Informationsaufnahme eine sehr große Anzahl von Symbolen, die einfach zu unterscheiden sind. Akustische Informationen können entweder durch Sprachsignale oder durch sogenannte Acoustical Icons übertragen werden. Unter Acoustical Icon wird die Gestaltung von akustischen Signalen verstanden. Beispielsweise sollte der Ton, der auf das Anlegen des Sicherheitsgurtes hinweist, dem tatsächlichen Geräusch beim Anlegen des Gurtes ähnlich sein.

Allein die haptische Wahrnehmung ermöglicht die Erfassung mechanischer Objekteigenschaften. Ein Nachteil liegt jedoch darin, dass diese Form der Wahrnehmung an den Körperkontakt gebunden ist und somit nur Informationen geringerer Komplexität übertragen werden können. Die erzeugten haptischen Signale (zum Beispiel durch Druck, Vibration, etc.) müssen vom Benutzer konkret zugeordnet werden können. Beispielsweise ist fraglich, ob durch das Vibrieren eines Fahrzeugsitzes der Fahrer eine damit verbundene Information deuten kann.

B 2.1.4 Ursachen und Klassifizierung menschlicher Arbeitsfehler

Fehler im Informationsfluss des Menschen

Die Zuverlässigkeit des Menschen bei der Aufgabenerfüllung hängt einerseits von der Gestaltung der technischen Hilfsmittel, zum anderen von den Eigenschaften und Fähigkeiten des Menschen hinsichtlich des Informationswandels ab.

Fehler, die in der Informationsaufnahme auftreten, haben ihren Ursprung in einer Unterschreitung der Reizschwellen oder der Reizunterschiedsschwellen (z. B. zu leiser Warnton oder zu geringer Helligkeitskontrast). Fehlerhafte Wahrnehmung äußert sich, wenn die Abweichung des Ergebnisses von der Aufgabenstellung bzw. dem Reiz nicht erkannt, übersehen oder verwechselt wird.

Die Ursache für Fehler in der Informationsverarbeitung kann grundsätzlich darin liegen, dass die äußere Reizkonfiguration unpassende innere Modelle oder gar keine adäquaten Modelle anregt. Unter einem inneren Modell ist folgendes zu verstehen:

Der Mensch besitzt eine enorme Lernfähigkeit und ist grundsätzlich in der Lage sich anzupassen. Insbesondere bei eingeübten Arbeitsläufen besitzt er die Fähigkeit seine Reaktionen zu verändern und zu speichern. Durch den Vergleich der eingespeicherten Reaktionen und der äußeren Wahrnehmung wird eine Art mentales (inneres) Modell gegenüber neuen Situationen und Systemen aufgebaut, das die Gesetzmäßigkeiten der Außenwelt verarbeitet. Aus diesem Grund ist es nicht erforderlich, die Konsequenzen eines nicht erprobten Ablaufes zu visualisieren oder auszuprobieren, sondern das innere Modell kann die Konsequenzen innerhalb des nach allgemeiner Lebenserfahrung Vorhersehbaren einschätzen. Es liefert somit das wahrscheinlich zukünftige Ergebnis und ermöglicht dadurch dem Menschen die optimale Anpassung innerhalb des Regelkreises und der Regelstrecke (Schlick et. al., 2018). So erwartet z. B. ein Maschinenbediener bei einem Druck auf die „Not-Halt“ -Taste, dass die Maschine sofort stillsteht, auch ohne dass er es ausprobiert hat.

Durch Finger-, Hand- oder Fußbetätigung können Fehler bei der Informationsumsetzung aufgrund folgender ungeeigneter Auslegung der technischen Einrichtung zustande kommen (Bubb & Seifert, 1992):

- unzureichende Anpassung der Stellteile an die anatomischen Eigenschaften des Menschen (z. B. „Drehpunkt“ eines Pedals),
- fehlende bzw. unzureichende haptische Unterscheidbarkeit der Stellteile (z. B. gleiche Schalter für unterschiedliche Funktionen an einer Maschine oder im Fahrzeug),
- fehlende bzw. ungenaue Rückmeldung über den Aktivierungspunkt des Stellteils (z. B. Taschenrechnertasten),
- fehlende bzw. unzureichende Rückmeldung über den zu steuernden Prozess (z. B. „fly by wire“-Problem).

Fehler bei der Informationsumsetzung können aber auch aufgrund der Unachtsamkeit oder Unaufmerksamkeit des Menschen auftreten:

- nicht beabsichtigtes versehentliches Betätigen von Stellteilen,
- Bewegen falscher Stellteile, d. h. Verwechseln von Stellteilen.

Bezüglich der Betrachtung menschlicher Fehler in technischen Systemen ist festzuhalten, dass nur diejenigen als Fehler erkannt werden, die in Form fehlerhafter oder ausbleibender Informationsumsetzung bzw. nicht korrekter Aufgabenerfüllung zu beobachten sind. Erst durch Fehler- und Fehlerursachenanalyse kann geklärt werden, ob der Fehler bei der Informationsaufnahme, -verarbeitung oder -umsetzung hervorgerufen wurde.

Klassifizierung menschlicher Arbeitsfehler

In der Literatur findet man viele verschiedene Ansätze, mit deren Hilfe sich menschliche Arbeitsfehler klassifizieren lassen. An dieser Stelle sollen folgende zwei Ansätze betrachtet werden:

- die auftretens- bzw. verrichtungsorientierte Klassifizierung,
- die ursachenorientierte Klassifizierung.

Diese Einteilung resultiert aus unterschiedlichen Betrachtungsweisen. Die auftretens- bzw. verrichtungsorientierte Klassifizierung stellt den verhaltenspsychologischen Standpunkt dar, bei welchem die Fehler entsprechend ihres Auftretens bei unterschiedlichen Handlungen oder Ketten von Handlungselementen betrachtet werden. Es wird die Frage nach dem „was", „wie", „wann" oder „wo" gestellt. Auf dieses Klassifizierungsschema stützen sich u. a. Rigby (1976), Meister (1977) sowie Swain und Guttmann (1983).
Vertreter einer ursachenorientierte Klassifizierung sind u.a. Hacker (1998), Norman (1981) und Rasmussen (1983). Dieser Ansatz untersucht die Ursache des Fehlers, um mit Hilfe einer ergonomischen Systemgestaltung menschliche Fehler zu verhindern bzw. negative Auswirkungen auf die Systemleistung zu minimieren. Im Vordergrund steht die Frage nach dem „warum'.
Laut Rasmussen lassen sich Fehler in der Informationsverarbeitung in folgende drei Ebenen einordnen:

- Auf der Gewohnheitsebene, die durch hochgeübte Handlungen charakterisiert ist, treten Fehler meist aufgrund mangelnder Übung auf (Schlick et. al., 2018).
- Auf der Regelebene treten Fehler aufgrund mangelnder Kenntnis der Regeln auf. Bei der Ausführung von Handlungen werden entweder Sachverhalte und Lösungsmuster verwechselt oder falsch beschrieben, da man glaubt, solch eine Handlung schon öfter ausgeführt zu haben. Oder die Handlung wird schematisiert gesehen mit der Begründung, man habe das schon immer so gemacht.
- Auf der Wissensebene können Handlungsfehler beobachtet werden, die in der begrenzten Rationalität beim Problemlösen und in echten Irrtümern begründet liegen.

Die auftretens- und ursachenorientierten Klassifizierungen lassen sich nicht absolut voneinander abgrenzen. Ansätze, die Aspekte beider Betrachtungsweisen vereinen, lassen sich unter der kombinierten Klassifizierung zusammenfassen. Insbesondere Reason (1994) ist als typischer Vertreter dieser Klassifizierung zu nennen. Sein Ansatz ist in Abbildung 2.5 angeführt.

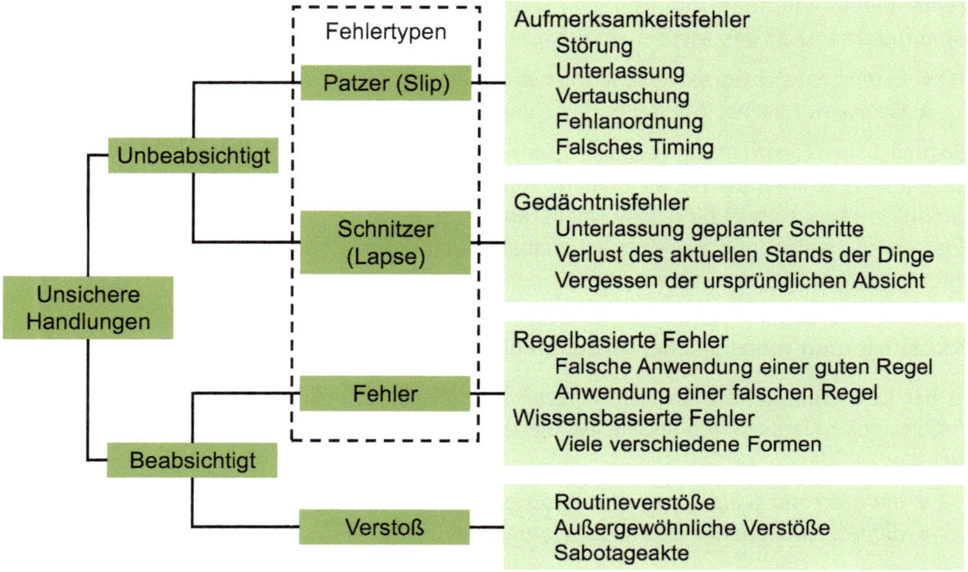

Fehlertypen
Unsichere Handlungen
Unbeabsichtigt
Beabsichtigt
Patzer (Slip)
Schnitzer (Lapse)
Fehler
Verstoß
Aufmerksamkeitsfehler
Störung
Unterlassung
Vertauschung
Fehlanordnung
Falsches Timing
Gedächtnisfehler
Unterlassung geplanter Schritte
Verlust des aktuellen Stands der Dinge
Vergessen der ursprünglichen Absicht
Regelbasierte Fehler
Falsche Anwendung einer guten Regel
Anwendung einer falschen Regel
Wissensbasierte Fehler
Viele verschiedene Formen
Routineverstöße
Außergewöhnliche Verstöße
Sabotageakte

Abbildung 2.5: Kombinierte Klassifizierung nach Reason (1994)

Reason unterscheidet Formen „unsicherer Handlungen" folgendermaßen (siehe auch Abschnitt B 7.4.3):

- Er untersucht, auf welcher Ebene der Handlungskontrolle die unsicheren Handlungen vorkommen. Misserfolge treten zum einen ein, wenn Handlungen anders ausgeführt werden als sie ursprünglich geplant waren – durch Aufmerksamkeits- und Gedächtnisfehler. Zum anderen werden sie durch Planungsfehler selbst verursacht.
- Er unterscheidet des Weiteren, ob die unsicheren Handlungen auf Absicht beruhen, z. B. bei Regelverstößen oder nicht.

B 2.2 Modell des Arbeitsmittels

Der Informationsverarbeitungsprozess im Arbeitsmittel (der Maschine) folgt immer einem Grundschema, dem sogenannten EVA-Prinzip. Dabei unterscheidet man die drei aufeinanderfolgenden Schritte Eingabe, Verarbeitung und Ausgabe (siehe Abbildung 2.6).
Bei der Eingabe werden Informationen entweder durch Betätigung von Stellteilen der Maschine (siehe Abschnitt B 2.2.1) übermittelt oder über komplexe Informationseingabesysteme übertragen. Im Anschluss an die Datenverarbeitung erfolgt die Informationsausgabe über Anzeigen (siehe Abschnitt B 2.2.2). Nachfolgend werden zunächst die Eingabemedien und daran anschließend die Ausgabenmedien von Arbeitsmitteln behandelt.

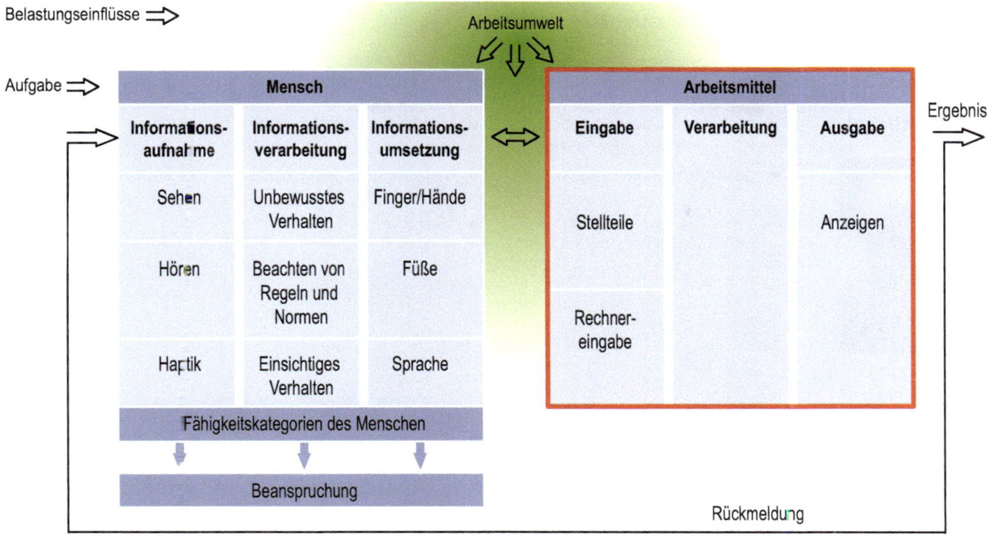

Abbildung 2.6: Informationsverarbeitungsprozess eines Arbeitsmittels

B 2.2.1 Stellteile

Stellteile

Stellteile (auch Bedienteile, Betätigungsteile oder Steuerarmaturen genannt) sind Elemente an Arbeitsmitteln, die durch Hand, Finger oder Fuß bewegt werden. Sie dienen der Steuerung von Geräten oder Einrichtungen.

Stellteile lassen sich nach verschiedenen Merkmalen unterscheiden (siehe DIN EN 894-3, 2010). An dieser Stelle werden folgende Klassifizierungskriterien betrachtet:

- Betätigungsart,
- Greifart,
- Kopplungsart.

Betätigungsart

Die Möglichkeiten der Informationseingabe haben sich in den letzten Jahren stark weiterentwickelt. Die früheren klassisch-mechanischen Anwendungen, die ausschließlich über Finger, Hand und Arm bzw. Fuß und Bein bedient werden konnten, werden in der heutigen Zeit um Verfahren ergänzt, welche zusätzlich Gesten, Blick- oder gesamte Körperbewegungen des Benutzers einbeziehen. Tabelle 2.4 zeigt verschiedene Beispiele klassisch-mechanischer Handstellteile, ihre Vor- bzw. Nachteile sowie Anwendungsbeispiele.

Tabelle 2.4: Klassisch-mechanische Handstellteile

Beispiel	+++ Vorteile +++	– – – Nachteile – – –	Anwendung
Schalthebel Bewegung: Schwenken	• mehrere Bewegungsrichtungen/Bedienbarkeiten • geringe Herstellungskosten	• Verdrehen des Handgelenkes • Versehentliches Betätigen • Verhaken	• Auto • Fahrrad • Mofa
Kippschalter Bewegung: Schwenken	• niedrige Materialeinzelkosten • geringer Montageaufwand • verbleibt im Schaltzustand • verständlich	• nicht sehr stabil • wenig Stellmöglichkeiten	• Steckdosenleiste • Lichtschalter • Elektrogeräte
Taster Bewegung: Drücken	• niedrige Materialeinzelkosten • flexibel • direkte Beschriftung möglich	• für gewöhnlich keine optische Rückmeldung • muss in Blende eingebaut werden • kehrt in Ruhestellung zurück nach Betätigung • bei mehreren Tasten langes Suchen • unbeabsichtigtes Betätigen anderer Tasten	• Mobiltelefon • Tastatur • Lichtschalter
Kurbel Bewegung: Drehen	• hohe Stellgenauigkeit	• hohe Bewegungskoordination erforderlich • Exzentrizität • Kompatibilität nicht immer eindeutig	• Werkzeugmaschine
Fingerschieber Bewegung: Schieben	• gut für Regelaufgaben/ hohe Stellgenauigkeit • geringer Kraftaufwand	• schwere Reinigung • genaue Sicht erforderlich	• Hifi-Anlagen • Mischpult • Lüftung PKW

Die Vorteile von Beinstellteilen gegenüber Handstellteilen liegen darin, dass der Anwender zusätzliche Tätigkeiten mit den Händen ausführen kann und keine Behinderung im Bewegungsraum des Hand-Arm-Systems durch Stellteile stattfindet. Zusätzlich können große Kräfte übertragen sowie direkte Hautkontakte, die eventuell Schädigungen hervorrufen, vermieden werden.
Ein Nachteil besteht darin, dass bei der Ausführung in stehender Körperhaltung hohe statische Muskelarbeit verrichtet werden muss. Außerdem sind die Stellwege und der Anordnungsraum stark eingeschränkt, so dass in der Regel nur ein Stellteil Verwendung findet. Als weiterer Nachteil ist die geringe Stellgenauigkeit anzusehen.
In Tabelle 2.5 sind aktuelle Entwicklungen der Informationseingabe dargestellt.

Tabelle 2.5: Neuere Formen der Informationseingabe

Beispiel	+++ Vorteile +++	– – – Nachteile – – –	Anwendung
Tastatur	• zahlreiche Eingaben von Zahlen und Buchstaben möglich/diverse Tastenbelegung • Steuertasten für feste Befehle	• Abrutschen/versehentliches Bedienen anderer Tasten • unterschiedliche Tastenbelegung bei verschiedenen Tastaturen	• Computer • Fernbedienung • Telefon • Geldautomat
Joystick/Steuerknüppel und Zeigegeräte	• Bewegung/Positionierung von Spiel- und Steuerelementen • geringer Platzbedarf • genaue Positionierbarkeit • Rückmeldung durch Gegenkräfte/Vibrationen	• hohe Positionierzeit • keine Grafikeingabe möglich	• Roboter • Flugzeugsteuerung • Computer • Kräne • Telemanipulatoren
T9/iTAP; auf Smartphones: Swype o. ä. 	• erleichterte Eingabe von Texten auf Mobiltelefonen/weniger Berührungen zur Eingabe notwendig • automatische Vervollständigung des Wortes • Sortierung der Wörter nach Gebrauchshäufigkeit	• Wörterbuch mitunter sehr klein • nur standardisierte Sprachen • geübte Anwender ohne Hilfe schneller	• Mobiltelefon

Beispiel	+++ Vorteile +++	– – – Nachteile – – –	Anwendung
Touchpad	• direkt in Gerät integrierbare berührungsempfindliche Fläche zur Eingabe • Nähe zur Tastatur erlaubt schnelleren Zugriff • keine zusätzlichen Kabel, Verbindungen oder plane Oberflächen	• Defizite bei schnellen präzisen Eingaben • teilweise ständige Berührung unangenehm • nicht für Menschen mit Prothesen nutzbar • Feuchtigkeit/Schweiß beeinträchtigt Funktionsfähigkeit	• Notebook • Tastatur
Touch Input Display z. B. Grafiktablett, Touchscreen	• berührungsempfindlicher Bildschirm zur schnellen Eingabe per Finger • Kompensation sensumotorischer Einschränkungen • direkte Objektanzeigen	• Verschmutzung • Parallaxenproblem	• Computer • Mobiltelefone • Navigationsgeräte
Spracheingabe 	• direkte Spracheingabe • kein Lernprozess notwendig • beanspruchungsarm • uneingeschränkter Einsatz der Hände	• hoher Rechenaufwand, langsamere Verarbeitung der Daten • gewisse Unsicherheit • beschränkter Befehlswortschatz • Fremdgeräuschempfindlichkeit	• Mobiltelefone • Navigationssysteme • Computerprogramme
Tracking-Systeme, Blickbewegungseingabe (Eye-Tracking) 	• berührungslose Aufzeichnung und Verarbeitung der Blickbewegungen einer Person • uneingeschränkter Einsatz der Hände • besonders geeignet für körperlich beeinträchtigte Menschen	• nur Positionsbestimmung • unwillkürliche Augenbewegungen auch bei Fixation • Midas-Touch-Problem (unbeabsichtigte Aktionsauslösung durch Hinsehen)	• Computersteuerung • Marktforschung • Neurowissenschaften • Medizin

Beispiel	+++ Vorteile +++	– – – Nachteile – – –	Anwendung
Gestikeingabe, z. B.: Datenhandschuh oder Datenanzug/ Motion-Capture-Systeme/Video- bzw. kamerabasierte Bewegungseingabe, z. B. MicrosoftKinect®	• Aufzeichnung menschlicher Bewegungen und Umwandlung in ein von einem Computer lesbares Format • direkte Objektanzeigen • viele Freiheitsgrade • Kräfterückkopplung • geringer zeitlicher Eingabeaufwand • höhere Verständlichkeit und vereinfachte Nutzbarkeit von Anwendungen	• nur in Verbindung mit VR (Virtual Reality) sinnvoll • Bewegungen wirken häufig künstlich auf Grund des komplexen Umrechnungsprozesses	• Virtual Reality • Programmsteuerung
Brain-Computer-Interface	• Aufzeichnung/Messung der Aktivität des Gehirns sowie Umwandlung in Computer-Steuersignale • uneingeschränkter Einsatz der Gliedmaßen • Bedienfehlerquote gering • einfache Nutzbarkeit • schnelle Eingabe	• noch nicht vollständig entwickelt	• Prothesen • Medizin • Kommunikation • Neurofeedback • Selbstkontrolle

Greifart

Die Greifart bestimmt die Art der Verbindung zwischen Finger bzw. Hand und dem Stellteil. Je nach Handhabungszweck wird eine umfassende oder nur flüchtige sowie für die Finger entweder große Beweglichkeit oder starre Ankopplung angestrebt. Zu unterscheiden sind die drei Greifarten Kontaktgriff, Zufassungsgriff und Umfassungsgriff (siehe Abbildung 2.7).

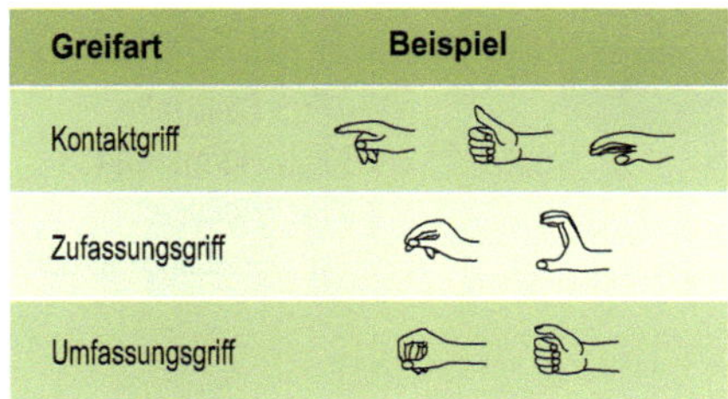

Greifart	Beispiel
Kontaktgriff	
Zufassungsgriff	
Umfassungsgriff	

Abbildung 2.7: Greifarten

Beim Kontaktgriff liegen die Kopplungsglieder (Finger, Hand) nur auf der Kopplungsfläche auf. Es handelt sich um einen offenen Griff. Als Beispiele können der Druckknopf, der Kippschalter und die Tastatur angeführt werden.

Der Zufassungsgriff ist dadurch charakterisiert, dass die Kopplungsglieder von mehreren Seiten punktuell an der Kopplungsfläche anliegen. Das Stellteil wird ohne Umfassung gehalten und geführt. Drehknopf oder Schlüssel sind typische Beispiele für den Zufassungsgriff. Beim Umfassungsgriff müssen alle Kopplungsglieder das Stellteil vollständig umfassen. Beispiele sind Kurbeln oder Zugbügel.
In Tabelle 2.6 sind die verschiedenen Greifarten nach ihrer Eignung aufgelistet.

Tabelle 2.6: Verwendung von Greifarten

	Kontaktgriff	Zufassungsgriff	Umfassungsgriff
Großer Arbeitswiderstand	–	–	+
Kleiner Zeitbedarf	+	–	–
Große Genauigkeit	o	+	–

Kopplungsart

Die Kopplungsart bestimmt die Kraftübertragung zwischen Körperteil und Stellteil. Man unterscheidet zwei Kopplungsarten, den Kraftschluss sowie den Formschluss.
Beim Formschluss wirken Kraft und Drehmoment senkrecht (radial) zur Berührungsfläche zwischen Körperteil und Stellteil. Die Kraftübertragung erfolgt unmittelbar über das Arbeitsmittel. Typische Beispiele sind Drehen eines Schlüssels im Schloss oder Werkzeuge mit T-Griff.
Der Kraftschluss ist dadurch gekennzeichnet, dass die Kraft und das Drehmoment in der Berührungsfläche zwischen Körperteil und Stellteil längs zum Stellteil und zur Bewegungsrichtung (tangential) wirken. Die Kraft wird mittelbar über die Reibungskraft übertragen. Zu Beispielen zählen Schlüssel aus einem Schloss ziehen oder die Arbeit mit griffrunden Schraubendrehern.
In Abbildung 2.8 sind die Wege der Kraftübertragung beim Form- und Kraftschluss dargestellt.

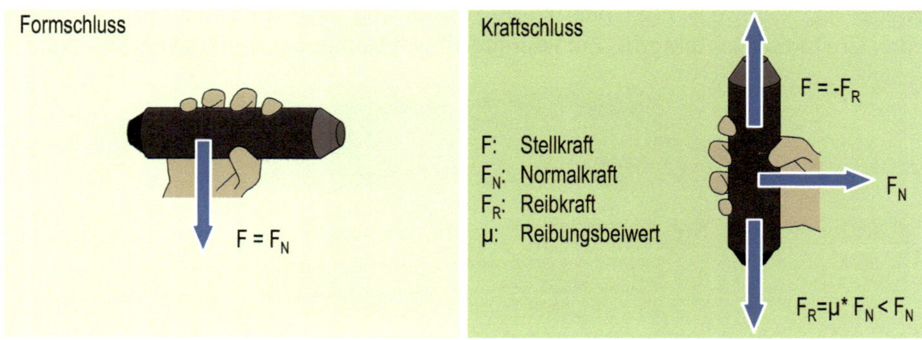

Abbildung 2.8: Kraftübertragung bei Form- und Kraftschluss

Tabelle 2.7 zeigt die Eignung der beiden Kopplungsarten für verschiedene Kriterien.

Tabelle 2.7: Verwendung von Kopplungsarten

Beurteilungskriterien	Kopplungsart	
	Formschluss	Kraftschluss
Kraftübertragung vornehmen	+	o
Halten gegen Widerstand	+	o
Genaues Einstellen	o	+
Schnelles Stellen	–	+
Tasten der Stellung	+	–
Kontinuierliches Stellen	o	+

B 2.2.2 Anzeigen

Anzeigen

Oftmals ist es notwendig, bestimmte Zustandsgrößen eines Systems oder der Umwelt mittels einer technischen Einrichtung dem Menschen zu übermitteln. Diese Funktion wird durch sogenannte Anzeigen ausgeführt. Laut DIN EN 894-2 (2009) werden Anzeigen als „eine Einrichtung zur Informationsdarstellung, mit deren Hilfe sichtbare, hörbare oder durch Berührung (taktil) unterscheidbare Sachverhalte angegeben werden" definiert.

Anzeigen finden in verschiedenen Ausprägungen Anwendung, abhängig davon, über welche Sinneskanäle des Menschen die Informationen zurückgemeldet werden sollen. Unterschieden werden:

- optische,
- akustische und
- taktile Anzeigen.

In Tabelle 2.8 sind die Voraussetzungen für die Auswahl optischer, akustischer bzw. taktiler Anzeigen gegenübergestellt.

Tabelle 2.8: Verwendung von optischen, akustischen und taktilen Anzeigen

Merkmal	Ausprägung		
	Optische Anzeigen	Akustische Anzeigen	Taktile Anzeigen
Umfang	Umfangreich, komplex	Gering, einfach	
Art	Örtlich und zeitlich, diskret und kontinuierlich	Zeitlich, diskret	
Informationsbedarf	Mehrmals	Einmalig	Einmalig
Zugriff	Vom Beobachter abzurufen	Sofort zu beachten	Sofort zu beachten

Merkmal	Ausprägung		
	Optische Anzeigen	Akustische Anzeigen	Taktile Anzeigen
Darstellung	Simultan oder sequentiell	Sequentiell	
Beobachtungsbereich	Eingeschränkt	Variabel	Variabel
Transfer	Gezielt	An alle	Gezielt
Auffälligkeit bei Langzeitbeobachtung	Gering	Hoch	
Platzbedarf im Blickfeld	Ja	Nein	Nein
Umgebung	Hoher Umgebungslärm zulässig	Geringe oder hohe Beleuchtung zulässig	Lärm- und beleuchtungsunabhängig

Die Informationswiedergabe vom Arbeitsmittel zum Menschen kann über viele verschiedene Wege erfolgen. So existieren zahlreiche klassische Anwendungsbeispiele, welche in Tabelle 2.9 abgebildet sind.

Tabelle 2.9: Klassische Anzeigen

Beispiel	+++ Vorteile +++	– – – Nachteile – – –	Anwendung
Optische Anzeigen			
Head-Down-Display	• übliche Anzeigenart in PKW oder Flugzeug	• Blick muss von Fahrbahn gelenkt werden, um Information zu erfassen • nicht sichtbar, was währenddessen auf Fahrbahn geschieht, d. h. Unfallgefahr	• Geschwindigkeitsanzeige • Drehzahlanzeige
Textanzeige	• elektronische, alphanumerische Anzeige genauer Werte • niedrige Anschaffungskosten	• stark limitierte Darstellungsmöglichkeit: überwiegend Text, wenig Grafik • Werteveränderungen schwer zu erfassen (hinsichtlich Richtung und Gradient)	• Uhren • Radios • Verkehrszeichen
Hybridanzeigen	• Kombination von zumeist Digital- und Analoganzeige • Erfassungsmöglichkeit großer Messbereiche • Veränderungen schnell und einfach zu erfassen	• zu große Informationsmenge im Blickfeld	• Wasser-/Stromzähler • Tachometer mit Kilometerzähler

Beispiel	+++ Vorteile +++	--- Nachteile ---	Anwendung
Kontrollleuchten	• informiert über Status einer zu überwachenden Einrichtung • Wichtigkeit des Hinweises durch Farben leicht einstufbar • zumeist einfache oder auch genormte Symbolik	• Probleme bei Anordnung einer Vielzahl der Leuchten eng beieinander • Übermittlung komplexerer Informationen durch Zusammenschaltung mehrerer Leuchten problematisch	• Haushalt • Computer • Industrie • Anlagentechnik • Fahrzeugtechnik
Bildschirmanzeigen (Screen, Display)	• präzise Ausgabe der durch ein Computersystem ermittelten, visuellen Informationen • Erzeugung unterschiedlicher Anzeigenformate • Darstellung komplexer Sachverhalte	• hohe Kosten im Verhältnis zu anderen Anzeigenarten • nur mit feiner Auflösung sinnvoll • Flimmern • schlechtere Sichtbarkeit bei extremen Lichtverhältnissen	• Bedienelemente • Anzeigegeräte • Radargeräte • Computermonitore • Mobilfunkgeräte • Navigationsgeräte
Akustische Anzeigen			
Sprachsignale	• Rückmeldung durch Ausgabe akustischer Sprachsignale • klar verständlich • keine optische Ablenkung	• wenig variabel • eventuell unangenehm, da sehr statisch	• Computer • Telefon-Hotline • Navigationssysteme
Auditory Icons/ Earcons/semiabstrakte Klangobjekte	• Verwendung von Tonfolgen, Obertönen und Klangfarben, angepassten Signalverläufen, bekannten Geräusch- und Klangmustern • kürzer als Sprachsignale • enthalten kodierte Information und Dringlichkeit	• Gestaltung nicht trivial • können unterschiedlich interpretiert werden	• Automobil • Luft- und Raumfahrt • Smartphone
Taktile Anzeigen			
Vibrationsalarm	• Vibrationen signalisiert den Eintritt eines Ereignisses • kann auch ohne Klingelton wahrgenommen werden	• dennoch Geräusch hörbar auf Unterlagen (Konferenzen, Unterricht)	• Mobiltelefone

Neben den klassischen Anzeigeformen gewinnen aktuelle Entwicklungen immer mehr an Bedeutung. Tabelle 2.10 zeigt verschiedene neuere Anwendungsformen.

Tabelle 2.10: Aktuelle Entwicklungen von Anzeigen

Beispiel	+++ Vorteile +++	– – – Nachteile – – –	Anwendung
Optische Anzeigen			
Head-Up-Display	• Projektion in Sichtfeld des Nutzers • schnelle Bewegung des Blicks zwischen Anzeige und Hintergrund möglich, damit geringe Ablenkung • kontaktanaloge Anzeige • teilweise schneller als menschliches Auge	• nicht akkommodationsunabhängig • keine perspektivische Korrektur bei veränderter Kopfhaltung	• PKW • Flugzeuge
Head-Mounted-Display 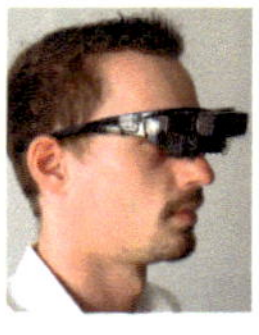	• Datenbrille, die am Computer erzeugte Bilder auf einem augennahen Bildschirm darstellt oder direkt auf die Netzhaut projiziert • Informationen bleiben unabhängig von Sitz- oder Körperposition bzw. Kopfdrehung im Sichtfeld • durchgängiges Navigieren möglich, da nicht produkt- sondern benutzerintegriert • Überlagerungen von Messgrößen und Programmschritten im Sichtfeld des Operateurs möglich • zahlreiche funktionale Ergänzungen möglich (Zustand des Benutzers, etc.)	• derart nahe Akkommodation (Nähe Bildschirm-Auge) kann ermüdend wirken • es muss hoher Tragekomfort vorherrschen • eingeschränktes Sichtfeld durch Tragen der Brille möglich • hohe Anstrengung und geistige Anforderung bei Anwendung	• Medizin • Marketing • Service/ Wartung • Fahr- und Flugsimulation • Enter- und Edutainment

Beispiel	+++ Vorteile +++	− − − Nachteile − − −	Anwendung
VR-Displays: Powerwall/ 3-D-Beamer/ Holobench/ L-Bench/ CAVE Bild: VR-Labor, Institut für Maschinenelemente und Maschinenkonstruktion, TU Dresden, 2008	• Projektion virtueller Objekte durch stereoskopisches Sehen und die Hinzunahme von Shutterbrillen • Arbeiten ohne lästige Schatten durch Teile oder Arme, die die Immersion stören • projizierte Objekte wirken sehr echt • mehrere Personen gleichzeitig können die Projektion betrachten • erleichtert räumliche Wahrnehmung großer Objekte	• zusätzliche Shutterbrille notwendig	• Produktion • Fertigung • Forschung und Lehre
Taktil-akustische Anzeigen			
Spurhalteassistent/ Spurwechselassistent	• erhöhte Sicherheit: Warnung vor Verlassen der Fahrspur auf einer Straße durch Geräusche oder Vibration • Wahrnehmung akustischer und taktiler Signale auch bei Ermüdungserscheinungen		• PKW

B 2.2.3 Zusammenwirken von Anzeigen und Stellteilen

Grundsätze für die Gestaltung der Hardware

Bei der Gestaltung von Arbeitsmitteln sind aus informationstechnischer Sicht verschiedene Aspekte zu beachten. Um Fehlbedienungen zu minimieren bzw. auszuschließen sollten folgende Gestaltungsregeln beachtet und angewendet werden (siehe Abbildung 2.9).

Abbildung 2.9: Gestaltungsgrundsätze für Hardware

Sichtbarkeit Die Sichtbarkeit ist die wesentlichste Gestaltungsregel. Demnach sind Anzeigen so anzuordnen, dass die abgebildeten Informationen gut lesbar sind und nicht ablenken. Des Weiteren sollte die Funktion des Stellteils erkennbar sein.

Beispiele

Beim PC-Bildschirm führen starke Reflexionen zu schlechter Sichtbarkeit, angeraute Bildschirme dagegen verhindern Reflexionen

Navigationssystem bzw. Bordcomputer vereinen die Anzeige wesentlicher Informationen an gleicher Stelle.

Betätigbarkeit Eine intuitive Ausführung der Funktion wird mit der Gestaltungsregel „Betätigbarkeit" angestrebt. So sollte der Ort der Funktionsausführung gleichzeitig der Ort des Stellteils sein.

Beispiele

Das Stellteil Not-Halt (Stillsetzen) ermöglicht eine schnelle und unkomplizierte Betätigung mit der flachen Hand oder Faust.

Ein am Laptop integriertes Touchpad wird häufig unabsichtlich betätigt und ist somit nicht optimal gestaltet.

Gruppierung Unter bestimmten Voraussetzungen ist der Mensch in der Lage, verschiedene Teilreize miteinander zu verbinden und zu einer gruppierten Zuordnung zusammenzufassen. Dieser Vorgang fördert eine bessere und schnellere Informationsübermittlung an den Benutzer. In verschiedenen Gestaltgesetzen werden die Bedingungen formuliert (siehe Abbildung 2.10).

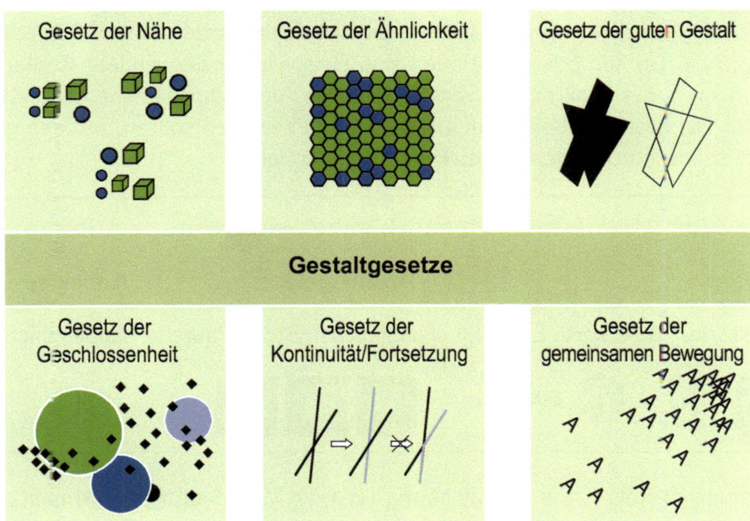

Abbildung 2.10: Gestaltgesetze der Gruppierung

Das Gesetz der Nähe beinhaltet, dass verschiedene Körper aufgrund ihrer Nähe als zusammengehörige Gruppe wahrgenommen werden. Das Gesetz der Ähnlichkeit sagt aus, dass gleichartige Elemente eher eine Gruppe bilden, als beispielsweise Elemente verschiedener Farbe oder Form. Beim Gesetz der guten Gestalt wird die Unterscheidung durch klare Konturen, z. B. Trennlinien oder Zwischenräume getroffen. Weitere Beispiele für Gestaltprinzipien sind die Gesetze der Kontinuität, der Geschlossenheit und der gemeinsamen Bewegung.

Beispiele

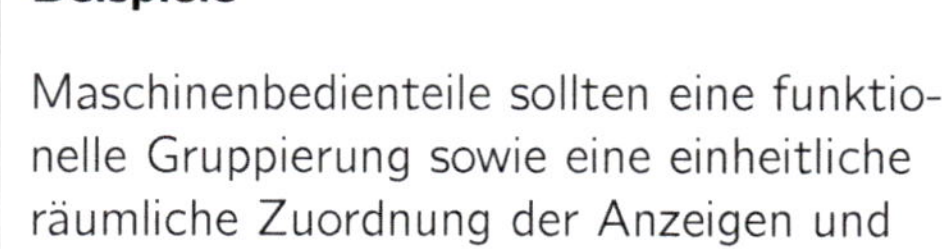

Maschinenbedienteile sollten eine funktionelle Gruppierung sowie eine einheitliche räumliche Zuordnung der Anzeigen und Stellteile aufweisen.

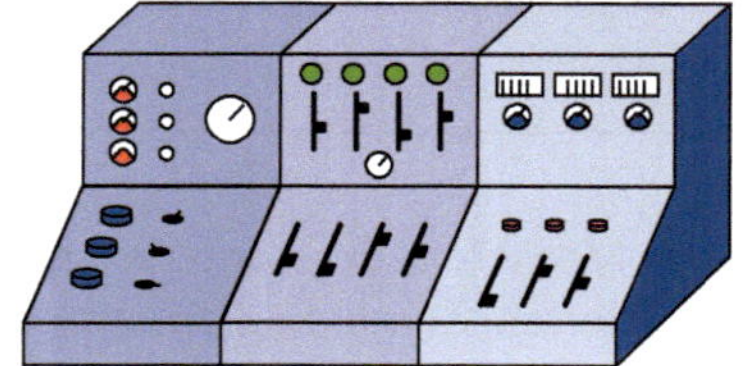

Bei der Herdgestaltung ist eine sinnvolle Zuordnung von Schaltern zu Kochstellen zu beachten.

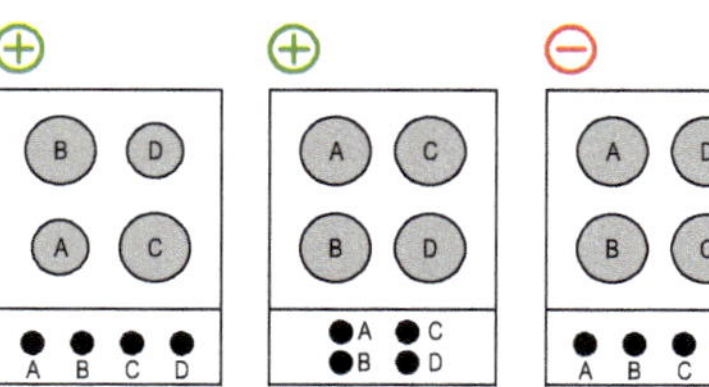

Kodierung Die Gestaltungsregel „Kodierung" beinhaltet, dass jeder Funktion eine eindeutige Funktionskennzeichnung zugeordnet ist. Kodierungen dienen der Verbesserung der visuellen und taktilen Erkenn- und Unterscheidbarkeit der Anzeigen und Stellteile. Symbole, Farben, Formen, Größen oder Positionen sind Beispiele für verwendete Kodierungsarten. Symbole finden in der Praxis dabei verschiedentlich Anwendung (siehe folgende Beispiele). Zu beachten ist, dass Symbole einheitlich verwendet werden sollten, um den gewünschten Nutzen der schnellen und sicheren Erkennung zu erzielen.

Beispiele

PC/Laptop: Batteriestand/Papierkorb/E-Mail

Abspielgeräte: Abspielen/Stop/Pause

Anzeigen im PKW: Abblendlicht/Fernlicht

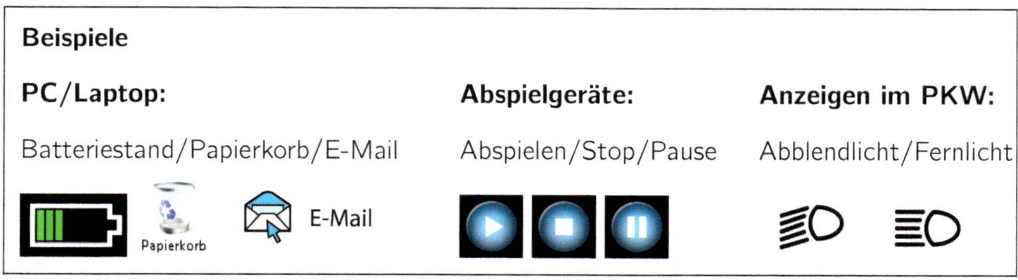

Eine Kodierung mittels Farbe erfolgt häufig über die Verwendung der Ampelfarben und ist damit einheitlich und leicht verständlich (rot: warnend; grün: in Ordnung, funktioniert). Folgende Beispiele zeigen Anwendungsmöglichkeiten der Farbkodierung.

Beispiele

Ampel:

Rot – Stop
Gelb – Achtung
Grün – freie Fahrt

Fertigungslinie:

Rot – Störung
Gelb – Pause/Umrüstung
Grün – Betrieb

Haushaltsgeräte:

Rot – heiß
Grün – an

Polizei/Krankenwagen/ Feuerwehr-Lichtsignal:

Blau – Achtung/Vorsicht/Gebot
Platz machen

Digitale Batteriestandanzeige:

Grün – voll
Rot – leer

Verschiedene Formen werden im Alltag ebenfalls zur Kodierung genutzt (siehe folgende Beispiele). Formen bieten den Vorteil, dass sie intuitives Handeln bzw. eine intuitive Bedienung ermöglichen.

Beispiele

Fernbedienung:

Lautstärke/Programm – pfeilförmiges/ längliches oder richtungsweisendes Bedienteil mit zwei Optionen (+/-) oder Kreis aus vier Bedienelementen
An/Aus – rund
Zahlen – alle einheitlich, nur für Zahlen vorgesehene Form

Sitzverstellung PKW:

Bedienelemente – Sitzelemente

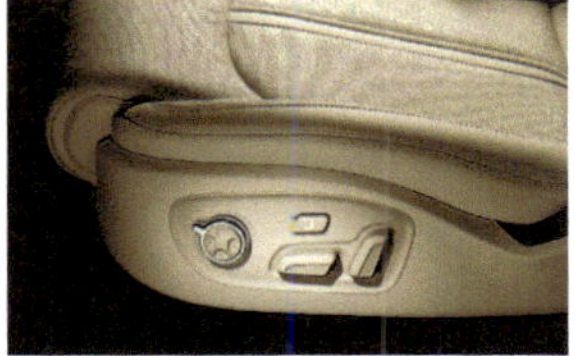

Bei der Gestaltung von Produkten wird die Größe von einzelnen Bedienteilen häufig auch genutzt, um kodierte Informationen weiterzugeben (siehe folgende Beispiele). Hier kann sich allerdings das subjektive Rangverständnis des Herstellers negativ auswirken.

Beispiele

elektrische Geräte, z. B. Hifi-Anlage:

meist genutzte oder wichtigste Bedienelemente am größten: hier Volumeregler/bei anderen Power

Tastatur:

meist genutzte Bedienelemente am größten: Leertaste/Enter

Verpackungen:

Hersteller – groß
Benutzungshinweise – mittel
Rechtliche Hinweise/Inhaltsstoffe – klein

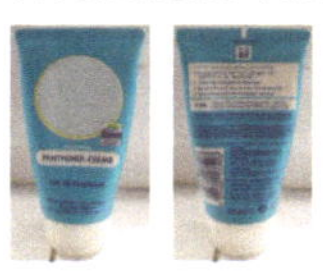

Armaturenbrett PKW:

Hauptbedienelemente am größten, Detaileinstellungen umso kleiner

Verschiedene Anwendungsmöglichkeiten einer Kodierung mittels Position werden im Folgenden beispielhaft gezeigt.

Beispiele

Radio:

Frequenz durch Zeigerposition auf Langfeldskala angezeigt

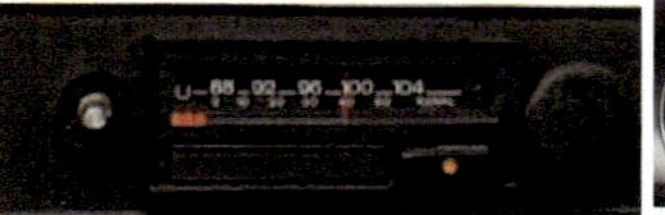

Drehzahlmesser:

Geschwindigkeit und Drehzahl durch Zeigerposition auf runder Skala angezeigt

Sequenzer-Software:

Zeiger auf Langfeldskala zeigt Signalstärke an

Mittels Kodierungen können bei Stellteilen deren Funktion, Zustand oder Wirkung kodiert werden (siehe Fallbeispiel Elektronisches Stabilitätsprogramm ESP). Eine Funktionskodierung kennzeichnet die Funktion, die mit dem Stellteil bedient wird. Bei einer Zustandskodierung wird der Zustand einer Funktion über eine geeignete Anzeige vermittelt. Wirkungskodierung bedeutet, dass der Nutzer einer Information darüber erhält, wie sich die Betätigung des jeweiligen Stellteiles auswirkt.

Kompatibilität Die Zielstellung eine erwartungskonforme Gestaltung der Arbeitsmittel zu erreichen wird in der Gestaltungsregel „Kompatibilität" ausgedrückt. Bereits Gelerntes bleibt gleich und kann auf andere Situationen angewendet werden. Ziel ist, dass beim Anwender durch bloße Betrachtung des Stellteils eine Vorstellung über dessen Funktionsweise hervorgerufen wird. Die Vorteile liegen darin, dass Lern- und Übungsphasen verkürzt und die qualitative sowie quantitative Arbeitsleistung gesteigert werden. Des Weiteren führt die Regel zu einer verringerten Gefahr von Fehlbehandlungen.
Unterscheiden lassen sich die räumliche (statische) Kompatibilität, die Bewegungskompatibilität (dynamische Kompatibilität) und die modalitätsbezogene Kompatibilität (siehe Tabelle 2.11).

Tabelle 2.11: Kompatibilitätsarten

Kompatibilitätsart	Merkmale
Räumliche (statische) Kompatibilität	Anordnung der Stellteile in Bezug auf Anzeigen nach Wichtigkeit nach Häufigkeit der Benutzung nach Funktionsprinzipien nach Abfolge der Benutzung
Bewegungskompatibilität	Kompatibilität zwischen Bewegung des Stellteils und angezeigter Messwertveränderung Kompatibilität zwischen Bewegungen der Stellteile und Bewegungen mechanisch gesteuerter Maschinenteile
Modalitätsbezogene Kompatibilität	Kompatibilität zwischen Modalitäten der Informationsdarbietung (verbal, visuell), der Informationsverarbeitung (sprachlich, räumlich-analog) und der geforderten Reaktion (sprachlich, manuell)

Beispiele

Bei Schaltern sollten Beschriftung und Drehsinn primär und sekundär kompatibel sein. Die Anzeigesoll sollte ständig und vollständig sichtbar sein (Positivbeispiel links, Negativbeispiel rechts).

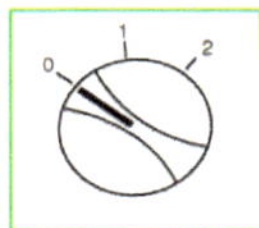

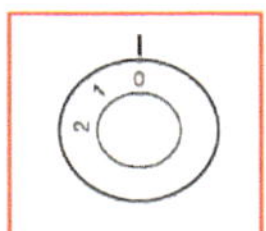

Grundsätze für die Gestaltung der Software

Unter den Zielstellungen Benutzerfreundlichkeit und Gebrauchstauglichkeit sollten bei der Gestaltung von Software verschiedene Grundsätze beachtet werden (DIN EN ISO 9241-110, 2020):

- Aufgabenangemessenheit
  Der Nutzer wird unterstützt, seine Arbeitsaufgabe effektiv und effizient zu erledigen.
- Selbstbeschreibungsfähigkeit
  Es existieren angemessene Hilfefunktionen zu jedem Problem. Möglichst finden keine Abkürzungen Verwendung.
- Steuerbarkeit
  Es besteht die Möglichkeit der Unterbrechung der Bearbeitung. Makros und Tastenkürzel können genutzt werden. Die Mauszeigergeschwindigkeit ist individuell einstellbar. Fensterinhalte und Arbeitsbereiche können individuell eingerichtet werden.
- Erwartungskonformität
  Es finden Bezeichnungen, Begriffe und Konventionen aus dem Arbeitsgebiet Verwendung. Es herrscht Konsistenz bezüglich der Steuerung innerhalb des Programms oder auch verschiedener Programme.
- Robustheit gegen Benutzerfehler
  Verständliche Fehlermeldungen und Anleitungen zur Fehlerbehebung werden dargeboten. Der Nutzer kann sofort an der Fehlerstelle manuell korrigieren.
- Benutzerbindung
  Funktionen und Informationen werden auf einladende und motivierende Weise dargestellt. Die kontinuierliche Interaktion mit dem System wird gefördert.
- Erlernbarkeit
  Durch das Vorhandensein einer Rücknahmefunktion hat der Nutzer die Möglichkeit zum Ausprobieren. Das Lernen erfolgt verständnisorientiert an Beispielen.

C 2 Methoden

C 2.1 Vorgehensweise bei der Stellteilauswahl und -gestaltung

Die ergonomische Gestaltung von Stellteilen ist für ein sicheres und wirksames Betätigen von Arbeitsmitteln entscheidend. Bei der Konzipierung ist es von Vorteil, systematisch vorzugehen, um alle relevanten Rahmenbedingungen und Einflussgrößen zu berücksichtigen. Wie in Abbildung 2.11 dargestellt, unterteilt sich der Prozess in die drei aufeinanderfolgenden Abschnitte Grobanalyse, Feinanalyse und Gestaltung.

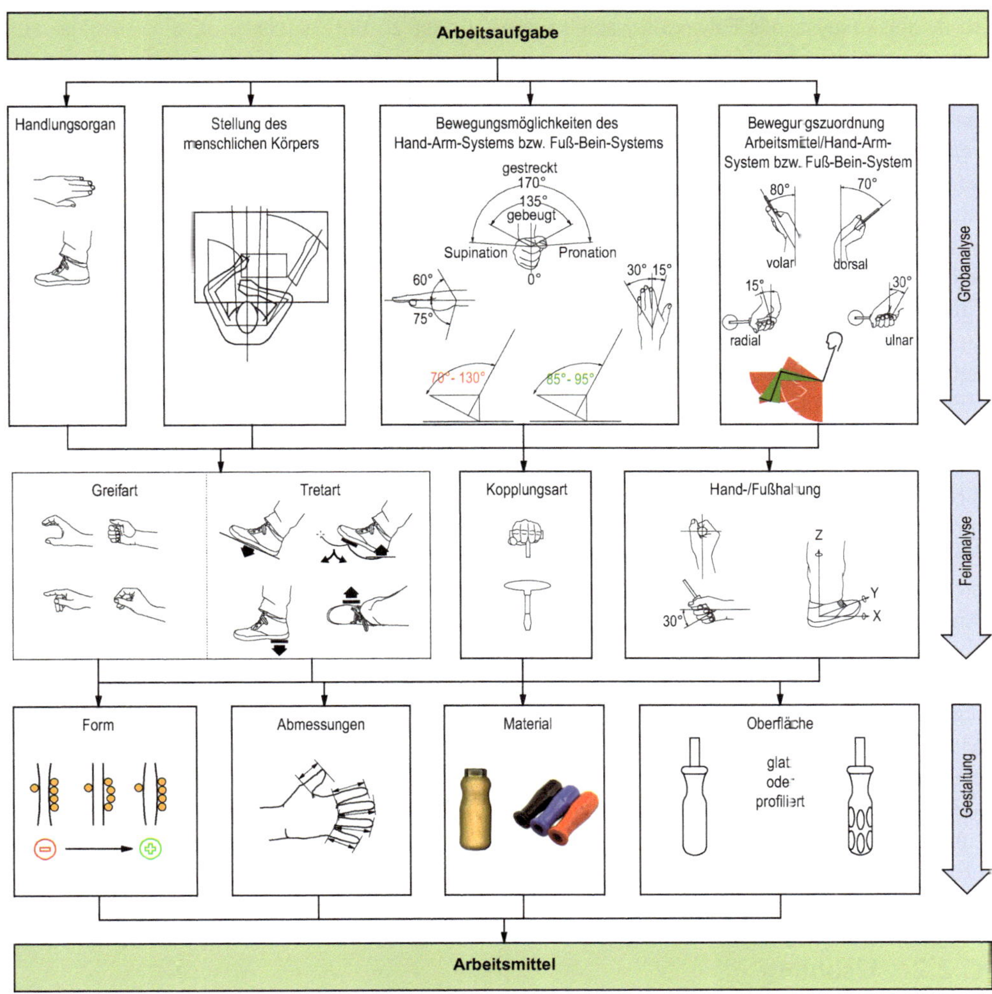

Abbildung 2.11 Vorgehen bei der Stellteilauswahl und -gestaltung

In der Grobanalyse wird zunächst untersucht, welche Arbeitsaufgabe das Stellteil künftig zu verrichten hat und welche Arbeits- und Umgebungsbedingungen dabei vorherrschen. Es stellt sich beispielsweise die Frage, mit welchem Kraftaufwand, mit welcher Präzision und Geschwindigkeit die Bedienung des Gerätes erfolgen soll. Danach entscheidet sich, welches Handlungsorgan des Menschen bei der Eingabe zum Einsatz kommt, respektive ob die Bedienung durch Hand/Arm, durch Fuß/Bein, Sprache, Gestik oder über Biosignale erfolgt. Des Weiteren gilt es festzustellen, welche Körperstellung und -haltung der Arbeiter bei der Bedienung künftig einnehmen muss. Durch eine ergonomische Gestaltung des Arbeitsmittels können belastende Zwangshaltungen wie beispielsweise ein seitlich verdrehter Oberkörper verringert bzw. vermieden werden. Besonderer Fokus liegt außerdem auf der Prüfung der Bewegungsmöglichkeiten des Hand-Arm-Systems bzw. des Fuß-Bein-Systems,

d. h. der Analyse des Bewegungsspielraumes. Es ist zu untersuchen, ob die Aufgabe aufgrund anatomischer Voraussetzungen überhaupt umsetzbar ist. Gegebenenfalls muss das Arbeitsmittel den Bedingungen angepasst werden. Als ergonomisch gilt ein Arbeitsmittel dann, wenn bei dessen Benutzung das ausführende Körperteil in seiner Normalstellung agieren kann und keine unphysiologische Haltung einnehmen muss. Die Belastungen können so optimiert werden. Dieser Aspekt wird unter der Rubrik „Bewegungszuordnung" zusammengefasst und sollte ebenfalls bei der Konstruktion eine Rolle spielen.
Während der Feinanalyse werden anschließend die Greif- oder Tretart, die Kopplungsart sowie die Hand- bzw. Fußhaltung festgelegt. Hierbei ist besonders darauf zu achten, dass die für die Arbeitsaufgabe erforderliche Präzision und Feinfühligkeit gewährleistet wird und die Schnelligkeit der Ausführung den Anforderungen entspricht. Außerdem sind die hervorgerufenen Belastungen, welche bei Mensch und Arbeitsmittel entstehen, zu berücksichtigen. Ziel ist eine größtmögliche Kraftübertragung bei einer normalen Handhaltung, um der Gefahr von späteren Gesundheitsschäden vorzubeugen.
Nach Grob- und Feinanalyse folgt zuletzt die Gestaltung des Stellteiles. Hierbei sollen Form, Abmessungen, Material und Oberfläche des Arbeitsmittels an die bisher gewonnenen Ergebnisse und Festlegungen angepasst werden, um größtmögliche Effizienz und optimale Belastung zu erreichen. Die Form, also die Handseite des Arbeitsmittels, ist je nach Greifart beispielsweise durch Fingermulden (z. B. bei Finger- und Daumenkontaktgriff), durch Abgleitsicherungen (z. B. bei Schwenkhebeln) oder Dreikantung (z. B. bei Schreibgeräten) ergonomisch zu gestalten. Für die Abmessungen des Arbeitsmittels sind die Hand- und Fußmaße ausschlaggebend. Beispielsweise richtet sich die Mindestlänge eines Schreibgerätes nach dem Abstand zwischen Fingerspitze und Daumen-Zeigefingerfalte. Hinsichtlich des Materials sind zum einen die Materialeigenschaften zu beachten (physikalisch-chemisch, elektrisch, mechanisch) und zum anderen die Bearbeitbarkeit, Kosten und Umweltverträglichkeit. Die Oberfläche des Arbeitsmittels sollte so gestaltet sein, dass punktuelle Belastungen (Flächenpressung) vermieden werden. Weiterhin ist zu berücksichtigen, dass eine grobe Profilierung zu einer Verkleinerung der Kopplungsfläche führt, eine feine Profilierung den Nachteil einer erhöhten Verschmutzung verursacht.

C 2.2 Usability

Usability ist der englischsprachige Begriff für die Gebrauchstauglichkeit bzw. die Benutzerfreundlichkeit von Produkten. Sie entsteht, wenn Produkte nach interaktionsergonomischen Gestaltungsgrundsätzen entwickelt wurden. In der DIN EN ISO 9241-11 (2018) ist die Gebrauchstauglichkeit definiert als:
„Das Ausmaß, in dem ein Produkt oder eine Dienstleistung durch bestimmte Benutzer in einem bestimmten Nutzungskontext genutzt werden kann, um bestimmte Ziele effektiv, effizient und zufriedenstellend zu erreichen."
Die Effektivität, die Effizienz und die Zufriedenstellung sind die Maße der Gebrauchstauglichkeit bzw. deren Zielkriterien. Diese können in einer Zielpyramide dargestellt werden (siehe Abbildung 2.12). Die Kriterien bauen aufeinander auf, d. h. die unteren Zielstellungen bilden die Basis für die oberen Ziele.

Abbildung 2.12: Zielpyramide der Gebrauchstauglichkeit

Die Effektivität eines Produktes ist das Verhältnis der Ziele eines Benutzers zur Genauigkeit und Vollständigkeit, mit der er diese Ziele erreichen kann. Das heißt, ein Produkt ist dann effektiv, wenn es prinzipiell geeignet ist, das Ziel, für dessen Erreichen es genutzt wird, zu erfüllen. Die Effizienz ist das Verhältnis der erreichten Effektivität zum eingesetzten Aufwand. Wenn das gewünschte Ergebnis also mit einem möglichst geringen Aufwand erreicht werden kann, ist das Produkt effizient. Die Zufriedenstellung ist ein subjektives Maß über die Freiheit von Beeinträchtigungen und der positiven Einstellung gegenüber der Nutzung des Produktes.

Mit Hilfe eines einfachen Beispiels (siehe Abbildung 2.13) sollen im Folgenden die Unterschiede und der Zusammenhang der einzelnen Ziele der Usability-Pyramide verdeutlicht werden. Gehen wir davon aus, ein geübter Benutzer möchte einen Kronkorkenverschluss, wie er beispielsweise bei Bierflaschen eingesetzt wird, öffnen. Dazu hat er verschiedene Werkzeuge bzw. Produkte zur Auswahl, mit welchen er dieses Ziel erreichen möchte. Mit Hilfe eines Wattestäbchens wird es ihm trotz Übung nicht möglich sein, den Verschluss aufzuhebeln. Das Wattestäbchen ist damit nicht effektiv. Eine Erfüllung dieser Aufgabe könnte hingegen durch Produkte wie beispielsweise einen Zollstock, ein Messer oder ein Feuerzeug von einem geübten Benutzer realisiert werden. Mit diesen Hilfsmitteln ist allerdings eine gewisse Anstrengung oder Geschicklichkeit verbunden, wodurch sich die Effizienz dieser Produkte verringert. Effizienter sind in diesem Kontext herkömmliche Flaschenöffner. Zufriedenstellend sind sie aus Sicht des Benutzers allerdings nur dann, wenn der Nutzer eine positive Einstellung gegenüber diesen Produkten entwickelt. Dies könnte durch weitere subjektive Kriterien, wie z. B. der Ästhetik oder des Produkthandlings bestimmt werden. Ein „Design-Flaschenöffner" oder ergonomisch gut gestalteter Flaschenöffner kann hier den Unterschied zwischen den Zielen Effizienz und Zufriedenstellung ausmachen.

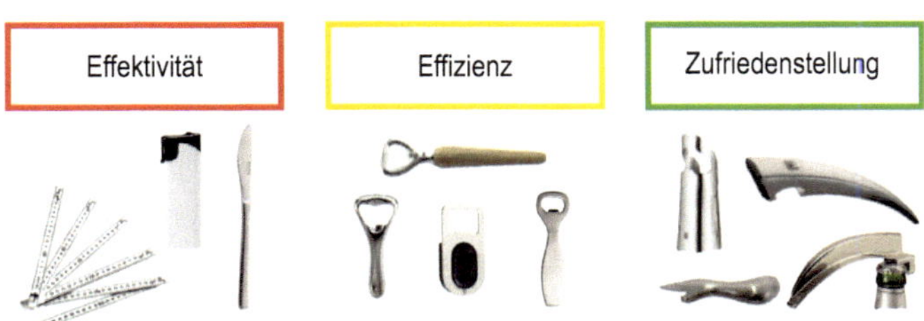

Abbildung 2.13: Zielerreichung am Beispiel „Öffnen eines Kronkorkenverschlusses"

Das Beispiel zeigt, dass zur Bestimmung der Gebrauchstauglichkeit anhand der Zielkriterien verschiedene Aspekte einen Einfluss haben. So muss das Ziel, das der Benutzer eines Produktes erreichen will, bekannt sein. Weiterhin ist relevant, ob der Benutzer in der Nutzung des Produktes geübt ist. Am Beispiel des Kronkorkenverschlusses wären bei einem ungeübten Benutzer Produkte wie Zollstock oder Feuerzeug nicht effektiv. Diese Aspekte sind Elemente des sogenannten Nutzungskontextes. Laut DIN EN ISO 9241-11 (2018) besteht er aus den Komponenten:

- Benutzer,
- Ziele,
- Aufgaben,
- Ressourcen sowie
- Umgebung.

Der Benutzer ist die Person, die mit dem Produkt arbeitet. Relevante Merkmale des Benutzers sind hierbei u. a. dessen Kenntnisse und Fertigkeiten, Erfahrungen und Übungsstand sowie physische Merkmale. Ziele sind die zu erreichende Ergebnisse. Aufgaben umfassen alle Aktivitäten, die zur Zielerreichung führen. Unter Ressourcen werden Hilfsmittel verstanden, die zur Zielerreichung eingesetzt werden müssen. Die Umgebung besitzt technische, physische, soziale, kulturelle und organisationsbezogene Merkmale. Die technischen und physischen Merkmale der Umgebung betreffen beispielsweise den Arbeitsplatz, Ausstattung sowie Umgebungsbedingungen, wie die Temperatur und die Luftfeuchte. Zu den sozialen, kulturellen und organisationsbezogenen Merkmalen zählen u.a. Organisationsstrukturen und Arbeitspraktiken.

C 2.2.1 Usability-Engineering

Das Usability-Engineering ist ein Vorgehensmodell um nutzergerechte Produkte nach interaktionsergonomischen Grundsätzen zu entwickeln. Es beschreibt einen Prozess, der parallel zu herkömmlichen Entwicklungsarbeiten die spätere Gebrauchstauglichkeit eines Produktes sicherstellt.
Der Prozess des Usability-Engineerings wird in der DIN EN ISO 9241-210 (2020) definiert und in 4 Phasen gegliedert: die Analyse des Nutzungskontextes, die Erstellung von Anforderungen, die Entwicklung eines Interaktionskonzeptes und das Usability-Testing (Abbildung 2.14). Je nach Entwicklungsvorhaben kann dieser Prozess in unterschiedlichen Phasen begonnen werden.
Bei einer Neukonstruktion eines Produktes liegt der Startpunkt des Usability-Engineerings stets bei der Analyse des Nutzungskontextes. Wie bereits beschrieben, existieren verschiedene Einflussfaktoren bezüglich der Gebrauchstauglichkeit. Durch eine Analyse sind alle relevanten Einzelheiten zu den Benutzern, der Arbeitsaufgabe, des Arbeitsmittels und der Arbeitsumgebung zu ermitteln und zu verstehen. Diese Analyse liefert die Informationsgrundlage zur Gestaltung des Produktes sowie zur anschließenden Beurteilung.
In einem zweiten Schritt sind Anforderungen an das zu gestaltende Produkt aus den Nutzungskontext heraus abzuleiten und gegebenenfalls durch weitere Aspekte, wie geforderte Leistungen des neuen Produktes hinsichtlich funktionaler und finanzieller Ziele sowie relevante gesetzliche Anforderungen, zu ergänzen. Die Ermittlung der Anforderungen kann mit dem Erarbeiten eines Lastenheftes verglichen werden.

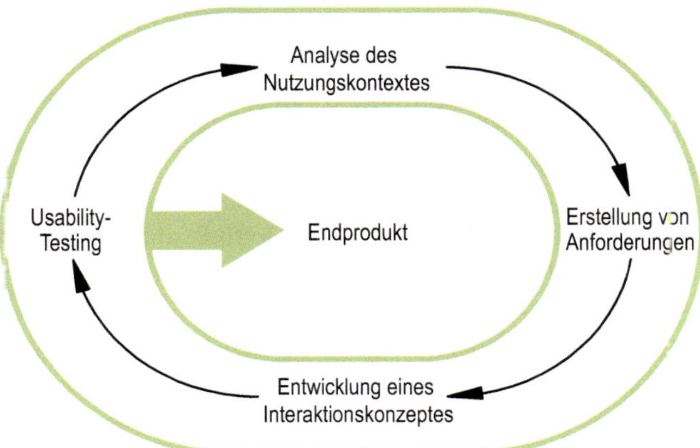

Abbildung 2.14 Methode des Usability-Engineerings (nach DIN EN ISO 9241-210, 2020)

Im dritten Schritt wird das konkrete Produkt auf Grundlage der Analyse des Nutzungskontextes und der ermittelten Anforderungen unter Zuhilfenahme von systemergonomischen Gestaltungsrichtlinien entwickelt. Hierbei ist es sinnvoll, die Produktentwicklung in Stufen durchzuführen.

Bevor das Produkt entwickelt wird, können zuerst Konzepte und Prototypen in verschiedenen Reifegradstufen entstehen, die im vierten Schritt auf ihre Gebrauchstauglichkeit untersucht werden. Diese Evaluation bzw. Beurteilung stellt sicher, dass das Produkt letztendlich auch die gewünschte gebrauchstaugliche Eigenschaft erfüllt. In dieser Phase stehen verschiedene Methoden (z. B. Fragebogen, Interview, Cognitive Walkthrough) zur Verfügung, um alle möglichen Produktreifegrade zu untersuchen. Hier wird der Vorteil eines stufenartigen Entwicklungsprozesses sichtbar. Sollte ein zuerst entwickeltes Produktkonzept oder ein einfacher Prototyp in der Prüfung auf Usability nicht die Anforderungen erfüllen, ist eine Änderung relativ einfach realisierbar. Würde hingegen die Prüfung erst bei einem bereits entwickelten Produkt durchgeführt werden, sind mögliche notwendige Produktänderungen nur noch mit einem erheblichen Kosten- und Zeitaufwand durchführbar. Ein iteratives Vorgehen zwischen den Prozessphasen Entwicklung und Prüfung auf Usability ist deshalb anzustreben. Wie viele dieser Iterationen sinnvoll sind, also in wie viele Reifegradstufen die Entwicklung zu gliedern ist, hängt vom zu entwickelnden Produkt ab. Immerhin ist jede Prüfung mit einer Ressourcenbindung verbunden.

Sollte hingegen die Prüfung auf Gebrauchstauglichkeit ergeben, dass das Produkt nicht die Anforderungen auf Gebrauchstauglichkeit erfüllt, so ist der gesamte Usability-Engineering-Prozess beginnend mit der ersten Phase erneut zu durchlaufen. Letztendlich kann hier auf den Informationen des letzten Prozessdurchlaufs aufgebaut werden. Es ist die Stelle zu identifizieren, die zum Usability-Problem führte. In den meisten Fällen betrifft dies eine unzureichende Nutzungskontextanalyse oder eine falsche Umsetzung während der Gestaltung. Idealerweise ist der Prozess solang iterativ zu durchlaufen, bis alle Usability-Probleme behoben sind. Da in der Praxis oft nicht alle Probleme behoben werden können, ist eine Entscheidung zu treffen, wann ein Produkt trotz erkannter Usability-Probleme in die Serienfertigung gehen kann. Diese Entscheidung ist von verschiedenen Faktoren abhängig.

Vor allem sollte beachtet werden, wie gravierend das Usability-Problem für die Produktnutzung ist. Auch die Kosten zur Behebung des Problems können als Entscheidungsgrundlage dienen. Es bleibt allerdings darauf hinzuweisen, dass ein Markterfolg eines Produktes mit Usability-Problemen an diesen Problemstellen scheitern kann.

Neben der Anwendung des Usability-Engineering-Prozesses für die Neuproduktentwicklung kann dieser auch bei Produkterneuerungen oder bei bereits bestehenden Produkten eingesetzt werden. Hierbei kann die letzte Phase, die Prüfung auf Gebrauchstauglichkeit, den Einstieg in den Prozess bieten. Durch die Prüfung wird ermittelt, ob bei einem bestehenden Produkt Änderungen notwendig sind. Zudem können wesentliche Ansatzpunkte für Verbesserungen einer neuen Produktgeneration identifiziert werden.

C 2.2.2 Usability-Testing

Das Usability-Testing bildet den Schwerpunkt des Usability-Engineering-Prozesses. Trotz der Beachtung von allen interaktionsergonomischen Gestaltungsgrundsätzen kann die Usability erst durch das Usability-Testing beurteilt und damit sichergestellt werden. In der Vergangenheit erfolgte die Gestaltung von Produkten ausgehend von Normen und Regeln. In aktuellen Entwicklungen sind diese jedoch nur grundlegend hilfreich. Bei der Gestaltung von Produkten mit hohem Neuheitsgrad wird häufig Neuland betreten, wofür das Usability-Testing ein hilfreiches Werkzeug darstellt. Abbildung 2.15 gibt die wesentlichsten Verfahren anhand der Unterscheidung in nutzer- und expertenorientiert wieder.

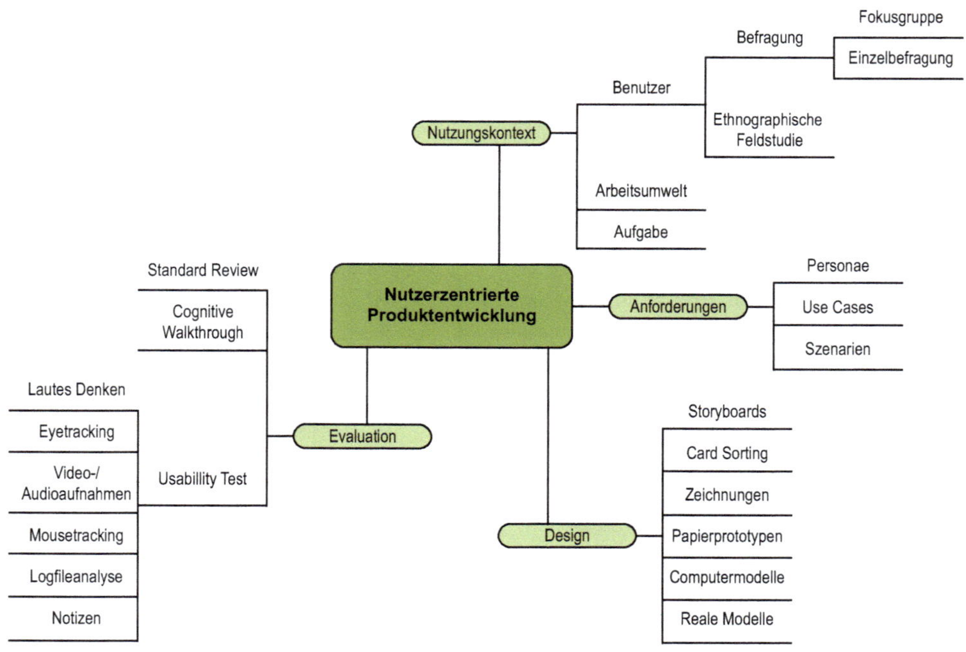

Abbildung 2.15: Verfahren der nutzerzentrierten Produktentwicklung

Expertenorientierte Methoden werden von sogenannten Usability-Experten durchgeführt. Usability-Experten verfügen über ein Fachwissen bezüglich Richtlinien und Gestaltungsgrundsätzen und besitzen Erfahrungen über das Aufspüren von Usability-Schwachstellen. Je nach Expertenmethode versuchen die Experten durch ein Hineindenken in den Nutzer sowie die Arbeitsaufgabe oder eine Bewertung des Produktes anhand von Richtlinien, die Gebrauchstauglichkeit des Produktes zu bestimmen. Nutzerorientierte Verfahren hingegen bedienen sich der späteren Benutzer der Produkte. Die Benutzer werden in den Evaluationsprozess durch aktive oder passive Teilnahme einbezogen. Informationen werden hier durch Befragung oder Beobachten der Nutzer bei Nutzertests gewonnen.
Im Folgenden sollen zwei Methoden als jeweilige Vertreter der beiden Methodenbereiche kurz vorgestellt werden.

C 2.2.3 Heuristische Evaluation

Die heuristische Evaluation ist ein Vertreter der expertenorientierten Methoden und zählt weiterhin zur Untergruppierung der Inspektionsmethoden. Hierbei versuchen Usability-Experten, potentielle Usability-Probleme vorauszusagen. Sie bedienen sich dabei sogenannter Heuristiken, deren Erfüllung beim zu evaluierenden System geprüft und protokolliert wird. Heuristiken sind anerkannte Prinzipien, die von Usability-Experten empirisch ermittelt wurden und als allgemeingültig für interaktive Produkte betrachtet werden können. Da die Heuristiken in Form von Handlungsempfehlungen formuliert sind, ist es leicht möglich, nachdem ein Verstoß und die Zugehörigkeit zu einer Heuristik festgestellt wurden, gleich Lösungsansätze zu formulieren. Die zehn generellen Heuristiken nach Nielsen (1994) sind:

1. Sichtbarkeit des Systemstatus,
2. Benutzerkontrolle und Freiheit,
3. ästhetisches und minimalistisches Design,
4. Übereinstimmung zwischen System und realer Welt,
5. Konsistenz und Standards,
6. Fehler vermeiden,
7. Erkennen vor Erinnern,
8. Unterstützung beim Erkennen, Verstehen und Bewältigen von Fehlern,
9. Flexibilität und Effizienz und
10. Hilfe und Dokumentation.

Der Vorteil der heuristischen Evaluation sowie der analytischen Verfahren ist ihre einfache und schnelle Durchführbarkeit und damit der geringe Aufwand, der mit ihrer Anwendung verbunden ist. Nachteilig ist hingegen, dass die Heuristiken sehr allgemein sind und keine konkreten Fragestellungen zu einzelnen Gestaltungsaspekten enthalten. Der Erfolg der Methode ist deshalb stark vom Wissen und der Erfahrung der Experten abhängig. Ein weiterer wesentlicher Nachteil dieser Methode sowie der analytischen Methoden im Allgemeinen ist die theoretische Ableitung, mit der die vermeintlichen Problemstellen ermittelt werden. Auch wenn die Experten versuchen, die Sichtweise der späteren Nutzer einzunehmen, gibt es keine Garantie dafür, dass die identifizierten Schwachstellen auch in der späteren Nutzung durch die eigentlichen Nutzer zu Problemen führen. Ebenso ist nicht sichergestellt, dass alle Schwachstellen, die während der späteren Nutzung auftreten, auch mittels der heuristischen Evaluation erkannt werden.

Analytische Verfahren, wie die heuristische Evaluation werden deshalb oft in Kombination mit empirischen Verfahren eingesetzt. Dabei sollten sie vor den empirischen Verfahren zum Einsatz kommen. So bieten die analytischen Methoden oft eine Grundlage zur Ausrichtung der empirischen Methoden und helfen bei der Interpretation der Ergebnisse.

C 2.2.4 Nutzertest

Der Nutzertest ist die bekannteste Evaluationsmethode und gehört zu den nutzerorientierten Verfahren. Hier nimmt der Usability-Experte eine beobachtende Stellung ein, während das zu evaluierende Produkt von Probanden anhand definierter Aufgaben genutzt wird. Es wird so untersucht, wie die wirklichen Nutzer mit dem Produkt umgehen. Dazu ist es unabdingbar, Probanden auszuwählen, die auch der späteren Nutzergruppe entsprechen. Die Tests bzw. Versuche werden mittels verschiedener Systeme aufgezeichnet, um sie anschließend im Detail auszuwerten. Neben audiovisuellen Aufzeichnungsgeräten werden dazu auch Systeme zur Blickbewegungsanalyse, sogenannte Eye-Tracker, sowie bei der Evaluation von Software oder Webanwendungen Mouse-Tracking-Systeme eingesetzt. Eye-Tracker sind kamerabasierte Geräte, die Augenbewegungen und damit Blickverläufe messen und aufzeichnen können. Die Daten dienen u. a. dazu, Ursachen für auftretende Usability-Probleme zu identifizieren.

Der Usability-Test kann mit weiteren empirischen Methoden verbunden werden. So kann beispielsweise die Methode „Lautes Denken", bei der der Proband verbal äußert, was er gerade während der Nutzung des Produktes denkt, eingesetzt werden. Dadurch gewinnt der Beobachter weitere qualitative Informationen, die Rückschlüsse auf Usability-Probleme und mögliche Ursachen dafür bieten. Weiterhin wird der Nutzertest oft mit einem Interview verbunden. Hierbei wird der Proband nach dem Test zu seiner Einschätzung und Zufriedenheit befragt.

Der große Vorteil dieser Methode ist die fundierte empirische Basis, die solche Usability-Problemstellen identifiziert, die während der späteren Produktnutzung durch die Nutzer aufgetreten wären. Ein Nachteil dieser Methode ist der hohe Aufwand, der mit ihrer Anwendung in Verbindung steht. Es werden in relativ starkem Maße Ressourcen gebunden. So ist der Versuch vorzubereiten, geeignete Probanden müssen ausgewählt und eingeladen werden, die Nutztests sind mit sinnvollerweise mindestens acht Probanden durchzuführen und die Auswertung der oft umfangreichen Aufzeichnungsdaten muss vorgenommen werden. Dies setzt erfahrungsgemäß eine Zeitspanne von mindestens vier Wochen voraus. Desweiteren müssen für Usability-Tests entsprechende räumliche und technische Voraussetzungen gegeben sein. So werden ein geeignetes Labor sowie Aufzeichnungs- und Auswertungstechnik benötigt.

D 2 Fallbeispiele

In der heutigen Zeit wird es immer wichtiger, die Bedienerführung moderner Geräte, Maschinen und Anlagen so zu gestalten, dass sie dem Vermögen der menschlichen Informationsverarbeitung entsprechen. Wie bereits in den Abschnitten B 2.2.3 sowie C 2.2 angeführt, sind hierbei Gebrauchstauglichkeit, Bedienbarkeit und Verstehbarkeit von immanenter Bedeutung. Wesentliche Kriterien sind auch die leichte Erlernbarkeit der Funktion und eine enge Verknüpfung von Aktion und Reaktion beim Bedienen.

An dieser Stelle sollen verschiedene Fallbeispiele für Stellteile und Anzeigen, ein Beispiel für die Interaktion beider Arbeitsmittel sowie ein Anwendungsbeispiel für Usability angeführt werden.

D 2.1 Stellteile

Eye-Tracking-Systeme oder auch Blickerfassungs-Systeme sind Geräte, mit deren Hilfe die Blickbewegungen (Fixation, Sakkaden, Regression) einer Person registriert, aufgezeichnet und analysiert werden. Durch die Bewegungen des Auges erfolgt die Eingabe und somit eine Interaktion zwischen Mensch und Maschine. So wird auch körperlich beeinträchtigten Menschen ermöglicht, den Computer mittels einer sogenannten „Augenmaus" zu steuern. Es gibt zwei Formen von Eyetracking-Geräten:

- mobile oder
- fest installierte, sogenannte Remote-Geräte.

Die mobilen Geräte zeichnen mittels einer Blickfeldkamera und einer Augenkamera lediglich die Augenbewegungen in einem Video auf, so dass diese Daten noch ausgewertet werden müssen.
Im Fall der Remote-Geräte besteht kein Kontakt zwischen dem Nutzer und dem Gerät. Die Augenkamera ist direkt am Bildschirm oder im Bildschirm angebracht und verfolgt die Blickbewegungen des Nutzers. Dieser kann sich dabei in einem gewissen Radius frei bewegen. Diese Art der Aufzeichnung ergibt exakte Werte, die leichter ausgewertet werden können. Noch genauere Werte werden erzielt, wenn der Kopf des Nutzers fixiert wird (Tower-Eyetracker).

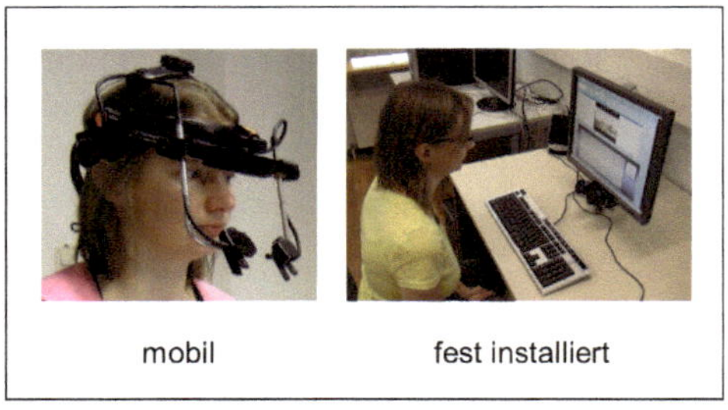

Abbildung 2.16: Eye-Tracking-Systeme

D 2.2 Anzeigen

Die Einparkhilfe als Fahrerassistenzsystem (abgekürzt: FAS) bewirkt neben der Steigerung des Fahrkomforts auch eine erhöhte Sicherheit während des Fahrvorgangs. Voraussetzung ist hierbei die Gewährleistung der sensorischen und motorischen Erwartungen, die der menschlichen Logik entsprechen.
Wird der Fahrer durch eine Einparkhilfe unterstützt, muss die Anzeige zunächst eine sinnvolle Zuordnung der dargestellten Informationen zu den zu erwartenden motorischen Reaktionen des Menschen aufweisen.

- ✗ Grundsätzlich eignet sich die horizontale Darstellung des Parkvorgangs nicht, da Lenkbewegung, Fahrzeugbewegung und dargestellte Bewegung nicht übereinstimmen.
- ✓ Die vertikale Darstellung des Einpark-Vorgangs entspricht hingegen der Lenk- bzw. Fahrzeugbewegung und wird folglich bevorzugt.

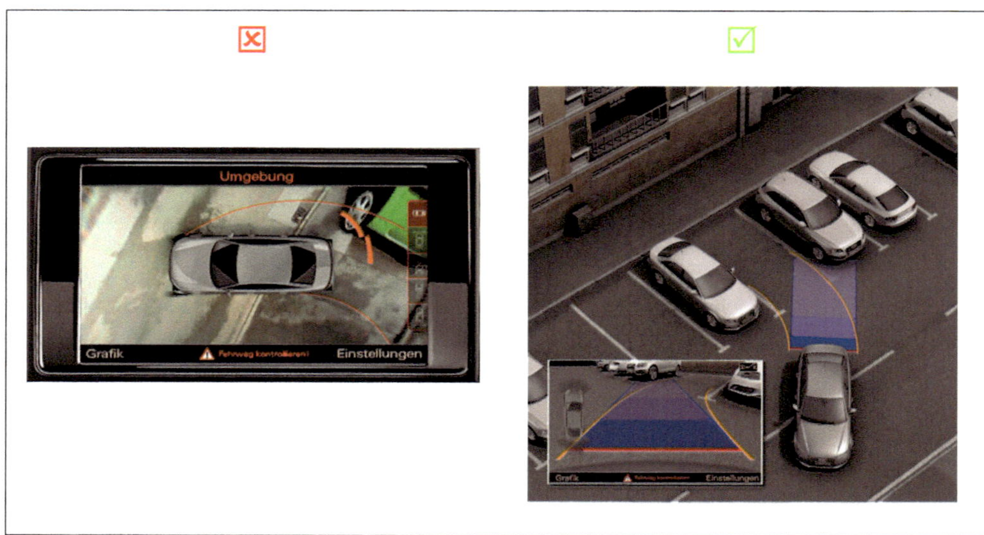

Abbildung 2.17: Einparkhilfe

Im Falle eines Spurwechsel- oder Totwinkel-Assistenten kommen in einem PKW Radar- und Videosysteme zum Einsatz, die andere Fahrzeuge innerhalb des überwachten Bereiches orten. Befindet sich ein Fahrzeug im betroffenen Umkreis des PKW, wird der Fahrer mittels meist optischer und akustischer Signale gewarnt. Typischerweise erscheint ein rotes Warndreieck im jeweiligen Außenspiegel.

Abbildung 2.18: Spurwechsel- oder Totwinkel-Assistent

Dabei arbeitet das System im Infrarot-Sequenzbereich. Übersieht der Fahrer den Hinweis dennoch und betätigt den Blinker, um die Spur zu wechseln, beginnt das rote Warndreieck im Spiegel zu blinken. Zudem ertönt ein Warnton. Teilweise existieren auch Assistenz-Systeme, die als höchste Warnstufe die Vibration des Lenkrades einleiten.

D 2.3 Interaktion zwischen Anzeige und Stellteil

Ein Tablet-Computer ist ein tragbarer, flacher und besonders leichter Computer. Grundsätzlich erfolgt die Steuerung des Tablet-Computers über Berührungen des Nutzers mit den Fingern oder einem Stift als Hilfsmittel auf dem Touchscreen-Display. Durch bestimmte intuitive Gesten werden dabei die gewünschten Funktionen aufgerufen. Beispielsweise erfolgt im Betriebssystem Windows 8 das Scrollen durch Streichen auf dem Display, werden durch Antippen Programme und Dateien geöffnet oder können durch Spreizgesten Bilder vergrößert und durch Zusammenziehen der Finger wieder verkleinert werden. Zudem dreht sich die Bildschirmansicht je nach Position des Tablet-Computers auf Hoch- oder Querformat mittels eines eingebauten Bewegungssensors. Die Eingabe von Zeichen wird durch das Anzeigen einer virtuellen Tastatur auf dem Multi-Touch-Display gestattet. Es besteht allerdings auch die Möglichkeit, das Tablet an eine reale Tastatur anzudocken.

Tablet-Computer ähneln in Leistungsumfang, Bedienung und Form modernen Smartphones. Die Handhabung ist aufgrund der intuitiven Bedienung und leichten Bauart besonders einfach.

Abbildung 2.19: Tablet-Computer

Das Elektronische Stabilitätsprogramm (ESP) ist ein weiteres Beispiel eines Fahrerassistenzsystems, welches den Fahrkomfort sowie die -sicherheit erhöht. Durch gezieltes Bremsen einzelner Räder versucht das System, ein Schleudern des Fahrzeugs im Grenzbereich zu verhindern und dem Fahrer so die Kontrolle über das Fahrzeug zu sichern.
Die Bedienung des ESP ist im Sinne des Gestaltungsgrundsatzes „Kompatibilität" jedoch nicht optimal, da die kombinierten Zustands- und Wirkungskodierungen widersprüchlich sind. Leuchtet die Anzeige auf (Zustandskodierung), bedeutet dies die Deaktivierung des Systems (Wirkungskodierung). Üblicherweise verbindet der Nutzer allerdings mit einer leuchtenden Anzeige einen aktivierten Zustand. Die Anzeige ist somit nicht erwartungskonform gestaltet und kann folglich zu Irrtümern führen.
Die Wii - eine Videospiel-Konsole von Nintendo - nutzt eine erstmalige Sensortechnologie zur Bedienung des Systems. Die Controller verfügen über Sensoren, die die Position des Controllers im Raum und dessen Bewegungen erfassen und diese jeweils auf die angezeigten Spielfiguren übertragen. Somit steuert der Nutzer, der den Controller in der Hand hält, durch seine Bewegungen das Spiel. Die genaue Position des Controllers wird durch Referenzpunkte und eine Infrarotkamera bestimmt. Mittels eines Beschleunigungssensors können Drehungen, Bewegungen des Controllers und deren Geschwindigkeit unmittelbar auf das Spiel übertragen werden. Controller und Konsole kommunizieren hierbei mittels Bluetooth. Zudem reagiert der Controller auch mittels haptischer (Vibration) und die Konsole mittels akustischer Signale.

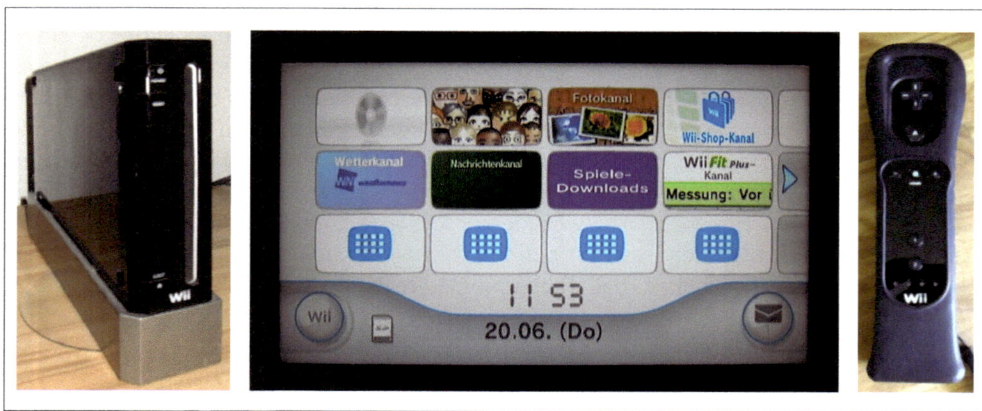

Abbildung 2.20: Wii

Ein weiteres Eingabegerät ist das Wii Balance Board. Diese Balance-Körper-Waage hat vier betretbare Sensorflächen und überträgt ebenso Position und Gewichtsverlagerungen des Körpers mittels Bluetooth an die Konsole.

Abbildung 2.21: Wii Balance Board

Die Benutzeroberfläche der Wii ist durch Kanäle organisiert, die stark an die Bedienung eines Fernsehgerätes erinnern. Ebenso ist der Controller an die Form einer Fernbedienung angepasst, um auch „unerfahrenen“ Nutzern den Zugang zu erleichtern. Hierzu soll in Zukunft auch ein industrieller Einsatz dieses Steuerungskonzeptes geprüft werden, da intuitiv erfolgreiche Bedienmuster oder mittels Consumer-Geräten erlernte Interaktion gut in industrielle Anwendungen übertragen werden können.

D 2.4 Usability

Bei der Benutzung eines Wasserhahns treten zwei Teilaufgaben auf. Das Einstellen der Wassermenge und das Einstellen der Wassertemperatur. Beides kann über verschieden gestaltete Bedienelemente realisiert werden, die abhängig vom Benutzer eine unterschiedliche Usability aufweisen (siehe nachfolgende Abbildungen).

Die Einstellung der richtigen Temperatur und Wassermenge ist schwierig, da bei der Einstellung der Temperatur sich auch die Wassermenge ändert. Im Vergleich zu anderen Lösungen ist diese Gestaltung aufgrund eines höheren Zeitaufwands weniger effizient. Auch die Effektivität ist nicht immer gewährleistet, da die genaue Wassermenge und Temperatur nicht immer erreicht werden können.

Die Regelung der Temperatur und der Wassermenge wird zusammengelegt und vereinfacht somit die Einstellung. Diese Gestaltung ist damit effizienter und auch effektiver, da sich aufgrund der vertikalen und horizontalen Stellrichtung Temperatur und Wassermenge nicht beeinflussen. Allerdings hängt dies von der Vorkenntnis der Nutzer ab. Personen, die diese Gestaltung nicht kennen, können bei der ersten Nutzung durchaus Verständnisprobleme haben.

Diese Anordnung kann zu einen Kompatibilitätsproblem führen. Bei einer horizontalen Anordnung des Stellhebels ist warm links und kalt rechts, doch wie ist es hier? Die Effizienz kann hier aufgrund von Zeitverlusten durch Fehlbedienung geringer sein.

Dies ist ebenfalls eine Einhebelmischbatterie, die allerdings aufgrund ihrer Gestaltung des Hebels einen Drehmechanismus vermuten lässt. Bei Benutzern ohne Vorkenntnis treten Effizienzverluste auf. Selbst die Effektivität könnte hier nicht gegeben sein, wenn beispielsweise der Stellhebel schwer zu betätigen ist und der Nutzer durch Probieren nicht auf die richtige Bedienung kommt.

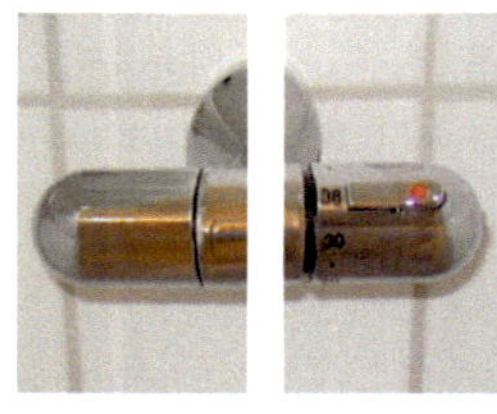

Die Regelung der Wassermenge und Temperatur kann auch getrennt erfolgen. Effizient und effektiv lässt sich hier die Einstellung treffen und je nach Bedarf getrennt variieren. Bei Kindern, die Gradangaben noch nicht verstehen, könnte diese Gestaltung allerdings zu Problemen führen, ebenso bei Personen mit Sehschwäche.

E 2 Empfehlungen und Regeln (Vorschriften)

An dieser Stelle sind ausgewählte Informationen, Regelungen und Normen, die für die Stellteilauswahl und -gestaltung sowie die Gestaltung optischer Anzeigen angewendet werden sollten, aufgeführt.

Tabelle 2.12: Normen der Systemergonomie

Norm	Inhalt
BGI 523	Mensch und Arbeitsplatz
DIN 1410	Werkzeugmaschinen – Bewegungsrichtung und Anordnung der Stellteile
DIN EN 60447/ VDE 0196	Grund- und Sicherheitsregeln für die Mensch-Maschine-Schnittstelle, Kennzeichnung: Bedienungsgrundsätze
DIN EN 61310-1/ VDE 0113-101	Sicherheit von Maschinen – Anzeigen, Kennzeichen und Bedienen: Anforderungen an sichtbare, hörbare und tastbare Signale
DIN EN 61310-2/ VDE 0113-102	Sicherheit von Maschinen - Anzeigen, Kennzeichen und Bedienen: Anforderungen an die Kennzeichnung
DIN ISO 80416-4	Allgemeine Grundlagen für graphische Symbole auf Einrichtungen: Leitlinien für das Anpassen graphischer Symbole zur Darstellung auf Bildschirmen und Anzeigen (Icons)
DIN EN 894-1	Sicherheit von Maschinen – Ergonomische Anforderungen an die Gestaltung von Anzeigen und Stellteilen: Allgemeine Leitsätze für Benutzer-Interaktion mit Anzeigen und Stellteilen
DIN EN 894-2	Sicherheit von Maschinen – Ergonomische Anforderungen an die Gestaltung von Anzeigen und Stellteilen: Anzeigen
DIN EN 894-3	Sicherheit von Maschinen – Ergonomische Anforderungen an die Gestaltung von Anzeigen und Stellteilen: Stellteile
DIN EN 894-4	Sicherheit von Maschinen – Ergonomische Anforderungen an die Gestaltung von Anzeigen und Stellteilen: Lage und Anordnung von Anzeigen und Stellteilen
DIN EN ISO 11064-5	Ergonomische Gestaltung von Leitzentralen: Anzeigen und Stellteile
DIN EN ISO 13850	Sicherheit von Maschinen – Not-Halt-Funktion: Gestaltungsleitsätze
DIN EN ISO 9241-11	Ergonomie der Mensch-System-Interaktion – Gebrauchstauglichkeit: Begriffe und Konzepte.
DIN-Taschenbuch 354/1 und 2	Gebrauchstauglichkeit von Software
ISO 1503	Räumliche Orientierung und Richtung von Bewegungen: Ergonomische Anforderungen
VDI/VDE 3850 Blatt 1	Gebrauchstaugliche Gestaltung von Benutzungsschnittstellen für technische Anlagen – Konzepte, Prinzipien und grundsätzliche Empfehlungen

F 2 Literatur

Bokranz, R. & Landau, K. (1991): *Einführung in die Arbeitswissenschaft.* Stuttgart: Eugen Ulmer.

Bubb, H. & Seifert, R. (1992): *Der Informationsfluss im MMS.* In: Bubb, H. (Hrsg.): Menschliche Zuverlässigkeit: Definitionen – Zusammenhänge – Bewertung. Landsberg: Ecomed.

Bullinger, H.-J. (1994): *Ergonomie: Produkt- und Arbeitsplatzgestaltung.* Stuttgart: Teubner.

DIN EN 894-2 (2009): *Sicherheit von Maschinen – Ergonomische Anforderungen an die Gestaltung von Anzeigen und Stellteilen – Teil 2: Anzeigen.* Berlin: Beuth.

DIN EN 894-3 (2010): *Sicherheit von Maschinen – Ergonomische Anforderungen an die Gestaltung von Anzeigen und Stellteilen – Teil 3: Stellteile.* Berlin: Beuth.

DIN EN ISO 9241-11 (2018): *Ergonomie der Mensch-System-Interaktion – Teil 11: Gebrauchstauglichkeit: Begriffe und Konzepte.* Berlin: Beuth.

DIN EN ISO 9241-110 (2020): *Ergonomie der Mensch-System-Interaktion – Teil 110: Interaktionsprinzipien.* Berlin: Beuth.

DIN EN ISO 9241-210 (2020): *Ergonomie der Mensch-System-Interaktion – Teil 210: Menschzentrierte Gestaltung interaktiver Systeme.* Berlin: Beuth.

Goldstein, E. B. (2015): *Wahrnehmungspsychologie: Der Grundkurs.* (9. Aufl.). Berlin: Springer.

Hacker, W. (1998): *Allgemeine Arbeitspsychologie. Psychische Regulation von Arbeitstätigkeiten.* Bern: Huber.

Kebeck, G. (1997): *Wahrnehmung: Theorien, Methoden und Forschungsergebnisse der Wahrnehmungspsychologie* (2. Aufl.). Weinheim, München: Juventa.

Landau, K. (2007): *Lexikon Arbeitsgestaltung: Best Practice im Arbeitsprozess.* Stuttgart: Gentner.

Meister, D. (1977): *Methods of Predicting Human Reliability in Man-Machine Systems.* In: Brown, S. & Martin, J.: Human Aspects of Man-Machine Systems. Milton Keynes, UK: Open University Press.

Nielsen, J. (1994): *Heuristic Evaluation.* In: Nielsen, J. & Mack, R.: Usability Inspection Methods, S. 25-62. New York: Wiley & Sons.

Norman, D. A. (1981): Categorization of action slips. *Psychological Review, 88 (1),* 1–15.

Rasmussen, J. (1983): Skills, rules, knowledge – signals, signs and symbols and other distinctions in human performance models. *IEEE transactions on systems, Man and cybernetics, Vol. SMC-13, No. 3* , 257–267.

Reason, J. (1994): *Menschliches Versagen: psychologische Risikofaktoren und moderne Technologien*. Heidelberg: Springer.

Rigby, L. (1976): *The Nature of Human Error.* Annual technical Conference Transactions of the ASQC, Milwaukee.

Schlick, C., Bruder, R. & Luczak, H. (2018): *Arbeitswissenschaft* (4. Aufl.). Berlin: Springer.

Schmidtke, H. (1993): *Ergonomie.* (3. Aufl.). München, Wien: Carl Hanser.

Swain, A. D. & Guttmann, H. E. (1983): *Handbook of Human Reliability Analysis with Emphasis on Nuclear Power Plant Applications.* Alberquerque, N. M.: Sandia National Laboratories.

Tsolakis, D., Katsifas, A., Kassavetis, G., Alexopoulos, K. & Georgas, G. (2006): *Aircraft Sccident Report.* Helios Airways Flight HCY522, BOEING 737-31S at Grammatiko, Hellas on 14 August 2005. Air Accident Investigation & Aviation Safety Board, Hellenic Republic, Ministry of Transport & Communications.

3 Anthropometrische und biomechanische Gestaltung

Nachdem im vorangegangenen Kapitel die Gestaltung des Informationsflusses zwischen Mensch und Arbeitsmittel betrachtet wurde, soll in diesem Kapitel die geometrische und biomechanische Auslegung dieser Schnittstelle im Vordergrund stehen. Die Abbildung 3.1 zeigt, dass die Körpermaße des Menschen als Eingangsgrößen für die maßliche und biomechanische Auslegung der Arbeitsmittel angesehen werden können. Die Biomechanik als Teildisziplin der Ergonomie befasst sich mit Funktionen und Strukturen des Bewegungsapparates, untersucht und beurteilt u. a. menschliche Bewegungen. Dabei werden auf verschiedenen Wegen zu untersuchende Kenngrößen erfasst, u. a. auch mit Methoden der Anthropometrie. Weiterhin werden mechanische Arbeitstätigkeiten und Einflussgrößen (z. B. statische Kräfte in konkreten Körperstellungen) untersucht, beurteilt und optimiert sowie biomechanische Parameter in Bezug zu maßlichen Parametern gebracht, z. B. Art, Form, Dimensionierung von Stellteilen für entsprechende Betätigungskräfte und unter bestimmten räumlichen Bedingungen.
Das vorliegende Kapitel greift diesen Sachverhalt auf und beschreibt zunächst die menschlichen Körpermaße als Konstruktionsmaße und allgemeine anthropometrische Einflussgrößen.

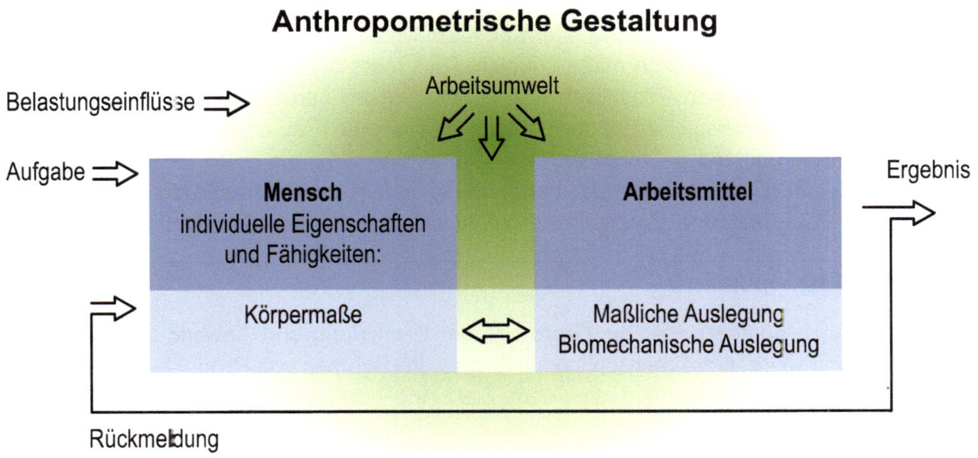

Abbildung 3.1: Strukturschema menschlicher Arbeit – Anthropometrische Gestaltung

A 3 Bedeutung und Lernziele

Produkte und Arbeitsplätze müssen in ihrer maßlichen Gestaltung an den Kunden bzw. den späteren Nutzer angepasst sein, um eine optimale Funktionalität zu gewährleisten. Neben der Befriedigung von Komfortansprüchen kann dadurch vor allen Dingen entscheidender Einfluss auf die Sicherheit und Gesundheit im Umgang mit dem entstehenden Produkt genommen werden.

Es lassen sich folgende Anforderungskategorien zur nutzergerechten maßlichen Auslegung von Produkten und Arbeitsplätzen formulieren:

- Sicherheit (Einhaltung von Sicherheitsabständen),
- Erreichbarkeit, Funktionssicherheit (z. B. bei Betätigung von Stellteilen),
- ausreichender Bewegungsraum (Zugänglichkeit für Teile des Körpers, Freiräume, Wirkräume),
- physiologisch günstige Körperhaltungen (Anpassung an wechselnde Belastungen),
- sicheres und ermüdungsarmes Handhaben von Gegenständen,
- Optimierung der Sichtgeometrie (z. B. Sehachse, räumliche Bedingungen für Sehobjekte, Sehfelder, Sehentfernung).

Das Risiko von Gesundheitsschäden und Unfällen kann dementsprechend schon bei der Planung und Entwicklung von Produkten und Arbeitsplätzen durch die geeignete, körpermaßgerechte Auslegung minimiert werden.
Darüber hinaus kann auch auf Gestaltungskriterien wie Benutzerfreundlichkeit und Bedienkomfort Einfluss genommen werden. Im Zusammenhang mit der steigenden Variantenvielfalt und der Individualisierbarkeit von Produkten erfahren gerade diese Gestaltungskriterien eine weiter gefasste und größere Bedeutung.
Es muss dabei beachtet werden, dass die große Mehrheit der Produkte und Arbeitsplätze später von einer Vielzahl von Anwendern genutzt werden soll. Unterschiedliche Anwender bringen unterschiedliche Körpermaße mit sich. Dies muss bei der Gestaltung von Abmaßen und Verstellbereichen von Produkten und Arbeitsplätzen berücksichtigt werden. Ein und dasselbe Auto muss beispielsweise sowohl von einer kleinen Frau als auch von einem großen Mann einschränkungsfrei gefahren werden können.
Aus diesen Gründen ist die Kenntnis über die verschiedenen Körpermaße des Menschen eine wesentliche Voraussetzung für die Produktentwicklung sowie die Arbeitsplatzgestaltung.

Anthropometrie

Anthropometrie ist die Lehre von der Ermittlung und Anwendung der Maße und Massen des menschlichen Körpers. Im Rahmen von Produkt- und Arbeitsplatzgestaltung dient dies dem Ziel, eine optimale räumliche und förmliche Anpassung an den Menschen zu ermöglichen.

In diesem Kapitel wird ein Verständnis dafür vermittelt, dass die verschiedenen Körpermaße des Menschen bei der Produkt- und Arbeitsplatzgestaltung zu berücksichtigen sind, um eine (funktions-)sichere, ermüdungsarme und gesundheitsfördernde Nutzung zu gewährleisten. Im Einzelnen soll der Leser

- sich einen Überblick über die verschiedenen Körpermaße des Menschen verschaffen und sich dabei Kenntnisse über relevante Begriffsdefinitionen und Einflussgrößen aneignen,
- verschiedene Quellen für Körpermaße samt ihrer Spezifika kennenlernen und den Umgang mit Maßtabellen erlernen,
- Gestaltungsgrundsätze verinnerlichen und anwenden können,
- den Zusammenhang zwischen Gestaltungsaspekten und Körpermaßen verstehen,
- sich mit verschiedenen Methoden, die sich im Zuge der maßlichen Gestaltung von Arbeitsplätzen und Produkten anwenden lassen, auseinandersetzen.

B 3 Grundlagen zur Anthropometrie

Der Begriff Körpermaße lässt sich unterschiedlich weit auslegen und interpretieren. Aus diesem Grund lassen sich in der Fachliteratur unterschiedliche Strukturierungen zu dem Begriff finden. Ungeachtet dessen bleiben die Kriterienbereiche, aus denen gesicherte arbeitswissenschaftliche Erkenntnisse als Grundlage für die Produkt- und Arbeitsplatzgestaltung benötigt werden, die selben. Abbildung 3.2 gibt für diese Kriterienbereiche einen Überblick.

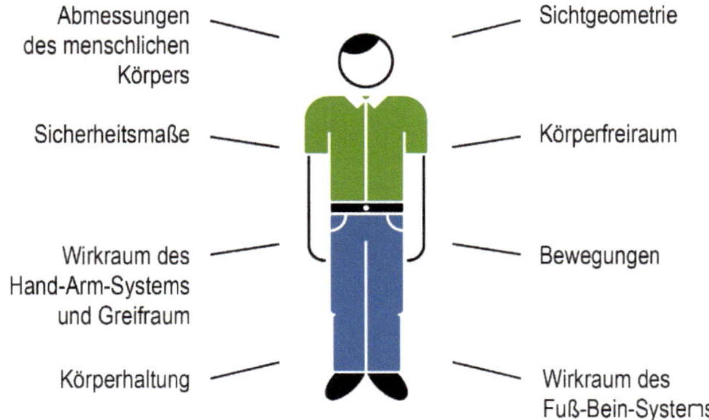

Abbildung 3.2: Anthropometrische Kriterienbereiche

Körpermaße im engeren Sinne sind räumliche Begrenzungsmaße des menschlichen Körpers. Es handelt sich um statische Maße, die sich aus den Skelett- und Umrissmaßen ergeben. Man spricht deswegen auch von Abmessungen des menschlichen Körpers.
Funktionsmaße sind dynamische Maße, die die Aktions- und Freiräume der Körperteile in Bezug zur körpernahen Umwelt wiedergeben. Kriterien, die mechanischen und biologischen Prozessen des menschlichen Körpers unterliegen, werden als biomechanische Kriterien zusammengefasst.

B 3.1 Abmessungen des menschlichen Körpers

Die Körperlängenmaße und Körperumfangmaße eines jeden Menschen differieren. Längenmaße sind innerhalb einer Population (Bevölkerungsgruppe) normalverteilt. Die dadurch entstehenden Gaußschen Glockenkurven für Frau und Mann lassen die absoluten Grenzen und die Mittelwerte für diese Körpermaße erkennen. Bei Breiten- und Umfangsmaßen liegt dagegen häufig keine Normalverteilung vor.
Die hohe Variationsbreite der Körpermaße muss bei der Gestaltung von Produkten und Arbeitsplätzen beachtet werden. Einen Durchschnittsmenschen zu definieren und sich bei der Gestaltung an dessen Abmessungen zu orientieren, ist in den meisten Fällen nicht sinnvoll. Dies verdeutlichen die folgenden Zitate aus dem Anhang A der DIN 33402-2 (2020).

„So ist es z. B. bei der Festlegung der lichten Höhe einer Tür nicht richtig, vom Median der Körperhöhe des Menschen auszugehen; 50% aller Personen würden dann Gefahr laufen, sich an einem in dieser Weise konstruierten Türrahmen den Kopf zu stoßen.“ (DIN 33402-2 Anhang A, 2020)

„In unserer männlichen Bevölkerung ergibt sich für die Länge des Unterschenkels mit Fuß (einschließlich 30 mm für Schuhwerk) ein Median von etwa 480 mm. Ein Stuhl mit einer solchen Sitzflächenhöhe wäre (ohne weitere Hilfsmittel, wie Fußstützen) nur von etwa 50% aller männlichen Benutzer (von denen, deren Länge des Unterschenkels mit Fuß und Schuhwerk größer ist als 480 mm) beschwerdefrei zu gebrauchen.“ (DIN 33402-2 Anhang A, 2020)

Auf der anderen Seite würde eine Dimensionierung an dem denkbar kleinsten und größten Anwender zu unverhältnismäßigen Auslegungsanforderungen führen. Deswegen werden Grenzen für den Anpassungsbereich eines Gegenstands festgelegt, die üblicherweise von dem 5. und dem 95. Perzentil gebildet werden.

Perzentil

Ein Perzentilwert gibt an, wieviel Prozent der Menschen in der interessierenden Bevölkerungsstichgruppe in Bezug auf ein bestimmtes Körpermaß kleiner im Vergleich zum angegebenen Wert sind.

Abbildung 3.3 zeigt die Körperhöhenverteilung der Wohnbevölkerung der Bundesrepublik Deutschland und zugehörige Perzentilwerte für Frauen und Männer nach DIN 33402-2 (2020). Die angegebenen Körperhöhen gelten für die Altersgruppe von 18 bis 65 und stammen aus Untersuchungen aus den Jahren 1999 bis 2002.

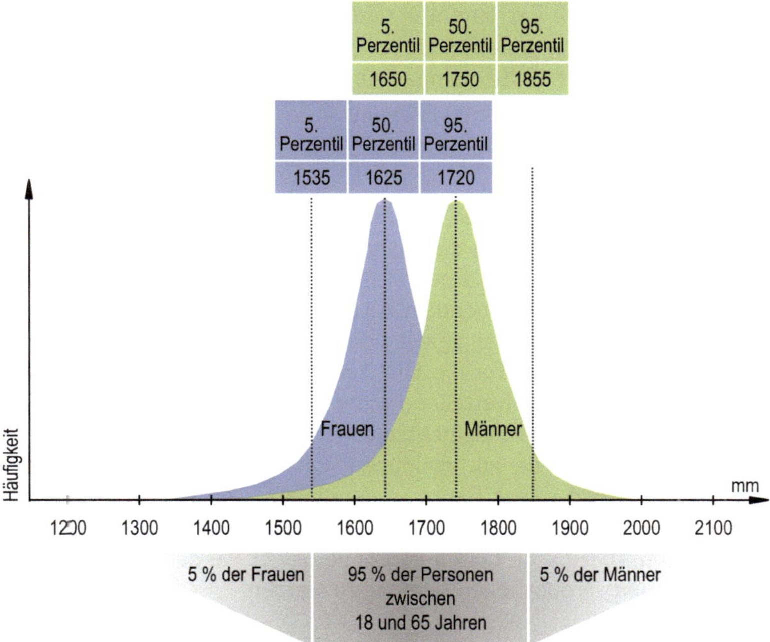

Abbildung 3.3: Körperhöhenverteilung für die Wohnbevölkerung der Bundesrepublik Deutschland von 18 bis 65 Jahren (DIN 33402-2, 2020)

Da die Maße zwischen Frauen und Männern eine hohe Differenz aufweisen, werden diese beiden Gruppen üblicherweise getrennt erfasst. Die Darstellung besagt also beispielsweise, dass 95 % der deutschen Frauen kleiner als 1,72 m sind.

Als Grenzwerte für die Dimensionierung eines Gegenstands dienen in der Regel die Maße einer Frau des 5. Perzentils (F5) und die Maße eines Mannes des 95. Perzentils (M95). Die Abbildung zeigt, dass bei der Verwendung dieser Grenzwerte ungefähr 95 % der Bevölkerung zwischen 18 und 65 Jahren berücksichtigt werden. Für sicherheitsrelevante Maße muss aufgrund ihrer besonderen Bedeutung der Anteil der berücksichtigten Bevölkerungsgruppe höher ausfallen. Hier sollten die Grenzen beim 1. und 99. Perzentilwert des betreffenden Körpermaßes liegen.

Einflussfaktoren auf die Abmessungen des menschlichen Körpers

Für die maßliche Auslegung von Produkten und Arbeitsplätzen ist es wichtig, Einflussfaktoren auf die Abmessungen des menschlichen Körpers zu kennen und dementsprechend zu berücksichtigen. Nachfolgend werden diese Einflussfaktoren erläutert.

Geschlecht Abbildung 3.3 verdeutlicht am Beispiel der Körperhöhe, dass das Geschlecht einen entscheidenden Einfluss auf die Körpermaße des Menschen hat. So sind Frauen in Deutschland im Median der Körperhöhe durchschnittlich ca. 13 cm kleiner als Männer. Verallgemeinert kann zudem gesagt werden, dass Frauen häufig in den Körpermaßen kleiner und vor allem anders proportioniert sind als Männer. So sind Frauen kurzbeinig, weisen schmalere Schultern, kürzere Extremitäten und ein breiteres Becken auf. Diese weiblichen Breitenmaße der unteren Rumpfhälfte sind z. B. bei Dimensionierung von Körpersitzbreiten zu beachten. Insgesamt sollte demnach bei Gestaltungsaufgaben weniger ein sogenanntes Unisex-Modell (geschlechtsunabhängig zusammengefasste Perzentilwerte), sondern geschlechtsspezifische anthropometrische Körpermaße verwendet werden.

Alter Das Altern ist ein biologischer Vorgang, der mit Rückbildungs- und Abbauerscheinungen einher geht. Die Abnutzung der Bandscheiben, das Absenken der Fußsohlen, die muskelbedingte Veränderung der Körperhaltung und weitere Phänomene sind Ursachen dafür, dass der Mensch mit zunehmendem Alter an Körperhöhe verliert. Tabelle 3.1 zeigt Werte für die Körperhöhe in Abhängigkeit von verschiedenen Altersgruppen, aufgenommen im Rahmen der Messungen für die DIN 33402 im Zeitraum von 1999 bis 2002. Die Tabelle spiegelt die damalige Maßverteilung wider und lässt sich nicht als Prognose verwenden. Eine Fehlinterpretation wäre dementsprechend, beispielsweise die eigene zukünftige Körperhöhe mit Hilfe der Tabelle zu bestimmen. Oftmals werden für die maßliche Gestaltung aus Aufwandsgründen in der Prozessergonomie Daten für die Altersgruppe von 18 bis 65 (in der Tabelle hervorgehoben) verwendet. Für produktergonomische Fragestellungen sollten eher altersspezifische Daten zugrunde gelegt werden, um den altersbedingten Körperdimensionen und -proportionen gerecht zu werden.

Tabelle 3.1: Körperhöhen und Altersgruppen (DIN 33402-2, 2020)

Alter in Jahren	Körperhöhe in mm					
	Männer			Frauen		
	Perzentil					
	5.	50.	95.	5.	50.	95.
18 - 65	**1650**	**1750**	**1855**	**1535**	**1625**	**1720**
18 - 25	1685	1790	1910	1560	1660	1760
26 - 40	1665	1765	1870	1545	1635	1725
41 - 60	1630	1735	1835	1525	1615	1705
61 - 65	1605	1710	1805	1510	1595	1685

Säkulare Akzeleration In den meisten Industrienationen kann seit einigen Generationen eine Beschleunigung des Wachstums beobachtet werden. Damit in Verbindung steht eine Zunahme der Endmaße, insbesondere der Körperhöhe. Veränderte Umweltbedingungen (günstige sozioökonomische Lebensumstände, verbesserte Ernährung und Gesundheitssituation) beeinflussen die Wachstumsbedingungen bei Kindern. Das führt zu veränderten

Körpermaßen und Proportionen. Zu verzeichnen sind längere Extremitäten, eine Zunahme in der Körperhöhe und in Umfangsmaßen.
Rückblickend auf das letzte Jahrhundert betrug die Zunahme der Körperhöhe etwa 1 mm pro Jahr. Diese Entwicklung wird sich nicht ewig fortsetzen können, an einem bestimmten Punkt sind die genetisch vorgegebenen Grenzen erreicht. Nach DIN 33402-2 (2020) ist in Deutschland der säkulare Trend der Akzeleration seit einigen Jahren zum Abschluss gekommen, somit sind unter diesem Aspekt künftig keine wesentlichen Veränderungen der Körpermaße mehr zu erwarten. Laut Böhm, Friese, Greil und Lüdecke (2002) wird bei Schulanfängern seit Mitte der 90er Jahre keine säkulare Akzeleration der Körperhöhe mehr beobachtet. Mit dem Ende des positiven säkularen Trends im Erwachsenenalter ist zu rechnen, wenn die untersuchten Kinder ihre Körperendhöhe erreicht haben (Greil, Voigt & Scheffler, 2008).

Regionale/soziale/ethnische Unterschiede Körperabmessungen weisen genetisch bedingte Unterschiede in Längen- und Umfangsmaßen zwischen Bevölkerungsgruppen (Populationen) verschiedener geographischer Regionen bzw. Länder auf. So sind beispielsweise Nordeuropäer durchschnittlich 8 cm größer als Südeuropäer. Durch die Globalisierung gewinnt die Kenntnis über die Körpermaße der einzelnen Bevölkerungen der Erde an Bedeutung. Konkrete Werte für Körperabmessungen für die einzelnen Regionen der Welt können beispielsweise dem anthropometrischen Datenatlas (Jürgens, Aune & Pieper, 1989) bzw. aus DIN CEN ISO/TR 7250-2 (2013) entnommen werden.

Proportionale Unterschiede Bei der Gestaltung von Produkten und Arbeitsplätzen darf nicht von einem gleichmäßig proportionierten Menschen ausgegangen werden. Menschen gleicher Körperhöhe können sich in anderen Körperlängenmaßen (Rumpf-, Arm-, Beinlänge) stark unterscheiden.
Aus einem Körpermaß einer Person lassen sich nicht die übrigen Maße bestimmen. Es ist dementsprechend falsch, davon auszugehen, dass eine Person mit der Körperhöhe des 95. Perzentils auch eine Beinlänge des 95. Perzentils besitzen muss. Beispielsweise kann die Körpersitzhöhe bei Menschen gleicher Körperhöhe aber verschiedener Rumpf- und Beinlänge aufgrund dieser Proportionsunterschiede (Sitzriesen, Sitzzwerge) um bis zu 100 mm variieren (DIN 33402-2, 2020). Sitzriesen haben einen proportional langen Rumpf und kurze Beine, Sitzzwerge umgekehrt.
Deswegen darf bei der maßlichen Gestaltung nicht ausschließlich die Körperhöhe als Bezugsmaß genutzt werden. Vielmehr sollte jedes gestaltungsrelevante Körpermaß einzeln betrachtet und aus Maßtabellen entnommen werden.

Maßtabellen und Gestaltungsregeln

Im Folgenden werden zunächst Maßangaben aus Normen und aus der Fachliteratur vorgestellt. Anschließend werden die wichtigsten Gestaltungsgrundsätze für die Arbeit mit der vorhandenen Maßen erläutert.

Maßangaben aus Normen Die oben genannten Einflussfaktoren auf die Abmessungen des menschlichen Körpers belegen, dass die verschiedenen Maßtabellen nach bestimmten Kriterien zu nutzen sind. Zunächst muss unbedingt berücksichtigt werden, welche Charakteristika die von der verwendeten Maßtabelle zur Verfügung gestellten Daten besitzen. Hiermit ist neben Alter der Daten (Stichwort säkulare Akzeleration), der betrachteten Bevölkerungsgruppe (Stichwort regionale/soziale/ethnische Unterschiede) auch die Frage gemeint, ob die Daten für bekleidete oder unbekleidete Menschen gelten.
Die DIN 33402-2 (2020) stellt Körpermaßtabellen für unbekleidete Personen in definierten Standardpositionen (aufrechtes Stehen, aufrechtes Sitzen) zur Verfügung (vgl. Tabelle 3.2 und Abbildung 3.4). Kleidung verändert die Körpermaße, Körperumfangsmaße können verringert (enge Hosen) oder vergrößert (Winterkleidung) werden. Ebenso können Längenmaße beeinflusst werden (Schuhwerk, Schutzhelm).

Tabelle 3.2: Beschreibung zu ausgewählten Körpermaßen von unbekleideten Personen, 18-65 Jahre (nach DIN 33402-2, 2020)

Abmessungen [cm]		Perzentile					
		Männlich			Weiblich		
		5.	50.	95.	5.	50.	95.
1	Reichweite nach vorn	68,5	74,0	81,5	62,5	69,0	75,0
2	Körpertiefe	26,0	28,5	38,0	24,5	29,0	34,5
3	Reichweite nach oben (beidarmig)	197,5	207,5	220,5	184,0	194,5	202,5
4	Körperhöhe	165,0	175,0	185,5	153,5	162,5	172,0
5	Augenhöhe	153,0	163,0	173,5	143,0	151,5	160,5
6	Schulterhöhe	134,5	145,0	155,0	126,0	134,5	142,5
7	Ellbogenhöhe über Standfläche	102,5	110,0	117,5	96,0	102,0	108,0
8	Höhe der Hand über Standfläche	73,0	76,5	82,5	67,0	71,5	76,0
11	Körpersitzhöhe (Stammlänge)	85,5	91,0	96,5	81,0	86,0	91,0
12	Augenhöhe im Sitzen	74,0	79,5	85,5	70,5	75,5	80,5
13	Ellbogenhöhe über Sitzfläche	21,0	24,0	28,5	18,5	23,0	27,5
14	Länge des Unterschenkels mit Fuß	41,0	45,0	49,0	37,5	41,5	45,0
15	Ellbogen-Griffachsen-Abstand	32,5	35,0	39,0	29,5	31,5	35,0
16	Sitztiefe	45,0	49,5	54,0	43,5	48,5	53,0
17	Gesäß-Knie-Länge	56,5	61,0	65,5	54,5	59,0	64,0
18	Gesäß-Bein-Länge	96,5	104,5	114,0	92,5	99,0	105,5
19	Oberschenkelhöhe	13,0	15,0	18,0	12,5	14,5	17,5

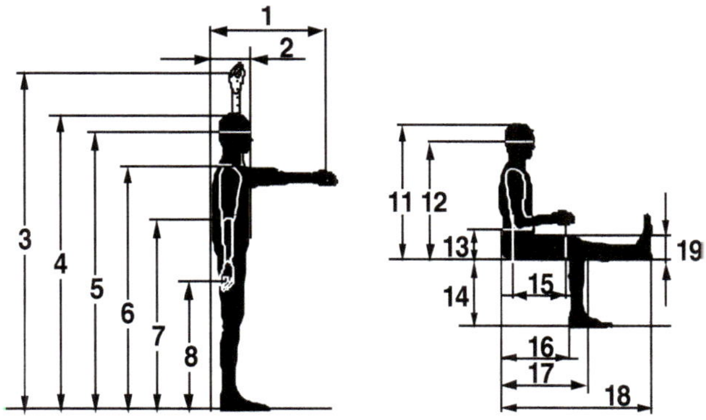

Abbildung 3.4: Ausgewählte Körpermaße (DIN 33402-2, 2020)

DIN EN ISO 3411 (2007) beinhaltet ebenfalls Körpermaße des unbekleideten Maschinenführers, allerdings enthalten einige Maße einen Zuschlag für das Schuhwerk, die Schuhhöhe wird explizit mit 25 mm ausgewiesen. Ebenso ist für das Tragen eines Schutzhelms ein Orientierungswert von 50 mm empfohlen worden. Der Einfluss von weiterer Kleidung ist in diesen Maßen nicht berücksichtigt. Die Daten wurden hergeleitet von den Maßen von Männern und Frauen in den Vereinigten Staaten von Amerika, Europa und Asien, so dass sie international nutzbar sind (vgl. Tabelle 3.3 und Abbildung 3.5). Neben den hier dargestellten Maßen für den stehenden Maschinenführer stellt die Norm auch Maße für Maschinenführer im Sitzen zur Verfügung.

Tabelle 3.3: Beschreibung zu den Körpermaßen eines stehenden, mit Schuhen bekleideten Maschinenführers (DIN EN ISO 3411, 2007)

Benennung		**Maße [mm]**		
		Maschinenführer		
		Klein	**Mittel**	**Groß**
1A	Körperhöhe (mit Schuhen)[a]	1550	1730	1905
1B	Spannweite Arm[c]	1585	1765	1942
1C	Spannweite Arm (Ellenbogen angewinkelt)[c]	850	958	1060
1D	Kopfbreite[b]	140	151	163
1E	Fußbreite (mit Schuhen)	95	125	139
2A	Reichhöhe (Fingerspitze)[c]	1900	2118	2325
2B	Kopflänge	170	194	210
2C	Abstand Auge zum Rücken[c]	170	194	210
2D	Brusttiefe[c]	210	247	280

Benennung		Maße [mm] Maschinenführer		
		Klein	Mittel	Groß
2E	Unterleibtiefe[c]	210	257	300
2F	Fußlänge	250	276	311

Anmerkung: Diese Spalten repräsentieren den gemessenen Größenbereich der Weltbevölkerung. Klein ist etwa die Messung des 5. Perzentils, mittel ist ungefähr die Messung des 50. Perzentils und groß ist etwa die Messung des 95. Perzentils. Kleiner Maschinenführer=51, 9 kg, mittelgroßer Maschinenführer=74, 4 kg, großer Maschinenführer=114, 1 kg.

[a] zuzüglich etwa 50 mm für Schutzhelm, falls notwendig

[b] Das Maß für die Kopfbreite schließt die Ohren nicht mit ein.

[c] Messwerte, die durch proportionalen Vergleich abgeleitet werden

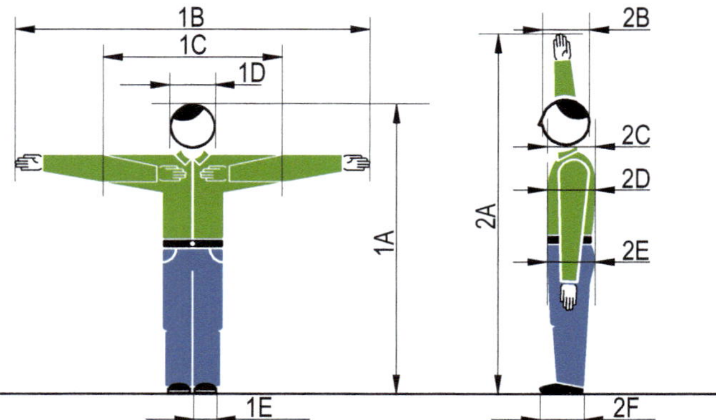

Abbildung 3.5: Körpermaße eines stehenden, mit Schuhen bekleideten Maschinenführers (DIN EN ISO 3411, 2007)

Für die maßliche Auslegung von Produkten und Arbeitsplätzen sind Körpermaße des unbekleideten Menschen in den meisten Fällen nicht unmittelbar anwendbar, so dass Zuschläge für die Arbeitskleidung oder persönliche Schutzausrüstung notwendig werden. Anhang A der DIN 33402-2 (2020) nennt Beispiele für die Änderung von Körpermaßen durch den Einflussfaktor Bekleidung, Haare, Fingernägel bzw. Kontaktumwelt und körpernahe technische Elemente. Sie sind in Tabelle 3.4 dargestellt.

Tabelle 3.4: Beispiele für die Änderung von Körpermaßen durch Bekleidung, Haare, Fingernägel, Kontaktumwelt, körpernahe technische Elemente (DIN 33402-2 Anhang A, 2020)

Einflussfaktor	Betroffene Maße (und Beispiele)	Zuschlag(Beispiele)
Schuhe	Längenmaße, Sitzflächenhöhe	40 mm
Kopfbedeckung	Körperhöhe	10 mm bis 60 mm
Arbeitskleidung	Längen- und Breitenmaße	20 mm bis 100 mm

Einflussfaktor	Betroffene Maße (und Beispiele)	Zuschlag(Beispiele)
Haare	Körperhöhe, Kopfumfang, Sitzhöhe	50 mm
Fingernägel	Fingerlänge; Sicherheitsmaße (z. B. Prüffinger); Gestaltung von Bedienelementen	Einige mm
Kontaktumwelt	Einsinken auf weichen Sitzpolstern: alle Höhenmaße im Sitzen Deformation von Weichteilen durch beschränkte Raumbedarfsmaße: Erhöhung der Oberschenkeldicke	Einzelfallentscheidung
Körpernahe technische Elemente	Display am Arm, Datenbrille am Kopf, Exoskelett am Körper: Umfangs-, Breitenmaße: Bemaßung von Arbeitsplätzen, Notausgängen	Einzelfallentscheidung

Die DIN EN ISO 9241-5 (1999) gibt einige Beispiele für die Berücksichtigung von Bekleidungszuschlägen und geht auch auf Zuschläge für eine gelockerte, bequeme Sitzhaltung ein (vgl. Tabelle 3.5).

Tabelle 3.5: Körpermaße und Zuschläge (DIN EN ISO 9241-5, 1999)

Maß	Zuschlag
Boden - Unterseite Schenkel	30 mm Schuhwerk
Körpersitzbreite	10 mm für leichte Bekleidung 25 mm für mittlere Bekleidung
Augenhöhe im Sitzen	Verminderung um bis zu 65 mm (z. B. für gelockerte Haltung)
Schulterhöhe	Verminderung um bis zu 65 mm (z. B. für gelockerte Haltung)

Maßangaben aus der Fachliteratur In den Arbeitswissenschaftlichen Erkenntnissen Nr. 108 (Bundesanstalt für Arbeitsschutz und Arbeitsmedizin [BAuA], 1998) gehen die Autoren auf die zunehmende wirtschaftliche Integration der Länder Europas und die damit in Verbindung stehende Forderung nach Daten, die den „Europamenschen“ erfassen, ein (vgl. Tabelle 3.6 und Abbildung 3.6). Um die ethnischen Körpermaßunterschiede zwischen den Bevölkerungsgruppen Europas zu berücksichtigen, wurden dabei die Grenzperzentile P5 und P95 von den Ländern bestimmt, die in ihrer Bevölkerung die insgesamt kleinsten bzw. größten Körpermaße aufweisen. So wird die Grenze für das 95. Perzentil von der Nordregion und die Grenze für das 5. Perzentil von der Südregion bestimmt. Um eine zu große Perzentilspreizung zu vermeiden, sind die Grenzperzentile zudem ein Mittelwert aus Frauen- und Männerperzentilen. Der Mittelwert P50 aller Maße der europäischen Bevölkerung bleibt unverändert. Die BAuA erläutert diese Verfahrensweise folgendermaßen:

> Die Konsequenz dieser Kompromisslösung ist, dass bei unverändertem Mittelwert des Europamenschen jetzt eine breitere Spreizung der Grenzperzentile und der damit abgedeckten Bevölkerungsanteile erreicht wird. Weiterhin wird die traditionelle Differenzierung nach Männern und Frauen bei der Perzentilierung ersetzt durch die Konzeption von „Menschen-Perzentilen“ (Bundesanstalt für Arbeitsschutz und Arbeitsmedizin [BAuA], 1998).

Es werden Abmessungen für die Altersgruppe vom 18. bis zum 60. Lebensjahr bereitgestellt.

Tabelle 3.6: Beschreibung zu den Körpermesswerten des Europamenschen, unisex (nach BAuA, 1998)

Maß-Nr. (lt. Abb)	Beschreibung des Maßes	Perzentile		
		5	50	95
23	Handlänge	164	182	202
24	Handflächenlänge	94	107	119
25	Handbreite (ohne Daumen)	72	81	92
26	Zeigefingerbreite, proximal	16	20	24
27	Zeigefingerlänge	64	73	80
28	Fußbreite	84	96	110
29	Fußlänge	232	255	280
30	Kopflänge	176	192	207
31	Kopfumfang	526	560	594
32	Gesichtshöhe	99	112	127
33	Kopfbreite	138	149	158

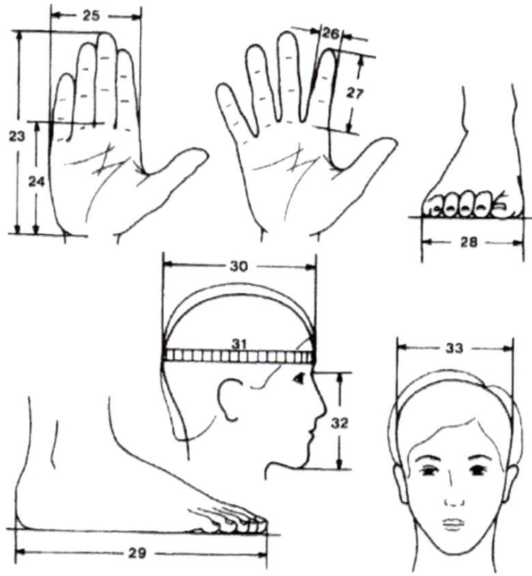

Abbildung 3.6: Körpermesswerte des Europamenschen, unisex (nach BAuA, 1998)

Körpermaße werden messtechnisch entweder nach klassischer Anthropometrie direkt am Körper durch Ertasten skelettärer und von Weichteilmaßen oder mittels Body Scan indirekt an der Körperoberfläche mit Laser erfasst. Die beiden Methoden können durchaus zu Abweichungen in den erfassten Daten führen. So können gescannte Daten marginal höhere Werte ergeben, die jedoch in der Gestaltung nach Worst Case-Prinzip nicht ungünstiger sind.

Zwischen 2007 und 2008 wurden an 31 Messstandorten im gesamten Bundesgebiet 13.362 Männer, Frauen und Kinder zwischen 6 und 87 Jahren in einer repräsentativen Querschnittuntersuchung der deutschen Bevölkerung vermessen. Die Vermessung der Teilnehmer erfolgte berührungslos anhand dreidimensionaler Laserscantechnologie in jeweils einer sitzenden und drei stehenden Positionen. Dabei wurde eine Punktwolke der Außenkontur des menschlichen Körpers am PC erzeugt (vgl. Abbildung 3.7).

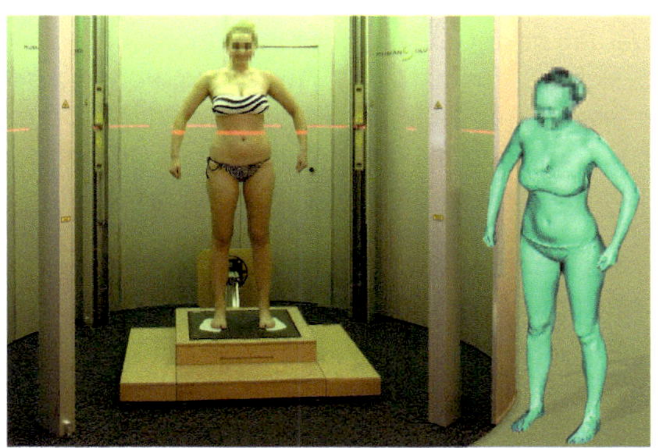

Abbildung 3.7: Vermessung der Teilnehmer (SizeGERMANY, 2009a)

Das Vorhaben hatte neben der Aufnahme aktueller Körpermaße auch die Feststellung der zeitlichen Veränderung der Körpermaße durch die säkulare Akzeleration zum Ziel. Abbildung 3.8 zeigt einen Vergleich für die Körperhöhe zwischen den Werten der DIN 33402-2 (2020) mit Messungen von 1999 bis 2002 und den Werten aus der SizeGERMANY-Erhebung (Messungen von 2007 und 2008). Es werden die Werte für kleine und große Frauen und Männer im Alter von 18 bis 65 Jahren dargestellt.

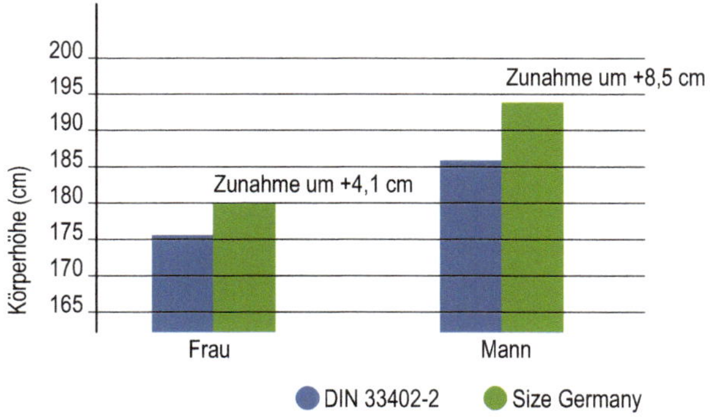

Abbildung 3.8: Vergleich des 95. Perzentil der Körperhöhe (Werte aus DIN 33402-2, 2020 und SizeGERMANY, 2009b)

Die Abbildung verdeutlicht eine hohe Zunahme der Körperhöhe, vor allem für große Personen, auch wenn sich die akzelerationsbedingte Veränderung der Längenmaße in Industrieländern verlangsamt.

Die SizeGERMANY-Körpermaßdaten werden in ausgewerteter Form in einem Online-Portal zur Verfügung gestellt.

Es gibt neben den hier dargestellten Maßtabellen und Datenbanken viele weitere Quellen, die Angaben zu Körpermaßen machen, wie z. B. den internationalen anthropometrischen Datenatlas von Jürgens et al. (1989) und die DIN EN 547-3 (2009).

Gestaltungsgrundsätze Neben der Kenntnis der Charakteristika der verwendeten Daten ist die korrekte Auswahl der für den jeweiligen Gestaltungsaspekt relevanten Körpermaße die zweite Herausforderung beim Umgang mit Körpermaßtabellen. Wie bereits erläutert, ist es nicht zweckmäßig, sich bei der maßlichen Auslegung an den durchschnittlichen Körpermaßen zu orientieren, sondern es sollte die Spanne zwischen 5. Perzentil und 95. Perzentil berücksichtigt werden. Dies führt zu folgenden Gestaltungsgrundsätzen, die sich in der Mehrheit der Gestaltungsfälle (aber nicht in allen Fällen) anwenden lassen:

- Innere Maße (beispielsweise die Dachhöhe eines Autos) orientieren sich nach dem größten Nutzer (in der Regel 95. Perzentil Mann), da diesem ausreichend Bewegungsraum gegeben werden muss.

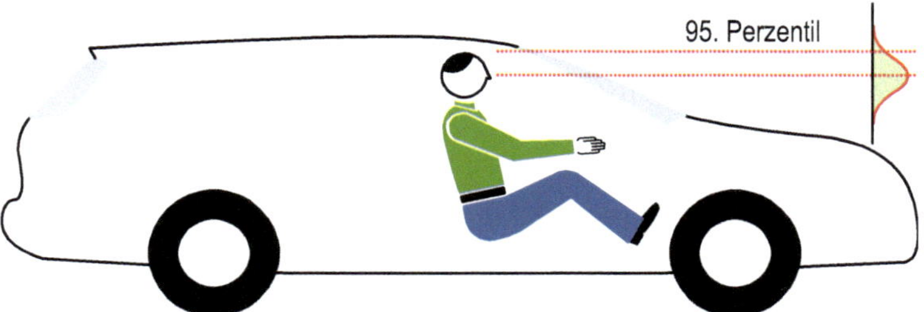

Abbildung 3.9: Auslegung der Körperhöhe nach dem 95. Perzentil

- Äußere Maße (beispielsweise der Abstand zu Bedienelementen) orientieren sich am kleinsten Nutzer (in der Regel 5. Perzentil Frau), da die Erreichbarkeit gewährleistet sein muss.

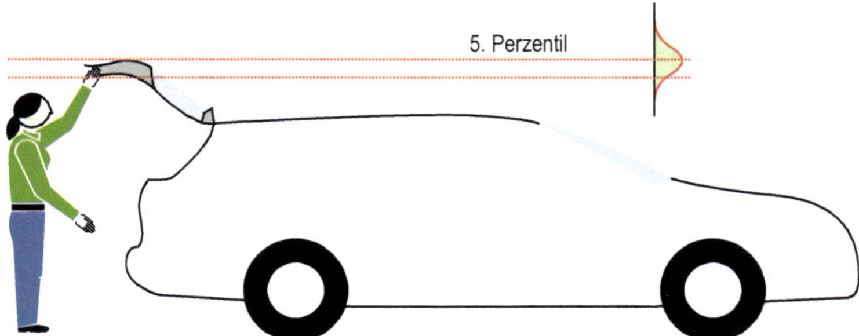

Abbildung 3.10: Auslegung der Reichweite nach dem 5. Perzentil

- Bei Auslegung fester, nicht verstellbarer Arbeitshöhen nach dem 95. Perzentil müssen für das 5. bis 95. Perzentil entsprechende Möglichkeiten zur Anpassung bereit gestellt werden.

B 3.2 Funktionsmaße (Funktionsräume)

Betrachtet man Körperabschnitte, z.B. Extremitäten in Bezug zur Arbeitsumgebung und ihren vorgegebenen Bedingungen, weichen Körpermaße als sogenannte funktionelle Maße in Anwendung (z. B. in Bewegung) u. U. von ihren Standardwerten ab.
Die wichtigsten Funktionsmaße für die Gestaltung von Produkten und Arbeitsplätzen sind:

- Aktionsräume
  - Wirkraum des Hand-Arm-Systems sowie der Greifraum
  - Wirkraum des Fuß-Bein-Systems
  - Sichtgeometrie
- Bewegungsraum
  - Körperfreiraum
- Sicherheitsmaße
  - Sicherheitsabstände zu Gefahrstellen
  - Maximalmaße von Öffnungen
  - Mindestabstände in Gefahrstellen

Die drei erstgenannten Funktionsräume sind Maße zur Funktionsausführung, bei denen Erreichbarkeit bzw. Sichtbarkeit von Gegenständen ausschlaggebend sind. Sie werden deswegen auch Aktionsräume genannt. Im Gegensatz dazu geht es beim Freiraum um den notwendigen Platzbedarf für beeinträchtigungslose (Ausgleichs-)Bewegungen. Man spricht deshalb beim Freiraum auch vom Bewegungsraum. Sicherheitsmaße dienen dem Zweck, das räumliche Zusammentreffen des Menschen mit Gefahrstellen zu verhindern.

Neben den anatomischen Gegebenheiten werden die Funktionsmaße auch durch die Art der auszuführenden Tätigkeit und die einzunehmende Körperhaltung bestimmt. Maximale Aktionsräume der Körperteile ergeben sich somit unter Beachtung der Randbedingungen aus den anatomisch maximalen Dreh- bzw. Schwenkbereichen oder Beugewinkeln. Für die Gestaltung von Produkten und Arbeitsplätzen sind jedoch Hinweise über optimale Bereiche und Winkel von wesentlich größerer Bedeutung. Es sind Positionen für die Körperteile anzustreben, in denen die Ermüdung der Muskeln möglichst gering ausfällt und welche subjektiv als bequem eingeschätzt werden.

B 3.2.1 Wirkraum des Hand-Arm-Systems und Greifraum

Nach der Vorstellung der verschiedenen Abgrenzungen und zugehöriger Charakteristika dieses Funktionsraums werden die wichtigsten Gestaltungsgrundsätze dargestellt.

Abgrenzungen des Funktionsraums

Der Wirkraum des Hand-Arm-Systems kennzeichnet den Raumsektor, in dem der Mensch bei unbewegtem Oberkörper berühren, greifen und bewegen kann. Er wird begrenzt durch (Bullinger, 1994):

- die Körperhaltung,
- den Bewegungsumfang der Gelenke,
- die Richtung von Bewegungen und Kräften,
- die verwendeten Arbeitsmittel,
- die Notwendigkeit, nicht aus dem Gleichgewicht zu kommen, und
- die reduzierte Bewegungsmöglichkeit bei großer Muskelanspannung.

Obwohl der Wirkraum des Hand-Arm-Systems im Stehen größer ist als im Sitzen, wird normalerweise bei seiner Auslegung nicht nach sitzender oder stehender Körperhaltung unterschieden.
Von oben gesehen beschreiben die Bewegungsbahnen beider Arme zwei versetzte Ellipsen, wobei verschiedene Bereiche voneinander abgrenzbar sind, die durch das Hand-Arm-System in unterschiedlicher Weise erreicht werden können. Während die Abmessungen des Wirkraums des Hand-Arm-Systems durch die gestreckte Hand bestimmt werden, wird der Greifraum über die Hand in Greifstellung definiert.
Es wird zwischen dem anatomisch maximalen, dem physiologisch großen und dem physiologisch kleinen Greifraum unterschieden. Abbildung 3.11 gibt einen Überblick über die drei verschiedenen Greifräume.

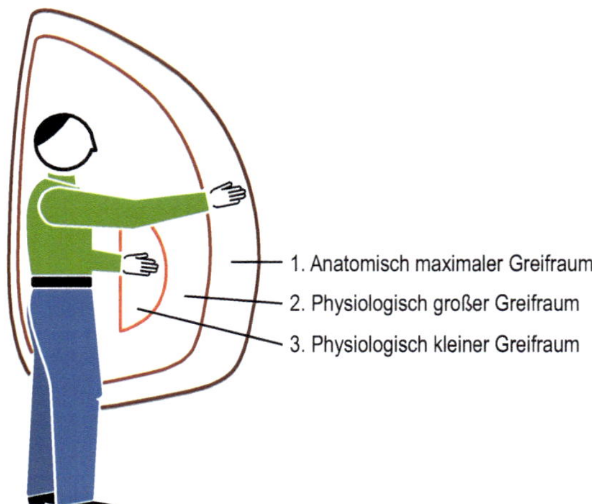

Abbildung 3.11: Drei Greifräume (nach Hettinger & Wobbe, 1993)

Die drei Räume sind dadurch voneinander abgrenzbar, dass sie durch das Hand-Arm-System in unterschiedlicher Weise erreichbar sind.

Anatomisch maximaler Greifraum

Der anatomisch maximale Greifraum kann von der Hand in Greifstellung bei unbewegtem Oberkörper mit maximal ausgestreckten Armen unter Mitbewegung des Schultergelenks umfahren werden.

Ein derartiges Maximum kann allerdings bei häufigen Bewegungen nicht abverlangt werden, ohne Muskelermüdungen zu verursachen. Des Weiteren steigt in den Randlagen des Ellbogengelenks der Gelenkwiderstand überproportional an, und mit zunehmendem Alter wird eine komplette Streckung des Unterarms auf 180° immer weniger möglich (Hettinger & Wobbe, 1993).

Bei Bewegungen innerhalb des physiologisch großen Greifraums wird das vorhandene anatomische Leistungspotenzial nicht vollständig ausgenutzt. Es treten dementsprechend nicht so hohe Beanspruchungen auf.

Physiologisch großer Greifraum

Die Grenzen des physiologisch großen Greifraums ergeben sich bei unbewegtem Oberkörper und unbewegtem Schultergelenk. Die Arme sind weitgehend ausgestreckt. Dieser Bereich des Greifraums ist für die praktische Anwendung von hoher Bedeutung und ungefähr 10 % kleiner als der anatomisch maximale Greifraum.

Dieser Greifraum ist besonders gut für das Arbeiten im Stehen und die Entfaltung großer Körperkräfte in einem weiten Arbeitsbereich geeignet.

Für zielgerichtete, feinmotorische Bewegungen ist ein Arbeiten mit angewinkelten Unterarmen günstiger.

Physiologisch kleiner Greifraum

Die Grenzen des physiologisch kleinen Greifraums ergeben sich bei unbewegtem Oberkörper und unbewegtem Schultergelenk, wobei die Oberarme entspannt herabhängen und die Unterarme abgewinkelt sind.

Es wäre unzulässig, den kleinen Greifraum als optimal zu bezeichnen, da nach biomechanischen Überlegungen aus einer stark gebeugten Armhaltung weniger große Körperkräfte erzeugt werden können. Außerdem ist die axiale Verdrehbarkeit der Hand bei angewinkeltem Unterarm im Vergleich zum gestreckten Arm deutlich eingeschränkt (vgl. Abbildung 3.12). Dies ist beispielsweise für das Greifen unsortierter Gegenstände ungünstig (Hettinger & Wobbe, 1993). Entscheidend ist also immer das Verhältnis von Arbeitsaufgabe, räumlichen Gegebenheiten und physiologischen Gegebenheiten.

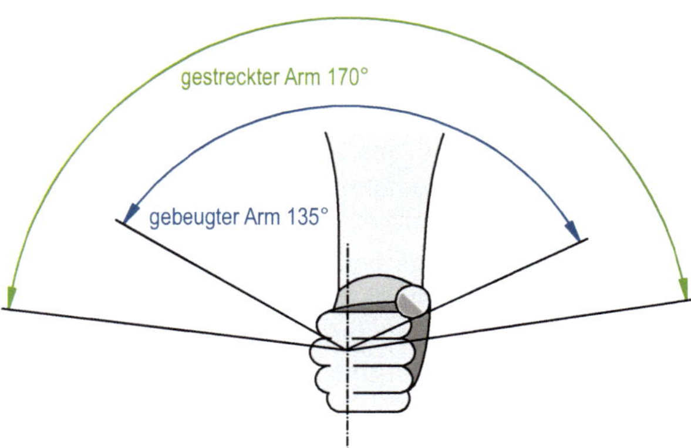

Abbildung 3.12: Axiale Verdrehbarkeit der Hand bei angewinkeltem Unterarm und gestrecktem Arm (nach Hettinger & Wobbe, 1993)

Gestaltungsgrundsätze

Für die maßliche Gestaltung des Greifraums ist der kleinste Nutzer ausschlaggebend. Er sollte dementsprechend im Normalfall nach dem 5. Perzentil Frau dimensioniert werden, um sicher zu stellen, dass alle Nutzer die notwendigen Arbeitsmittel erreichen können. Um die Beanspruchung des Nutzers möglichst gering zu halten, sollten alle Werkstücke, Werkzeuge, Bedienelemente und Materialbehälter innerhalb des physiologisch großen Greifraums positioniert sein. Für häufig wiederkehrende Bewegungen sollte dementsprechend in der Regel der physiologisch kleine Greifraum bevorzugt werden. Materialbehälter oder Greifschalen dürfen nicht halbkreisförmig um den Nutzer angeordnet werden, um ein Abspreizen (Abduktion) der Hand zu vermeiden.

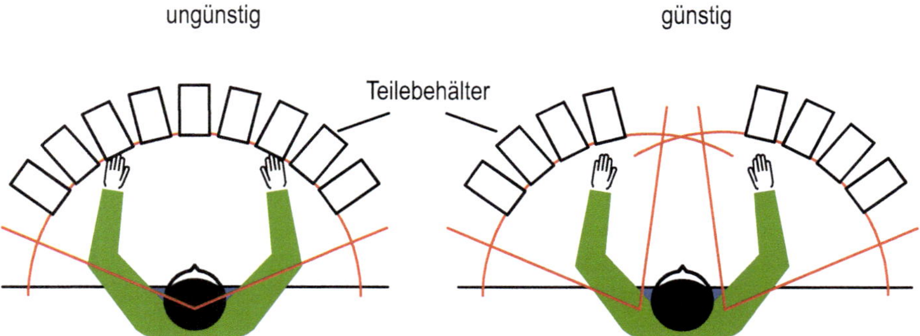

Abbildung 3.13: Anordnung von Greifschalen (nach Kirchner & Baum, 1990)

Die horizontale Greiffläche kann in drei Zonen eingeteilt werden, die sich in ihren Voraussetzungen für Bewegungsabläufe und in den auftretenden Belastungen grundsätzlich unterscheiden.

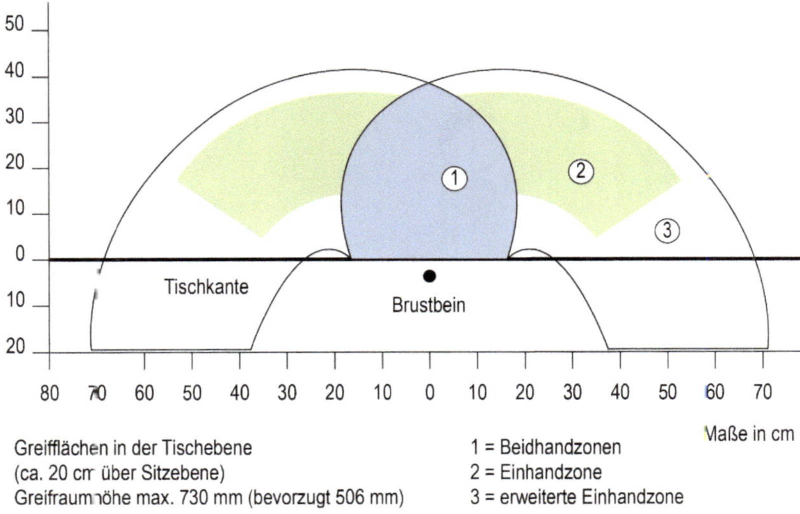

Abbildung 3.14: Zonen der Greiffläche (in Anlehnung an Lange & Windel, 2013)

Den Zonen lassen sich folgende Merkmale zuweisen:

- Zone 1 - Beidhandzone:
  In dem Arbeitszentrum befinden sich beide Hände im Blickfeld und können alle Orte dieser Zone erreichen. Hier finden Montagearbeiten statt.
- Zone 2 - Einhandzone:
  In der Einhandzone werden Gegenstände positioniert, die einhändig gegriffen und zumeist auch einhändig bedient werden.
- Zone 3 - erweiterte Einhandzone:
  Die Grenze der erweiterten Einhandzone stellt die äußerste nutzbare Position für Greifbehälter dar.

B 3.2.2 Wirkraum des Bein-Fuß-Systems

Dieser Wirkraum beschreibt den Raumsektor, in dem Stellteile ohne Änderung der Körperstellung mit den Füßen erreicht werden können; es sollten hier dementsprechend Bedienelemente positioniert werden, die von dem Fuß-Bein-System zu betätigen sind. Eine Unterscheidung zwischen stehender und sitzender Körperhaltung ist notwendig. In Abbildung 3.15 wird der Wirkraum für stehende und sitzende Körperhaltung dargestellt.

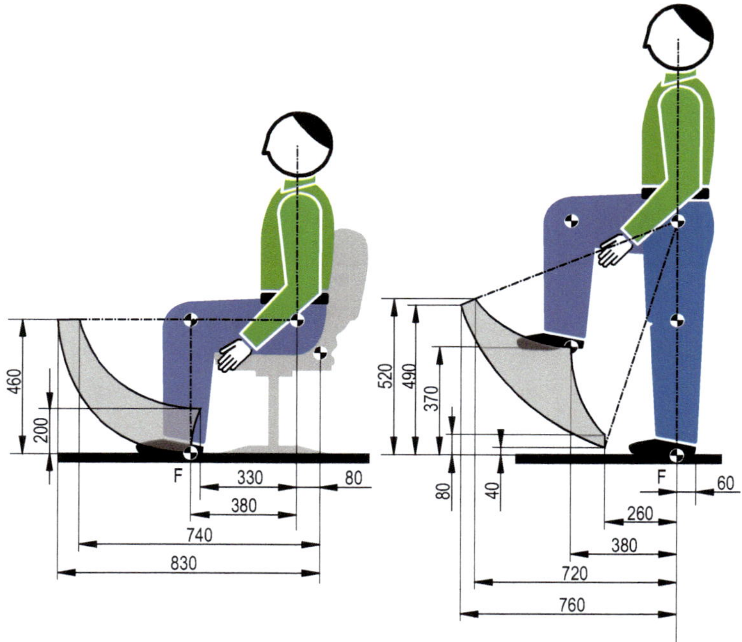

Abbildung 3.15: Wirkraum des Bein-Fuß-Systems im Sitzen (in Anlehnung an Kirchner & Baum, 1990)

Gestaltungsgrundsätze

Die Auslegung muss – wie beim Greifraum auch – nach dem kleinsten Nutzer erfolgen. In der Regel ist also das 5. Perzentil Frau für die maßliche Gestaltung des Wirkraums ausschlaggebend, damit sämtliche Nutzer alle Stellteile bequem und beschwerdefrei erreichen können.

B 3.2.3 Sichtgeometrie

Ausschlaggebende Größen für dieses Funktionsmaß sind Sehachse, Sehentfernung, Sehbereiche.

Sehachse

Die Sehachse ist die Verbindungslinie zwischen einem fixierten Objekt und dem Mittelpunkt der Netzhautgrube; sie verläuft näherungsweise mit der Blicklinie (Verbindung fixiertes Objekt - mechanischer Augendrehpunkt). Sie ist körperhaltungsabhängig und ergibt sich aus der Auslenkung des Kopfes und der Augen gegenüber der Waagerechten.
In der Literatur (Schmidtke, 1993; Hettinger & Wobbe, 1993 und Lange & Windel, 2013) sind jeweils unterschiedliche Werte aufgeführt. Sinnvoll erscheint es, nicht genaue Neigungswinkel, sondern Bereiche anzugeben.

Die in Abbildung 3.16 angegebenen Werte für die Normallage der Sehachse im Stehen und im Sitzen sind durch die entspannte Kopf- und Augenhaltung festgelegt:

- Augenauslenkung in Ruhelage: ca. 10° - 15° gegenüber der Waagerechten,
- Neigung des entspannten Kopfes im Stehen: 15° - 20°,
- Neigung des entspannten Kopfes im Sitzen: ca. 25°.

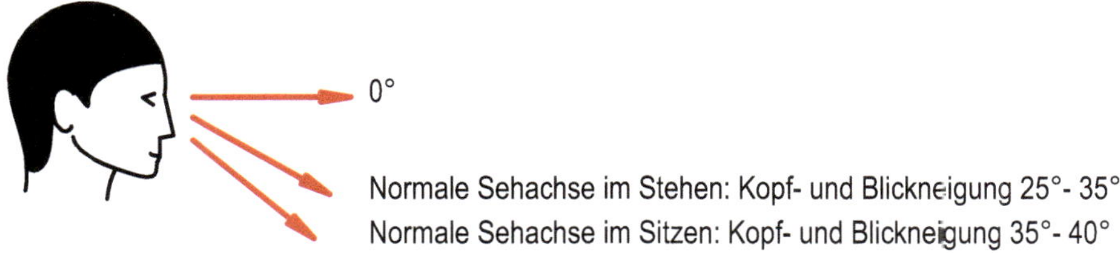

Abbildung 3.16: Gesamtauslenkung der normalen Sehachse

Die Blicklinie soll nach Möglichkeit senkrecht auf die Betrachtungsebene treffen, um unbequeme Ausgleichhaltungen des Nutzers zu unterbinden. Abbildung 3.17 zeigt einige Beispiele für Kopfhaltungen und Blicklinien in Bezug auf verschiedene Arbeitsaufgaben.

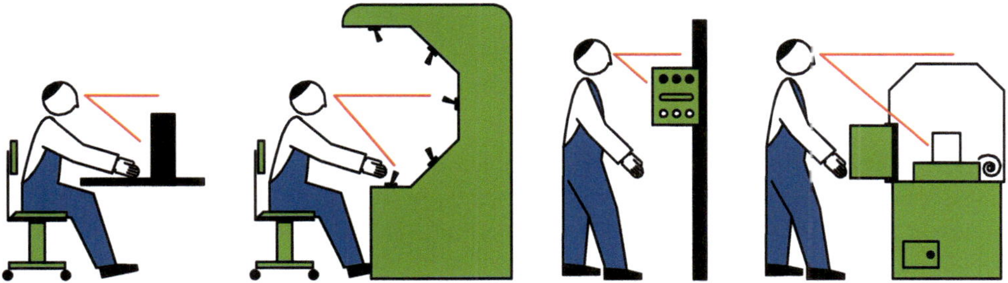

Abbildung 3.17: Kopfhaltungen und Blicklinien bei verschiedenen Aufgaben

Sehentfernung

Akkommodation ist die Fähigkeit des Auges, sich auf unterschiedliche Sehentfernungen einzustellen. Die Akkommodationskraft lässt mit dem Alter nach. Sie wird durch den Kehrwert des maximal möglichen Nahpunktabstands (in m) in Dioptrien ausgedrückt.

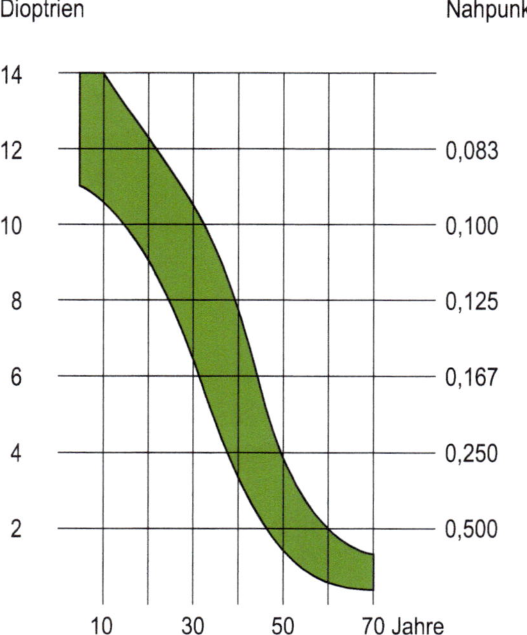

Abbildung 3.18: Abnahme der Akkommodationskraft in Dioptrien und Zunahme des maximal möglichen Nahpunktabstandes mit dem Lebensalter (Hettinger & Wobbe, 1993)

20-Jährige verfügen etwa über eine Akkommodationskraft von 10 Dioptrien, was aussagt, dass sie bis auf eine Nähe von $0,1\,\text{m}$ scharf sehen können ($1/0,1\,\text{m} = 10$ Dioptrien). Im Gegensatz dazu beträgt die Akkommodationskraft für 50-Jährige lediglich noch etwa 2 Dioptrien. Der Nahpunkt liegt dementsprechend schon bei $0,5\,\text{m}$. Neben dem individuellen Sehvermögen hängt die Sehentfernung von folgenden Faktoren ab:

- der Art der Sehaufgabe,
- der Beleuchtungsstärke,
- Größe, Form, Farbe des Sehobjekts,
- Struktur (Textur), Kontrast der Sehobjektumgebung.

Abbildung 3.19 zeigt den qualitativen Einfluss dieser Faktoren auf die Sehentfernung, bevor im Folgenden quantitative Gestaltungsempfehlungen gegeben werden.

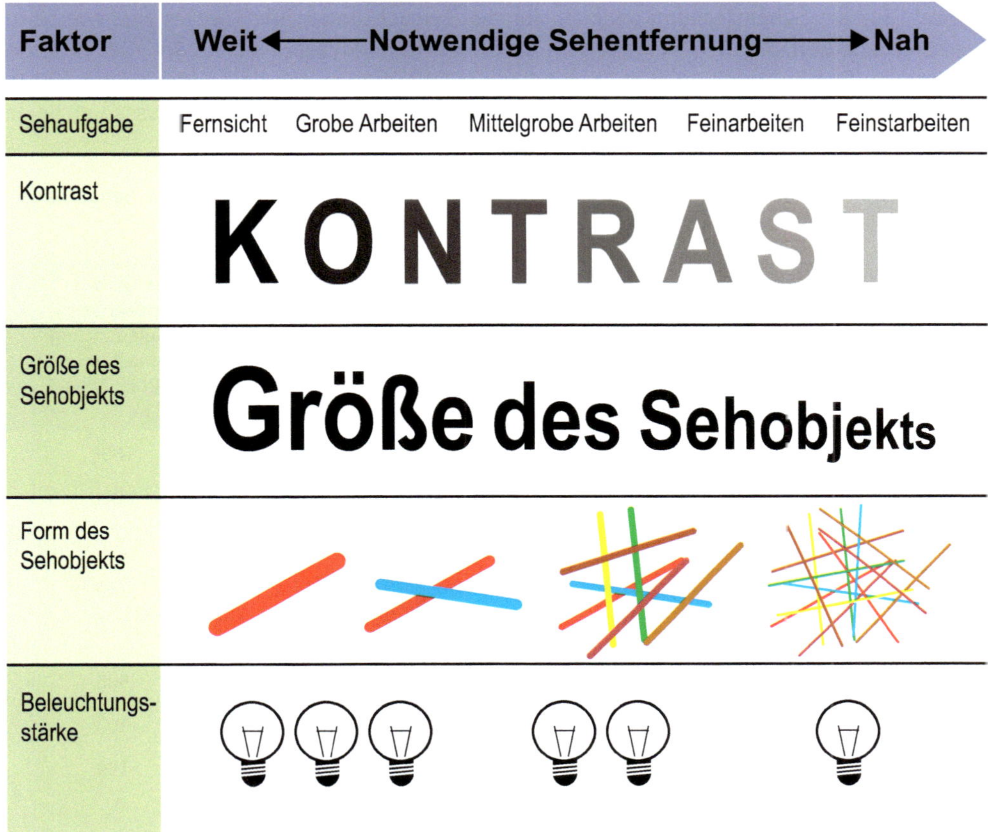

Abbildung 3.19 Einflussgrößen auf die Sehentfernung in qualitativer Form

Sehaufgabe und Beleuchtungsstärke Die Beleuchtungsstärke ist das Maß für die Intensität des auf einer beleuchteten Fläche auftreffenden Lichtstroms. Sie wird in Lux angegeben. Tabelle 3.7 nennt einige Beispiele, um die Größe besser einordnen zu können.

Tabelle 3.7: Beispiele für Beleuchtungsstärken (Lange & Windel, 2013)

Beleuchtung	Beleuchtungsstärke in Lux	Bemerkung
Klare Neumondnacht	0,01	Orientierung möglich
Licht vom Vollmond	0,24	Lesen möglich
Nächtliche Straßenbeleuchtung	1 - 50	Beginn der Farbunterscheidung
Arbeitsbeleuchtung	200 - 2000	
Sonnenschein am Sommermittag	bis 100000	Absolutblendung

Sowohl für die Sehentfernung als auch für die Beleuchtungsstärke gibt es Richtwerte für verschiedene Sehaufgaben. Angaben für die Sehentfernung lassen sich in der Kleinen Ergonomischen Datensammlung (Lange & Windel, 2013) finden, die DIN EN 12464-1 (2021) führt Anforderungen an die Beleuchtung auf. Tabelle 3.8 fasst einige Aussagen beider Quellen zusammen.

Tabelle 3.8: Sehentfernungen und Beleuchtungsanforderungen in Abhängigkeit der Sehaufgabe (nach Lange & Windel, 2013 und DIN EN 12464-1, 2021)

Art der Sehaufgabe	Beispiel	Sehentfernung in cm nach Lange und Windel	Wartungswert (=Mindestwert) der Beleuchtungsstärke in Lux nach DIN EN 12464-1 (2021)
Feinstarbeiten	Uhrenmacherei (Handarbeit)	12 - 25	1500
	Elektroindustrie: sehr feine Montagearbeiten wie Messinstrumente		1000
Feinarbeiten	Elektroindustrie: feine Montagearbeiten wie Telefone	25 - 35 (meist 30 - 32)	750
Mittelgrobe Arbeiten	Feine Maschinenarbeiten	bis 50	500
Grobe Arbeiten	Grobe Maschinenarbeiten	50 - 150	300
Fernsicht	Fahrzeugnutzung auf Verkehrsflächen und Fluren	über 150	150

Größe des Sehobjekts Abbildung 3.20 gibt die geometrische Beziehung zwischen der Größe des Sehobjekts und der Sehentfernung wieder.

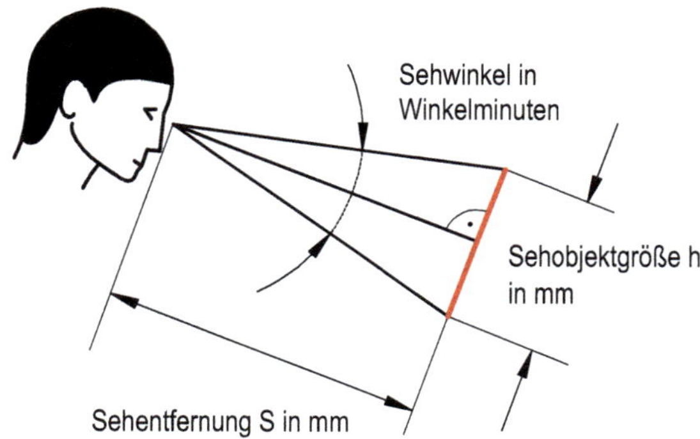

Abbildung 3.20: Geometrische Beziehung zwischen Sehobjektgröße und Sehentfernung

Die Beziehung lässt sich durch folgende Formel beschreiben:

$$h = 2 * S * tan(0,5\alpha)$$

Der Sehwinkel α beschreibt, unter welchem Winkel ein Objekt bei gegebener Ausdehnung und Entfernung erscheint. Sein Scheitel liegt am Auge und seine Schenkel schließen das Sehobjekt ein.
In der DIN EN ISO 9241-303 (2012) lassen sich im Rahmen der Betrachtungen zu Lesbarkeit und Leserlichkeit Angaben zu Mindestgrößen von Zeichen finden
Bei einer idealen optischen Anzeige, wie sie von bedrucktem Papier angenommen wird, beträgt die Mindesthöhe der Zeichen 10 Bogenminuten bis 12 Bogenminuten. Derzeitige elektronische Anzeigen erreichen allerdings bestenfalls annähernd die ideale Anzeige, deswegen sollte die Zeichenhöhe hier mindestens 16 Bogenminuten betragen. Es wird zudem gefordert, dass das System eine Zeichenhöhe von 20 Bogenminuten bis 22 Bogenminuten zur Verfügung stellen kann.

Kontrast Ein Objekt ist nur dann zu erkennen, wenn es einen Mindestkontrast zu seiner Umgebung aufweist. Der Kontrast kann entweder als Helligkeitskontrast, Farbkontrast oder als kombinierter Kontrast auftreten. Je höher das Beleuchtungsniveau ist, desto größer muss der Kontrast sein. Sind die Kontraste zu stark, so entsteht Blendung.
Für den Helligkeitskontrast gilt folgendes (vgl. Abbildung 3.21):

- Kontraste von mehr als 1:3 stören im mittleren Gesichtsfeld.
- Zwischen Mittel- und Randpartien des Gesichtsfelds sollen Kontraste ein Verhältnis von 1:10 nicht überschreiten.
- Flächenkontraste von mehr als 1:40 sind auf Dauer gesundheitsschädlich.
- In der Mitte des Gesichtsfelds sollten die helleren und außen die dunkleren Flächen liegen (Bullinger, 1994).

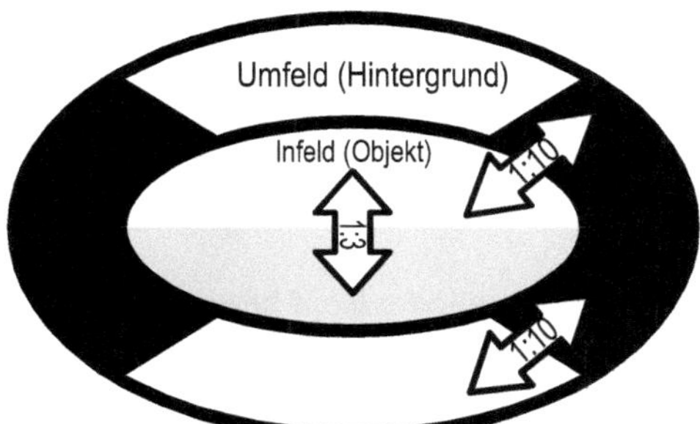

Abbildung 3.21: Zulässige Kontraste (nach Grandjean, 1991)

Besonders ungünstig ist die Kombination von roter und blauer Farbe, da das Auge für rot weitsichtig (Brennpunkt hinter der Netzhaut) und für blau kurzsichtig (Brennpunkt vor Netzhaut) ist und beide Farben gleichzeitig deswegen nicht scharf gesehen werden können (vgl. Abbildung 3.22). In Tabelle 3.9 lassen sich empfohlene Farbkombinationen für Zeichen und Hintergrund finden.

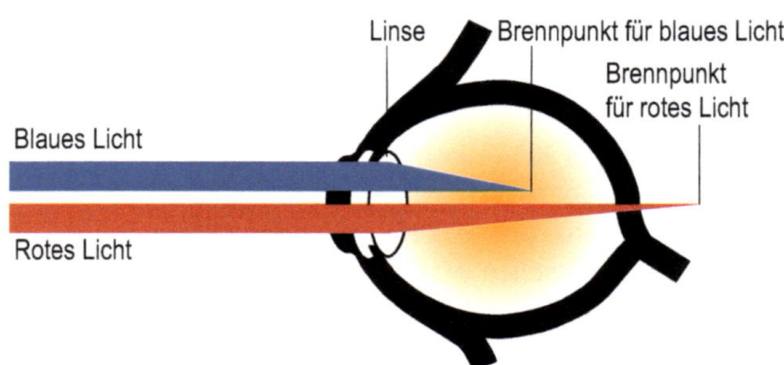

Abbildung 3.22: Brennpunkte für rotes und blaues Licht

Tabelle 3.9: Empfohlene Farbkombinationen für Zeichen und Untergrund (DGUV-Information 215-410, 2019)

Untergrundfarbe	Zeichenfarbe							
	Schwarz	Weiß	Purpur	Blau	Cyan	Grün	Gelb	Rot
Schwarz		+	+	–	+	+	+	–
Weiß	++		+	+	–	–	–	+
Purpur	+	+		–	–	–	–	–
Blau	–	+	–		+	–	+	–
Cyan	+	–	–	+		–	–	–
Grün	+	–	–	+	–		–	–
Gelb	+	–	+	+	–	–		+
Rot	–	+	–	–	–	–	+	

Sehbereiche

In Abhängigkeit davon, ob Augen und/oder Kopf bewegt werden, ergeben sich verschiedene Sehbereiche für den Menschen. Es wird zwischen folgenden drei grundsätzlichen Bereichen unterschieden:

- Gesichtsfeld,
- Blickfeld,
- Umblickfeld.

Bei allen Bereichen muss zwischen monokularem und binokularem Sehen unterschieden werden. Die im Folgenden angegebenen Werte beziehen sich auf das binokulare Sehen. Der Raum, in dem scharf gesehen werden kann, ist im Vergleich zu dem gesamten Gesichtsfeld relativ klein und bildet einen Kegel von ca. 1° Sehwinkel.

Gesichtsfeld

Das Gesichtsfeld ist der visuelle Wahrnehmungsbereich bei unbewegtem Kopf und unbewegten Augen.

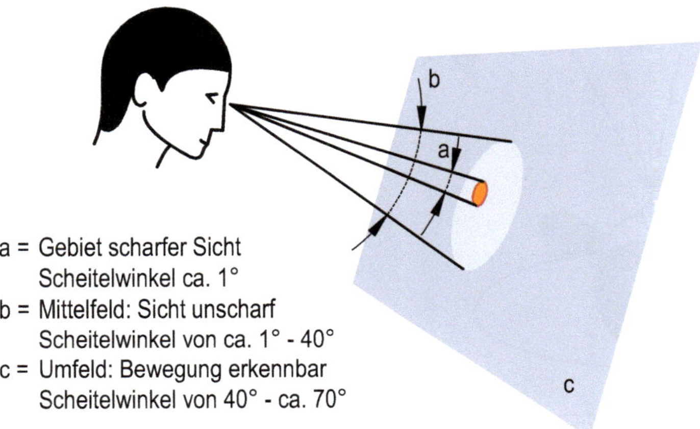

Abbildung 3.23: Schematische Darstellung des zentralen und peripheren Sehens (Grandjean, 1991)

Außerhalb dieses kleinen Bereichs werden nur noch starke Kontraste und Bewegungen der Sehobjekte wahrgenommen. Es ist zu beachten, dass die maximale Ausdehnung des Gesichtsfelds interindividuell verschieden ist. Im Gesichtsfeld sind Sehobjekte anzuordnen, die gleichzeitig überwacht werden müssen.
Im Gegensatz zum Gesichtsfeld, welches über den Wahrnehmungsbereich definiert wird, ist für das Blickfeld der Sehbereich ausschlaggebend, der vom Menschen fixiert werden kann.

Blickfeld

In dem Blickfeld können bei ruhendem Kopf und bewegten Augen die Sehobjekte nacheinander fixiert werden.

Das so definierte maximale Blickfeld wird allerdings vom Menschen in der Regel nicht genutzt, da der Kopf bei großen Winkeln bereits unbewusst mit in die Bewegung einbezogen wird. Das optimale Blickfeld umfasst einen Winkel von $\pm$ 15° (vgl. Abbildung 3.24). Dies ist bei der Gestaltung zu beachten; wichtige Anzeigen sind dementsprechend im optimalen Blickfeld zu positionieren.

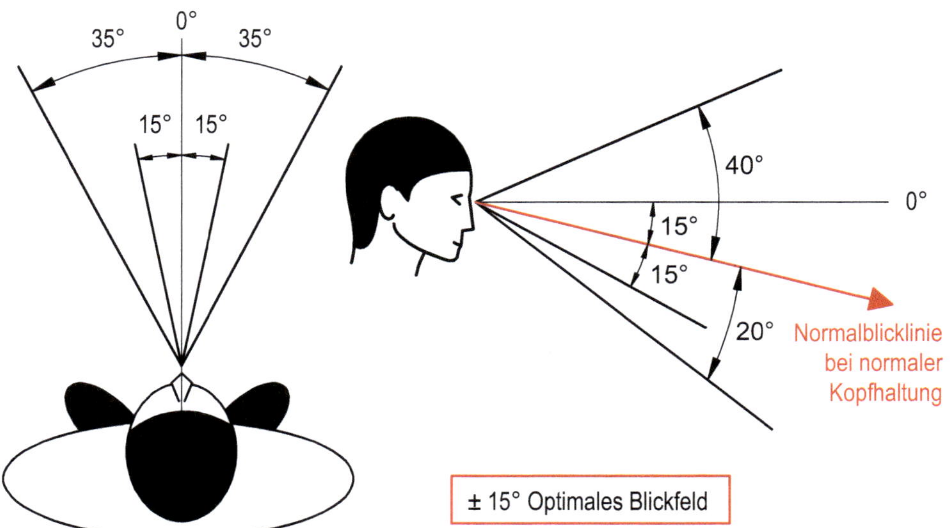

Abbildung 3.24: Sehbereich - Optimales und maximales Blickfeld

Das um Kopfbewegungen erweiterte Blickfeld bezeichnet man als Umblickfeld.

Umblickfeld

Das Umblickfeld ist der bei ruhendem Körperrumpf, bewegtem Kopf und bewegten Augen fixierbare Raumsektor des Sehraums.

In diesem Bereich sind Objekte anzuordnen, die in häufigem Wechsel nacheinander anzublicken sind. Abbildung 3.25 gibt einen Überblick über die Ausdehnung der verschiedenen Bereiche. In Tabelle 3.10 werden die Definitionen und Grenzen der drei vorgestellten Sehbereiche zusammengefasst.

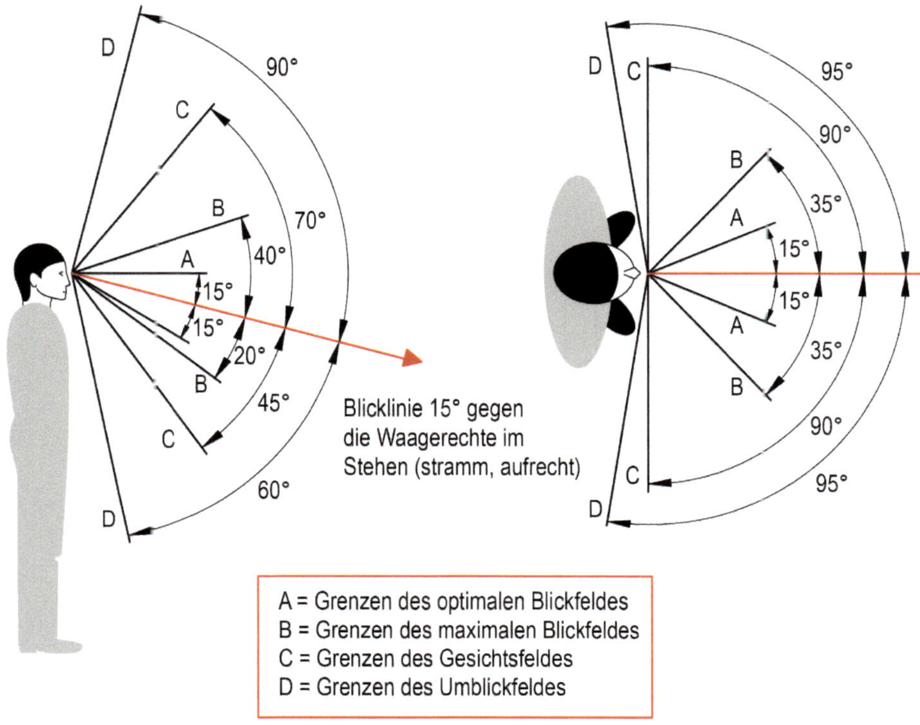

Abbildung 3.25: Sehbereiche (Hettinger & Wobbe, 1993)

Tabelle 3.10: Zusammenfassung der Sehbereiche

Sehbereich	Definition	Grenzen horizontal	Grenzen vertikal
Gesichtsfeld	Visueller Wahrnehmungsbereich bei unbewegtem Kopf und Auge	± 90°	- 45° bis + 70°
Blickfeld	Bereich, in dem bei fester Kopfhaltung und bewegten Augen Gegenstände fixiert werden können	Max.: ± 35° Opt.: ± 15°	Max.: - 20° bis + 40° Opt.: - 15° bis + 15°
Umblickfeld	Bei ruhendem Körperrumpf, bewegtem Kopf und bewegten Augen fixierbarer Raumsektor	± 95°	- 60° bis + 90°

B 3.2.4 Körperfreiraum

Bei der Gestaltung von Produkten und Arbeitsplätzen ist neben der Erreichbarkeit und Sichtbarkeit von Stellteilen und Anzeigen auch darauf zu achten, dass dem Nutzer genügend Bewegungsraum für Arbeits- und Ausgleichsbewegungen zur Verfügung gestellt wird.

Ausschlaggebend für die Dimensionierung dieser Außenmaße ist der größte Nutzer; deshalb ist das 95. Perzentil oder sogar (z. B. für Fluchtwege) das 99. Perzentil der Nutzergruppe Bemessungsgrundlage. Die DIN EN 547-1 (2009) legt z. B. Abmessungen von Ganzkörperzugängen an Maschinenarbeitsplätzen fest. Sie zeigt für eine ausreichende Dimensionierung solcher Zugangsöffnungen auf, wie anthropometrische Daten mit entsprechenden Zuschlägen kombiniert werden können. In Abbildung 3.26 werden Beispiele zusammenfassend dargestellt.

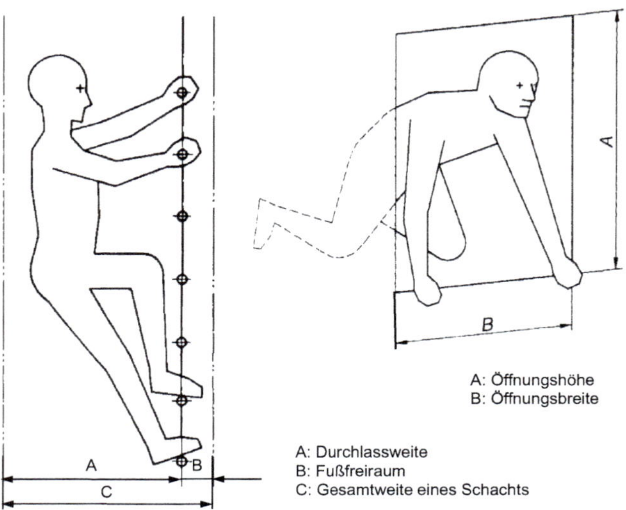

Abbildung 3.26: Durchgangsöffnungen an Maschinenarbeitsplätzen (DIN EN 547-1, 2009)

Tabelle 3.11 und Abbildung 3.27 demonstrieren beispielhaft Richtmaße für den Freiraum beim Arbeiten im Sitzen nach E DIN EN ISO 14738 (2020). So ist aus der Raumanforderung für Beine und Füße die entsprechende Breite sowie der Platzbedarf für das Einnehmen und Verlassen eines Stuhls aufgezeigt.

Tabelle 3.11: Beispielhafte Mindestmaße für den Freiraum an Sitzarbeitsplätzen (E DIN EN ISO 14738, 2020)

Raumanforderung im Sitzen	Mindestmaß in mm
Fuß- und Beinraumbreite	B = Schulterbreite, biacromial (Perzentil 95) + 350 mm
Platzbedarf für das Einnehmen und Verlassen eines Stuhls	1000 mm

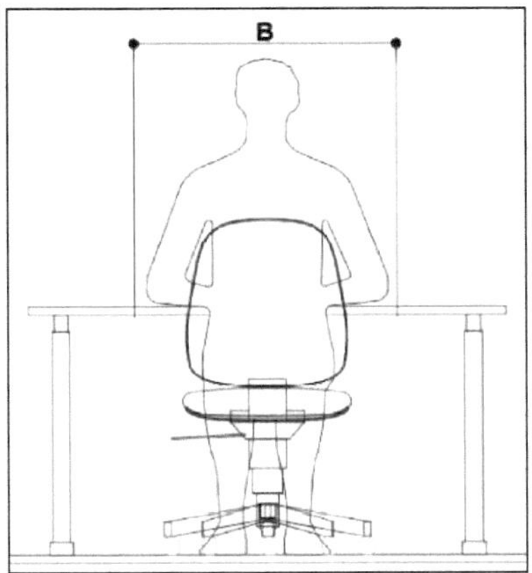

Abbildung 3.27: Beispielhafte Freiräume an Sitzarbeitsplätzen (E DIN EN ISO 14738, 2020)

B 3.2.5 Sicherheitsmaße

Das räumliche Zusammentreffen von Menschen und Gefahrstellen lässt sich durch geometrische Gestaltungsmaßnahmen beeinflussen. Dabei ist vor allen Dingen der Zusammenhang zwischen den menschlichen Körpermaßen und den Abmessungen des Gestaltungsobjekts ausschlaggebend. Zu beachten sind Werte des 1. bzw. 99. Perzentils.
Es kann zwischen drei Arten von Sicherheitsmaßen unterschieden werden:

- Sicherheitsabstände zu Gefahrstellen,
- Maximalmaße von Öffnungen und
- Mindestabstände in Gefahrstellen.

Sicherheitsabstände zu Gefahrstellen

Sicherheitsabstände sind zahlenmäßig so festgelegt, dass Personen sie nicht überwinden können, um auf diese Weise die Zugänglichkeit bzw. die Erreichbarkeit von Gefahrstellen zu vermeiden. Sie setzen sich aus den jeweiligen Reichweiten und Sicherheitszuschlägen zusammen. Bei ihrer Festlegung sind grundsätzlich die Reichweiten des größten in Frage kommenden Nutzers (99. Perzentil) maßgebend.
Die internationale Norm DIN EN ISO 13857 (2020) berücksichtigt anthropometrische Daten und gibt für hohe und geringe Risiken, die von Gefahrstellen ausgehen unterschiedliche Sicherheitsabstände vor. Es werden Angaben für die oberen und die unteren Gliedmaßen für eine Altersgruppe ab 14 Jahren zur Verfügung gestellt. Abbildung 3.28 zeigt als Beispiel die Werte für den Sicherheitsabstand beim Hinaufreichen.

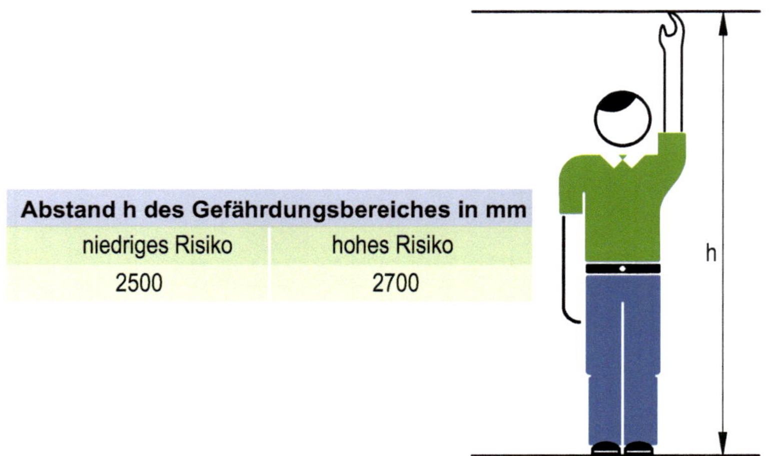

Abstand h des Gefährdungsbereiches in mm	
niedriges Risiko	hohes Risiko
2500	2700

Abbildung 3.28: Sicherheitsabstände: Hinaufreichen (DIN EN ISO 13857, 2020)

Maximalmaße von Öffnungen

Beim Hindurchreichen durch Öffnungen gilt folgender Grundsatz:
Je größer die Öffnung, umso weiter kann der Nutzer mit größeren – oder auch längeren – Gliedmaßen hindurchgreifen. Dementsprechend größer muss der Sicherheitsabstand zwischen Öffnung und Gefahrstelle sein, um sie nicht erreichen zu können (Neudörfer, 2021). Es gibt also einen Zusammenhang zwischen dem im vorangegangenen Abschnitt vorgestellten Sicherheitsabstand und der Abmessung von Öffnungen. Während für die Bemessung des Sicherheitsabstands der größte Nutzer ausschlaggebend ist, ist für die Bestimmung der Öffnungsweite der kleinste Nutzer maßgebend. Die DIN EN ISO 13857 (2020) stellt Öffnungsweiten e in Abhängigkeit des Sicherheitsabstands s_r zur Verfügung. Für die oberen Gliedmaßen finden sich Angaben für Personen ab 14 Jahre (Abbildung 3.29) und Personen ab 3 Jahre, für die unteren Gliedmaßen bleibt es bei Werten für die Altersgruppe ab 14 Jahre.

Mindestabstände in Gefahrstellen

Durch die Einhaltung von Mindestabständen können Gefährdungen durch Quetschen verschiedener Körperteile vermieden werden. Der Mindestabstand auf das größte zu erwartende Körperteil anzuwenden. Die Gefahrstelle ist zwar nach wie vor vorhanden, hat aber ihre destruktive Wirkung verloren. Die DIN EN ISO 13854 (2020) legt Mindestabstände in Abhängigkeit von Teilen des menschlichen Körpers fest, um Gefährdungen an Quetschstellen zu vermeiden. Abbildung 3.30 zeigt die in der Norm festgelegten Werte.

Körperteil	Bild	Öffnung	Sicherheitsabstand zum Gefährdungsbereich s_r		
			Schlitz	Quadrat	Kreis
Fingerspitze	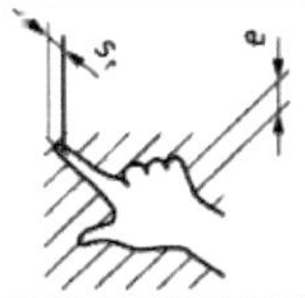	$e \leq 4$	≥ 2	≥ 2	≥ 2
		$4 < e \leq 6$	≥ 10	≥ 5	≥ 5
Finger bis Fingerwurzel	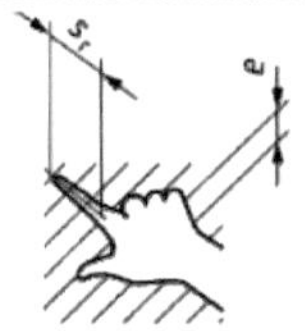	$6 < e \leq 8$	≥ 20	≥ 15	≥ 5
		$8 < e \leq 10$	≥ 80	≥ 25	≥ 20
Hand	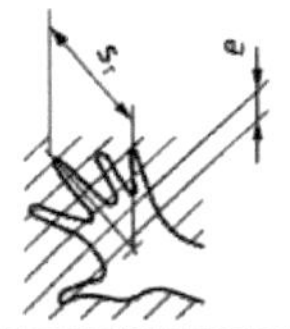	$10 < e \leq 12$	≥ 100	≥ 80	≥ 80
		$12 < e \leq 20$	≥ 120	≥ 120	≥ 120
		$20 < e \leq 30$	≥ 850[a]	≥ 120	≥ 120
Arm bis Schultergelenk	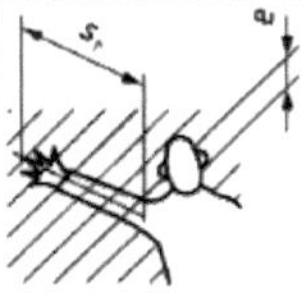	$30 < e \leq 40$	≥ 850	≥ 200	≥ 120
		$40 < e \leq 120$	≥ 850	≥ 850	≥ 850

ANMERKUNG Die fetten Linien in der Tabelle zeigen den Körperteil, der durch die Größe der Öffnung eingeschränkt wird.

[a] Ist die Länge einer schlitzförmigen Öffnung ≤ 65 mm, wirkt der Daumen als Begrenzung, und der Sicherheitsabstand darf auf ≥ 200 mm reduziert werden.

Abbildung 3.29: Öffnungsweiten und Sicherheitsabstände in mm für Personen ab 14 Jahre (DIN EN ISO 13857, 2020)

Maße in mm

Körperteil	Mindestabstand *a*	Bild
Körper	500	
Kopf (ungünstigste Haltung)	300	
Bein	180	
Fuß	120	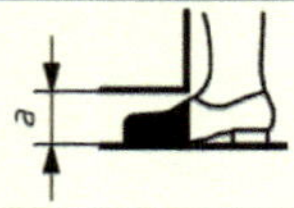
Zehen	50	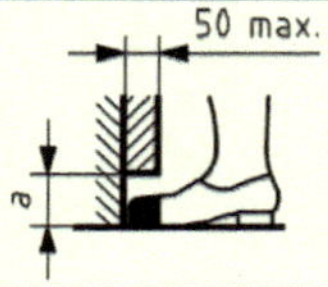 50 max.
Arm	120	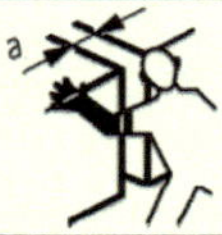
Hand Handgelenk Faust	100	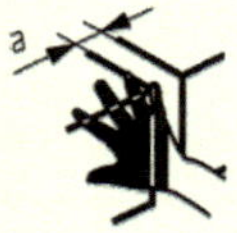
Finger	25	

Abbildung 3.30: Werte für Mindestabstände, um das Quetschen von Körperteilen zu vermeiden (DIN EN ISO 13854, 2020)

B 3.3 Biomechanik

Das mechanische System des menschlichen Körpers lässt sich in vier Komponenten gliedern:

- das feste Knochengerüst, das durch die beweglichen Gelenke gegliedert wird (Skelettsystem),
- die Muskulatur, die die Bewegungen verursacht und die Muskelkräfte auf die Knochen überträgt,

- das Nervensystem, welches die Arbeit der Muskeln steuert und
- der den Stoffwechsel des mechanischen Systems versorgende Kreislauf.

Im engeren Sinne gehören zum mechanischen System jedoch lediglich das Skelettsystem und das Muskelsystem (Schmidtke, 1993).

Das Skelettsystem

Das Skelettsystem bildet das passive Stützsystem des Körpers, versteift den Körper und bietet Ansatzflächen für die einzelnen Muskeln. Es besteht aus kinematischen Ketten, wobei die Stäbe (Knochen) über bewegliche Gelenke lose miteinander verbunden sind. Folglich wirken Kräfte nicht nur an der Einwirkungsstelle und den unmittelbar beteiligten Gelenken, sondern pflanzen sich mit unterschiedlicher Intensität zur Aufrechterhaltung des Kräftegleichgewichts im gesamten Körper fort.
Die Knochen besitzen an ihren Berührungsflächen einen Knorpelüberzug, der die Aufgabe hat, die Berührungsflächen glatt und gleitfähig zu halten und die auftretenden Kräfte zu dämpfen.
Die Gelenke können bis zu drei Freiheitsgrade besitzen:

- Keine oder sehr geringe Bewegungsmöglichkeiten: Knochenfugen (z. B. Schädelknochen).
- Ein Freiheitsgrad: Scharniergelenk (z. B. Fingergelenke).
- Zwei Freiheitsgrade: Ei- oder Sattelgelenk (z. B. Handwurzelgelenk).
- Drei Freiheitsgrade: Kugelgelenk (z. B. Hüftgelenk, Schultergelenk).

Einige Gelenke (wie das Kniegelenk) werden intern durch Bänder stabilisiert. Prinzipiell sind drei anatomische Bewegungsarten möglich:

- Beugen/Strecken (Flexion/Extension),
- Heranziehen/Abziehen (Adduktion/Abduktion) sowie
- Drehen (Pronation = Innendrehung/Supination = Außendrehung).

Die Verbindung zwischen Knochen und Muskeln wird durch Sehnen hergestellt. Das Skelettsystem des Menschen, insbesondere die Länge der einzelnen Knochen, prägt sowohl die Körpergröße als auch in Verbindung mit dem Bändersystem die Wirkräume von Armen und Beinen.

Das Muskelsystem

Die Muskulatur ist dasjenige Organsystem des menschlichen Körpers, das Kräfte entwickeln kann, welche für physische Arbeitsleistungen genutzt werden können. Nach ihrem Aufbau lassen sich die Muskeln am menschlichen Körper grundsätzlich in die folgenden drei Arten unterteilen:

- quergestreifter Muskel (Skelettmuskulatur),
- glatter Muskel (innere Organe, Blutgefäße) und
- Herzmuskel.

Für die ergonomische Betrachtung ist nur die quergestreifte Muskulatur von Bedeutung, da sie als einzige der drei Arten willkürlich steuerbar ist und die Körperhaltung bestimmt. Die gesamte Muskulatur des Bewegungsapparates ist quergestreift. In Abbildung 3.31 wird der schematische Aufbau dargestellt, um die Funktion eines quergestreiften Muskels zu verdeutlichen.

Der Muskel besteht aus sehr feinen Muskelfasern, die über Bindegewebe zu Fasergruppen, Faserbündeln und zu Fasersträngen zusammengefasst sind. Im Bindegewebe verlaufen die Gefäße und Nerven, die die Muskelfasern versorgen. Die Muskelfasern wiederum bestehen aus einer Reihe von Muskelfibrillen. Diese sind die eigentlichen kontraktilen Elemente des Muskels. Sie setzen sich aus regelmäßig angeordneten Aktin- und Myosinfilamenten zusammen.

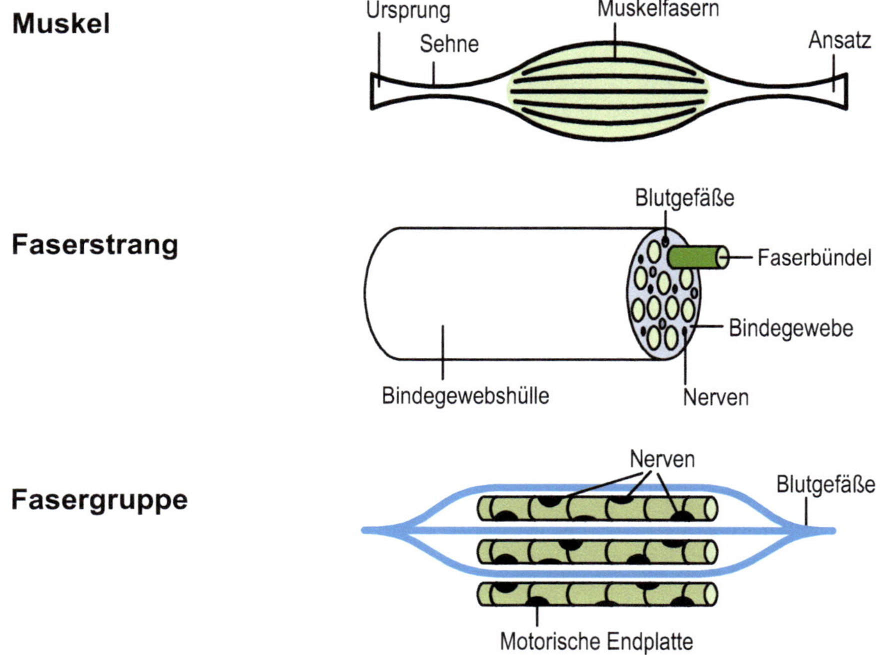

Abbildung 3.31 (Fortsetzung auf nächster Seite): Aufbau eines quergestreiften Muskels (nach Huxley, 1960)

Muskelfaser
(20-100 µm ø, bis 16 cm lang)

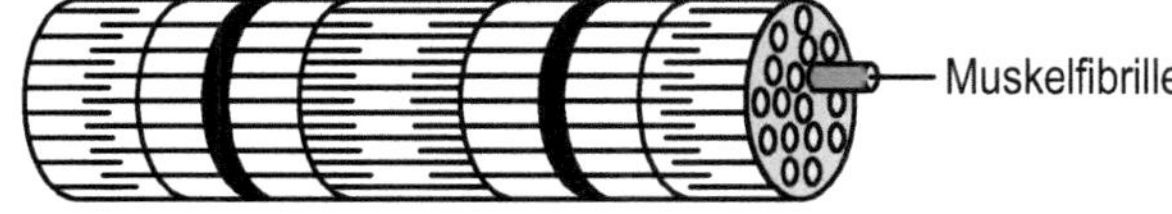

Muskelfibrille
in Ruhestellung
(schematischer Längsschnitt,
1-2 µm ø, Länge wie Muskelfaser)

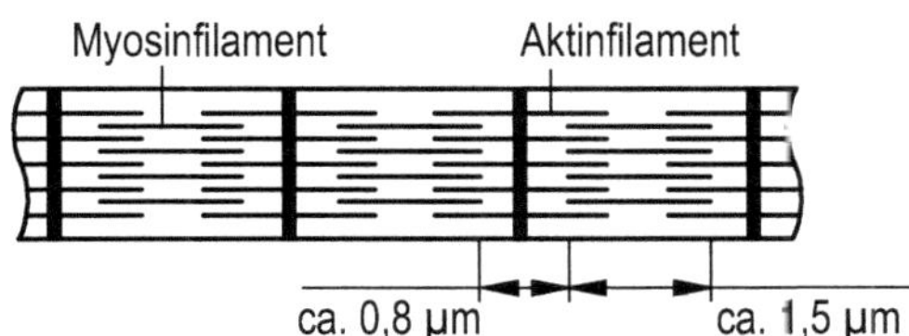

Muskelfibrille
bei verschiedenen
Muskelstellungen

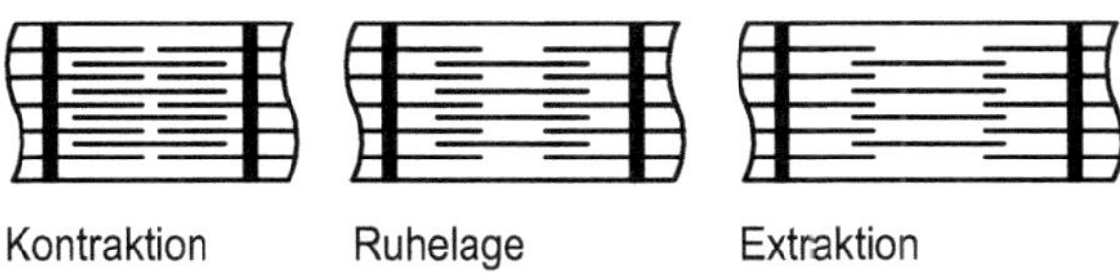

Abbildung 3.31 (Fortsetzung): Aufbau eines quergestreiften Muskels (nach Huxley, 1960)

Bei Anregung des Muskels gleiten das äußere, dünne Aktinfilament und das innere, dicke Myosinfilament ineinander und verkürzen so die Länge des Muskels ohne ihre Eigenlänge zu verändern. Das Myosinfilament besitzt sogenannte Myosin-Köpfchen, die im Kontraktionsprozess mit dem Aktinfilament eine haftende Verbindung bilden und die Aktinfäden weiter in die Myosinfäden hineinziehen. Durch Loslassen und Wiederholen dieses Vorgangs kommt es zu einer Ruderbewegung des Myosins (Luczak, 2010). Der Muskel wird dabei nicht nur kürzer, sondern auch dicker.
Die Kontraktion der entsprechenden Muskelfaser wird durch nervöse Reize ausgelöst. Jeder Reiz führt zu einer Zuckung. Dauernde Erregungsimpulse führen zu einer konstanten Muskelkontraktion. Die Kontraktion der Muskelfasern erfolgt dabei nur nach dem „Alles-oder-nichts-Gesetz“. Deshalb hängt die aufgebrachte Muskelkraft nur von der Anzahl der aktivierten Muskelfasern ab.
Im einfachsten Fall besteht ein Muskel aus einem Muskelbauch in der Mitte und je einem Sehnenansatz an den zwei Enden. Diese einfache Form ist im menschlichen Körper jedoch selten zu finden. Um eine Vielseitigkeit und Komplexität von Bewegungen zu ermöglichen, herrschen mannigfaltige andere Formen vor, wie in Abbildung 3.32 beispielhaft zu sehen (Schmidtke, 1993).

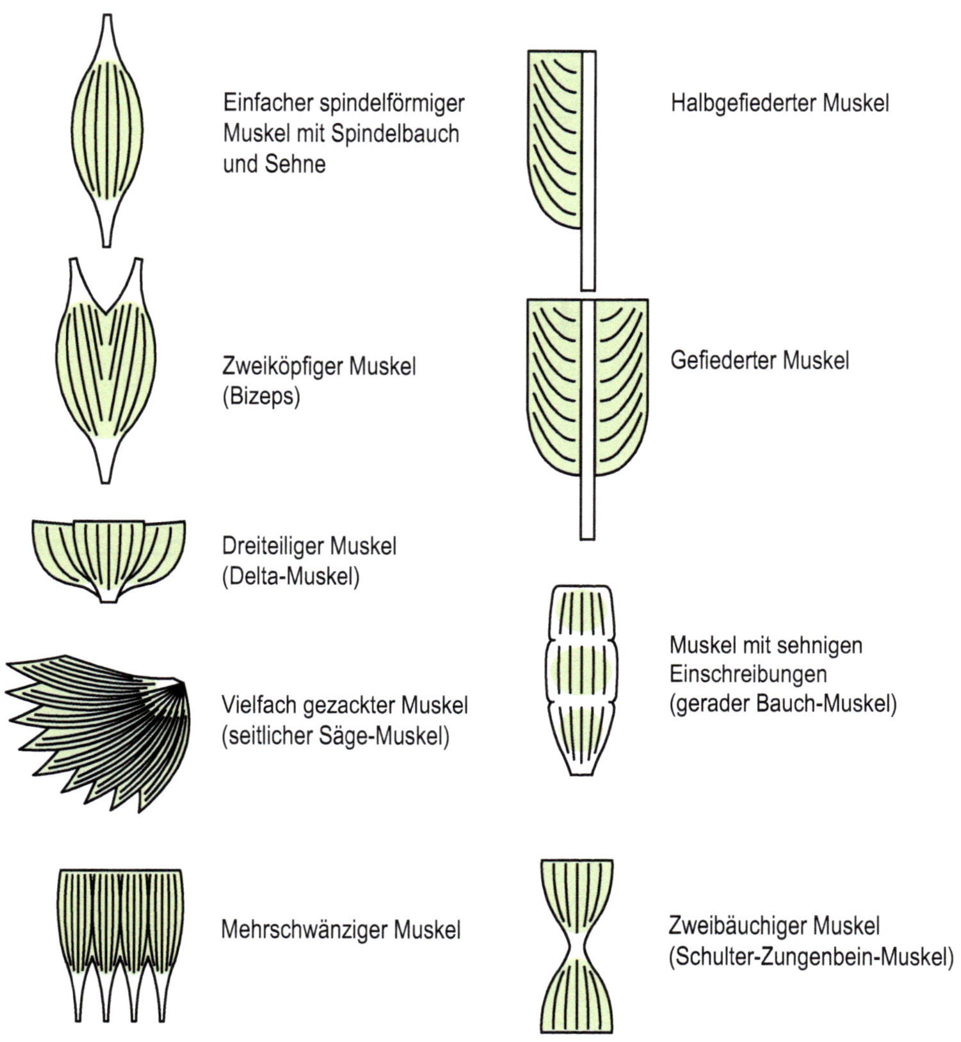

Abbildung 3.32: Verschiedene Formen von Muskeln (nach Nemessuri, 1963)

Die Muskeln sind durch Sehnen mit den Knochen verbunden. Die Sehnen sind dabei das kraftübertragende Element. So können durch die Abfolge von Kontraktion und Entspannung der Muskeln Körperbewegungen hervorgerufen werden. Die wichtigste Eigenschaft des Muskels ist seine Fähigkeit zur Kontraktion; er kann sich bis zur Hälfte seiner Länge zusammen ziehen. Je länger ein Muskel ist, desto mehr Arbeit kann er dementsprechend verrichten.

Indem ein Muskel Arbeit leistet und sich zusammenzieht, erzeugt er ein Drehmoment im Gelenk. Ergibt sich aus der Schwerkraft keine genügende Gegenkraft, sind für eine Hin- und Rückbewegung somit mindestens zwei Muskeln notwendig, die eine gegensätzliche Wirkungsrichtung besitzen und abwechselnd aktiviert werden. Abbildung 3.33 zeigt verschiedene Prinzipien der Muskelanordnung am Skelett.

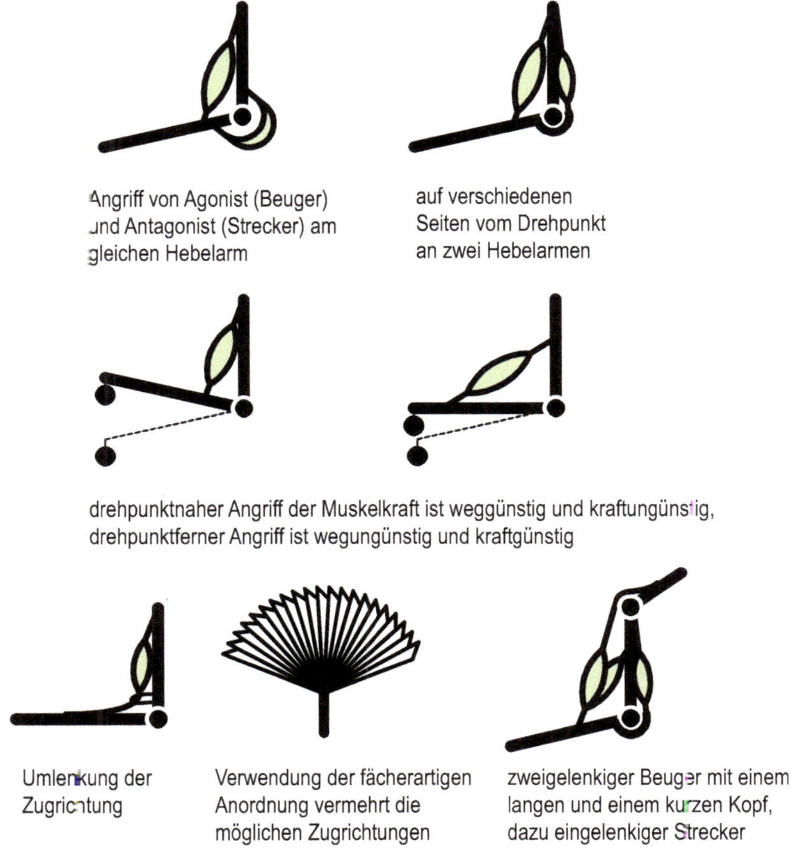

Abbildung 3.33: Prinzipien der Muskelanordnung (nach Schütz & Rothschuh, 1973)

Es wird zwischen Agonisten und Antagonisten unterschieden, d. h. gleichsinnig und ungleichsinnig wirkende Muskeln. Während Beugebewegungen sind die Beuger als Agonisten zu bezeichnen, die Strecker als Antagonisten. Beim Strecken verhält es sich umgekehrt: Agonisten sind die Strecker, als Antagonisten sind die Beuger anzusehen. Abbildung 3.34 zeigt diesen Sachverhalt am Beispiel für den Beugemuskel Bizeps und den Strecker Trizeps.

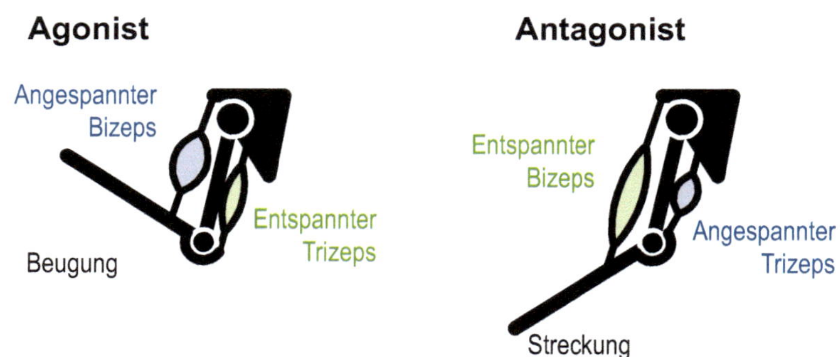

Abbildung 3.34: Bizeps und Trizeps (nach Pol, 2002)

Es kann zwischen folgenden drei Arbeitsformen des Muskels unterschieden werden:

- isometrische Kontraktion,
- isotonische Kontraktion und
- auxotonische Kontraktion.

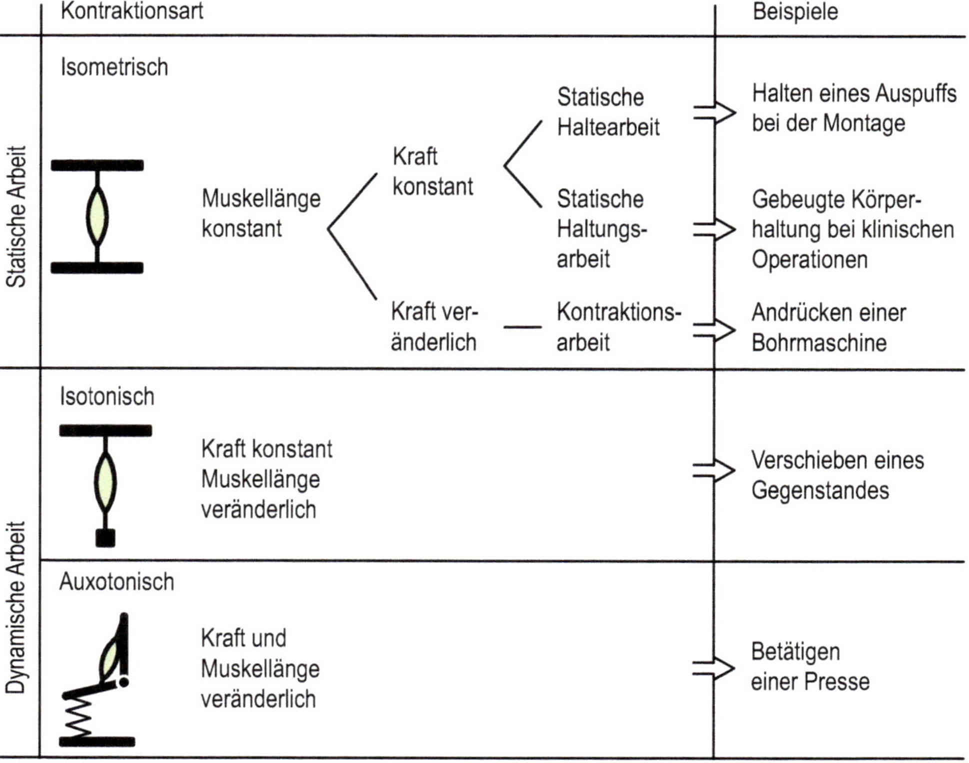

Abbildung 3.35: Muskuläre Arbeitsformen (nach Schlick, Bruder & Luczak, 2018)

Es wird deutlich dass für die Unterscheidung der drei Arbeitsformen des Muskels zwei unabhängige Zustandsgrößen ausschlaggebend sind, nämlich die Muskellänge und die momentan erzeugte Muskelkraft. Bei der isometrischen Kontraktion des Muskels bleibt seine Länge unverändert; es liegt folglich keine Bewegung vor, weswegen man auch von statischer Muskelarbeit spricht. Im Gegensatz dazu sind die isotonische Kontraktion und die auxotonische Kontraktion dynamische Arbeitsformen, bei denen der Muskel seine Länge verändert. Bei der isotonischen Kontraktion bleibt die Kraft während der Bewegung konstant. Häufiger in der Praxis zu finden ist die auxotonische Kontraktion, bei der sich die Muskelkraft mit der Muskellänge verändert.

B 3.3.1 Körperhaltungen

Für das Einhalten einer Körperhaltung werden die Eigengewichte der Körperteile (Massenkräfte) durch statische Muskelkräfte ausgeglichen. Grundsätzlich sollten die Körperhaltungen so gewählt werden, dass aus ihnen eine möglichst geringe Beanspruchung für die betroffene Person resultiert. Es muss dabei allerdings auch berücksichtigt werden, dass die Körperhaltungen die Funktionsräume des Menschen in ihrer Größe beeinflussen. So zeichnet sich die Körperhaltung „Liegen in Ruhelage“ beispielsweise durch eine sehr geringe Beanspruchung aus, ist für die Praxis aber nicht einsetzbar, da sie den Bewegungsraum stark einschränkt. Tabelle 3.12 stellt verschiedene Körperhaltungen und zugehörige Charakteristika vor.

Tabelle 3.12: Beanspruchung bei verschiedenen Körperhaltungen (in Anlehnung an Sämann, 1970)

Körperhaltung		**Erhöhung der Herzfrequenz gegenüber Liegen in Ruhelage (65 min^{-1}) in %**	**Starke Muskelbeanspruchung**
Liegen	Ruhelage	0	
	Arme über Kopf	4,5	Hals, Nacken
Stehen	Aufrecht	21,5	
	Aufrecht, Arme über Kopf	28	Rücken
	Gebeugt	28	Rücken, Schenkel
	Stark gebeugt	26	Rücken, Schenkel
Sitzen	Aufrecht	11	
	Aufrecht, Arme über Kopf	20	Rücken, Schulter
	Gebeugt	20	Rücken
Hocken	Normal	15,5	Waden, Schenkel
	Arme über Kopf	21,5	Schulter, Waden, Schenkel
Knien	Aufrecht	32,5	
	Aufrecht, Arme über Kopf	37	Rücken, Schulter
	Gebeugt, Arme am Boden	34	Rücken

Neben diesen Charakteristika ist die zu wählende Körperhaltung zudem von der auszuführenden Arbeitsaufgabe abhängig. Tabelle 3.13 zeigt einen Vergleich zwischen den beiden am meisten vertretenen Körperhaltungen Sitzen und Stehen.

Tabelle 3.13: Vergleich von Sitz- und Steharbeitsplatz (nach Bullinger, 1994)

Kriterien	Körperhaltung	
	Sitzen	Stehen
Größe der Wirkräume von Armen und Beinen	Mittel	Groß
Möglichkeit zum Wechsel der Körperhaltung und des Ortes	Klein	Groß
Ausnutzung der Bewegungsmöglichkeiten der Gelenke (Bewegungsraum)	Klein	Groß
Eignung für kraftbetonte Arbeiten	Klein	Groß
Eignung für Präzisionsarbeiten	Groß	Klein
Größe des Blickfeldes	Mittel	Groß
Haltungsarbeit	Klein	Groß
Beinbeschwerden	Klein	Groß
Rücken- und Nackenbeschwerden	Groß	Mittel

Es wird ersichtlich, dass die Größe der Funktionsräume und die Eignung für kraftaufwendige Arbeiten im Sitzen abnehmen, wohingegen die Eignung für Präzisionsarbeiten ansteigt. Eine genaue Angabe für geeignete Arbeitshöhen bezogen auf die Ellbogenhöhe in Abhängigkeit vom Genauigkeitsgrad der auszuführenden Tätigkeit bietet Abbildung 3.36.

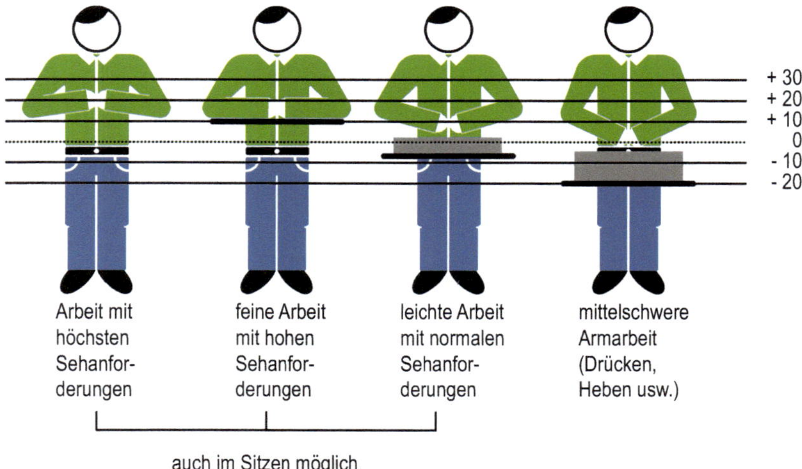

Abbildung 3.36: Richtwerte für das Anheben bzw. Absenken der Arbeitshöhe in Abhängigkeit der Tätigkeit mit Bezugspunkt Ellbogenhöhe in entspannter Körperhaltung (Hettinger & Wobbe, 1993)

B 3.3.2 Körperkräfte

Gemäß DIN 33411-1 (1982) können Körperkräfte in Muskel-, Massen- und Aktionskräfte eingeteilt werden (vgl. Abbildung 3.37).
Die Muskelkraft ist eine Körperkraft die durch die Aktivität der Muskeln innerhalb des Körpers wirkt. Massenkraft ist eine Körperkraft, die auf die Körpermasse als Trägheitskraft wirkt; z. B. dynamisch als Beschleunigungs-, Verzögerungs- bzw. Zentrifugalkraft oder statisch als Eigengewichtskraft. Aktionskraft ist eine Körperkraft, die nach außen vom Körper wirkt. Sie ergibt sich aus der Massenkraft, aus der Muskelkraft oder aus beiden zusammen. Massen- und Muskelkraft können sich je nach Betrag und Richtung in ihrer Wirkung verstärken oder abschwächen.

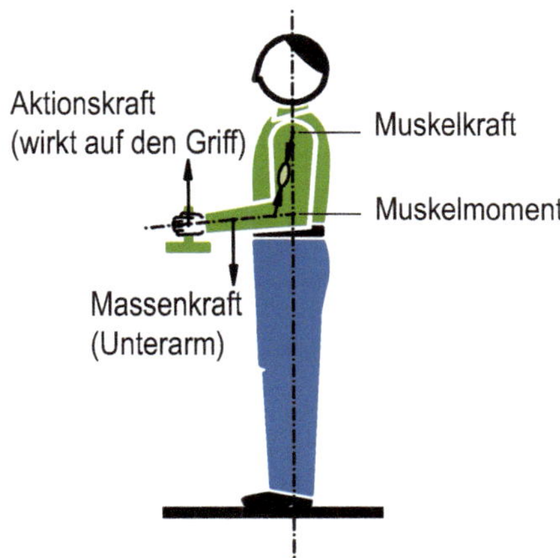

Abbildung 3.37: Beispiel des Zusammenwirkens von Aktionskraft mit Muskel- und Massenkräften (DIN 33411-1, 1982)

In dem hier abgebildeten Beispiel wirkt die nach außen ausgeübte statische Aktionskraft auf einen Griff. Sie ergibt sich als Wirkung der statischen Massenkraft (Eigengewichtskraft des Armes) und der Muskelkräfte (bzw. Muskelmomente im Hand-, Ellenbogen- und Schultergelenk).

Maximale Körperkräfte

In sogenannten Kräfteatlanten (vgl. Abschnitt C 4.2.4) oder in der DIN 33411 können maximale Aktionskräfte eingesehen werden. Die DIN 33411-4 (1987) stellt beispielsweise maximale statische Aktionskräfte für das weibliche und männliche 50. Kraftperzentil in Form von Isodynen (Linien gleich großer Aktionskräfte gleicher Art in einer vertikalen Seitenebene) zur Verfügung. Abbildung 3.38 zeigt ein Beispiel, in welchem eine seitlich gerichtete Kraft (Adduktionskraft) in einem Seitenwinkel von 0° aufgebracht wird.

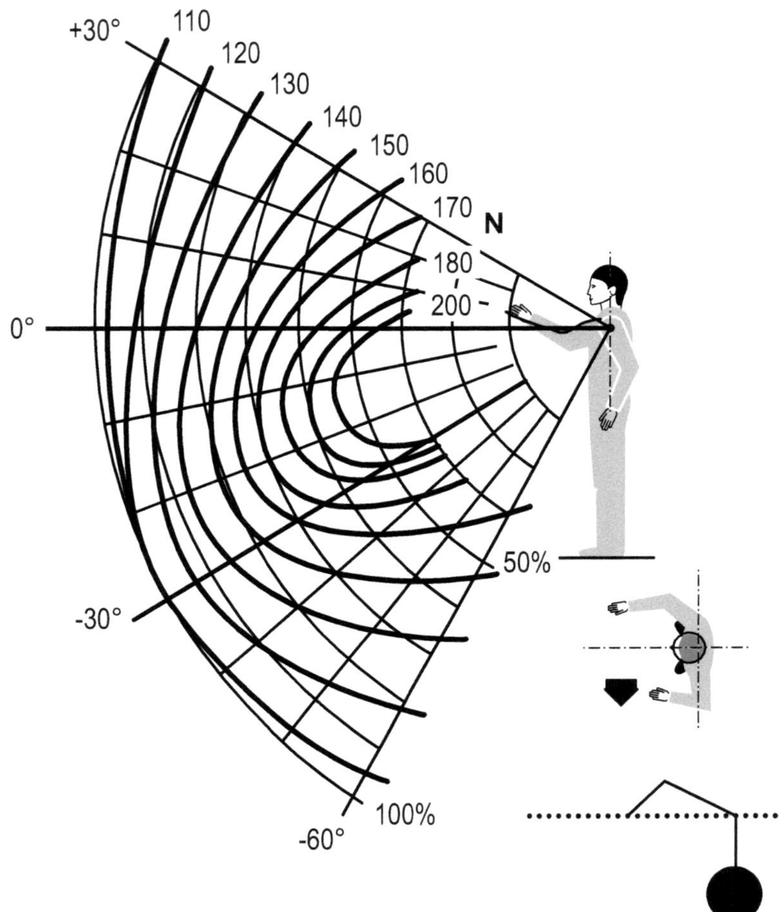

Abbildung 3.38: Mittelwerte für maximale statische Aktionskräfte junger Männer (20-25 Jahre) in Form von Isodynen (nach DIN 33411-4, 1987)

Es muss beachtet werden, dass maximale Körperkräfte für die Auslegung von Produkten und Arbeitsplätzen in den wenigsten Fällen anwendbar sind. In den meisten Fällen sind zulässige Kräfte, die als erträglich eingestuft werden können, gestaltungsrelevant. Die Schwierigkeit bei der Bestimmung der zulässigen Körperkräfte liegt vor allen Dingen darin, die Vielzahl von Einflussfaktoren auf die Körperkräfte möglichst realitätsnah zu berücksichtigen. In Tabelle 3.14 werden einige Einflussfaktoren auf die Körperkräfte exemplarisch aufgeführt.

Tabelle 3.14: Beispiele für Einflussfaktoren auf Körperkräfte (KAN, 2008)

Personenbezogene Faktoren	Tätigkeitsbezogene Faktoren
Alter	Arbeits- und Pausenregime
Geschlecht	Arbeitsumweltfaktoren
Trainiertheit	Greifbedingungen
Konstitution	Körperabstützung
Motivation	Häufigkeit
Gesundheitszustand	Dauer
	Gelenkwinkel
	Bewegungsgeschwindigkeit

Es ist ersichtlich, dass sich die Faktoren in zwei Gruppen einteilen lassen. Die personenbezogenen Faktoren sind zum Großteil nicht durch die Gestaltung von Produkten und Arbeitsplätzen zu beeinflussen. Tabelle 3.15 zeigt die Auswirkung einiger personenbezogener Faktoren auf die Muskelkraft nach KAN (2008).

Tabelle 3.15: Personenbezogene Faktoren und ihre Auswirkungen auf die Muskelkraft (nach KAN, 2008)

Personenbezogene Faktoren	Auswirkung
Alter	• Jugendliche: 70 % - 90 % von F_{max} • ca. 30-jährige: F_{max} • 60-jährige: 40 % - 82 % von F_{max}
Geschlecht	• F_{max} Frau = 60 % - 72 % von F_{max} Mann
Trainiertheit	• Maximale Steigerung der Muskelkraft: 10 % je Woche • Muskelkraftverlust bei Inaktivität: 30 % je Woche

Tätigkeitsbezogene Faktoren können allerdings durch eine gelungene Auslegung optimiert werden.

B 3.3.3 Bewegungen

Menschliche Bewegungen lassen sich nach bestimmten Kriterien unterscheiden und voneinander abgrenzen. Tabelle 3.16 führt mögliche Einteilungen beispielhaft auf.

Tabelle 3.16: Mögliche Einteilungen von Bewegungen

Kriterium	Unterscheidung
Kinematik	• Translation • Rotation
Ablaufstruktur	• azyklisch • zyklisch
Ausführungsbedingungen	• konstant • variabel
Komplexität	• von sehr einfach • bis sehr komplex

Um Bewegungen des menschlichen Körpers beschreiben zu können, ist ein Bezugssystem im Raum notwendig, mit dessen Hilfe das Ausmaß von Bewegungen eindeutig gekennzeichnet und beziffert werden kann. Die folgenden drei Ebenen sind für die Beschreibung maßgeblich (vgl. Abbildung 3.39):

- Frontalebene (Front- oder Rückansicht des Menschen),
- Sagittalebene (Seitenansicht, 90° zur Frontalebene) und
- Transversalebene (horizontal zur Standfläche).

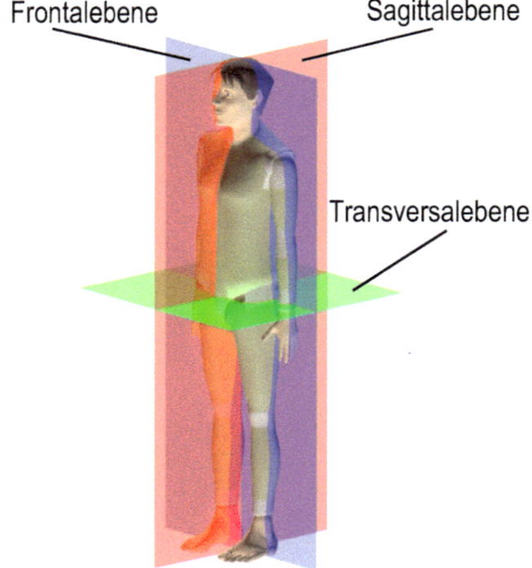

Abbildung 3.39: Ebenen des menschlichen Körpers

Die Sagittalebene durch die Körpermitte ist die Medianebene. Die möglichen Bewegungen des menschlichen Körpers lassen sich durch physikalische Größen, die als biomechanische Merkmale bezeichnet werden, beschreiben. Tabelle 3.17 gibt einen Überblick.

Tabelle 3.17: Biomechanische Merkmale (nach Ballreich & Baumann, 1996)

Zeit	Kinematik	Dynamik	Muskelaktivität
• Zeit • Frequenz	**Translation** • Weg • Geschwindigkeit • Beschleunigung **Rotation** • Winkel • Winkelgeschwindigkeit • Winkelbeschleunigung	**Translation** • Masse • Kraft • Kraftstoß • Impuls • Arbeit • Energie • Leistung **Rotation** • Massenträgheits-moment • Drehmoment • Drehimpuls	**Elektromyographie (EMG)** • Muster • Amplitude • Frequenz • Dauer

Die biomechanischen Messverfahren müssen sich an den oben aufgeführten Merkmalen orientieren. Die Verfahren lassen sich in vier Kategorien einteilen, die bei einer umfassenden Analyse menschlicher Bewegungen zum Einsatz kommen sollten (Ballreich & Baumann, 1996):

- Anthropometrie (Bestimmung der Geometrie und Massengeometrie eines Körpers),
- Kinemetrie (raum-zeitliche Charakterisierung von Bewegungen),
- Dynamometrie (Bestimmung der Bewegung zu Grunde liegenden Kräfte) und
- Elektromyographie (Bestimmung entstehender Muskelpotentiale).

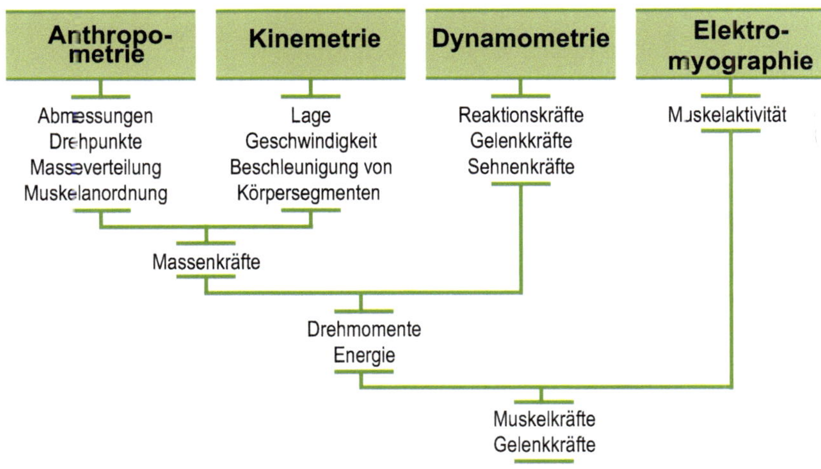

Abbildung 3.40: Schematik der biomechanischen Messmethoden (nach Ballreich & Baumann, 1996)

Bei der Interaktion von Menschen mit Arbeitsmitteln und Produkten kommt es in der Regel zu zielgerichteten Bewegungen, bei der die Bewegungen mit kognitiven Prozessen verzahnt sind.

Zielgerichtete, menschliche Bewegungen lassen sich in verschiedene Phasen unterteilen. Nach Erkennung des Ziels durch Reizaufnahme folgt die Verarbeitung der aufgenommenen Informationen. Die dem Reiz entsprechende Reaktion wird aufgerufen und programmiert. Diese zwei Phasen können unter der Vorbereitung von Bewegungen zusammengefasst werden. Die Ausführung der Bewegung besitzt ebenfalls zwei Phasen. Sie beginnt mit der ballistischen Bewegungsphase, die sich durch eine schnelle Bewegungsgeschwindigkeit auszeichnet und dem Zweck dient, sich dem angesteuerten Ziel in möglichst kurzer Zeit zu nähern. Die exakte Positionierung erfolgt anschließend unter visueller Kontrolle.

Abbildung 3.41: Phasen im Bewegungsablauf

C 3 Methoden

C 3.1 Berechnung von Arbeitsplatzmaßen nach E DIN EN ISO 14738

Die Norm beschreibt Grundlagen zur Gestaltung von Arbeitsplätzen für Industrie und Dienstleistungsbereich auf Basis anthropometrischer Maße. Arbeitsanforderungen an die Gestaltung von Arbeitsplätzen begründen sich auf einer Analyse der Arbeitsaufgaben. Die Norm nennt zu beachtende Einflussfaktoren. Empfohlen werden eine sitzende und kombinierte Sitz- und Stehhaltung, ausschließlich stehende Körperhaltungen sind zu vermeiden. Die Norm zeigt eine Analysemethode (vgl. Abbildung 3.42) zur Bestimmung der bevorzugten Hauptarbeitshaltung unter Beachtung von Arbeitsanforderungen und ergonomischen Erkenntnissen auf. Abbildung 3.42 verdeutlicht, welche Faktoren geändert werden können, um sitzende Körperhaltungen zu ermöglichen. Für verschiedene Arbeitshaltungen beschreibt E DIN EN ISO 14738 (2020) Berechnungsgrundlagen für die Arbeitsplatzgestaltung. Der Bezug zu anthropometrischen Daten und zu berücksichtigender Zuschläge wird hergestellt. Ebenso werden allgemeingültige Gestaltungsgrundsätze benannt.

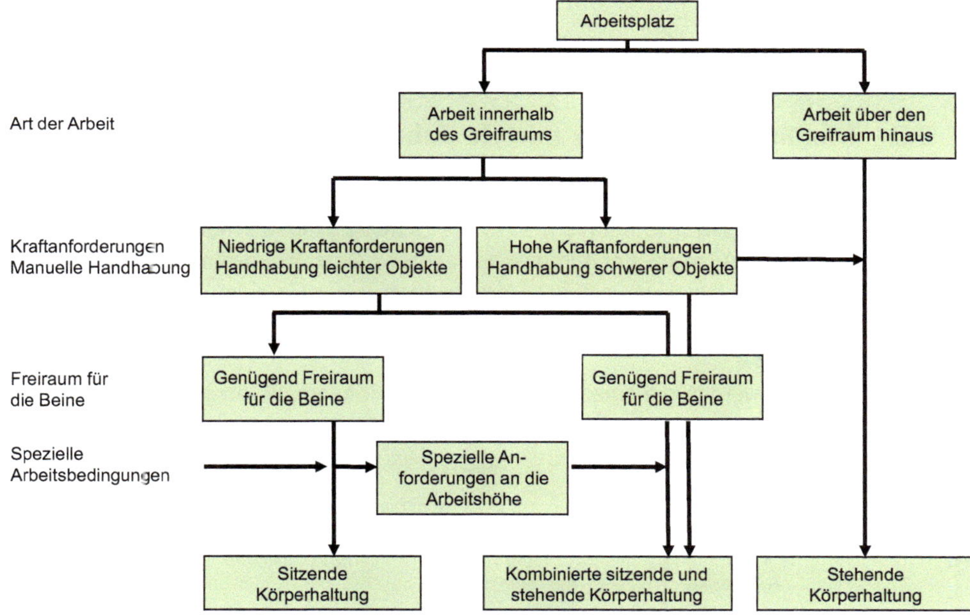

Abbildung 3.42: Methode zur Bestimmung der Hauptarbeitshaltung (nach E DIN EN ISO 14738, 2020)

Drei grundlegende Arbeitsplatzformen (Sitzarbeitsplatz, Steharbeitsplatz, Sitz-Steh-Arbeitsplatz sind in Abbildung 3.43 dargestellt.

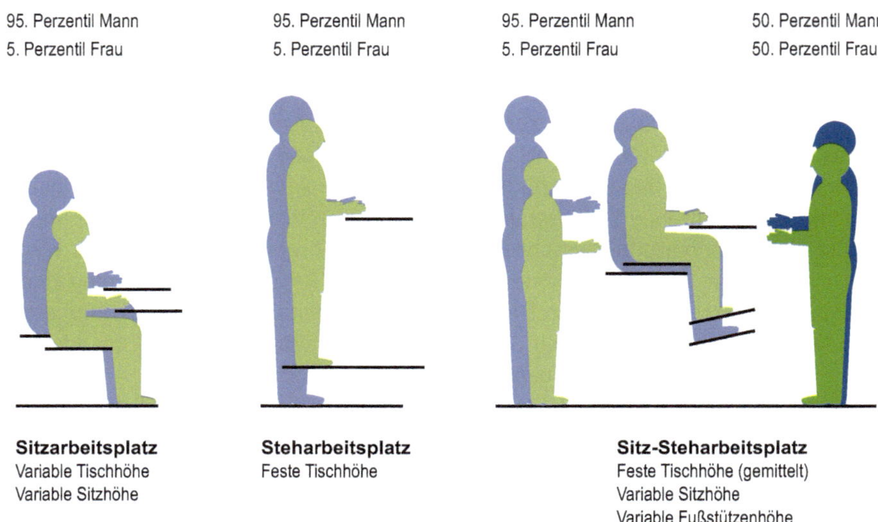

Abbildung 3.43: Beispiele für Steh-, Sitz- und Sitz-Steh-Arbeitsplätze

C 3.2 Maßliche Gestaltung mittels Tabellenwerk

In Abschnitt B 3.1 wurden die wichtigsten Tabellenwerke für die anthropometrische Auslegung vorgestellt. Es wurde deutlich, dass die Schwierigkeit bei der Arbeit mit verfügbaren Daten in der Auswahl der für das betrachtete Gestaltungsmaß jeweils relevanten Körpermaßen liegt. Die hier vorgestellte Vorgehensweise zur Berechnung von Arbeitsplatz-Höhenmaßen soll dem Leser beispielhaft eine methodische Arbeitsweise mit dem Tabellenwerk näher bringen.

In Abbildung 3.44 werden die einzelnen Arbeitsplatz-Höhenmaße dargestellt.

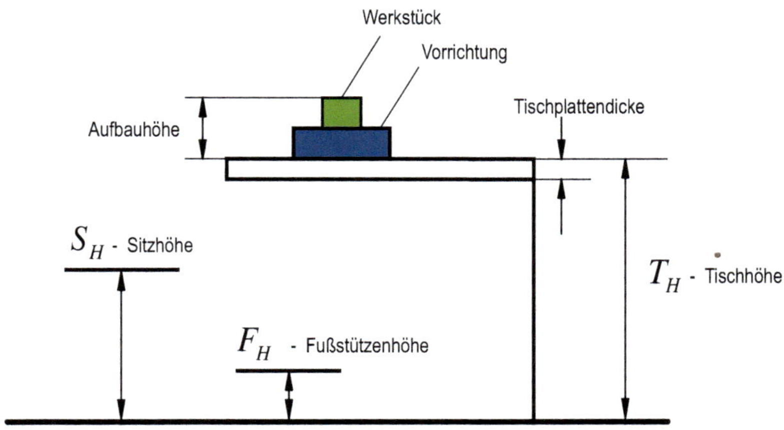

Abbildung 3.44: Prinzipskizze für die Berechnung von Arbeitsplatz-Höhenmaßen

Die Aufbauhöhe und die Tischplattendicke werden als Konstruktionsmaße und somit als gegeben betrachtet. Die Tischhöhe, die Sitzhöhe und die Fußstützenhöhe müssen dementsprechend je nach Arbeitsplatz-Typ (Steharbeitsplatz, Sitzarbeitsplatz oder Sitz-Steh-Arbeitsplatz, vgl. Abbildung 3.43) berechnet werden.

Für die Berechnung sind neben den anthropometrischen Maßen aus der DIN 33402-2 (2020) auch Maße und Abstände relevant, die sich aus den Anforderungen der Arbeitsaufgabe ableiten lassen. Abbildung 3.45 gibt einen Überblick über die für die Berechnung relevanten Höhenmaße.

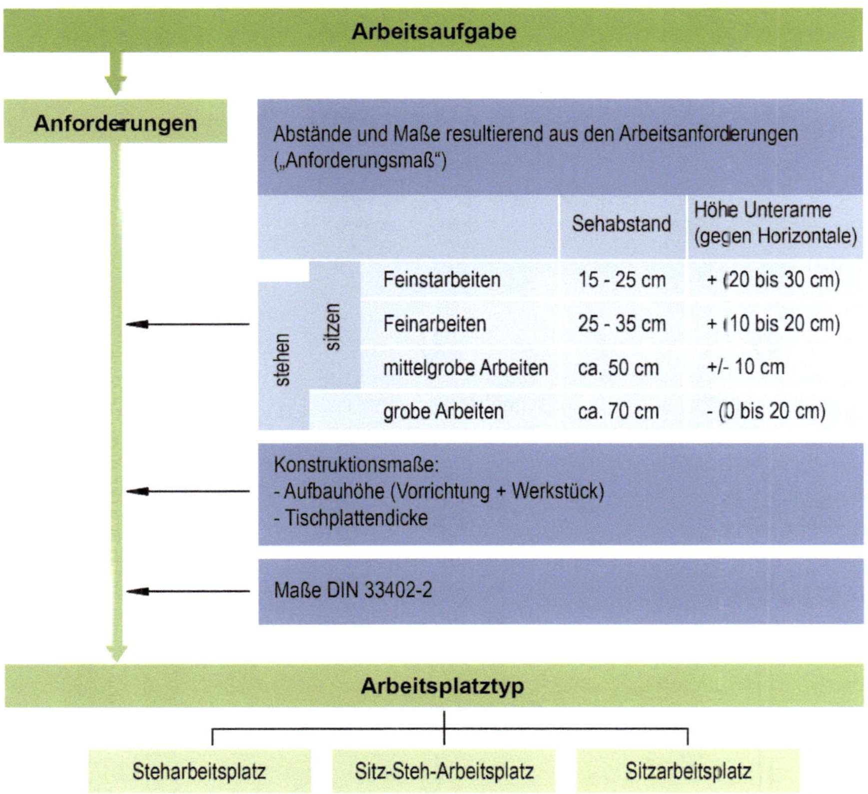

Abbildung 3.45: Einteilung der relevanten Höhenmaße

Die hier unter „Anforderungsmaß“ aufgeführten Werte für den Sehabstand und die Höhe der Unterarme gegen die Horizontale wurden bereits in den Abschnitten B 3.2.3 Sichtgeometrie und B 3.3.1 Körperhaltungen vorgestellt. Für die Entscheidung für einen Arbeitsplatz-Typ kann die Gegenüberstellung von Sitzarbeitsplatz und Steharbeitsplatz aus Tabelle 3.13 herangezogen werden. Im Folgenden werden nun die Vorgehensweisen und Berechnungsformeln für die Berechnung der Höhenmaße für Steharbeitsplätze (Abbildung 3.46) und für Sitzarbeitsplätze (Abbildung 3.47) dargestellt. Für die Auslegung eines Sitz-Steh-Arbeitsplatzes ist für die Tischhöhe die Vorgehensweise für Steharbeitsplätze, für die Sitzhöhe und die Fußstützenhöhe die Vorgehensweise für Sitzarbeitsplätze heranzuziehen. Die in den Abbildungen in grün geschriebenen Werte sind Maße, die aus der DIN 33402-2 (2020) entnommen werden können.

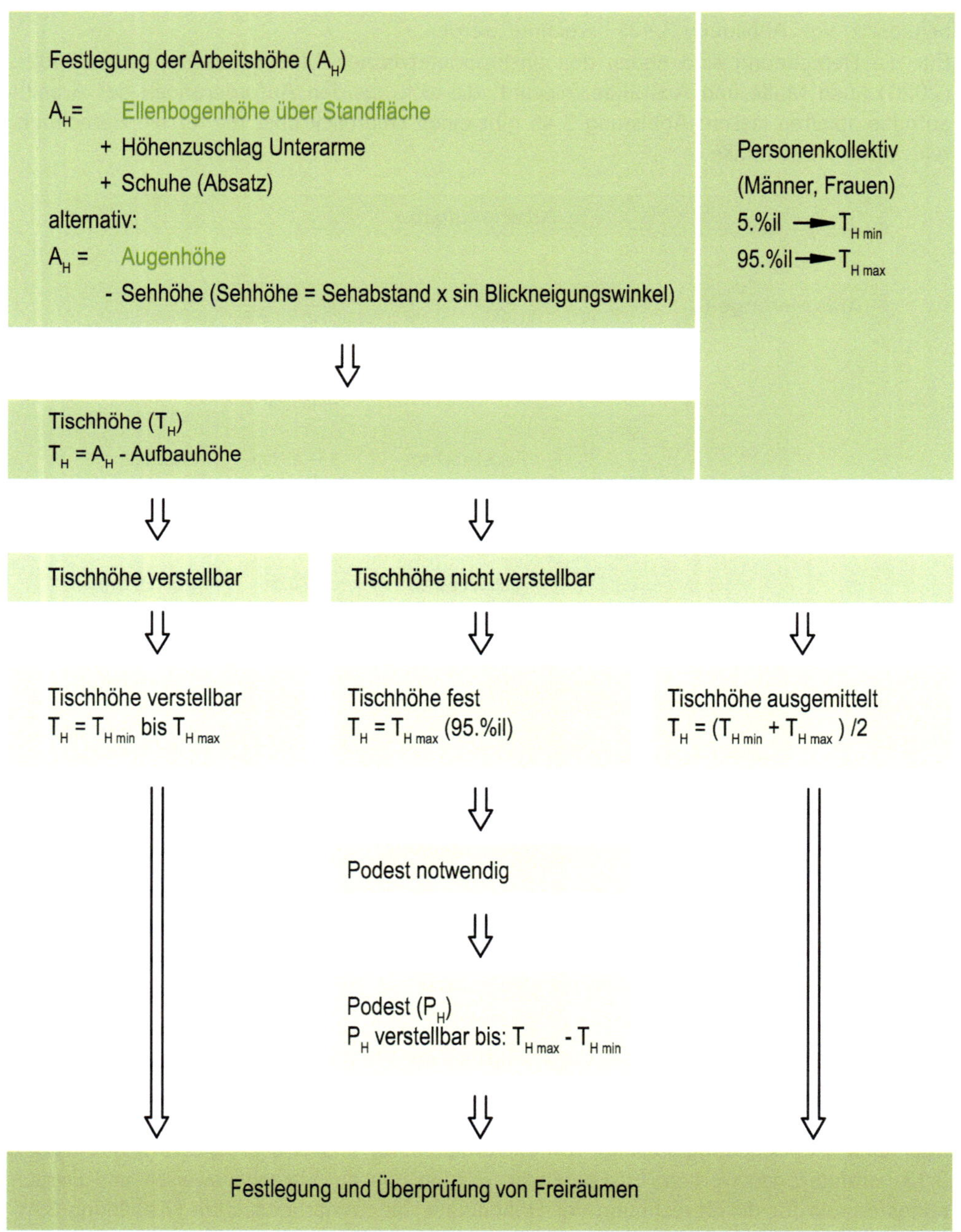

Abbildung 3.46: Ablaufschema für die Berechnung von Höhenmaßen bei einem **Steharbeitsplatz**

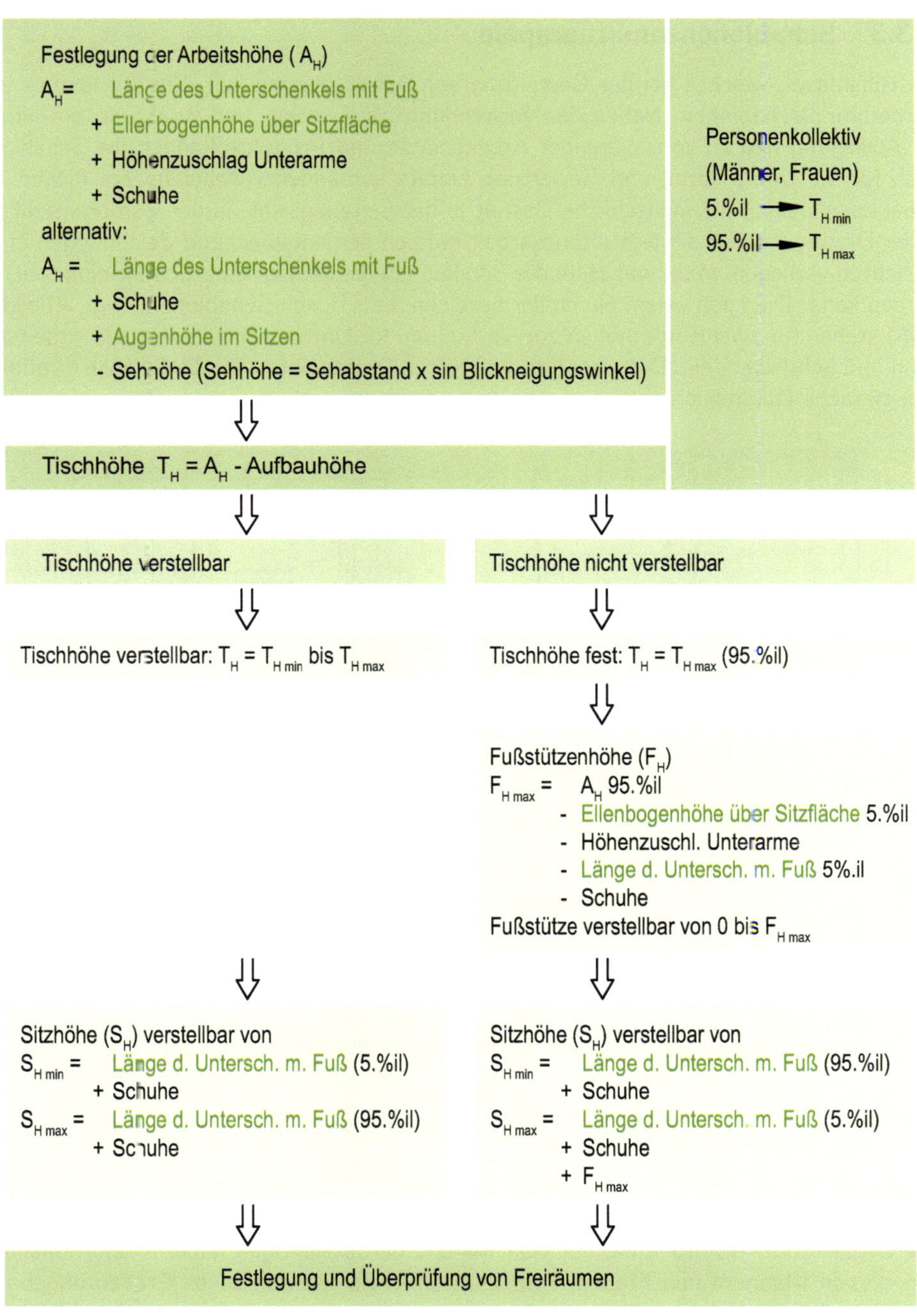

Abbildung 3.47: Ablaufschema für die Berechnung von Höhenmaßen bei einem **Sitzarbeitsplatz**

C 3.3 Schablonensomatographie

Ein Hilfsmittel, welches bei der Gestaltung von Arbeitsplätzen zum Einsatz kommt, sind Körperumrissschablonen. Neben der Verwendung als Zeichen- und Konstruktionshilfe für die Auslegung neu zu konzipierender Arbeitsplätze und Produkte können die Schablonen auch für die Überprüfung und Bewertung bereits vorhandener Arbeitsplätze dienen. Die Schablonen zeigen die menschliche Gestalt in der Seitenansicht, in der Vorderansicht und in der Draufsicht. Für die Gestaltungsarbeit müssen dementsprechend Zeichnungen in drei Ansichten vorliegen, in die mit Hilfe der Schablonen die menschliche Gestalt eingezeichnet werden kann. Die nach einem Hersteller bezeichneten „Bosch-Schablonen" (vgl. Abbildung 3.48) stehen für zwei Körperhöhen zur Verfügung. Ihr Umriss schließt normale Arbeitskleidung und Schuhwerk ein. Die Annahme von festen Drehpunkten für die Gelenke ermöglicht eine einfache Darstellung verschiedener Körperhaltungen.

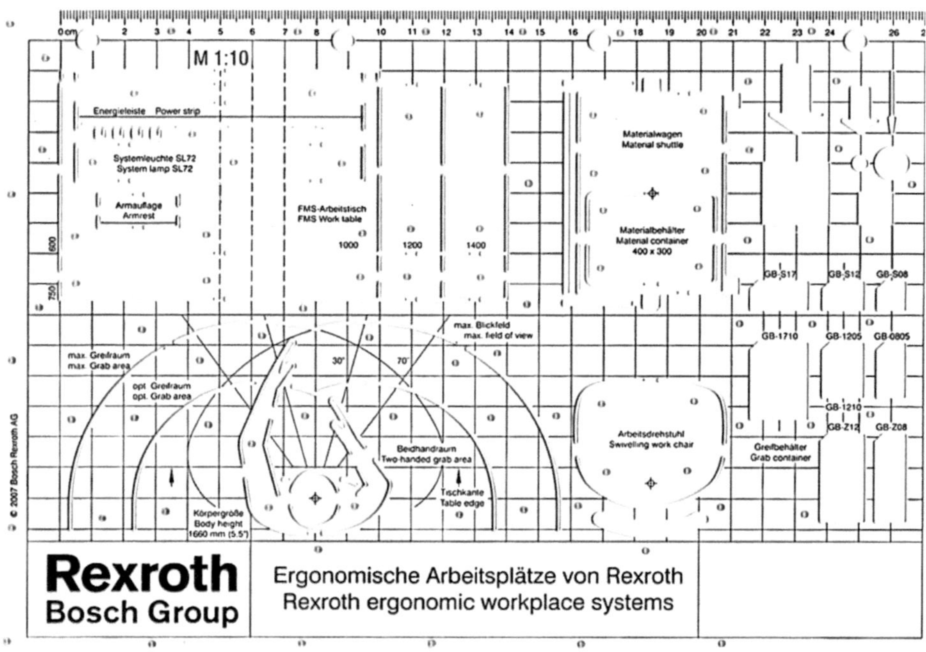

Abbildung 3.48: Körperumrissschablone von BOSCH-Rexroth

Genaueres Arbeiten ist mit den sogenannten Kieler Puppen (DIN 33408-1, 2008) möglich, welche den menschlichen Körper lediglich mit Schuhen bekleidet darstellen. Sie besitzen eine detailliertere Ausarbeitung der Gelenke und berücksichtigen dabei Proportionsunterschiede von Männern und Frauen. Pro Schablonensatz werden sechs Größen angeboten, die sich auf die DIN 33402 beziehen.

Tabelle 3.18: Größen für Körperumrissschablonen (DIN 33408-1, 2008)

	Frauen			Männer		
Körpergrößen-Klassen	Sehr klein	Klein	Groß	Klein	Mittelgroß	Groß
Perzentil	1.	5.	95.	5.	50.	95.
Körperhöhe ohne Schuhwerk	1480	1535	1720	1650	1750	1855

Das 1. Perzentil der deutschen Frauen entspricht in den Einzelmaßen etwa dem 5. Perzentil der südeuropäischen Frauen.
Die Körpermaße für das 1. Perzentil der deutschen Frauen sind in DIN 33402-2 (2020) nicht festgelegt.

Die Schablonen werden hauptsächlich für die Auslegung von Sitzarbeitsplätzen verwendet, Zusatzteile erlauben aber auch die Darstellung stehender Personen.
Sie sollen sowohl den anatomisch-physiologischen Gegebenheiten des Körpers gerecht werden als auch die praktischen Anforderungen an den Umgang mit einer Schablone erfüllen. In Abbildung 3.49 ist die Schablone samt Gelenkwinkel in den drei Ansichten zu sehen. Die Norm gibt zudem zugehörige Einstellbereiche und relevante Anwendungshinweise für die Gelenkwinkel der Schablonen an.

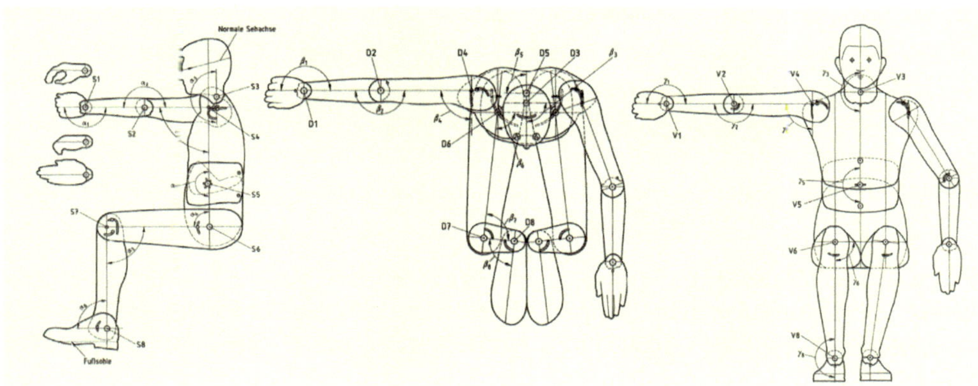

Abbildung 3.49: Gelenkwinkel nach dem funktionstechnischen Mess-System in Seitenansicht, Draufsicht und Vorderansicht (DIN 33408-1, 2008)

Die Schwächen bei der Arbeit mit den Körperumrissschablonen liegen in der

- Beachtung unterschiedlicher Körperproportionen (z. B. Sitzriesen und Sitzzwerge),
- ebenen Projektion der räumlichen Körperhaltung (Gelenkstellungen) und
- Abhängigkeit der Gelenkstellungen voneinander (Schlick et al., 2018).

C 3.4 Digitale Menschmodelle

C 3.4.1 Aktueller Entwicklungsstand

Die ersten Ansätze zur Entwicklung digitaler Menschmodelle sind in den 1950er und 1960er Jahren als Digitalisierung von zweidimensionalen Anthropometrie-Schablonen zu finden. Im Gegensatz zu Körperumrissschablonen bieten digitale Menschmodelle die Möglichkeit, Körperhaltungen dreidimensional abzubilden und zu überprüfen.

Die Modelle kennzeichnet ein breites Einsatzfeld, sie unterstützen den Konstrukteur als Teil eines CAD-Systems bei der ergonomischen Produktentwicklung und den Planer als Bestandteil der Digitalen Fabrik bei der arbeitswissenschaftlichen Prozessplanung (vgl. Abbildung 3.50).

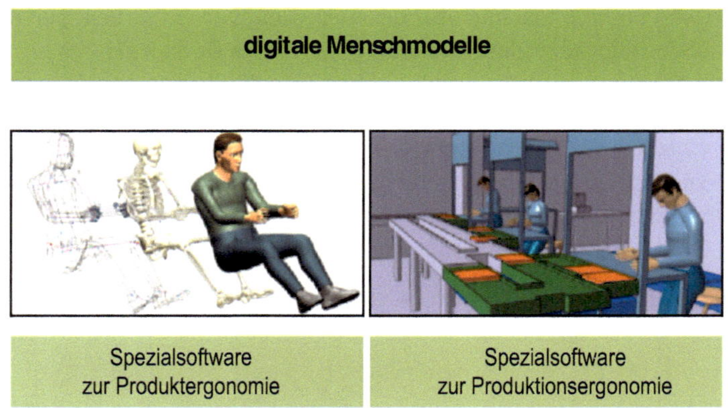

Abbildung 3.50: Einsatz digitaler Menschmodelle im Produktentstehungs- und Herstellungsprozess (Spanner-Ulmer & Mühlstedt, 2009)

Im Laufe der Zeit wurden, meist vorangetrieben durch konkrete industrielle Problemstellungen, verschiedene Softwarelösungen entwickelt, die teilweise wieder eingestellt oder zusammengeführt wurden. Abbildung 3.51 zeigt einige heutzutage verwendete digitale Menschmodelle.

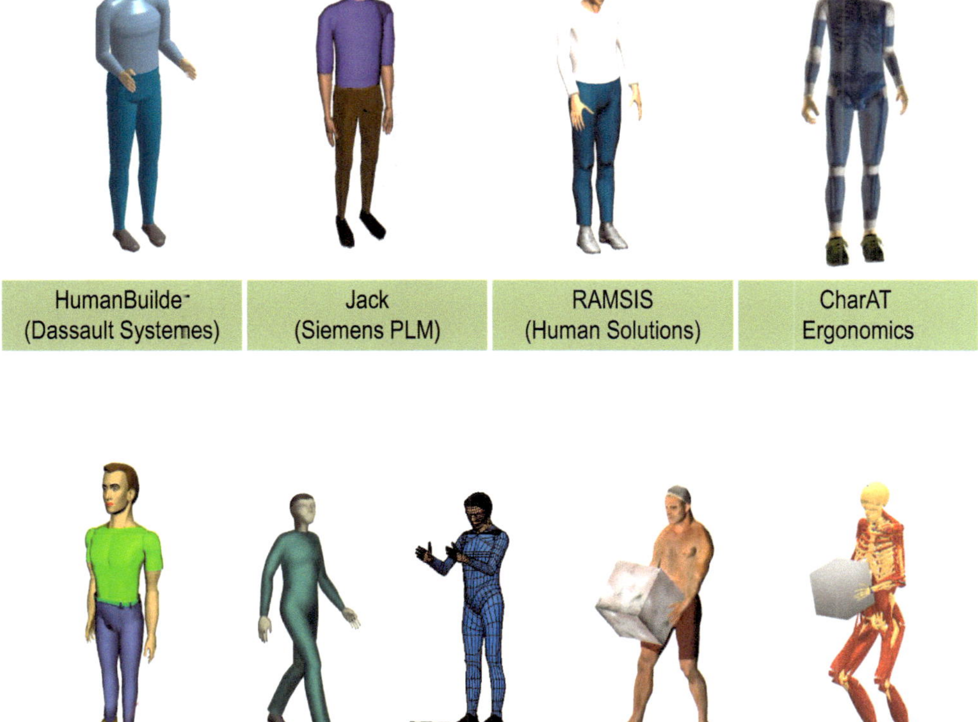

Abbildung 3.51: Verschiedene Menschmodelle

Die häufig eingesetzen Menschmodelle haben vielfach gemeinsame Funktionen und Eigenschaften. Aufgebaut aus einer Hüllfläche (Haut bzw. Kleidung) und einem Skelettmodell, sind sie durch Vorwärtskinematik, inverse Kinematik oder Zugriff auf eine Haltungs-Datenbank positionierbar (Mühlstedt, Kaußler, & Spanner-Ulmer, 2008). Die Modelle beinhalten anthropometrische und biomechanische Daten, bilden verschiedene nationale und internationale Körpergrößen und -proportionalitäten ab und lassen über Animationsmodule Interaktionen mit dem Gestaltungsobjekt zu (Kamusella, 2003). Abbildung 3.52 zeigt Merkmale und Einsatzbereiche für die Menschmodelle HumanBuilder, Jack, RAMSIS und CharAT Ergonomics.

HumanBuilder (Dassault Systemes)	Jack (Siemens PLM)	RAMSIS (Human Solutions)	CharAT Ergonomics (Virt. Human Engineering; TU Dresden, Arbeitswissenschaft)
99 Gelenke 148 Freiheitsgrade 3 Populationen (Amerika, Europa, Asien)	68 Gelenke 135 Freiheitsgrade inkl. Analyse- und Ausbaustufen	53 Gelenke 104 Freiheitsgrade große Differenzierung (Alter, Population, ...)	90 Gelenke 157 Freiheitsgrade große Differenzierung (Population, auch Unisex-Modell,...)
Produkt- und Prozessentwicklung Produkt- und Prozessgestaltung		**Produktentwicklung Produktgestaltung**	

Abbildung 3.52: Merkmale und Einsatzbereiche ausgewählter Menschmodelle

Die Softwarelösungen bieten entweder Import-/Exportschnittstellen zu CAD-Systemen, oder das Menschmodell ist als Plug-In direkt in der CAD-Software implementiert. So können Sicht- und Erreichbarkeitsanalysen, Haltungsanalysen oder Analysen zur Lastenhandhabung durchgeführt werden. Abbildung 3.53 zeigt ein Funktionsschema nach Spanner-Ulmer und Mühlstedt (2009) für die im Zusammenhang mit digitalen Menschmodellen relevanten Daten und Funktionen, anhand dessen sich ein typischer Arbeitsablauf nachvollziehen lässt.

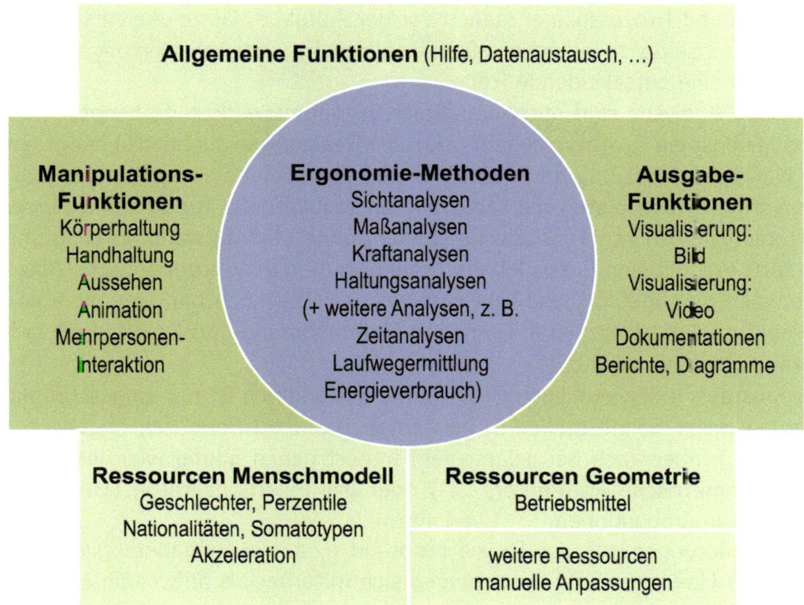

Abbildung 3.53: Funktionsschema digitaler Menschmodelle (Spanner-Ulmer & Mühlstedt, 2009)

Für die virtuelle Arbeitsplatzgestaltung und Prozessplanung von Produktionsabläufen entstanden in letzter Zeit Softwarelösungen einer neuen Generation. Zu nennen ist hier beispielhaft die Softwarelösung ema Work Designer (s. https://imk-automotive.de/startseite.html). Die Software unterstützt die ganzheitliche Planung, Bewertung und 3D-Simulation menschlicher Arbeit im Kontext der Digitalen Fabrik zur Simulation und Absicherung komplexer durchgängiger Fertigungsszenarien. Das digitale Menschmodell beinhaltet einen Verhaltens- und Prozesseditor. Es können Fertigungs- und Montageprozesse sowie Mensch-Roboter-Kollaboration (MRK)-Systemabläufe simuliert, analysiert und unter Beachtung von Fertigungszeit, Laufwegen etc. ergonomisch bewertet werden.

Im nachfolgenden Abschnitt C 3.4.2 werden die Arbeitsschritte des Schemas anhand eines konkreten Beispiels aus aktueller Forschung erläutert.

Zunächst wird das Menschmodell unter Beachtung der Nutzergruppe und des gestaltungsrelevanten Perzentils durch Rückgriff auf die anthropometrischen Ressourcen des Menschmodells erzeugt. Es muss zudem die Umgebungsgeometrie erzeugt oder importiert werden. Anschließend wird mittels der Manipulations-Funktionen die Körperhaltung des Menschmodells derart festgelegt und das Modell so positioniert, dass die gewünschten Interaktionen mit der Umgebung möglich sind. Es können außerdem weitere Eigenschaften (z. B. das Aussehen) bestimmt werden.

Neben der Visualisierung der Ergebnisse der Ergonomie-Methoden in Form von Bildern bieten die Programme dem Nutzer weitere Ausgabefunktionen wie beispielsweise Videos oder das Erstellen von Berichten und Diagrammen.

Konstrukteure und Prozessplaner stehen vor der Aufgabe, Gesundheitsrisiken für das Bedienpersonal frühzeitig zu erkennen. Dafür spielen Ergonomiebewertungen innerhalb von Risikoanalysen eine entscheidende Rolle.
Ergonomische Analysen sind mittels digitaler Ergonomiewerkzeuge bereits virtuell durchführbar, ohne dass ein Prototyp gebaut oder eine Realanalyse durchgeführt werden muss (siehe z. B. Kamusella, 2012 a und 2012 b). Sie ermöglichen so einen flexiblen und schnellen Variantenvergleich und bieten die Möglichkeit, Simulationen für extreme Perzentile oder andere Nutzergruppen (z. B. asiatische Nutzer) ohne Mehraufwand durchzuführen.
In einem fortgeschrittenen Entwicklungsstadium werden reale ergonomische Absicherungen mit Probanden durchgeführt. Sie sind nach wie vor unverzichtbar, weil die komplexe subjektive Reaktion des Menschen in Form von Wahrnehmung und Empfindung nicht ersetzt werden kann (Kamusella, 2010).
Ein Datenaustausch der jeweiligen Programme mit anderen ist nur eingeschränkt möglich. Zwar werden meist Schnittstellen in bekannten Standard-Formaten angeboten (dxf, stl, iges, wrl, usw.), aber auch bei gelungenem Import gehen häufig wichtige Daten (Farbe, Normalen, geometrische Parameter, ...) oder gar Funktionalitäten (Bewegungen, Verknüpfungen, Kamerapostionen, ...) verloren.
Weitere Anforderungen aus der Praxis betreffen u. a. die Eingabemöglichkeiten, da die Erzeugung von Haltungen und Bewegungen sich mitunter als aufwendig erweist.

C 3.4.2 Beispiele zur Sichtbewertung

Die im vorigen Abschnitt C 3.4.1 aufgezeigten Möglichkeiten werden im Folgenden beispielhaft für die Sicht-Analyse eines Radlader-Arbeitsplatzes sowie für Bildschirme in Leitwarten beschrieben.
Bei großen Arbeitsmaschinen besteht nach wie vor die Problematik, dass aufgrund mangelnder Sicht häufig gefährliche Situationen entstehen. Insbesondere werden Personen im Gefahrenbereich der Maschine nicht wahrgenommen. Mittels digitaler Ergonomiemethoden soll bereits in einem frühen Entwicklungsstadium der Kabine eine Prüfung der Sichtbedingungen möglich sein.
Abbildung 3.54 verdeutlicht die hierzu eingesetzte Kombination von realer Datengewinnung mit Menschen, Maschinen und Umgebungen hin zu gänzlich virtuellen Arbeitsszenarien.

Abbildung 3.54: Vorgehensprinzip von realen zu virtuellen Untersuchungsaspekten (Hoske, Kunze, Bürkle, Schmauder, Brütting & Böser, 2012)

Zunächst wurden reale Arbeitssituationen aufgezeichnet. Diese wurden in einen Simulator übertragen, in dem reproduzierbare Probandenversuche durchgeführt werden konnten.
Die Daten zu Körperbewegungen der Probanden wurden während der Versuchsfahrten mit Hilfe des CUELA-Messsystems (Computer-Unterstützte Erfassung und Langzeit-Analyse von Belastungen des Muskel-Skelett-Systems, vgl. Ellegast, 1998) und die Augenbewegungen mit einem Blickerfassungssystem erfasst.
Abbildung 3.55 zeigt ein Ergebnis solcher prozessbezogener Untersuchungen, visualisiert in Form von Punkten oder Trajektorien, die ein Fixationsstrahl bei der Kollision auf ein Bauteil (hier z. B. Frontscheibe) hinterlässt. Auf diese Weise können kabinengeometrische Verhältnisse im Kontext von Nutzer, Maschine und Prozess hinsichtlich ihrer Sichtqualität beurteilt werden. Durch die in dem DFG geförderten Vorhaben zu „Sichtfelduntersuchungen bei mobilen Arbeitsmaschinen" gewonnenen Erkenntnisse wird deutlich, wie ergonomische Aspekte zur Verbesserung von Sicherheit und Gebrauchstauglichkeit bereits in eine frühe Phase des Produktentstehungsprozesses qualitativ hochwertig integriert werden können.
Durch die Anwendung weiterer Ergonomie-Methoden sind Beurteilungen, z. B. auch zu Aspekten der Erreichbarkeit von Stellteilen oder zu Körperkräften etc. möglich (siehe Abschnitt C 3.4.3). Auf Grundlage solcher Bewertungen können die betrachteten Baugruppen schnell einer Veränderung zugeführt werden. Eine Überprüfung der Wirksamkeit von vorgenommenen Änderungen (Optimierungen) ist in dieser frühen Phase des Produktentstehungsprozesses ebenfalls möglich.

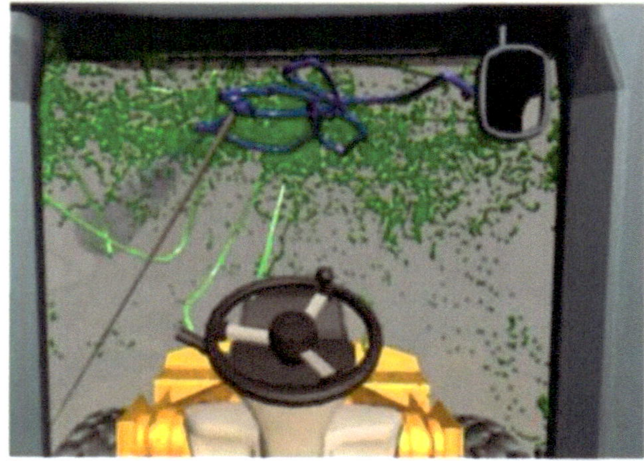

Abbildung 3.55: Beispiel für Fixationspunkte während des Arbeitsprozesses in einem Radlader (Hoske et al., 2012)

In Abbildung 3.56 wird eine ungünstige Ausgangssituation gezeigt. Männer mit unterschiedlicher Körperhöhe (5. und 95. Perzentil) betrachten eine Bildschirmfläche in stehender Körperhaltung.

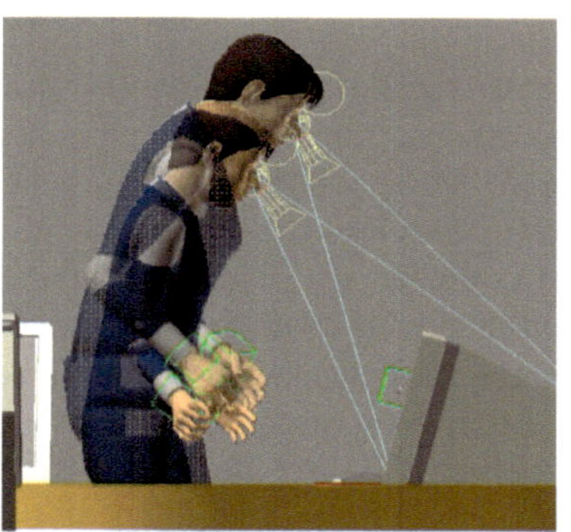

Abbildung 3.56: Sichtkontakt eines großen und kleinen Nutzers zum Bildschirm (Kamusella, 2012 c)

Zu erkennen ist, dass bei serieller Ausrichtung des Sehstrahls die Komfortwerte von Auge und Kopf voll ausgeschöpft und zusätzlich Anteile einer Rumpfflexion erforderlich werden. Zusätzlich unterschreitet der Bildschirmabstand die zulässige Sehweite der Gebrauchsakkommodation für die Nutzergruppe in der Altersgruppe der 40- bis 50-Jährigen, bei der bequem und über längere Zeit scharf gesehen wird. Außerdem erfolgt ein schräger Aufblick auf die Anzeigefläche.

Mittels eines in die Menschmodellsoftware CharAT Ergonomics integrierten Ergotyping®-Tools „Sichtbewertung“ (Kamusella & Schmauder, 2010) kann der Arbeitsplatz optimiert werden. Es besteht die Möglichkeit, den Sehstrahl über sequentielle Bewegung von Auge,

Kopf und Rumpf auf ein Sehobjekt auszurichten bzw. eine Anzeigefläche innerhalb physiologischer Gelenkwinkelgrenzen zu platzieren. Das Tool unterstützt, Sehobjekte in richtiger Entfernung und Ausrichtung in Abhängigkeit von der Sehaufgabe und Anthropometrie der potentiellen Nutzergruppe zu platzieren.
Mittels einer dynamischen Positionsveränderung des Bildschirms erfolgt für beide Perzentile gleichzeitig eine synchrone und bewertende Rückmeldung zu allen Sichtparametern. Eine erhöhte und stärker geneigte Bildschirmanordnung führt zu einer deutlich verbesserten Arbeitssituation (siehe Abbildung 3.57).

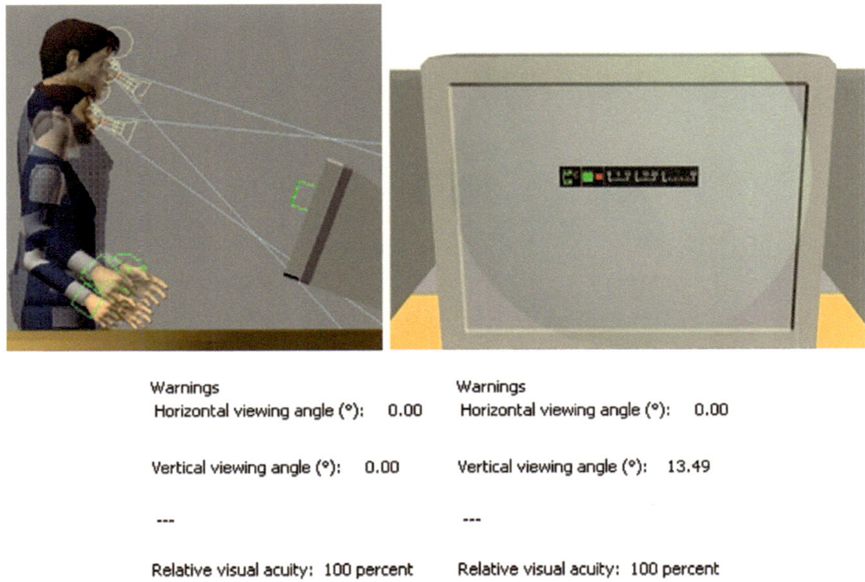

Warnings	Warnings
Horizontal viewing angle (°): 0.00	Horizontal viewing angle (°): 0.00
Vertical viewing angle (°): 0.00	Vertical viewing angle (°): 13.49
---	---
Relative visual acuity: 100 percent	Relative visual acuity: 100 percent

Abbildung 3.57: Rückmeldung zu Sichtparametern für M5 (links) und M95 (rechts), Veränderung der Bildschirmposition und -neigung (Kamusella, 2012 c)

C 3.4.3 Beispiel zur Bewertung von Körperhaltungen und Ganzkörperkräften

Das folgende Beispiel soll die Bewertungsmöglichkeiten zu Körperkräften (siehe Kamusella & Ördögh, 2011) sowie Körperhaltung (siehe Kamusella, 2012 a) aufzeigen.
Ein Werker muss an einer Fahrzeugkarosserie eine geforderte Druckkraft von 175 N ca. 240 mal je Schicht aufbringen. Der Kraftangriffspunkt befindet sich in fester Höhe, was zu Körperhaltungsanpassungen großer und kleiner Nutzer führt. So ist eine Vorbeugung großer männlicher Werker (95. Perzentil) erforderlich, hingegen können kleine Werker (5. Perzentil) aufrecht arbeiten (siehe Abbildung 3.58).

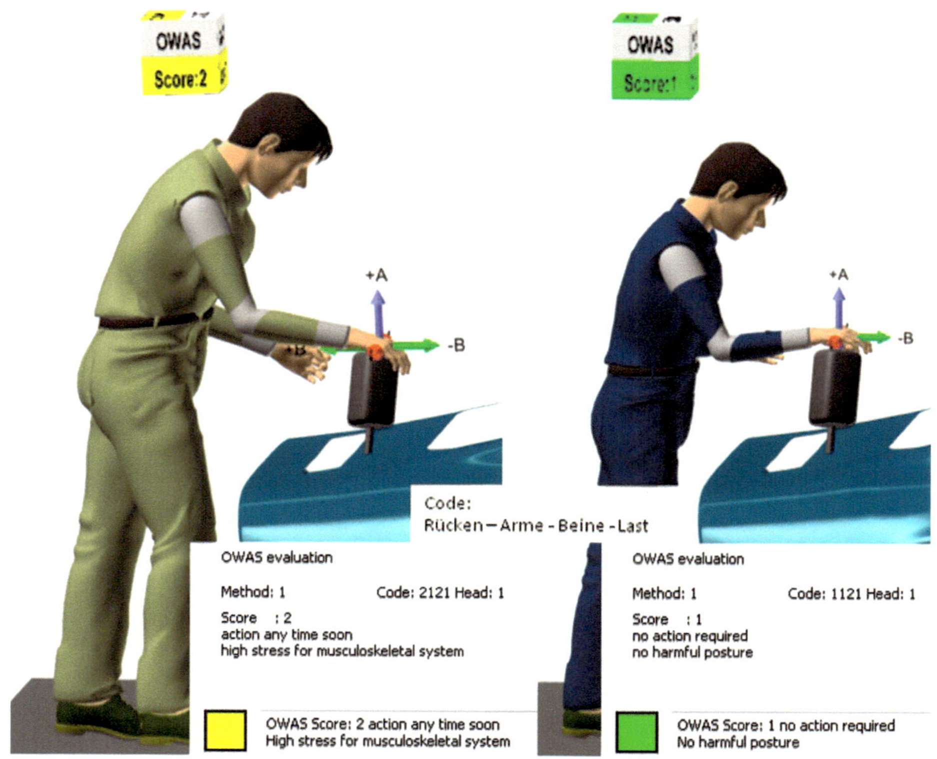

Abbildung 3.58: Bewertung der Gesamtkörperhaltung nach OWAS für das 95. (links) und 5. (rechts) Perzentil Mann (Kamusella, 2012 c)

Im Ergotyping®-Tool „Körperhaltungsbewertung" (Kamusella, 2012 a) ist u. a. eine Beurteilung des Gesundheitsrisikos einzelner Gesamtkörperhaltungen nach dem OWAS-Verfahren möglich. Zeitgleich zur Bewegung des Menschmodells werden Ergebnisse permanent farblich nach dem Ampelverfahren codiert ausgewiesen. Die der Maßnahmenklasse entsprechenden Körperteilhaltungen sind als 5-stelliger Zifferncode zusätzlich synchron in einem Monitor-Dialog ablesbar. In der geplanten Montagesituation ist zunächst mithilfe des Tools anhand eines der jeweiligen Referenzperson zugeordneten Signalwürfels erkennbar, dass für den „kleinen Mann" (5. Perzentil) kein Handlungsbedarf existiert (rechte Seite in Abbildung 3.58). Für große Werker (95. Perzentil) besteht hingegen eine hohe Belastung des Muskel-Skelett-Systems und Maßnahmen sollten ergriffen werden. Zugehörige Einzelcodierungen nach OWAS untersetzen das Ergebnis (siehe Abbildung 3.58).
Das Kraftvermögen am Kraftangriffspunkt hängt auch von der Körperhaltung ab und ist damit anthropometrisch determiniert. Im Ergotyping®-Tool „Körperkräfte" ist weiterhin das Kraftbewertungsverfahren „Montagespezifischer Kraftatlas" implementiert. Das Menschmodell wird anthropometrisch konfiguriert und über Körper- und Extremitätenanimation in eine dem Kraftausübungsfall entsprechende Haltung gebracht.

Der Nutzer legt im Tool weitere Einflussfaktoren wie Häufigkeit, Kraftrichtung, Händigkeit (ein-, beidhändig) menübasiert fest. Programmintern werden alle weiteren Parameter automatisch erkannt und dafür ein passender Datenbankeintrag gefunden. Für eine Planungsanalyse wird im Tool die maximal und optimal empfohlene Aktionskraft ermittelt und eine Risikobewertung durchgeführt. Es ist anhand der ausgewiesenen Daten erkennbar, dass kleinere Perzentile aufgrund der günstigeren aufrechten Haltung größere Maximalkräfte (kurzzeitig) aufbringen können (siehe Abbildung 3.59).

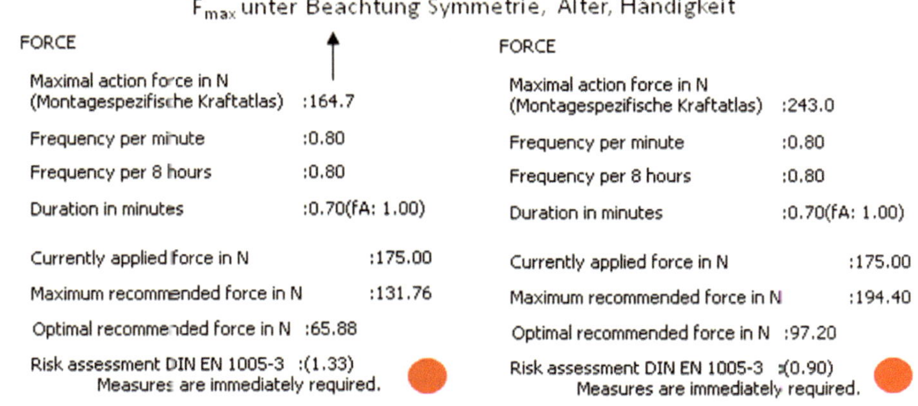

Abbildung 3.59: Ergebnis der Risikobewertung des Kraftausübungsfalls für das 95. (links) und 5. (rechts) Perzentil (Kamusella, 2012 c)

Eine Veränderung der Ausführungsbedingungen kann mit beiden Tools simuliert und die Bewertung zeitgleich nachvollzogen werden. Möglich ist:

1. Verringerung der aktuell notwendigen Druckkraft,
2. Erhöhung der Karosserie a) temporär für große Werker bzw. b) ständig, hierbei sind die Auswirkungen für kleine Werker abzuprüfen.

Im Ergebnis ist eine Erhöhung der Karosserie um ca. 150 mm auf eine dauerhafte feste Höhe und eine Senkung der aktuellen Kraft um 35 N bereits ausreichend, um die Arbeitssituation zu verbessern. Die Körperhaltung aller Nutzer liegt im grünen Bereich und der Kraftausübungsfall insgesamt weist nur noch geringe Risiken auf (siehe Abbildung 3.60).

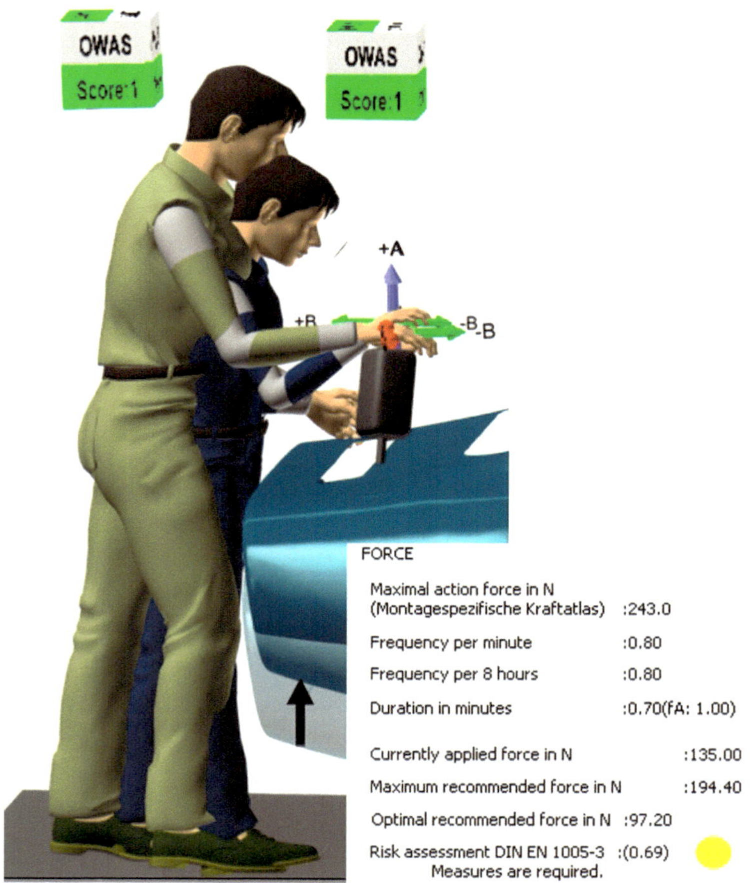

Abbildung 3.60: Veränderung der Karosseriehöhe und Verringerung der Druckkraft (Kamusella, 2012 c)

D 3 Fallbeispiel

An einem Montagearbeitsplatz für kleine Getriebe für Medizinpumpen ist das Gehäuseunterteil des Getriebes in einen Werkstückträger einzulegen und auszurichten (Feinarbeit mit hohen Sehanforderungen). Die Werkstücke laufen auf einem Transportband. Die weitere Montage der Zahnräder erfolgt dann in verschiedenen automatischen Stationen.

Das Transportband ist aus technischen Gründen nicht höhenverstellbar. An dem Arbeitsplatz arbeiten Männer und Frauen in der Regel im Sitzen. Der Arbeitsplatz soll als Sitz-Steh-Arbeitsplatz ausgebildet werden, so dass grundsätzlich auch im Stehen (ohne Podeste zur Höhenanpassung) gearbeitet werden kann.

Der Werkstückträger ist 5 cm hoch; die durchschnittliche Absatzhöhe der Schuhe der Mitarbeiter wird auf 3 cm geschätzt. Das Transportband ist 3 cm dick. Neben der Höhe des Transportbands sind weiterhin die Sitzhöhe des Arbeitsstuhls und die Fußstützenhöhe (beide Maße verstellbar) zu ermitteln (vgl. Abbildung 3.61).

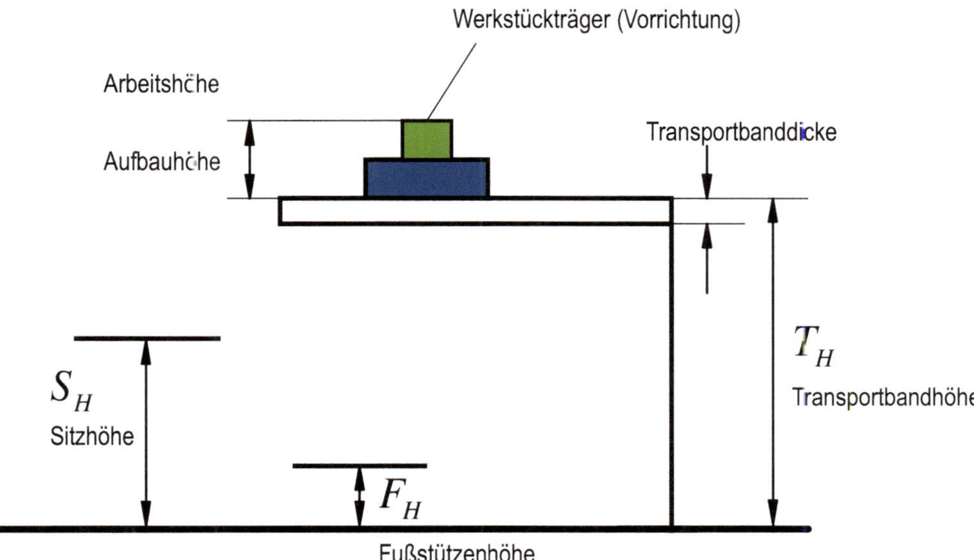

Abbildung 3.61: Skizze zum Fallbeispiel

Die Berechnung orientiert sich an den in Abbildung 3.46 und Abbildung 3.47 dargestellten Vorgehensweisen. Verwendete Körpermaße sind in grün hervorgehoben und wurden aus der DIN 33402-2 (2020) entnommen.
Der erste Schritt besteht in der Ermittlung der Arbeitshöhe. Da diese nicht verstellbar ist, ist eine Kompromisslösung in Form einer Mittelung für die Perzentile F5 und M95 notwendig.
Somit gilt für die Arbeitshöhe A_H:

$$A_H = \frac{\textit{Ellbogenhöhe über der Standfläche (F5+M95)}}{2} + \textit{Anforderungsmaß} + \textit{Schuhe}$$

Als Anforderungsmaß für Feinarbeiten gilt eine Höhe der Unterarme gegen die Horizontale von 10 – 20 cm (vgl. Abbildung 3.46). Es wird hier mit einem Wert von 15 cm gerechnet. Daraus folgt:

$$A_H = \frac{96\,\text{cm} + 117,5\,\text{cm}}{2} + 15\,\text{cm} + 3\,\text{cm} = 124,75\,\text{cm}$$

Für die Höhe des Transportbands (T_H) gilt:

$$T_H = \textit{Arbeitshöhe} - \textit{Aufbauhöhe} = 124,75\,\text{cm} - 5\,\text{cm} = 119,75\,\text{cm}$$

In Abhängigkeit der Arbeitshöhe kann nun die verstellbare Sitzhöhe (S_H) bestimmt werden.

Die maximale Sitzhöhe berechnet sich wie folgt:

$$\begin{aligned} S_{H\ max} &= A_H - Anforderungsmaß - \text{Ellbogenhöhe über der Sitzfläche (F5)} \\ &= 124,75\,\text{cm} - 15\,\text{cm} - 18,5\,\text{cm} \\ &= 91,25\,\text{cm} \end{aligned}$$

Für die minimale Sitzhöhe wird das entsprechende Körpermaß für das Perzentil M95 verwendet. Es folgt:

$$\begin{aligned} S_{H\ min} &= A_H - Anforderungsmaß - \text{Ellbogenhöhe über der Sitzfläche (M95)} \\ &= 124,75\,\text{cm} - 15\,\text{cm} - 28,5\,\text{cm} \\ &= 81,25\,\text{cm} \end{aligned}$$

Für den größten Nutzer muss anschließend der Freiraum (F_R) zwischen Oberschenkel und Unterseite des Transportbands überprüft werden:

$$\begin{aligned} F_R &= T_H - S_{H\ min} - Dicke\ Transportband - \text{Oberschenkelhöhe (M95)} \\ &= 119,75\,\text{cm} - 81,25\,\text{cm} - 2\,\text{cm} - 18\,\text{cm} \\ &= 18,5\,\text{cm} \end{aligned}$$

Dieser Wert ist ausreichend. Die Höhe des Arbeitsstuhls sollte sich deswegen zwischen 81,25 und 91,25 cm einstellen lassen.
Als letzter Schritt erfolgt die Berechnung der Fußstützenhöhe (FH). Hier gelten folgende Beziehungen:

$$\begin{aligned} F_{H\ max} &= S_{H\ max} - \text{Länge des Unterschenkels mit Fuß (F5)} - Schuhe \\ &= 91,25\,\text{cm} - 37,5\,\text{cm} - 3\,\text{cm} \\ &= 50,75\,\text{cm} \end{aligned}$$

$$\begin{aligned} F_{H\ min} &= S_{H\ min} - \text{Länge des Unterschenkels mit Fuß (M95)} - Schuhe \\ &= 81,2\,\text{cm} - 49\,\text{cm} - 3\,\text{cm} \\ &= 29,25\,\text{cm} \end{aligned}$$

Gerundet sollte der Arbeitsplatz den Berechnungen entsprechend folgende Maße aufweisen:

- Die Höhe des Transportbands liegt bei 120 cm.
- Die Höhe des Arbeitsstuhls liegt zwischen 81 und 91 cm.
- Die Höhe der Fußstütze liegt zwischen 30 und 51 cm.

E 3 Empfehlungen und Regeln (Vorschriften)

An dieser Stelle sind ausgewählte Normen, die konkrete Körpermaße enthalten oder Angaben und Anforderungen zu der Arbeit mit Körpermaßen beinhalten und bei der maßlichen Gestaltung von Arbeitsplätzen und Produkten Berücksichtigung finden sollten, aufgeführt.

Tabelle 3.19: Ausgewählte Normen zum Umgang mit Körpermaßen und bei der Gestaltung von Arbeitsplätzen

Norm	Inhalt
DIN 33402-1	Ergonomie – Körpermaße des Menschen – Teil 1: Begriffe, Messverfahren
DIN 33402-2	Ergonomie – Körpermaße des Menschen – Teil 2: Werte.
DIN EN ISO 7250-1	Wesentliche Maße des menschlichen Körpers für die technische Gestaltung: Körpermaßdefinitionen und -messpunkte
DIN CEN ISO/TR 7250-2/ DIN SPEC 91279	Wesentliche Maße des menschlichen Körpers für die technische Gestaltung – Teil 2: Anthropometrische Datenbanken einzelner nationaler Bevölkerungen
DIN EN ISO 3411	Erdbaumaschinen – Körpermaße von Maschinenführern und Mindestfreiraum
DIN EN 547-1	Sicherheit von Maschinen – Körpermaße des Menschen – Teil 1: Grundlagen zur Bestimmung von Abmessungen für Ganzkörperzugänge von Maschinenarbeitsplätzen
DIN EN 547-2	Sicherheit von Maschinen – Körpermaße des Menschen – Teil 2: Grundlagen für die Bemessung von Zugangsöffnungen
DIN EN 547-3	Sicherheit von Maschinen – Körpermaße des Menschen – Teil 3: Körpermaßdaten
E DIN EN ISO 14738	Sicherheit von Maschinen – Anthropometrische Anforderungen an die Gestaltung von Maschinenarbeitsplätzen
DIN 5566-1	Schienenfahrzeuge – Führerräume: Allgemeine Anforderungen
DIN 5566-2	Schienenfahrzeuge – Führerräume: Zusatzanforderungen an Eisenbahnfahrzeuge
DIN EN 614-2	Sicherheit von Maschinen – Ergonomische Gestaltungsgrundsätze: Wechselwirkungen zwischen der Gestaltung von Maschinen und den Arbeitsaufgaben
DIN EN 12464-1	Licht und Beleuchtung – Beleuchtung von Arbeitsstätten – Teil 1: Arbeitsstätten in Innenräumen
DIN EN ISO 13854	Sicherheit von Maschinen – Mindestabstände zur Vermeidung des Quetschens von Körperteilen
DIN EN ISO 13857	Sicherheit von Maschinen – Sicherheitsabstände gegen das Erreichen von Gefährdungsbereichen mit den oberen und unteren Gliedmaßen
DIN EN ISO 13850	Sicherheit von Maschinen – Not-Halt: Gestaltungsleitsätze
DIN EN ISO 6682	Erdbaumaschinen – Stellteile: Bequemlichkeitsbereiche und Reichweitenbereiche
DIN 15996	Bild- und Tonbearbeitung in Film-, Video- und Rundfunkbetrieben – Grundsätze und Festlegungen für den Arbeitsplatz
DIN EN ISO 15537	Grundsätze für die Auswahl und den Einsatz von Prüfpersonen zur Prüfung anthropometrischer Aspekte von Industrieerzeugnissen und deren Gestaltung

Norm	Inhalt
VDI/VDE 3546 Blatt 1	Konstruktive Gestaltung von Prozessleitwarten – Allgemeiner Teil
VDI/VDE 3850 Blatt 2	Nutzergerechte Gestaltung von Bediensystemen für Maschinen – Interaktionsgeräte für Bildschirme
DIN EN ISO 9241-5	Ergonomische Anforderungen für Bürotätigkeiten mit Bildschirmgeräten – Anforderungen an Arbeitsplatzgestaltung und Körperhaltung
DIN EN ISO 9241-303	Ergonomie der Mensch-System-Interaktion – Anforderungen an elektronische optische Anzeigen
DIN EN 894-2	Sicherheit von Maschinen – Ergonomische Anforderungen an die Gestaltung von Anzeigen und Stellteilen: Anzeigen
DIN EN 894-4	Sicherheit von Maschinen – Ergonomische Anforderungen an die Gestaltung von Anzeigen und Stellteilen: Lage und Anordnung von Anzeigen und Stellteilen
DIN EN ISO 11064-5	Ergonomische Gestaltung von Leitzentralen – Anzeigen und Stellteile
DIN 33411-1	Körperkräfte des Menschen – Begriffe, Zusammenhänge, Bestimmungsgrößen
DIN 33411-3	Körperkräfte des Menschen – Maximal erreichbare statische Aktionsmomente männlicher Arbeitspersonen an Handrädern
DIN 33411-4	Körperkräfte des Menschen – Maximale statische Aktionskräfte (Isodynen)
DIN 33411-5	Körperkräfte des Menschen – Maximale statische Aktionskräfte: Werte
DIN EN 1005-1	Sicherheit von Maschinen – Menschliche körperliche Leistung: Begriffe
DIN EN 1005-2	Sicherheit von Maschinen – Menschliche körperliche Leistung: Manuelle Handhabung von Gegenständen in Verbindung mit Maschinen und Maschinenteilen
DIN EN 1005-3	Sicherheit von Maschinen – Menschliche körperliche Leistung: Empfohlene Kraftgrenzen bei Maschinenbetätigung
DIN EN 1005-4	Sicherheit von Maschinen – Menschliche körperliche Leistung: Bewertung von Körperhaltungen und Bewertungen bei der Arbeit an Maschinen
DIN EN 1005-5	Sicherheit von Maschinen – Menschliche körperliche Leistung: Risikobeurteilung für kurzzyklische Tätigkeiten bei hohen Handhabungsfrequenzen
DIN 33408-1	Körperumriss-Schablonen: Für Sitzplätze
DIN EN ISO 15536-1	Ergonomie – Computer-Manikins und Körperumriss-Schablonen: Allgemeine Anforderungen
DIN EN ISO 15536-2	Ergonomie – Computer-Manikins und Körperumriss-Schablonen: Prüfung der Funktion und Validierung der Maße von Computer-Manikin-Systemen

F 3 Literatur

Ballreich, R. & Baumann, W. (1996): *Grundlagen der Biomechanik des Sports* (2. Aufl.). Stuttgart: Enke.

Böhm, A., Friese, E., Greil, H. & Lüdecke, K. (2002): *Körperliche Entwicklung und Übergewicht bei Kindern und Jugendlichen: Eine Analyse von Daten aus ärztlichen Reihenuntersuchungen des Öffentlichen.* In: Monatsschrift Kinderheilkunde 150, S. 48-57.

Bullinger, H.-J. (1994): *Ergonomie: Produkt- und Arbeitsplatzgestaltung.* Stuttgart: Teubner.

Bundesanstalt für Arbeitsschutz und Arbeitsmedizin [BAuA] (1998): *Internationale anthropometrische Daten.* Arbeitswissenschaftliche Erkenntnisse Nr. 108. Dortmund: BAuA.

DGUV-Information 215-410 (2019): *Bildschirm- und Büroarbeitsplätze. Leitfaden für die Gestaltung*

DIN 33402-2 (2020): *Ergonomie – Körpermaße des Menschen – Teil 2: Werte.* Berlin: Beuth.

DIN 33408-1 (2008): *Körperumrissschablonen: Für Sitzplätze.* Berlin: Beuth.

DIN 33411-1 (1982): *Körperkräfte des Menschen: Begriffe, Zusammenhänge, Bestimmungsgrößen.* Berlin: Beuth.

DIN 33411-4 (1987): *Körperkräfte des Menschen: Maximale statische Aktionskräfte (Isodynen).* Berlin: Beuth.

DIN CEN ISO/TR 7250-2 (2013): *Wesentliche Maße des menschlichen Körpers für die technische Gestaltung - Teil 2: Anthropometrische Datenbanken einzelner nationaler Bevölkerungen.* Berlin: Beuth.

DIN EN 12464-1 (2021): *Licht und Beleuchtung – Beleuchtung von Arbeitsstätten – Teil 1: Arbeitsstätten in Innenräumen.* Berlin: Beuth.

DIN EN 547-1 (2009): *Sicherheit von Maschinen – Körpermaße des Menschen – Teil 1: Grundlagen zur Bestimmung von Abmessungen für Ganzkörper-Zugänge an Maschinenarbeitsplätzen.* Berlin: Beuth.

DIN EN 547-3 (2009): *Sicherheit von Maschinen – Körpermaße des Menschen – Teil 3: Körpermaßdaten.* Berlin: Beuth.

DIN EN ISO 13854 (2020): *Sicherheit von Maschinen – Mindestabstände zur Vermeidung des Quetschens von Körperteilen.* Berlin: Beuth.

DIN EN ISO 13857 (2020): *Sicherheit von Maschinen – Sicherheitsabstände gegen das Erreichen von Gefährdungsbereichen mit den oberen und unteren Gliedmaßen.* Berlin: Beuth.

DIN EN ISO 3411 (2007): *Erdbaumaschinen – Körpermaße von Maschinenführern und Mindestfreiraum.* Berlin: Beuth.

DIN EN ISO 9241-303 (2012): *Ergonomie der Mensch-System-Interaktion: Anforderungen an elektronische optische Anzeigen.* Berlin: Beuth.

DIN EN ISO 9241-5 (1999): *Ergonomische Anforderungen für Bürotätigkeiten mit Bildschirmgeräten: Anforderungen an Arbeitsplatzgestaltung und Körperhaltung.* Berlin: Beuth.

E DIN EN ISO 14738 (2020): *Sicherheit von Maschinen – Anthropometrische Anforderungen an die Gestaltung von Arbeitsplätzen für Industrie und Dienstleistungen.* Berlin: Beuth.

Ellegast, R. (1998): *Personengebundenes Messsystem zur automatisierten Erfassung von Wirbelsäulenbelastungen bei beruflichen Tätigkeiten.* In: Hauptverband der gewerblichen Berufsgenossenschaften (Hrsg.): BIA-Report 5/98. Unter: https://www.dguv.de/medien/ifa/de/pub/rep/pdf/rep02/biar0598/rep598.pdf, 15.12.2021.

Grandjean, E. (1991): *Physiologische Arbeitsgestaltung: Leitfaden der Ergonomie.* Landsberg: ecomed.

Greil, H., Voigt, A. & Scheffler, C. (2008): *Optimierung der ergonomischen Eigenschaften von Produkten für ältere Arbeitnehmerinnen und Arbeitnehmer – Anthropometrie.* Dortmund: Bundesanstalt für Arbeitsschutz und Arbeitsmedizin.

Hettinger, T. & Wobbe, G. (1993): *Kompendium der Arbeitswissenschaft: Optimierungsmöglichkeiten zur Arbeitsgestaltung und Arbeitsorganisation.* Ludwigshafen: Kiehl.

Hoske, P., Kunze, G., Bürkle, K., Schmauder, M., Brütting, M. & Böser, C. (2012): *Interaktiver Simulator für mobile Arbeitsmaschinen – Virtuelle Prototypen im Einsatzkontext erleben.* In: Konferenz EEE2012 – Entwerfen – Entwickeln – Erleben: Methoden und Werkzeuge in Produktentwicklung und Design, Dresden.

Huxley, H. (1960): *Biochem et Biophys.* In: Acta 12, S. 387.

Jürgens, H. W., Aune, I. A. & Pieper, U (1989): *Internationaler anthropometrischer Datenatlas.* In: Bundesanstalt für Arbeitsschutz: Fb587. Bremerhaven: Verlag für neue Wissenschaft GmbH.

Kamusella, C. (2003): *Studienbrief Arbeitsgestaltung: Ergonomie Teil 1.* Dresden: TU Dresden, Fakultät Maschinenwesen, Arbeitsgruppe Fernstudium.

Kamusella, C. (2010): *Entwicklungs- und Gestaltungsprozess: Hauptphasen.* Unter: https://www.ergotyping.de/index.php?title=Entwicklungs-_und_Gestaltungsprozess:_Hauptphasen, 22.12.2021.

Kamusella, C. (2012 a): *Ergotyping-Tool Körperhaltungsbewertung.* In: Dokumentation des 58. Arbeitswissenschenschaftlichen Kongresses der Gesellschaft für Arbeitswissenschaft in Kassel 22.- 24.02.2012, S. 177-180. Dortmund: GfA-Press.

Kamusella, C. (2012 b): *Ergotyping-Tools zur Unterstützung von Konstrukteuren bei der Umsetzung von Ergonomieaspekten in frühen Entwicklungsphasen.* In: Tagungsband Institutskolloquium 2012, Informationen als Veränderungstreiber - technische und oragnisatorische Aspekte, S. 44-57. Dresden: TU Dresden, Fakultät Maschinenwesen, Institut für Technische Logistik und Arbeitssysteme.

Kamusella, C. (2012 c): *Digitale Ergonomie-Tools zur Berücksichtigung ergonomischer Aspekte im Produktentstehungsprozess.* In: Stelzer, R., Grote, K.-H., Brökel, K., Rieg, F. & Feldhusen, J.: ENTWICKELN – ENTWERFEN – ERLEBEN. Methoden und Werkzeuge in der Produktentwicklung. Tagungsband 10. Gemeinsames Kolloquium Konstruktionstechnik KT2012 in Dresden, 14.-15.06.2012, S. 123-143. Dresden: TU Dresden.

Kamusella, C. & Ördögh, L. (2011): *Ergotyping-Tool „Körperkräfte".* In: Dokumentation des 57. Arbeitswissenschaftlichen Kongresses der Gesellschaft für Arbeitswissenschaft in Chemnitz, 23.-25.03.2011, S. 623-626. Dortmund: GfA-Press.

Kamusella, C. & Schmauder, M. (2010): *Ergotyping-Tool „Sichtbewertung".* In: Dokumentation des 56. Arbeitswissenschenschaftlichen Kongresses der Gesellschaft für Arbeitswissenschaft in Darmstadt, 24.-26.03.2010, S. 135-138. Dortmund: GfA-Press.

Kirchner, J.-H. & Baum, E. (1990): *Ergonomie für Konstrukteure und Arbeitsgestalter.* In: REFA Fachbuchreihe Betriebsorganisation. München: Hanser.

Kommission Arbeitsschutz und Normung [KAN] (2008): *Entwicklung von Lehrmodulen für die Berücksichtigung ergonomischer Aspekte in der Ausbildung von Konstrukteuren.* KAN Bericht 42. Unter: https://www.kan.de/fileadmin/Redaktion/Dokumente/KAN-Studie/de/2008_KAN-Studie_Ergo-Lehrmodule.pdf, 15.12.2021.

Lange, W. & Windel, A. (2013): *Kleine Ergonomische Datensammlung* (15. Aufl.). Köln: TÜV Media GmbH.

Luczak, H. (2010): *Arbeitswissenschaft* (3. Aufl.). Berlin: Springer.

Mühlstedt, J., Kaußler, H. & Spanner-Ulmer, B. (2008): *Programme in Menschengestalt: Digitale Menschmodelle für CAx- und PLM-Systeme.* In: Zeitschrift für Arbeitswissenschaft, 05/2008, S. 79-86.

Nemessuri, M. (1963): *Funktionelle Sportanatomie.* Budapest: Akademia Kiado.

Neudörfer, A. (2021): *Konstruieren sicherheitsgerechter Produkte: Methoden und systematische Lösungssammlungen zur EG-Maschinenrichtlinie* (8. Aufl.) Berlin: Springer.

Pol, D. (2002): *Nervensystem, Sinneswahrnehmungen und Fortbewegung.* Unter: https://www.sonnentaler.net/dokumentation/wiss/humanbio/grund/nerven-sinne/, 15.12.2021.

Sämann, W. (1970): *Charakteristische Merkmale und Auswirkungen ungünstiger Arbeitshaltungen.* In: Schriftenreihe Arbeitswissenschaft und Praxis. Berlin: Beuth.

Schlick, C., Bruder, R. & Luczak, H. (2018): *Arbeitswissenschaft* (4. Aufl.). Berlin: Springer.

Schmidtke, H. (1993): *Ergonomie.* München: Hanser.

Schütz, E., & Rothschuh, K. E. (1973). *Bau und Funktionen des menschlichen Körpers: Anatomie und Physiologie des Menschen für Hörer aller Fakultäten und medizinischer Assistenzberufe* (14. Aufl.). München: Urban & Schwarzenberg.

SizeGERMANY (2009a): *Pressebilder.* Unter: http://www.sizegermany.de/presse_bilder.php, 08.09.2010.

SizeGERMANY (2009b): *Abschlusspräsentation.* Unter: http://www.sizegermany.de/pdf/SG_Abschlusspraesentation_2009.pdf, 08.09.2010.

Spanner-Ulmer, B. & Mühlstedt, J. (2009): *Virtuelle Ergonomie mittels digitaler Menschmodelle und anderer Softwarewerkzeuge.* In: Schenk, M.: 22. HAB Forschungsseminar, S. 151-174. Berlin: GITO-Verlag.

4 Gestaltung der Arbeitsaufgabe

Im Rahmen seiner Arbeit wird der Mensch Anforderungen ausgesetzt, die aus der Arbeitsaufgabe resultieren. Diesen von außen wirkenden Belastungen setzt der Mensch seine Leistungsfähigkeit und seine Leistungsbereitschaft entgegen. In Abhängigkeit dieser individuellen Eigenschaften und Fähigkeiten kommt es zu einer körperlichen Reaktion, die als Beanspruchung bezeichnet wird. In dem in Abbildung 4.1 aufgeführten Modell werden die in diesem Kapitel behandelten Faktoren dargestellt.

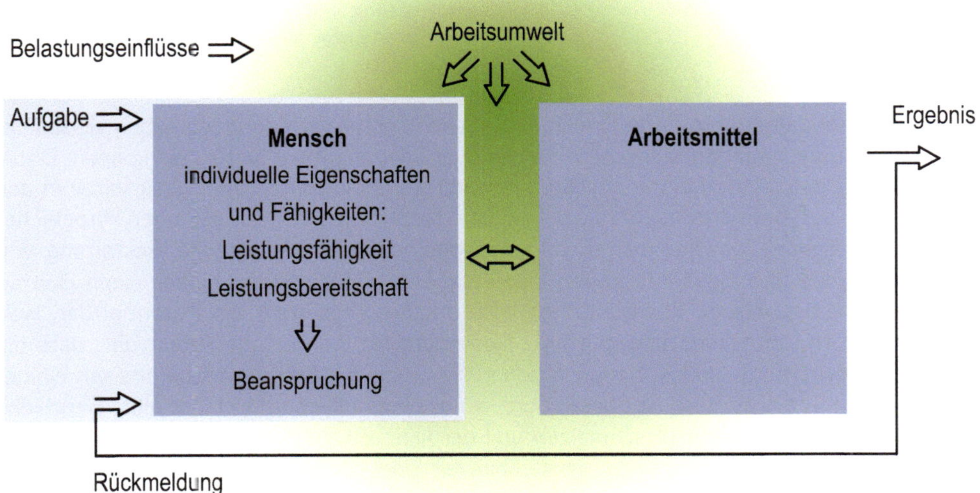

Abbildung 4.1: Strukturschema menschlicher Arbeit – Gestaltung der Arbeitsaufgabe

Nach einer Einleitung, die die Stärken und Schwächen des Menschen bei der Aufgabenbewältigung im Vergleich zu denen einer Maschine aufführt, widmet sich das vorliegende Kapitel dementsprechend dem Zusammenspiel von Belastungen aus der Arbeitsaufgabe, den menschlichen Leistungsvoraussetzungen und den resultierenden Beanspruchungen. Es gilt: Belastungen sind nicht zu minimieren, sondern zu optimieren.
Die drei genannten Größen werden vorgestellt, bevor physische und psychische Aspekte getrennt voneinander betrachtet werden. Auf dieser Basis folgen konkrete Gestaltungsmaßnahmen für Arbeitsaufgaben.

A 4 Bedeutung und Lernziele

Der arbeitende Mensch ist der wichtigste und wertvollste Produktionsfaktor. Mit dieser Aussage wird betont, dass die Kenntnis über den arbeitenden Menschen mindestens ebenso wichtig ist wie die Kenntnis über die technischen Aspekte der Arbeit. Zwar werden in der heutigen Zeit mit ihren technischen Möglichkeiten zahlreiche Arbeitsaufgaben von Maschinen durchgeführt, in vielen Bereichen ist der Mensch allerdings nicht zu ersetzen.

In Tabelle 4.1 wird anhand einer Maba-Maba-Liste[1] eine Differenzierung zwischen den Fähigkeiten von Mensch und Maschine dargestellt.

Tabelle 4.1: Vergleich Mensch - Maschine (nach Lanc, 1975)

Funktionen, die die Maschine besser bewältigen kann	Funktionen, die der Mensch besser bewältigen kann
1. Kraft/Leistung bei großer Präzision 2. Exakte Wiederholung von Prozessen 3. Ja-Nein-Entscheidungen 4. Vigilanz 5. Detektion von Signalen	1. Flexibiliät und Improvisation 2. Strategiewechsel 3. Räumliche Wahrnehmung (Raumtiefe und Formen) 4. Prädikation und Antizipation 5. Adaption und Lernen 6. Komplexe Entscheidungen; komplizierte, unvollkommen definierte bzw. unvorhersehbare Situationen

Arbeitsaufgaben und die zu ihrer Erledigung notwendigen Anstrengungen haben vielschichtige Auswirkungen auf den Menschen, die positiver oder negativer Natur sein können. Dabei ist immer die betroffene Person mit ihren individuellen Fähigkeiten und Fertigkeiten in den Mittelpunkt der Betrachtungen zu stellen. Überforderung auf geistiger oder körperlicher Ebene kann schnell zu Krankheiten führen, wohingegen eine gelungene Gestaltung von Arbeitsaufgaben dies nicht nur zu verhindern weiß, sondern darüber hinaus einen Beitrag zur Gesundheitsförderung des Menschen leisten kann. Dies stellt ein Potential dar, welches zunehmend an Bedeutung gewinnt. Besonders für die geistige Arbeit gilt, dass die moderne Informations- und Kommunikationstechnologie die Arbeitswelt bereits seit einiger Zeit neu definiert. Das Büro ist überall dort, wo es einen Internetanschluss gibt. Berufliche und private Lebensaspekte verschmelzen und der klassische 8-Stunden-Arbeitstag weicht, insbesondere bedingt durch Vertrauensarbeitszeit oder Zielvereinbarungsverträge, einem 24-Stunden-Tag mit beruflichen und privaten Aktivitäten.
Auch in Arbeitsbereichen, die klassischerweise mit körperlichen Anstrengungen in Verbindung gebracht werden, wie beispielsweise Fertigung oder Montage, kommt es zu neuen Belastungssituationen für die Mitarbeiter. Neben den physischen Belastungen kommt es im Zuge der Technologisierung zu neuen Belastungen psychischer Art. Kurze Taktzeiten in Verbindung mit der Beschränkung auf einfachste, grundlegende Arbeitsaufgaben sowie einer hohen Abwechslungsarmut haben neben einseitigen körperlichen Belastungen auch psychische Auswirkungen auf die betroffenen Personen.

[1]engl.: men are better at – machines are better at

In diesem Kapitel soll der Leser:

- ein Verständnis für den Zusammenhang zwischen den Belastungen aus der Arbeit, den Leistungsvoraussetzungen des Menschen und den resultierenden Beanspruchungen für den Menschen entwickeln,
- mögliche Folgen von Beanspruchungen kennenlernen,
- sich mit dem Begriff der Gesundheit und der Balance zwischen Arbeits- und Privatleben auseinandersetzen,
- verstehen, welche Gestaltungsmöglichkeiten existieren, um Arbeitsaufgaben gesundheitsgerecht bzw. gesundheitsfördernd auslegen zu können,
- Methoden und Werkzeuge kennenlernen, die einen Beitrag zu einer derartigen Gestaltung leisten können.

Um Arbeitsaufgaben und zugehörige Arbeitssysteme gestalten zu können, ist deshalb die Kenntnis zu den durch die Arbeit auftretenden Belastungen und die daraus entstehenden Beanspruchungen für den Menschen von großer Bedeutung. Belastung und Beanspruchung sind zwei wesentliche Begriffe der Arbeitswissenschaft.

B 4 Grundlagen zur Gestaltung der Arbeitsaufgabe

Bevor physische und psychische Belastungen und ihre Wirkungen auf den Menschen (Beanspruchung) näher betrachtet werden, ist es notwendig, den Zusammenhang beider Begriffe zu verstehen. Es existiert zu diesem Zweck ein arbeitswissenschaftliches Modell, welches im Folgenden vorgestellt werden soll.

B 4.1 Das Belastungs- und Beanspruchungsmodell

Das arbeitswissenschaftliche Belastungs- und Beanspruchungsmodell ist ein grundlegendes Erklärungsmodell für die Wirkung der Arbeit auf den Menschen und wird in Abbildung 4.2 dargestellt.

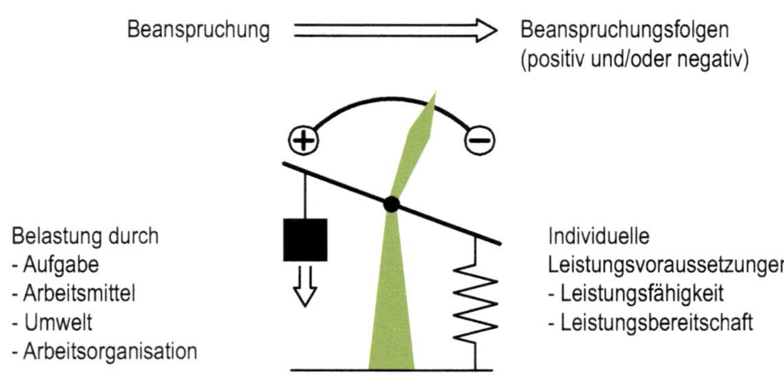

Abbildung 4.2: Belastungs-Beanspruchungs-Modell (Basismodell)

Objektiver Ausgangspunkt für die Betrachtung des Modells ist der Begriff der Belastung. Die Belastung beinhaltet die Anforderungen, denen der Mensch während seiner Arbeit ausgesetzt ist. Sie ergeben sich aus den Arbeitssystem-Elementen Aufgabe, Arbeitsmittel, Umwelt und Arbeitsorganisation. Als entscheidendes Element lässt sich in diesem Zuge die Arbeitsaufgabe nennen, da sie bestimmenden Charakter auf die weiteren Elemente besitzt. Die Belastung einer bestimmten Arbeit ist für alle Betroffenen gleich. In dem Modell ist die Belastung als Gewicht (statische Größe) dargestellt.

Belastung

Unter Belastung versteht man alle Anforderungen an den Menschen, die sich aus der Arbeit ergeben. Die Belastung ist eine von außen wirkende objektive Größe.

Jeder Mensch besitzt individuelle Leistungsvoraussetzungen, die er den vorherrschenden Belastungen entgegensetzt. Abhängig von der Natur der Belastung wird demnach auf physische oder auf psychische Leistungsvoraussetzungen zurückgegriffen.
Dabei kann es sich beispielsweise um Maximalkraft, Konzentrationsfähigkeit oder langfristig stabile motorische Bewegungsabläufe handeln. In dem Modell werden die Leistungsvoraussetzungen deshalb als Feder dargestellt. Jeder Mensch besitzt im übertragenen Sinne eine spezifische/individuelle Federsteifigkeit.

Menschliche Leistungsvoraussetzungen

Die Leistungsvoraussetzung ist eine individuelle Größe, die von dem Menschen den an ihn gestellten Anforderungen entgegen gesetzt wird. Sie ist der Faktor, der die Belastung und die Beanspruchung miteinander verknüpft.

Die Beanspruchung ist die Zusammenfassung der Reaktionen (körperlich-physiologisch, erlebens- und verhaltensmäßig) des Menschen auf die auftretenden Belastungen unter Berücksichtigung seiner Leistungsvoraussetzungen. Dies drückt sich in dem Modell als Ausschlag des Zeigers aus.

Beanspruchung

Unter Beanspruchung versteht man die durch die individuellen Eigenschaften des Menschen geprägten Reaktionen des Körpers auf von außen einwirkende Belastungen.

Beanspruchungsfolgen sind Effekte, welche durch die Beanspruchung ausgelöst werden. Diese können positiv sein, wie Einarbeitungs- und Trainingseffekte, welche zur Leistungssteigerung führen. Es sind aber auch negative Folgen möglich, wie der Verlust der Leistungsfähigkeit durch Demotivation, Erkrankungen oder dauerhafter Schädigung in Folge einer Überlastung durch die Arbeit.

Im nächsten Abschnitt werden die drei Begriffe des Modells genauer erläutert, sowie einzelne relevante Aspekte hervorgehoben.

Belastung

Die Gesamtbelastung des Menschen bei der Arbeit resultiert aus der Belastungshöhe und aus der Belastungsdauer, was zusammen als Belastungsdosis bezeichnet wird. Abbildung 4.3 gibt einen Überblick.

Faktoren von außen (Belastungen): **Dosis = Höhe x Dauer**					
Arbeitssystem-element		**Form der Belastung**		**Bewertungsmöglichkeiten**	
		physisch	psychisch	quantitativ	qualitativ
Mikro-ebene	Aufgabe	Körperliche Arbeit (Kräfte, Lasten, ...)	Geistige Arbeit (Wiederholungsgrad, Komplexität, ...)	Messungen (N, kg, ...)	Beobachtung, Befragung, ...
Mikro-ebene	Arbeitsmittel	Maße, Kräfte, ...	Eingabe, Ausgabe, ...	Messungen (cm, N, ...)	Beobachtung, Befragung, ...
Mikro-ebene	Umwelt	Lärm, Klima, ...	Soziale Beziehungen, Führungsverhalten, ...	Messungen (dB (A), °C, ...)	Stimmungs-barometer, ...
Makro-ebene	Arbeits-organisation	Wege, (Takt-)Zeiten, ...	Kompetenzbereiche, Verantwortung, ...	Messungen (cm, min, ...)	Darstellung, Befragung, ...

Abbildung 4.3: Belastungsarten

Aus der Arbeit resultieren unterschiedliche Belastungsarten, die sich den verschiedenen Arbeitssystemelementen zuordnen lassen. Die quantitativ messbaren Belastungen lassen sich mit den üblichen physikalischen bzw. medizinischen Messverfahren ermitteln. Das Ausmaß der quantitativ nicht messbaren Belastungen im Arbeitssystem kann durch sozialwissenschaftliche Messverfahren ermittelt werden.

Menschliche Leistungsvoraussetzungen

In der Physik wird Leistung als Arbeit je Zeiteinheit definiert. Arbeit ist das Produkt von Kraft und Weg. Diese Definition der Leistung ist für die Arbeitswissenschaft bzw. Ergonomie nicht ausreichend, da der physikalische Arbeitsbegriff nur eine Komponente der menschlichen Arbeit erfasst. Schon Tätigkeiten wie z. B. das Halten eines Gegenstandes im Gleichgewicht übertreten die Grenzen dieser Definition, da „Arbeit" ohne Weg verrichtet wird. Weiterhin ist es mit dieser physikalischen Definition nicht möglich, Leistungen im Bereich der informatorischen Arbeit zu erfassen.
Die Ergonomie betrachtet die Gesamtheit von Energieumsatz und Informationsverarbeitung zur Erreichung eines gesetzten Aufgabenzieles als Arbeitsleistung. Damit Arbeitsleistung möglich ist, bedarf es neben sachlichen Leistungsvoraussetzungen auch menschlichen Leistungsvoraussetzungen. Die bestimmenden Faktoren werden in Abbildung 4.4 dargestellt.

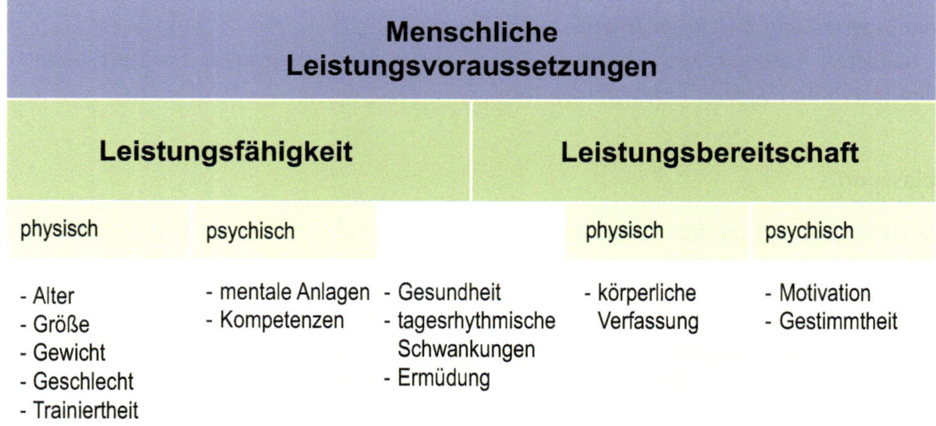

Abbildung 4.4: Faktoren der menschlichen Leistungsvoraussetzungen

Die menschlichen Leistungsvoraussetzungen sind in die Aspekte Leistungsfähigkeit und Leistungsbereitschaft unterteilt, die beide eine physische und eine psychische Komponente aufweisen. Die menschlichen Leistungsvoraussetzungen sind nicht konstant, sondern werden von mehreren Faktoren beeinflusst, welche physischer oder psychischer Natur sein können.
Die Faktoren „Gesundheit", „Tagesrhythmik" und „Ermüdung" besitzen physische und psychische Aspekte und beeinflussen sowohl Leistungsfähigkeit als auch Leistungsbereitschaft.

Beanspruchung

Je nach Leistungsvoraussetzungen wirkt die Belastung ganz unterschiedlich auf die arbeitende Person. Zusammenfassend kann gesagt werden, dass gleiche Belastung bei verschiedenen Menschen unterschiedliche Beanspruchungen zur Folge haben kann (vgl. Abbildung 4.5). Somit sind verschiedene Personen für eine bestimmte Tätigkeit unterschiedlich geeignet. Dies kann durch Personalauswahl oder Training beeinflusst werden.

Abbildung 4.5: Unterschiedliche Beanspruchung bei gleicher Belastung

Der Beanspruchungsbegriff ist dem aus der Festigkeitslehre bekannten Begriff der aus der Belastung resultierenden Beanspruchung (Spannung) adäquat. Die Problematik der Arbeitswissenschaft wird daran sichtbar, dass in der Festigkeitslehre in der Regel eindeutig eine zulässige Beanspruchung (Spannung) angegeben werden kann. Die Einmaligkeit des Menschen begrenzt hier die mathematisch-technische Erfassbarkeit.

Damit von den unterschiedlichen Belastungen auch auf die jeweils zugehörigen Beanspruchungen geschlossen werden kann, werden die unterschiedlichen Arten von Belastung und Beanspruchung, wie in Abbildung 4.6 dargestellt, systematisiert. Bei der Beanspruchungsermittlung gilt das Prinzip von Ursache (Belastung) und Wirkung (Beanspruchung).

Faktoren von außen (Belastungen): **Dosis = Höhe x Dauer**					
Arbeitssystem-element		**Form der Belastung**		**Bewertungsmöglichkeiten**	
		physisch	psychisch	quantitativ	qualitativ
Mikro-ebene	Aufgabe	Körperliche Arbeit (Kräfte, Lasten, ...)	Geistige Arbeit (Wiederholungsgrad, Komplexität, ...)	Messungen (N, kg, ...)	Beobachtung, Befragung, ...
Mikro-ebene	Arbeitsmittel	Maße, Kräfte, ...	Eingabe, Ausgabe, ...	Messungen (cm, N, ...)	Beobachtung, Befragung, ...
Mikro-ebene	Umwelt	Lärm, Klima, ...	Soziale Beziehungen, Führungsverhalten, ...	Messungen (dB (A), °C, ...)	Stimmungs-barometer, ...
Makro-ebene	Arbeits-organisation	Wege, (Takt-)Zeiten, ...	Kompetenzbereiche, Verantwortung, ...	Messungen (cm, min, ...)	Darstellung, Befragung, ...

Individuelle Leistungsvoraussetzungen (physisch und psychisch)

Individuelle menschliche Reaktion (Beanspruchung)					
Arbeitssystem-element		**Form der Beanspruchung**		**Bewertungsmöglichkeiten**	
		physisch	psychisch	quantitativ	qualitativ
Mikro-ebene	Mensch	Muskeln, Skelett, Haut, Herz-Kreislauf-Syst., ...	Wahrnehmen, Denken, Erinnern, ...	Messungen (EKG, Blutdruck, ...)	Beurteilung auf Basis bewerteter Belastungen

Abbildung 4.6: Belastungen und Beanspruchungen

Zwischen physischen und psychischen Beanspruchungen lässt sich oft nicht genau trennen – meist liegt eine kombinierte Beanspruchung vor.
Prinzipiell wird zwischen den beiden Typen „energetische Arbeit" und „informatorische Arbeit" unterschieden. Die Art der Arbeit wird weiter unterteilt in mechanische, motorische, reaktive, kombinative und kreative Arbeit. Entsprechend der Beanspruchung unterschiedlicher Organe oder Funktionen ergeben sich die in Abbildung 4.7 dargestellten Beanspruchungsarten.

Faktoren von außen (Belastungen): **Dosis = Höhe x Dauer**						
Arbeitssystemelement		**Belastungen**				
Aufgabe, Arbeitsmittel, Umwelt, Arbeits-organisation	Art der Arbeit	Energetische Arbeit			Informatorische Arbeit	
	Untersetzung	mechanisch	motorisch	reaktiv	kombinativ	kreativ
	Beispiele	Tragen	Montieren	Autofahren	Ausarbeiten	Entwickeln

Individuelle Leistungsvoraussetzungen (physisch und psychisch)

Individuelle menschliche Reaktion (Beanspruchung)						
Arbeitssystemelement		**Beanspruchungen**				
Mensch	Organ- bzw. Funktionsbe-anspruchung	Muskeln Skelett Atmung Kreislauf	Sinnesorgane Muskeln Kreislauf	Sinnesorgane Reaktions-, Merkfähigkeit Muskeln	Denk-, Merkfähigkeit Sinnesorgane	Schluss-folgerungs-, Denk-, Merkfähigkeit
	Form der Beanspruchung	physisch	kombiniert	kombiniert	psychisch	psychisch

Abbildung 4.7: Einteilung von Arbeit und Beanspruchungen

In der Regel ist der Mensch Belastungen ausgesetzt, die eine kombinierte Beanspruchung verursachen. Im Rahmen des Kapitels werden die physische und psychische Beanspruchung jedoch aus Gründen der Übersichtlichkeit getrennt voneinander betrachtet und vorgestellt.

Beanspruchungsfolgen

Beanspruchungen bringen kurz- und langfristige Folgen physischer und psychischer Natur mit sich, die positiv und/oder negativ sein können. Abbildung 4.8 macht den Zusammenhang anhand von Beispielen deutlich.

Faktoren von außen (Belastungen): **Dosis = Höhe x Dauer**					
Arbeitssystem-element		**Form der Belastung**		**Bewertungsmöglichkeiten**	
		physisch	psychisch	quantitativ	qualitativ
Mikro-ebene	Aufgabe	Körperliche Arbeit (Kräfte, Lasten, ...)	Geistige Arbeit (Wiederholungsgrad, Komplexität, ...)	Messungen (N, kg, ...)	Beobachtung, Befragung, ...
Mikro-ebene	Arbeitsmittel	Maße, Kräfte, ...	Eingabe, Ausgabe, ...	Messungen (cm, N, ...)	Beobachtung, Befragung, ...
Mikro-ebene	Umwelt	Lärm, Klima, ...	Soziale Beziehungen, Führungsverhalten, ...	Messungen (dB (A), °C, ...)	Stimmungs-barometer, ...
Makro-ebene	Arbeits-organisation	Wege, (Takt-)Zeiten, ...	Kompetenzbereiche, Verantwortung, ...	Messungen (cm, min, ...)	Darstellung, Befragung, ...

Individuelle Leistungsvoraussetzungen (physisch und psychisch)

Individuelle menschliche Reaktion (Beanspruchung)					
Arbeitssystem-element		**Form der Beanspruchung**		**Bewertungsmöglichkeiten**	
		physisch	psychisch	quantitativ	qualitativ
Mikro-ebene	Mensch	Muskeln, Skelett, Haut, Herz-Kreislauf-Syst., ...	Wahrnehmen, Denken, Erinnern, ...	Messungen (EKG, Blutdruck, ...)	Beurteilung auf Basis bewerteter Belastungen

Folgen der Beanspruchung					
Arbeitssystem-element		**Form der Beanspruchungsfolge**		**Bewertungsmöglichkeiten**	
		physisch	psychisch	quantitativ	qualitativ
Mikro-ebene	Mensch	Kurzfristige Folgen (Ermüdung, ...)	Kurzfristige Folgen (Aktivierung, Ermüdung, ...)	Messungen (EKG, Blutdruck, ...)	Beobachtung, Befragung, ...
		Langfristige Folgen (Muskelaufbau, Skeletterkrankung, ...)	Langfristige Folgen (Kompetenzerweiterung, psychische Erkrankungen, ...)	Medizinische Untersuchungen	

Abbildung 4.8: Belastungen, Beanspruchungen und Beanspruchungsfolgen

Es ist zu erkennen, dass sich die Folgen der Beanspruchungen auf die menschlichen Leistungsvoraussetzungen auswirken. Im positiven Fall kommt es zu Trainingseffekten und damit zu einer Verbesserung individueller Fertigkeiten und letztendlich einer erhöhten Leistungsfähigkeit.

Im negativen Fall werden die Leistungsvoraussetzungen durch die Entstehung von Krankheiten oder physischer wie psychischer Beschwerden negativ beeinflusst. Dies hat zur Folge, dass sich die Beanspruchungen bei gleichbleibenden Belastungen erhöhen.

Die geschilderten Wechselwirkungen müssen in das Belastungs-Beanspruchungs-Modell (Basismodell) integriert werden (vgl. Abbildung 4.9).

B 4.2 Physische Belastung und Beanspruchung

In diesem Kapitel rücken die verschiedenen Formen der physischen Belastung durch Arbeit und die daraus resultierenden Beanspruchungen in den Betrachtungsmittelpunkt.
Abschließend wird der Begriff der Dauerleistungsgrenze erläutert, dessen Kenntnis für die Gestaltung von Arbeitsaufgaben physischer Natur Voraussetzung ist. Weitere Faktoren, die sich den menschlichen Leistungsvoraussetzungen zuordnen lassen, wie Alter, Geschlecht und Trainiertheit wurden bereits im Kapitel 3 „Anthropometrische und biomechanische Gestaltung" vorgestellt.

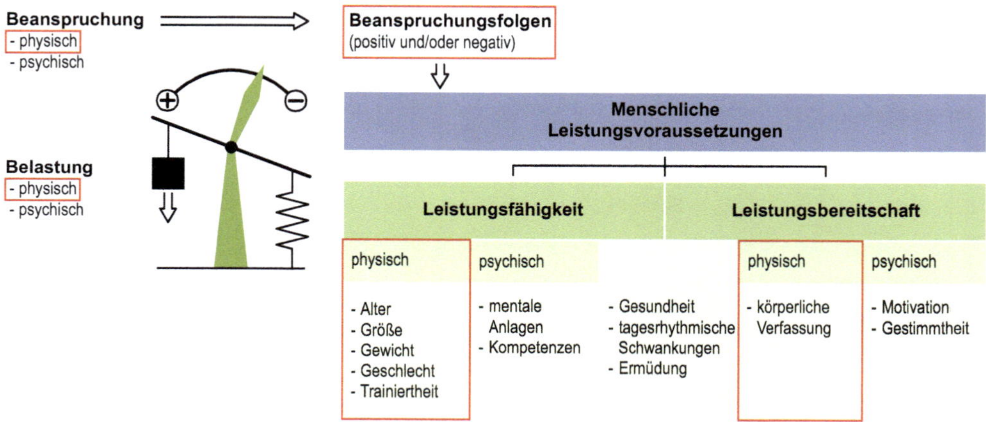

Abbildung 4.9: Physisches Belastungs-Beanspruchungs-Modell

Der Muskelarbeit werden Tätigkeiten zugeordnet, die mit der Erzeugung von Kräften bzw. der Umsetzung mechanischer Energie verbunden sind. Muskelarbeit wird auch als energetisch-effektorische Arbeit bezeichnet (Schlick, Bruder & Luczak, 2018).
Eine Möglichkeit, physische Belastungen durch Arbeit zu klassifizieren, besteht darin, dynamische von statischer Muskelarbeit zu trennen. Wesentlicher Unterschied zwischen beiden Arten der Belastung zeigt sich anhand grundsätzlich unterschiedlicher, physiologischer Beanspruchungsreaktionen beteiligter Muskeln.
Die Möglichkeit eines anderen Ansatzes zur Gliederung physischer Belastungsarten besteht in der Differenzierung zwischen Arbeitsbelastungen mit beteiligter und nicht beteiligter manueller Lastenhandhabung. Bei Belastung durch manuelle Lastenhandhabung steht die Beanspruchung der Wirbelsäule im Betrachtungsmittelpunkt. Im Abschnitt „Lastenhandhabung" auf Seite 190 wird auf diesen Belastungsfall genauer eingegangen.
Abbildung 4.10 verdeutlicht die beschriebene Einteilung physischer Belastungen.

Faktoren von außen (Belastungen): **Dosis = Höhe x Dauer**			
Arbeitssystemelement		**Physische Belastungen**	
Aufgabe, Arbeitsmittel, Umwelt, Arbeitsorganisation	Möglichkeiten der Unterscheidung der physischen Belastung	Statische/dynamische Muskelarbeit	Mit Lasthandhabung/ ohne Lasthandhabung

Individuelle Leistungsvoraussetzungen (physisch)

Individuelle menschliche Reaktion (Beanspruchung)			
Arbeitssystemelement		**Physische Beanspruchungen**	
Mensch	Betrachtete Beanspruchung	Muskeln und Herz-Kreislauf-System	Wirbelsäule

Abbildung 4.10: Einteilung physischer Belastungen

B 4.2.1 Statische und dynamische Muskelarbeit

In den kommenden Abschnitten werden zunächst statische und dynamische Muskelarbeit einzeln vorgestellt. Es folgt eine Zusammenführung, die eine Gliederung und Untersetzung für beide Arbeitsformen bietet.

Statische Muskelarbeit

Statische Arbeit wird durch eine lang andauernde Kontraktion charakterisiert. Der entstehende innere Druck im Muskelgewebe, der die Blutgefäße zusammenpresst, erschwert in Kombination mit der fehlenden Bewegung die Durchblutung des Muskels. Dies behindert den Muskelstoffwechsel, Zucker und Sauerstoff können nicht ausreichend zugeführt und Abbauprodukte des Stoffwechsels nicht vollständig abtransportiert werden. So kommt es zu einer schnellen Muskelermüdung und damit verbundenen Schmerzen. Bei längerer Wiederholung dieser Arbeitsform können zudem Abnutzungserscheinungen in Gelenken, Bändern und Sehnen auftreten.
Die Drosselung der Muskeldurchblutung steigt mit wachsender Kraftentfaltung an; bei etwa 60 % der Maximalkraft wird die Durchblutung praktisch unterbunden. Schon statische Kräfte im Bereich von mehr als 15 % der Maximalkraft können zu Muskelermüdungen und damit zu einer Begrenzung der möglichen Ausübungsdauer führen. Abbildung 4.11 zeigt den Zusammenhang zwischen Ausübungsdauer und ausgeübter statischer Muskelkraft.

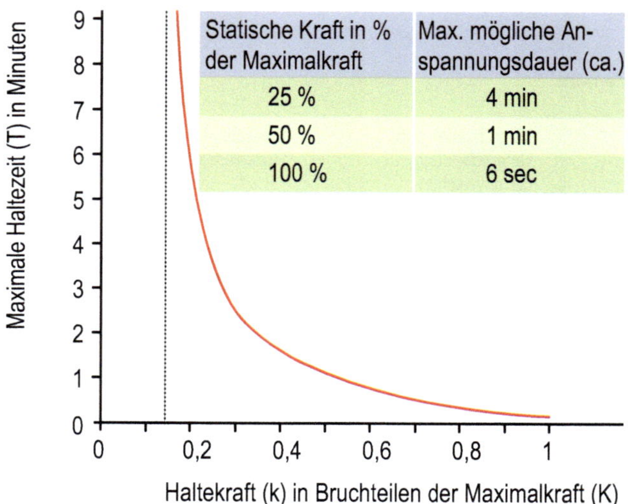

Abbildung 4.11: Maximale Ausdauer in Abhängigkeit von der statisch ausgeübten Muskelkraft (Grafik nach Rohmert, 1960, und Kamusella, 2003)

Die Werte zeigen, dass Maximalkraft nur für wenige Sekunden aufgebracht werden kann. Es kommt bei hohen Kräften schon nach wenigen Sekunden zu erheblichen statischen Belastungen oder Beanspruchungen. Bei mittlerem Kraftaufwand tritt dies nach ca. einer Minute und bei niedrigen Kräften bei ungefähr vier Minuten ein.
Soll Kraft länger andauernd oder wiederkehrend aufgebracht werden, sind Pausen mit völliger Muskelerschlaffung, geringer dimensionierte Kräfte und auch eine günstige Wahl des Kraftangriffspunktes (und dadurch wiederum geringere aufzuwendende Kräfte) entscheidende Maßnahmen für die Vermeidung von Muskelermüdung und Überlastung der Muskulatur.

Dynamische Muskelarbeit

Die dynamische Arbeit zeichnet eine rhythmische Folge von Kontraktion und Entspannung der arbeitenden Muskulatur aus. Der Muskel wirkt dabei wie ein Motor auf den Blutkreislauf: Die Kontraktion bewirkt eine Austreibung des Blutes, wohingegen die nachfolgende Entspannung eine erneute Blutfüllung des Muskels möglich macht. So wird die Blutzirkulation um ein Vielfaches erhöht: Der Muskel bekommt zehn- bis zwanzigmal mehr Blut als in Ruhestellung und wird dementsprechend mit Zucker und Sauerstoff versorgt, während Stoffwechselabbauprodukte nicht vollständig abtransportiert werden (Grandjean, 1991).
Deswegen kann eine dynamische Arbeit – bei geeignetem Rhythmus – im Gegensatz zur statischen Arbeitsform sehr lange ohne Ermüdung ausgeführt werden. In Abbildung 4.12 und Abbildung 4.13 wird die Durchblutung für beide Arbeitsformen vergleichend dargestellt.

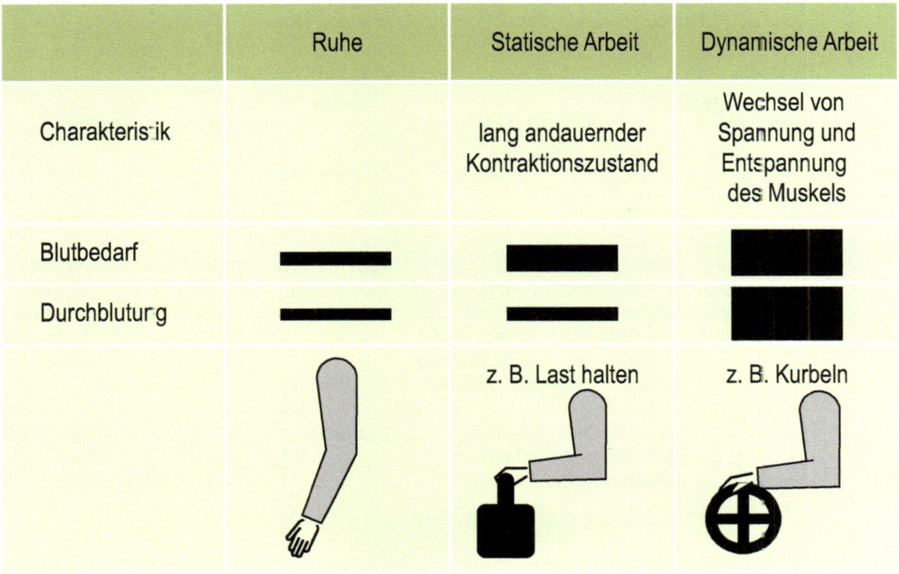

Ruhe
Statische Arbeit
Dynamische Arbeit
Charakteristik
lang andauernder Kontraktionszustand
Wechsel von Spannung und Entspannung des Muskels
Blutbedarf
Durchblutung
z. B. Last halten
z. B. Kurbeln

Abbildung 4.12: Belastungsarten des Muskels (nach Grandjean, 1991)

Kontraktion
Entspannung
Blutstromrichtung
Blutzufuhr gedrosselt

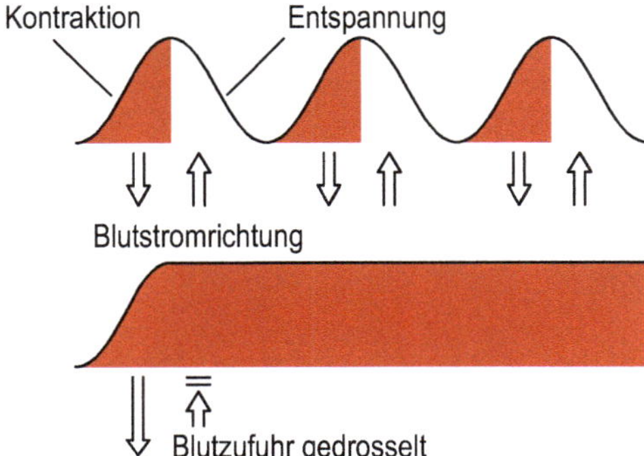

Abbildung 4.13: Muskeldurchblutung bei dynamischer und statischer Arbeit (Grandjean, 1991)

Übersicht: Muskelarbeit und ihre Untersetzungen

Beide Arbeitsformen – statisch und dynamisch – lassen sich nach Art der Belastung weiter untersetzen. So entstehen fünf von einander abgrenzbare Arbeitsformen, die unterschiedliche Beanspruchungen im menschlichen Körper hervorrufen. Im Sinne einer Engpassbetrachtung bestimmen diese Beanspruchungen die maximal mögliche Arbeitsdauer. Abbildung 4.14 gibt einen Überblick über die verschiedenen Formen der Muskelarbeit und zugehörige Beanspruchungscharakteristika.

Faktoren von außen (Belastungen)**: Dosis = Höhe x Dauer**						
Arbeitssystem-element		**Physische Belastungen**				
Aufgabe, Arbeitsmittel, Umwelt, Arbeits-organisation	Arbeitsform	Statische Muskelarbeit			Dynamische Muskelarbeit	
	Untersetzung/ Bezeichnung	Haltungsarbeit	Haltearbeit	Kontraktions-arbeit	Einseitige (dynamische) Arbeit	Schwere (dynamische) Arbeit
	Kennzeichen der Belastung	Keine Bewegungen von Gliedmaßen, keine Kräfte auf Werkstück oder Stellteile	Keine Bewegungen von Gliedmaßen, Kräfte an Werk-stück, Werkzeug oder Stellteilen	Folge statischer Kontraktionen	Kleine Muskel-gruppen mit relativ hoher Bewegungs-frequenz	Muskelgruppen > 1/7 der gesamten Skelettmuskel-masse
	Beispiele	Halten des Ober-körpers beim gebeugten Stehen	Überkopf-schweißen, Tragearbeiten	Gussputzen	Handhebel, Handpresse, Schere betätigen	Schaufelarbeit

Individuelle Leistungsvoraussetzungen (physisch)

Individuelle menschliche Reaktion (Beanspruchung)					
Arbeitssystem-element		**Physische Beanspruchungen**			
Mensch	Kennzeichen der Bean-spruchung	Durchblutung wird bereits bei Anspan-nung von 15 % der max. möglichen Kraft durch den Muskelinnendruck gedrosselt. Dadurch starke Beschränkung der max. möglichen Arbeitsdauer auf wenige Minuten.	Übergangs-bereich als Folge statischer Kontrak-tionen bei geringer Bewegungs-frequenz	Max. mögliche Arbeitsdauer durch Arbeits-fähigkeit des Muskels beschränkt	Begrenzung durch Leistungs-fähigkeit der Sauerstoffver-sorgung durch Kreislauf

Abbildung 4.14: Formen der Muskelarbeit

Als aktiv kraft- und energieerzeugende Organe werden hauptsächlich die Muskeln und das Herz-Kreislaufsystem belastet; die in Abbildung 4.14 aufgeführten Kennzeichnungen von Beanspruchungen konzentrieren sich deswegen auf diese Organe. Darüber hinaus werden allerdings auch immer Knochen, Gelenke, Sehnen und Bänder beansprucht, deren Schmerzrezeptoren eine hohe Empfindlichkeitsschwelle besitzen. Deswegen sind bei den passiven Elementen nur extrem hohe Beanspruchungen – dann aber sehr schmerzhaft – spürbar (Schlick et. al., 2018).

B 4.2.2 Lastenhandhabung

In dem vorangegangenen Abschnitt B 4.2.1 wurde erläutert, wie die verschiedenen Formen der Muskelarbeit auf die Muskulatur und das Herz-Kreislauf-System wirken. Folgend soll nun auf die Belastung des passiven Stützapparats eingegangen werden.
Die Gefahr einer Überbeanspruchung in diesem Bereich ist aufgrund der hohen Empfindlichkeitsschwelle der Schmerzrezeptoren vergleichsweise sehr hoch. Der Begrenzungsmechanismus, der bei den Muskeln und dem Herz-Kreislauf-System im Allgemeinen gut funktioniert, wirkt hier nicht in gleicher Weise. So kann es schnell zu einem leichtfertigen Umgang mit

den Beanspruchungen des Skelettsystems kommen. Erst durch Erkrankungen oder Schädigungen kommt es zu einer Herabsetzung der Belastbarkeitsgrenze und einer Verhinderung weiterer Beanspruchungen durch starke Schmerzen.
Im Mittelpunkt der Betrachtungen steht die Wirbelsäule als einzig tragendes Element des Rumpfes.

Aufbau und Funktion der Wirbelsäule

Von oben nach unten lässt sich die Wirbelsäule in fünf einzelne Abschnitte unterteilen, die aus Wirbeln zusammengesetzt sind. Hals-, Brust- und Lendenwirbelsäule umfassen 24 einzelne Wirbel (7, 12 und 5). Die fünf Wirbel des Kreuzbeins sind ebenso miteinander verschmolzen wie die Wirbelrudimente des Steißbeins.

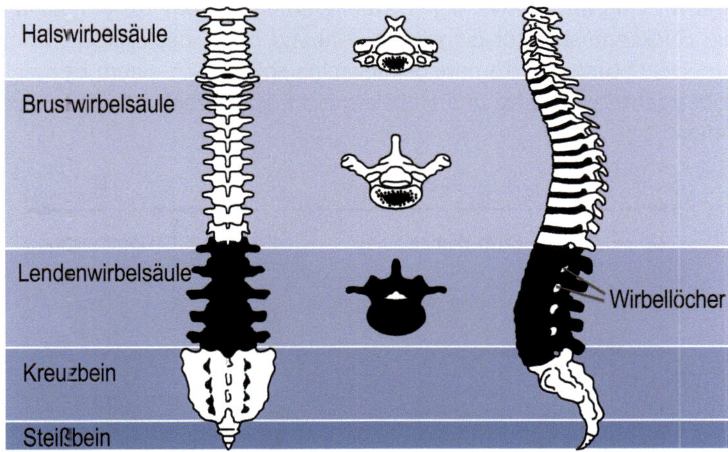

Abbildung 4.15: Aufbau der Wirbelsäule

Von den Wirbeln gehen Quer- und Dornfortsätze aus, die zum Ansatz von Muskeln und Bändern dienen. Die Fortsätze bilden Hebel und unterstützen auf diese Weise die Arbeit der verbundenen Muskeln.
Die Wirbellöcher bilden aneinander gereiht einen Kanal, der das Rückenmark umschließt und gegen Einwirkungen von außen schützt.
Während die Wirbelsäule von vorne und hinten betrachtet eine annähernd gerade Linie darstellt, fällt bei seitlicher Betrachtung die doppelt-S-förmige Krümmung auf. Diese kommt durch die unterschiedliche Krümmung der einzelnen Abschnitte der Wirbelsäule zustande: Die Halswirbelsäule ist konkav geformt und weist also eine Krümmung nach vorne auf, wohingegen die Brustwirbelsäule mit einer Krümmung nach hinten eine konvexe Form besitzt. Es schließt sich wiederum die konkave Lendenwirbelsäule an, worauf als nach hinten gekrümmte Einheit das Kreuz- und Steißbein folgen. Diese physiologische Form erlaubt der Wirbelsäule, die Funktion einer Feder zu übernehmen. Mit Hilfe der Bandscheiben können so Erschütterungen gedämpft und im Körper besser verteilt werden.

Die 23 Bandscheiben liegen zwischen den einzelnen Wirbeln. Sie bestehen aus einem äußeren Faserring, der einen weichen Gallertkern umschließt. Der Gallertkern zeichnet sich durch einen hohen Flüssigkeitsanteil aus und kann so als Stoßdämpfer fungieren. Mit Abschluss des Wachstums besitzen die Bandscheiben keine Blutgefäße mehr. Die Versorgung mit Energie und Nährstoffen erfolgt über physiologische Diffusion. Auf die gleiche Weise verlieren die Bandscheiben an Flüssigkeit, wenn Druck auf sie ausgeübt wird und werden dünner. Dies führt dazu, dass der Mensch während des Tags schrumpft; während des Schlafs (beim Liegen) werden die Bandscheiben entlastet und können die Flüssigkeit wieder aufnehmen. Der Stoffwechsel der Bandscheiben ist also bewegungsabhängig, Haltungskonstanz wirkt sich negativ auf den Stoffaustausch aus (Kamusella, 2003).
Bei der Handhabung von Lasten kommt es zu einer Hebelwirkung der äußeren Last, die die Wirbelsäule mit großen Momenten belastet. Die erzeugte Kraft in der Wirbelsäule hängt mit Momentenwirkung und notwendigen Stabilisierungskräften zusammen. Zur Stabilisierung wird die Rückenmuskulatur eingesetzt. Anhand eines idealisierten Momentengleichgewichts ohne Beachtung des Körpereigengewichts soll dies an einem Beispiel verdeutlicht werden. Die betrachteten Kräfte und Hebelarme an der Wirbelsäule lassen sich Abbildung 4.16 entnehmen.

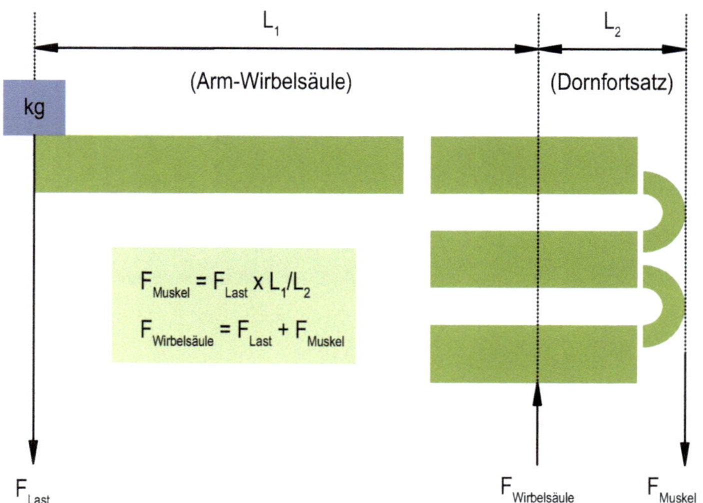

Abbildung 4.16: Idealisiertes Momentengleichgewicht (nach Kamusella, 2003)

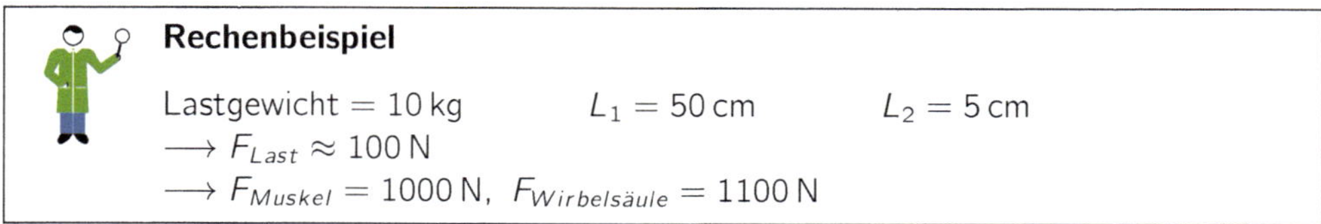

Rechenbeispiel

Lastgewicht = 10 kg $L_1 = 50\,\text{cm}$ $L_2 = 5\,\text{cm}$
$\longrightarrow F_{Last} \approx 100\,\text{N}$
$\longrightarrow F_{Muskel} = 1000\,\text{N}$, $F_{Wirbelsäule} = 1100\,\text{N}$

Das heißt, ein 10 kg schweres Gewicht, welches 50 cm vom Körper gehalten wird, entspräche einer senkrechten Last auf die Wirbelsäule von 110 kg ohne Körpereigengewicht (Kamusella, 2003).

Von möglichen negativen Konsequenzen aus dieser hohen Belastung werden vor allen Dingen die Bandscheiben betroffen. Aufgrund ihrer kleinen Fläche – die wirksame Fläche ist abhängig von der Körperhaltung und kann deutlich unter 10 cm^2 liegen – sind sie erheblichen Drücken ausgesetzt. Beim Heben mit gebeugtem Rücken entstehen darüber hinaus hohe innere Querkräfte wie in Abbildung 4.17 zu sehen. Schon durch das Körpereigengewicht ist die Wirbelsäule aufgrund der Hebelverhältnisse hoch belastet. Deshalb kommt einer physiologisch günstigen Steh- und insbesondere auch Sitzhaltung eine hohe Bedeutung zu.

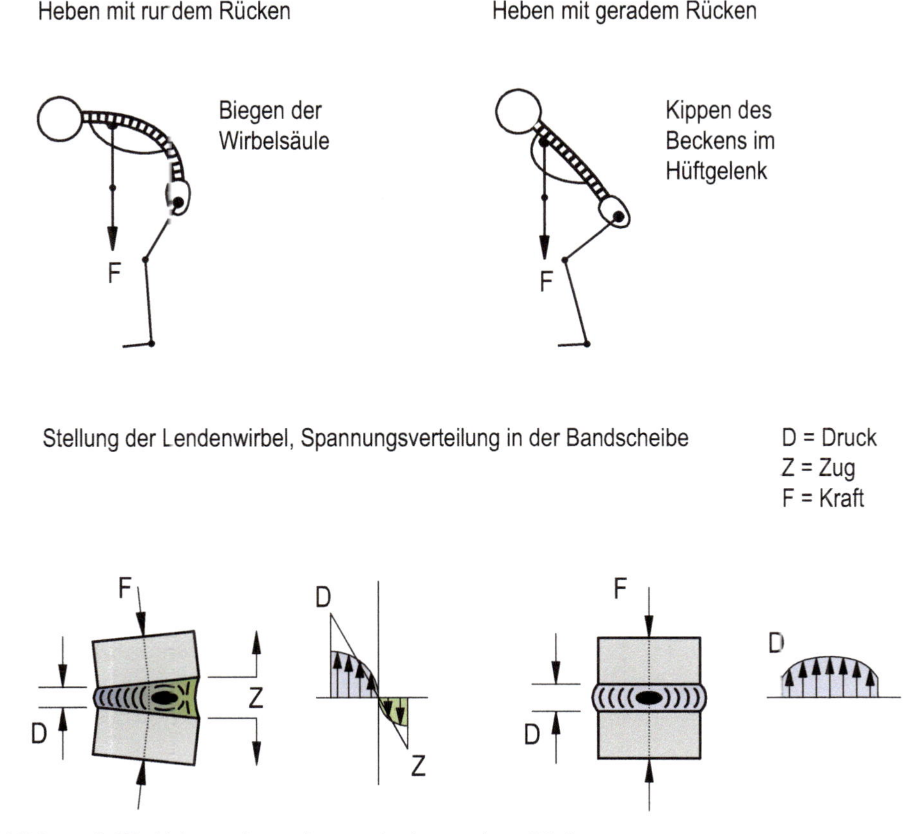

Abbildung 4.17: Heben mit rundem und mit geradem Rücken

Bei starker Belastung der Wirbelsäule rücken die Wirbel enger aneinander. Im Zuge von hohen Querkräften kann es so zu einem Bandscheibenvorfall (Prolaps) kommen. Beim Prolaps reißt der Faserring der Bandscheibe und die Bandscheibe drückt auf den Inhalt des Wirbelkanals und/oder die Nervenwurzel.

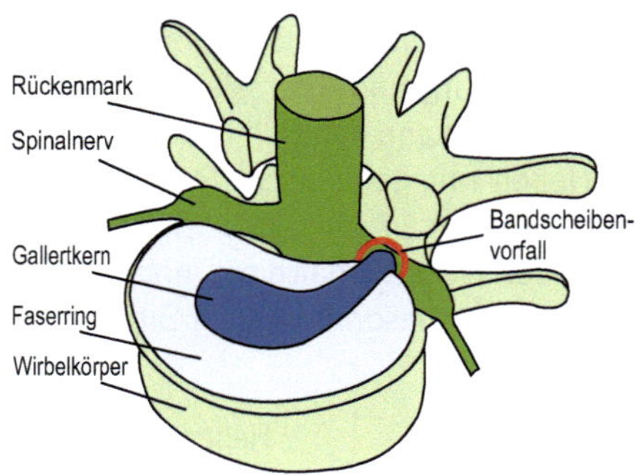

Abbildung 4.18: Bandscheibenvorfall (Home Health Products [hhp], 2021)

Belastungsfälle und Belastungsgrenzen

Der Belastungs- und Erkrankungsschwerpunkt liegt an der Lendenwirbelsäule im Bereich des Lenden-Kreuzbein-Übergangs. Daher wird die Druckkraft auf die unterste Bandscheibe „L5-S1" zwischen dem 5. Lenden- und 1. Kreuzbeinwirbel als Indikator der Belastung der Wirbelsäule berechnet.

Abbildung 4.19 zeigt ein biomechanisches Modell nach Jäger, Luttmann und Laurig (1989) für einen statischen beidseits symmetrischen Belastungsfall des Haltens eines Lastobjekts, bei dem körper- und lastinduzierte Belastungsmomente bestimmt werden.

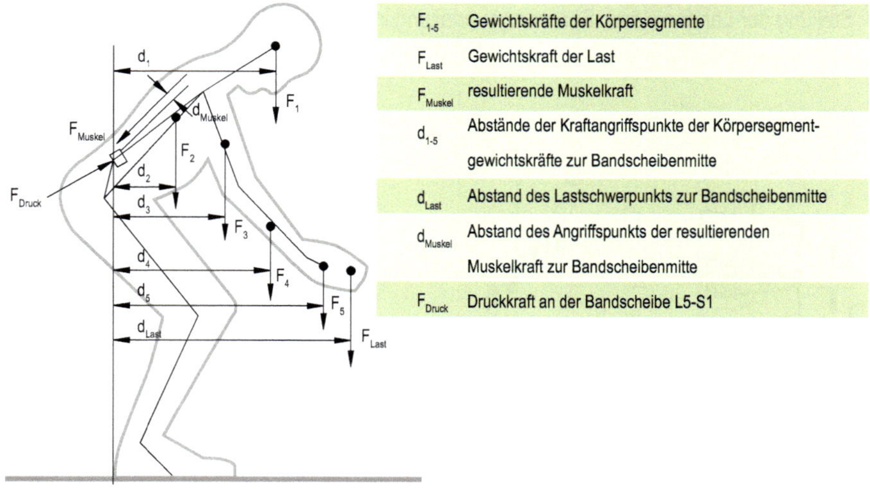

Abbildung 4.19: Prinzipdarstellung eines 2-dimensionalen biomechanischen Modells zur Bestimmung der Druckkraft an der Bandscheibe L5/S1 beim Halten eines Lastobjekts (nach Jäger et al., 1989)

Es wird deutlich, dass die Körperhaltung wesentlichen Einfluss auf den Gesamt-Hebelarm und die angreifenden Kräfte an L5-S1 besitzt. In Abbildung 4.20 lassen sich auftretende Druckkräfte beim Halten von Lasten für den Übergang von Lendenwirbelsäule zu Kreuzbein in Abhängigkeit von Gewicht und Rumpfneigungswinkel für verschiedene Armhaltungen einsehen.

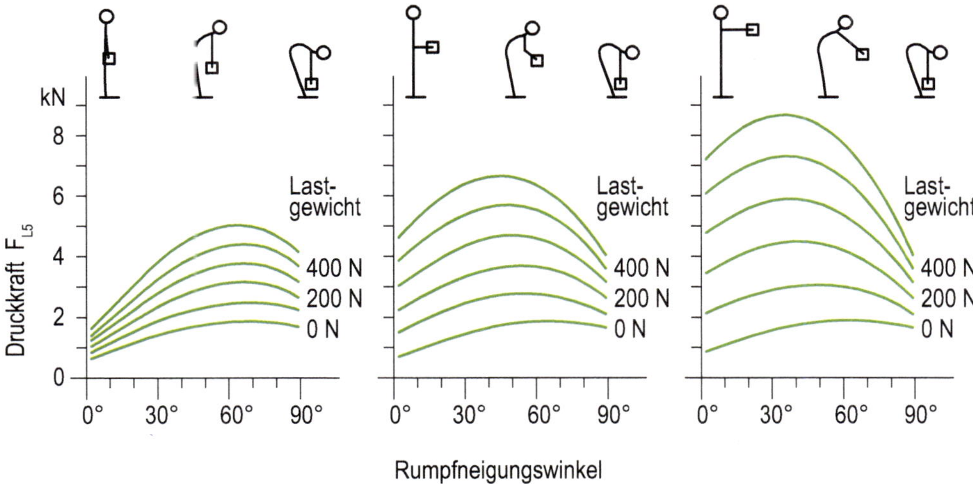

Abbildung 4.20: Druckkraft am Lenden-Kreuzbein-Übergang in Abhängigkeit von Armhaltung und Rumpfneigungswinkel beim Halten von Lasten (Jäger et al., 1989, S. 5)

Das linke Diagramm in Abbildung 4.20 zeigt, dass ein geringer sagittaler Abstand der Last zum Körper mit weniger hohen Druckkräften verbunden ist als ein körperfernes Hantieren. Je höher das Lastgewicht ist, umso größer sind die hervorgerufenen maximalen Druckkraftwerte. Mit zunehmendem Hebelarm steigen die maximalen Druckkräfte bereits bei kleineren Rumpfneigungswinkeln.

Neben den bereits geschilderten Einflussfaktoren auf die Belastung ist eine Vielzahl weiterer Ausführungsbedingungen zu beachten, die Einfluss auf die Belastungshöhe nehmen. Tabelle 4.2 gibt einen Überblick.

Tabelle 4.2: Ausführungsbedingungen mit Einfluss auf die Belastungshöhe

Last	**Dauer**
Zu schwer, zu groß	Kraftanstrengungen zu häufig, zu lange
Unhandlich	Unzureichende Erholungszeiten
Labiles Gleichgewicht	Fremdbestimmtes Arbeitstempo
	Ruckartige, hastige Bewegung
Bewegung	**Haltung**
Torsion des Rumpfes	Stark gebeugt
Zu große Trageentfernungen	Weit vom Körper entfernte Last
	Unsichere Körperhaltung

Umgebung
Ungünstige klimatische Bedingungen
Instabiler Boden oder Abstützpunkt
Lastbewegung über verschiedene Höhenunterschiede
Unebener, rutschiger Boden
Räumliche Enge

Die Belastungshöhe hängt nicht nur von der Lastmasse oder von Kriterien der Last allein ab, vielmehr wirken die Ausführungsbedingungen, die durch die Art der Tätigkeit geprägt werden, komplex zusammen. Die geometrischen Bedingungen, die Haltung und Bewegung bestimmen, beeinflussen die Belastung ebenso wie die Umgebungs- und die durch das technische System geprägten Bedingungen.
In Tabelle 4.3 ist mit den sog. Dortmunder Richtwerten ein Kriterium für die Bewertung physischer Belastungen genannt. Für den Bereich Lendenwirbelsäule verkörpern diese Richtwerte Empfehlungen zur maximalen Kompressionsbelastung an lumbalen Wirbelkörpern und Bandscheiben. Die Werte variieren zwischen Älteren und Jüngeren sowie zwischen Männern und Frauen. Für Ältere und Frauen wird eine niedrigere Maximalbelastung empfohlen.

Tabelle 4.3: Revidierte Dortmunder Richtwerte - Empfehlungen zu maximalen Kompressionskräften an lumbalen Bandscheiben und Wirbelkörpern beim Handhaben von Lasten (DGUV, 2020, Teil C – S. 22)

Alter	Frauen	Männer
20 Jahre	4100 N	5400 N
30 Jahre	3800 N	5000 N
40 Jahre	3100 N	4000 N
50 Jahre	2400 N	3100 N
> 60 Jahre	1800 N	2200 N

B 4.2.3 Dauerleistungsgrenze (DLG)

Bei der Gestaltung von Arbeitsaufgaben steht der Mensch als Ausführender im Mittelpunkt der Gestaltungsaufgabe. Damit eine Überforderung ausgeschlossen werden kann, wurde in der Arbeitswissenschaft der Begriff der Dauerleistungsgrenze geprägt.

Dauerleistungsgrenze

Die Dauerleistungsgrenze kennzeichnet eine Leistung bzw. Beanspruchung des Menschen, die ohne nennenswerte Arbeitsermüdung und ohne gesundheitliche Schäden arbeitstäglich auf Dauer erbracht werden kann (REFA, 2013).

Ein Beispiel für die DLG bei energetisch-effektorischen Tätigkeiten ist die „Energetische Dauerleistungsgrenze" für muskuläre Arbeit, die für trainierte Männer bei ca. 17 kJ/min liegt. Dauerleistungsgrenzen müssen, da sie von menschlichen Parametern abhängen, auch auf die Belastungszeit bezogen werden. So beträgt die Dauerleistungsgrenze bei dynamischer Muskelarbeit am Fahrradergometer 0,2 kW bei 8 Stunden Belastung und 0,7 kW bei ca. 5 Minuten Belastung. Die Höchstleistung von 4,4 kW kann nur ca. 10 Sekunden lang erbracht werden.
Für eine ausgeglichene Energiebilanz muss eine den Erfordernissen entsprechende Nahrungsmenge aufgenommen werden. Zur Orientierung ist dazu der Energiegehalt einiger Lebensmittel unserer Nahrung in Tabelle 4.4 angegeben.

Tabelle 4.4: Beispiele für Kalorien (Nestlé Deutschland AG, 2006)

Soviel Kalorien enthält	**kcal**	**Diese werden verbraucht bei**
1 Scheibe Brot mit Butter und Käse	185	55 min Federball
100g Müsli mit Milch	560	60 min Schwimmen
1 Currywurst mit Pommes Frites	1030	200 min Tennis
1 Steak mit Kräuterbutter und Kartoffeln	800	80 min Fussball
1 Fertigpizza	650	210 min Spaziergang
1 Buttercremetorte	410	80 min Tischtennis
1 Eisbecher mit Sahne und Früchten	400	100 min Kegeln
150 g Kartoffelchips	1000	120 min Schneeschippen
1 Tafel Schokolade	580	60 min Joggen
1 Tasse Kaffee mit Milch und Zucker	45	10 min Tischtennis
1 Glas Bier oder Cola	90	60 min Staubsaugen
1 Piccolo Sekt	180	12 min Aerobic

Wird die Dauerleistungsgrenze überschritten, sind Erholungspausen vorzusehen. Bei einer Belastung oberhalb der Dauerleistungsgrenze steigt die Pulsfrequenz permanent an. Dies ist ein Indiz für eine zu hohe Beanspruchung. In der Folge davon ist die Erholungsdauer unverhältnismäßig lang und somit auch unwirtschaftlich. Üblicherweise wird von einem Ruhepuls von ca. 70 Schlägen je Minute und von einem Arbeitspuls, der maximal 30 Schläge je Minute über dem Ruhepuls liegt, ausgegangen.
Insgesamt sind die Dauerleistungsgrenzen sehr vorsichtig zu verwenden, da von einem Durchschnittswert auf eine für die Arbeitsperson erträgliche Beanspruchung geschlossen wird. Diese Problematik wird entschärft, wenn Dauerleistungsgrenzwerte individuell ermittelt werden oder wenn zumindest die individuelle Maximalleistung ermittelt wird und daraus der Dauerleistungsgrenzwert als Prozentsatz der Maximalleistung berechnet wird.
Es gelten folgende orientierende Angaben für die DLG:

- statische Kraft: 0.1 – 0.15 F_{max}, vgl. Abbildung 4.11,
- dynamische Kraft: 0.3 F_{max}.

Rohmert (1967) führte Ausdauerversuche für die verschiedenen Arbeitsformen statische Haltearbeit, Kontraktionsarbeit und schwere dynamische Muskelarbeit durch. Im Vorfeld der Versuche wurde für jede Versuchsperson die individuelle Dauerleistungsgrenze ermittelt und überprüft. Abbildung 4.21 fasst die Versuchsergebnisse in einem Diagramm zusammen.

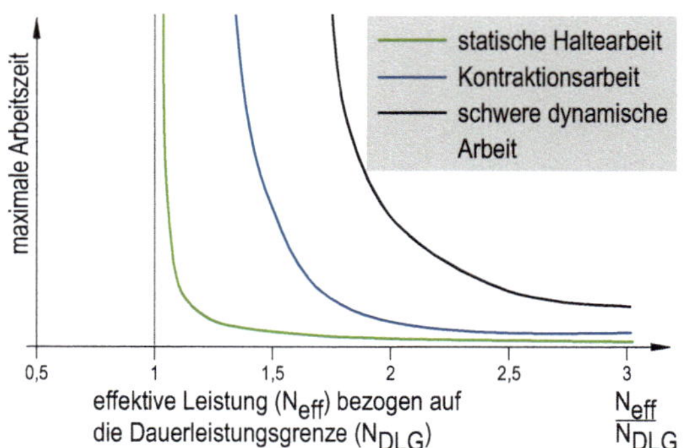

Abbildung 4.21: Grenzen der Ausdauer bei Muskelarbeit (nach Rohmert, 1967)

Die Versuche zeigen, dass deutliche Unterschiede bzgl. der Ausdauer für die einzelnen Muskelarbeitsformen bei gleichem Verhältnis zur Dauerleistungsgrenze zu verzeichnen sind. Je höher der Anteil von statischer Haltearbeit bzw. statischer Kontraktionsarbeit an einer Arbeitsform ist, desto ungünstiger muss diese im Hinblick auf die maximale Ausdauer beurteilt werden.

B 4.3 Psychische Belastung und Beanspruchung

Nach Betrachtung von physischer Arbeit und ihren Auswirkungen auf den Menschen erfolgt an dieser Stelle eine Auseinandersetzung mit den psychischen Faktoren im Belastungs-Beanspruchungs-Modell.

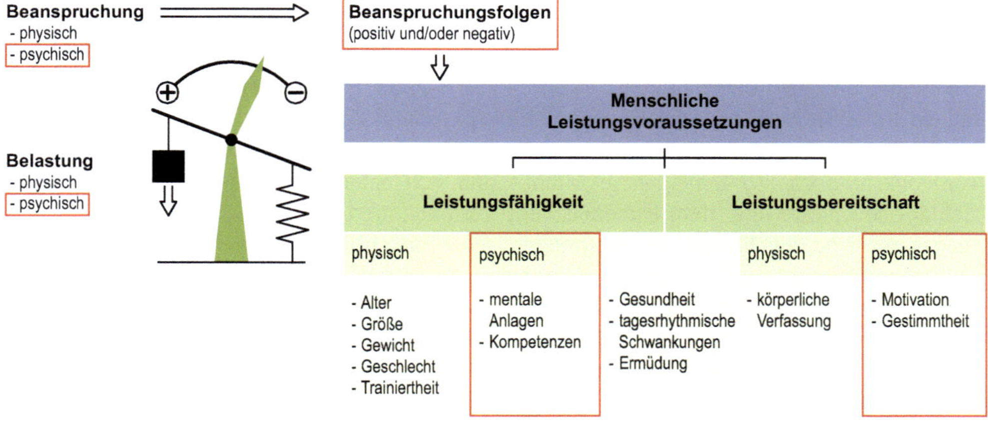

Abbildung 4.22: Psychisches Belastungs-Beanspruchungs-Modell

Psychische Belastung

Psychische Belastung ist die Gesamtheit aller erfassbaren Einflüsse, die von außen auf den Menschen zukommen und psychisch auf ihn einwirken (DIN EN ISO 10075-1, 2017).

Zu diesen Einflüssen zählen aus dem Arbeitssystem herrührende Faktoren, die die psychische Leistungsfähigkeit der Beschäftigten in Anspruch nehmen, z. B. deren Aufmerksamkeit, Konzentrationsvermögen, Intellekt und Emotionen. Folgen (Beanspruchungen) können sowohl positiv (z. B. Anregung) als auch negativ (z. B. Über- oder Unterforderung) sein. Einflüsse aus den privaten Lebensumständen werden in dem in Abschnitt B 4.4.1 vorgestellten Work-Life-Balance-Modell mit berücksichtigt.

Faktoren von außen (Belastungen): **Dosis = Höhe x Dauer**		
Arbeitssystemelement		**Psychische Belastungen**
Mikro-ebene	Aufgabe	Anforderungen, Daueraufmerksamkeit, Aufgabeninhalt (Steuerung, Planung, Ausführung, Bewertung)
Mikro-ebene	Arbeitsmittel	Kompatibilität, intuitive Gestaltung, Funktionsstörungen, Informationsaufnahme
Mikro-ebene	Physikalische Umwelt	Lärm, Hitze, Kälte, Beleuchtung, Geruch
	Soziale Umwelt	Betriebsklima, soziale Kontakte
Makro-ebene	Arbeitsorganisation Ablauf	Arbeitstempo, Zeitvorgaben
	Arbeitsorganisation Aufbau	Verantwortung, Führungskultur

Abbildung 4.23: Beispiele für psychische Belastungen

Die Gesamtheit aller auftretenden Belastungsfaktoren verursacht eine psychische Beanspruchung, die von der individuellen Leistungsvoraussetzung des Betroffenen abhängt.

Psychische Beanspruchung

Unter psychischer Beanspruchung wird die individuelle und unmittelbare Auswirkung psychischer Belastungen auf den Beschäftigten verstanden.

Die Beanspruchung hängt u. a. von den Persönlichkeitsmerkmalen bzw. Fähigkeiten der Person, ihren Einschätzungen, Bewertungen und Bewältigungsversuchen ab. Bekannte Beanspruchungsfolgen sind psychische Ermüdung, ermüdungsähnliche Zustände und Stress (vgl. Abbildung 4.24).

B 4.3.1 Auswirkungen von psychischer Belastung und Beanspruchung

Folgen der Beanspruchung müssen nicht unbedingt negativ sein (vgl. Abbildung 4.24). Aktivierungs- und Lerneffekte können längerfristig zu einer Weiterentwicklung bzw. zu Kompetenzerwerb führen. Daher geht es bei der Gestaltung von Arbeitsaufgaben nicht darum, Belastungen bzw. Beanspruchungen grundsätzlich zu minimieren; vielmehr sollen optimale Formen der Beanspruchung erzielt werden.

Folgen der Beanspruchung								
Arbeitssystemelement		Kurzfristige Folgen psychischer Beanspruchung						
Mensch	Untersetzungen der kurzfristigen Folgen	Anregung		Beeinträchtigung (Fehlbeanspruchung)				
		Aufwärmung	Aktivierung	Psychische Ermüdung	Ermüdungsähnliche Zustände			Stress
					Monotonie	Herabgesetzte Wachsamkeit	Psychische Sättigung	

Abbildung 4.24: Kurzfristige Folgen psychischer Beanspruchung (nach DIN EN ISO 10075-1, 2017)

Psychische Beanspruchungen können sich also sowohl positiv als auch negativ auswirken. Die in Abbildung 4.24 aufgeführten Folgen werden im kommenden Abschnitt vorgestellt.

Anregung (positive Folgen psychischer Beanspruchungen)

Aufwärmung Vergleichbar mit dem Warmmachen beim Sport, wird eine geistige Tätigkeit nach kurzer Zeit mit weniger Anstrengung als zu Beginn ausgeführt. Es wird deswegen von einer Aufwärmung gesprochen.

Aktivierung Die DIN EN ISO 10075-1 (2017) definiert die Aktivierung als inneren Zustand mit unterschiedlich hoher körperlicher und psychischer Funktionstüchtigkeit. Es wird angemerkt, dass psychische Beanspruchung je nach ihrer Dauer und Intensität zu unterschiedlichen Graden der Aktivierung führen kann. Es gibt da einen Bereich der optimalen (d. h. weder zu geringen noch zu hohen) Aktivierung, der höchste Funktionstüchtigkeit sicherstellt.

Beeinträchtigung (negative Folgen psychischer Beanspruchungen)

Psychische Ermüdung Psychische Ermüdung ist die vorübergehende Beeinträchtigung der Leistungsfähigkeit eines Menschen, die von Intensität, Dauer und Verlauf der vorangegangenen Beanspruchung abhängt. Mögliche Folgen sind erhöhter Zeitbedarf für Handlungen, Bewegungsfehler wie Fehlgreifen, Fehltreten oder Vergessen von wichtigen Informationen. Erholung von psychischer Ermüdung kann durch eine zeitliche Unterbrechung der Tätigkeit erfolgen.

Monotonie, herabgesetzte Wachsamkeit und psychische Sättigung Hierbei handelt es sich um Zustände, die der psychischen Ermüdung ähnlich sind, jedoch durch eine andere Reizstruktur verschwinden. Monotonie entsteht bei lang andauernden eintönigen und sich wiederholenden Arbeitsaufgaben mit geringen Anforderungen. Herabgesetzte Wachsamkeit entsteht bei Aufgaben, bei denen Daueraufmerksamkeit notwendig ist, wie z. B. Beobachtungsaufgaben. Psychische Sättigung entsteht bei Tätigkeiten, die durch eine affektbetonte Ablehnung und Widerwillen gekennzeichnet sind.

Stress Eine Stressreaktion ist der Zustand im Menschen, welcher durch erhöhte psychische (einschließlich kognitiver und emotionaler Komponenten) und/oder physische Aktivierung gekennzeichnet ist, die aus seiner negativen Beurteilung der auf diese Person einwirkenden psychischen Belastung als Bedrohung seiner Ziele und/oder Werte resultiert (DIN EN ISO 10075-1). Mögliche Folgen sind Befindlichkeitsstörungen, Angstzustände, hoher Blutdruck, nervöse Magenschmerzen, steigendes Herzinfarktrisiko, sinkende Leistung und erhöhte Fehleranzahl. Abbildung 4.25 gibt die physiologischen Prozesse bei Stress wieder.

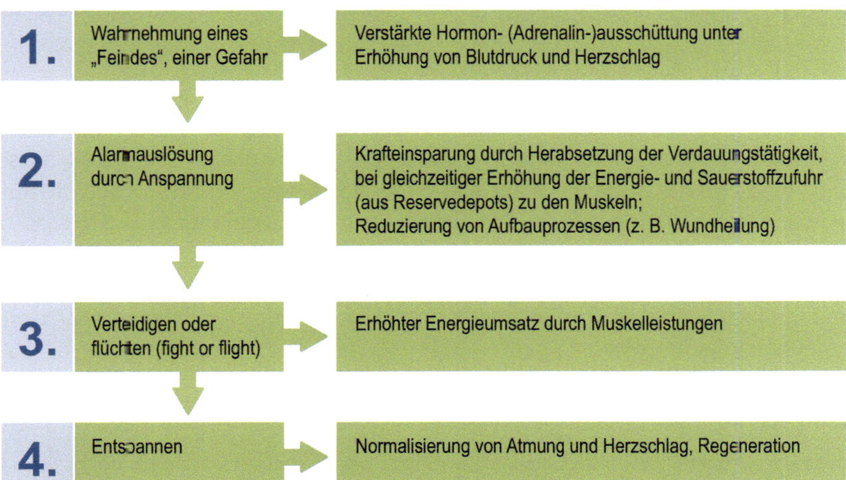

Abbildung 4.25: Physiologische Prozesse bei Stress

Stress wird im Alltag häufig synonym mit psychischen Belastungen verwendet. Jedoch nicht alle psychischen Belastungen führen zu Stress. Psychische Belastungen, die Stress auslösen, werden Stressoren genannt. Erst die Reaktion auf Stressoren wie Zeitdruck, Informationsmangel, häufige Störungen und Unterbrechungen der Arbeit sowie widersprüchliche Anweisungen sollen mit dem Begriff Stress belegt werden.
Im Wandel der Zeit sind die Stressoren weniger physischer Natur geworden, sondern mehr psychischer Art. Die Reaktion des Körpers ist jedoch wie bereits dargestellt physiologisch. Für die Stressbewältigung lassen sich drei Kategorien von Maßnahmen beschreiben, die sich durch ihren Anwendungszeitpunkt bezogen auf die Stresssituation unterscheiden lassen. Sie werden in Abbildung 4.26 dargestellt.

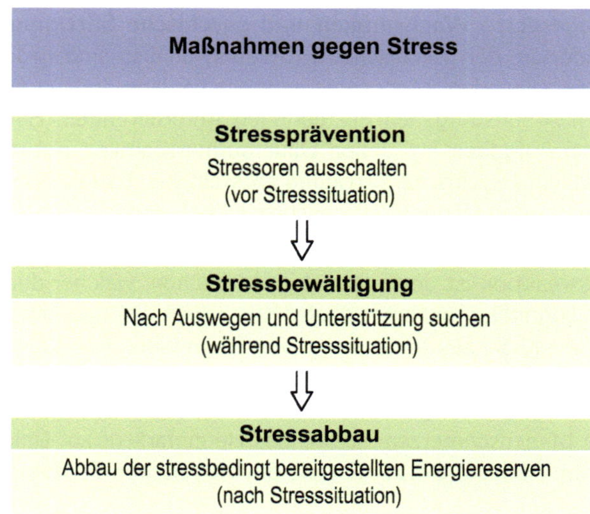

Abbildung 4.26: Maßnahmen gegen Stress

Die Maßnahmen sind in der Abbildung nicht nur zeitlich geordnet. Es kann ihnen auch eine Prioritäten-Rangliste zugewiesen werden. Bei der Gestaltung von Arbeitsaufgaben sollten immer bevorzugt Maßnahmen angestrebt werden, die mögliche Stressoren ausschalten und somit die Stresssituation gar nicht erst entstehen lassen. Erst wenn auch Maßnahmen während der Stresssituation wirkungslos bleiben, sollten Maßnahmen zum Stressabbau zum Einsatz kommen.
Langfristige Folgen der psychischen Belastung sind als Übung oder Weiterentwicklung der Fähigkeiten positiv oder als Erkrankungen negativ wirksam. In Abbildung 4.27 werden die Zusammenhänge aufgezeigt.

Folgen der Beanspruchung			
Arbeitssystemelement		**Langfristige Folgen psychischer Beanspruchung**	
Mensch	Beispiele für positive und negative langfristige Folgen	Positive Folgen	Negative Folgen
		- Weiterentwicklung von Fähigkeiten - Übung - Wohlbefinden - Gesunderhaltung	- Allgemeine psychosomatische Störungen und Erkrankungen (u. a. Verdauungsbeschwerden, Herzbeschwerden, Kopfschmerzen) - Ausgebranntsein (Burnout) - Fehlzeiten, Fluktuation, Frühverrentung

Abbildung 4.27: Langfristige Folgen psychischer Beanspruchung

Wie im Zuge der Erläuterungen zum Belastungs-Beanspruchungs-Modell im Abschnitt B 4.1 beschrieben wurde, sind Beanspruchungen und deren Folgen stets abhängig von den menschlichen Leistungsvoraussetzungen, die sich aus Leistungsfähigkeit und Leistungsbereitschaft zusammensetzen. Eine Verbesserung der Leistungsbereitschaft kann demzufolge einen Beitrag dazu leisten, beschriebene Beanspruchungen zu reduzieren. Die menschliche Leistungsbereitschaft wird maßgeblich von der jeweiligen Motivation der betrachteten Person beeinflusst.

B 4.3.2 Motivationsmodelle

Motivation wird als das auf Emotionen basierende Streben nach Zielen erklärt. Sie kann deswegen als maßgebliche Einflussgröße auf die menschliche Leistungsbereitschaft bezeichnet werden. Im Sinne von Arbeitsmotivation kann Motivation zur Erklärung folgender Verhaltensweisen genutzt werden (Gebert & von Rosenstiel, 2002):

- die inhaltliche Ausrichtung des arbeitsbezogenen Verhaltens (Warum setzt sich die Person gerade mit dieser Aufgabe und mit keiner anderen auseinander?),
- die Intensität des arbeitsbezogenen Verhaltens (Wieso zeigt die Person diesen Grad an Einsatz?),
- die Zeitdauer des arbeitsbezogenen Verhaltens (Wieso widmet die Person der Aufgabe diese Zeitdauer?).

Da das Arbeitsergebnis von einer Vielzahl weiterer Faktoren abhängig ist (Fähigkeiten, Arbeitssituation), kann es nicht als geeignetes Kriterium für die Arbeitsmotivation bezeichnet werden.
Es ist demzufolge zweckmäßig, den Begriff Arbeitsmotivation lediglich als Erklärung der aufgeführten aufgabenbezogenen Verhaltensweisen zu nutzen.
Die verschiedenen Theorien zur Arbeitsmotivation können in Inhaltstheorien und Prozesstheorien eingeteilt werden (vgl. Abbildung 4.28).

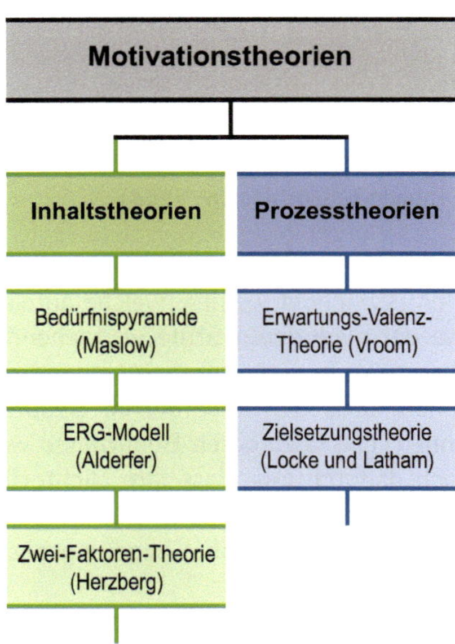

Abbildung 4.28: Einteilung von Motivationstheorien

Während Inhaltstheorien sich vor allen Dingen auf Motivinhalte und auf die Erklärung konzentrieren, welche Variablen bei Personen Verhalten auslösen, beschäftigen sich Prozesstheorien mit der Fragestellung, wie Arbeitsverhalten initiiert, erhalten und beendet wird (Hentze & Graf, 2005). Im Folgenden werden die in Abbildung 4.28 aufgeführten Motivationstheorien beispielhaft vorgestellt.

Inhaltstheorien

Um vorhersagen zu können, welche Ereignisse verhaltensrelevant werden können, sind Kenntnisse über Motivinhalte notwendig. Bei der Vielzahl der möglichen relevanten Ereignisse ist eine Motiveinteilung in Motivklassen sinnvoll. Nachfolgend werden drei Modelle vorgestellt, die verschiedene Klassifizierungen von Motiven bieten.

Die Bedürfnispyramide nach Maslow Maslow (1954) hat mit seiner Bedürfnispyramide eine Motiveinteilung in fünf Motivklassen vorgenommen (vgl. Abbildung 4.29).

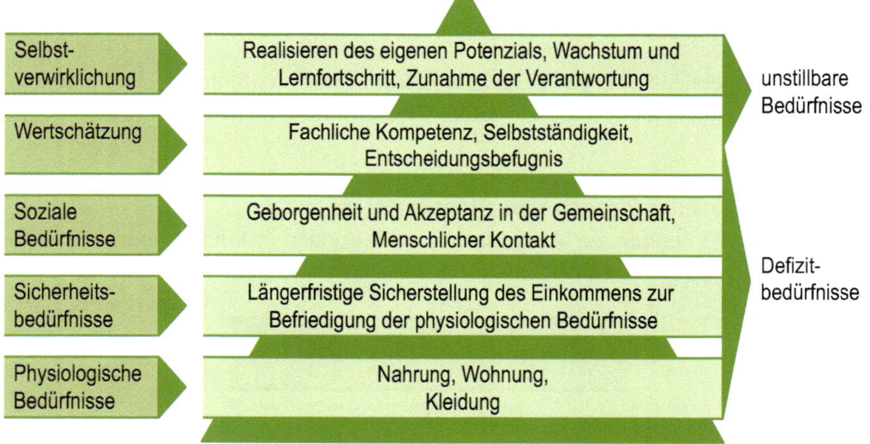

Abbildung 4.29: Bedürfnispyramide (nach Maslow, 1954)

Er nimmt eine hierarchische Beziehung der Motive untereinander an. Die Motivklassen können somit auch als Stufen bezeichnet werden, welche aufeinander aufbauen. Erst wenn der Mensch die Bedürfnisse der niedrigeren Stufe weitgehend befriedigt hat, werden die Bedürfnisse der nächst höheren Stufe verhaltensbestimmend.

Es lässt sich zudem erkennen, dass die aufgeführten Bedürfnisse in zwei Gruppen zusammengefasst werden können. Die niedrigeren Bedürfnisse werden als Defizitbedürfnisse bezeichnet und zeichnen sich dadurch aus, dass ihre Nichterfüllung Krankheit hervorruft und ihre Erfüllung Krankheit vermeidet (Gebert & von Rosenstiel, 2002). Sie können befriedigt werden und verlieren in diesem Falle ihre handlungsbestimmende Wirkung auf den Menschen.

Zu besserer Gesundheit führt die Befriedigung höherer Bedürfnisse (Weiner, 1994). Diese Wachstumsbedürfnisse werden auch unstillbare Bedürfnisse genannt, da es dem Menschen nicht gelingen kann, sie endgültig zu befriedigen.

Das ERG-Modell von Alderfer Bei diesem Modell handelt es sich um eine Modifikation der maslowschen Bedürfnispyramide.
Alderfer (1974) unterscheidet zwischen folgenden drei Motivklassen:

- E für existence = Existenzbedürfnisse,
- R für relatedness = Beziehungsbedürfnisse,
- G für growth = Wachstumsbedürfnisse.

Darüber hinaus gelten für Alderfer folgende vier Dominanzprinzipien:

- Frustrations-Hypothese
  Ein unbefriedigtes Bedürfnis wird dominant.
- Frustrations-Regressions-Hypothese
  Ist ein Bedürfnis nicht zu befriedigen, wird das hierarchisch niedrigere dominant (im Gegensatz zu Maslow).
- Befriedigungs-Progressions-Hypothese
  Wird ein Bedürfnis befriedigt, wird das hierarchisch höhere dominant (im Sinne von Maslow).
- Frustrations-Progressions-Hypothese
  Auch nicht befriedigte Bedürfnisse (Scheitern, Misserfolgserlebnisse) können mit der Zeit zur Persönlichkeitsentwicklung beitragen und höhere Bedürfnisse aktivieren.

Zentraler Unterschied zu Maslow ist, dass die Bedürfnisse nicht in Stufen angeordnet sind, sondern eher auf einem Kontinuum. Nach Alderfer müssen nicht erst die unteren Bedürfnisse befriedigt sein, damit höhere Bedürfnisse Motivkraft erlangen. Im Gegensatz zu Maslow können befriedigte Bedürfnisse nach wie vor aktiv wirken. Das Modell ist also offener als die Pyramide von Maslow (Klein, 2008).

Die Zwei-Faktoren-Theorie nach Herzberg Im Gegensatz zu den allgemein gefassten Inhaltstheorien von Maslow und Alderfer beschäftigt sich die Zwei-Faktoren-Theorie speziell mit der Arbeitsmotivation.
Herzberg, Mausner und Snyderman (1993) unterscheiden zwei Gruppen von Faktoren, die die Arbeitseinstellung des Menschen beeinflussen.
Die erste Gruppe wird „Satisfiers" oder auch „Motivatoren" genannt und beinhaltet Zufriedenheit bewirkende Faktoren. Im Gegensatz dazu bewirkt die zweite Gruppe Unzufriedenheit und trägt deswegen den Namen „Dissatisfiers" oder „Hygienefaktoren" (vgl. Abbildung 4.30). Aus diesen Definitionen lässt sich entnehmen, dass nach Herzberg das Gegenteil von Zufriedenheit nicht Unzufriedenheit, sondern das Fehlen von Zufriedenheit ist. Zufriedenheit und Unzufriedenheit müssen also als zwei voneinander unabhängige Dimensionen betrachtet werden.
Durch Beeinflussung der Hygienefaktoren kann dementsprechend lediglich Unzufriedenheit verhindert werden. Zufriedenheit kann ausschließlich über die den Motivatoren zugeordneten Faktoren erlangt werden. Bei Betrachtung von Abbildung 4.30 fällt auf, dass sich die Hygienefaktoren der Arbeitsumwelt und die Motivatoren dem Arbeitsinhalt zuordnen lassen.

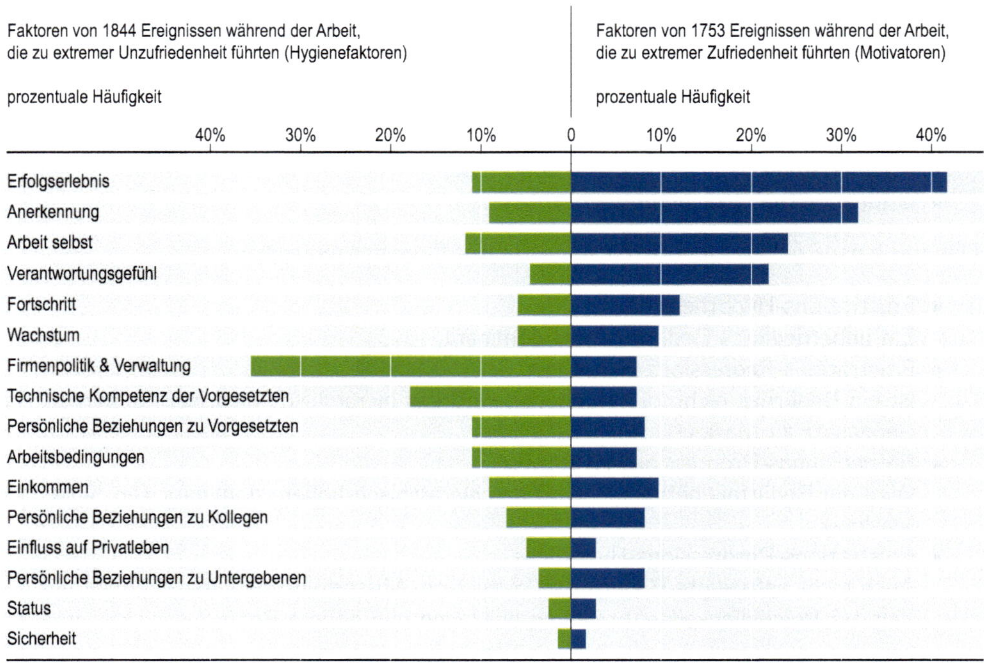

Abbildung 4.30: Zwei-Faktoren-Theorie von Herzberg: Hygienefaktoren und Motivatoren (nach Schmalen, 2013)

Herzbergs Theorie konnte durch eine Vielzahl von Replikationen wissenschaftlich nicht validiert werden. Sie war und ist jedoch darin sehr erfolgreich, dass sie eine „wissenschaftliche" Begründung für Job Enrichment-Programme abgibt. Das Hauptgestaltungsinteresse der Manager wurde vom Kontext der Arbeit (Arbeitsumgebung; Hygienefaktoren) auf die Arbeit selbst, den Arbeitsinhalt (Motivatoren) gelenkt.

Die Theorie von Herzberg mit ihren zwei Faktoren ähnelt der Zweiteilung der Bedürfnispyramide von Maslow in Defizitbedürfnisse und unstillbare Bedürfnisse oder Wachstumsbedürfnisse. Abbildung 4.31 zeigt die Zusammenhänge der drei vorgestellten Inhaltstheorien zur Motivation.

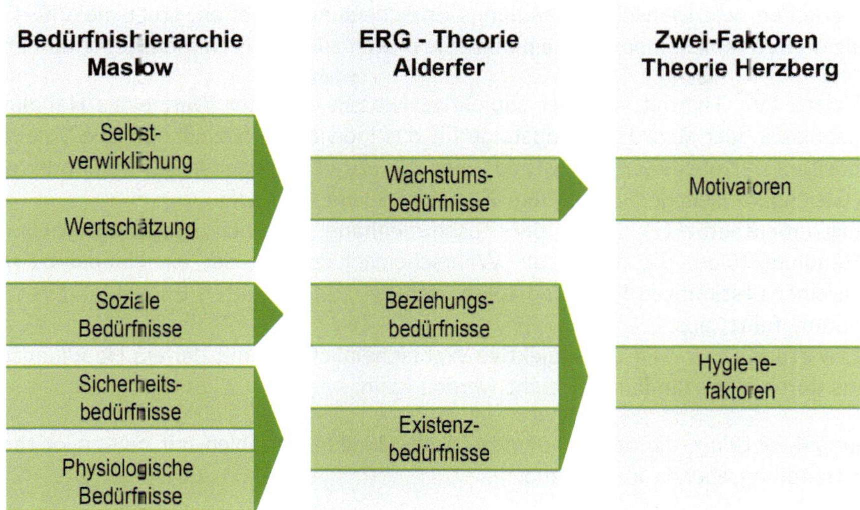

Abbildung 4.31: Zusammenführung der Motivationstheorien von Maslow, Alderfer und Herzberg

Prozesstheorien

Prozesstheorien zur Motivation gehen der Frage nach, welche rationalen Beweggründe für ein bestimmtes Verhalten eine entscheidende Rolle spielen und welche Prozesse durchlaufen werden, die ausschlaggebend sind für eine bestimmte Handlung (Oliver, 2010).

Die Valenz-Instrumentalitäts-Erwartungs-Theorie (VIE-Theorie) nach Vroom Laut Vroom (1964) hängt die Motivation, eine bestimmte Handlung durchführen zu wollen, davon ab, inwieweit die Handlung dazu geeignet ist, ein gewünschtes Ziel zu erreichen. Das Individuum wird also als Nutzenmaximierer dargestellt (Oliver, 2010).
Die Theorie beschreibt den Auswahlprozess des Handelns bei einem Individuum. Bemühungen werden dann unternommen, wenn ein hoher Nutzen und eine hohe Wahrscheinlichkeit des Erfolges zu erwarten sind (Franken, 2019). Die Konsequenzen des Handelns lassen sich dabei in zwei Stufen einteilen:

1. Stufe: Handlungsergebnisse als direkte Ergebnisse, die sich unmittelbar durch das Handeln ergeben (beispielsweise Beförderungen).
2. Stufe: Handlungsfolgen als die Auswirkung von Handlungsergebnissen, welche beispielsweise die Bereiche Freizeit oder Entlohnung betreffen. Die Handlungsfolgen können demzufolge als angestrebter Endzustand der Person angesehen werden.

Darauf aufbauend lassen sich in dem Modell drei Handlungsebenen unterscheiden:

1. Handlung,
2. Handlungsergebnis,
3. Handlungsfolgen.

Um zu erklären, wie Menschen Handlungs-Entscheidungen treffen, stellt die VIE-Theorie folgende drei Variablen in den Mittelpunkt. Sie dienen zudem als Namensgeber der Theorie:

- Valenz (V): Hiermit wird der subjektive Nutzen oder der Wert eines Handlungsergebnisses oder einer Handlungsfolge für das Individuum bezeichnet. Die Valenz kann positiv (erstrebenswerter Zustand), negativ (zu vermeidender Zustand) oder neutral (Gleichgültigkeit gegenüber dem Zustand) ausgeprägt sein.
- Instrumentalität (I): ... ist der Zusammenhang zwischen Handlungsergebnis und Handlungsfolge. Sie drückt die Wahrscheinlichkeit mit der ein Handlungsergebnis zu einer bestimmten Handlungsfolge, also dem angestrebten Endzustand des Individuums führt, aus.
- Erwartung (E): ... ist die subjektive Wahrscheinlichkeit, mit der ein Handlungsergebnis durch eine Handlung erreicht werden kann.

Abbildung 4.32 bringt die drei handlungsentscheidenden Variablen mit den zuvor thematisierten Handlungsebenen in Einklang.

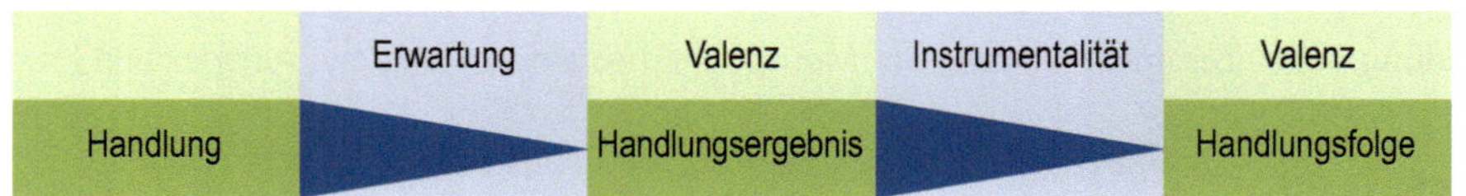

Abbildung 4.32: VIE-Theorie (nach Vroom, 1964)

Die Entscheidung für oder gegen eine Handlung wird aus dem Produkt der Valenz des Handlungsergebnisses und der Erwartung gebildet. In einer Formel ausgedrückt:

$$\text{Motivation} = \text{Erwartung} * \text{Valenz (oder Wert)}$$

Die Valenz des Handlungsergebnisses ist dabei abhängig von der Valenz der Handlungsfolge und der Instrumentalität des Handlungsergebnisses (Hentze & Graf, 2005). Daher ist es möglich davon zu sprechen, dass die Motivation eine Funktion von Valenz, Instrumentalität und Erwartung ist.

$$\text{Motivation} = f(V, I, E)$$

Von Rosenstiel (2011) fasst die VIE-Theorie in einem Satz wie folgt zusammen:

> Der Mensch setzt motivationale Kräfte für ein Verhalten ein, das aufgrund von Überlegungen (kognitive Prozesse) mit hoher Wahrscheinlichkeit als Mittel zum Erreichen eines Ziels wahrgenommen wird (Instrumentalität), das hoch bewertet wird (Valenz oder Wert = Motivziel im engeren Sinne) und das mit hoher subjektiver Wahrscheinlichkeit (Erwartung, wiederum ein kognitiver Prozess) auch erreicht werden kann (von Rosenstiel, 2011).

Die Zielsetzungstheorie nach Locke und Latham Die Prozesstheorie von Locke, später gemeinsam mit Latham (1990) erweitert, betont die Bedeutung von bewusst formulierten und vereinbarten Zielen für das individuelle Leistungsverhalten (Pleier, 2008).

Die ursprüngliche Fassung von Locke stellt zwei Aspekte in den Vordergrund, an die zwei Kernaussagen geknüpft sind, die für die Theorie von elementarer Bedeutung sind:

1. Schwierigkeit des Ziels: Herausfordernde, schwierige Ziele führen zu einer höheren Motivation als verhältnismäßig einfach zu erreichende Ziele.
2. Exaktheit der Zielbestimmung: Präzise und spezifische Ziele führen zu höheren Leistungsanstrengungen als vage und allgemein formulierte Ziele.

Die Generalisierbarkeit dieser zwei Kernaussagen der Zielsetzungstheorie wurde durch Studien in verschiedenen Aufgabenbereichen und Arbeitszusammenhängen bestätigt. Sie sind jedoch nicht allein in der Lage, den komplexen Zusammenhang zwischen Zielsetzung auf der einen Seite und Motivation auf der anderen Seite zu beschreiben (Bungard & Kohnke, 2002). Gemeinsam mit Latham wurde die Zielsetzungstheorie deswegen um zwei weitere Aspekte und zugehörige Kernaussagen erweitert:

3. Zielakzeptanz: Je stärker eine Person sich mit einem Ziel identifiziert und es als ihr eigenes ansieht, desto höher wird ihre Leistung ausfallen, um das genannte Ziel zu erreichen.
4. Zielcommitment: Ist ein Individuum persönlich daran interessiert, ein Ziel zu erreichen, fällt seine Motivation höher aus, als wenn dies nicht der Fall ist.

Die Aspekte Zielakzeptanz und Zielcommitment lassen sich durch Faktoren wie die aktive Teilnahme bei der Zielsetzung, schwierige aber auch realistische Ziele und die Gewissheit, dass an die Zielerreichung eine Belohnung geknüpft ist, positiv beeinflussen.
Ein systematisches und rechtzeitiges Feedback durch die Führungskraft ist zudem unerlässlich, um eine Leistungssteigerung der Mitarbeiter zu erreichen (Oliver, 2010). Die Zielsetzungstheorie von Locke und Latham setzt sich aus Einfluss- und Kernvariablen zusammen, die in Beziehung zueinander stehen. Die vier vorgestellten Zielaspekte lassen sich als Einflussvariablen bezeichnen, die Auswirkung auf die zielgerichtete Bemühung, eine Kernvariable, ausüben. Weitere Einfluss- und Kernvariablen vervollständigen die Theorie (vgl. Abbildung 4.33).

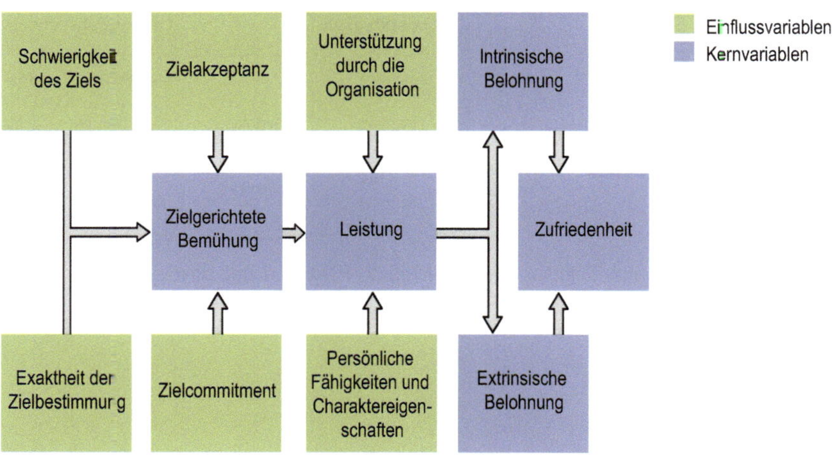

Abbildung 4.33: Erweiterte Zielsetzungstheorie von Locke und Latham (nach Weinert, 1998)

Die zielgerichtete Bemühung wird maßgeblich durch die vier Zielaspekte beeinflusst und hat ihrerseits wiederum Auswirkungen auf die Leistung des Individuums, welche zudem von persönlichen Fähigkeiten und Charaktereigenschaften sowie der Unterstützung durch die Organisation abhängig ist. Die zwei aufgeführten Formen der Belohnung stellen die Verknüpfung von Leistung zu Zufriedenheit dar.
Eng in Verbindung mit der Zielsetzungstheorie steht die SMART-Regel, die folgende Ansprüche an die Zielsetzung postuliert:

S wie spezifisch: Das Ziel sollte spezifisch also eindeutig und genau beschrieben sein.
M wie messbar: Um überprüfen zu können, inwiefern ein Ziel erreicht wurde, muss es messbar definiert sein.
A wie attraktiv oder akzeptiert: Ein Ziel sollte attraktiv und von Mitarbeitern akzeptiert sein. Aktive Teilnahme an der Zielformulierung sorgt für eine ambitionierte Zielverfolgung.
R wie realistisch: Ziele müssen realistisch und erreichbar sein, um von den Mitarbeitern angenommen zu werden.
T wie terminiert: Ziele sind mit deutlichen Terminangaben zu versehen. Ein Zeitrahmen ist notwendig, um eine absehbare Erreichbarkeit zu gewährleisten (Hollmann, 2013).

B 4.4 Gesundheit, Tagesrhythmik und Ermüdung

Die drei Größen, die in diesem Abschnitt vorgestellt werden, besitzen sowohl physische als auch psychische Aspekte und nehmen deswegen in dem Belastungs-Beanspruchungs-Modell eine Sonderrolle ein.

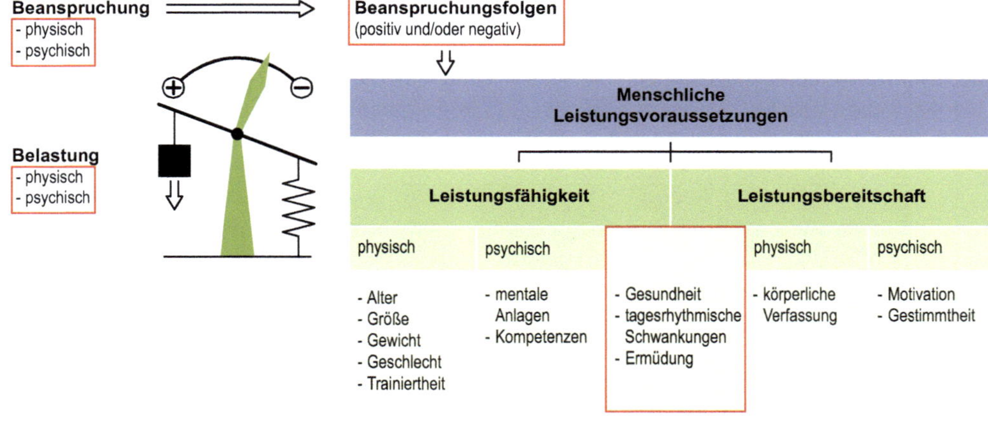

Abbildung 4.34: Belastungs-Beanspruchungs-Modell: Faktoren mit physischer und psychischer Wirkung

B 4.4.1 Gesundheit

In der medizinischen Wissenschaft, aber auch im Alltagsverständnis, hat sich lange eine Sichtweise erhalten, die Krankheit als Abweichung von der idealen Funktion des Körpers, d. h. von physiologischen Normwerten (z. B. erhöhter Blutdruck, Übergewicht) erklärt. Ob jemand gesund oder krank ist, wird in der Regel durch die Labormedizin festgestellt. Messungen unterschiedlicher Sachverhalte wie Blutfettwerte oder Zucker dienen dazu, Krankheiten zu erkennen. Als gesund wird bezeichnet, wer keine Schmerzen hat und sich nicht in ärztlicher Behandlung befindet.

Diese traditionelle Definition ist unzureichend. Gesundheit ist mehr als die Abwesenheit von Krankheit. So können tägliche Belastungen am Arbeitsplatz unspezifische Beschwerden, wie ständige Anspannung und Nervosität auslösen, die langfristig zu Erkrankungen führen. Der traditionelle Krankheitsbegriff erfasst diesen Zustand nicht. Zudem setzt das Menschenbild, das dem traditionellen Krankheitsbegriff zugrunde liegt, den Menschen einer Maschine gleich und definiert ihn als Schutzobjekt.

Der zeitgemäße Gesundheitsbegriff orientiert sich an der Lebensfähigkeit des Menschen. Der Mensch wird als physisches, psychisches und soziales Wesen verstanden, das seine Arbeits- und Lebensbedingungen mitgestaltet.

Die Weltgesundheitsorganisation (WHO) definiert in der Ottawa Charta von 1986 den Begriff Gesundheit folgendermaßen:

Gesundheit

Zustand eines körperlichen, geistigen und sozialen Wohlbefindens – und nicht nur des Freiseins von Krankheiten und Gebrechen (World Health Organization [WHO], 1986).

Auf den Alltag bezogen wird Gesundheit als eine Fähigkeit zur Problemlösung und Gefühlsregulierung betrachtet (Badura, Ritter & Scherf, 1999). Diese Fähigkeit kann durch ein positives psychisches und körperliches Befinden – vor allem ein positives Selbstwertgefühl – und ein unterstützendes Netzwerk sozialer Beziehungen erhalten oder wiederhergestellt werden.

Diese Sichtweise hebt die strenge Abgrenzung zwischen Gesundheit und Krankheit auf. Gesundheit wird als ein Wechselspiel zwischen beeinträchtigenden Faktoren und schützenden Faktoren (Gesundheitsressourcen) eines Menschen betrachtet.

Nachfolgend werden zwei Modelle zur Erklärung von Gesundheitsaspekten vorgestellt, die sich teilweise gegenseitig ergänzen und die jeweils das Ziel haben, einige Aspekte aus den vielschichtigen und komplexen Beziehungen zwischen Gesundheit und Arbeit zu verdeutlichen.

WLB – Work-Life-Balance-Konzept

Mit einer zunehmenden Veränderung der Arbeit, insbesondere der als Entgrenzung bezeichneten Prozesse – die Grenzen zwischen privater Lebenswelt und Arbeitswelt verschwimmen – kommt auch das klassische Belastungs-Beanspruchungs-Modell an seine Grenzen. In modernen Arbeitsformen ist nicht mehr nur der körperlich unversehrte Mensch gefragt, sondern es kommt auf eine – im Sinne der WHO – ganzheitliche Gesundheit an. Diese ganzheitliche Sicht ist im WLB-Konzept enthalten. Das Modell der Work Life Balance (WLB) verweist auf die Dynamik der Wechselbeziehungen zwischen organisationalen (bzw. situativen) und personalen Faktoren. Umgangssprachlich wird als WLB oft die Vereinbarkeit von Familie bzw. Privatleben und Beruf bezeichnet, was aus wissenschaftlicher Sicht aber eine starke Verkürzung des Konzepts bedeutet.

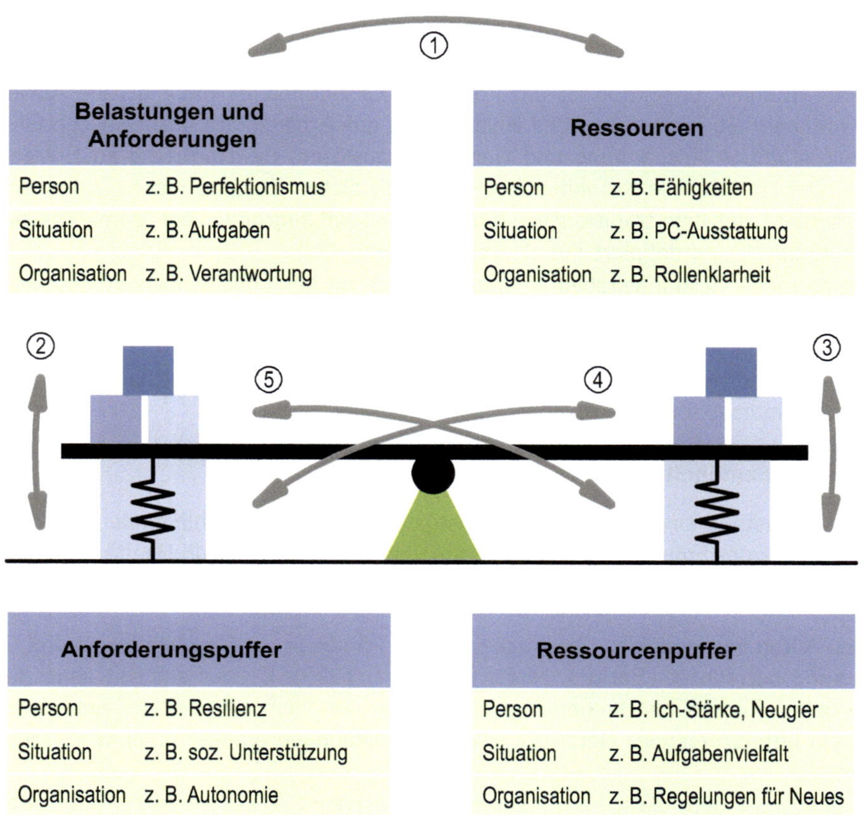

Abbildung 4.35: Prozess des Wippens als Metapher für die Work Life Balance (Kastner, 2021)

Work Life Balance wird als eine Gesamtmenge von Balanceprozessen langfristiger und kurzfristiger Art verstanden. Kastner (2021) erläutert die verschiedenen Balance-Zustände folgendermaßen:

Balance 1: Gleichgewicht Im Prozess des Wippens gilt es, Belastungen und Ressourcen ausgewogen zu halten. Die Ausschläge in Richtung Belastung und Anforderung müssen durch hinreichende Regenerationsphasen ausgeglichen werden. Bei beanspruchenden Lebensereignissen ist die Anzahl, die subjektive Bewertung und die zeitliche Abfolge maßgeblich.

Balance 2: Vermeidung von Überforderung Beim Auf- und Abwippen sollen Belastungen und Anforderungen nicht so stark durchschlagen, dass die Wippe unten hängen bleibt (Überforderung). Vielmehr soll dies durch ein Abpuffern verhindert werden. Wird nicht genügend gepuffert, folgen Stressphänomene, Erschöpfung und Burnout.

Balance 3: Vermeidung von Unterforderung Gleiches gilt für Ressourcen; diese dürfen nicht derart unten durchschlagen, dass durch Anforderungsarmut oder als Folge psychischer Sättigung Schäden auftreten. Unterforderung wird durch Neugier, Interesse, Zieldefinition, Bereitschaft zu Neuem bzw. Experimentierfreude vermieden. Wird nicht genügend gepuffert, folgen Sinnleere und Fehlverhalten (vgl. Verhalten von Arbeitssuchenden).

Balance 4: Verhältnis von Ressourcen und Puffern Ressourcen und Puffer wirken unterschiedlich: Ressourcen verstärken gewünschte Energien und Aktivitäten, Puffer lindern die Auswirkungen negativer Energien. Puffer müssen gepflegt werden, auch wenn sie nicht gebraucht werden.

Balance 5: Verhältnis von Anforderungen und Puffern Neugier, Interessen, Experimentierfreude usw. müssen mit aufzusuchenden Anforderungen ausbalanciert werden. Wer sich selbst über- oder unterschätzt, sucht sich inadäquate Herausforderungen.
Diese Balancen müssen so zusammenspielen, dass sich keine unangemessenen Auf- und Abschaukelungsprozesse ergeben, die langfristig zu Über- und Unterforderung und letztlich zu Erkrankung führen.
Zur Optimierung der genannten Balancen eignen sich vier Interventionsbereiche:

1. Belastungen und Anforderungen,
2. Ressourcen,
3. Anforderungspuffer,
4. Ressourcenpuffer.

Durch diese Interventionen können Balanceprozesse austariert werden, so dass sich langfristig keine unerwünschten Auf- und Abschaukelungsprozesse entwickeln
Beispiele für Belastungen und Anforderungen (Kastner, 2021):

- selbst erzeugte subjektive Anforderungen, z. B. Perfektionismus,
- Belastung durch die Gegenwart anderer Personen,
- physikalische Belastung wie Lärm, Temperatur, usw.,
- Aufgabenanforderungen,
- Über- oder Unterregulierung, Position/Rolle.

Beispiele für Ressourcen:

- Fähigkeiten, Fertigkeiten, Motivation,
- Ausstattung, technische Hilfen,
- Kompetenz, Verantwortung, Instrumente.

Beispiele für Anforderungspuffer:

- Stressresistenz,
- Handlungsspielraum, soziale Unterstützung, Zeit-, Raum-, Geldpuffer,
- Personaldeckung, Prozesspuffer.

Beispiele für Ressourcenpuffer:

- Ich-Stärke, Sinn, Neugier,
- Situationsangebote, z. B. Aufgabenvielfalt,
- Unterstützung zur Vermeidung von Deprivation, d. h. persönlicher Mangel.

Im Zuge der WLB haben Unternehmen zum Ziel, die Dynamik der Wechselbeziehungen zwischen organisationalen (bzw. situativen) und personalen Faktoren derart zu beeinflussen, dass die Gesundheit der Mitarbeiter gefördert wird. Dabei werden Maßnahmen folgender Natur eingesetzt:

- Maßnahmen zur intelligenten Verteilung der Arbeitszeit im Lebensverlauf und zu einer ergebnisorientierten Leistungserbringung,
- Maßnahmen zur Flexibilisierung von Zeit und Ort der Leistungserbringung,
- Maßnahmen zur Mitarbeiterbindung.

Abbildung 4.36 gibt einen Überblick über in der Praxis verbreitete Maßnahmen zur Verbesserung der Work-Life-Balance. Erklärungsbedürftige Maßnahmen werden im Anschluss beispielhaft vorgestellt.

Personalpolitik

Personalmanagement

Finanzielle Hilfen, Incentives	**Familienpausen**	**Serviceangebote**	**Arbeitsorganisation und Arbeitszeit**	**Beratung und Information**	**Bewusstseinsänderung**
Cafeteriasysteme	Wiedereingliederung (Garantie)	Kinderbetreuung	Flexible Arbeitszeit	Erfahrungsaustauschgruppen	Führungskräfteschulung
Familienorganisierte Finanzdienstleistungen	Erhaltung der Qualifikation	Altenbetreuung	Job-Sharing	Familienbeauftragter	Mentoringprogramme
	Sabbatical	Freistellung zur Betreuung	Teilzeitarbeit	Familienleitfaden	Wiedereinstiegsprogramme
	Kontakte während der Familienpause	Haushaltsnahe Dienstleistungen	Arbeitszeitkontenmodelle	Seminare für Familien und Erwerbstätige	
		Fittnessangebote und Betriebssport	Freie Wahl des Arbeitsplatzes		
		Gesundheitscheck	Individuelle Laufbahnplanung		
		Ernährungsberatung	Personaleinsatzpool		

Abbildung 4.36: Maßnahmen/Instrumente im Zuge der WLB (nach Gemeinnützige Hertie-Stiftung, 1999)

Cafeteria-System Das Cafeteria-System ist ein Instrument zur individuellen Anreizgestaltung, welches berücksichtigt, dass jeder Mitarbeiter spezifische Präferenzen hat. Die Kernidee ist, dass die Mitarbeiter die Möglichkeit bekommen, zusätzliche Nebenleistungen frei wählen zu können, wobei sich das Niveau der Gesamtvergütung nicht erhöht. Dies soll dazu beitragen, die Motivation der Mitarbeiter zu erhöhen und individuelle Bedürfnisse besser befriedigen zu können. Abbildung 4.37 stellt das Prinzip des Cafeteria-Systems dar.

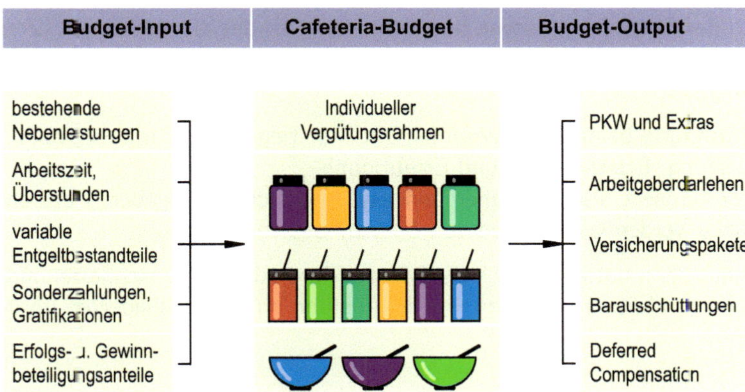

Abbildung 4.37: Cafeteria-System als Instrument zur individuellen Anreizgestaltung

In Abhängigkeit eines individuellen Vergütungsrahmens werden in das System eingespeiste Leistungen wie beispielsweise Überstunden als Budget-Ouput zur Verfügung gestellt. Das konkrete Angebot wird dabei vom Unternehmen bestimmt. Wichtig ist eine Streuung der angebotenen Leistungen, um dem beschriebenen Ziel des Systems gerecht zu werden.

Sabbatical Im Zuge dieser Maßnahme bewirken die Mitarbeiter durch einen Gehaltsverzicht oder durch den Aufbau von Plusstunden einen Freizeitanspruch, welcher an einem Stück bei gleich bleibendem Gehalt genommen werden kann. Der Anspruch auf bezahlten Urlaub bleibt neben dem Sabbatical bestehen. Als Vorteile im Sinne von Chancen dieser Maßnahme für das Unternehmen und den Mitarbeiter lassen sich folgende Aspekte aufführen (Fauth-Herkner, 2004):

- Erhöhung der Mitarbeiter-Motivation,
- Steigerung des Kreativitätspotenzials,
- Verhinderung von Burn-out.

Die Risiken können mit folgenden Stichpunkten zusammengefasst werden:

- Organisation/Einplanung einer Vertretung zusätzlich zu Urlaubsansprüchen,
- Bildung von Rückstellungen bei Einrichtung längerfristiger Zeitkonten,
- Wiedereinarbeitung nach Sabbatical.

Mentoringprogramme Das Mentoring basiert auf einer intensiven Austauschbeziehung zwischen Mentor und Mentee, die sich langsam, über einen Zeitraum von mehreren Jahren, entwickelt. Der Mentor ist in dieser Beziehung eine erfahrene Person, die über breites berufliches Wissen verfügt. Bei dem Mentee handelt es sich oftmals um einen Berufsanfänger oder Neueinsteiger in einer Organisation. Beide Personen können, müssen aber nicht, der gleichen Organisation angehören (Schneider & Blickle, 2009). Die Beziehung „ist durch gegenseitiges Vertrauen und Wohlwollen geprägt, ihr Ziel ist die Förderung des Lernens und der Entwicklung sowie das Vorankommen des/der Mentees" (Ziegler, 2009). Der Mentee profitiert dabei durch die folgenden Aspekte von der Beziehung (Schneider & Blickle, 2009):

- Unterstützung beim Weiterkommen und Aufstieg in der Organisation,
- Bestätigung, Ermunterung und Ermutigung,
- Mentor fungiert als beruflicher und psychologischer Ratgeber, Befürchtungen und Konflikte werden Gegenstand von offenen Gesprächen.

Darüber hinaus kann natürlich auch der Mentor durch die Austauschbeziehung, den engen Kontakt zu jungen MitarbeiterInnen und die Ausführung der geschilderten Förderungsfunktion profitieren.

Salutogenesemodell

Im Konzept der Salutogenese (d. h. Gesunderhaltung und -werdung) wird nach der individuellen Konstitution von Gesundheit gefragt:

> „Warum und aufgrund welcher Voraussetzungen, Eigenschaften und Lebenserfahrungen bleiben einige Menschen trotz teilweise extremer Belastungen gesund, während andere Menschen unter vergleichbaren oder gar weniger belastenden Bedingungen erkranken können?" Dies war die Forschungsfrage von Antonovsky (1997).

Zur Erklärung dieses Phänomens werden belastungsunspezifische Widerstandskräfte und Schutzfaktoren – die sogenannten Ressourcen – herangezogen.

Organisationale Ressourcen

Unter organisationalen Ressourcen werden situative Bedingungen mit schützendem Charakter verstanden, die einer Person die Entwicklung und Veränderung individueller Fähigkeiten ermöglichen.

Hier sind vor allem die Situationskontrolle (d. h. Tätigkeits- und Entscheidungsspielraum) sowie die soziale Unterstützung zu nennen. Eine Situationskontrolle kann die Wirkungen belastender Arbeitsbedingungen auf die Gesundheit modifizieren. Die soziale Unterstützung wirkt sich ebenfalls positiv auf die Stressbewältigung und die Gesundheiterhaltung aus, sofern die Person zur Suche und Annahme der Unterstützung bereit ist.

Personale Ressourcen

Personale Ressourcen sind gesunderhaltende und wiederherstellende Handlungsmuster sowie individuelle Überzeugungen.

Zu nennen sind Persönlichkeitsmerkmale wie Kontrollüberzeugung, Widerstandsfähigkeit und Selbsteffizienz. Antonovsky (1997) formuliert als wesentliche personale Ressource das Kohärenzerleben, das von den Aspekten Verstehbarkeit, Handhabbarkeit und Sinnhaftigkeit bestimmt wird. Personen, die ihre Lebenswelt durchschauen, das Gefühl einer Einflussnahme besitzen und ihren Lebenswandel als sinnvoll erachten, haben ein ausgeprägtes Kohärenzerleben.

Die Ressourcenkonzepte betonen die Bedeutung der Selbstkontrolle und der Sinnhaftigkeit. Gesundheitsrelevantes Verhalten beruht auf der Überzeugung, dass die Erhaltung von Gesundheit im eigenen Verfügungsbereich der Person liegt, und dass die Person ihre Lebensbedingungen im Allgemeinen sowie ihre Arbeitstätigkeiten im Besonderen kontrollieren kann und diese als sinnvoll erlebt. Abbildung 4.38 zeigt organisationale und personale Ressourcenfaktoren bei der Arbeit auf.

Organisationale Ressourcen	Kohärenz	Personale Ressourcen
- Planung - Information - Kommunikation - Transparenz	Vorhersehbarkeit, Durchschaubarkeit, Verstehbarkeit	- Selbstvertrauen - Selbstsicherheit - Optimismus
- Organisation - Arbeitsmittel - Qualifikation - Unterstützung	Handhabbarkeit	- Lebenstüchtigkeit - Fachkompetenz - Arbeitstechniken
Verbindung individueller und betrieblicher Ziele	Sinnhaftigkeit	- Zweckmäßigkeit - Zielorientierung - Partizipation

Abbildung 4.38: Salutogene Widerstandskräfte und Schutzfaktoren bei der Arbeit (Antonovsky, 1997)

Um die Gesundheit zu erhalten und um Krankheiten zu verhindern bzw. ihre Bewältigung zu erleichtern, gilt es, die organisationalen und personalen Ressourcen auch im betrieblichen Umfeld zu fördern. Ressourcen unterliegen bei der Arbeit förderlichen oder hemmenden Einflüssen. Diese sind im Rahmen der Arbeitsgestaltung zu berücksichtigen.

B 4.4.2 Tagesrhythmus

Der menschliche Tagesrhythmus nimmt hohen Einfluss auf die zeitliche Verteilung von den Phasen, in denen Personen zu hohen Leistungen imstande sind und den Phasen, die sie vornehmlich zur Regeneration nutzen. Er ist deswegen bestimmend für die menschlichen Leistungsvoraussetzungen.

Obwohl jeder Mensch seinen eigenen Tagesrhythmus besitzt, lässt sich zusammenfassend zwischen zwei extremen Chronotypen unterscheiden, die eine ähnliche zeitliche Verteilung der unterschiedlichen Phasen aufweisen.

Daher wird in diesem Zusammenhang von „Eulen" (Langschläfer) und „Lerchen" (Frühaufsteher) gesprochen. Die meisten Menschen liegen mit ihrer Tagesrhythmik zwischen diesen beiden Extremen (Wedlich, 2004). Abbildung 4.39 gibt einen Überblick über die zugehörigen Tagesrhythmen.

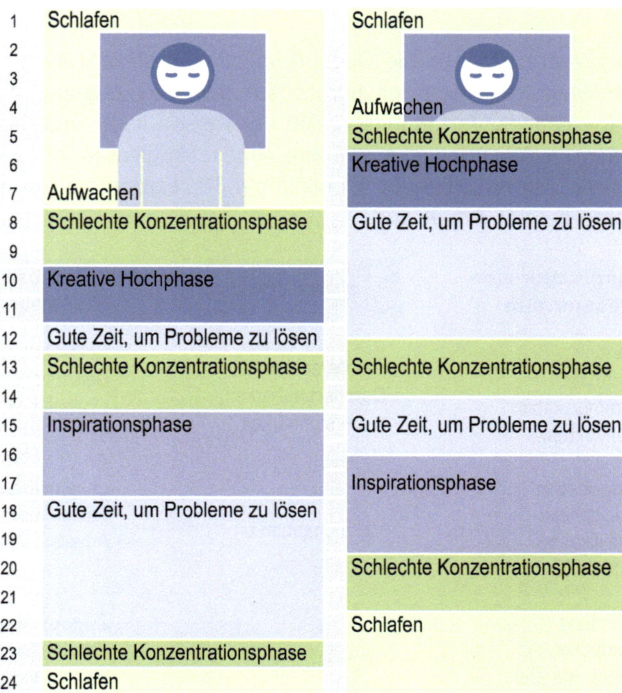

Abbildung 4.39: Tagesrhythmen für Langschläfer und Frühaufsteher

In der Abbildung werden neben dem Schlafen vier unterschiedliche Phasen aufgeführt, die im Folgenden kurz beschrieben werden sollen.

1. Kreative Hochphase
   Jetzt ist das Gehirn besonders aktiv, die Gedanken sprühen. Die beste Zeit für:
   - Brainstormings,
   - kreative Diskussionen,
   - die Entwicklung innovativer Projekte.
2. Problemlösungszeit
   Die grauen Zellen sind nun warmgelaufen und erreichen ein Leistungsmaximum. Genau richtig für Analyse und Lösung komplizierter Probleme.
3. Schlechte Konzentrationsphase
   In dieser Zeit drosselt der Körper seine Leistungsfähigkeit, um sich zu regenerieren.
4. Inspirationsphase
   Damit das Gehirn fit bleibt, braucht es Abwechslung. Deshalb sollte es wenigstens einmal am Tag mit völlig Neuem konfrontiert werden.

Die Zeit ist ideal um:

- Bücher zu lesen,
- zu spielen,
- neue körperliche Fähigkeiten zu trainieren.

B 4.4.3 Ermüdung und Erholung

Mit dem Begriff „Ermüdung“ wird im Allgemeinen ein Zustand mit herabgesetzter Leistungsfähigkeit und Leistungsbereitschaft bezeichnet. Verbraucht der Mensch mehr Ressourcen (physische und/oder psychische) als er nachbilden kann, wird der „steady state“ verlassen und die Dauerleistungsgrenze überschritten. Vorrätige Ressourcen werden in Anspruch genommen und es kommt bei konstanter Belastung zu einer Zunahme der Beanspruchung. In diesem Fall wird von Ermüdung gesprochen. Die nachfolgend aufgelisteten acht Ermüdungsformen sind für die Gestaltung von Arbeit von unterschiedlicher Bedeutung:

- reine Muskelermüdung durch statische oder dynamische Muskelarbeit,
- die durch die Beanspruchung des Sehapparates bedingte Ermüdung (Augenermüdung),
- die durch eine physische Beanspruchung des ganzen Organismus bedingte Ermüdung (allgemeine körperliche Ermüdung),
- die durch geistige Arbeit bedingte Ermüdung (geistige oder mentale Ermüdung),
- die durch einseitige Beanspruchung psychomotorischer Funktionen bedingte Ermüdung (Geschicklichkeits- oder nervöse Ermüdung),
- die durch die Monotonie der Arbeit oder der Umgebung hervorgerufene Ermüdung,
- die durch Summation lang dauernder Ermüdungseinflüsse bedingte Ermüdung (chronische Ermüdung),
- die biologische Tag-Nacht-Ermüdung, die periodisch auftritt und den Schlaf einleitet.

Die Aufzählung macht deutlich, dass die Ermüdung stark von Form und Zusammensetzung der Beanspruchung (bzw. der beanspruchungsverursachenden Belastung) abhängig ist. Eine allgemeingültige Definition für den Ermüdungsbegriff lässt sich aus diesem Grund nicht ohne weiteres aufstellen. Schmidtke (1965) bildet als gemeinsamen Inhalt der Ermüdungsdefinitionen folgende Merkmalshierarchie:

Ermüdung

- tritt als Folgeerscheinung einer Beanspruchung auf,
- verursacht eine reversible Leistungs- oder Funktionsminderung,
- beeinflusst das organische Zusammenspiel der Funktionen,
- bewirkt eine Abnahme der Arbeitsfreudigkeit und eine Steigerung des Anstrengungsgefühls und
- kann schließlich zu einer Störung des Funktionsgefüges der Persönlichkeit führen (Schmidtke, 1965).

Ermüdung ist also eine reversible Funktionsminderung, wohingegen bei einer irreversiblen Funktionsminderung von einer Schädigung gesprochen wird. Die Ermüdung steigt exponentiell mit Schwere und Dauer der Beanspruchung, durch Erholung klingt die Ermüdung exponentiell fallend wieder ab. Daher ist die Gesamtermüdung bei Wechsel zwischen Beanspruchung und Erholung vom Rhythmus dieses Wechsels abhängig.
Steht dem menschlichen Organismus nach einer Belastungsphase eine zu kurze Erholungsphase zur Verfügung, so dass keine Beseitigung der Ermüdung eintritt, so gelangt er, wie in Abbildung 4.40 dargestellt ist, bei erneuten Belastungen schnell an die Grenze der Leistungsfähigkeit.
Es gilt die Regel: Besser viele kurze Pausen als eine lange Pause.

0,5 min Arbeit, 0,75 min Pause (Gesamtarbeit 288 kJ)

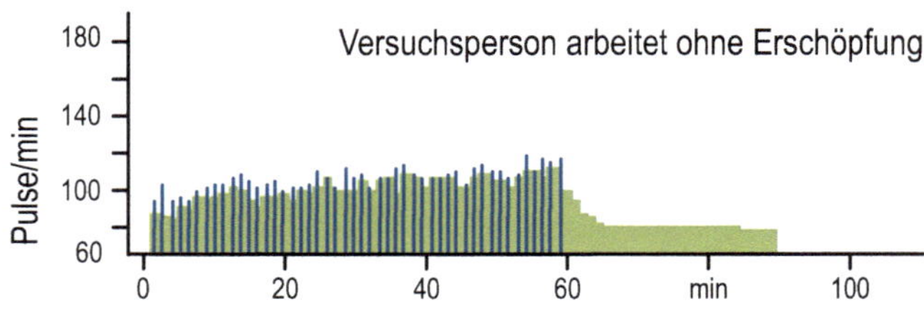

2 min Arbeit, 3 min Pause (Gesamtarbeit 288 kJ)

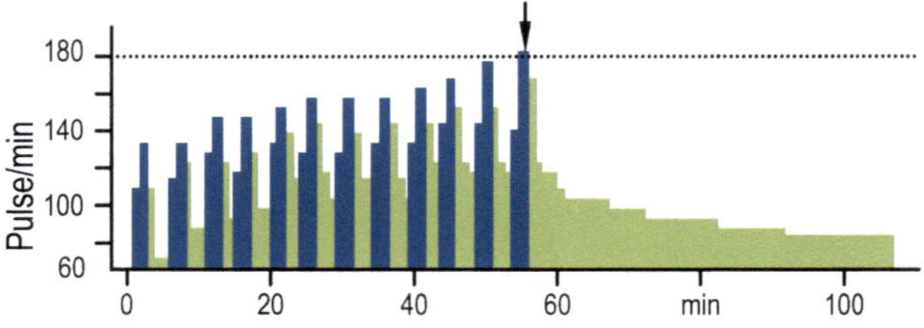

5 min Arbeit, 7,5 min Pause (Gesamtarbeit 120 kJ)

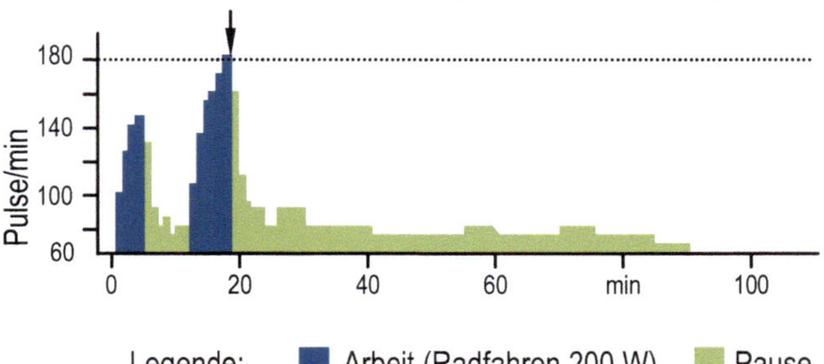

Abbildung 4.40: Arbeit, Leistung und Pause (nach Lehmann, 1983)

Bei der Gestaltung von Arbeitspausen soll nicht nur an die Erholung von energetisch-effektorischer Arbeit gedacht werden. Erholung von informatorisch-mentaler Arbeit ist genauso wichtig. Das bedeutet zum Beispiel, dass sich das Ohr von Schallbelastung erholen kann, dass sich das Auge von visueller Belastung erholen kann und dass auch eine kombinatorische Arbeit Erholung erfordert.

Die Arbeitswissenschaft bezeichnet als „Pause" einen Zustand der Untätigkeit, der in einen Arbeitsablauf eingefügt ist und versteht unter „Untätigkeit" eine Einstellung der jeweils ausgeübten gewerblichen Arbeit, nicht aber eine wirkliche Untätigkeit des Gesamtkörpers. Aus der Sicht des Physiologen wird somit der Begriff „Pause" nicht nur als Arbeitsunterbrechung in diesem Sinne aufgefasst, sondern darunter auch die Unterbrechung der Tätigkeit eines beliebigen Objektes verstanden, womit in diesem Sinne von Organpause und speziell von Muskelpause gesprochen werden kann.

Die Pausen bei beruflicher Arbeit können am einfachsten zunächst nach ihrer Länge eingeteilt werden. Als „kürzeste Pausen" sind solche zu bezeichnen, deren Länge zwischen Bruchteilen einer Sekunde und einer halben Minute liegt. Pausen, deren Dauer zwischen einer halben Minute und fünf Minuten liegt, werden entsprechend dem betrieblich üblichen Sprachgebrauch als „Kurzpausen" bezeichnet. Pausen von mehr als fünf Minuten sind „Pausen" schlechthin.

Nach einem anderen Einteilungsprinzip kann unterschieden werden in:

Organisierte Pausen, d. h. solche, die der Arbeitsperson vorgeschrieben werden. Unter diesen können wir wieder die gesetzlich vorgeschriebenen Pausen und die vom Betrieb bestimmten Pausen unterscheiden.

Als „nicht-organisierte" Pausen hätten dann Wartepausen zu gelten, die dadurch entstehen, dass auf das Eintreffen von Material und Werkstück zu warten ist oder darauf, dass die beaufsichtigte Maschine mit einem Arbeitsvorgang fertig wird. Wartepausen sind ferner solche, die durch betriebliche Störungen und Unterbrechungen eintreten

Diesen nicht-organisierten Zwangspausen stehen die willkürlichen Pausen gegenüber, die sich die Arbeitsperson nimmt, wenn es ihr zweckmäßig erscheint.

Die Trennung zwischen diesen einzelnen Pausenformen ist nicht immer ganz scharf. So kann sich z. B. ein am Fließband tätiger Mensch durch schnelleres Arbeiten zu einer Wartepause verhelfen, die in diesem Fall eigentlich eine willkürliche Pause ist. Kürzeste Pausen von Bruchteilen einer Sekunde bis zu einer halben Minute finden sich regelmäßig bei taktmäßigen Arbeiten; sei es, dass es sich um Fließarbeit handelt, bei der zur Erledigung einer bestimmten kurzen Teilarbeit dem Arbeiter eine genau bestimmte Zeit zur Verfügung steht, sei es, dass der Arbeiter mit einer Maschine zusammenarbeitet, die ihrerseits den Takt angibt.

Die lohnende Pause Es ist je nach der Art der Arbeit, aber auch je nach der persönlichen Veranlagung, verschieden, ob der Arbeitende bei bestehender Ermüdung willkürliche Kurzpausen macht, in Nebenarbeiten ausweicht oder das Arbeitstempo verlangsamt. Auch wenn das letztere der Fall ist, wirkt sich eine organisierte Kurzpause in der Regel insofern günstig aus, als das Arbeitstempo im Anschluss an die Pause wieder auf seine normale Höhe steigt. Es wird also auch hier der durch die organisierte Kurzpause entstehende Zeitverlust kompensiert oder überkompensiert. Es wird in diesem Sinne von einer „lohnenden Pause" gesprochen, wenn trotz des Zeitverlustes dadurch eine höhere Arbeitsleistung erzielt wird.

Die gesetzliche Pause Sie ist einerseits durch das Arbeitszeitgesetz (z. B. ist nach max. 6 Stunden Arbeit eine Pause Pflicht), andererseits durch tarifliche Regelungen bestimmt. Gesonderte Regelungen bestehen für Frauen, für Jugendliche und für Schwangere.

Die „Muskelpause" Die Ermüdung durch statische Belastung verschwindet sehr schnell, wenn dem Muskel eine Erholungspause gegönnt wird. Die physiologische Erklärung hierfür liegt darin, dass der Mangel an Sauerstoff zu einer Anhäufung von Stoffwechselend- und -zwischenprodukten führt. Diese Ermüdungssubstanzen rufen eine Erweiterung der Kapillaren hervor, die sich jedoch nicht auswirken kann, solange der hohe Muskelinnendruck besteht, aber sofort wirksam wird, wenn der Blutstrom infolge des Nachlassens der Muskelspannung wieder einsetzt. In einer Pause – und auch ganz kurze Pausen haben hier eine Bedeutung – findet daher eine sehr starke Durchströmung des Muskels mit frischem Blut statt, die entstandenen Abbauprodukte des Stoffwechsels (Milchsäure des anaeroben Stoffwechsels) werden abtransportiert oder weiter oxydiert und in sehr kurzer Zeit bestehen wieder normale Verhältnisse. Praktisch ist es also wünschenswert, dort, wo sich statische Arbeit nicht vermeiden lässt, für die Möglichkeit von kürzesten Pausen zu sorgen. Es ist wichtig, derartige Gesichtspunkte z. B. bei der Planung von Fließarbeit, bei der der Bewegungsablauf dem Arbeiter oder der Arbeiterin im Einzelnen vorgeschrieben ist, im Auge zu behalten. Das Bestreben nach Einschränkung oder Vermeidung aller unnötigen Bewegungen findet seine Grenze in der Notwendigkeit, entmüdende Ausgleichsbewegungen für die statisch arbeitende Muskulatur einzuschieben.
Die Wirkung bewusst eingeschalteter Zwischenbewegungen in Bezug auf die Ermüdung beruht darauf, dass bei derartigen dynamischen Zwischenbewegungen der Muskel entspannt wird und in den Genuss einer Pause kommt.
Zuschläge zur effektiven Arbeitszeit bei hoher Belastung sind von den verschiedenen Systemen des Zeitstudienwesens vorgesehen (siehe Abschnitt C 5.1.2).

Die Erholungspause im Blick auf das Herz-Kreislauf-System Erholung ist das Gegenstück zu Ermüdung, also Beseitigung der Ermüdung, Rückkehr in den frischen, nicht ermüdeten Zustand. Bei Behandlung des für die Praxis wichtigen Pausenproblems wird zweckmäßigerweise von der Tatsache ausgegangen, dass der Erholungsverlauf eine exponentielle Funktion darstellt.
Dies bedeutet, dass der Erholungsvorgang im ersten Teil einer Pause die weitaus größten Fortschritte macht, im zweiten, ebenso lang zu denkenden Teil schon wesentlich kleiner ist und in den folgenden Teilen immer geringer wird, bis er schließlich fast gleich Null ist. Der Erholungswert des ersten Teiles der Pause ist also wesentlich größer als der aller folgenden.

Die Pause für das Zentralnervensystem (ZNS) Der Begriff der Organpause lässt sich mit Vorteil auch auf das nervöse Geschehen übertragen, da im ZNS Mechanismen ablaufen, die nicht wie einzelne, am Bewegungsablauf beteiligte Muskeln oft automatisch Pausen haben, sondern dauernd beansprucht werden.

B 4.5 Grundlegende Anforderungen an die Gestaltung von Arbeitsaufgaben

Menschengerechte Arbeitsgestaltung beinhaltet menschengerechte Arbeitsaufgabengestaltung und kann nach dem bereits beschriebenen fünfstufigen Bewertungsschema der Arbeitswissenschaft bewertet werden:
Arbeit muss erträglich bzw. schädigungslos (nicht krankmachend) ausführbar sein (d. h. langfristig machbar), sie soll zumutbar bzw. beeinträchtigungsfrei sein sowie zufriedenstellend bzw. persönlichkeitsförderlich sein. Schließlich soll Arbeit in ihren Auswirkungen und Ergebnissen auch sozialverträglich sein.

B 4.5.1 Handlungsspielraum

Der Handlungsspielraum bezeichnet die Menge der objektiven Freiheitsgrade bei der Verrichtung der Arbeit. Er bestimmt sich aus der Anzahl der Möglichkeiten, das geforderte Arbeitsergebnis zu erreichen, und aus der Anzahl der Möglichkeiten, die dabei notwendigen Entscheidungen selbstständig zu treffen. Handlungsspielraum ist das Resultat von Tätigkeits- sowie Entscheidungs- und Kontrollspielraum. Als mögliche dritte Dimension kann der Interaktionsspielraum gesehen werden, der durch die Zahl der Interaktionsmöglichkeiten bestimmt wird.
Arbeitsstrukturierungsmaßnahmen zielen auf die Vergrößerung des Handlungsspielraumes einer Person ab, so dass sich die Frage stellt: Wie können Handlungsspielräume erweitert werden?
Im Prinzip kann der Handlungsspielraum durch eine Veränderung von Artteilung hin zur Mengenteilung erweitert werden (siehe Abschnitt B 5.1.3). Der Handlungsspielraum z. B. des Busfahrers wird einerseits durch eine Erweiterung des Tätigkeitsspielraums erreicht. Durch unterschiedliche Tätigkeiten wird die Arbeit abwechslungsreicher und bezüglich der Belastungen auch ausgewogener. Beispiele sind: Durchführen von Reinigungs- und Wartungsarbeiten oder Wechsel von Fahr- und Bürotätigkeiten. Es handelt sich bei der Erweiterung des Tätigkeitsspielraums um die Aufnahme von Tätigkeiten auf gleichem Qualifikationsniveau.
Der Entscheidungs- und Kontrollspielraum wird durch die Übernahme von planenden und steuernden Tätigkeiten wie z. B. Einsatzplanung, Routenplanung, Gestaltung von Ansagen, Management von Sondereinsätzen bei Großveranstaltungen erweitert. In der Regel ist hierzu eine Anpassungsqualifizierung notwendig.
Der Begriff des Handlungsspielraums wird in Abbildung 4.41 als Produkt von Tätigkeitsspielraum und Entscheidungs- bzw. Kontrollspielraum grafisch erläutert. Die horizontale Dimension des Handlungsspielraums ist ein Maß für den Umfang der auszuführenden Tätigkeiten (Tätigkeitsspielraum), die vertikale Dimension zeigt den Umfang der dispositiven Tätigkeiten und die Anforderungshöhe (Entscheidungs- und Kontrollspielraum). Die im Zusammenhang mit der Erweiterung des Handlungsspielraums zu diskutierenden Konzepte

- Arbeitserweiterung (Job-Enlargement), d. h. den Arbeitspersonen werden mehr ähnliche Arbeitsaufgaben, die aber auf gleichem Qualifikationsniveau liegen, übertragen und
- Arbeitsbereicherung (Job-Enrichment), d. h. der Arbeitsinhalt wird so verändert, dass die einzelnen Arbeitspersonen größere Entscheidungsspielräume haben,

sind unter dem Gesichtspunkt der Arbeit in handwerklichen bzw. kleinbetrieblichen Strukturen zu sehen. Durch die geringe Arbeitsteilung und Spezialisierung existieren dort in der Regel große Handlungsspielräume („jeder kann und macht alles“).

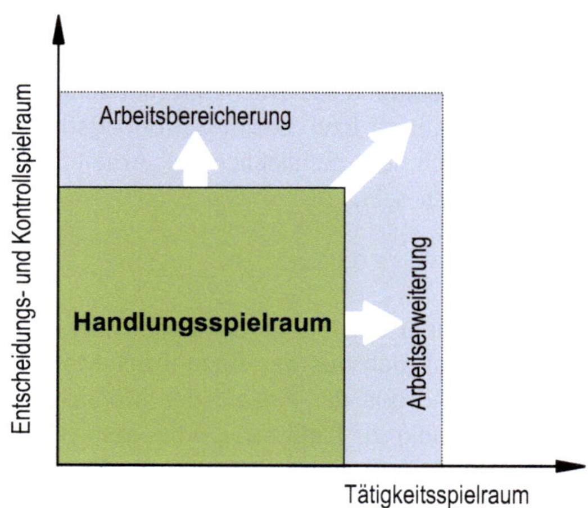

Abbildung 4.41: Handlungsspielraum als Produkt von Tätigkeitsspielraum und Entscheidungs- bzw. Kontrollspielraum (nach Ulich, 2020)

B 4.5.2 Das Prinzip der vollständigen Tätigkeiten und persönlichkeitsförderliche Gestaltung von Arbeitsaufgaben

In der Arbeitspsychologie ist das Prinzip der vollständigen Tätigkeiten als Handlungsanleitung zur Gestaltung menschengerechter Arbeitsaufgaben bekannt.
Was sind vollständige Tätigkeiten?

- Vollständige Tätigkeiten umfassen die Vorbereitung, Organisation, Ausführung und Kontrolle einer Tätigkeit.
- Die Vorbereitung bezieht sich auf Ziele setzen, geeignete Vorgehensweisen entwickeln bzw. auswählen, Arbeitsvollzüge planen.
- Das Organisieren bezieht sich auf das Abstimmen mit neben-, vor- und nachgelagerten Tätigkeiten anderer.
- Die Ausführung der Tätigkeit und die Kontrolle (Vergleich von Zielen und Handlungsergebnissen, eventuell mit Korrektur) sind beinhaltet.
- Eine Tätigkeit, die alle Phasen dieses Regelkreises aufweist, wird als „zyklisch vollständig“ bezeichnet.
- Eine Tätigkeit wird als „hierarchisch vollständig“ bezeichnet, wenn vorbereitende und nachgelagerte Tätigkeiten (z. B. der Planung und Steuerung) mit einbezogen werden.
- Die Kriterien der menschengerechten Arbeitsgestaltung müssen sich auch als Forderungen in der Gestaltung der Arbeitsaufgabe wiederfinden.

Um das Kriterium der Persönlichkeitsförderlichkeit zu erfüllen, können die von Ulich (2020) zusammengestellten Merkmale eingesetzt werden (vgl. Tabelle 4.5).

Tabelle 4.5: Merkmale persönlichkeitsfördernder Arbeitsaufgaben (nach Ulich, 2020)

Gestaltungsmerkmale	Ziel/Absicht/Vorteil/Wirkung	Realisierung durch
Ganzheitlichkeit	Mitarbeiter erkennen Bedeutung und Stellenwert ihrer Tätigkeit. Mitarbeiter erhalten Rückmeldung über den eigenen Arbeitsfortschritt aus der Tätigkeit selbst.	Umfassende Aufgaben mit der Möglichkeit, Ergebnisse der eigenen Tätigkeit auf Übereinstimmung mit gestellten Anforderungen zu prüfen
Anforderungsvielfalt	Unterschiedliche Fähigkeiten, Kenntnisse und Fertigkeiten können eingesetzt werden. Einseitige Beanspruchungen können vermieden werden.	Aufgaben mit planenden, ausführenden und kontrollierenden Elementen bzw. unterschiedlichen Anforderungen an Körperfunktionen und Sinnesorgane
Möglichkeiten der sozialen Interaktion	Schwierigkeiten können gemeinsam bewältigt werden. Gegenseitige Unterstützung hilft Belastungen besser zu ertragen.	Aufgaben, deren Bewältigung Kooperation nahe legt oder voraussetzt
Autonomie	Stärkt Selbstwertgefühl und Bereitschaft zur Übernahme von Verantwortung; vermittelt die Erfahrung, nicht einfluss- und bedeutungslos zu sein	Aufgaben mit Dispositions- und Entscheidungsmöglichkeiten
Lern- und Entwicklungsmöglichkeiten	Allgemeine geistige Flexibilität bleibt erhalten. Berufliche Qualifikationen werden erhalten und weiter entwickelt.	Problemhaltige Aufgaben, zu deren Bewältigung Qualifikationen erweitert bzw. neu angeeignet werden müssen

B 4.5.3 Gesundheitsgerechte Arbeitsaufgabengestaltung

Bereits in den vorangegangenen Abschnitten wurde deutlich, dass es keinen „one best way“ für die Gestaltung der Arbeitsaufgabe gibt.
Hemmann, Merboth, Hänsgen und Richter (1997) heben zwölf Tätigkeitsmerkmale hervor, die sich in zahlreichen wissenschaftlichen Untersuchungen als besonders bedeutsam (vor allen Dingen im Hinblick auf psychische Beanspruchungen) bei der Arbeitsaufgabengestaltung erwiesen haben (vgl. Abbildung 4.42).

Abbildung 4.42: Zu gestaltende Tätigkeitsmerkmale (nach Hemmann et al., 1997)

Nachfolgend werden zu den aufgeführten Tätigkeitsmerkmalen Anforderungen bzw. Gestaltungshinweise an die aus der Sicht der Arbeitswissenschaft günstige Arbeitsaufgabengestaltung vorgestellt:

Anzahl unterschiedlicher Teilaufgaben (Teiltätigkeiten)

- Gewährleisten ausreichender geistiger und körperlicher Aktivität sowie unterschiedlicher geistiger Anforderungen
- Nutzen, Fördern und Entwickeln der Qualifikation bzw. arbeitsplatzbezogene Qualifizierung, die Lernen in der Arbeit ermöglicht
- Treffen von Entscheidungen im Arbeitsprozess ermöglichen
- Ermöglichen von sozialen Kontakten und Kooperationen in der Arbeit
- Aufgabenerweiterung (z. B. Kombination verschiedener Arbeitsaufgaben bzw. Übernahme von neuen Aufgaben)
- Flexible Gestaltung der Tätigkeitsausübung durch Überlappungen (z. B. flexible Aufgaben- bzw. Funktionsteilung, flexible Arbeitszeitregimes)

Grad der Vollständigkeit der Arbeitsaufgabe (zyklisch-sequentielle Vollständigkeit)

- Optimierung der Funktionsteilung zwischen Mensch und Mensch sowie Mensch und Technik:
  - Arbeitsfunktionen für den Menschen aus nur einer Teiltätigkeitsklasse sind zu vermeiden
  - mindestens drei Teiltätigkeitsklassen (neben der Arbeitsausführung auch Vor- und Nachbereitung, Kontrolle und Organisation) sind zu kombinieren

- inhaltliche Aufgabenbereicherung durch:
  - Schaffung flacher Organisationsstrukturen
  - Gestaltung dispositiver Kernaufgaben für Gruppen, Schaffung teilautonomer Arbeitsgruppen
  - Wechsel zwischen anforderungsverschiedenen Verrichtungen
- Erweiterung in der Qualifikation der Beschäftigten (z. B. durch arbeitsplatzbezogene Qualifizierung oder Organisationstraining)

Wiederholungsgrad gleichartiger Verrichtungen

- optimale Verteilung der Funktionen zwischen Mensch und Technik:
  - Automatisieren von sich ständig gleichförmig wiederholenden Verrichtungen
  - Lockerung räumlich-zeitlicher Bindungen des Menschen vom technischen Prozess
- Veränderungen in der Arbeitsorganisation, die kurzzyklische Aufgabenstrukturen aufheben, z. B. durch
  - Arbeitsplatzwechsel, um bei gleichbleibenden Aufgaben einseitige Beanspruchungen zu vermindern
  - Aufgabenerweiterung (Vergrößerung des Arbeitsinhaltes durch anforderungsverschiedene Aufgaben)
  - Aufgabenbereicherung (neben der Arbeitsausführung auch planende, organisierende und kontrollierende Aufgaben)
  - teilautonome Gruppenarbeit (Übernahme kompletter Arbeitsaufträge durch eigenverantwortliche Gruppen)
- Erweiterung der Qualifikation der Beschäftigten (z. B. durch arbeitsplatzbezogene Qualifizierung oder Organisationstraining)

Rückmeldungen über Arbeitsergebnisse

- Sichern ganzheitlicher Arbeitsaufgaben sowie Gewährleistung klarer, präziser Zielstellungen, eindeutiger und schneller Rückmeldungen über individuellen Leistungsbeitrag und partizipative Vereinbarung über Zielsetzungen und Rückmeldungsgestaltung
- Gewährleistung individueller Rückmeldungsmöglichkeiten in Gruppenarbeitskonzepten

Zeitliche Freiheitsgrade

- Schaffen von Möglichkeiten zum selbstständigen Planen bei untergeordneten Arbeitsstrukturen, z. B.
  - räumlich-zeitliche Trennung des Menschen vom technischen System ermöglichen
  - Ermöglichen von Zeitreserven
- kollektive Selbstorganisation in der Gruppenarbeit (z. B. flexible Arbeitszeitregimes)
- Vermeidung von Störungen des Arbeitsablaufes, z. B. durch ausfallende Arbeitsmittel (Maschinen etc.)

Inhaltliche Freiheitsgrade

Anbieten von Möglichkeiten für alternatives und kreatives Arbeiten, z. B. durch:

- Reduzieren von Vorschriften und Einschränkungen zur Aufgabenlösung
- gemeinsames Erarbeiten von Richtlinien zur Lösung der Aufgabenstellung mit den Beschäftigten
- Bereitstellen von Technik, Informationsquellen und Entscheidungshilfen als Rahmenangebot
- kollektive Selbstorganisation/Selbstbestimmung in der Gruppenarbeit (z. B. flexible Arbeitsmethoden und Arbeitsteilung)
- qualifizierende Arbeitsgestaltung bzw. arbeitsplatzbezogene Qualifizierung
- Organisationstraining (Erwerb von Fähigkeiten zur Kooperation, Kommunikation und zum selbstständigen Lösen der Arbeitsaufgaben)

Körperliche Abwechslung

- Vermeidung von körperlicher Unterforderung und Einseitigkeit (z. B. bei ständigem Sitzen)
- Gestaltung des Verhältnisses zwischen statischer und dynamischer Muskelarbeit nach ergonomischen Gesichtspunkten
- Vermeiden von Bindungen an einen festen Arbeitsort
- Kombination von ausführenden Arbeitsfunktionen (z. B. sitzend/stehend oder grobmotorisch/feinmotorisch)
- Organisieren und Durchführen von Kurzpausensystemen
- Angebot von Ausgleichsprogrammen für die Pausengestaltung

Zeitlicher Kooperationsumfang

- Schaffen von Möglichkeiten für gemeinsames Arbeiten, gegenseitige Hilfe und Unterstützung (z. B. Vermeiden von isolierten Arbeitsplätzen, Einführen teilautonomer Arbeitsgruppen), verbunden mit Arbeitsplatzwechsel, Aufgabenerweiterung und Aufgabenbereicherung
- räumlich-zeitliche Trennung des Menschen vom technischen System ermöglichen
- Vermitteln von Kommunikationstechniken
- Kenntnisvermittlungen zum Konfliktmanagement (z. B. Gesprächsführung, kollektives Problemlösen und Entscheidungsfindung)
- Erweiterung der Qualifikation der Beschäftigten um Kommunikations- und Kooperationsaspekte für Abstimmungszwecke und Beteiligung an der Arbeitsorganisation (z. B. durch arbeitsplatzbezogene Qualifizierung oder Organisationstraining)

Kommunikationsinhalte für Aufgabenrealisierung

- Gewährleistung ausreichender formeller und informeller Kommunikationsmöglichkeiten (räumliche Gestaltung, zeitliche Verteilung von kooperativen Aufgaben)
- Sichern partizipativer Entscheidungsformen bei der Festlegung von Zielen, Wegen und bei der Anerkennung von Arbeitsleistungen

- Berücksichtigung von Kommunikationsmöglichkeiten bei der Layout-Gestaltung neuer Arbeitssysteme
- Rückmeldungen zum Arbeitsverlauf und zu Arbeitsergebnissen

Qualifikationsnutzung

- optimale Verteilung der Funktionen zwischen Mensch und Technik, keine technologiebedingten Restfunktionen als Haupttätigkeit für den Menschen
- Gewährleisten einer angemessenen Technikgestaltung
- Vermeiden von Über- und Unterforderung durch aufgabengerechte Qualifikation
- Fix-Vario-Prinzip: Verteilen der anfallenden Teilaufgaben einer komplexen Gesamtaufgabe auf die Gruppenmitglieder („fix" - Aufgaben mit gleichbleibenden Anforderungen; „vario" anforderungsverschiedene Aufgaben)
- Nutzen und Fördern der Vorbildung der Beschäftigten
- Schaffen von qualifizierender Arbeitsgestaltung, z. B. durch Berücksichtigen von sozialen Lernprozessen
- Einführen von Vorschlagswesen, Qualitätszirkeln, kontinuierlichen Verbesserungsprozessen

Denkanforderungen

- Vermeidung von Routinetätigkeiten
- Erweiterung der Freiheitsgrade in der Arbeit, um geistig anregende Tätigkeiten zu ermöglichen, z. B. durch
  - Einbeziehen von Entscheidungs- und Planungsaufgaben im Produktionsprozess (bei Gruppenarbeit mit flexibler Selbstorganisation)
  - Integration von Analyse-, Diagnose- und/oder Prognoseaufgaben in anforderungsarme Tätigkeiten
- Schaffen von qualifizierender Arbeitsgestaltung bzw. arbeitsplatzbezogene Qualifizierung und Organisationstraining

Notwendigkeit zum Lernen in der Arbeit

- Sichern einer Balance in den körperlichen und geistigen Anforderungen
- Erwerb sozialer Kompetenzen für kooperative Tätigkeiten
- Einführen ganzheitlichen „Tätigkeitslernens" gegenüber dem Erwerb elementarer Fähigkeiten und Fertigkeiten
- wechselnde Arbeitsaufgaben
- Rückmeldungen über Tätigkeitsausführung und Arbeitsergebnis
- fehlerfreundliche Technik als Grundlage von Lernprozessen (z. B. Fehlerrückmeldung)
- rechtzeitige Sicherung von Neu- und Umlernprozessen bei Erneuerung von Technik und Organisation

C 4 Methoden

In Verbindung mit dem Ziel einer gesundheitsgerechten und gesundheitsfördernden Arbeitsgestaltung ist eine Bewertung der auf den Menschen bei der Arbeit wirkenden Belastungen und den daraus resultierenden Beanspruchungen unerlässlich.
Zu diesem Zweck existieren unterschiedliche Methoden, von denen die für einen Einstieg in die Arbeitsaufgabengestaltung wichtigen nachfolgend vorgestellt werden.
Die Auswahl des geeigneten Verfahrens richtet sich nach dem konkreten Anwendungsfall. Um die Kriterien zu verdeutlichen, die bei der Methoden-Auswahl eine Rolle spielen, gibt Abbildung 4.43 einen Überblick über die möglichen Dimensionen, nach denen die Methoden eingeteilt werden können.

Einteilung von Analyse- und Bewertungsverfahren				
Einsatzbereich	Produktion/ Fertigung	Büro/ Verwaltung	spezielle Arbeitsbereiche	
Präzisionsstufe	grob	mittel	detailliert	
Anwender	betrieblicher Praktiker	Experte		
Betrachtungsebene	subjektiv (Beanspruchung)	objektiv (Belastung)		
Grad der Standardisierung	unstandardisiert	halbstandardisiert	standardisiert	
Art der Datenerhebung	Messung physikalisch	Beobachtung	Befragung	kombiniert
Analysedimension	physisch	kombiniert	psychisch	

Abbildung 4.43: Dimensionen zur Einteilung von Analyse- und Bewertungsverfahren

Die aufgeführten Dimensionen zur Einteilung der Bewertungsverfahren lassen sich auf verschiedene Art und Weise kombinieren, so dass eine einheitliche Gruppierung der Verfahren schwer fällt.
In dem folgenden Abschnitt C 4.1 werden zunächst Methoden vorgestellt, die auf Messungen am menschlichen Körper beruhen und Aussagen über physische und psychische Beanspruchung machen können.
Anschließend folgen zwei Abschnitte (C 4.2 und C 4.3) mit Erläuterungen zu Bewertungsverfahren, die auf einer anderen Art der Datenerhebung basieren. Nach Verfahren, die sich mit der physischen Belastung auseinander setzen, werden Methoden zur Bewertung von psychischer Belastung und Beanspruchung näher beleuchtet.

C 4.1 Psychophysiologische Messmethoden

Messwerte, die am menschlichen Körper erfasst werden, sind stets abhängig von der Reaktion des Menschen auf die ihn wirkende Belastung unter Beachtung seiner individuellen Leistungsvoraussetzungen. Psychophysiologische Messungen dienen dementsprechend der Bestimmung von Beanspruchungsindikatoren mit dem Ziel der Beanspruchungsermittlung.

Bei allen Messmethoden im Zusammenhang mit der Beanspruchungsermittlung ist zu bedenken, dass die Beeinträchtigung des Menschen durch die Messmethode möglichst gering sein muss. Dieses erfordert, dass bei psychophysiologischen Messverfahren die Messungen ohne größere Eingriffe durchzuführen sind. Dieses Kriterium wird besonders gut von elektrophysiologischen Methoden erfüllt. Es werden dabei die im Körper vorhandenen elektrischen Signale verwendet. Bei vielen der elektrophysiologischen Messverfahren ist ein relativ großer apparativer Aufwand notwendig. Die Messdaten werden am Körper der Arbeitsperson erfasst und in der Regel telemetrisch, d. h. berührungslos in ein Auswertegerät übertragen. Damit ist gewährleistet, dass die Arbeitsperson so wenig wie möglich durch Kabel behindert wird. Es muss weiterhin beachtet werden, dass die bioelektrischen Ströme und Spannungen in Muskel- und Nervenzellen sehr gering sind, so dass empfindliche Messwertaufnehmer und große Verstärkungen erforderlich sind.
Alle in diesem Abschnitt genannten Verfahren erfordern die Bestimmung eines Ruhe- oder Normalniveaus. Außerdem muss ermittelt werden, ob die Beanspruchungshöhe sich linear, progressiv oder degressiv zur erfassten Messgröße verhält. Da weiterhin in der Regel Signale mit geringer Signalstärke aufgenommen werden, ist ein Einfluss von Störfaktoren nur schwer auszuschließen. Es bedarf also einiger Erfahrung bei der Anwendung dieser Verfahren, wenn zuverlässige Aussagen gemacht werden sollen. Messungen sollten deswegen nur von Fachleuten durchgeführt und ausgewertet werden, für den betrieblichen Praktiker eignen sich diese Methoden nicht. Die Methoden werden aus diesem Grund nur kurz vorgestellt, weiterführende Informationen sollten aus entsprechender Fachliteratur bezogen werden.
In Abschnitt B 4.1 wurde herausgearbeitet, dass folgende Körperbereiche durch schwere körperliche Arbeit besonders stark beansprucht werden:

- Muskulatur,
- Herz-Kreislaufsystem und
- Wirbelsäule.

Im Folgenden werden deswegen Methoden vorgestellt, die sich für die Beanspruchungsermittlung der genannten Körperbereiche eignen. Es ist dabei allerdings zu beachten, dass die vorgestellten Verfahren sich nicht auf die Ermittlung physischer Beanspruchungen reduzieren, sondern auch Aufschluss über psychische Beanspruchungen geben können.

Elektro-Kardiographie (EKG) Bei diesem Messverfahren wird die Summe der elektrischen Aktivitäten aller Herzmuskelfasern aufgezeichnet. Das EKG liefert zwei separate Beanspruchungskriterien:

- die Herzschlagfrequenz (Pulsfrequenz) und
- ein Maß für die Unregelmäßigkeit (Streuung um die Momentanfrequenz) des Herzschlages, die sogenannte Herzfrequenzarrhythmie.

Die Herzfrequenz selbst reagiert nur schwach auf die Belastung durch mentale Anforderungen, dagegen stark auf emotionale Einflüsse und motorische/mechanische Belastungen. Die Reaktion besteht in einem Anstieg der Schlagfrequenz. Das Körpersignal wird entweder über aufgeklebte Körper-Elektroden oder über einen Fingerclip bzw. Ohrclip aufgenommen.

Blutdruckmessung Der Blutdruck kann invasiv (direkt) oder nicht invasiv (indirekt) gemessen werden. Bei der invasiven Messung wird ein Gefäß punktiert, so dass ein Drucksensor eingebracht werden kann. Es handelt sich um eine sehr genaue Messmethode, die allerdings lediglich für Laboruntersuchungen geeignet ist.
Bei der nicht invasiven Messung kommt eine Druckmanschette zum Einsatz, die in der Regel am Oberarm platziert wird. Die Messung ist nicht so genau wie die direkte Messung, allerdings ist sie wesentlich einfacher und schneller durchzuführen.
Der Blutdruckanstieg kann als Maß für die Arbeitsschwere angesehen werden. Der Blutdruck nimmt auch bei emotionaler Beanspruchung zu.

Elektro-Myographie (EMG) Bei diesem Verfahren wird die elektrische Aktivität der Muskeln gemessen. Es sind (relativ ungenaue) Messungen der Aktivität von ganzen Muskeln oder Muskelgruppen an der Hautoberfläche oder genauere Messungen der Aktivität von Muskeln oder Muskelfasern durch den Einsatz von Elektroden möglich.
Mit der Messung der Muskelaktionspotenziale wird vor allem die Frage untersucht, wie sich Muskelspannungen bei Ermüdung verändern. Mit Elektroden, die auf oder in den Muskel gesetzt werden, werden die Muskelanregungspotentiale abgegriffen. Je stärker ein Muskel beansprucht ist, desto stärker und unregelmäßiger sind seine Aktionspotenziale.

Elektro-Okulographie (EOG) Dieses Verfahren wird vor allem zur Beanspruchungsermittlung bei informatorisch-mentaler Beanspruchung eingesetzt. Die okuelektrische Aktivität ist ein Gesamtmaß für Häufigkeit und Dauer von Blickbewegungen. Weiterhin können mit diesem Verfahren die Lidschlussbewegungen erfasst werden. Okuelektrische Aktivität und Lidschlusshäufigkeit korrelieren mit der Beanspruchung.

Elektro-Enzephalographie (EEG) Mit dem EEG werden Potenzialschwankungen (Hirnstromwellen) erfasst. Auch hier besteht ein Zusammenhang zwischen elektrischer Aktivität und Beanspruchung.

Flimmerverschmelzungsfrequenz Dieses Verfahren benutzt die Tatsache, dass der Mensch nur ein beschränktes visuelles Auflösungsvermögen für zeitlich schnell aufeinander folgende Impulse hat. Ab einer gewissen Frequenz, der Flimmerverschmelzungsfrequenz, verschmilzt ein blinkender Lichtpunkt zu einer kontinuierlichen Lichtempfindung. Diese Frequenz nimmt mit steigender mentaler Beanspruchung bzw. Ermüdung, insbesondere auch bei Arbeitsanforderungen im visuellen Bereich ab.

C 4.2 Bewertungsverfahren für die physische Belastung

Im Gegensatz zu den psychophysiologischen Messungen haben die in diesem Abschnitt aufgeführten Methoden objektiven Charakter. Sie dienen der Beurteilung und Bewertung von vorhandenen Belastungen und orientieren sich dabei an den vorherrschenden Arbeitsbedingungen und den auszuführenden Tätigkeiten. Aus diesem Grund werden sie auch „Arbeitsplatzbewertungsverfahren" genannt.
Häufig bei der Arbeit auftretende biomechanische und physiologische Belastungen des Muskel-Skelett- und Herz-Kreislauf-Systems begründen die folgenden sechs physischen Belastungsarten (s. auch BAuA, 2019):

- manuelles Heben, Halten und Tragen von Lasten,
- manuelles Ziehen und Schieben von Lasten,
- manuelle Arbeitsprozesse,
- Ganzkörperkräfte,
- Körperzwangshaltungen,
- Körperfortbewegung.

Die Beurteilung physischer Belastungen am Arbeitsplatz im Rahmen von Gefährdungsanalysen zur Abschätzung gesundheitlicher Risiken kann auf unterschiedlichen Ebenen erfolgen. So werden nach Detaillierung der Höhe des Beurteilungsniveaus verschiedene Nutzer angesprochen (s. Tabelle 4.6).

Tabelle 4.6: Beurteilung physischer Belastungen nach Methodenebene und potenzieller Nutzergruppe

Methodenebene	Potenzielle Nutzergruppe	Beispielmethoden
Grobscreening	Betrieblicher Praktiker	Checklisten; Befragungen
Spezielles Screening	Betrieblicher Praktiker mit ergonomischem Grundwissen/ Ergonomieexperte	Leitmerkmalmethoden
Expertenscreening	Ergonomieexperte	Erweiterte Leitmerkmalmethoden; Montagespezifischer Kraftatlas; Ergonomic Assessment Work Sheet (EAWS)
Messverfahren • Betriebliche Messungen • Labormessungen	Ergonomieexperte/ Wissenschaftler	Motion-Capture-Systeme; biomechanische Simulationen; Oberflächen Elektromyographie (OEMG) Messungen; Energieumsatzmessungen

Genauigkeit, Beurteilungstiefe und die Merkmalsanzahl nehmen von oben nach unten zu. Beim Grobscreening werden eher qualitativ Belastungsschwerpunkte erfasst. Spezielle Screening-Verfahren bewerten belastungsartspezifisch ein quantifizierbares Risiko der körperlichen Überbeanspruchung. Expertenverfahren erfassen kumulierte Belastungsdosen und für kombinierte Belastungen komplexere Zusammenhänge sowie eine Vielzahl zusammenwirkender Belastungsmerkmale. Messtechnische Verfahren untersuchen Ursache-Wirkungs-Zusammenhänge, betrachten Kenngrößen im Zeitverlauf und z. T. dreidimensional und unter standardisierten Versuchsbedingungen.

C 4.2.1 Spezielles Screening „Leitmerkmalmethoden"

Die von der Bundesanstalt für Arbeitsschutz und Arbeitsmedizin (BAuA) im Rahmen des Projektes „Mehrstufige Gefährdungsanalyse physischer Belastung am Arbeitsplatz (MEGAPHYS)" herausgegebenen Leitmerkmalmethoden für die sechs zuvor genannten physischen Belastungsarten ermitteln Teil- und Tagesdosen sowie in einem konzeptionellen Ansatz eine Belastungsdosis für körperliche Mischbelastungen am Arbeitsplatz. Das von der BAuA zur Verfügung gestellte Methodeninventar wurde weiter- und neu entwickelt. Insgesamt sind folgende beobachtungsanalytische Leitmerkmalmethoden (LMM) verfügbar:
Weiterentwickelte Methoden:

- manuelles Heben, Halten u. Tragen v. Lasten (LMM-HHT),
- manuelles Ziehen u. Schieben v. Lasten (LMM-ZS),
- manuelle Arbeitsprozesse (LMM-MA).

Neuentwickelte Methoden:

- Ausübung v. Ganzkörperkräften (LMM-GK),
- Körperzwangshaltung (LMM-KH),
- Körperfortbewegung (LMM-KB).

Die Methoden liegen als Papierversion für eine überschlägige Bewertung der Belastungsart und als erweiterte rechnergestützte MS Excel-Versionen (LMM-E) zur Bewertung mehrerer Tätigkeiten der gleichen Belastungsart pro Schicht vor (s. https://www.baua.de). Das verwendete Ampelsystem, welches in den Ampelfarben beim Screeningverfahren von der Höhe der Punktbewertungen abhängt, verkörpert die Höhe des Gesundheitsrisikos. Die Farbe „grün" stellt ein niedriges Risiko, die Farbe „gelb" ein erhöhtes Risiko und die Farbe „rot" ein hohes Risiko dar (s. Abbildung 4.44).

Anhand des errechneten Punktwertes und der folgenden Tabelle kann eine grobe Beurteilung vorgenommen werden:

Risiko	Risiko-bereich		Belastungs-höhe*)	a) Wahrscheinlichkeit körperlicher Überbeanspruchung b) Mögliche gesundheitliche Folgen	Maßnahmen
	1	< 20 Punkte	gering	a) Körperliche Überbeanspruchung ist unwahrscheinlich b) Gesundheitsgefährdung nicht zu erwarten	Keine
	2	20 - < 50 Punkte	mäßig erhöht	a) Körperliche Überbeanspruchung ist bei vermindert belastbaren Personen möglich. b) Ermüdung, geringgradige Anpassungsbeschwerden, die in der Freizeit kompensiert werden können	Für vermindert belastbare Personen sind Maßnahmen zur Gestaltung und sonstige Präventionsmaßnahmen sinnvoll.
	3	50 - < 100 Punkte	wesentlich erhöht	a) Körperliche Überbeanspruchung ist auch für normal belastbare Personen möglich b) Beschwerden (Schmerzen) ggf. mit Funktionsstörungen, meistens reversibel, ohne morphologische Manifestation	Maßnahmen zur Gestaltung und sonstige Präventionsmaßnahmen sind zu prüfen.
	4	≥ 100 Punkte	hoch	a) Körperliche Überbeanspruchung ist wahrscheinlich. b) Stärker ausgeprägte Beschwerden und / oder Funktions-störungen, Strukturschäden mit Krankheitswert	Maßnahmen zur Gestaltung sind erforderlich. Sonstige Präventions-maßnahmen sind zu prüfen.

*) *Die Grenzen zwischen den Risikobereichen sind aufgrund der individuellen Arbeitstechniken und Leistungsvoraussetzungen fließend. Damit darf die Einstufung nur als Orientierungshilfe verstanden werden. Grundsätzlich ist davon auszugehen, dass mit steigenden Punktwerten die Wahrscheinlichkeit einer körperlichen Überbeanspruchung zunimmt.*

Abbildung 4.44: Vierstufiges Risikokonzept nach Ampelschema (BAuA, 2019)

Formal werden zunächst Zeitwichtung und Wichtungen der Leitmerkmale (Haupt- und Nebenbelastungen) bestimmt. Die Punktwichtungen aller Merkmale werden aufsummiert, mit der Zeitwichtung multipliziert und einer Bewertung anhand des Risikoschemas zugeführt. Daraus kann Handlungsbedarf abgeleitet werden. Im Folgenden werden die Arbeitsbögen für die Leitmerkmalmethode „Heben, Halten, Tragen" (BAuA, 2020 a) aufgeführt. Die aktuellen Versionen der Leitmerkmalmethoden sind auf den Internetseiten der BAuA zu finden.

Leitmerkmalmethode zur Beurteilung und Gestaltung von Belastungen beim manuellen Heben, Halten und Tragen von Lasten ≥ 3 kg (LMM-HHT)

Arbeitsplatz / Teil-Tätigkeit:			
Zeitdauer des Arbeitstages:		Beurteiler:	
Zeitdauer der Teil-Tätigkeit:		Datum:	

1. Schritt: Bestimmung der Zeitwichtung

Häufigkeit [bis … Mal pro Teil-Tätigkeit und Arbeitstag]:	5	20	50	100	150	220	300	500	750	1000	1500	2000	2500
Zeitwichtung:	**1**	**1,5**	**2**	**2,5**	**3**	**3,5**	**4**	**5**	**6**	**7**	**8**	**9**	**10**

2. Schritt: Bestimmung der Wichtungen der weiteren Merkmale

Wirksames Lastgewicht[1)]	Lastwichtung Männer	Lastwichtung Frauen
3 bis 5 kg	**4**	**6**
> 5 bis 10 kg	**6**	**9**
> 10 bis 15 kg	**8**	**12**
> 15 bis 20 kg	**11**	**25**
> 20 bis 25 kg	**15**	**75**
> 25 bis 30 kg	**25**	**85**
> 30 bis 35 kg	**35**	**100**
> 35 bis 40 kg	**75**	
> 40 kg	**100**	

[1)] Mit dem „wirksamen Lastgewicht" ist die Belastung gemeint, die der/die Beschäftigte tatsächlich aufbringen muss. Beim Kippen eines Kartons wirken nur etwa 50 % des Lastgewichts, beim Tragen einer Last zu zweit wirken pro Person etwa 60 % des Lastgewichts (durch erhöhte Anforderungen an Lastkontrolle und Koordination darf nicht nur von 50 % ausgegangen werden).

Lastaufnahmebedingungen	Wichtung
Lastaufnahme ist beidhändig und symmetrisch	**0**
Lastaufnahme ist zeitweilig einhändig und/oder unsymmetrisch, ungleiche Lastverteilung zwischen den Händen	**2**
Lastaufnahme ist überwiegend einhändig oder instabiler Lastschwerpunkt	**4**

Körperhaltung[2)]

Die Bewegung kann in beide Richtungen erfolgen, d.h. die dargestellten Piktogramme können sowohl Start als auch Ziel der Lastenhandhabung darstellen. Befinden sich mehrere Piktogramme in einem Feld, sind diese als gleichwertig anzusehen. Zusätzlich sind Rumpfverdrehung / -seitneigung, Lastposition / körperfernes Greifen, Arbeit mit angehobenen Händen und Greifen über Schulterhöhe zu betrachten (Zusatzpunkte).

Start / Ziel	Ziel / Start	Wichtung	Start / Ziel	Ziel / Start	Wichtung
		0			**10[3)]**
		3			**13[3)]**
		5			**15[3)]**
		7			**18[3)]**
		9[3)]			**20[3)]**

Zusatzpunkte (max. 6 Punkte) *Nur relevant, wenn zutreffend.*	
Gelegentliche Rumpfverdrehung bzw. -seitneigung erkennbar	**+1**
Häufige / ständige Rumpfverdrehung bzw. -seitneigung erkennbar	**+3**
Lastschwerpunkt bzw. Hände gelegentlich körperfern	**+1**
Lastschwerpunkt bzw. Hände häufig / ständig körperfern	**+3[3)]**
Arme gelegentlich angehoben, Hände zwischen Ellenbogen- und Schulterhöhe	**+0,5**
Arme häufig / ständig angehoben, Hände zwischen Ellenbogen- und Schulterhöhe	**+1**
Hände gelegentlich über Schulterhöhe	**+1**
Hände häufig / ständig über Schulterhöhe	**+2[3)]**

Wichtung KH	+	Zusatzpunkte	=	Summe
	+	(max. 6 Punkte)	=	

[2)] Es sind insbesondere die typischen Körperhaltungen zum Zeitpunkt der Lastaufnahme und -ablage zu berücksichtigen. Seltene Abweichungen können vernachlässigt werden. Wird die Hebe- / Haltearbeit im Sitzen ausgeführt, z.B. beim Umsetzen, sind die Piktogramme sinngemäß anzuwenden. Höhere Lastgewichte bei der Lastenhandhabung im Sitzen sollten vermieden werden

*[3)] **Achtung**: Sofern diese Kategorie gewählt wurde, wird empfohlen, diese Teil-Tätigkeit auch mit der LMM-KH (Körperhaltung) zu bewerten!*

Abbildung 4.45: LMM „Heben, Halten, Tragen" — Arbeitsblatt 1 (BAuA, 2020 a)

Ungünstige Ausführungsbedingungen (nur angeben, wenn zutreffend) *In den Tabellen nicht genannte Merkmale sind sinngemäß zu berücksichtigen.* *Seltene Abweichungen sind vernachlässigbar.*		**Zwischen-wichtung ZW**	**∑ ZW**
Hand-/Armstellung-bewegung:	Gelegentlich am Ende der Beweglichkeitsbereiche	1	
	Häufig / ständig am Ende der Beweglichkeitsbereiche	2	
Kraftübertragung/-einleitung eingeschränkt: Lasten schlecht greifbar / erhöhte Haltekräfte erforderlich / keine gestalteten Griffe / Arbeitshandschuhe		1	
Kraftübertragung/-einleitung erheblich behindert: Lasten kaum greifbar / schmierig, weich, scharfkantig / keine oder ungeeignete Griffe / Arbeitshandschuhe		2	
Umgebungsbedingungen eingeschränkt: Ungünstige Witterungsbedingungen und/oder Belastungen durch Hitze, Zugluft, Kälte, Nässe		1	
Räumliche Bedingungen eingeschränkt: Zu kleine Arbeitsfläche unter 1,5 m², Boden ist mäßig verschmutzt, etwas uneben, leichte Neigung bis 5°, leicht eingeschränkte Standsicherheit, Last ist genau zu positionieren		1	
Räumliche Bedingungen ungünstig: Stark eingeschränkte Bewegungsfreiheit oder Bewegungsraum hat zu geringe Höhe, Arbeiten auf engem Raum, Boden ist stark verschmutzt, uneben oder grob gepflastert, Stufen / Schlaglöcher, stärkere Neigung 5-10°, eingeschränkte Standsicherheit, Last ist sehr genau zu positionieren		2[4)]	
Kleidung: Zusätzliche Belastung durch beeinträchtigende Kleidung oder Ausrüstung (z.B. Tragen schwerer Regenjacken, Ganzkörperschutzanzügen, Atemschutzgeräten, Werkzeuggürteln o.ä.)		1	
Erschwernis durch Halten / Tragen: Die Last ist zwischen > 5 und 10 Sekunden zu halten oder über eine Strecke zwischen > 2 m und 5 m zu tragen.		2	
Deutliche Erschwernis durch Halten / Tragen: Die Last > 10 Sekunden zu halten oder über eine Strecke > 5 m zu tragen.		5[4)]	
Keine: Es liegen keine ungünstigen Ausführungsbedingen vor.		0	

[4)] Achtung: Sofern beim Tragen von Lasten ungünstige räumliche Bedingungen vorliegen oder die Last über Strecken > 10 m zu tragen ist, ist diese Teil-Tätigkeit mit der LMM-KB zu bewerten!

Arbeitsorganisation / Zeitliche Verteilung	**Wichtung**
Gut: Häufig Belastungswechsel durch andere Tätigkeiten (mit anderen Belastungsarten) / ohne enge Abfolge von höheren Belastungen innerhalb einer Belastungsart an einem Arbeitstag.	0
Eingeschränkt: Selten Belastungswechsel durch andere Tätigkeiten (mit anderen Belastungsarten) / gelegentlich enge Abfolge von höheren Belastungen innerhalb einer Belastungsart an einem Arbeitstag.	2
Ungünstig: Kein/kaum Belastungswechsel durch andere Tätigkeiten (mit anderen Belastungsarten) / häufig enge Abfolge von höheren Belastungen innerhalb einer Belastungsart an einem Arbeitstag mit zeitweise hohen Belastungsspitzen.	4

3. Schritt: Bewertung und Beurteilung

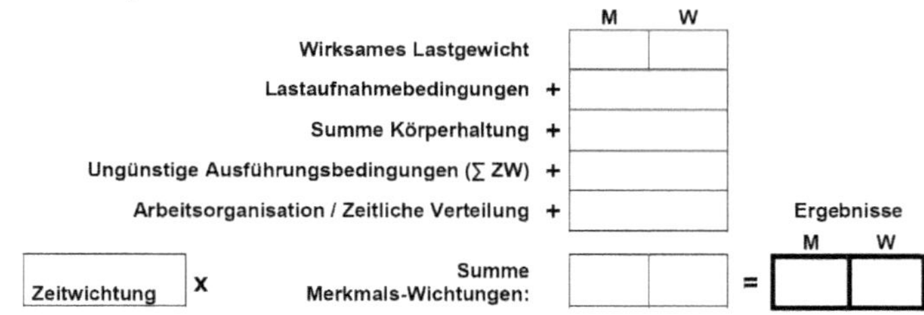

	M	W
Wirksames Lastgewicht		
Lastaufnahmebedingungen +		
Summe Körperhaltung +		
Ungünstige Ausführungsbedingungen (∑ ZW) +		
Arbeitsorganisation / Zeitliche Verteilung +		

Zeitwichtung x Summe Merkmals-Wichtungen: = Ergebnisse M W

Abbildung 4.46: LMM „Heben, Halten, Tragen“ — Arbeitsblatt 2 (BAuA, 2020 a)

C 4.2.2 NIOSH-Verfahren

Durch Anwendung des Verfahrens vom National Institute of Occupational Safety and Health (NIOSH) kann eine empfohlene Grenzlast (recommended weight limit - RWL) für Lastenmanipulationen, insbesondere Hebevorgänge, ermittelt werden.
Das Verfahren unterliegt folgenden Einschränkungen, die vor Anwendung zu überprüfen sind (Bongwald, Luttmann & Laurig, 1995):

- Es wird beidhändiges Heben der Last vorausgesetzt.
- Die Hubbewegung muss langsam und gleichförmig ablaufen.
- Die Bewegungsfreiheit der ausführenden Person darf nicht eingeschränkt sein.
- Die Haftung zwischen den Füßen der ausführenden Person und der Standfläche muss ausreichend sein.
- Es müssen normale Umgebungsbedingungen vorherrschen.
- Außerdem wird die Annahme getroffen, dass langsames, gleichmäßiges Absetzen einer Last gleichgesetzt werden kann mit dem beschriebenen Heben einer Last.

Die empfohlene Grenzlast RWL wird bei dem Verfahren aus dem Produkt einer Lastkonstante (LC) und sechs Reduktionsfaktoren, die alle ≤ 1 sind, bestimmt.
Die folgende Gleichung dient zur Bestimmung des RWL-Wertes:

$$\text{RWL [kg]} = LC * HM * VM * DM * AM * CM * FM$$

Dabei haben die aufgeführten Faktoren folgende Bedeutung:

- LC die Lastkonstante = 23 kg,
- HM der Horizontal-Multiplikator = 25/H, (H: horizontaler Abstand des Mittelpunktes zwischen den Sprunggelenken und den den Gegenstand greifenden Händen in cm zu Beginn und/oder am Ende der Hebetätigkeit, vgl. Abbildung 4.47),
- VM der Vertikal-Multiplikator $= 1 - 0,003 * |V - 75|$, (V: vertikaler Abstand des Mittelpunktes zwischen den Sprunggelenken und den den Gegenstand greifenden Händen in cm zu Beginn und/oder am Ende der Hebetätigkeit, vgl. Abbildung 4.47),
- DM der Distanz-Multiplikator $= 0,82 + (4,5/D)$, (D: vertikal zurückgelegter Hubweg in cm, auf Werte zwischen 25 cm und $(175 - V)$ cm beschränkt, vgl. Abbildung 4.47),
- AM der Asymmetrie-Multiplikator $= 1 - (0,0032 * A)$, (A: Asymmetriewinkel in Grad, der das Verdrehen des Körpers aus der Sagitalebene während der Ausführung zu Beginn und/oder am Ende der Tätigkeit beschreibt, vgl. Abbildung 4.47),

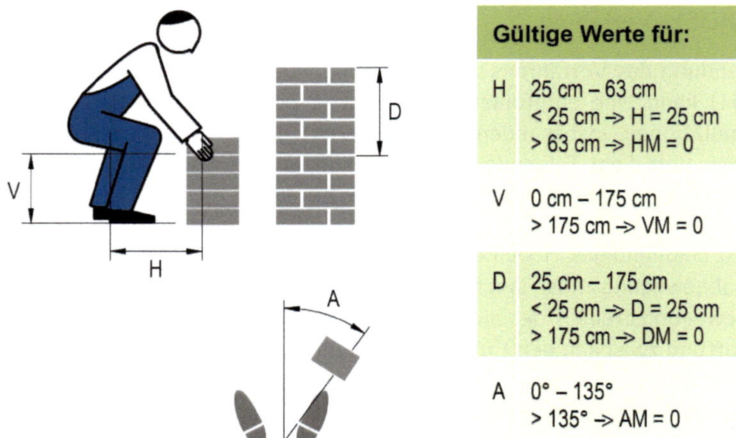

Abbildung 4.47: Größen H, V, D, und A beim NIOSH-Verfahren

- CM der Kopplungs-Multiplikator (Tabellenwert, der die Greif- bzw. Kopplungsbedingungen zwischen den Händen und dem Gegenstand beschreibt, vgl. Tabelle 4.7),

Tabelle 4.7: Größe CM beim NIOSH-Verfahren

Kopplungsbedingung	Kopplungs-Multiplikator CM	
	$V < 75\,\text{cm}$	$V \geq 75\,\text{cm}$
Gut	1,00	1,00
Mittel	0,95	1,00
Schlecht	0,90	0,90

- FM der Frequenz-Multiplikator (Tabellenwert vgl. Abbildung 4.48, der die Häufigkeit des Hebens in Abhängigkeit von der Gesamtarbeitsdauer und des vertikalen Abstandes zwischen Standfläche der Person und den den Gegenstand greifenden Händen beschreibt).

Hubfrequenz F (1/min)	Frequenz - Multiplikator FM					
	Arbeitsdauer					
	≤ 1 h		1 h - 2 h		2 h - 8 h	
	V < 75 cm	V ≥ 75 cm	V < 75 cm	V ≥ 75 cm	V < 75 cm	V ≥ 75 cm
≤ 0,2	1	1	0,95	0,95	0,85	0,85
0,5	0,97	0,97	0,92	0,92	0,81	0,81
1	0,94	0,94	0,88	0,88	0,75	0,75
2	0,91	0,91	0,84	0,84	0,65	0,65
3	0,88	0,88	0,79	0,79	0,55	0,55
4	0,84	0,84	0,72	0,72	0,45	0,45
5	0,8	0,8	0,6	0,6	0,35	0,35
6	0,75	0,75	0,5	0,5	0,27	0,27
7	0,7	0,7	0,42	0,42	0,22	0,22
8	0,6	0,6	0,35	0,35	0,18	0,18
9	0,52	0,52	0,3	0,3	0	0,15
10	0,45	0,45	0,26	0,26	0	0,13
11	0,41	0,41	0	0,23	0	0
12	0,37	0,37	0	0,21	0	0
13	0	0,34	0	0	0	0
14	0	0,31	0	0	0	0
15	0	0,28	0	0	0	0
≥ 15	0	0	0	0	0	0

Abbildung 4.48: Größe FM beim NIOSH-Verfahren

Sind alle Faktoren bestimmt und die Grenzlast somit vollständig berechnet worden, ist ein Vergleich mit dem vorliegenden Lastgewicht möglich. Zu diesem Zweck wird der Lifting Index LI aus dem Quotienten aus dem Lastgewicht und der Grenzlast (RWL) gebildet:

$$LI = \frac{\text{vorliegendes Lastgewicht}}{RWL}$$

Ein Lifting Index mit einem Wert größer 1 zeigt an, dass die vorhandene Last das Grenzgewicht überschreitet und Handlungsbedarf besteht. Abbildung 4.49 zeigt einen Aufnahmebogen für das NIOSH-Verfahren, der alle zu erhebenden Daten berücksichtigt.

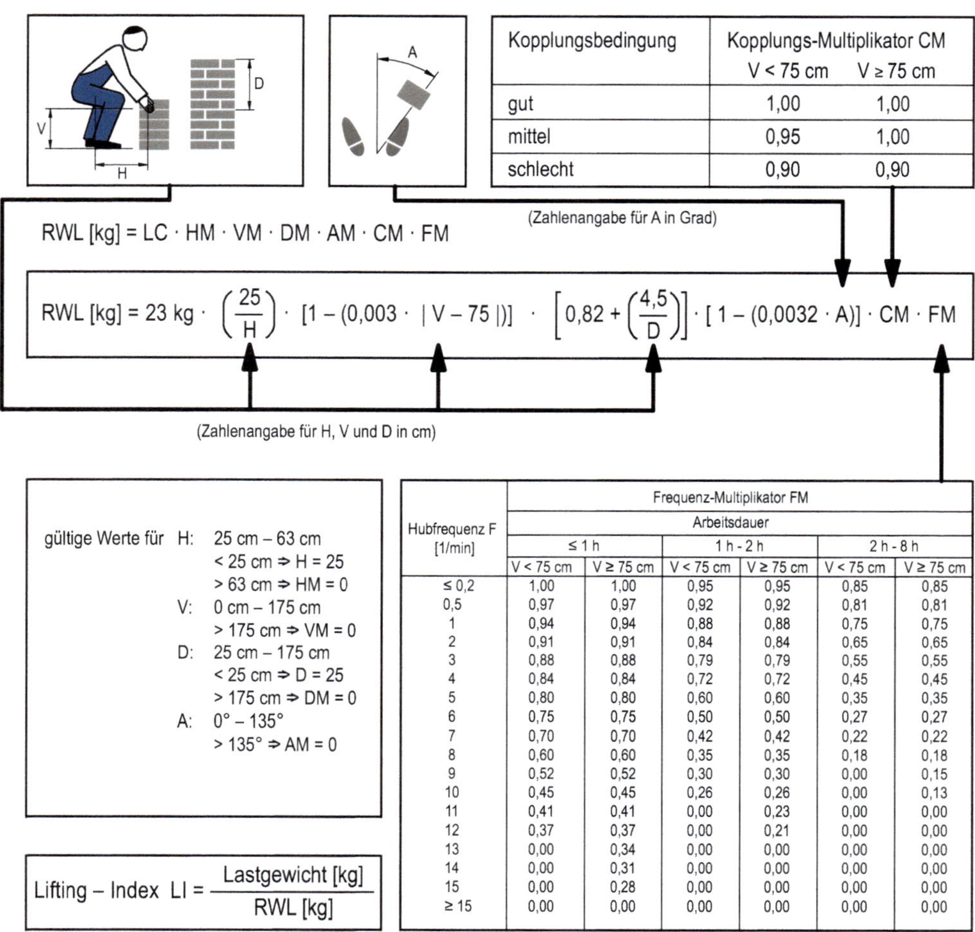

Kopplungsbedingung	Kopplungs-Multiplikator CM V < 75 cm	Kopplungs-Multiplikator CM V ≥ 75 cm
gut	1,00	1,00
mittel	0,95	1,00
schlecht	0,90	0,90

$$RWL\,[kg] = 23\,kg \cdot \left(\frac{25}{H}\right) \cdot [1-(0{,}003 \cdot |V-75|)] \cdot \left[0{,}82 + \left(\frac{4{,}5}{D}\right)\right] \cdot [1-(0{,}0032 \cdot A)] \cdot CM \cdot FM$$

$$\text{Lifting – Index } LI = \frac{\text{Lastgewicht [kg]}}{\text{RWL [kg]}}$$

Hubfrequenz F [1/min]	Frequenz-Multiplikator FM – Arbeitsdauer					
	≤ 1 h		1 h - 2 h		2 h - 8 h	
	V < 75 cm	V ≥ 75 cm	V < 75 cm	V ≥ 75 cm	V < 75 cm	V ≥ 75 cm
≤ 0,2	1,00	1,00	0,95	0,95	0,85	0,85
0,5	0,97	0,97	0,92	0,92	0,81	0,81
1	0,94	0,94	0,88	0,88	0,75	0,75
2	0,91	0,91	0,84	0,84	0,65	0,65
3	0,88	0,88	0,79	0,79	0,55	0,55
4	0,84	0,84	0,72	0,72	0,45	0,45
5	0,80	0,80	0,60	0,60	0,35	0,35
6	0,75	0,75	0,50	0,50	0,27	0,27
7	0,70	0,70	0,42	0,42	0,22	0,22
8	0,60	0,60	0,35	0,35	0,18	0,18
9	0,52	0,52	0,30	0,30	0,00	0,15
10	0,45	0,45	0,26	0,26	0,00	0,13
11	0,41	0,41	0,00	0,23	0,00	0,00
12	0,37	0,37	0,00	0,21	0,00	0,00
13	0,00	0,34	0,00	0,00	0,00	0,00
14	0,00	0,31	0,00	0,00	0,00	0,00
15	0,00	0,28	0,00	0,00	0,00	0,00
≥ 15	0,00	0,00	0,00	0,00	0,00	0,00

Abbildung 4.49: NIOSH-Erhebungsbogen

C 4.2.3 OWAS-Methode

Die OWAS-Methode wurde in den 70er Jahren im finnischen Stahlwerk OVAKO entwickelt und dient der Analyse und Bewertung von Körperhaltungen. Die Methode ist für die Bewertung komplexer Arbeitsabläufe als Beobachtungsverfahren, das durch einen geschulten Arbeitsplatzbeobachter durchgeführt wird, konzipiert (Ellegast, 2005).

Anhand der Methode können Körperhaltungen bestimmt und ihnen Häufigkeiten zugeordnet werden. Für die Beschreibung der Körperhaltung dient ein System zur Klassifizierung, in dem 84 Grundarbeitshaltungen enthalten sind, die sich aus der Kombination verschiedener Rücken-, Arm- und Beinhaltungen ergeben. Des Weiteren ist eine Einstufung einer eventuell vorhandenen äußeren Last in drei Gewichtsklassen möglich. Insgesamt stehen demnach 252 verschiedene Kombinationen aus Körperhaltungen und Lastgewichten zur Verfügung. Diese sind einer von vier Belastungsstufen (Maßnahmenklassen) zugeordnet.

Es stehen zudem für die Bewertung fünf Kopfhaltungen sowie drei Zusatzhaltungen der Beine zur Verfügung. Diese sind zwar keiner Maßnahmenklasse zugeordnet, können aber dennoch statistisch ausgewertet werden. In Verbindung mit den 252 möglichen Körperhaltungen aus Grundarbeitshaltung und Lastgewichtsklasse ergeben sich somit noch weitere Kombinationsmöglichkeiten.
Im Folgenden werden die zu betrachtenden Körperbereiche und die Anzahl der möglichen Haltungen, die sie einnehmen können, aufgeführt:

- Der Kopf: Für den Kopf werden fünf verschiedene Stellungen angegeben.
- Der Rücken: Der Rücken kann vier verschiedene Haltungen einnehmen.
- Die oberen Gliedmaße (Hände, Unterarme und Oberarme): Für diesen Bereich sind drei Haltungen möglich.
- Die unteren Gliedmaße (Füße, Unterschenkel, Oberschenkel): Dieser Bereich wird durch sieben Grundhaltungen und drei Zusatzhaltungen beschrieben.

Abbildung 4.50 gibt einen Überblick über die Haltungen für Rücken, obere Gliedmaße und untere Gliedmaße, aus denen sich die 84 Grundhaltungen sowie die Haltungen des Kopfes bei der OWAS-Methode ergeben.
Die OWAS-Methode ist in zwei Verfahren untergliedert:

- „Basis-OWAS-Methode“
  Mit ihr können Haltungen, die den gesamten menschlichen Körper betreffen, wie beispielsweise bei Hebe- und Tragetätigkeiten, analysiert und klassifiziert werden.
- „Punktuelle OWAS-Methode“
  Die punktuelle OWAS-Methode ist in erster Linie für die Analyse von Körperhaltungen in ortsfesten oder nahezu ortsfesten Systemen gedacht. Hierzu zählen z. B. sitzend ausgeführte Tätigkeiten, bei denen vornehmlich das Hand-Arm-System betrachtet wird.

Die Klassifizierung der Haltungen erfolgt über einen fünfstelligen Zifferncode (vgl. Abbildung 4.51):

Ziffer 1: Haltung Rücken
Ziffer 2: Haltung obere Gliedmaßen (Hände, Unterarme, Oberarme)
Ziffer 3: Haltung untere Gliedmaßen (Füße, Unterschenkel, Oberschenkel)
Ziffer 4: Gewicht oder Kraftbedarf
Ziffer 5: Haltung des Kopfes.

Abbildung 4.50: OWAS-Grundarbeitshaltungen und Darstellung der Kopfhaltungen

Abbildung 4.51: Zifferncode bei der OWAS-Methode (nach Stoffert, 1985)

Zur Auswertung der OWAS-Analyse erfolgt im ersten Schritt eine Ermittlung der Häufigkeit der einzelnen Arbeitshaltungen. Die ermittelten Haltungen werden dann im zweiten Schritt mit Hilfe der Codierung den vier Maßnahmenklassen zugeordnet und können somit nach Priorität geordnet werden (siehe Tabelle 4.8).

Tabelle 4.8: OWAS-Maßnahmenklassen

Maßnahmenklasse 1:	Normale Körperhaltung; Keine Maßnahmen notwendig
Maßnahmenklasse 2:	Belastende Körperhaltung; Maßnahmen bald notwendig
Maßnahmenklasse 3:	Deutlich belastende Körperhaltung; Maßnahmen schnell notwendig
Maßnahmenklasse 4:	Schwer belastende Körperhaltung; Maßnahmen sofort notwendig

Mit Hilfe der definierten OWAS-Codierungen wird dem Nutzer die Möglichkeit eröffnet, jede eingenommene Teilhaltung innerhalb eines Beobachtungszyklus getrennt zu analysieren und zu bewerten.

Hauptsächlicher Anlass zur Kritik an der OWAS-Methode ist die zum Teil grobe Klassifizierung von Körperhaltungen in Verbindung mit Lastgewichten sowie die Einteilung der Maßnahmenklassen, die auf „Expertenmeinungen" zurückzuführen ist (Ellegast, 2005).

C 4.2.4 Montagespezifischer Kraftatlas

Der montagespezifische Kraftatlas dokumentiert im Labor und bei industriellen Partnern ermittelte statistisch gesicherte Maximalkraftwerte für realtypische Kraftausübungen des Arm-Schulter- und Ganzkörper-Systems sowie des Hand-Finger-Systems. Die Aktionskräfte für realtypische symmetrische Haltungen (beidhändige Kraftausübung im Stehen, Knien und Sitzen) sind in perzentilierter Form zur Verfügung gestellt (DGUV, 2009).
Abbildung 4.52 zeigt beispielhaft die Darstellung für beidhändige maximale statische Ganzkörperkräfte von Männern im Alter zwischen 19 und 45 Jahren für neun Kraftfälle (jeweils für drei stehende, drei kniende und drei sitzende Haltungen) sowie sechs Kraftrichtungen für das 15. und 50. Perzentil. Das 15. Kraftperzentil dient für Planungsfälle, das 50. für Ist-Analysen.

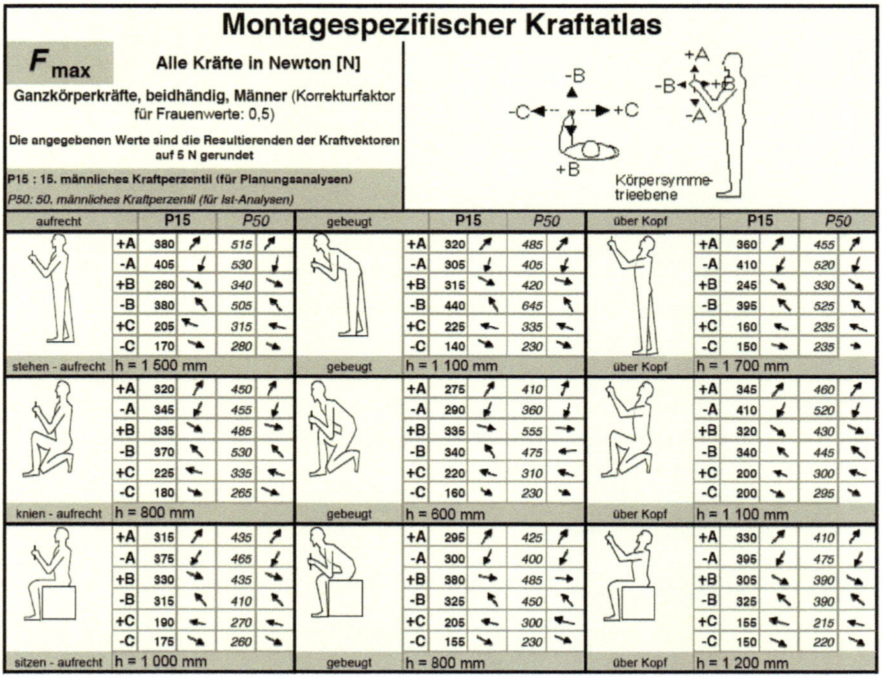

Montagespezifischer Kraftatlas

F_{max} **Alle Kräfte in Newton [N]**

Ganzkörperkräfte, beidhändig, Männer (Korrekturfaktor für Frauenwerte: 0,5)

Die angegebenen Werte sind die Resultierenden der Kraftvektoren auf 5 N gerundet

P15 : 15. männliches Kraftperzentil (für Planungsanalysen)

P50: 50. männliches Kraftperzentil (für Ist-Analysen)

+A, -A, -B, +B, -C, +C, Körpersymmetrieebene

aufrecht		P15	*P50*	gebeugt		P15	*P50*	über Kopf		P15	*P50*
	+A	380	*515*		+A	320	*485*		+A	360	*455*
	-A	405	*530*		-A	305	*405*		-A	410	*520*
	+B	260	*340*		+B	315	*420*		+B	245	*330*
	-B	380	*505*		-B	440	*645*		-B	395	*525*
	+C	205	*315*		+C	225	*335*		+C	160	*235*
	-C	170	*280*		-C	140	*230*		-C	150	*235*
stehen - aufrecht	h = 1 500 mm			gebeugt	h = 1 100 mm			über Kopf	h = 1 700 mm		
	+A	320	*450*		+A	275	*410*		+A	345	*460*
	-A	345	*455*		-A	290	*360*		-A	410	*520*
	+B	335	*485*		+B	335	*555*		+B	320	*430*
	-B	370	*530*		-B	340	*475*		-B	340	*445*
	+C	225	*335*		+C	220	*310*		+C	200	*300*
	-C	180	*265*		-C	160	*230*		-C	200	*295*
knien - aufrecht	h = 800 mm			gebeugt	h = 600 mm			über Kopf	h = 1 100 mm		
	+A	315	*435*		+A	295	*425*		+A	330	*410*
	-A	375	*465*		-A	300	*400*		-A	395	*475*
	+B	330	*435*		+B	380	*485*		+B	305	*390*
	-B	315	*410*		-B	325	*450*		-B	325	*390*
	+C	190	*270*		+C	205	*300*		+C	155	*215*
	-C	175	*260*		-C	155	*230*		-C	150	*220*
sitzen - aufrecht	h = 1 000 mm			gebeugt	h = 800 mm			über Kopf	h = 1 200 mm		

Abbildung 4.52: Beispielhafte Darstellung im montagespezifischen Kraftatlas (DGUV, 2009)

In Laborstudien wurden gleichzeitig maximale statische Aktionskräfte des ganzen Körpers für asymmetrische Haltungen sowie für einhändige Kraftausübungen bestimmt. Es wurden Parameter für ein Kraftbewertungsverfahren abgeleitet. Neben der Bereitstellung maximal ausübbarer statischer Aktionskräfte in realtypischen Körperhaltungen wurde ein Kraftbewertungsverfahren für Ist-Zustands- und Planungsanalysen nach dem aktuellen Stand der Wissenschaft und eigenen Laborstudien entwickelt, um tätigkeitsbezogene zulässige Aktionskräfte bestimmen zu können.
Aus maximalen statischen Aktionskräften können unter Berücksichtigung von tätigkeits- und personenbezogenen Faktoren maximal empfohlene Aktionskraftwerte abgeleitet werden (DGUV, 2009).

C 4.3 Bewertungsverfahren für psychische Belastung und Beanspruchung

Auch die Bewertungsverfahren für psychische Belastung und Beanspruchung lassen sich in objektive und subjektive Verfahren einteilen.
Objektive Verfahren dienen der Belastungsbewertung und können dementsprechend auch als Arbeitsplatzbewertungsverfahren für die psychische Belastung bezeichnet werden. Ihre Merkmalbereiche oder Gliederung können sich dabei an den bekannten psychischen Beanspruchungsfolgen orientieren.
Die subjektiven Verfahren können – wie die bereits beschriebenen psychophysiologischen Messungen – zur Ermittlung der Beanspruchung herangezogen werden.
Abbildung 4.53 gibt einen Überblick über die beschriebene Einteilung für einen Auszug der Verfahren.

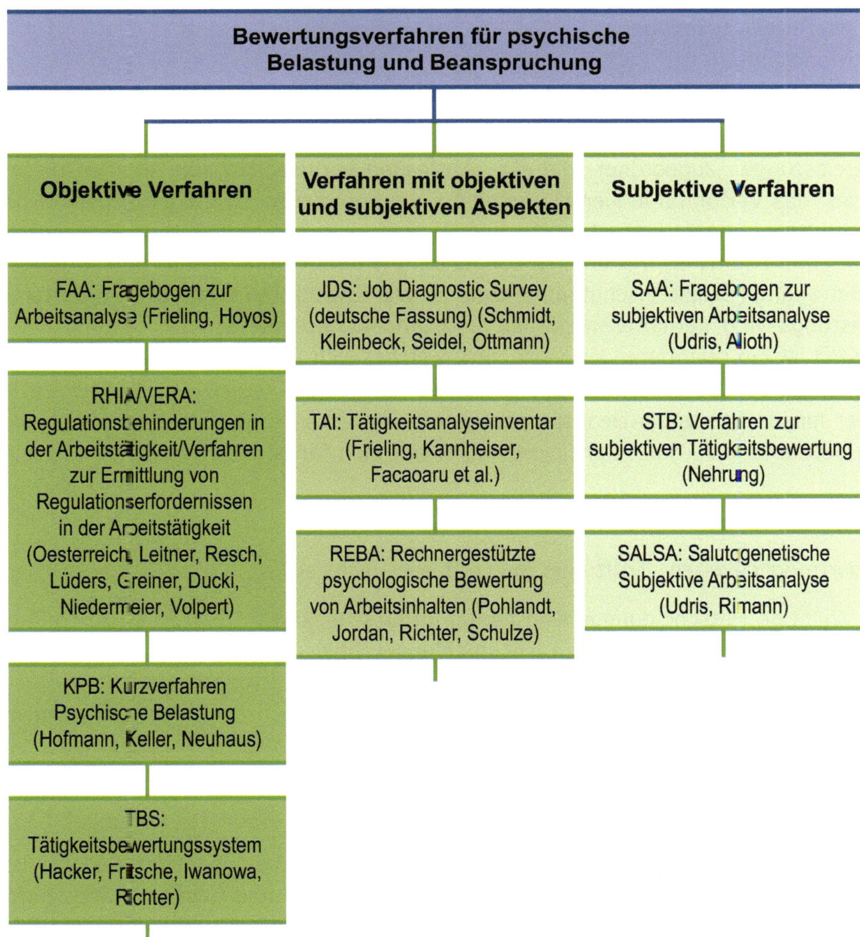

Abbildung 4.53: Einteilung von Bewertungsverfahren für psychische Belastung und Beanspruchung (in Anlehnung an Hacker, Fritsche, Richter & Iwanowa, 1995)

Es wird deutlich, dass der Anwender zwischen einer Vielzahl von Verfahren wählen kann. Einen Überblick samt kurzen Beschreibungen sowie Hilfestellung zur Auswahl von geeigneten Verfahren liefert die Bundesanstalt für Arbeitsschutz und Arbeitsmedizin auf ihrer Homepage.
An dieser Stelle sollen lediglich exemplarisch ein objektives und ein subjektives Verfahren vorgestellt werden.

C 4.3.1 Objektive Verfahren: Beispiel KPB

Das Kurzverfahren Psychische Belastung von Hofmann, Keller und Neuhaus (2011) verfolgt als objektives Verfahren die Beurteilung psychischer Belastungen. Es zielt dabei auf Belastungsarten, die zu negativen Beanspruchungsfolgen führen können. Den Beanspruchungsfolgen

- psychische Ermüdung,
- Monotonie,
- psychische Sättigung und
- Stress

sind Belastungen zugeordnet, die eine Auslösung verursachen können. Auf diese Weise lässt sich das Verfahren in vier Merkmalbereiche unterteilen, denen jeweils eine Checkliste mit zehn Items zugeordnet ist.
Die Datenaufnahme erfolgt durch Beobachtung (Fremdeinschätzung) und wird ggf. durch eine Befragung (Selbsteinschätzung) ergänzt. Die Checklisten erfassen Tätigkeitsmerkmale, Leistungs- und Verhaltensmerkmale und Umgebungseinflüsse.
Das KPB ist ein orientierendes Verfahren, welches sich mit den genannten vier Merkmalbereichen an den Vorgaben der DIN EN ISO 10075-1 (2017) und -2 (2000) orientiert und darüber hinaus Stress als Beanspruchungsfolge berücksichtigt. Es ist für die Anwendung durch betriebliche Akteure konzipiert und eignet sich für eine Gefährdungsanalyse.

Item-Beispiele

(Antwortmöglichkeiten: Trifft eher zu/trifft eher nicht zu)

- Wichtige Entscheidungen sind häufig unter sehr starkem Zeitdruck zu treffen.
- Es gibt keine ausreichenden Rückmeldungen über Arbeitsabläufe und Ergebnisse.
- Die Arbeit beschränkt sich auf das Überwachen von Prozessen.
- Es besteht kein erkennbarer Zusammenhang zwischen den Arbeitsinhalten und den Zielen der Abteilung/Unternehmung.

C 4.3.2 Subjektive Verfahren: Beispiel SALSA

Die Salutogenetische Subjektive Arbeitsanalyse von Rimann und Udris (1993) hat zum Ziel, Belastungen durch Erfassung von Belastungsfaktoren und Gesundheitsressourcen aus Sicht der Mitarbeiter zu ermitteln. Im Mittelpunkt der Betrachtungen von SALSA liegen die Arbeitsbedingungen und Schutzfaktoren der Arbeit („salutogenetische Ressourcen"), die dazu beitragen, dass Beschäftigte ihre Gesundheit bei vorhandenen Belastungen aufrechterhalten und wiederherstellen können.

Das Verfahren ermöglicht Gruppenvergleiche hinsichtlich verschiedener Kriterien (z. B. Tätigkeits- und Berufsgruppen, Betriebe mit unterschiedlicher Arbeitsgestaltung). SALSA besteht aus den folgenden fünf Teilen:

(A) Angaben zur Person,
(B) Arbeit und Betrieb,
(C) Privatbereich und Freizeit,
(D) Persönliche Einstellungen und
(E) Gesundheit und Krankheit,

von denen Teil B den Kern des Verfahrens darstellt.
SALSA ist ein Screening-Verfahren, bei dem eine Befragung in schriftlicher Form mittels Fragebogen erfolgt. Sie sollte von geschultem Fachpersonal durchgeführt werden; die Durchführungszeit beträgt ca. 15 – 20 Minuten.

Item-Beispiele

(Antwortmöglichkeiten 5-stufig von: trifft überhaupt nicht zu/fast nie bis trifft völlig zu/fast immer)
Teil B: Arbeit und Betrieb:

- Man hat genug Zeit, diese Arbeit zu erledigen.
- Es ist einem genau vorgeschrieben, wie man seine Arbeit machen muss.
- Diese Arbeit ist zerstückelt, man erledigt nur kleine Teilaufgaben.
- Die Leute, mit denen ich zusammenarbeite, helfen mir bei der Erledigung der Aufgaben.

D 4 Fallbeispiel

Nachfolgend wird an einem Beispiel der manuellen Lastenhandhabung die Anwendung der Leitmerkmalmethode Heben-Halten-Tragen (LMM HHT) vorgestellt.

Palettierung von Dachsteinen

Zur Vorbereitung des Verpackens werden zwei ausgehärtete Dachsteine direkt auf einem Transportband manuell übereinandergestapelt. Ein Dachstein wiegt 5.4 kg, der Stapel demnach 10.8 kg. Das wirksame Lastgewicht entspricht der Lastmasse. Die gedoppelten Steine werden danach vom Band in eine direkt hinter dem Beschäftigten stehende Gitterboxpalette hochkant hintereinander- und in zwei Reihen übereinandergestapelt. Der Weg zwischen Entnahme- und Abgabestelle der Steine beträgt weniger als 2 m. Es werden insgesamt 100 Stapel verarbeitet. Die Steine werden symmetrisch beidhändig gehandhabt. Das Ergreifen und Absetzen der Steine ist erschwert, die Handhaltung unergonomisch. Beim Absetzen der Stapel in unterster Reihe treten häufig Rumpfverdrehungen auf.

Über Beobachtungsanalyse vor Ort (Arbeitstagaufnahme) oder über eine digitale Simulation der Arbeitsverrichtungen, z. B. über das digitale Planungs- und Gestaltungswerkzeug „Editor menschlicher Arbeit ema" im Umfeld der Digitalen Fabrik des Unternehmens imk automotive GmbH (s. https://imk-automotive.de), werden Arbeitsvorgänge beschrieben, die Belastungsart erkannt und deren spezifische Belastungsmerkmale erfasst. Im Beispiel handelt es sich um manuelles Handhaben von Lasten, da deren Lastmasse 3 kg beträgt, wodurch die Belastungsart Heben, Halten, Tragen vorliegt.
Innerhalb des Arbeitsablaufs mit den drei Teiltätigkeiten wechseln die Belastungsmerkmale: Es treten verschiedene Körperhaltungen und Ausführungsbedingungen bei Aufnahme und Abgabe der Last sowie unterschiedliche Lastmassen auf. Demnach sind Belastungsteildosen der verschiedenen Teiltätigkeiten zu bestimmen und diese über Aggregation zu einer Tagesdosis zusammenzufassen.
Abbildung 4.54 zeigt die auftretenden Teiltätigkeiten beim Palettieren der Dachsteine.

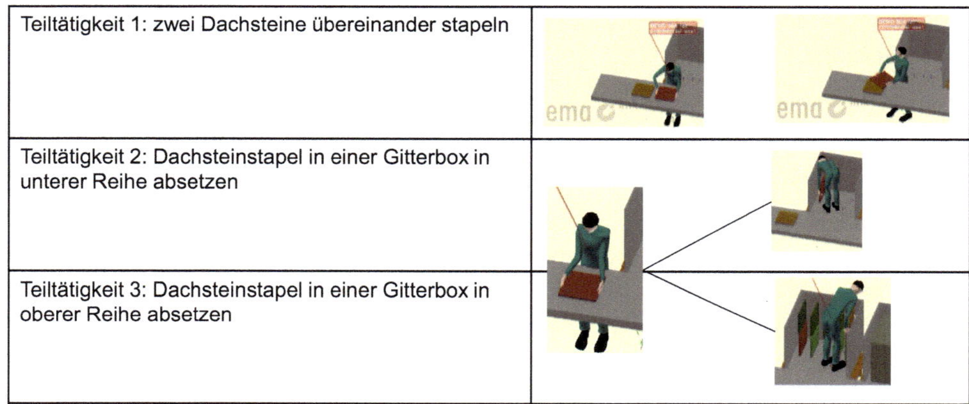

Teiltätigkeit	
Teiltätigkeit 1: zwei Dachsteine übereinander stapeln	
Teiltätigkeit 2: Dachsteinstapel in einer Gitterbox in unterer Reihe absetzen	
Teiltätigkeit 3: Dachsteinstapel in einer Gitterbox in oberer Reihe absetzen	

Abbildung 4.54: Teiltätigkeiten beim Palettieren von Dachsteinen

Zur Beurteilung der Belastung wird das LMM-Formblatt „Erweiterte Leitmerkmalmethode LMM-HHT-E" (BAuA, 2020 a) zur Ableitung der Teildosen benötigt. Das Formblatt mit integrierter Rechenhilfe bietet die Möglichkeit, Interpolationen der Merkmalswichtungen vorzunehmen und Punktwerte i. S. von Dosiswerten für die Teiltätigkeiten getrennt zu ermitteln. Die Punktwerte werden für diese Belastungsart für einen gesamten Arbeitstag mit dem Formblatt „Erweiterte Leitmerkmalmethode LMM-Multi-E" (BAuA, 2020 b) zu einer Gesamtdosis aggregiert. Für die Teildosen und auch anhand des Gesamtpunktwertes wird ein Risikobereich (gering, mäßig erhöht, wesentlich erhöht oder hoch) zugeordnet.
Für die im Beispiel anzutreffende Belastungsart sind folgende Merkmalswichtungen zu bestimmen:
Belastungshöhe (Summe Merkmalswichtungen):

- wirksames Lastgewicht,
- Lastaufnahmebedingungen,
- Summe Körperhaltung (Körperhaltung und Zusatzbedingungen),
- ungünstige Ausführungsbedingungen,
- Arbeitsorganisation / zeitliche Verteilung.

Belastungszeit:

- Zeitwichtung.

Abbildung 4.55 zeigt die für das Beispiel erfassten Merkmale und deren Wichtungen, den daraus abgeleiteten Punktwert der Teildosis sowie die Gesamtdosis als Tagesdosiswert. Zu erkennen ist, dass die Teildosen im Bereich geringe Belastung bis mäßig erhöht und an der Grenze zu wesentlich erhöht liegen, die Tagesdosis jedoch eindeutig der Risikostufe 3 zuzuordnen ist. Das entspricht einer wesentlich erhöhten Belastung, womit eine körperliche Überbeanspruchung auch bei normal belastbaren Personen möglich ist.

Palettieren von Dachsteinen
Arbeitsorganisation, zeitliche Verteilung: eingeschränkt: selten Belastungswechsel: ***2***

Wichtungspunkte (interpoliert): ***kursiv fett***

Teiltätigkeit	Lastmasse [kg]	Lastaufnahme	Körperhaltung Start	Körperhaltung Ziel	Körperhaltung Zusatz	Ausführungsbedingung	Häufigkeit	Teildosis (Belastungshöhe x –zeit)
1:	5.4 ***4.2***	beidhändig, symmetrisch ***0***	aufrecht	aufrecht	-	Seitneigung/ Extension Hand; schlecht greifbar	100 ***2.5***	(4.2+0+0+4+2) x 2.5 10.2 x 2.5 ≈ **25**
			0					
2:	10.8 ***6.3***		aufrecht	stark gebeugt	Rumpfrotation* *gelegentlich		100 ***2.5***	(6.3+0+8+4+2) x 2.5 20.3 x 2.5 ≈ **50**
			7		***1***			
3:	10.8 ***6.3***		aufrecht	leicht gebeugt	Rumpfrotation* *häufig		100 ***2.5***	(6.3+0+6+4+2) x 2.5 18.3 x 2.5 ≈ **48**
			3		***3***	***2+2***		
Wertung: Risikostufe 3 **Belastungshöhe wesentlich erhöht** **Körperliche Überbeanspruchung auch bei normal belastbaren Personen möglich**								**TAGESDOSIS** ***71.7***

Abbildung 4.55: Belastungsmerkmale und resultierende Teildosen der betrachteten Beispielteiltätigkeiten

E 4 Empfehlungen und Regeln (Vorschriften)

An dieser Stelle sind ausgewählte Normen, die für die Belastungen, Leistungsvoraussetzungen und Beanspruchungen relevant sind und bei der die Gestaltung von Arbeitsaufgaben Berücksichtigung finden sollten, aufgeführt.

Tabelle 4.9: Ausgewählte Normen zur Gestaltung von Arbeitsaufgaben

Norm	Inhalt
DIN Taschenbuch 390	Körpermaße und Körperkräfte
DIN 33411-1	Körperkräfte des Menschen – Begriffe, Zusammenhänge, Bestimmungsgrößen
DIN 33411-3	Körperkräfte des Menschen – Maximal erreichbare statische Aktionsmomente männlicher Arbeitspersonen an Handrädern
DIN 33411-4	Körperkräfte des Menschen – Maximale statische Aktionskräfte (Isodynen)
DIN 33411-5	Körperkräfte des Menschen: Maximale statische Aktionskräfte – Werte
DIN EN 1005-1	Sicherheit von Maschinen – Menschliche körperliche Leistung: Begriffe
DIN EN 1005-2	Sicherheit von Maschinen – Menschliche körperliche Leistung: Manuelle Handhabung von Gegenständen in Verbindung mit Maschinen und Maschinenteilen
DIN EN 1005-3	Sicherheit von Maschinen – Menschliche körperliche Leistung: Empfohlene Kraftgrenzen bei Maschinenbetätigung
DIN EN 1005-4	Sicherheit von Maschinen – Menschliche körperliche Leistung: Bewertung von Körperhaltungen und Bewegungen bei der Arbeit an Maschinen
ISO 11228-1	Ergonomie – Manuelles Handhaben von Lasten: Heben und Tragen
ISO 11228-2	Ergonomie – Manuelles Handhaben von Lasten: Ziehen und Schieben
ISO 11228-3	Ergonomie – Manuelles Handhaben von Lasten: Handhabung geringer Lasten bei hohen Bewegungsfrequenzen
DIN EN ISO 10075-1	Ergonomische Grundlagen bezüglich psychischer Arbeitsbelastung — Teil 1: Allgemeine Aspekte und Konzepte und Begriffe
DIN EN ISO 10075-2	Ergonomische Grundlagen bezüglich psychischer Arbeitsbelastung — Teil 2:: Gestaltungsgrundsätze
DIN EN ISO 10075-3	Ergonomische Grundlagen bezüglich psychischer Arbeitsbelastung — Teil 3:: Grundsätze und Anforderungen an Verfahren zur Messung und Erfassung psychischer Arbeitsbelastung

F 4 Literatur

Alderfer, C. P. (1974): *Existence, Relatedness, and Growth: Human Needs in Organizational Settings.* New York: Free Press.

Antonovsky, A. (1997): *Salutogenese: Zur Entmystifizierung der Gesundheit.* Tübingen: Deutsche Gesellschaft für Verhaltentherapie.

Badura, B., Ritter, W. & Scherf, M. (1999): *Betriebliches Gesundheitsmanagement: ein Leitfaden für die Praxis.* Berlin: Edition Sigma.

Bongwald, O., Luttmann, A. & Laurig, W. (1995): *Leitfaden für die Beurteilung von Hebe- und Tragetätigkeiten: Gesundheitsgefährdungen, gesetzliche Regelungen, Meßmethoden, Beurteilungskriterien und Beurteilungsverfahren.* Sankt Augustin: Hauptverband der gewerblichen Berufsgenossenschaften HVBG

Bundesanstalt für Arbeitsschutz und Arbeitsmedizin [BAuA] (2019): *MEGAPHYS - Mehrstufige Gefährdungsanalyse physischer Belastungen am Arbeitsplatz. Band 1.* Dortmund: Bundesanstalt für Arbeitsschutz und Arbeitsmedizin. Projektnummer: F 2333. DOI: 10.21934/baua:bericht20190821

Bundesanstalt für Arbeitsschutz und Arbeitsmedizin [BAuA] (2020a): *Erweiterte Leitmerkmalmethode zur Beurteilung und Gestaltung von Belastungen beim manuellen Heben, Halten und Tragen von Lasten >= 3 kg LMM-HHT-E.* Unter: https://www.baua.de/DE/Themen/Arbeitsgestaltung-im-Betrieb/Physische-Belastung/Leitmerkmalmethode/pdf/LMM-E-Heben-Halten-Tragen.pdf?__blob=publicationFile&v=4, 08.12.2021.

Bundesanstalt für Arbeitsschutz und Arbeitsmedizin [BAuA] (2020b): *Formblatt zur belastungsartspezifischen Zusammenfassung der Beurteilungen mit den Leitmerkmalmethoden über verschiedene Teil-Tätigkeiten eines Arbeitstages LMM-Multi-E.* Unter: https://www.baua.de/DE/Themen/Arbeitsgestaltung-im-Betrieb/Physische-Belastung/Leitmerkmalmethode/pdf/LMM-Multi-E.pdf?__blob=publicationFile&v=3, 08.12.2021.

Bungard, W. & Kohnke, O. (2002): *Zielvereinbarungen erfolgreich umsetzen: Konzepte, Ideen und Praxisbeispiele auf Gruppen- und Organisationsebene.* Wiesbaden: Gabler.

Deutsche Gesetzliche Unfallversicherung [DGUV] (2009): Der montagespezifische Kraftatlas. BGIA-Report 3/2009, Berlin.

Deutsche Gesetzliche Unfallversicherung [DGUV](2020): *MEGAPHYS: Mehrstufige Gefährdungsanalyse physischer Belastungen am Arbeitsplatz (DGUV Report 3/2020). Abschlussbericht zum Kooperationsprojekt von BAuA und DGUV - Band 2.* Berlin: Deutsche Gesetzliche Unfallversicherung e.V. (DGUV).

DIN EN ISO 10075-1 (2017): *Ergonomische Grundlagen bezüglich psychischer Arbeitsbelastung — Teil 1: Allgemeine Aspekte und Konzepte und Begriffe* Berlin: Beuth.

DIN EN ISO 10075-2 (2000): *Ergonomische Grundlagen bezüglich psychischer Arbeitsbelastung – Teil 2: Gestaltungsgrundsätze.* Berlin: Beuth.

Ellegast, R. (2005): *Fachgespräch Ergonomie 2004.* In: BGIA-Report 4/2005. Sankt Augustin: Hauptverband der gewerblichen Berufsgenossenschaften (HVBG), Berufsgenossenschaftliches Institut für Arbeitsschutz (BGIA).

Fauth-Herkner, A. (2004): *Flexible Arbeitszeitmodelle zur Verbesserung der „Work-Life-Balance“.* In: Badura, B., Schellschmidt, H. & Vetter, C.: Fehlzeiten-Report 2003 - Zahlen, Daten, Analysen aus allen Branchen der Wirtschaft. Wettbewerbsfaktor Work-Life-Balance. Berlin: Springer.

Franken, S. (2019): *Verhaltensorientierte Führung: Handeln, Lernen und Diversity in Unternehmen*. Wiesbaden: Gabler Verlag.

Gebert, D. & von Rosenstiel, L. (2002): *Organisationspsychologie: Person und Organisation* (5. Auflg.). Stuttgart: Kohlhammer.

Gemeinnützige Hertie-Stiftung (1999): *Unternehmensziel: Familienbewusste Personalpolitik. Ergebnisse einer wissenschaftlichen Studie*. Köln: Wirtschaftsverlag Baden.

Grandjean, E. (1991): *Physiologische Arbeitsgestaltung: Leitfaden der Ergonomie*. Landsberg: ecomed.

Hacker, W., Fritsche, B., Richter, P. & Iwanowa, A. (1995): *Tätigkeits-Bewertungssystem (TBS): Verfahren zur Analyse, Bewertung und Gestaltung von Arbeitstätigkeiten*. In: Ulich, E.: Mensch, Technik, Organisation, Bd. 7. Stuttgart: Teubner.

Hemmann, E., Merboth, H., Hänsgen, C. & Richter, P. (1997): *Gestaltung von Arbeitsanforderungen im Hinblick auf psychische Gesundheit und sicheres Verhalten*. Dortmund: Wirtschaftsverlag NW.

Hentze, J. & Graf, A. (2005): *Personalwirtschaftslehre 2*. Göttingen: Die Werkstatt.

Herzberg, F., Mausner, B. & Snyderman, B. B. (1993): *The Motivation to Work*. New Brunswick: Transaction Publ..

Hofmann, A., Keller, K.-J. & Neuhaus, R. (2011): *KPB: Kurzverfahren Psychische Belastung*. In: Bundesanstalt für Arbeitsschutz und Arbeitsmedizin (BAuA): Toolbox Version 1.2 - Instrumente zur Erfassung psychischer Belastungen. Unter: https://www.baua.de/DE/Angebote/Publikationen/Berichte/F1965.html, 21.12.2021.

Hollmann, J. (2013): *Führungskompetenz für Leitende Ärzte: Motivation, Teamführung, Konfliktmanagement im Krankenhaus. Erfolgskonzepte Praxis- & Krankenhaus-Management* (2. Auflg.). Berlin: Springer.

Home Health Products [hhp] (2021): *Der Bandscheibenvorfall*. Unter: https://www.hhp.de/produkte/andumedic/beschwerdebilder/bandscheibenvorfall, 07.12.2021.

Jäger, M., Luttmann, A. & Laurig, W. (1989): *Biomechanik der Lastenmanipulation*. In: Konietzko, J. & Dupuis, H.: Handbuch der Arbeitsmedizin. Landsberg: ecomed.

Kamusella, C. (2003): *Studienbrief Arbeitsgestaltung: Ergonomie Teil 2*. Dresden: Technische Universität Dresden, Fakultät Maschinenwesen, Arbeitsgruppe Fernstudium.

Kastner, M. (2021): Work Life Balance: Schwerpunkte der Forschung. Unter: https://www.ams-forschungsnetzwerk.at/downloadpub/work%20life%20balance.pdf, 08.12.2021.

Klein, A. (2008): *Besucherbindung im Kulturbetrieb: Ein Handbuch*. Wiesbaden: VS Verlag für Sozialwissenschaften.

Lanc, O. (1975): *Ergonomie.* Stuttgart: Kohlhammer.

Lehmann, G. (1983): *Praktische Arbeitsphysiologie* (3. Auflg.). Stuttgart: Thieme.

Locke, E.A. & Latham, G.P. (1990): *A Theory of Goal-Setting and Task Performance.* Englewood Cliffs, NJ: Prentice Hall.

Maslow, A. H. (1954): *Motivation and personality.* New York: Harper.

Nestlé Deutschland AG (2006): *Kalorien Mundgerecht* (13. Auflg.). Neustadt/Weinstraße: Umschau.

Oliver, W. (2010): *Motivation und Führung von Mitarbeitern: Personalführung in Zeiten des Wertewandels.* Hamburg: Diplomica Verlag GmbH.

Pleier, N. (2008): *Perfomance-Measurement-Systeme und der Faktor Mensch: Leistungssteuerung effektiver gestalten.* In: Ackermann, K.-F. & Wagner, D.: Unternehmerisches Personalmanagement. Wiesbaden: Gabler.

REFA (2013): *REFA-Lexikon: Industrial Engineering und Arbeitsorganisation* (4. Auflg.). Darmstadt: Hanser.

Rimann, M. & Udris, I. (1993): *Belastungen und Gesundheitsressourcen im Berufs- und Privatbereich: Eine qualitative Studie.* Forschungsprojekt SALUTE: Personale und organisationale Ressourcen der Salutogenese, Bericht Nr. 3. Zürich: Eidgenössische Technische Hochschule, Institut für Arbeitspsychologie.

Rohmert, W. (1960): *Statische Haltearbeit des Menschen.* Berlin: Beuth.

Rohmert, W. (1967): *Untersuchungen über Muskelermüdung und Arbeitsgestaltung.* Berlin: Beuth.

Schlick, C., Bruder, R. & Luczak, H. (2018): *Arbeitswissenschaft* (4. Auflg.). Berlin: Springer.

Schmalen, H. (2013): *Grundlagen und Probleme der Betriebswirtschaft* (15. Auflg.). Stuttgart: Schäffer-Poeschel.

Schmidtke, H. (1965): *Die Ermüdung: Symptome-Theorien-Messversuche.* Bern: Hans Huber.

Schneider, P. & Blickle, G. (2009): *Mentor-Protegé-Beziehungen in Organisationen.* In Stöger, H., Ziegler, A. & Schimke, D.: Mentoring: Theoretische Hintergründe, empirische Befunde und praktische Anwendungen (S. 139-160). Lengerich/Berlin: Pabst Science Publishers.

Stoffert, G. (1985): *Analyse und Einstufung von Körperhaltungen bei der Arbeit nach der OWAS-Methode.* In: Zeitschrift für Arbeitswissenschaft 39, Nr. 1 , S. 31-38.

Ulich, E. (2020): *Arbeitspsychologie* (7. Auflg.). Zürich: vdf Hochschulverlag.

von Rosenstiel, L. (2011): *Grundlagen der Organisationspsychologie: Basiswissen und Anwendungshinweise.* (7. Auflg.). Stuttgart: Schäffer-Poeschel Verlag.

Vroom, V. H. (1964): *Work and motivation.* New York: Wiley.

Wedlich, S. (2004): *Der individuelle Rhythmus des Lebens: Interview mit Professor Till Roenneberg.* In: Einsichten, S. 56-61.

Weiner, B. (1994): *Motivationspsychologie.* Weinheim: Beltz, Psychologie Verlags Union.

Weinert, A. (1998): *Organisationspsychologie: ein Lehrbuch.* Weinheim: Beltz PVU.

World Health Organization [WHO] (1986): *Ottawa Charter.* Unter: www.euro.who.int/__data/assets/pdf_file/0006/129534/Ottawa_Charter_G.pdf, 21.12.2021.

Ziegler, A. (2009): *Mentoring: Konzeptuelle Grundlagen und Wirksamkeitsanalyse.* In Stöger, H., Ziegler, A. & Schimke, D.: Mentoring: Theoretische Hintergründe, empirische Befunde und praktische Anwendungen (S. 7-29). Lengerich/Berlin: Pabst Science Publishers.

5 Gestaltung der Arbeitsorganisation

Vor dem Hintergrund der arbeitswissenschaftlichen Zielstellung, effiziente und gleichzeitig menschengerechte Arbeitssysteme zu realisieren, widmet sich ein Teilgebiet der organisatorischen Arbeitssystemgestaltung. Im Gegensatz zur Arbeitsplatzgestaltung beispielsweise bezieht sich die organisatorische Arbeitsgestaltung auf die Makroebene des Arbeitssystems (vgl. Abbildung 5.1), d. h. den Verbund organisatorisch miteinander in Beziehung stehender Arbeitssysteme. Dies umfasst sowohl die industrielle Fertigung als auch die Erstellung von Dienstleistungen sowie die Verwaltung, so dass sich der Begriff von der Produktion ausgehend auch auf alle anderen Bereiche menschlicher Arbeit übertragen lässt.

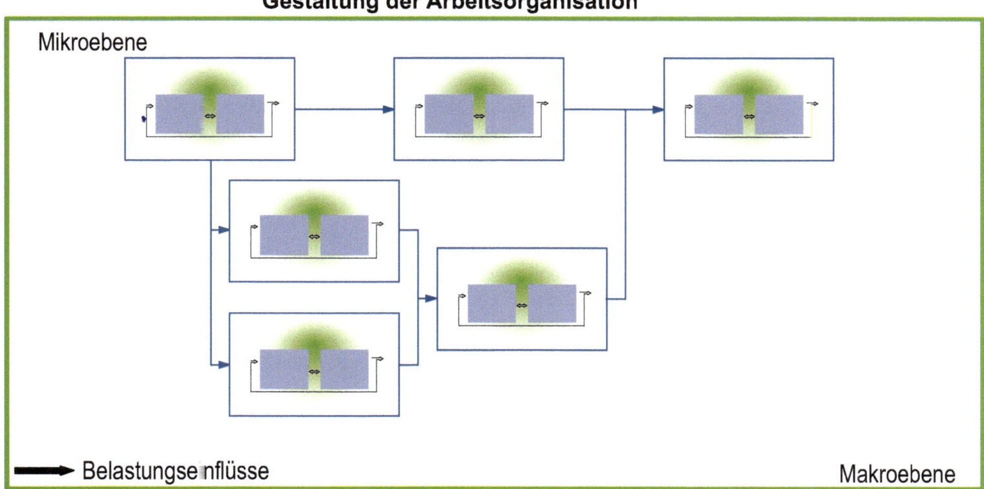

Abbildung 5.1: Strukturschema menschlicher Arbeit - Gestaltung der Arbeitsorganisation

Im Mittelpunkt der Arbeitsorganisation steht der arbeitende Mensch und - entsprechend der Elemente des Arbeitssystems - dessen Interaktion mit Arbeitsmitteln (im Bereich der Arbeitsorganisation häufig auch Betriebsmittel genannt), Arbeitsgegenständen und anderen Menschen zum Zwecke der Erfüllung einer Arbeitsaufgabe. Insofern umfasst die Gestaltung der Arbeitsorganisation sowohl die Planung als auch die Gestaltung von Makro-Arbeitssystemen. Das betrifft zum einen die Schaffung eines Ordnungsrahmens für Arbeitsabläufe und Organisationsstrukturen, d. h. Aufbau- und Ablauforganisation, zum anderen jedoch auch die Schaffung organisatorischer Rahmenbedingungen, wie Arbeitszeit- oder Entgeltsysteme. Diese Themenschwerpunkte sind Gegenstand der folgenden Ausführungen. Konkrete, praktische Fragestellungen, die hierbei behandelt werden, betreffen beispielsweise Aspekte der Arbeitsteilung und Kooperation, ebenso wie die Ablaufplanung und -steuerung bis hin zur Prozessoptimierung.

A 5 Bedeutung und Lernziele

Dem Systemverständnis von Organisationen folgend sind diese durch das Zusammenwirken der verschiedenen Arbeitssysteme von einem hohen Komplexitätsgrad gekennzeichnet. Entsprechend der unterschiedlichen wissenschaftlichen und praktischen Fragestellungen, die sich daraus ergeben sowie der vielfältigen zugrunde liegenden theoretischen Perspektiven hat sich in der Fachliteratur ein divergentes Begriffsverständnis von Organisation entwickelt, das unterschiedliche Aspekte in den Vordergrund stellt.

Demnach kann der Begriff der Organisation in einem instrumentalen, funktionalen oder institutionellen Sinne verwendet werden. Abbildung 5.2 stellt die genannten Organisationsbegriffe einander gegenüber.

Kategorisierung von Organisationsbegriffen		
Instrumentaler Organisationsbegriff	Funktionaler Organisationsbegriff	Institutionaler Organisationsbegriff
Organisations-strukturierung als Mittel zur Zielerreichung	Gestaltung der Organisation zur Herausbildung von Organisationsstrukturen	Organisation als zielgerichtetes, offenes, soziotechnisches System
„Das Unternehmen hat eine Organisation."	„Das Unternehmen wird organisiert."	„Das Unternehmen ist eine Organisation."

Abbildung 5.2: Kategorisierung von Organisationsbegriffen (in Anlehnung an Schulte-Zurhausen, 2014)

Dem instrumentalen Organisationsbegriff zufolge stellt eine Organisation ein System formeller und informeller Regeln dar, mit deren Hilfe die Aktivitäten der Mitglieder an einem bestimmten Ziel ausgerichtet werden (Kieser & Walgenbach, 2010; Vahs, 2012). Das umfasst die (langfristig orientierte) Strukturierung von Arbeitssystemen und Arbeitsprozessen unter dem Primat der Erfüllung einer Aufgabe. Ausgangspunkt ist nach Kosiol (1976) das Sachziel eines Unternehmens, die sogenannte Marktaufgabe. In einem Prozess der Aufgabenanalyse wird diese in Teilaufgaben zergliedert, deren logische, räumliche und zeitliche Ordnung die Ablauforganisation abbildet. Durch die synthetische Zuordnung der Teilaufgaben zu Stellen (vgl. Abbildung 5.3) und das Zusammenfassen zu Organisationseinheiten entsteht die Aufbauorganisation. Diesem Verständnis folgend kann die Organisation als Führungsinstrument zur Zielerreichung, d. h. zur effizienten Leistungserstellung, gesehen werden.

Eng verbunden mit diesem eher betriebswirtschaftlich orientierten Verständnis ist der funktionale Organisationsbegriff. Dieser betrachtet Organisation (im Sinne von Organisieren) als zentrale Managementaufgabe zum Zwecke der Zielerreichung. Damit tritt die Organisation neben die anderen Funktionen der Unternehmensführung nach Koontz & O'Donnell (1955), insbesondere die Planung und Kontrolle, was die Realisierung der vorher geplanten Prozesse und Strukturen, die Vollzugsfunktion, in den Fokus stellt (Schreyögg, 2016).

Bezugnehmend auf die Kerndefinition der Arbeitswissenschaft (siehe Abschnitt B 1) sollte eine Organisation so gestaltet werden, dass „die arbeitenden Menschen in produktiven und effizienten Arbeitsprozessen schädigungslose, ausführbare, erträgliche und beeinträchtigungsfreie Arbeitsbedingungen vorfinden, Standards sozialer Angemessenheit erfüllt sehen, Handlungsspielräume entfalten, Fähigkeiten erwerben und in Kooperation mit anderen ihre Persönlichkeit entfalten und entwickeln können" (Luczak, Volpert, Raeithel & Schwier, 1989).
Der institutionale Organisationsbegriff betrachtet die Organisationen ganzheitlicher aus einer systemtheoretischen Sichtweise als „soziale Gebilde, die dauerhaft ein Ziel verfolgen und eine formale Struktur aufweisen, mit deren Hilfe Aktivitäten der Mitglieder auf das verfolgte Ziel ausgerichtet werden sollen" (Kieser & Kubicek, 1992). Dieses Verständnis erweitert den Blickwinkel auf die Gestaltung von Arbeitsorganisation um weitere Handlungsfelder, die unter instrumentalen und funktionalen Gesichtspunkten unberücksichtigt blieben, aber insbesondere vor dem Hintergrund effizienter und menschengerechter Arbeitsgestaltung von hoher Bedeutung sind. Dem soziotechnischen Systemansatz folgend rücken neben Arbeitsteilung und Zielorientierung hier die Organisationsmitglieder, die Menschen als Elemente des sozialen Teilsystems mit ihren individuellen und gruppenspezifischen Bedürfnissen, Ansprüchen, Kenntnissen sowie physischen und psychischen Fähigkeiten, in den Mittelpunkt der Betrachtung (Ulich, 2020).
Unter arbeitswissenschaftlichen Gesichtspunkten haben alle drei Perspektiven eine hohe Bedeutung:

- aus instrumentaler Sicht die Gestaltung von Ablauf-und Aufbauorganisation sowie der organisationalen Rahmenbedingungen,
- aus funktionaler Sicht die Gestaltung der Arbeitsorganisation unter den beiden Zielstellungen der Arbeitswissenschaft,
- aus institutionaler Sicht die Beziehungen zwischen den einzelnen Mitarbeitern und Mitarbeitergruppen im Unternehmen.

Diese ganzheitliche Sichtweise der Arbeitswissenschaft gewinnt vor dem Hintergrund der Entwicklungen in Wirtschaft und Gesellschaft zunehmend an Bedeutung. Entsprechend der Zielstellungen der Arbeitswissenschaft, Humanisierung und Rationalisierung verfolgt die Arbeitsorganisation das übergeordnete Ziel, Arbeitssysteme und Prozesse wirtschaftlich und zugleich menschengerecht zu planen, zu gestalten, zu steuern und fortlaufend zu verbessern. Im Mittelpunkt der wirtschaftlichen Betrachtung stehen unter anderem die Steigerung der (Arbeits-)Produktivität, die Verbesserung der Betriebsmittelauslastung oder die Erhöhung der Flexibilität, beispielsweise des Personaleinsatzes. Die derzeitigen Entwicklungen stehen im Zeichen kontinuierlicher Produktivitätssteigerungen, die jedoch oft nur einer kurzfristigen, betriebswirtschaftlichen Sichtweise von Produktivität folgen. Die arbeitswissenschaftliche Gewährleistung hoher Effektivität von Arbeitstätigkeiten in Industrie, Verwaltung und Dienstleistung erfordert jedoch die Einheit von Produktivitätserhöhung, Persönlichkeitsförderlichkeit und Beanspruchungsoptimierung (Plath & Richter, 1984), besonders angesichts veränderter Rahmenbedingungen durch immer älter werdende Belegschaften. Organisationen können künftig nur im internationalen Wettbewerb bestehen, wenn es ihnen gelingt, mithilfe von Konzepten und Methoden der organisatorischen Arbeitsgestaltung die Balance zwischen kurzfristigen Produktivitätsbestrebungen sowie nachhaltiger, mitarbeiterorientierter Unternehmenspolitik zu finden.

In diesem Kapitel soll der Leser ein Verständnis bekommen, wie durch Organisation im Unternehmen die Wertschöpfung unter Berücksichtigung der humanen Gestaltung erreicht wird. Er soll

- Grundsätze und Methoden für das räumliche und zeitliche Ineinandergreifen von Arbeitsaufgaben kennenlernen und anwenden können,
- die Gliederung von Arbeitsaufgaben sowie die Arbeitsteilung zwischen Menschen bzw. zwischen Menschen und Betriebsmitteln verstehen,
- Formen menschlicher Zusammenarbeit einordnen können,
- Herangehensweisen und Instrumente der Prozessoptimierung kennenlernen,
- einen Überblick zu grundsätzlichen Arbeitszeit- und Entgeltsystemen erhalten.

B 5 Grundlagen zur Arbeitsorganisation

Betrachtungsebene der organisatorischen Arbeitsgestaltung ist, wie bereits erwähnt wurde, das Makroarbeitssystem. Zentraler Gegenstand der Arbeitsorganisation ist die Arbeitsteilung im Arbeitssystem, einerseits hinsichtlich Arbeitsperson und Betriebsmittel und andererseits zwischen kooperierenden Arbeitspersonen beziehungsweise Arbeitssystemen. Bei der Gestaltung der Gesamtorganisation müssen sowohl die Aufbau- als auch die Ablauforganisation berücksichtigt werden. Ausgangspunkt arbeitsorganisatorischer Gestaltung sind hierbei die Arbeitsprozesse. Demnach stellt die Ablauforganisation das Primat über die Aufbauorganisation dar (Zülch, 2007).

Bevor die Aufgaben und Abläufe zu den Organisationsstrukturen zusammengefasst (Synthese) werden können, müssen diese analysiert werden. Während die Aufgabenanalyse für die Gliederungsstruktur des Unternehmens (Aufbauorganisation) benötigt wird, kann aus der Arbeitsanalyse die Prozessstruktur, d. h. die Ablauforganisation, entwickelt werden (Bergmann & Garrecht, 2016).

Im Rahmen der Aufgabenanalyse werden ausgehend von der Gesamtaufgabe des Unternehmens Teilaufgaben eines vorhandenen oder zu planenden Arbeitssystems entwickelt. Dies kann beispielsweise verrichtungs- (z. B. Drehen, Fräsen) oder objektbezogen (z. B. Tischbein, Tischplatte), nach der Stellung im Wertschöpfungsprozess (z. B. wertschöpfend, nicht wertschöpfend) oder phasenweise (z. B. Planung, Realisation, Kontrolle) sowie unterschieden nach Entscheidungs- und Ausführungsaufgaben erfolgen (Schreyögg, 2016).

Im Rahmen der Aufgabensynthese werden die Teilaufgaben auf zunächst personenunabhängige Stellen verteilt. Der Aufgabenumfang orientiert sich hierbei an einer (einheitlichen) Bezugsleistung, die die normierte Leistungsfähigkeit der potenziellen Aufgabenträger abbildet. Neben Teilaufgaben werden den Stellen, respektive Aufgabenträgern auch Kompetenzen zur Ausführung der Aufgaben zugewiesen. Die so gebildeten Stellen werden zu rangmäßigen Organisationseinheiten verknüpft und ergänzt um Stabsfunktionen hinsichtlich ihres Zusammenhanges in einem geschlossenen hierarchischen Gliederungssystem, dem Abteilungs- und Leitungssystem, strukturiert. Daraus resultieren die Weisungsbefugnisse der Stelleninhaber (Schlick, Bruder & Luczak, 2018). Die „statische organisatorische Infrastruktur" (Frese, 2000), die sich hieraus ergibt, stellt die Aufbauorganisation des Unternehmens dar. Dieses Strukturgefüge wird oftmals in einer Übersichtsgrafik, dem Organigramm, abgebildet und dokumentiert.

Die durch die Arbeitsanalyse generierten Arbeitsgänge werden im Rahmen der Arbeitssynthese anschließend hinsichtlich ihrer (sach-)logischen, zeitlichen und letztlich auch räumlichen Wirkungszusammenhänge geordnet und in Ablaufstrukturen zusammengeführt (Zülch, 2007). Hierfür sind die Prozessmodellierung mit dem MTM-Prozessbaustein und die Datenermittlung mit den Verfahren des REFA-Methodeninventars von hoher praktischer Bedeutung. Diese helfen teils auf Mikroebene Arbeitsprozesse und teils auf Makroebene komplexe Prozessketten zu analysieren. Der Arbeitsprozess, die Ablauforganisation, ergibt sich aus dem Informations- und Kommunikationsfluss zwischen den arbeitsteiligen Organisationseinheiten im Aufgabenzusammenhang. Diesen Zusammenhang verdeutlicht Abbildung 5.3.

Die Trennung von Aufbau- und Ablauforganisation stellt eine Abstraktion zur Reduzierung der Komplexität bei Planungs- und Gestaltungsaufgaben dar, die jedoch in der Praxis nicht isoliert werden können, sondern ineinander greifen.

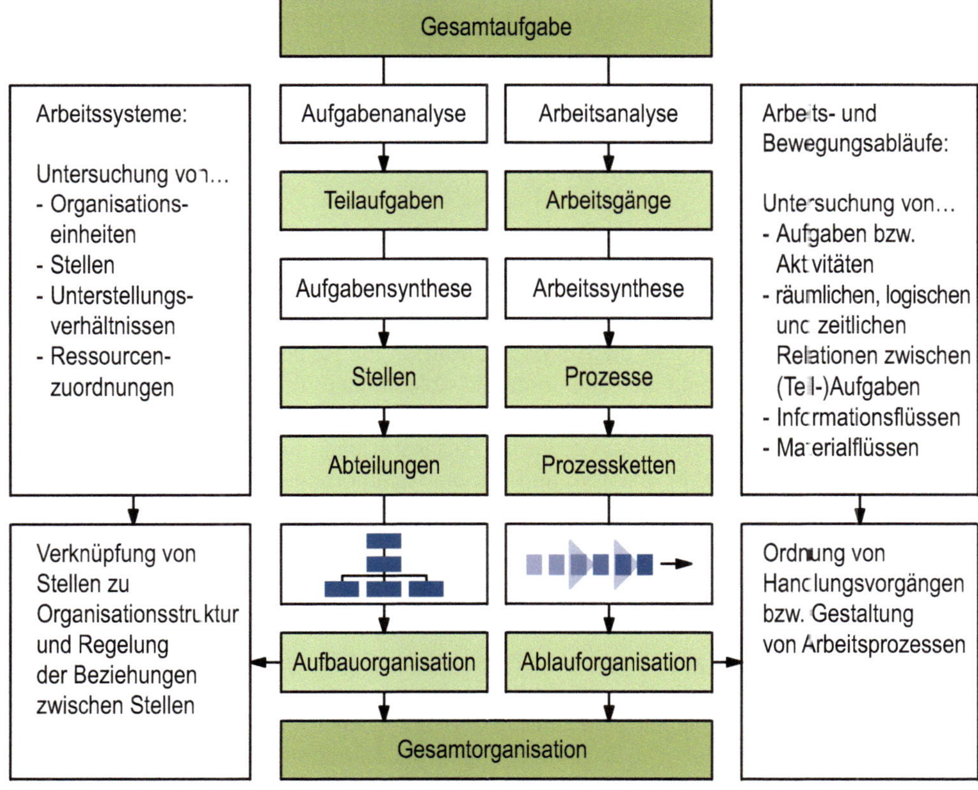

Abbildung 5.3: Von der Gesamtaufgabe zur Gesamtorganisation (in Anlehnung an Vahs, 2012)

Die konkrete Ausgestaltung der Arbeitsorganisation sollte, wie bereits erwähnt wurde, unter den Zielsetzungen der Arbeitswissenschaft, Humanisierung und Rationalisierung erfolgen. Zur Steigerung der Effizienz haben sich in den vergangenen Jahren neue Organisationskonzepte, wie Total Quality Management (TQM) oder Lean-Production durchgesetzt. Die Entscheidung über die zweckmäßigste Organisationsform sollte jedoch nicht aufgrund vorherrschender Paradigmen, sondern auf Basis systematischer Gestaltung erfolgen.
Aus der Verteilung der Teilaufgaben auf Stellen, d. h. von Funktionen auf Organisationseinheiten ergibt sich der Arbeitsinhalt der einzelnen Arbeitsplätze. Dieser bestimmt vor allem die Anforderungen (der Arbeitsaufgabe), die an die jeweiligen Arbeitspersonen gestellt werden. Die Bestimmung dieser Anforderungen im Rahmen der Anforderungsanalyse ist sowohl für die Personalauswahl als auch das Entgeltmanagement von hoher praktischer Relevanz. Das Entgeltmanagement umfasst neben der Anforderungsermittlung und Arbeitsbewertung mithilfe summarischer und analytischer Verfahren (zur Bestimmung des Grundentgeltes) die Leistungsbewertung über Kennzahlensysteme, Zielvereinbarung oder Leistungsbeurteilung.
Für die zahlenmäßige Bestimmung der notwendigen Ressourcen (Mensch und Betriebsmittel) im Arbeitssystem sind Kapazitätsbedarf und Kapazitätsangebot maßgebend. Der Kapazitätsbedarf ergibt sich direkt aus den Zeitdauern der den Arbeitssystemen zugeordneten Arbeitsvorgänge. Für das Kapazitätsangebot von Mensch und Betriebsmittel sind Arbeits-, respektive Betriebszeit ausschlaggebend. Hieraus ergibt sich die Arbeitszeitgestaltung als weitere Aufgabe der Arbeitsorganisation.
In den folgenden Ausführungen werden die vorgestellten Themenschwerpunkte der organisatorischen Arbeitsgestaltung aufbereitet.

B 5.1 Grundlagen zur Ablauforganisation

Die Ablauforganisation regelt das zeitliche, (sach-)logische und räumliche Zusammenwirken der (Arbeits-)Systemelemente Mensch, Betriebsmittel und Eingabe zur Erfüllung einer Arbeitsaufgabe. Demnach legt die Ablauforganisation die Reihenfolge der Arbeitsprozesse fest, indem sie die nacheinander oder simultan ablaufenden Teilaufgaben aufeinander abstimmt. Im Mittelpunkt stehen die Tätigkeiten, deren Reihenfolge, die benötigten Zeiten, der Material- und Informationsfluss sowie die Ausgestaltung und räumliche Anordnung der Arbeitsplätze (Spath, 2017). Insofern umfasst die Ablauforganisation die Planung, Gestaltung und Steuerung von Arbeitssystemen, einschließlich der dazu erforderlichen Prozessdatenermittlung.

B 5.1.1 Sachlich-logische Ablaufgestaltung

Ausgangspunkt der Gestaltung der Ablauforganisation ist entsprechend Abbildung 5.3 die Arbeitsanalyse. Anders als bei der Aufgabenanalyse werden hier nicht Teilaufgaben, sondern Arbeitsschritte, sogenannte Ablaufabschnitte gegliedert, um deren (sach-)logischen Zusammenhang abzubilden. Die Gliederung nach Ablaufabschnitten lässt sich entsprechend Abbildung 5.4 in Makro- und Mikro-Ablaufabschnitte unterscheiden.

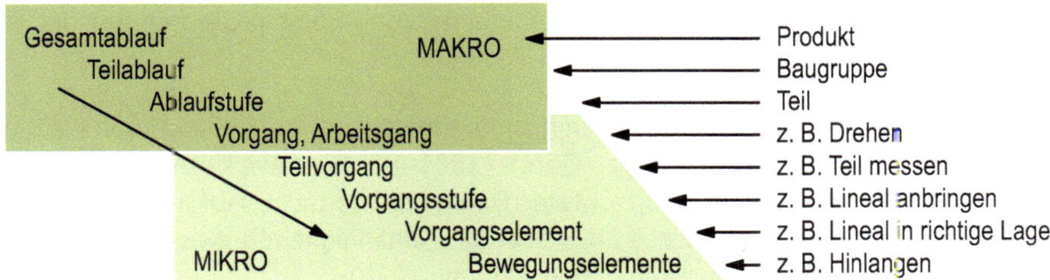

Abbildung 5.4: Gliederung eines Gesamtablaufes in Ablaufabschnitte (REFA, 1997)

Ausgehend von der Erzeugnisgliederung in Baugruppen und -teile lassen sich Arbeitsabläufe über die Ebene des Vorganges, der sich auf die Ausführung an einer Mengeneinheit eines Auftrages bezieht, bis zur Stufe der Vorgangselemente zergliedern, die weder bei ihrer Beschreibung noch bei ihrer zeitlichen Erfassung weiter unterteilt werden können. Diese lassen sich in (vom Betriebsmittel ausgeführte) Prozesselemente sowie Bewegungselemente, manuelle vom Menschen voll beeinflussbare Grundbewegungen, unterscheiden. Als Gliederungsmerkmale dienen demnach das Objekt sowie die Verrichtung. Der Detaillierungsgrad dieser Analyse hängt letztlich von den Analysezielen und dem Analysebereich ab. In der Industrie, insbesondere in der Massenfertigung, wird im Allgemeinen weitaus detaillierter gegliedert als in Administration und indirekten Bereichen. In der Arbeitssynthese werden die in der Arbeitsanalyse gewonnenen Ablaufabschnitte zu Arbeits(erfüllungs)prozessen zusammengefasst.

In Anlehnung an DIN EN ISO 9001 (2015) sind Prozesse eine Folge von Einzeltätigkeiten, die zur Erreichung eines geschäftlichen oder betrieblichen Zieles schrittweise ausgeführt werden und eine Eingabe in ein Ergebnis umwandeln. Auf Makroebene werden diese als Geschäftsprozesse auf Mikroebene als Arbeitsprozesse bezeichnet. Geschäftsprozesse lassen sich in Kern-, Support- und Managementprozesse differenzieren. Dabei erzeugen Kernprozesse einen wahrnehmbaren Kundennutzen und stiften durch die Generierung der Wertschöpfung einen positiven Ergebnisbeitrag. Supportprozesse (auch oft als unterstützende Prozesse bezeichnet) wie Instandhaltung oder Personalmanagement hingegen generieren keinen unmittelbar sichtbaren Kundennutzen, unterstützen jedoch die Kernprozesse durch das Bereitstellen einer Infrastruktur und sichern so den reibungslosen Ablauf. Managementprozesse beschäftigen sich sowohl mit der unternehmerischen Führungsarbeit als auch der Führung und Steuerung operativer Prozesse (Rüegg-Stürm & Grand, 2020). Die Arbeitsprozesse hingegen stellen eine Folge zielgerichteter Aktivitäten dar, die nach geplanten Arbeitsmethoden durch Arbeitspersonen in ihrer individuellen Arbeitsweise vollzogen werden.

Mit Hilfe einer systematischen Analyse, Verbesserung und Gestaltung der Prozesse sowie eines Prozessmanagements können die Abläufe vereinfacht, standardisiert und beschleunigt werden, um die Wirtschaftlichkeit des Unternehmens nachhaltig zu sichern. Die Modellierung der Prozesse ist hierfür unabdingbare Voraussetzung, indem in einem ersten Schritt der Ist-Stand aufgenommen, daraufhin Schwachstellen aufgezeigt und Verbesserungspotenziale ermittelt werden (Spath, 2017). Je nach Zielsetzung stehen hierfür unterschiedliche Modellierungsmethoden zur Verfügung. So existieren einerseits Modellierungsmethoden, die eher für die Modellierung von Geschäftsprozessen auf betrieblicher (Makro)Ebene geeignet sind und andererseits für die Beschreibung von Arbeitsprozessen auf der Mikroebene des Arbeitsplatzes.

1. Einen ersten Ansatz zur Visualisierung (und grafischen Modellierung) von Fertigungsprozessen stellt das von Henry L. Gantt (1861-1919) entwickelte Gantt-Diagramm dar. Dieses bildet in Form horizontaler Balken die zeitliche Abfolge und Dauer von Aktivitäten auf einer Zeitachse ab, wobei die Abhängigkeiten zwischen den Aktivitäten nur eingeschränkt darstellbar sind (Adam, 1998).
2. Im Gegensatz zu den Gantt-Charts bieten verschiedene Methoden der Netzplantechnik wie der Vorgangspfeil-Netzplan mit der Methode des kritischen Pfades (CPM) die Möglichkeit, auch logische Abhängigkeiten zwischen Aktivitäten abzubilden. Dadurch lassen sich die Auswirkungen von Zeitänderungen oder Verschiebungen einzelner Aktivitäten auf den Gesamtverlauf durch die Berücksichtigung der gegenseitigen Abhängigkeiten aufzeigen (DIN 69900, 2009).
3. Verbreitete Anwendung finden ereignisgesteuerte Prozessketten (EPK), die Geschäftsprozesse in einer semiformalen Modellierungssprache grafisch mit Syntaxregeln abbilden. Die sogenannte erweiterte EPK (eEPK) ergänzt die logischen Abläufe eines Geschäftsprozesses um die Elemente der Organisations-, Daten- und Leistungsmodellierung (Scheer, Jost & Wagner, 2005).
4. Die DIN 66001 (1983) normiert in erster Linie Symbole für Programmablauf- und Datenflusspläne von Computerprogrammen. Während sie in der Softwareentwicklung jedoch an Bedeutung verloren haben, werden die grafischen Symbole in der betrieblichen Praxis häufig für die Modellierung von Geschäftsprozessen und Arbeitsabläufen verwendet (Schlick et. al., 2018).
5. Zur Modellierung komplexer Beziehungen zwischen den vernetzten Elementen eines Systems eignet sich die Design Structure Matrix (DSM). Sie erlaubt die Darstellung und Quantifizierung sowohl von Prozessen, beispielsweise in der variantenreichen Fertigung als auch von Organisationsstrukturen in einem kompakten, visuellen und analytischen Format (Lindemann, Maurer & Braun, 2009).
6. Ein weit verbreitetes Verfahren zur Modellierung von Arbeitsprozessen stellt das MTM-Prozessbausteinsystem dar. Ein Prozessbaustein verbindet einen definierten Arbeitsinhalt mit einer Normzeit. Diese starre Verbindung erlaubt simultan die Ablaufbeschreibung und Zeitermittlung, wodurch sich Arbeitsabläufe sowohl in der Massen- als auch in der Einzel- und Kleinserienfertigung modellieren lassen (Britzke & Finsterbusch, 2009).

Ziel der Prozessmodellierung ist die Beschreibung und Darstellung aller relevanten Aspekte eines Geschäfts- oder Arbeitsprozesses in einer definierten Beschreibungssprache zur modellhaften Nachbildung der Realität. Die Prozessmodellierung mithilfe einer der vorgestellten Modellierungssprachen erlaubt es, ein einheitliches Verständnis vom Prozess zu erzeugen sowie die Prozesse zu dokumentieren und unterstützt durch die Visualisierung, diese transparent darzustellen. Auf dieser Basis lassen sich Verbesserungspotenziale identifizieren und Prozesse beispielsweise mit den Zielen der Verbesserung der Prozessqualität, der Erhöhung der Prozesssicherheit, der Reduktion von Schnittstellenverlusten und Prozesskosten oder der Erhöhung der Kundenorientierung optimieren.

B 5.1.2 Zeitliche Ablaufgestaltung

Das Ziel der Gestaltung der Ablauforganisation ist es, menschengerechte und effiziente Prozesse zu gestalten. Wichtige wirtschaftliche Zielkriterien der Ablaufgestaltung sind beispielsweise:

- die Reduktion der Durchlaufzeit,
- die Senkung von Rüstzeiten,
- die Verbesserung der Termintreue oder
- die Erhöhung der Kapazitätsauslastung sowie
- die Reduktion der Bearbeitungs- und Herstellkosten.

Dies verdeutlicht bereits die zentrale Bedeutung des Faktors Zeit als Führungsgröße im Unternehmen. Dies liegt darin begründet, dass der Zeit neben Qualität und Kosten im betrieblichen Wettbewerb eine Schlüsselrolle zukommt, da sich einerseits Arbeitsaufwand und -kosten zeitabhängig bewerten lassen und andererseits der Zeitpunkt und der Zeitbedarf betrieblicher Aktivitäten die Grundlagen für die Planung und Steuerung von Arbeitsabläufen darstellen.
Dementsprechend ist es Aufgabe der Zeitwirtschaft (oder des Zeitdatenmanagements), Zeitdaten über den Beginn, die Dauer und das Ende eines Arbeitsvollzuges zu ermitteln, aufzubereiten und zur Verwendung im Unternehmen zur Verfügung zu stellen sowie zu pflegen (REFA, 1997). Gegenstand der Zeitwirtschaft ist die Bewirtschaftung der beiden Kapazitäten des Arbeitssystems, der Arbeitspersonen und Arbeits-/Betriebsmittel sowie des Arbeitsgegenstandes beziehungsweise der Eingabe, die entsprechend der Arbeitsaufgabe hinsichtlich der Zeitpunkte und des Zeitbedarfes verändert oder verwendet wird. Wie Abbildung 5.5 verdeutlicht, ist das Aufgabenspektrum der Zeitwirtschaft vielfältig. Die Ermittlung von Zeitdaten für einzelne Arbeitsgänge gehört ebenso dazu wie die Planung von Fristen und Terminen sowie deren Steuerung und Kontrolle. Im Rahmen der Terminkontrolle erfolgt ein Abgleich der geplanten Soll-Zeiten mit den tatsächlich anfallenden Ist-Zeiten. So kann bei Bedarf korrigierend in den Fertigungsablauf bzw. in die Terminplanung eingegriffen werden (Schlick et. al., 2018). Insofern dient die Zeitwirtschaft im Sinne eines Time-based Managements der zeitorientierten Planung, Steuerung und Kontrolle von Projekten, Prozessen sowie Abläufen in Arbeitssystemen (Kruppe, 2007).

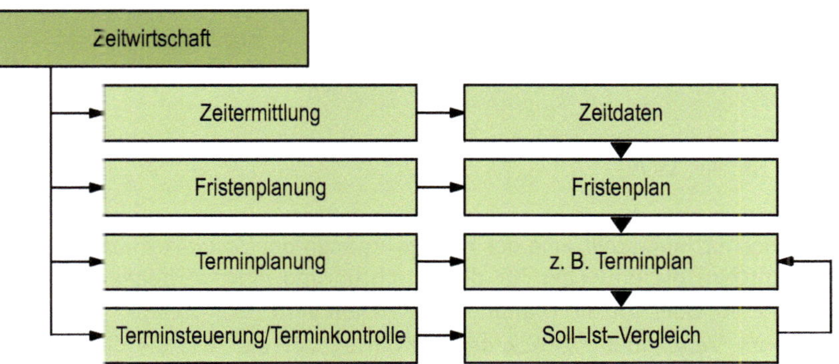

Abbildung 5.5: Zeitdatenermittlung in der Zeitwirtschaft (Schlick et. al., 2018)

Entsprechend der Differenzierung des Managements in strategisches, planendes und operatives Management und die damit einhergehenden, unterschiedlichen Managementaufgaben werden Zeitdaten unterschiedlich verwendet. In Tabelle 5.1 sind die Zeitdaten mit Beispielen für die jeweiligen Managementaufgaben dargestellt.

Tabelle 5.1: Zeitdaten für unterschiedliche Managementaufgaben

Strategisches Management	Planendes Management	Operatives Management
Führungsdaten (z. B. Investitionsplanung)	Planungs- und Steuerungsdaten (z. B. Prozesskennzahlen)	Durchführungsdaten (z. B. Soll-Ist-Vergleich)
Planungsdaten (z. B. Kalkulation und Angebotserstellung)		

Ferner werden Zeitdaten unabhängig von den Managementprozessen in einer mitarbeiterbezogenen Perspektive für die Entwicklung leistungsabhängiger Entgeltsysteme (mithilfe zeitbasierter Leistungskennzahlen) und die Gestaltung von Arbeitszeitsystemen benötigt. Abbildung 5.6 fasst die vielfältigen Verwendungszwecke von Zeitdaten zusammen.

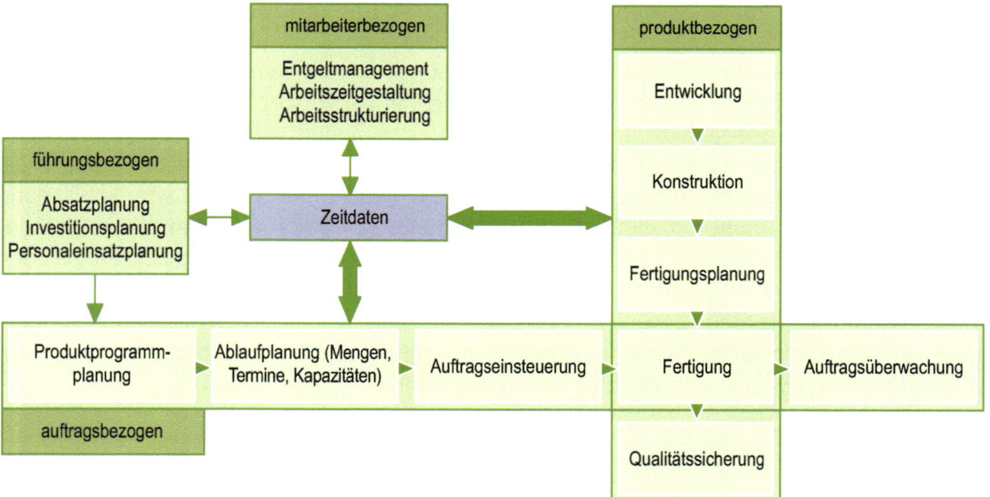

Abbildung 5.6: Verwendungszwecke von Zeitdaten am Beispiel eines Montagearbeitsplatzes (in Anlehnung an Britzke, 1996)

Die Zeitdatenermittlung stellt eine der Hauptaufgaben der Zeitwirtschaft dar, um die Zeitdauer zu ermitteln, die entweder für die Durchführung eines Arbeitsablaufes tatsächlich benötigt (Ist-Zeit) oder für die Planung vorgegeben wird (Soll-Zeit).
Ausgehend vom Verwendungszweck der Zeitdaten, der die Art, die Genauigkeit und die Menge der erforderlichen Zeitdaten bestimmt, erfolgt die Auswahl einer Methode zur Zeitdatenermittlung.

Zeitdaten können auf unterschiedliche Weise ermittelt werden. Die REFA-Methodenlehre umfasst diesbezüglich analytisch-empirische Verfahren zur Ermittlung von Ist-Zeiten sowie analytisch-rechnerische Verfahren zur Ermittlung von Soll-Zeiten. Abbildung 5.7 gibt einen Überblick über die wichtigsten Verfahren zur Zeitdatenermittlung.

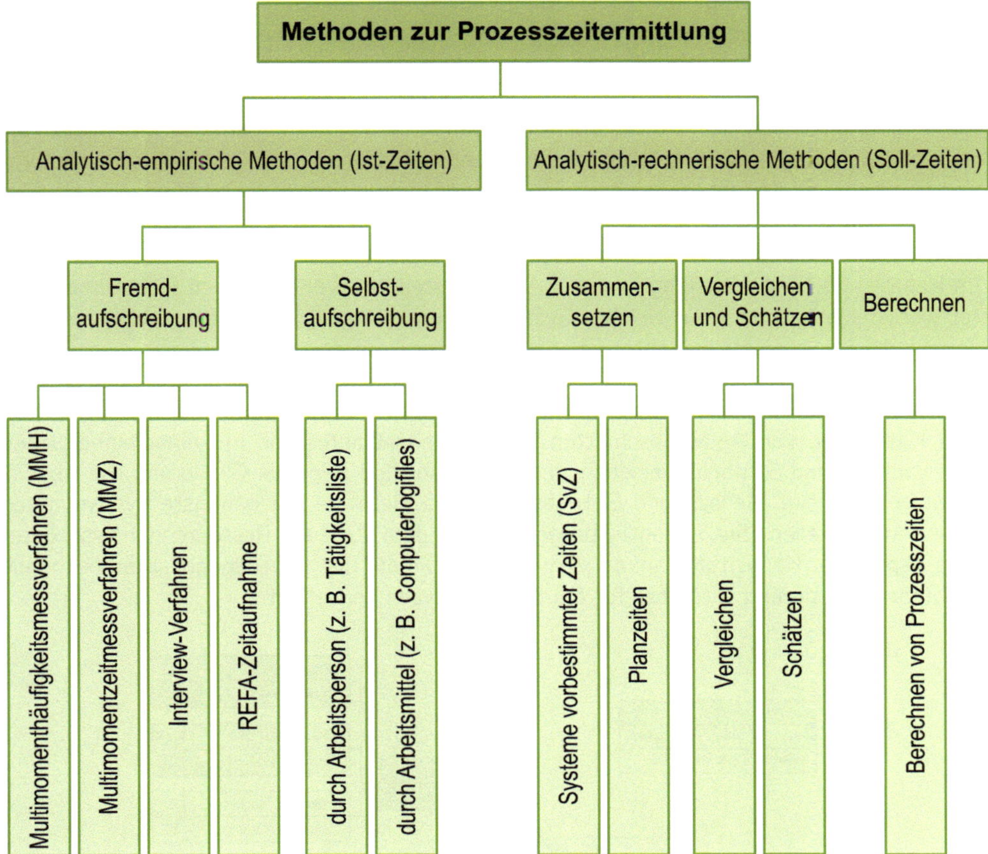

Abbildung 5.7: Überblick über Verfahren zur Zeitdatenermittlung (in Anlehnung an REFA, 1997)

Ist-Zeitdaten lassen sich beispielsweise über die REFA-Zeitaufnahme durch Beobachten des Arbeitsablaufes und Aufnahme der Ausführungsdauer, über Ablaufanalysen durch Selbstaufschreibung oder über Stichprobenbeobachtungen mittels Multimomentverfahren aufnehmen. Soll-Zeiten für die Planung neuer Arbeitssysteme lassen sich mit dem relativ groben, jedoch aufwandsarmen Verfahren des Vergleichen und Schätzens aufnehmen, durch Zusammensetzen von Planzeitbausteinen (beispielsweise aus vorher über eine Zeitaufnahme ermittelten Zeiten) generieren oder im Falle von Prozesszeiten über Prozessmodelle errechnen. Eine weitere Möglichkeit Soll-Zeiten zu ermitteln, bietet die Modellierung von Arbeitsabläufen mithilfe von Prozessbausteinen, wie dem MTM-Prozessbausteinsystem.

Häufig auch als Systeme vorbestimmter Zeiten bezeichnet, da hierbei manuelle, vom Menschen voll beeinflussbare Arbeitsabläufe in Ablaufabschnitte bis auf Ebene der Bewegungselemente zergliedert werden, denen sich in Abhängigkeit von Einflussgrößen Normzeitwerte zuordnen lassen, greift dieser Begriff jedoch zu kurz, da die Modellierung von Arbeitsabläufen im Mittelpunkt steht und die Zeitermittlung simultan erfolgt. Vor allem erstreckt sich das Anwendungsspektrum der Modellierung mit Prozessbausteinen weit über die Zeitdatenermittlung bis hin zur Arbeitsgestaltung. Ausgewählte Methoden zur Zeitdatenerfassung werden in Abschnitt C 5.1.2 erläutert.

Die Zeitdaten sind insbesondere abhängig von der geplanten Arbeitsmethode, der gewählten Arbeitsweise, von der Arbeitsperson und den Arbeitsbedingungen. Für die Wiederverwendbarkeit der ermittelten Daten im Sinne einer effizienten Zeitwirtschaft ist die Reproduzierbarkeit der Zeitdaten von hoher Bedeutung. Daher ist es unerlässlich, die Arbeitsbedingungen unter Zuhilfenahme des Arbeitssystems und insbesondere den Arbeitsablauf anhand der Ablaufabschnitte (Abbildung 5.4) zu beschreiben.

Im Rahmen der Zeitermittlung kann ein Arbeitssystem aus verschiedenen Sichten betrachtet werden, je nachdem auf welches Systemelement (Mensch, Betriebsmittel, Arbeitsgegenstand) das Interesse gerichtet ist. Durch Anwendung der Methoden zur Zeitdatenermittlung können den einzelnen, mittels einer Arbeits(ablauf)analyse identifizieren Ablaufabschnitten die sogenannten Ablauf- und Zeitenarten zugeordnet werden. Ablaufarten sind Kategorien von Ablaufabschnitten eines Arbeitsablaufes, die mit einer einheitlichen Terminologie und Symbolik versehen sind. Abbildung 5.8 zeigt die Gliederung der Ablaufarten bezogen auf Mensch und Betriebsmittel, da diese die am häufigsten verwendeten Analysen darstellen. Sie finden insbesondere mit dem Ziel der Ressourcenanalyse unter dem Aspekt der Kapazitätsplanung Verwendung. Die auf den Arbeitsgegenstand bezogene Ablaufartengliederung wird eher für Durchlaufanalysen verwendet.

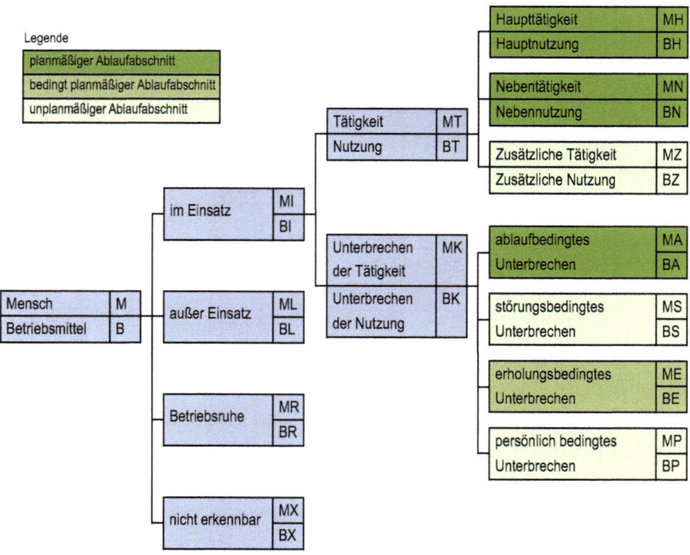

Abbildung 5.8: Ablaufartengliederung bezogen auf Mensch und Betriebsmittel (in Anlehnung an REFA, 1997)

Ablaufarten werden einheitlich kodiert. Die Kurzzeichen für die Ablaufarten enthalten an der ersten Stelle den Kennbuchstaben für das betrachtete Objekt (M = Mensch, B = Betriebsmittel, A = Arbeitsgegenstand) und an der zweiten Stelle eine Kodierung für die Ablaufart (H = Haupttätigkeit, N = Nebentätigkeit, Z = zusätzliche Tätigkeit). Auf diese Weise lassen sich alle denkbaren betrieblichen Situationen klassifizieren.
Je nach Sichtweise kann sich dabei ein und derselbe Arbeitsablauf unterschiedlich darstellen. Während am Betriebsmittel beispielsweise ein automatischer Fertigungsprozess abläuft, wartet der Maschinenbediener auf einen neuen Fertigungsauftrag und der zu bearbeitende Arbeitsgegenstand befindet sich gleichzeitig noch beim Transport.
Die Kenntnis der Ablaufarten ist für die organisatorische Arbeitsgestaltung von hoher Bedeutung:

1. Unter Verwendung einheitlicher Ablaufarten lassen sich Abläufe präzise und eindeutig beschreiben.
2. Mit Hilfe der ablaufartenbezogenen Analysen können Verbesserungspotenziale detailliert festgestellt werden.
3. Die Kenntnis der Ablaufarten eines Arbeitsablaufes ist Voraussetzung für die Zeitsynthese.
4. Sie sind Grundlage für die Bildung von Kennzahlen (z. B. Kennzahlen über die Auslastung der Mitarbeiter, Nutzung von Betriebsmitteln).

Aus der Anwendung der Verfahren zur Zeitdatenermittlung lassen sich den einzelnen mittels einer Arbeitsablaufanalyse identifizierten Ablaufarten Zeiten zuordnen. Diese werden als Zeitarten bezeichnet. Zu deren Kennzeichnung wird der Ablaufartenbezeichnung ein „t“ vorangestellt und die Ablaufart selbst als Index geschrieben (z. B. Haupttätigkeit MH: Haupttätigkeitszeit t_{MH}). Aus der Synthese der Zeiten aller Ablaufabschnitte resultieren schließlich Vorgabezeiten. Dies sind nach REFA (1997) Soll-Zeiten für von Mensch und Betriebsmittel ausgeführte Arbeitsabläufe. Die Vorgabezeit für den Menschen wird als Auftragszeit T, die Vorgabezeit für das Betriebsmittel als Belegungszeit T_{bB} bezeichnet. Bezogen auf den Arbeitsgegenstand ist die Durchlaufzeit als „Soll-Zeit für die Erfüllung einer Aufgabe in einem oder mehreren bestimmten Arbeitssystemen“ (REFA, 1997) zu ermitteln. Abbildung 5.9 veranschaulicht die Gliederung der Zeitarten bezogen auf den Menschen. Analog dazu ist auch die Zeitgliederung bezogen auf das Betriebsmittel aufgebaut. Während sich die Zeit je Einheit aus Grund-, Erholungs- und Verteilzeiten zusammensetzt, konstituiert sich die Betriebsmittelzeit je Einheit nur aus Grund- und Verteilzeiten. Da ein erholungsbedingtes Unterbrechen der Nutzung des Betriebsmittels vom Menschen ausgelöst wird, wird die Erholungszeit neben dem ablaufbedingten Unterbrechen in der Brachzeit des Betriebsmittels und damit in der Betriebsmittel-Grundzeit abgedeckt.

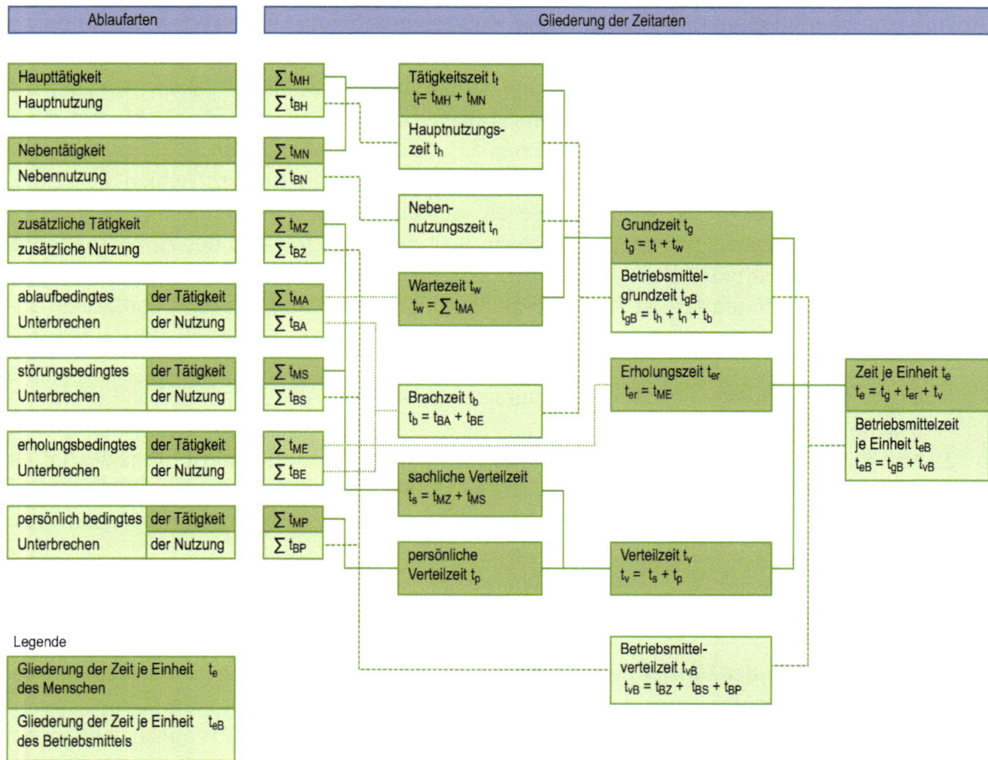

Abbildung 5.9: Gliederung der Zeitarten bezogen auf den Menschen und Betriebsmittel (REFA, 1997)

Die Auftragszeit für die Ausführung einer Arbeitsaufgabe umfasst einen Auftrag mit der Auftragsmenge m und beinhaltet neben der Zeit für die eigentliche Bearbeitung, der Ausführungszeit t_a, auch die Zeit für das Vorbereiten des Arbeitssystems, die Rüstzeit t_r. Die Ausführungszeit wird von der Auftragsmenge und der Zeitdauer für die Bearbeitung einer Mengeneinheit des Erzeugnisses, der Zeit je Einheit t_e, bestimmt. In der Zeit je Einheit (sowie der Rüstzeit) werden neben der Summe aller planmäßigen, der Ausführung der Arbeitsaufgabe dienenden (Soll-)Zeiten, der sogenannten Grundzeit t_g, auch unplanmäßige, stochastisch auftretende Ereignisse, wie Störungen oder Nacharbeit in Form von (sachlichen und persönlichen) Verteilzeiten t_v sowie die für den Abbau der Arbeitsermüdung notwendigen Erholungszeiten t_{er} berücksichtigt. Diese werden in der Regel als prozentuale Zuschlagsfaktoren auf die Grundzeit angerechnet und sind häufig in Tarifverträgen und Betriebsvereinbarungen festgeschrieben, können jedoch über spezielle Verfahren auch analytisch ermittelt werden. Abbildung 5.10 zeigt die Vorgabezeiten für Mensch und Betriebsmittel.

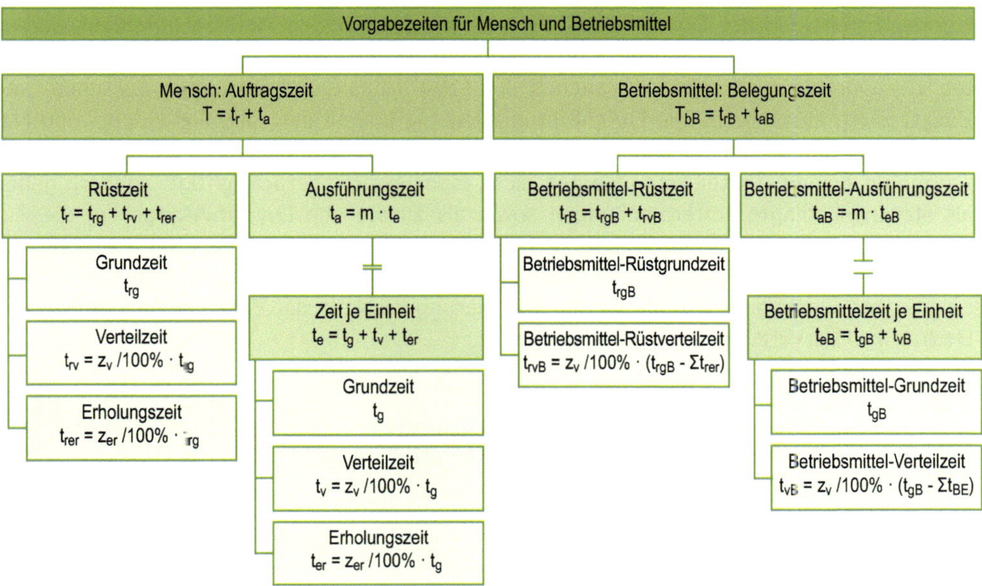

Abbildung 5.10: Gliederung der Vorgabezeiten für Mensch und Betriebsmittel (in Anlehnung an REFA, 1997)

Die Vorgabezeiten sind die Grundlage der Ressourcenplanung, so stellt beispielsweise die Auftragszeit die Basis für die Personaleinsatzplanung dar. Eng verbunden damit ist die personale Synthese im Rahmen der Gestaltung von Aufbau- und Ablauforganisation mit dem Ziel, Teilaufgaben zu Arbeitsgängen zusammenzufassen und Aufgabenträgern zuzuordnen sowie auf einer höheren Aggregationsebene Prozesse zu bilden und diese Organisationseinheiten zuzuweisen. Im Mittelpunkt steht die Frage, welche Arbeitsmenge einem Arbeitsträger unter Berücksichtigung seines Leistungsvermögens, der gegebenen Sachmittel und der bestehenden Arbeitsteilung übergeben werden kann, um eine wirtschaftliche Auslastung der Kapazitäten zu ermöglichen. Hierbei werden zunächst Arbeitsgänge zu einer abgeschlossenen Teilaufgabe zusammengefasst und einer (gedachten) Arbeitsperson übertragen. Insbesondere ist in diesem Zusammenhang das Arbeitspensum zu bestimmen, das bei einem normierten Leistungsvermögen vom Stelleninhaber bewältigt werden kann (Wittlage, 1998). Die in der personalen Synthese auf die Arbeitspersonen aufgeteilten Arbeitsmengen bedürfen einer zeitlichen Abstimmung, um für jedes Arbeitsobjekt eine minimale Durchlaufzeit zu erreichen. Dies kann, wie in den folgenden Ausführungen gezeigt wird, durch die Reduktion von Transport- und Liegezeiten erfolgen (Abbildung 5.11), mit dem Ziel, die organisationsbedingt zwischen den Arbeitsgängen entstehenden „organisatorischen Lagerbestände" (Kosiol, 1976, zit. nach Vahs, 2012) zu minimieren. Gegenstand der sogenannten temporalen Synthese ist daher die Zusammenfassung von Arbeitsgängen zu Ablaufstufen und Teilabläufen und insbesondere die Festlegung des Arbeitstaktes (Wittlage, 1998).

Bei der Ermittlung der Durchlaufzeit T_D als Soll-Zeit für den Auftragsdurchlauf werden die personellen und maschinellen Kapazitäten im Arbeitssystem als Gesamtheit betrachtet. Die Durchlaufzeit setzt sich nach REFA (1997) aus Durchführungs-, Zwischen- und Zusatzzeiten zusammen. Die Durchführungszeit t_{dS} konstituiert sich aus Haupt- und Nebendurchführungszeiten, den Zeiten die planmäßig, mittelbar oder unmittelbar der Wertschöpfung dienen. Verteilzeiten werden nicht mehr explizit berücksichtigt, sondern gehen als störungsbedingte Unterbrechungen sowie als zusätzliche Durchführungen in die Zusatzzeit t_{zuS} ein. Zwischenzeiten t_{zwS} fallen in der Regel beim Übergang zwischen unterschiedlichen Teilaufgaben beziehungsweise Arbeitssystemen, beispielsweise in Form von Liege- oder Transportzeiten an. Deren Optimierung leistet in der Praxis einen wesentlichen Beitrag zur Verkürzung der Durchlaufzeit.

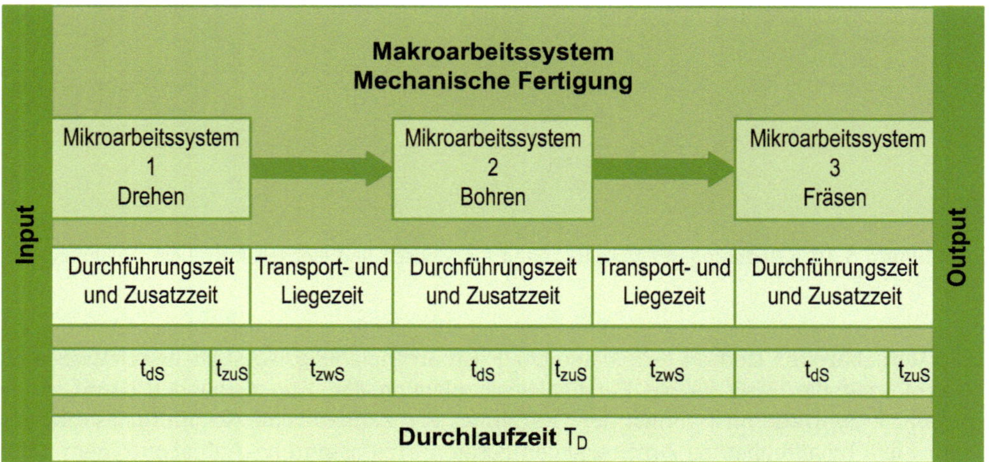

Abbildung 5.11: Durchlaufzeit über mehrere Arbeitssysteme

B 5.1.3 Räumliche Ablaufgestaltung

Im Mittelpunkt der räumlichen Ablaufgestaltung stehen die optimale räumliche Anordnung sowie die Ausstattung der Arbeitsplätze mit dem Ziel der Minimierung der Transportwege und damit der Durchlaufzeiten (Vahs, 2012).

Die räumliche Anordnung der Arbeitsplätze erfolgt maßgeblich in Abhängigkeit von der Arbeitsteilung. Diese bezeichnet die Aufteilung von Arbeit zwischen und innerhalb von Unternehmen, im Unternehmen auf Geschäftsfelder, Arbeitssysteme, Stellen oder Personen. Hierbei lassen sich Art- und Mengenteilung unterscheiden.

Artteilung ist die sequentielle Aufteilung eines Arbeitsauftrages auf mehrere (Mikro-)Arbeitssysteme, wobei an jedem Arbeitsplatz ein bestimmter Ablaufabschnitt an der Gesamtmenge des Auftrages erledigt wird. Dies führt zu einer Spezialisierung der Organisationseinheiten. Ziel der Artteilung ist es, durch eine dem jeweiligen Ablaufabschnitt angepasste Gestaltung des Arbeitsplatzes und der Betriebsmittel sowie durch eine damit mögliche Spezialisierung des Menschen eine effektive Fertigung zu erzielen. Diese Art der Arbeitsteilung wird immer dann angewandt, wenn die Arbeitsaufgabe mit einem längeren Arbeitsablauf verbunden ist. Für diese Fertigung wird oft auch der Begriff der nach Technologien differenzierten Werkstattfertigung (nicht zu verwechseln mit der handwerklichen Einzelfertigung in Werkstätten) verwendet.

Mengenteilung ist demgegenüber die simultane Aufteilung eines Arbeitsauftrages auf mehrere Arbeitssysteme, indem jeder den gesamten Arbeitsablauf an einer Teilmenge des Arbeitsauftrages ausführt. Ziel ist es, einen Arbeitsauftrag durch mengenmäßige Teilung in kürzester Zeit fertig stellen zu können. Diese Art der Arbeitsteilung wird fast immer dann angewandt, wenn es sich um die Erledigung eines Arbeitsauftrages mit einfachem und kurzem Arbeitsablauf handelt. Sie entspricht auch der klassischen handwerklichen Fertigung (Manufaktur).

Beide Formen der Arbeitsteilung bergen Vor- und Nachteile. So kann die hohe Spezialisierung bei der Artteilung, häufig einhergehend mit kleinen Arbeitsumfängen, Monotoniezustände hervorrufen und negativ auf die Arbeitszufriedenheit, die Identifizierung der Arbeitsperson mit dem Produkt und das Qualitätsbewusstsein wirken. Stattdessen sollten ganzheitliche Aufgaben angestrebt werden, die jedoch eine höhere Qualifikation der Arbeitspersonen erfordern. Dies spricht für eine Mengenteilung. Zugleich können auf diese Weise eine höhere Flexibilität sowie eine höhere Fertigungssicherheit gegenüber der Artteilung erzielt werden, bei der bereits kleine Störungen den gesamten Arbeitsablauf beeinträchtigen können (Richter, 2006). Eine Kombination aus beiden Ablaufformen kann dazu beitragen, die Nachteile der Artteilung bezüglich eingeschränkter Variantenvielfalt zu beseitigen und dennoch die Überschaubarkeit des Arbeitsablaufes sicherzustellen. Abbildung 5.12 veranschaulicht die vorgestellten Formen der Ablauforganisation.

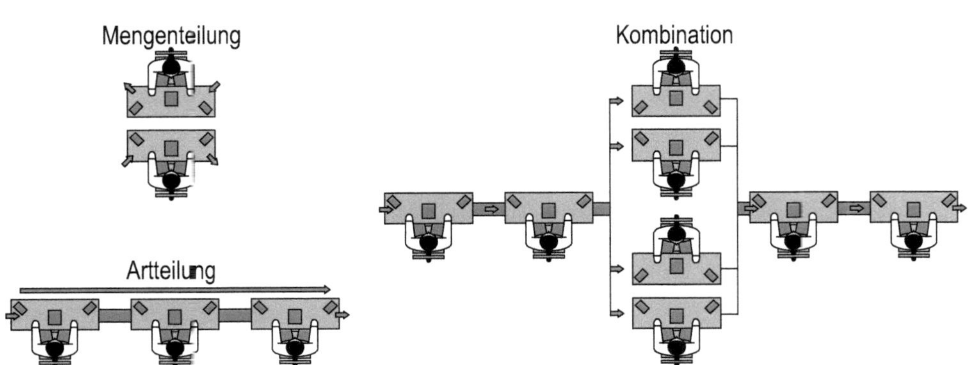

Abbildung 5.12: Formen der Arbeitsteilung

Die konsequente Umsetzung der vorgestellten Prinzipien der Arbeitsteilung führt zu unterschiedlichen Fertigungsprinzipien, die sich je nach Produktkomplexität und Fertigungsart unterschiedlich für die Anwendung in produzierenden Unternehmen eignen. An dieser Stelle werden mit der Reihen- und Fließfertigung, der Werkstättenfertigung und der Inselfertigung die wichtigsten ortsveränderlichen Fertigungsablaufprinzipien vorgestellt, bei denen sich der Arbeitsgegenstand durch das Fertigungssystem bewegt. Demgegenüber existieren ortsgebundene Ablaufprinzipien, wie die Baustellenfertigung bei immobilen Arbeitsgegenständen (z. B. Schiff-, Anlagen oder Straßenbau), wo der Arbeitsfortschritt durch das Zusammenwirken von Mensch und Betriebsmittel entlang des Arbeitsgegenstandes erbracht wird (Warnecke, 1995).

Insbesondere in der Massenfertigung hat sich das Fließprinzip durchgesetzt, bei der die Arbeitssysteme entsprechend der Reihenfolge des Arbeitsablaufes zur Herstellung eines Produktes erzeugnisorientiert ausgerichtet sind. Insbesondere die Artteilung ermöglicht hier eine verrichtungsorientierte Montage und sichert eine hohe Effizienz. Dies liegt darin begründet, dass einzelne Arbeitsgänge ständig wiederholt werden können, Sekundäraufwendung dadurch nur anteilig anfallen und sich hohe Übungsgrade erreichen lassen. Durch Arbeitsplatzgestaltung (Bewegungsvereinfachung, Verdichtung, Mechanisierung) lassen sich weitere Produktivitätspotenziale erschließen. Je nachdem, ob eine zeitliche Bindung zwischen den Arbeitssystemen vorliegt oder nicht, lassen sich Reihen- und Fließfertigung unterscheiden (Lotter, 2006). Dabei ist die Fließfertigung durch einen zeitlich abgestimmten, getakteten Arbeitsablauf charakterisiert, bei dem der Durchlauf des zu fertigenden Produktes zeitlich so abgestimmt ist, dass zwischen den Arbeitsplätzen keine ablaufbedingten Wartezeiten entstehen (Warnecke, 1995). Bei der Fließfertigung sind die Freiheitsgrade der Arbeitspersonen hinsichtlich Arbeitsweise, Arbeitsgeschwindigkeit und Arbeitspausen deutlich eingeschränkt. Dadurch kann es zu monotonen Arbeitsprozessen kommen, da planende und kontrollierende Tätigkeiten meist außerhalb des Aufgabenbereichs der Arbeitspersonen liegen (Schlick et. al., 2018). Eine Umsetzungsform des Fließprinzips stellt der One-Piece-Flow dar. Hier verbleibt die Arbeitsperson, anders als bei einer konventionellen Fließfertigung, nicht an ihrem Platz, während ein Teil nach dem anderen zur Bearbeitung herangeführt wird, sondern begleitet das Werkstück auf dem gesamten Weg bis zu dessen Fertigstellung, der ohne Unterbrechung von einem Arbeitssystem zum nächsten führt. Zumeist sind die Arbeitsstationen in einem U-förmigen Layout angeordnet, so dass die Wege des Mitarbeiters zwischen der Anfangsstation und der Endstation der Fertigungsfolge minimiert werden. Eine Sonderform des One-Piece-Flows stellt das sogenannte Chaku-Chaku-Prinzip dar (japanisch: „Laden-Laden"). Hier fertigen alle Arbeitsstationen weitgehend autonom, so dass eine Arbeitsperson lediglich deren Beschickung und den Transport der Teile zwischen diesen übernimmt. Unter Gesichtspunkten der Produktivität zeichnet sich dieses Fertigungsprinzip durch seine hohe Flexibilität bezüglich Produktionsschwankungen, minimale Durchlaufzeiten sowie einen reduzierten Platzbedarf aus. Vor dem Hintergrund der Verzahnung der beiden Zielstellungen der Arbeitswissenschaft, Produktivität und Ergonomie, sind allerdings gesteigerte physische und psychische Belastungen der Arbeitspersonen zu kritisieren (Spanner-Ulmer, Frieling, Landau & Bruder, 2009).

Die Reihenfertigung weist (im Gegensatz zur Fließfertigung) keine direkte zeitliche Bindung zwischen einzelnen Arbeitsplätzen auf. Die Anordnung der Betriebsmittel richtet sich zwar nach der Bearbeitungsfolge, Materialpuffer sorgen jedoch dafür, dass die Bearbeitung im jeweiligen Arbeitssystem nicht direkt durch das davor liegende System beeinflusst wird (Binner, 2011).

In der Einzel- und Kleinserienfertigung ist häufig die Werkstattfertigung nach dem Verrichtungsprinzip anzutreffen. Hierbei werden alle Arbeitssysteme nach den zu verrichtenden Tätigkeiten in organisatorischen Einheiten höherer Ordnung räumlich zusammengefasst

(z. B. Dreherei, Bohrerei, Fräserei). Daher sind die Bearbeitungsmaschinen nicht entsprechend einer typischen Bearbeitungsfolge angeordnet, so dass sich bei unterschiedlichen Bearbeitungsfolgen jeweils unterschiedliche Materialflüsse ergeben. Variierende Auslastung der Maschinen, lange Liegezeiten und ablaufbedingte Wartezeiten führen zu einem erheblichen Zusatzaufwand hinsichtlich Koordination, Lagerung und Transport der Werkstücke.

Die Inselfertigung wird dadurch charakterisiert, dass alle zur vollständigen Bearbeitung eines Erzeugnisses notwendigen Betriebsmittel unterschiedlichster Fertigungsverfahren räumlich und organisatorisch in einer Fertigungsinsel zusammengefasst werden (Objektprinzip). Das Konzept der Fertigungsinsel umfasst über die Bearbeitung der Arbeitsgegenstände hinausgehend die Erweiterung der Arbeitsinhalte mit dispositiven Aufgaben wie der Fertigungsfeinplanung, -steuerung und -kontrolle. Dadurch unterliegt die Fertigungsinsel als Organisationseinheit weitestgehend der Selbststeuerung der dort beschäftigten Mitarbeiter. Der Verzicht auf eine strenge Arbeitsteilung innerhalb der Fertigungsinsel führt zu kürzeren Reaktionszeiten, da Abstimmungsprozesse innerhalb der Fertigungsinsel schnell ablaufen können. Ergebnisse sind eine erhöhte Flexibilität, verbesserte Transparenz und kürzere Durchlaufzeiten. Von den Mitarbeitern werden zwar eine höhere Qualifikation und ein höheres Maß an Flexibilität abgefordert, zugleich ist jedoch mit der Erweiterung des Dispositionsspielraumes für den Einzelnen sowie mit der Übertragung von mehr Verantwortung eine Steigerung der Motivation zu erwarten (Warnecke, 1995).

B 5.1.4 Dienstleistungen

Die deutsche Wirtschaft befindet sich auf einem Weg der wachsenden Tertiarisierung, ein Trend von der industriellen Wirtschaft hin zur Dienstleistungsökonomie ist zu verzeichnen. Entsprechend der Drei-Sektoren-Gliederung der Volkswirtschaft wird die Rohstoffproduktion dem Primärsektor, das verarbeitende Gewerbe dem Sekundärsektor und werden die Dienstleistungen dem Tertiärsektor zugeordnet. Erkenntnisse aus der klassischen Wertschöpfung bei der Herstellung von Gütern können auch auf die Erstellung von Dienstleistungen übertragen werden.

Eine Dienstleistung im Sinne der Volkswirtschaft ist ein ökonomisches Gut, bei dem nicht wie bei der Warenproduktion der materielle Wert eines Endprodukts als Ergebnis der Produktion steht, sondern es wird ein vorhandener Bedarf gedeckt. Dienstleistungen haben unterschiedlichen Charakter, wie z. B. unentgeltlich im Haushalt geleistete Dienstleistungen, personenbezogene Dienstleistungen in der Pflege oder Beratungsdienstleistungen.

Als ein typisches Merkmal von Dienstleistungen wird die Gleichzeitigkeit von Erstellung und Verbrauch angesehen (z. B. Warentransport, Haarschnitt). Dieses typische Merkmal der klassischen Dienstleistungen wird zunehmend durch zeitlich entkoppelte Dienstleistungen (ungebundene Dienstleistungen), wie z. B. Finanzdienstleistungen oder Engineering-Dienstleistungen aufgeweicht.

Rechtlich kann ein Vertrag mit einem Dienstleister ein Werkvertrag oder ein Dienstvertrag sein. Bei einem Werkvertrag verpflichtet sich der Dienstleister zu einem konkreten Erfolg (z. B. Servicemechaniker schuldet Reparatur bzw. Fehlerbeseitigung). Durch einen Dienstvertrag wird der Dienstleister lediglich zu einem oder mehreren Diensten verpflichtet (z. B. Arzt führt eine Behandlung durch, schuldet aber keinen Heilerfolg).

Dienstleistungen können in personenbezogene und sachbezogene Dienstleistungen untergliedert werden. Personenbezogene Dienstleistungen sind Dienstleistungen, die an oder mit der Person vollzogen werden, z. B. die Leistungen eines Lehrers oder eines Friseurs. Maßgeblich ist, dass der Kunde aktiv oder passiv an der Dienstleistungserstellung beteiligt ist. Eine aktive Beteiligung ist bei der Aneignung von Wissen in einer Lernsituation notwendig, eine passive Beteiligung des Kunden ist z. B. bei einem Rettungseinsatz gegeben.

Sachbezogene Dienstleistungen werden z. B. in Speditionen, Werkstätten, Banken oder Versicherungen erbracht. Bei originären Dienstleistungen handelt es sich um Dienstleistungen von Unternehmen, die ausschließlich solche erbringen und keine materiellen Güter herstellen. Zu solchen Dienstleistungsunternehmen gehören z. B. Reinigungsdienste und Transportleistungen. Ein Sonderfall sind die wissensintensiven Dienstleistungen, bei denen die Erarbeitung und Verknüpfung von Informationen zu Wissen erfolgt.

Produktbegleitende Dienstleistungen ergänzen die Herstellung von Gütern. Dienstleistungen wie z. B. Schulungen werden zusätzlich zum physischen Produkt angeboten, d. h. sie werden im Zusammenhang mit dem physischen Produkt vermarktet. Es entsteht ein Zusatznutzen für den Kunden. Produktbegleitende Dienstleistungen sind immaterielle Leistungen, die von sachgutherstellenden Unternehmen, ergänzend zum Sachgut, zur Problemlösung des Kunden beitragen.

Produktbegleitende Dienstleistungen können während des gesamten Produktlebenszyklusses angeboten werden. Die Kontaktphase, auch Presales-Phase genannt, dient zur Informationssammlung, um die Bedürfnisse des Kunden zu erfassen. Es wird durch eine fortlaufende Beratung sichergestellt, den Kunden über verschiedene Produktmöglichkeiten zu informieren und ihn während der Geschäftsbeziehung zu betreuen. In der zweiten Phase, der Investitionsphase erfolgt die Produktion des Sachgutes nach Kundenwunsch. Diese stellt somit den störungsfreien Einsatz sicher. Während der Nutzungsphase, oder auch Aftersales-Phase, werden produktbegleitende Dienstleistungen vor allem zur Aufrechterhaltung des Betriebs angeboten (Ersatzteilversorgung, Wartung). Abschließend wird in der Desinvestitionsphase eine Rücknahme mit Entsorgung oder Recycling oder Modernisierung gewährleistet.

Produktbegleitende Dienstleistungen lassen sich in inhaltlich in zwei Gruppen aufteilen. Die erste Gruppe produktbegleitender Dienstleistungen umfasst Dienstleistungen, die die Aufgabe innehalten, die Gebrauchsfähigkeit von Sachgütern sicherzustellen bzw. aufrechtzuerhalten. Als typische Dienstleistungen sind z. B. Montage, Installation, Wartung, Reparatur zu nennen, die am weitesten verbreitet sind. Die andere Gruppe produktbegleitender Dienstleistungen beinhaltet all solche Dienstleistungen, die nicht die Verwendung des Sachgutes als eigentliches Ziel haben, sondern einen Zusatznutzen für den Kunden stiften. Beispiele für diese Art sind Finanzierung, Leasing oder Vermietung.

Die Absatzunterstützungsfunktion ist ein häufiges Motiv der Industrieunternehmen, produktbegleitende Dienstleistungen überhaupt anzubieten. Das Sachgut soll sich durch die zusätzlich angebotene Leistung besser verkaufen. Diese Wirkung ist eng verbunden mit der zweiten Funktion. Mittels eines erweiterten Angebots kann sich ein Unternehmen von anderen Wettbewerbern differenzieren. Die Gewinnerzielungsfunktion bedeutet, dass produktbegleitende Dienstleistungen zunehmend zum Gewinn beitragen. Die Dienstleistung rückt als gewinnentscheidendes Kriterium in den Vordergrund und das Produkt bei der

Kaufentscheidung in den Hintergrund. Für viele Kunden ist eine auf ihre Bedürfnisse angepasste Lösung ein ausschlaggebender Punkt. Die Individualisierungsfunktion steht für neue innovative Produkte und Dienstleistungen, mit denen neue Kunden gewonnen und gehalten werden. Ebenso wichtig ist die Informationsfunktion, wodurch im Kundenkontakt Dienstleistungen und Sachgüter verbessert und angepasst werden können. Der letzte Punkt, die Kundenbindungsfunktion, resultiert aus dem nahen Kontakt mit dem Kunden im wechselseitigen Austausch auf Grund produktbegleitender Dienstleistungen. Diese Abhängigkeit erhöht die Chance auf Folgeaufträge.

B 5.2 Grundlagen zur Aufbauorganisation

Die Aufbauorganisation legt die Struktur einer Organisation fest und ordnet die Aufgaben, Kompetenzen und Verantwortungen. Dies wird erreicht durch die Bildung von Organisationseinheiten (Stellen und Abteilungen) sowie die Regelung des Beziehungszusammenhanges innerhalb und zwischen den Organisationseinheiten (Weisungs- und Informationsbeziehungen). Im Ergebnis entsteht eine Über- und Unterordnung von Organisationseinheiten (Hierarchie), die in einem Organigramm dargestellt werden kann. Dieses dauerhafte hierarchische Grundgerüst der Aufbauorganisation wird auch als Primärorganisation bezeichnet. Deren Aufgabe ist es, die Kernkompetenzen durch die Aufgabenteilung zu bündeln, um eine effiziente Bearbeitung der Sachaufgabe sicherzustellen. Anhand der Aufgabenspezialisierung auf der zweiten Hierarchieebene unter der Unternehmensführung lassen sich funktionale (verrichtungsorientiert), divisionale (objektorientiert) und Matrixorganisationen (verrichtungs- und objektorientiert) unterscheiden. Die Primärorganisation ist durch ihren hierarchischen Aufbau insbesondere für Routineaufgaben geeignet. Hierarchieübergreifende, flexible Strukturen, wie das Projektmanagement, bilden die Sekundärorganisation, um komplexe Aufgabenstellungen und Probleme zu lösen (Vahs, 2012).

B 5.2.1 Klassische Organisationsdesigns

An die bereits vorgestellte Aufgabenanalyse schließt sich die konstruktive Aufgabe der Organisationsgestaltung, die sogenannte Aufgabensynthese, an. Ziel ist hierbei, die gewonnenen Teilaufgaben zu Aufgabenkomplexen zusammenzufassen, um eine wirtschaftlich sinnvolle Zuweisung von Aufgabenvollzügen zu Organisationseinheiten realisieren zu können (Vahs, 2012).
Das Grundelement, die kleinste Organisationseinheit der Aufbauorganisation, ist die Stelle. Sie entsteht durch die dauerhafte Zuweisung formal definierter Leistungs- und Verhaltenserwartungen (Schreyögg, 2016). Diese Zuordnung von Teilaufgaben erfolgt (zumeist) personenunabhängig auf versachlichter Basis, denn das Ziel des formalen Strukturgefüges ist die Gewährleistung der Kontinuität der Leistungserbringung der Organisation unabhängig von Personenwechseln. Stattdessen orientiert sich die Stellenzuordnung hinsichtlich des Umfanges und des Leistungsvermögens nach dem qualitativen und quantitativen Leistungsvermögen eines fiktiven Stelleninhabers. Die Anforderungen einer Stelle an deren Inhaber werden häufig in einer Stellenbeschreibung festgehalten. Neben der Zuordnung von Aufgaben erfolgt hier die Zuweisung von formalen Rechten und Befugnissen, den Kompetenzen. Dabei können Umsetzungs- und Leitungskompetenzen unterschieden werden (Vahs, 2012).

Entsprechend den Aufgaben und Kompetenzen lassen sich grundsätzlich zwei unterschiedliche Stellentypen, Linienstellen und unterstützende Stellen, differenzieren. Linienstellen umfassen sowohl Ausführungsstellen als auch Leitungsstellen (Instanzen). Ausführungsstellen bilden die untere Hierarchieebene im Unternehmen, besitzen lediglich Ausführungsbefugnisse, dürfen keine Weisungen geben und ihre Verantwortung beschränkt sich auch auf die eigene Tätigkeit. Zugleich ist das Tätigkeitsspektrum vielfältig und reicht von einfachen Routinetätigkeiten bis hin zu hochkomplexen Tätigkeiten mit Steuerungs- und Problemlöseaufgaben. Leitungsstellen treffen demgegenüber verbindliche Entscheidungen für andere Stellen und setzen diese in von den untergebenen Stellen auszuführende Weisungen um. Hierfür besitzen sie fachliche und disziplinarische Weisungsbefugnisse, übernehmen jedoch zugleich entsprechend der übertragenen Aufgabe und zugewiesenen Kompetenzen Verantwortung für die eigene Arbeit und die der untergebenen Stellen. Entsprechend der hierarchischen Struktur im Unternehmen ergibt sich eine Leitungshierarchie, die oberes, mittleres und unteres Management unterscheidet.

Unterstützende Stellen dienen nur indirekt der Erfüllung der betriebswirtschaftlichen Hauptaufgabe. Stabsstellen und Assistenzstellen sind Stellen, die den Leitungsstellen zuarbeiten, wobei Stabsstellen spezifische Aufgaben und Assistenzstellen eher kein vorgegebenes Aufgabengebiet (z. B. „Assistenz der Geschäftsleitung") haben. Beide Stellen sind in der Regel ohne Weisungskompetenzen. Auch innerbetriebliche Dienstleistungsstellen, wie z. B. das Personalwesen oder die Patentstelle werden den unterstützenden Stellen zugerechnet.

Während Stellen von einzelnen Personen besetzt werden, stellen Gremien (Gruppen) formale Organisationseinheiten dar, die aus mehreren Personen bestehen, die dauerhaft über einen längeren Zeitraum miteinander zur Erfüllung einer Arbeitsaufgabe zusammenarbeiten und in direkter Interaktion stehen. Dies sind einerseits Leitungs- und Arbeitsgruppen, die hauptamtlich, das heißt unbefristet und kontinuierlich, in Vollzeit Daueraufgaben im Unternehmen wahrnehmen und daher zur Primärorganisation gehören. Andererseits lassen sich Ausschüsse, Problemlösegruppen oder Projektteams differenzieren. Deren Mitglieder sind teilzeitlich und nebenamtlich mit Sonderaufgaben beschäftigt, so dass diese sich aufgrund der hierarchieübergreifenden Tätigkeit der Sekundärorganisation zurechnen lassen und an dieser Stelle, ebenso wie die Arbeitsgruppen, vorerst unberücksichtigt bleiben (Vahs, 2012).

Leitungsgruppen werden vor allem auf der Ebene des Top-Managements (Vorstand) realisiert, um Führungsaufgaben für das gesamte Unternehmen wahrzunehmen. Häufig wird dafür jedem Gruppenmitglied ein eigener Verantwortungsbereich (Ressort) zugeordnet, in dem dieses für die Aufgabenerfüllung zuständig ist und die notwendigen Kompetenzen besitzt. Während ressortübergreifende Entscheidungen in der Regel gemeinsam getroffen werden, existiert zumeist noch ein (Vorstands-)Vorsitzender, dem mehr oder weniger Entscheidungs- und Leitungsrechte übertragen wurden (Direktorialprinzip vs. Kollegialprinzip).

In der Regel wird eine größere Anzahl an Stellen gebildet und unter der Leitung einer Leitungsstelle, einer sogenannten Instanz in einer Abteilung als Organisationseinheit höherer Ordnung zusammenfasst. Diese werden in weiteren Schritten wiederum als (Haupt-) Abteilungen einer Instanz (Leitungsstelle oder -gruppe) unterstellt, bis schließlich ein hierarchisches Strukturgebilde entsteht. Zur Veranschaulichung wird das Ergebnis dieser Zusammenfassung von Stellen und Gremien häufig in Form einer Übersichtsgrafik in einem Organigramm abgebildet. Abbildung 5.13 zeigt den Ablauf der Organisationsgestaltung von der Aufgabenanalyse bis zur Abteilungsbildung.

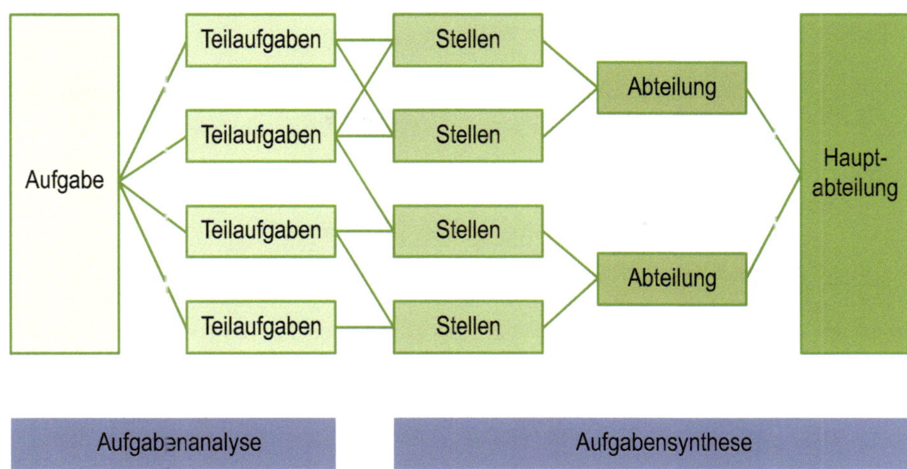

Abbildung 5.13: Aufgabenanalyse und -synthese zur Abteilungsbildung (Frese, 2000)

Aufgabenanalyse und -synthese können nach unterschiedlichen Kriterien erfolgen, woraus sich in der Darstellung im Organigramm unterschiedliche Strukturierungen ergeben (Wittlage, 1998).
Tabelle 5.2 zeigt Grundprinzipien, Eigenarten und Auswirkungen unterschiedlicher Aufbauorganisationsformen.
Nachdem im Rahmen der Spezialisierung in der Organisation Stellen und Abteilungen gebildet und zueinander in Beziehungen und Hierarchien gesetzt wurden, werden ferner Kompetenzen und Weisungsbefugnisse festgelegt und Regelungen für Leitungssysteme geschaffen, um die Elemente und Beziehungen innerhalb der Organisation auf das gemeinsame Ziel auszurichten. Die Konfiguration des Strukturgefüges kann bei der Abteilungsbildung funktional nach Verrichtungen oder auch nach Verrichtungen und Objekten in einer Matrixorganisation erfolgen.
Bei der Abteilungsbildung nach Verrichtungen werden gleiche oder ähnliche Verrichtungen einer Leitungsstelle funktional zugeordnet. Dies gilt sowohl für die Stellenbildung (z. B. Dreher) als auch für die Abteilungsbildung (z. B. Dreherei) und prägt das gesamte Unternehmen. Das Resultat ist die Konzentration gleichartiger Qualifikationen und Betriebsmittel in einer tätigkeitsspezialisierten Abteilung. Die funktionale Organisation zeichnet sich dementsprechend dadurch aus, dass auf der zweiten Hierarchieebene Funktionsbereiche untergliedert werden, die der Unternehmensführung nach dem Einlinienprinzip direkt unterstellt sind. Kernsachfunktionen eines Industriebetriebes sind beispielsweise Einkauf, Forschung und Entwicklung, Produktion und Marketing. Die funktionale Organisation eignet sich insbesondere für KMU mit überschaubarem, homogenem Leistungsprogramm und entsteht im Laufe des Unternehmenswachstums, wenn Leitungsaufgaben mit Zunahme des Geschäftsvolumens auf mehrere Personen verteilt werden müssen. Die Struktur ist einfach und überschaubar, die (vorwiegend operativen) Funktionsbereiche sind klar voneinander abgegrenzt und ein hoher Grad an Entscheidungszentralisation ist zu verzeichnen. Die Vielzahl an Schnittstellen birgt mit zunehmender Breite und Komplexität des Produktprogrammes Koordinationsprobleme, bis hin zur Überlastung der Unternehmensführung, bei der sich die Entscheidungs- und Führungsverantwortung konzentriert.

Tabelle 5.2: Unterschiedliche Formen der Aufbauorganisation

Einlinien-Organisation	Stab-Linien-Organisation	Mehrlinien-Organisation	Matrix-Organisation
Grundprinzip			
• Einheit der Leitung • Einheit des Auftragsempfangs	• Einheit der Leitung • Spezialisierung von Stäben auf Leitungshilfsfunktionen ohne Kompetenzen gegenüber der Linie	• Spezialisierung der Leitung • Direkter Weg • Mehrfachunterstellung	• Spezialisierung der Leitung nach Dimensionen • Gleichberechtigung der verschiedenen Dimensionen
Eigenarten und praktische Anwendungen			
• Linie = Dienstweg für Anforderung, Anrufung, Beschwerde, Information • Linie = Delegationsweg • Hierarchisches Denken • Keine Spezialisierung bei der Leitungsfunktion	• Funktionsaufteilung der Leitung nach Phasen des Willensbildungsprozesses • Entscheidungskompetenz von Fachkompetenz getrennt	• Job-Spezialisierung der Leitungskräfte • Übereinstimmung von Fachkompetenz und Entscheidungskompetenz	• Keine hierarchische Differenzierung zwischen verschiedenen Dimensionen • Systematische Regelung der Kompetenzkreuzungen • Teamarbeit der Dimensionsleiter
Auswirkungen			
• Tendenz zur Bildung von informellen Strukturen • Tendenz zur Angliederung von Stäben • Tendenz zur Angliederung von Komitees	• Tendenz zur Bildung einer eigenen funktionalen Stabshierarchie • Tendenz zur Erweiterung der Stäbe zu zentralen Dienststellen (unechte Funktionalisierung) • Tendenz zur Angliederung von Komitees	• Tendenz zur unechten Funktionalisierung • Fließender Übergang zur Matrixorganisation	• Tendenz zur Gewichtung eines der Dimensionsleiter als „primus inter pares" • Tendenz zur Unterordnung der Matrix unter eine „klassische" Leitungsspitze mit Stab-Linien-Struktur

Ferner schränken die engen Handlungs- und Entscheidungsspielräume die Personalentwicklung (insbesondere der unteren Führungsebene) ein und können sich negativ auf die Mitarbeitermotivation auswirken (Vahs, 2012).

Um diese Nachteile zu überwinden, können unterstützende (Stabs-)Stellen oder bereichsübergreifende Ausschüsse eingeführt werden. Die Weiterentwicklung vom Einlinien- zum Stab-Linien-System dient der Entlastung und qualifizierten Unterstützung der Instanzen.

Der Grundgedanke der Stab-Linien-Organisation besteht in der Arbeitsteilung im Entscheidungsprozess, der in Entscheidungsvorbereitung und Entscheidung untergliedert wird. Während die systematische Entscheidungsvorbereitung dem Stab obliegt, verbleiben die Entscheidung selbst und damit die Entscheidungsverantwortung bei der Instanz. Hauptziel ist, bestimmten Instanzen Spezialisten als Berater zur Seite zu stellen, um durch Expertenwissen und systematische Methoden die Problemlösekapazität zu erhöhen. Die Stabsstellen übernehmen daher häufig beratende Funktionen, wie die Entscheidungsvorbereitung, fachliche Beratung, Informationsbeschaffung, -auswertung und -weiterleitung sowie Überwachung der Entscheidungsumsetzung. Die Beratungstätigkeit der Stäbe kann unterschiedlich intensiv ausgelegt sein, bisweilen werden sie daher in sich hierarchisch gegliedert.

Im Gegensatz zum Einliniensystem zeichnet sich das Mehrliniensystem dadurch aus, dass die untergeordneten Ausführungsstellen - dem Funktionsmeistersystem von Taylor folgend - von mehreren vorgesetzten Instanzen Anweisungen erhalten. Auf diese Weise sollen eine höchst mögliche Spezialisierung der Instanzen und kurze Informationswege sichergestellt werden (Schreyögg, 2016). Im Mittelpunkt steht die fachliche Kompetenz und formale hierarchische Macht der Instanzen. Zugleich besteht die Gefahr von Weisungskonflikten aufgrund sich überschneidender Kommunikationsbeziehungen (Vahs, 2012).

Eine erweiterte, mehrdimensionale Form der Mehrlinienorganisation stellt die Matrixorganisation dar. Diese wird unter Verwendung von zwei Gestaltungsdimensionen gebildet (die sogenannte Tensororganisation verwendet sogar mindestens drei). Als Gliederungsdimensionen dienen in der Regel Objekte und Verrichtungen, so wird die Matrixorganisation häufig horizontal funktional und vertikal objektorientiert gebildet. Die Matrixstellen sind der Unternehmensführung direkt unterstellt und gegenüber den Matrixschnittstellen weisungsbefugt. Die Matrixschnittstellen sind als organisatorische Einheiten für die Aufgabenerfüllung zuständig, wobei sich wiederum neben Ausführungsstellen auch Leitungsstellen differenzieren lassen, denen weitere Organisationseinheiten unterstellt sind. Aus der Verteilung der Kompetenzen und der Überordnung zweier Matrixstellen resultiert hohes Konfliktpotenzial, das jedoch durch Kompetenzregelungen zugunsten einer gleichberechtigten Kommunikation gezielt für innovative Problemlösungsprozesse genutzt werden kann. Der Vorteil liegt vor allem in der Entscheidungsdezentralisation und Verkürzung der Kommunikationswege, ferner ist das Unternehmen hoch flexibel und kann gezielt auf Veränderungen und neue Anforderungen reagieren. Insbesondere haben Unternehmen mit Matrixorganisation das Potenzial zum ganzheitlichen und innovativen Problemlösen. Schnittstellenkonflikte und Kompetenzstreitigkeiten erfordern eine erhöhte Standardisierung der organisatorischen Strukturen, wodurch die Organisation zugleich schwerfälliger wird (Vahs, 2012).

B 5.2.2 Gruppenarbeit

Gruppenarbeit ist eine Form der Arbeitsorganisation, in der eine Gruppe von Arbeitnehmern weitgehend selbstständig (teilautonom) die interne Aufgabenverteilung übernimmt. Im Betriebsverfassungsgesetz (BetrVG) wird in § 87 Zif. 13 ausgeführt: „Gruppenarbeit im Sinne dieser Vorschrift liegt vor, wenn im Rahmen des betrieblichen Arbeitsablaufs eine Gruppe von Arbeitnehmern eine ihr übertragene Gesamtaufgabe im Wesentlichen eigenverantwortlich erledigt". In der REFA-Methodenlehre wird Gruppenarbeit folgendermaßen beschrieben: „Bei Gruppenarbeit wird die Arbeitsaufgabe eines Arbeitssystems teilweise oder ganz durch mehrere Arbeitspersonen erfüllt. Gruppenarbeit im engeren Sinn liegt vor, wenn bei einem oder mehreren Ablaufabschnitten gleichzeitig mehrere Menschen am selben Arbeitsgegenstand zusammenwirken". In der betrieblichen Praxis werden oft die Begriffe „Teamarbeit" und „Gruppenarbeit" synonym verwendet, was nicht ganz korrekt ist. Teamarbeit steht häufig auch für eine projektbezogene Zusammenarbeit die unterschiedliche Kompetenzen vereint. Das Konzept der teilautonomen Gruppe basiert auf einer Erweiterung des Handlungsspielraums (siehe Abschnitt B 4.5.1). Damit Gruppenarbeit funktioniert müssen je nach den betrieblichen Bedingungen die einzelnen Gruppen vollständige Arbeitsaufgaben und Freiheiten in der Planung erhalten. Auch müssen Gruppengröße und die Qualifikationsstruktur innerhalb der Gruppe beachtet werden und es müssen weiterhin Kommunikationsmöglichkeiten vorhanden sein. Gruppenarbeit ist damit eine dynamische Organisationsform mit sozialen Prozessen, die laufend optimiert werden muss.

B 5.3 Grundlagen zur Gestaltung des organisatorischen Rahmens

Neben der Aufbau- und Ablauforganisation sind auch die organisatorischen Rahmenbedingungen zu gestalten, in denen die Mitarbeiter im Unternehmen arbeiten. Dies betrifft zum einen die Ausgestaltung von Anreiz- und Entgeltsystemen, die wesentliche Interdependenzen zu arbeitspsychologischen Fragestellungen aufweist. Zum anderen soll in diesem Rahmen noch die Gestaltung von Arbeitszeitmodellen betrachtet werden, die große Schnittstellen zur Personalbedarfsplanung aufweist.

B 5.3.1 Anforderungsermittlung und Arbeitsbewertung

Nach Hentze (1980) umfasst die Arbeitsbewertung die „Gewinnung und Verarbeitung von Informationen über die Anforderungen einer Arbeit oder eines Arbeitsplatzes an Personen [...] nach einem einheitlichen Maßstab". Im weiteren Sinne schließt sie dabei das Erfassen und Messen der Arbeitsmenge und -güte ein, im engeren Sinne erfasst und misst sie die objektiven Unterschiede in den Arbeitsschwierigkeiten, die aufgrund der verschiedenen Arbeitsinhalte und Anforderungen an den einzelnen Arbeitsplätzen entstehen (Knebel & Zander, 1989). Dem engeren Verständnis folgend, stellt die Arbeitsbewertung damit keine Personalbeurteilung dar, da unabhängig vom Stelleninhaber und seiner Leistung lediglich die Arbeitsaufgabe mit den daraus resultierenden Anforderungen betrachtet wird. Die Grundlage stellt stets die Arbeits- beziehungsweise Tätigkeitsbeschreibung dar, aus der die Anforderungen durch Beobachtungen oder Befragungen abgeleitet werden. Das Ergebnis der Arbeitsbewertung ist somit eine Kennzahl, die in Arbeitswerten, Wertzahlsummen oder Entgeltgruppen ausgedrückt, mit ihrer Höhe tariflich fixierte Grundentgelte bestimmt (Oechsler, 2012).

Die Arbeitsbewertung dient dabei vor allem dazu, eine Entgeltdifferenzierung in den Unternehmen zu erreichen, die den unterschiedlichen Arbeitsanforderungen Rechnung trägt. Sie kann damit auch als Instrument der Personalkostenkontrolle verstanden werden, das sicherstellt, dass nur nachgefragte Qualifikationen gezahlt werden.
Zur Arbeitsbewertung werden vielfältige Systeme verwendet, die sich nach Maßgabe ihrer Verfahrensweise in zwei grundsätzliche Methoden, die summarische und die analytische unterscheiden lassen, die sowohl nach der Reihung als auch nach der Stufung angewandt werden (Bröckermann, 2021). Bei der Reihung werden die Einzelanforderungen oder der Arbeitsplatz in seiner Gesamtheit als Bewertungsobjekte in eine Reihenfolge gestellt und miteinander verglichen. Bei der Stufung werden die Bewertungsobjekte in vorher festgelegte Anforderungsklassen (Stufendefinitionen, Richtbeispiele) eingestuft. Die in Abbildung 5.14 dargestellten Methoden sollen im Folgenden vorgestellt werden.

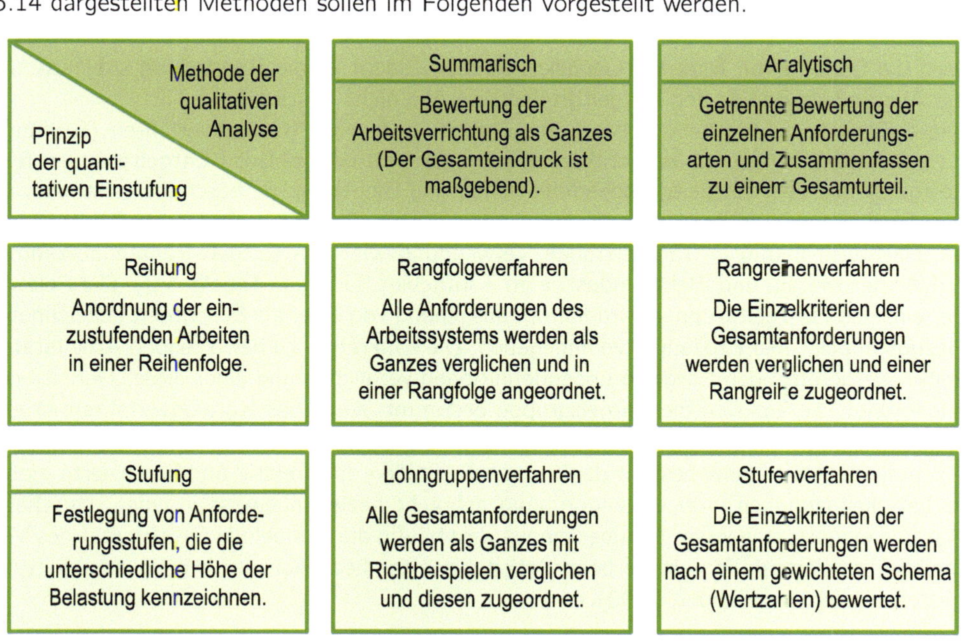

Abbildung 5.14: Methoden zur Arbeitsbewertung

Summarische Arbeitsbewertung

Nach der Definition des REFA-Verbandes (REFA Bundesverband e. V., Verband für Arbeitsstudien, Betriebsorganisation und Unternehmensentwicklung) werden unter summarischer Arbeitsbewertung Verfahren zur anforderungsabhängigen Entgeltdifferenzierung verstanden, „bei denen die Anforderungen des Arbeitssystems an den Menschen als Ganzes erfasst werden. Das Ergebnis wird meist als Lohngruppe für gewerbliche Arbeitnehmer oder Gehaltsgruppe für Angestellte ausgewiesen“ (REFA, 1989). Die summarischen Methoden vergleichen also die einzelnen Arbeitsplätze durch eine Gesamteinschätzung ihrer Anforderungen und verzichten auf eine systematische Analyse einzelner Anforderungsarten (Zander, 1990). In der Summarik lassen sich entsprechend Abbildung 5.14 zwei Verfahren der Reihung und der Stufung differenzieren.

Beim Rangfolgeverfahren (Reihung) werden die einzelnen Arbeitsplätze nach ihrem Schwierigkeitsgrad aneinandergereiht, wobei die Rangfolge als Wertungsskala fungiert. Hierfür werden in einem ersten Schritt auf der Basis von Stellenbeschreibungen alle im Unternehmen auftretenden Tätigkeiten aufgelistet. Diese werden anschließend beispielsweise mithilfe eines paarweisen Vergleiches nach Maßgabe der gesamten Anforderungen in eine Rangfolge gebracht und vorher fixierten, im Tarifvertrag oder der Betriebsvereinbarung definierten Entgeltgruppen zugeordnet. Die Rangfolge richtet sich in der Regel nach der erforderlichen Qualifikation, wobei andere wesentliche psychophysische Anforderungen unberücksichtigt bleiben (Landau, 2007). Die Tätigkeiten mit den geringsten Anforderungen, d. h. dem niedrigsten Schwierigkeitsgrad werden demnach der niedrigsten Entgeltgruppe, die mit den höchsten Anforderungen der höchsten Entgeltgruppe zugewiesen. Dieses Verfahren ist aufgrund seiner Einfachheit und Verständlichkeit vorteilhaft in kleineren Betrieben, aber je mehr Stellen es gibt und je unterschiedlicher die Arbeitsplätze sind, umso schwieriger wird die Bildung von Rängen (Oechsler, 2012). Zudem ist die Beurteilung subjektiv und die Abstände zwischen den Entgeltgruppen werden nicht deutlich.

Diese Schwierigkeiten behebt das Lohngruppen- oder auch Katalogverfahren (Stufung), da bei diesem Verfahren von vornherein eine bestimmte Anzahl von Entgeltgruppen festgelegt ist, die über Entgeltgruppendefinitionen und Richtbeispiele beschrieben werden, die das Einfügen der anderen Arbeitsplätze erleichtern sollen. Das Katalogverfahren findet beispielsweise häufig in Tarifverträgen Verwendung wie dem Entgelt-Rahmenabkommen (ERA) der Metall- und Elektroindustrie im Tarifgebiet Sachsen (Tabelle 5.3). Die Relation der einzelnen Entgeltgruppen wird häufig, ausgehend von einer als Eckentgelt bezeichneten Bezugsgruppe, über Prozentsätze angegeben. Die konkreten, zu bewertenden Arbeitstätigkeiten werden mit den Entgeltgruppendefinitionen verglichen und einer dieser Definitionen zugeordnet, woraus sich die Entgeltgruppe bestimmt. Auch das Katalogverfahren ist einfach in der Anwendung und leicht verständlich (Bröckermann, 2021). Ein methodischer Nachteil des Verfahrens besteht darin, dass die Stellen über relativ undifferenzierte globale Tätigkeitsangaben in eine Rangordnung gebracht beziehungsweise in einen pauschalen Katalog eingestuft werden. Darüber hinaus wird häufig die mangelnde Objektivität des Verfahrens kritisiert, da Vorurteile beim Arbeitsbewerter bezüglich der Wertigkeit der Stelle bestehen können (Zander, 1990).

Tabelle 5.3: Katalogverfahren am Beispiel des ERA in Sachsen

	Basis für die Eingruppierung sind Tätigkeit und Anforderungen am konkreten Arbeitsplatz. **Tätigkeiten erfordern ...**
E 1	... zweckgerichtete Einarbeitung und Übung bis zu vier Wochen
E 2	... systematisches Anlernen, bis zu sechs Monaten
E 3	... systematisches Anlernen, mehr als sechs Monate
E 4	... mindestens 2-jährige fachspezifische Berufsausbildung
E 5	... mindestens 3-jährige abgeschlossene fachspezifische Berufsausbildung (Eckentgelt)
E 6	... 3-jährige Berufsausbildung + mehrjährige Berufserfahrung

	Basis für die Eingruppierung sind Tätigkeit und Anforderungen am konkreten Arbeitsplatz. Tätigkeiten erfordern ...
E 7	... 3-jährige Berufsausbildung + langjährige Berufserfahrung oder mehrjährige Berufserfahrung + mindestens 1-jährige spezielle Weiterbildung
E 8	... 3-jährige Berufsausbildung + 2-jährige Fachausbildung oder 3-jährige Hochschulausbildung (z. B. Bachelor)
E 9	... 3-jährige Berufsausbildung + 2-jährige Fachausbildung + langjährige Berufserfahrung oder 3-jährige Hochschulausbildung (z. B. Bachelor) + langjährige Berufserfahrung
E 10	... 4-jährige Hochschulausbildung
E 11	... 4-jährige Hochschulausbildung + mehrjährige spezifische Berufserfahrung
E 12	... 4-jährige Hochschulausbildung + Fachkenntnisse durch langjährige spezifische Berufserfahrung

Analytische Arbeitsbewertung

Der REFA-Verband definiert die analytische Arbeitsbewertung als Verfahren „zur anforderungsabhängigen Entgeltdifferenzierung (...), bei denen die Anforderungen des Arbeitssystems an den Menschen mit Hilfe von Anforderungsarten ermittelt werden" (REFA, 1989). Bei diesen Verfahren „werden die Arbeitsschwierigkeiten in für den Betrieb typische Anforderungsarten aufgegliedert und gesondert untersucht" (Zander, 1990). Ausgangspunkt der analytischen Arbeitsbewertung ist stets die Arbeitsbeschreibung, d. h. die Stellenbeschreibung mit der konkreten Beschreibung des Arbeitssystems sowie der (horizontalen und vertikalen) Organisationsbeziehungen. Ausgehend davon wird die Gesamtanforderung an eine Stelle in mehrere Teilanforderungen aufgespalten und einzeln bewertet, bevor die Teilbewertungen anschließend durch Gewichtung und Addition zu einer Gesamtbewertung der Stelle zusammengeführt werden, aus der die Tarifierung folgt (Abbildung 5.15).

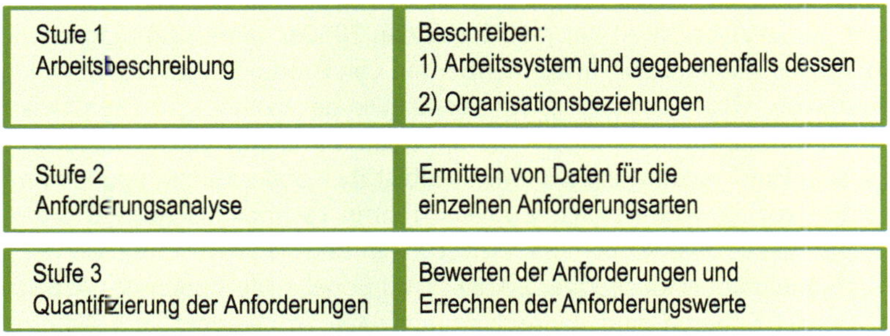

Stufe 1 Arbeitsbeschreibung	Beschreiben: 1) Arbeitssystem und gegebenenfalls dessen 2) Organisationsbeziehungen
Stufe 2 Anforderungsanalyse	Ermitteln von Daten für die einzelnen Anforderungsarten
Stufe 3 Quantifizierung der Anforderungen	Bewerten der Anforderungen und Errechnen der Anforderungswerte

Abbildung 5.15: Dreistufige Vorgehensweise bei der analytischen Arbeitsbewertung (REFA, 1989)

Es existiert eine unüberschaubare Vielfalt verschiedener Anforderungsarten, wobei viele analytische Arbeitsbewertungsverfahren auf das sogenannte Genfer Schema (Abbildung 5.16) zurückgreifen, das 1950 auf einer internationalen Tagung von Arbeitswissenschaftlern in Genf entwickelt wurde (Oechsler, 2012).

Können	Belastung	
- Ausbildung und Fachkenntnisse - Berufserfahrung - Denkfähigkeit	- Aufmerksamkeit - Denktätigkeit	**geistige Anforderungen**
- Geschicklichkeit - Handfertigkeit	- statische Muskelarbeit - dynamische Muskelarbeit - einseitige Muskelarbeit	**körperliche Anforderungen**
	Verantwortung... - für die eigene Arbeit, - für die Arbeit anderer, - für die Sicherheit anderer	**Verantwortung**
	- Klima, Staub, Lärm, Vibration, ... - Nässe, Schmutz, Gase, Dämpfe, ... - Erkältungsgefahr, Unfallgefährdung, hinderliche Schutzkleidung, ...	**Arbeits-bedingungen**

Abbildung 5.16: Anforderungsarten nach dem Genfer Schema

Die aufgeführten sechs Anforderungsarten lassen sich nach weiteren Kriterien unterscheiden und diesbezüglich inhaltlich detailliert beschreiben. Allerdings ist das Genfer Schema entsprechend seiner zeitlichen Entstehung stark auf ausführende körperliche Tätigkeiten ausgerichtet. In der Arbeitswelt hat jedoch seit den 1950er Jahren ein tiefgreifender Wandel stattgefunden, insbesondere die Implementierung von Produktionssystemen und die Einführung arbeitsteiliger Organisationsformen ebenso wie der Wandel zur Dienstleistungsgesellschaft erfordern neue Anforderungen, wie die Übernahme von Verantwortung, vermehrten Handlungs- und Entscheidungsspielraum, Flexibilität, Kooperations- und Kommunikationsfähigkeit sowie soziale Kompetenz. Zugleich führen technologische und organisatorische Veränderungen dazu, dass körperliche Belastungen und negative Einflüsse der Arbeitsumwelt ständig abnehmen (Holtbrügge, 2018). Traditionelle Methoden der Arbeitsbewertung nach dem Genfer Schema sind dadurch immer weniger geeignet, die Anforderungen an eine Tätigkeit umfassend zu erfassen. Neuere analytische Bewertungsverfahren nutzen daher erweiterte Kriterienkataloge Katz & Baitzsch, 2006). Beispielhaft kann wieder das Entgelt-Rahmenabkommen (ERA) der Metall- und Elektroindustrie aufgeführt werden, das im Tarifgebiet Baden-Württemberg beispielsweise die folgenden Anforderungsarten unterscheidet (Tabelle 5.4).

Tabelle 5.4: Anforderungsarten nach dem ERA Baden-Württemberg (IG Metall, 2003)

Anforderungsarten	Merkmale
Wissen und Können	Anlernen, Übung, Ausbildung, Berufserfahrung
Denken	Konzentration, Schwierigkeit Lösungen zu finden
Handlungsspielraum, Verantwortung	Handlungsspielraum bzw. Kompetenzen bei der Ausführung der Arbeitsaufgabe
Kommunikation	Komplexität der Abstimmungsprozesse
Mitarbeiterführung	Notwendige Ausprägung der Zusammenarbeit, Anforderungen an die Ausgestaltung des Führungsprozesses

Wie beim summarischen Rangfolgeverfahren werden auch beim analytischen Rangreihenverfahren die Arbeitsplätze entsprechend der Anforderungshöhe in eine Rangreihe (Reihung) gebracht. Allerdings werden hierbei die Anforderungen der Tätigkeit beispielsweise entsprechend des Genfer Schemas nach Anforderungsarten klassifiziert (Abbildung 5.17).

Rangfolgeverfahren (summarisch)	Rangreihenverfahren (analytisch)
Arbeit A ist schwieriger als Arbeit B. Arbeit A ist schwieriger als Arbeit C. Arbeit B ist schwieriger als Arbeit C.* Folglich gilt für die Arbeit als Ganzes: 1. Arbeit A 2. Arbeit B 3. Arbeit C *Hilfsmittel: Paarweiser Vergleich	Die Verantwortung... bei Arbeit A wird mit Rangplatz (Punktwert) 95 bewertet. bei Arbeit B wird mit Rangplatz (Punktwert) 60 bewertet. bei Arbeit C wird mit Rangplatz (Punktwert) 40 bewertet.* Folglich gilt für die Verantwortung: 1. Arbeit A = Rangplatz Nr. 95 2. Arbeit B = Rangplatz Nr. 60 3. Arbeit C = Rangplatz Nr. 40 *Hilfsmittel: Bewertungstafeln mit Einordnungsbeispielen

Abbildung 5.17: Gegenüberstellung von Rangfolge- und Rangreihenverfahren

Für jede einzelne Anforderungsart wird eine Rangreihe gebildet. Deren oberste und unterste Plätze werden von den Arbeitsplätzen eingenommen, die in der jeweiligen Anforderungsart die größte beziehungsweise niedrigste Anforderung an den Arbeitnehmer stellen. In dieser Spanne werden alle anderen Arbeitsplätze entsprechend ihrer Schwierigkeit eingeordnet (Zander, 1990). Die Stellung einer bestimmten Tätigkeit in der Rangreihe der konkreten Anforderungsart wird über Rangplatznummern ausgedrückt. Ein Katalog mit Einordnungsbeispielen (sogenannte Niveau-, Richt- oder Brückenbeispiele) erleichtert meistens die Einordnung. Über eine zusätzliche Gewichtung lässt sich die unterschiedliche Bedeutung der Anforderungsarten berücksichtigen. Als kritisch ist hierbei jedoch die subjektive Festlegung der Gewichtungsfaktoren zu bewerten. Der Arbeitswert ergibt sich in diesem Fall aus der Multiplikation der Anforderungshöhe mit dem Gewichtungsfaktor (Bröckermann, 2021).

Abbildung 5.18 veranschaulicht die Vorgehensweise bei der Arbeitsbewertung mit dem Rangreihenverfahren.

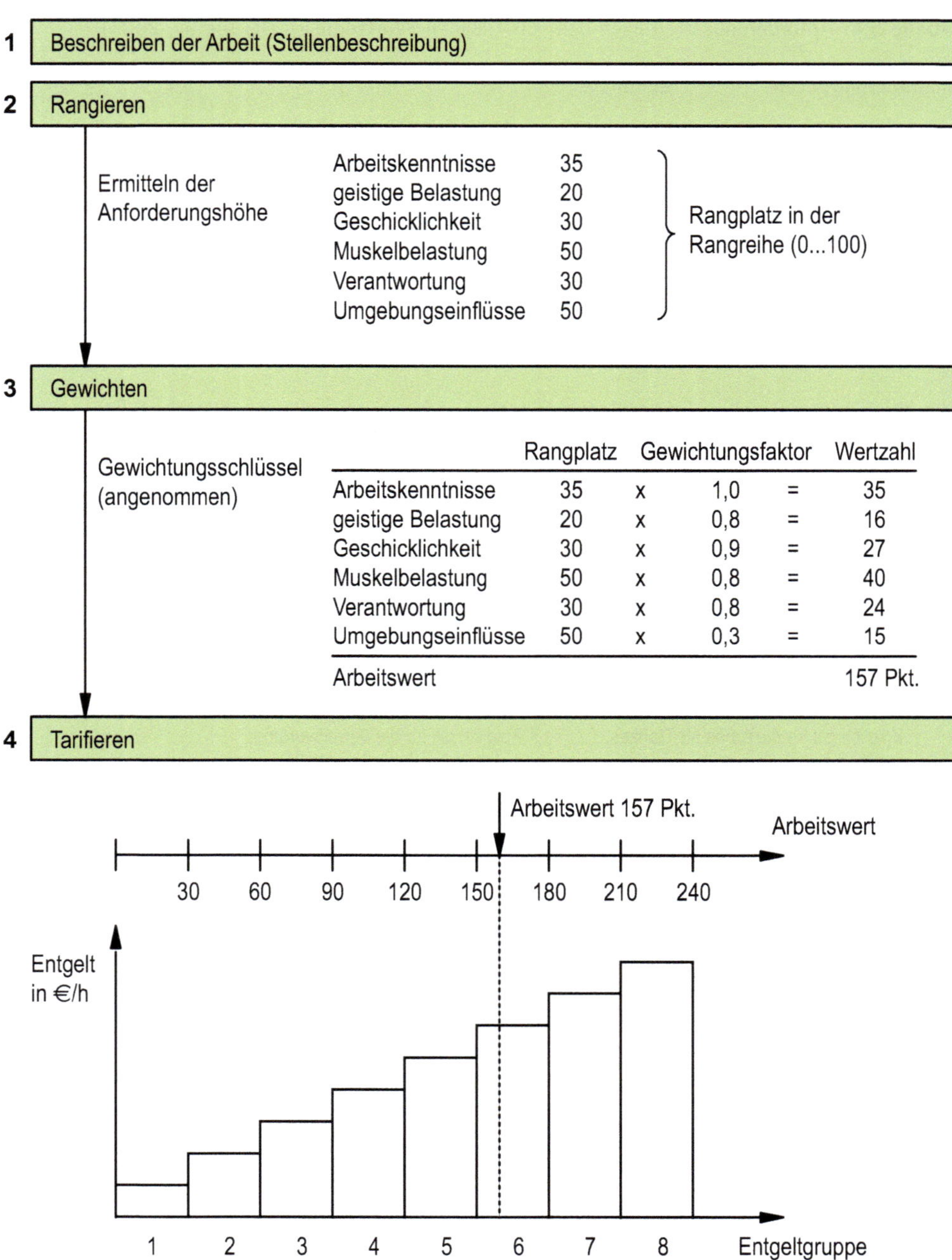

Abbildung 5.18: Vorgehensweise beim Rangreihenverfahren (nach Schlick et. al., 2018)

Beim (analytischen) Stufenverfahren (auch Stufenwertzahlverfahren) wird für jede Anforderungsart eine Zahl von Anforderungsstufen vorgegeben, denen neben einer Stufendefinition ein Punktwert zugewiesen wird. Auf diese Weise entsteht für jede Anforderungsart

eine Stufenreihe. Die Merkmale haben eine unterschiedliche Stufenzahl, durch die innerhalb der Anforderungsarten eine Gewichtung vorgenommen wird. Die Arbeitsaufgabe wird vor dem Hintergrund je einer Anforderungsart betrachtet und durch Vergleich mit den Stufendefinitionen einer der möglichen Stufen zugeordnet, womit sie einen Stufenwert erhält. Die Addition der Stufenwerte aller Anforderungsarten ergibt einen Gesamtwert, dem eine Entgeltgruppe entspricht. Der Vorteil des Stufenwertzahlverfahrens besteht darin, dass die subjektiven Einflüsse minimiert werden. Als Vorteil gegenüber den summarischen Verfahren kann die höhere Transparenz der Bewertung genannt werden, denn dem Arbeitnehmer ist das Zustandekommen seiner jeweiligen Eingruppierung leichter zu vermitteln (Oechsler, 2012). Zugleich ist es jedoch sehr aufwändig (Bröckermann, 2021). Dennoch wird das Verfahren in der Praxis vielfach verwendet. Beispielsweise findet es seinen Einsatz beim Entgelt-Rahmenabkommen der Metall- und Elektroindustrie im Tarifgebiet Nordrhein-Westfalen (Abbildung 5.19 auf Seite 288).
Neben einer mangelnden methodischen Fundierung der Verfahren der Arbeitsbewertung zeigen sich aber auch weitere Schwierigkeiten in der Anwendung, die sich aus dem grundlegenden Wandel ergeben, der sich insbesondere in der Automobilindustrie in den letzten Jahrzehnten vollzogen hat. Diese resultieren aus den veränderten wirtschaftlichen Rahmenbedingungen, der Tarifpolitik, dem Einfluss neuer Technologien sowie veränderten Arbeitsstrukturen im Zuge der Einführung von Produktionssystemen.
So haben sich in der Praxis häufig Mischverfahren von summarischer und analytischer Arbeitsbewertung etabliert, um die Vorteile beider Verfahren zu koppeln. Dadurch soll die Treffsicherheit der Bewertung erhöht und gleichzeitig der damit verbundene Aufwand reduziert werden. In den Fällen, in denen der Genauigkeitsgrad der einfacheren Zuordnung mit der summarischen Vorgehensweise als zu ungenau empfunden wird, werden dann meist analytische Verfahren herangezogen (Knebel & Zander, 1989).

B 5.3.2 Entgeltmanagement

Unter Entgelt wird das gesamte Arbeitseinkommen der Mitarbeiter aus beruflicher, nicht selbstständiger Arbeit verstanden (Wagner, 2007). Insofern ist das Entgelt die materielle Gegenleistung des Unternehmens für die Arbeitsleistung des Mitarbeiters. Die Mitarbeiter erwarten ein (aus ihrer Sicht) gerechtes Verhältnis zwischen ihrem Aufwand und ihrem Ertrag. Ergibt dieser Vergleich eine Benachteiligung, resultiert daraus Arbeitsunzufriedenheit.

Motivation und Entgelt

Dies lässt sich sowohl mit der Bedürfnishierarchie von Maslow als auch der Zwei-Faktoren-Theorie von Herzberg erklären (Ulich, 2020). Maslow unterscheidet fünf Gruppen von Motivationsursachen. Diese Bedürfnisse sind in eine Hierarchie eingebunden, deren unterste Ebene die physiologischen Bedürfnisse und deren oberste Ebene die Bedürfnisse nach Selbstverwirklichung darstellen. Die Hierarchisierung wird mit der Hypothese ergänzt, dass die elementaren Bedürfnisse zuerst wirksam werden; die Inhalte jeder nächsthöheren Ebene erlangen erst Bedeutung, wenn die Bedürfnisse vorgeordneter Stufen in gewissem Ausmaß befriedigt sind. Für die betriebliche Praxis ist festzuhalten: Entgelt dient zur Befriedigung

Können

Arbeitskenntnisse	
Arbeitsaufgaben, die ein Können erfordern, das durch ein Anlernen **von bis zu 1 Woche** erworben wird.	6
Arbeitsaufgaben, die ein Können erfordern, das durch ein Anlernen von **weniger als 4 Wochen** erworben wird.	12
Arbeitsaufgaben, die ein Können erfordern, das durch ein Anlernen **ab 4 Wochen** erworben wird.	18
Arbeitsaufgaben, die ein Können erfordern, das durch ein Anlernen **ab 3 Monaten** erworben wird.	25
Arbeitsaufgaben, die ein Können erfordern, das durch ein Anlernen **ab 6 Monaten** erworben wird.	32
Arbeitsaufgaben, die ein Können erfordern, das durch ein Anlernen **ab 1 Jahr** erworben wird.	40

Fachkenntnisse	
Arbeitsaufgaben, die ein Können erfordern, das i.d.R. durch eine abgeschlossene Ausbildung in einem anerkannten Ausbildungsberuf von **mind. 2jähriger Regelausbildungsdauer** erworben werden kann.	48
Arbeitsaufgaben, die ein Können erfordern, das i.d.R. durch eine abgeschlossene Ausbildung in einem anerkannten Ausbildungsberuf von **mind. 3jähriger Regelausbildungsdauer** erworben werden kann.	58
Arbeitsaufgaben, die ein Können erfordern, das i.d.R. durch eine abgeschlossene Ausbildung in einem anerkannten Ausbildungsberuf und durch eine **zusätzliche anerkannte 1jährige Fachausbildung** erworben wird.	69
Arbeitsaufgaben, die ein Können erfordern, das i.d.R. durch eine abgeschlossene Ausbildung in einem anerkannten Ausbildungsberuf und durch eine **zusätzliche anerkannte 2jährige Fachausbildung** erworben wird.	81
Arbeitsaufgaben, die ein Können erfordern, das i.d.R. durch eine abgeschlossene **Fachhochschulausbildung** erworben wird.	94
Arbeitsaufgaben, die ein Können erfordern, das i.d.R. durch eine abgeschlossene **Universitätsausbildung** erworben wird.	108

Berufserfahrungen	
Arbeitsaufgaben, bei denen zusätzlich zu den Fachkenntnissen **keine Berufserfahrungen** erforderlich bzw. **Berufserfahrungen von bis zu 1 Jahr** ausreichend sind.	0
Arbeitsaufgaben, die zusätzlich zu den Fachkenntnissen Berufserfahrungen von **mind. 1 Jahr bis zu 3 Jahren** erfordern.	6
Arbeitsaufgaben, die zusätzlich zu den Fachkenntnissen Berufserfahrungen von **mehr als 3 Jahren** erfordern.	12

Handlungs- und Entscheidungsspielraum	
Die Erfüllung der Arbeitsaufgabe ist **im Einzelnen vorgegeben.**	2
Die Erfüllung der Arbeitsaufgabe ist **weitestgehend vorgegeben.**	10
Die Erfüllung der Arbeitsaufgabe ist **teilweise vorgegeben.**	18
Die Erfüllung der Arbeitsaufgabe erfolgt überwiegend ohne Vorgaben **weitestgehend selbstständig.**	30
Die Erfüllung der Arbeitsaufgabe erfolgt **weitestgehend ohne Vorgaben selbstständig.**	40

Kooperation	
Die Erfüllung der Arbeitsaufgaben erfordert **kaum Kommunikation und Zusammenarbeit.**	2
Die Erfüllung der Arbeitsaufgaben erfordert **regelmäßige Kommunikation und Zusammenarbeit.**	4
Die Erfüllung der Arbeitsaufgaben erfordert regelmäßige Kommunikation und Zusammenarbeit **sowie gelegentliche Abstimmung.**	10
Die Erfüllung der Arbeitsaufgaben erfordert **regelmäßige Kommunikation, Zusammenarbeit und Abstimmung.**	15
Die Erfüllung der Arbeitsaufgaben erfordert **in hohem Maße** Kommunikation, Zusammenarbeit und Abstimmung.	20

Mitarbeiterführung	
Die Erfüllung der Arbeitsaufgaben erfordert **kein Führen.**	0
Die Erfüllung der Arbeitsaufgaben erfordert, Beschäftigte **fachlich anzuweisen, anzuleiten und zu unterstützen.**	5
Die Erfüllung der Arbeitsaufgabe erfordert, Beschäftigte zur Zielerreichung **zweckmäßig einzusetzen, zu unterstützen, zu fördern und zu motivieren.**	10
Die Erfüllung der Arbeitsaufgaben erfordert, **Ziele zu entwickeln** und die Beschäftigten zweckmäßig zur Zielerreichung einzusetzen, zu unterstützen, zu fördern und zu motivieren.	20

Pkt.	10-15	16-21	22-28	29-35	36-43	44-54	55-68	69-77	78-88	89-101	102-112	113-128	129-142	143-170
EG	1	2	3	4	5	6	7	8	9	10	11	12	13	14

Abbildung 5.19: Stufenwertzahlverfahren nach ERA Nordrhein-Westfalen (Verband der Metall- und Elektro-Industrie Nordrhein-Westfalen e. V. [METALL NRW], 2020)

der unteren Stufen der Bedürfnispyramide. Das Einkommen trägt dazu bei, die physiologischen Bedürfnisse zu befriedigen und langfristig zu sichern. Wenn das Einkommen ein gewisses Lebensniveau sicherstellt, tritt die Bedeutung intrinsischer Motive in den Vordergrund. Intrinsische Motive liegen unmittelbar in der Arbeitstätigkeit selbst, während extrinsische Motive mit der Arbeitstätigkeit im engeren Sinne nichts zu tun haben und wie das Entgelt daher eher instrumentell wirken. Insofern trägt Entgelt in erster Linie als Hygienefaktor dazu bei, die Entstehung von Unzufriedenheit zu verhindern, was im Umkehrschluss bedeutet, dass ein (subjektiv) als ungerecht empfundenes Entgelt Arbeitsunzufriedenheit erzeugt. Während das Entgelt das Einkommen des Mitarbeiters darstellt, stellt es für das Unternehmen einen Kostenfaktor dar, was die Problematik unterstreicht, wie viel eine Arbeit gerechterweise wert ist. Die differenzierende Aufgabe des Entgeltmanagements besteht darin, die betriebliche Entgeltstruktur „gerecht" zu gestalten, d. h. im Unternehmen das interne Verhältnis der individuellen Entgeltzahlungen zueinander so zu bestimmen, „dass die unterschiedlichen Anforderungsgrade hinreichend in den Entgeltstufen zum Ausdruck kommen" (Kosiol, 1962).

Zentrales Grundprinzip dafür ist das sogenannte Äquivalenzprinzip (Kosiol, 1962). Demnach sollen die individuelle Lohnhöhe und die individuelle Leistung so übereinstimmen, dass Äquivalenz von Lohn und Anforderungsgrad (Anforderungsgerechtigkeit) und Äquivalenz von Lohn und Leistungsgrad (Leistungsgerechtigkeit) besteht. Daneben existieren entsprechend Abbildung 5.20 weitere Gerechtigkeitskriterien, die bei der Gestaltung von Entgeltsystemen zu beachten sind (Niebler, Biebl & Ross, 2003).

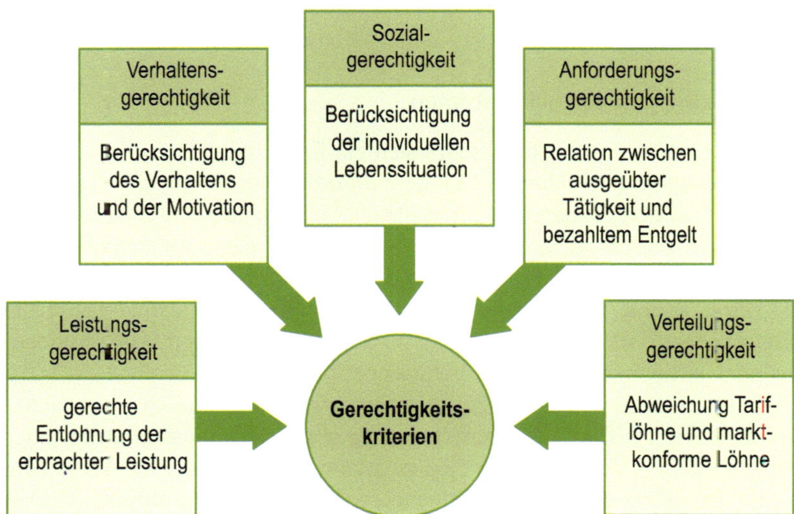

Abbildung 5.20: Kriterien der Entgeltgerechtigkeit (in Anlehnung an Niebler et. al., 2003)

Unterschiedliche Tätigkeiten stellen unterschiedliche Anforderungen an die Mitarbeiter, die sich im Entgelt niederschlagen müssen. Zur anforderungsgerechten Differenzierung des Grundentgelts dienen die vorgestellten summarischen und analytischen Verfahren zur Arbeitsbewertung. Dem anforderungsabhängigen Grundentgelt ist eine Bandbreite zur Entgeltdifferenzierung entsprechend der individuellen Leistung zugeordnet. Ein leistungsabhängiger Entgeltanteil soll die Leistungsmotivation der Beschäftigten und betriebskonformes Verhalten sicherstellen. Hierfür können einerseits im Rahmen einer quantitativen Leistungsbewertung durch Zählen und Messen Leistungskennzahlen für das Leistungsergebnis gewonnen werden, andererseits bei der qualitativen Leistungsbewertung qualitative Kriterien, wie Leistungs-, Sozial- und Führungsverhalten beurteilt werden, um betriebskonformes Verhalten fördern. Weiterhin erwarten die Beschäftigten ein marktgerechtes Entgelt. Das Entgeltniveau des Beschäftigungsunternehmens ist im Vergleich zu anderen Unternehmen von hoher Bedeutung für die Entscheidung in einem Unternehmen zu arbeiten oder zu verbleiben (Bröckermann, 2021). Die Sozialgerechtigkeit wird einerseits über gesetzliche und tariflich geforderte Sozialleistungen wie Entgeltfortzahlung im Krankheitsfall oder Urlaub und andererseits über freiwillige Sozialleistungen wie betriebliche Altersvorsorge gewährleistet. In diesem Zusammenhang können Zulagen für das Alter der Mitarbeiter, die Betriebszugehörigkeit oder den Familienstand (unterhaltspflichtige Kinder) ebenso wie Ortszuschläge dazu beitragen, das Entgelt innerhalb einer Entgeltgruppe entsprechend der individuellen Lebenssituation der Beschäftigten anzupassen und einem steigenden Entgeltanspruch abzubilden (Böck, 2002). Voraussetzung für das Gerechtigkeitsempfinden ist, dass die Kriterien der Entgeltdifferenzierung bekannt und transparent sind sowie deren Messung nachvollziehbar ist.

Zusammensetzung von Entgeltsystemen

Den Gerechtigkeitskriterien folgend, sollte sich ein Entgeltsystem daher aus drei Bestandteilen zusammensetzen (Abbildung 5.21): dem anforderungsabhängigen Grundentgelt, dem Leistungsentgelt sowie Zulagen. Die Entgelthöhe wird hauptsächlich aus dem Schwierigkeitsgrad der Arbeit selbst, d. h. aus den Anforderungen, die unabhängig vom Stelleninhaber an eine Stelle bestehen sowie aufgrund der persönlichen Leistung des Arbeitnehmers bestimmt. Ferner können gesetzliche, tarifliche oder freiwillige Zulagen dazu beitragen, besondere Belastungen, arbeitszeitliche Erfordernisse (Schichtarbeit, Überstunden) oder die spezifische soziale Lebenssituation zu berücksichtigen.

Neben den aufgeführten monetären Entgeltbestandteilen existieren auch nicht-monetäre Entgeltbestandteile, die für das Unternehmen zwar nicht zwangsläufig mit einer Ausgabe verbunden sein müssen, deren Geldwert jedoch quantifizierbar sein muss. Dies können Sachleistungen (z. B. subventioniertes Kantinenessen), Nutzungsgewährungen (Dienstwagen, Betriebskindergarten), Bank- und Versicherungsleistungen (Betriebsrente) oder sonstige Zusatzleistungen (Spesenkonten, Gesundheitsleistungen) sein. „Cafeteria-Systeme" ermöglichen es darüber hinaus, innerhalb eines festgelegten Leistungsangebotes entsprechend der individuellen Präferenzen zwischen verschiedenen materiellen und immateriellen Leistungen auszuwählen. Durch die damit verbundene Individualisierung der Entgeltformen hat jeder Mitarbeiter die Möglichkeit, diejenigen Anreizkomponenten zu wählen, die seinen Bedürfnissen und seiner finanziellen Situation am besten entsprechen und auf Leistungen zu verzichten, die für ihn von geringer Wertigkeit sind. Für Unternehmen ergibt sich damit

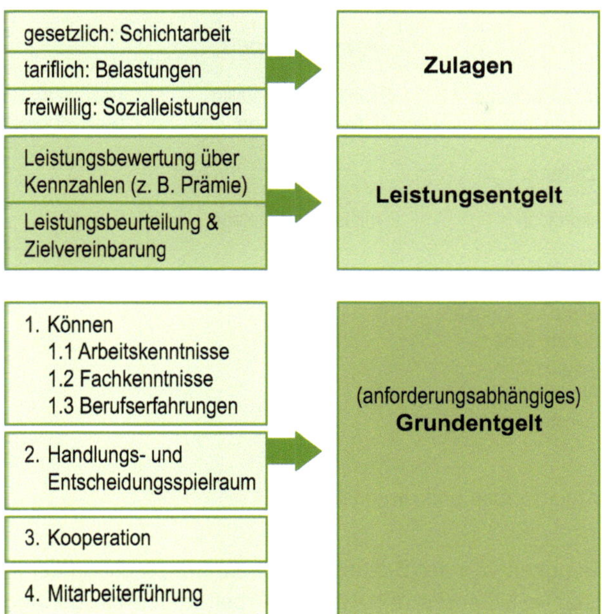

Abbildung 5.21: Monetäre Zusammensetzung des Arbeitsentgeltes am Beispiel des ERA

der Vorteil, die Leistungs- und Zufriedenheitswirkung der Entgeltpolitik steigern zu können (Holtbrügge, 2018).

Entgeltformen und -grundsätze

Entgelt umfasst alle Einkünfte aus nichtselbstständiger Arbeit aufgrund von Arbeits- oder Dienstverträgen. Grundsätzlich lassen sich daher verschiedene Entgeltformen unterscheiden (Abbildung 5.22): (1) Zeit- und Leistungslöhne für gewerbliche Arbeiter, (2) Gehälter für Angestellte und (3) Bezüge für Beamte. Es ist festzuhalten, dass im Bereich der Gültigkeit des ERA die Differenzierung in Lohn und Gehalt aufgegeben wurde.

Wie bereits vorgestellt wurde, beinhaltet das Entgelt vielfach ein anforderungsabhängiges Grundentgelt, das permanent und unabhängig von allen Eventualitäten bezahlt wird sowie ein (leistungsabhängiges) Leistungsentgelt. Daraus ergeben sich verschiedene Entgeltgrundsätze (Zeit- und Leistungsentgelt) und Entgeltmethoden (Akkord und Prämie sowie Zielvereinbarung und Leistungsbeurteilung), die im Folgenden vorgestellt werden.

Beim Zeitlohn wird für eine bestimmte Zeiteinheit ein vereinbarter Lohnsatz bezahlt. Üblich sind vor allem der Stunden- und der Monatslohn, der damit dem Gehalt entspricht. Bei beiden Entgeltformen wird nur die (vertraglich festgelegte) Arbeitszeit, d. h. die Anwesenheitszeit abzüglich der unbezahlten Pausen, bezahlt. Die Anwesenheitszeit wird in der Regel über eine Arbeitszeiterfassung ermittelt. In Abhängigkeit von einzel- und tarifvertraglichen Regelungen sowie dem Arbeitszeitmodell kann zudem Mehrarbeit in Form von Überstunden bezahlt werden. Der Unterschied zwischen Zeitlohn und Gehalt besteht darin, dass Gehaltsempfänger in der Regel ein festes monatliches Gehalt erhalten, während

Arbeitsentgelt			
Lohn für Gewerbliche (Lohngruppe)		Gehalt für Angestellte (Gehaltsgruppe)	Bezüge für Beamte (Besoldungsgruppe)
Zeitlohn		Gehalt	
Leistungslohn	Akkordlohn	... mit Leistungszulage	
	Prämienlohn		
	weitere Lohnformen: - Kontraktlohn - Pensumlohn - Programmlohn - Investivlohn		

Abbildung 5.22: Entgeltformen und -grundsätze

Zeitlöhner in Abhängigkeit von der Bezugszeiteinheit entsprechend der Anzahl der Werktage im Kalendermonat in Monaten mit weniger Arbeitstagen ein geringeres Arbeitsentgelt erhalten (Bröckermann, 2021). Bei Zeitlohn und Gehalt beziehungsweise dem Zeitentgelt wird demnach ein gleichbleibendes anforderungsabhängiges Grundentgelt in der Erwartung einer angemessenen (Bezugs-)Leistung nach der Zeit bestimmt, die der Arbeitnehmer dem Arbeitgeber zur Arbeitsleistung zur Verfügung steht. Daraus ergibt sich der Nachteil, dass kein unmittelbarer Zusammenhang zwischen Entgelthöhe und erbrachter Leistung besteht. Vielmehr kann der Arbeitnehmer ohne einen besonderen Zeit- oder Sachzwang mit einem konstanten Entgelt rechnen. Das Risiko einer Minderleistung des Arbeitnehmers trägt daher das Unternehmen. Dennoch ist der Arbeitnehmer arbeitsvertraglich zur Erbringung der Leistung verpflichtet, so dass er bei fortwährender Minderleistung mit Konsequenzen, Abmahnungen bis hin zur Kündigung zu rechnen hat. Demgegenüber besteht auch die Gefahr, dass Beschäftigte mit überdurchschnittlicher Leistung demotiviert werden, weil der Arbeitseinsatz sich nicht in höherem Verdienst widerspiegelt. Allerdings bietet das Zeitentgelt auch zahlreiche Vorteile, insbesondere eine einfache und transparente Abrechnung. Da die Mitarbeiter ohne Zeitzwänge arbeiten, kann das Augenmerk auf die Qualität gelegt werden, die Betriebsmittel werden geschont und zusätzlichen Gesundheits- oder Unfallgefahren durch unvorsichtiges Arbeiten wird vorgebeugt. Zusammenfassend bietet sich die Anwendung eines Zeitentgeltes unter Abwägung der Vor- und Nachteile immer dann an, wenn

- die Lohnkosten im Verhältnis zu anderen Kosten sehr gering sind,
- hohe Qualitätsforderungen gestellt werden,
- bei gesteigerter Arbeitsgeschwindigkeit erhöhte Unfallgefahren bestehen,
- die Beschäftigten den Arbeitsablauf sowie insbesondere Arbeitstempo und -menge nicht beeinflussen können und
- die Leistung nicht messbar oder die Messung mit zu hohen Kosten verbunden ist (beispielsweise bei geistigen Tätigkeiten, Überwachungstätigkeiten).

Soll das Leistungsverhalten der Mitarbeiter im Arbeitsentgelt besonders berücksichtigt werden, so kann das anforderungsabhängige Grundentgelt um eine variable, leistungsabhängige Entgeltkomponente erweitert werden. Die leistungsabhängige Entgeltdifferenzierung kann unabhängig vom konkreten, unternehmensspezifischen Entgeltsystem über drei grundlegende Methoden realisiert werden, die entsprechend der betrieblichen Rahmenbedingungen unterschiedlich ausgestaltet werden können (Abbildung 5.23).

	Kennzahlenvergleich	Leistungsbeurteilung	Zielvereinbarung	
Bezugsleistung	Kennzahlen	Leistungsmerkmale	Ziele	
	quantitativ & vorgegeben	qualitativ & vorgegeben	und/oder quantitativ & vereinbart	qualitativ & vereinbart
Entgeltdifferenzierung	Kennzahlenvergleich	Beurteilung	Kennzahlenvergleich	Beurteilung
Ist-Leistung	erreichte Kennzahl	Leistungsergebnis	Zielerfüllung	

Abbildung 5.23: Methoden zur leistungsabhängigen Entgeltdifferenzierung

Leistungsbeurteilung und Zielvereinbarung werden beispielsweise eingesetzt, um ein Zeitentgelt mit Leistungszulage zu realisieren, denn hierbei dürfen für eine leistungsabhängige Entgeltung keine Vorgabezeiten erstellt werden, um den Entgeltgrundsatz des Zeitentgeltes nicht zu verletzen.

Die Leistungsbeurteilung ist ein multifunktionales Führungsmittel, dessen Ergebnisse sowohl für die leistungsabhängige Entgeltdifferenzierung dienen können als auch die Basis für personalpolitische Maßnahmen wie die Personalführung und -entwicklung oder die Laufbahnplanung darstellen. Die Leistungsbeurteilung für die Entgeltdifferenzierung wird vor allem dann angewandt, wenn sich die Leistung des Mitarbeiters nicht quantitativ bewerten lässt. Die Leistungsbeurteilung erfolgt in der Regel durch den Arbeitgeber, beziehungsweise dessen Beauftragten, zumeist den direkten Vorgesetzten, da dieser unmittelbaren Einblick in die Aufgabenerfüllung des zu beurteilenden Mitarbeiters hat (Schlick et. al., 2018). Hierbei wird das Leistungsergebnis für eine Beurteilungsperiode nach vorgegebenen Leistungsbeurteilungsmerkmalen beurteilt und das Leistungsentgelt dementsprechend festgelegt. Grundsätzlich lassen sich sachliche Leistungsmerkmale, die mit dem Leistungsergebnis in unmittelbarem Zusammenhang stehen und persönliche Leistungsmerkmale, d. h. leistungsrelevante Verhaltensweisen, unterscheiden. Die Beurteilung wird in regelmäßigen Zeitabständen, mindestens einmal im Jahr, vorgenommen (Hentze & Graf, 2005). Zur Erörterung der erzielten Beurteilungsergebnisse und zur Ableitung von Aktivitäten für die anstehende Beurteilungsperiode dient häufig das Mitarbeiter-Vorgesetzter-Gespräch. In der

Praxis hat sich eine analytische Beurteilungssystematik durchgesetzt, indem das Leistungsbild eines Mitarbeiters in einzelne Leistungsmerkmale zerlegt wird, die getrennt voneinander zu bewerten sind. Die Einzelbewertungen werden in der Regel rechnerisch zusammengefasst und als Gesamturteil über eine Leistung ausgewiesen. Durch eine unterschiedliche Gewichtung der Merkmale kann der unterschiedlichen Bedeutung der einzelnen Merkmale Rechnung getragen werden (Tabelle 5.5).

Tabelle 5.5: Leistungsbeurteilungsschema ERA Tarifgebiet Hessen

Merkmale	**Beurteilungsmerkmale**				
	A	B	C	D	E
	Das Leistungsergebnis...				
	...entspricht Ausgangsniveau der Arbeitsaufgabe	...entspricht im Allgemeinen den Erwartungen	...entspricht in vollem Umfang den Erwartungen	...liegt über den Erwartungen	...liegt weit über den Erwartungen
Effizienz	0	2	4	6	8
Qualität	0	2	4	6	8
Flexibilität	0	1	2	3	4
Verantwortliches Handeln	0	1	2	3	4
Kooperation/ Führungsverhalten	0	1	2	3	4
Gesamtpunktzahl					

Nachdem Zielvereinbarungen bereits seit langem als Führungs- und Managementinstrument eingesetzt werden, finden sie auch zunehmend als Methode zur leistungsabhängigen Entgeltdifferenzierung ihre Anwendung. In einem Mitarbeiter-Vorgesetzten-Gespräch wird einerseits die Zielerreichung im vergangenen Jahr analysiert und beurteilt sowie werden andererseits in einem Verhandlungsprozess zwischen Mitarbeiter und Vorgesetztem Ziele für das folgende Jahr vereinbart. In der Zielvereinbarung werden die notwendigen Ressourcen und der Zielerreichungsgrad festgelegt (Hentze & Graf, 2005). Die Ergebnisse des Zielvereinbarungsgespräches werden in einer Zielverbindlichkeitserklärung festgehalten und damit von Führungskräften und Mitarbeitern als verbindlich akzeptiert. Zielvereinbarungssysteme bieten die Möglichkeit, strategische Unternehmensziele kaskadenförmig bis auf untergeordnete Organisationseinheiten „herunterzubrechen", wobei die so festgelegten Ziele nach unten hin an Detaillierung, Präzision und Operationalisierung zunehmen (Schlick et. al., 2018). Die aktive Beteiligung an der Zielfestlegung ermöglicht vor allem eine höhere Identifikation der Mitarbeiter mit den Zielen sowie ein stärkeres Verantwortungsbewusstsein bei deren Realisierung (Breisig, 2001). Die in einer Zielvereinbarung ausgehandelten Ziele können sowohl quantitativer als auch qualitativer Art sein. Bei quantitativen Zielen erfolgt die Bewertung über einen Kennzahlenvergleich, indem die vereinbarten Soll-Ziele mit den tatsächlich erreichten Leistungsergebnissen verglichen werden. Bei qualitativen Zielen wird das Leistungsergebnis, wie bei einer Leistungsbeurteilung, anhand von Beurteilungsstufen einer vorgegebenen Skala bewertet. Die für jedes Ziel ermittelten Zielerreichungsgrade werden abschließend zumeist zu einem Gesamt-Zielerreichungsgrad zusammengefasst, der dann wiederum über eine festgelegte Leistungs-Entgelt-Relation die Höhe des leistungsabhängigen Entgelts bestimmt (Hentze & Graf, 2005).

Beim Kennzahlenvergleich wird das von den Mitarbeitern erbrachte Leistungsergebnis durch ein oder auch mehrere Kennzahlen erfasst und durch den Vergleich mit den Vorgaben bewertet. Die Kennzahlen zur Bemessung des leistungsabhängigen Entgelts können das Leistungsergebnis eines einzelnen Beschäftigten oder eines ganzen Teams abbilden, um die individuelle oder kollektive Leistung zu fördern. Das anhand von Kennzahlen operationalisierte Leistungsergebnis bestimmt dabei über eine festgelegte Leistungs-Entgelt-Relation die Höhe des leistungsabhängigen Entgeltes (Schlick et. al., 2018). Die Vorgaben können entweder methodisch ermittelt oder auf der Grundlage von Daten vereinbart werden. Bei der methodischen Vorgabenermittlung werden Daten zur Ermittlung von Vorgaben erfasst und dokumentiert, so dass eine Nachvollziehbarkeit gewährleistet ist. In der Praxis werden diese beispielsweise durch Datenermittlungsverfahren wie Schätzen, Planzeiten, REFA-Zeitaufnahme oder Systeme vorbestimmter Zeiten bestimmt, deren Einsatz mit dem Betriebsrat abzustimmen ist. Die Vorgaben werden vom Arbeitgeber getroffen und müssen von den Mitarbeitern tatsächlich beeinflussbar sein, zugleich ist es notwendig, die Mitarbeiter über die Leistungserwartungen des Unternehmens bzw. Vorgesetzten zu informieren. Da sich die Leistungsvorgaben auf ein konkretes Arbeitssystem beziehen, müssen die Kennzahlen aktualisiert werden sobald technische oder organisatorische Änderungen im Arbeitssystem auftreten. Zwei Entgeltgrundsätze, die über einen Kennzahlenvergleich funktionieren, sind das in der betrieblichen Praxis weit verbreitete Akkord- und Prämienentgelt.

Als Leistungskennzahl wird beim Akkordentgelt die vom Menschen beeinflussbare Mengenleistung beziehungsweise der daraus abgeleitete Zeitgrad benutzt. Dementsprechend können Zeit- und Stückakkord unterschieden werden, wobei der Stückakkord jedoch nur noch selten angewandt wird. Beim Zeitakkord erhält die Arbeitsperson je Mengeneinheit oder je Auftrag eine Vorgabezeit, deren Unterschreitung zu einer Erhöhung des Akkordentgeltes führt. Die Berechnung des Zeitgrades setzt Vorgabezeiten voraus, die durch die Verfahren der Zeitermittlung generiert und ins Verhältnis zur benötigten Ist-Zeit gesetzt werden. In Abhängigkeit von der Personenzahl, für die eine Vorgabezeit festgesetzt wird, lassen sich Einzel- und Gruppenakkord differenzieren. Der Zeitgrad als Akkordkennzahl errechnet sich bezogen auf einen Auftrag wie folgt:

$$Zeitgrad\ in\ \% = \frac{vorgegebene\ Auftragszeit\ T}{Ist - Auftragszeit} * 100\%$$

Beim Stückakkord ist für jede hergestellte Mengeneinheit ein Festbetrag vereinbart. Dies führt bei Tarifänderungen zu einem hohen Anpassungsaufwand, da sämtliche Festbeträge für alle Arbeiten verändert werden müssen. Aus diesem Grund kommt der Stückakkord kaum noch zur Anwendung.

Der geschilderte Zusammenhang zwischen Mengenleistung und Entgelt verhält sich beim Akkordentgelt stets proportional; so führt beispielsweise eine 20 % höhere Leistung auch zu einem 20 % höheren Entgelt. Die Entgeltlinie für das Akkordentgelt wird deswegen durch eine Gerade mit dem Steigungsmaß von 1 dargestellt. Eine weitere Besonderheit des

Akkordentgelts ist, dass die Entgeltlinie nicht nach oben begrenzt ist. Unverhältnismäßig hohe Mehrverdienste geben jedoch Anlass für eine Korrektur der Vorgabezeiten.

Für die Implementierung eines Akkordentgeltsystems sind neben den gesetzlichen und tariflichen Voraussetzungen die Akkordfähigkeit und Akkordreife der Arbeitstätigkeit zu gewährleisten. Akkordfähigkeit liegt vor, wenn der Arbeitsablauf von dem Mitarbeiter beeinflussbar sowie im Voraus bekannt ist und der Arbeitsablauf zeitlich bewertet respektive das Ergebnis mengenmäßig erfasst werden kann. Die Akkordreife einer Arbeitsaufgabe ist gewährleistet, wenn der Arbeitsablauf optimal gestaltet ist, so dass diese ohne auftretende Störungen ausgeführt werden kann und von der Arbeitskraft nach entsprechender Übung und Einarbeitung ausreichend beherrscht werden kann (Jung, 2016). Als Vorteil des Akkordentgelts ist der Anreiz zu erhöhter Arbeitsleistung hervorzuheben. Für die Unternehmen mindert der Akkord das Risiko der Minderleistung, zugleich erweist er sich auch für die Kostenrechnung als vorteilhaft, da die Lohnstückkosten konstant bleiben. Zugleich ergibt sich der Nachteil, dass die erhöhte Arbeitsleistung auch eine höhere Ermüdung und gesteigerte Gesundheitsgefährdung der Mitarbeiter mit sich bringen kann. Außerdem kann es zu einem erhöhten Betriebsmittelverschleiß und einer Minderung der Qualität kommen, wenn weniger umsichtig gearbeitet wird.

Prinzipiell verliert der Akkord trotz seiner langen Tradition in der industriellen Produktion zunehmend an Bedeutung. Dies liegt neben den geschilderten Nachteilen vor allen Dingen daran, dass er ausschließlich auf die Fertigungszeit bezogen ist und lediglich für manuelle Tätigkeiten sinnvoll ist.

Diese Probleme können durch die Implementierung eines Prämienentgeltes umgangen werden. Ein Prämienentgelt ist, anders als beim Akkord, nicht ausschließlich auf die Mengenleistung ausgelegt, sondern bietet die Möglichkeit, durch Kombination von verschiedenen Kennzahlen die Leistung des einzelnen Mitarbeiters entsprechend der wirtschaftlichen Ziele des Unternehmens zu steuern. Die Beziehung zwischen Leistung und Prämie kann linear, degressiv, progressiv oder gestuft gestaltet werden (vgl. Abbildung 5.24).

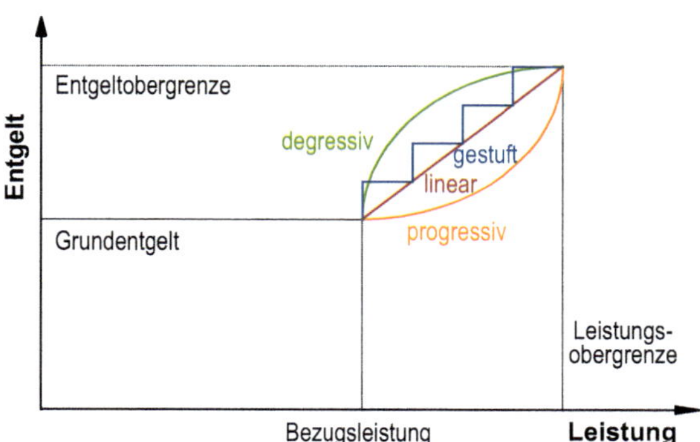

Abbildung 5.24: Mögliche Entgeltlinienverläufe beim Prämienlohn

Durch die Kombination der Kennzahlen und die Variationsmöglichkeiten im Prämienverlauf kann beispielsweise die Mengenleistung so begrenzt werden, dass weder die Qualität leidet, noch Menschen und Anlagen überbeansprucht werden. Daher wird im Regelfall als Basis nicht die Zeitersparnis, sondern werden andere betriebswirtschaftliche Größen herangezogen.

Zielsetzungen und Bezugsmerkmale beim Prämienentgelt können sein:

- Erhöhung der Nutzung (Nutzungsprämie),
- Sicherstellung der Qualität (Qualitätsprämie),
- Einsparung von Fertigungs- und Hilfsstoffen, Werkzeugverschleiß und Energie (Ersparnisprämie) sowie
- Sicherstellung einer gewissen Fertigungsmenge (Mengenprämie).

Analog zum Akkord wird mit Einzelprämien die Arbeitsleistung einzelner Beschäftigter erfasst und entgolten, mit Gruppenprämien die Arbeitsleistung einer Arbeitsgruppe. Kombinationsprämien ermöglichen es, nicht nur ein, sondern mehrere Leistungsziele gleichzeitig zu bewerten. Auch können Bezugsmerkmale des Arbeitsergebnisses und des Arbeitsverhaltens wie für die Beteiligung am betrieblichen Vorschlagswesen, d. h. quantitative und qualitative Merkmale, kombiniert werden. Zu Gunsten der Transparenz sollten jedoch nicht mehr als drei Bezugsmerkmale miteinander verbunden werden. Zudem sollten diese auf jeden Fall objektiv nachprüfbar und mindestens zum Teil auch quantifizierbar sein. Die Kopplung der zu prämierenden Bezugsmerkmale kann additiv oder multiplikativ erfolgen (Bröckermann, 2021). Die Vorteile eines Prämienentgelts bestehen in der Möglichkeit, dem Mitarbeiter einen Leistungsanreiz zu bieten und sein Verhalten zugleich über die Wahl der Kennzahlen und den Verlauf der Entgeltkurve entsprechend der Unternehmensziele zu steuern. Als Nachteil ist jedoch festzuhalten, dass die Leistungserfassung und Entgeltabrechnung für das Unternehmen aufwändiger und für den Mitarbeiter schwerer nachzuvollziehen ist. Die Transparenz des Prämiensystems ist daher von besonderer Bedeutung.
Neben den vorgestellten, etablierten Entgeltsystemen haben sich weitere Entgeltformen herausgebildet, die in unterschiedlichen Einsatzgebieten Anwendung finden. Dem Akkord- und Prämienentgelt sehr ähnlich ist beispielsweise das Pensumentgelt. Dieses wird jedoch für ein festgelegtes Arbeitsvolumen gewährt, wodurch die leistungsabhängigen Schwankungen des Mitarbeiters ausgeglichen werden können. Es bezieht sich immer auf eine erwartete Leistungsmenge, also auf ein Leistungspensum einer künftigen Abrechnungsperiode und orientiert sich rückwirkend an der vorhergehenden Abrechnungsperiode. Damit werden Abweichungen erst in der nachfolgenden Periode wirksam. Insbesondere werden die Beschäftigten dadurch nicht zu steter Ergebnissteigerung motiviert, wenn dies unzweckmäßig ist oder das Erfüllen fester Pensen den Geschäftsverlauf besser unterstützt (Bröckermann, 2021). Eine Sonderform des Pensumentgelts stellt das Progammentgelt dar. Auch hier wird eine Prämie für ein festgelegtes Arbeitsprogramm ausgelobt und mit dem Termin der Fertigstellung vertraglich fixiert. Die Prämie wird jedoch nur für die Einhaltung der Programmzeit und der festgelegten Qualität gezahlt und bei Überschreitung der Programmzeit stufenweise gekürzt. Terminunterschreitungen werden demgegenüber nicht honoriert. Dies stellt hohe Anforderungen an die Arbeitsplanung und -vorbereitung, da Abweichungen und Störungen von den Mitarbeitern verantwortet werden müssen. Der Investivlohn stellt eine Form der Erfolgsbeteiligung dar. Hierbei wird ein Teil des Arbeitsentgelts in Form einer Beteiligung am Beschäftigungsunternehmen ausgezahlt. Dies bewirkt eine erhöhte Verantwortlichkeit und Arbeitsproduktivität der Beschäftigten, eine Verminderung der Fluktuation sowie ein partnerschaftliches Verhältnis zwischen Arbeitnehmerschaft und Management im Sinne eines gemeinsamen Einsatzes zu Gunsten einer gewinnbringenden Unternehmensführung (Bröckermann, 2021).

Rechtliche Aspekte des Entgelts

Unternehmen können das Entgelt für die Arbeitsleistung jedoch nicht frei mit ihren Beschäftigten aushandeln, sondern müssen bei der Gestaltung des Entgeltsystems rechtliche Normen berücksichtigen. Hier existiert eine Hierarchie verschiedener Rechtsquellen, wobei die jeweils nachrangigen Rechtsquellen sich an den Forderungen der höherrangigen auszurichten haben (Abbildung 5.25).

Abbildung 5.25: Hierarchie der Rechtsquellen bezüglich des Entgelts (in Anlehnung an Bröckermann, 2021)

Als oberste Rechtsquelle kommen das Grundgesetz und die Länderverfassungen in Betracht, die indes nicht gegen das europäische Recht verstoßen dürfen, das es für die Bundesrepublik Deutschland als Mitglied der Europäischen Union zu beachten gilt. Nach dem Grundgesetz müssen sich sowohl die Kollektivvereinbarungen, wie Tarifverträge und Betriebsvereinbarungen, als auch Einzelverträge richten.

Das Betriebsverfassungsgesetz (§ 87 Abs. 1 BetrVG) enthält Bestimmungen über die rechtliche Stellung des Betriebsrates, seine Wahl und funktionelle Zuständigkeiten in sozialen, personellen und wirtschaftlichen Angelegenheiten. Demnach hat der Betriebsrat ein Mitbestimmungsrecht in Fragen der betrieblichen Entgeltdifferenzierung. Das umfasst sowohl die Aufstellung von Entgeltgrundsätzen sowie die Einführung und Anwendung neuer Entgeltmethoden im Unternehmen als auch die Festsetzung der Akkord- und Prämiensätze und Entgeltverläufe.

Die übergeordnete Rechtsnorm für die Entgeltgestaltung stellt der Tarifvertrag dar. Dessen Bedeutung wird von § 77 Abs. 3 BetrVG unterstrichen, denn demnach können Arbeitsentgelte nicht Gegenstand von Betriebsvereinbarungen sein. Ferner gilt das Günstigkeitsprinzip, wonach durch Einzelverträge und Betriebsvereinbarungen lediglich zu Gunsten des Arbeitnehmers abgewichen werden kann. Die gesetzliche Legitimation für den Abschluss von Tarifverträgen regelt das Tarifvertragsgesetz (TVG). Tarifverträge können zwischen

Arbeitgeberverbänden und Gewerkschaften (Flächentarifvertrag) oder zwischen Arbeitgeber und Gewerkschaft (Haustarifvertrag) geschlossen werden. Tarifverträge regeln in einem schuldrechtlichen Teil die Rechte und Pflichten der Tarifpartner und in einem normativen Teil arbeitsrechtliche Normen wie die Belange des Arbeitsentgelts, konkret die Entgeltgrundsätze, Entgeltgruppen und Leistungszulagen. So wurde beispielsweise im Jahr 2003 mit dem Tarifvertrag über das Entgelt-Rahmenabkommen (ERA-TV) in der Metall- und Elektroindustrie in Deutschland ein einheitliches Entgeltsystem geschaffen. Wesentliches Ziel des ERA ist es, die Unterscheidung zwischen Arbeitern und Angestellten zu beseitigen, deren Entgelt zu vereinheitlichen und damit eine größere Entgeltgerechtigkeit zu erreichen. Das ERA umfasst sowohl eine (in den Tarifgebieten) einheitliche, vergleichbare, moderne Arbeitsbewertung als auch eine in sich geschlossene Entgeltstruktur für Arbeiter und Angestellte entsprechend Abbildung 5.21 (Hensel, 2011).

Die Betriebsvereinbarung unterscheidet sich vom Tarifvertrag dadurch, dass sie nicht zwischen einem Arbeitgeber oder Arbeitgeberverband und einer Gewerkschaft geschlossen wird, sondern eine Kollektivvereinbarung zwischen Arbeitgeber und Betriebsrat darstellt. Hierdurch nimmt der Betriebsrat sein Mitbestimmungsrecht, beispielsweise zur Gestaltung des Entgeltsystems, wahr. Insbesondere werden hier die im Tarifvertrag nicht festgeschriebenen Details wie z. B. Arbeitszeit- oder Urlaubsregelungen betriebsbezogen geregelt.

Mit dem Arbeitsvertrag wird das Arbeitsverhältnis zwischen Arbeitgeber und Arbeitnehmer begründet, indem sich der Arbeitnehmer zur persönlichen Erbringung einer Dienstleistung und sich der Arbeitgeber zur Zahlung des Arbeitsentgelts verpflichtet. Insofern nimmt der Arbeitsvertrag auch zum Arbeitsentgelt Stellung, indem die Art, Höhe, Fälligkeit und Auszahlungsweise, gegebenenfalls auch die Steigerung des Arbeitsentgelts sowie die Vergütung von Mehr-, Schicht-, Nacht-, Feiertags- und Sonntagsarbeit, geregelt werden (Bröckermann, 2021).

Ferner existiert eine betriebliche Übung, die in der Praxis häufig einem Gewohnheitsrecht gleich kommt. Demnach sind zusätzliche finanzielle Leistungen eines Arbeitgebers an einzelne oder alle Beschäftigten nur bei der erstmaligen Gewährung wirklich freiwillig. Wird die betreffende Leistung indes mehrfach vorbehaltlos eingeräumt, entsteht den betreffenden Mitarbeiterinnen und Mitarbeitern ein Rechtsanspruch selbst dann, wenn ihre Verträge kein derartiges Entgelt vorsehen (z. B. Urlaubsgeld). Ein Arbeitgeber kann zusätzliche finanzielle Leistungen daher nur schwerlich widerrufen, es sei denn, die Leistung wäre jeweils in unterschiedlicher Höhe und mit einer anderen Begründung oder unter dem ausdrücklichen Vorbehalt der Einmaligkeit und Freiwilligkeit zugestanden worden (Bröckermann, 2021).

B 5.3.3 Arbeitszeitmanagement

Die Arbeitszeit bildet einen äußerst wichtigen organisatorischen Rahmen. Ihre Gestaltung hängt stark von den gesetzlichen Rahmenbedingungen ab.

Gesetzliche Grundlagen

Die Arbeitszeit von Arbeitnehmern wird von vielen Faktoren bestimmt und durch verschiedene Verträge und Vereinbarungen festgelegt. Abbildung 5.26 fasst die verschiedenen gesetzlichen Grundlagen für die Gestaltung der Arbeitszeit zusammen.

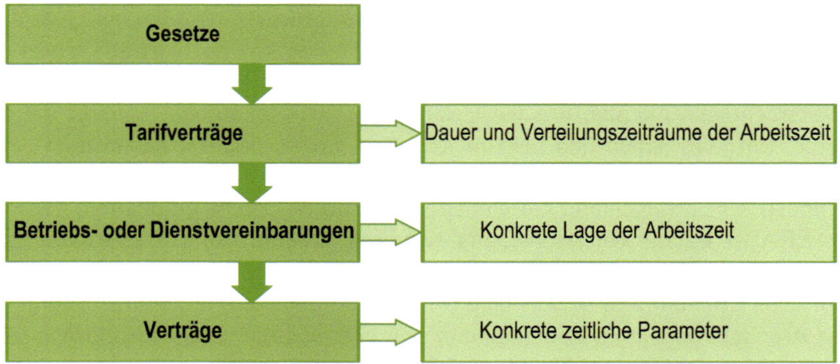

Abbildung 5.26: Gesetzliche Grundlagen für die Gestaltung der Arbeitszeit

Es existieren diverse Gesetze wie das Arbeitszeitgesetz (ArbZG), das Mutterschutzgesetz (MuSchG) und das Jugendarbeitsschutzgesetz (JArbSchG), die sich dem Thema Arbeitszeit, Schichtarbeit oder dem Schutz von Müttern und Jugendlichen widmen.

Das Arbeitszeitgesetz regelt Arbeits- und Ruhezeiten, Schicht- und Wochenendarbeit. Die werktägliche Arbeitszeit ist im § 3 ArbZG geregelt und umfasst die Zeit vom Beginn bis zum Ende der Arbeit ohne Ruhepausen. Werktage sind Montag bis Samstag. Grundsätzlich darf ein Acht-Stunden-Tag nicht überschritten werden. In Ausnahmen darf die Arbeitszeit zehn Stunden betragen, wenn innerhalb von sechs Monaten im Durchschnitt acht Stunden werktäglich nicht überschritten werden.

Die Unterbrechung der Arbeitszeit ist im § 4 ArbZG festgelegt. Als Ruhepausen gelten feste Unterbrechungen der Arbeitszeit, die der Erholung während der Arbeit gelten. Nach spätestens sechs Stunden ist eine Ruhepause einzulegen. Bei einer Arbeitszeit von sechs bis neun Stunden stehen dem Arbeitnehmer 30 Minuten, bei über neun Stunden 45 Minuten Pause zu. Die Ruhepausen können in Zeitabschnitte von jeweils mindestens 15 Minuten aufgeteilt werden.

Die Zeit zwischen den täglichen Arbeitsschichten, die dem Arbeitnehmer zur freien Verfügung steht, wird als Ruhezeit bezeichnet und ist im § 5 ArbZG geregelt. Nach Beendigung einer Arbeitsschicht muss die ununterbrochene Ruhezeit mindestens elf Stunden betragen. In Ausnahmefällen kann sie auf zehn Stunden verkürzt werden, wenn der Ausgleich innerhalb eines Kalendermonats durch Verlängerung einer anderen Ruhezeit auf zwölf Stunden erfolgt.

Besondere Regelungen für Schicht- und Nachtarbeit beinhaltet § 6 ArbZG. Demnach ist die Gestaltung der Schicht- und Nachtarbeit nach gesicherten arbeitswissenschaftlichen Erkenntnissen mit dem Ziel einer menschengerechten Gestaltung der Arbeit festzulegen. Als Nachtzeit gilt die Zeit zwischen 23 und 6 Uhr. Nachtarbeit ist jede Arbeit, die mehr als zwei Stunden der Nachtzeit umfasst. Nachtarbeitnehmer haben das Recht, sich in regelmäßigen Abständen auf Kosten des Arbeitgebers arbeitsmedizinisch untersuchen zu lassen. Unter gewissen Umständen, etwa bei gesundheitlicher Gefährdung, der Betreuung eines Kindes unter zwölf Jahren oder der Versorgung von schwer pflegebedürftigen Angehörigen, die nicht von einer anderen Person im Haushalt betreut und versorgt werden können, hat der Nachtarbeitnehmer Anspruch auf einen Tagesarbeitsplatz. Zudem soll dem

Nachtarbeitnehmer als Ausgleich für seine Nachtarbeit entweder eine angemessene Zahl bezahlter freier Tage oder ein angemessener Gehaltszuschlag gewährt werden.
Die §§ 9-11 ArbZG regeln die Sonn- und Feiertagsbeschäftigung. Werden Arbeitnehmer an einem Sonntag oder an einem auf einen Werktag fallenden Feiertag beschäftigt, müssen sie einen Ersatzruhetag haben, der innerhalb eines den Beschäftigungstag einschließenden Zeitraums von zwei bzw. acht Wochen zu gewähren ist. Mindestens 15 Sonntage im Jahr müssen jedoch beschäftigungsfrei bleiben. Tabelle 5.6 fasst die wesentlichsten Inhalte des Arbeitszeitgesetzes zusammen.

Tabelle 5.6: Inhalte des Arbeitszeitgesetzes

	Regelung	**Ausnahme**	**Ausgleich für Ausnahme**	**Gesetzliche Grundlage**
Arbeitszeit	8 Std./Tag	10 Std./Tag	Durchschnittlich 8 Std./Tag in 6 Monaten	§3 ArbZG
Ruhepausen	Spätestens nach 6 Std., 30 Min. bei 6-9 Std., 45 Min. bei > 9 Std.	-	-	§4 ArbZG
Ruhezeit	Mind. 11 Std. nach täglicher Arbeitszeit	10 Std.	Andere Ruhezeit von 12 Std. innerhalb eines Kalendermonats	§5 ArbZG
Sonn- und Feiertagsbeschäftigung	15 Sonntage/Jahr arbeitsfrei	-	Ersatzruhetag für Sonntag: innerhalb 2 Wochen, für Feiertag: innerhalb 8 Wochen	§11 ArbZG

Die Tarifverträge zwischen Arbeitgebern oder Arbeitgeberverbänden einerseits und Gewerkschaften für die Arbeitnehmer andererseits enthalten Rechtsnormen über Inhalte, den Abschluss und die Beendigung von Arbeitsverhältnissen sowie die Rechte und Pflichten der Tarifvertragsparteien. In den Tarifverträgen werden die Dauer und die Verteilungszeiträume der Arbeitszeit geregelt. Es geht um die Anzahl der Arbeitsstunden sowie um den Verteilungszeitraum, etwa pro Woche, Monat oder gar Jahr(e).
In Betriebsvereinbarungen zwischen dem Arbeitgeber und der Belegschaft (vertreten durch den Betriebsrat) wird die konkrete Lage der Arbeitszeit festgeschrieben. Es handelt sich dabei um eventuelle Schichtarbeit, geteilte Dienste oder Wochenendarbeit sowie die Art und Dauer der Schichten.
In den Arbeitsverträgen der einzelnen Arbeitnehmer mit dem Arbeitgeber sind abschließend die konkreten zeitlichen Parameter der Arbeitszeit geregelt.

Arbeitszeitmodelle

Je nach Art und Größe des Betriebes, nach dessen Aufträgen, Anforderungen und Aufgaben existieren verschiedene Arbeitszeitmodelle (Abbildung 5.27). Oft kombinieren Unternehmen Voll- und Teilzeitarbeit ihrer Mitarbeiter oder bieten Gleitzeiten an. Zudem gibt es ein weites Spektrum an Schichtarbeitsmodellen.

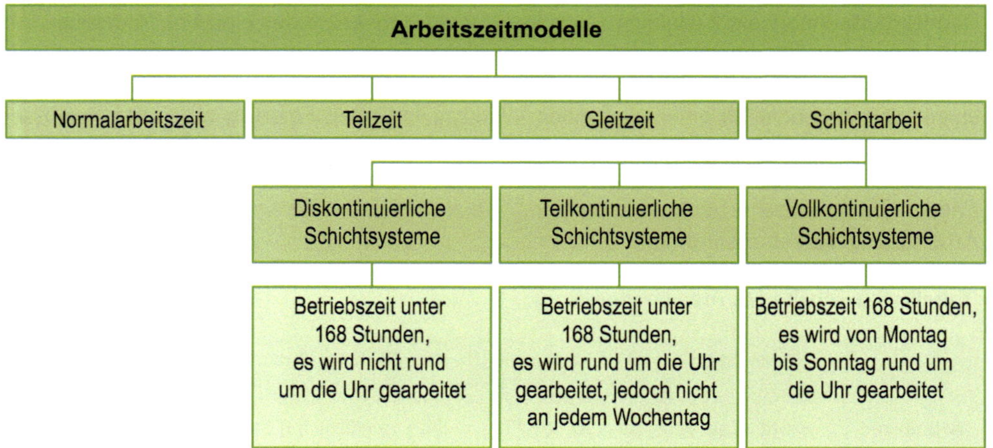

Abbildung 5.27: Arbeitszeitmodelle

Das Arbeitszeitvolumen der Normalarbeitszeit oder Vollzeit ist durch den Tarifvertrag oder Betriebsvereinbarungen geregelt. Es wird meist als Wochenarbeitszeit (z. B. 40 h/Woche) angegeben. Die Vorteile der Vollzeit für ein Unternehmen sind die einfache Personalrekrutierung und der wirtschaftliche Aufbau eines qualifizierten Personalstammes. Zudem können die Mitarbeiter an das Unternehmen gebunden werden. Nachteilig wirkt sich Vollzeit auf das Flexibilitätspotenzial aus. Zudem können Fehlzeiten von Mitarbeitern schlechter ausgeglichen werden.

Unter Teilzeit versteht man eine geringere als die tariflich bzw. betrieblich geregelte Vollarbeitszeit. Das Arbeitsvolumen muss durch Arbeitsverträge spezifiziert werden. Der Begriff Teilzeit selbst trifft dazu keine quantitative Aussage. Die Vorteile der Vollzeit entsprechen den Nachteilen der Teilzeit, gleiches gilt entgegengesetzt. Allgemein lässt sich jedoch hinzufügen, dass die Teilzeit das Flexibilitätspotenzial erhöht, ebenfalls eine enge Bindung der Mitarbeiter an das Unternehmen bewirkt und differenzierte Abstufungen der Betriebszeit ermöglicht.

Gleitzeit kann sowohl bei Teil- als auch bei Vollzeit zur Anwendung kommen. Hier können die Arbeitnehmer selbst Arbeitsbeginn und -ende festlegen. Meist existiert ein Arbeitszeitrahmen, in welchem die Arbeitszeit flexibel angeordnet werden kann. Zudem gibt es Kern- und Servicezeiten. Dies sind meist Zeiten hoher betrieblicher Aktivität, zu denen alle (Kernzeit) oder wenigstens ein Arbeitnehmer (Servicezeit) anwesend sein müssen.

Es existieren verschiedene Arten von Schichtarbeit. Klassisch sind etwa Einschichtsysteme, Zweischichtsysteme (Früh- und Spätschicht) sowie Dreischichtsysteme (Früh-, Spät- und Nachtschicht). Typische Schichtsysteme lassen sich in drei Klassen unterteilen:

- diskontinuierliche Schichtsysteme,
- teilkontinuierliche Schichtsysteme und
- vollkontinuierliche Schichtsysteme.

Diskontinuierliche Schichtsysteme sind in Unternehmen mit einer Betriebszeit von unter 168 Stunden pro Woche anzufinden, in denen nur tagsüber gearbeitet wird. Teilkontinuierliche Schichtarbeit beinhaltet eine Betriebszeit rund um die Uhr, allerdings unter 168

Stunden pro Woche und damit nicht an jedem Wochentag. An Wochenenden wird oft nicht gearbeitet. Ein vollkontinuierliches Schichtsystem beschreibt eine Betriebszeit von 168 Stunden pro Woche (in der Regel 3 * 7 = 21 Schichten); der Betrieb arbeitet Tag und Nacht an jedem Wochentag.

Die Arbeitszeit der Nacht- und Schichtarbeitnehmer ist nach § 6 Abs. 1 ArbZG nach gesicherten arbeitswissenschaftlichen Erkenntnissen über die menschengerechte Gestaltung der Arbeit festzulegen. Im Arbeitszeitgesetz ist jedoch nicht festgelegt, was gesicherte arbeitswissenschaftliche Erkenntnisse sind. Ergebnisse der umfangreichen Forschungen und Studien zur Nacht- und Schichtarbeit sind in verschiedenen Empfehlungen und Gestaltungsleitlinien zusammengefasst, die einander in wesentlichen Punkten entsprechen und zur Orientierung genutzt werden können (z. B. Knauth & Hornberger, 1997; Beermann, 2005; Lennings, 2004).

Die wichtigsten arbeitswissenschaftlichen Empfehlungen sind in den folgenden fünf Punkten zusammengefasst (nach Lennings, 2011):

1. Belastung durch Nachtschichten minimieren
   Die Anzahl aufeinander folgender Nachtschichten soll möglichst gering gehalten werden. Im Idealfall soll sie nicht mehr als drei betragen. Nach einer Nachtschichtphase sollte der Arbeitnehmer eine Ruhezeit von mindestens 24, besser 48 Stunden haben. Die Nachtschicht sollte möglichst früh enden, um dem Beschäftigten einen effektiven Tagschlaf zu ermöglichen. Lange Nachtschichten und Dauernachtschichten sollten vermieden werden, denn diese führen zu Schlafdefiziten, sozialen Risiken, vermehrten Arbeitsfehlern und einem erhöhten Unfallrisiko. Bei unterschiedlich langen Schichten sollte zudem die Nachschicht die kürzeste sein.
2. Vorwärts rotierender, ausgeglichener Schichtplan
   Die Schichten sollten vorwärts rotieren, d. h. Schichtfolge Früh - Spät - Nacht (anstatt rückwärtsrotierend Nacht - Spät - Früh). Somit werden kurze Wechsel von nur acht Stunden Ruhezeit etwa zwischen Spät- und Frühschicht vermieden. Die Arbeitszeit pro Woche sollte ausgeglichen sein. Die Schichtpläne sollen vorhersehbar und überschaubar sein und eine definierte Pausenregelung enthalten.
3. Schichtlängen sollten soziales Leben berücksichtigen
   Die Frühschicht sollte nicht zu früh beginnen, da dies vor allem bei langen Anfahrtswegen zu Schlafdefiziten führt. Da freie Zeit am Abend gesellschaftlich hoch bewertet wird, sollte es möglichst wenige Spätschichten in Folge geben. Mindestens ein Abend von Montag bis Freitag sollte dem Arbeitnehmer zur freien Verfügung stehen. Um die Arbeitszeit besser mit dem sozialen Umfeld vereinbaren zu können, sollten die Schichten möglichst keine starren Anfangszeiten haben, sondern individuell regelbar sein. Somit können sie besser etwa auf die unterschiedlichen Anfahrtswege der Beschäftigten angepasst werden. Zudem soll eine Massierung von Arbeitstagen (pro Woche) und Arbeitszeit (pro Tag) begrenzt werden.
4. Effektive freie Zeit ermöglichen
   Zwischen zwei Schichten müssen mindestens elf Stunden Ruhezeit liegen. Einzelne Arbeitstage und einzelne freie Tage sollen vermieden werden. Wochenendarbeit sollte ebenfalls vermieden werden, und laut Gesetz müssen mindestens 15 Wochenenden im Jahr arbeitsfrei sein. Da der Nutzen der Freizeit am Wochenende erheblich höher ist als in der Woche, sollten Arbeitnehmer möglichst zwei zusammenhängende freie Tage am Wochenende haben, wovon mindestens einer Samstag oder Sonntag ist.

5. Besonderheiten berücksichtigen
   Insbesondere für Frauen mit kleinen Kindern oder ältere Mitarbeiter sollten besondere Regelungen möglich sein.

Die Gestaltungsmerkmale eines Schichtplans und deren Auswirkungen auf die Gesundheit und das soziale Leben des Arbeitnehmers sind in der Abbildung 5.28 dargestellt.

Abbildung 5.28: Auswirkungen von Schichtarbeit auf Gesundheit und soziales Leben von Arbeitnehmern (Nachreiner, 2011)

In der Praxis können häufig nicht alle diese Empfehlungen vollständig umgesetzt werden. Darüber hinaus ist die Bedeutung der Empfehlungen für die einzelnen Mitarbeiter sehr unterschiedlich. Deshalb gilt es bei der Schichtplanung immer, auch klar erkennbare Wünsche der Belegschaft zu berücksichtigen, sofern sie den Empfehlungen nicht völlig widersprechen (Lennings, 2004).

B 5.4 Grundlagen zur Prozessgestaltung

Die gegebene Wettbewerbssituation auf den Märkten der Produktions- und Dienstleistungsunternehmen verlangt eine kundenorientierte Ausrichtung der Unternehmensprozesse. Kunden erwarten heute in zunehmendem Maße, dass die angebotenen Produkte und Dienstleistungen auf ihre spezifischen Bedürfnisse und Wünsche zugeschnitten werden. Die Unternehmen müssen dieser Entwicklung in der Form Rechnung tragen, dass sie immer individuellere Leistungen anbieten und verstärkte Aktivitäten auf dem Gebiet der Kundenbetreuung unternehmen.

Im Kontext der gesteigerten Kundenanforderungen sind weitere Herausforderungen zur Gestaltung der Unternehmensprozesse zu sehen, mit denen sich Unternehmen konfrontiert sehen:

- kürzere Produktlebenszyklen,
- steigende Variantenvielfalt,
- erhöhte Flexibilitäts-Anforderungen,
- zunehmender Kostendruck,
- kleinere Losgrößen,
- Globalisierung der Märkte,
- Bedeutung der Kapitalbindung.

Oft gab es in der Vergangenheit im Unternehmen für jedes Produkt nur einen standardisierten Prozess. Heute ist fast für jeden einzelnen Auftrag ein eigener Prozess notwendig. Verbunden mit einer immer stärker werdenden Informationsflut erfordern diese Einflüsse effiziente Strukturen und Unternehmensprozesse. Die Prozessoptimierung gewinnt dadurch an Bedeutung.
Wesentlich im Wettbewerb der Unternehmen wird zunehmend die Komponente Zeit. Kam es früher in der Prozessoptimierung darauf an, Probleme zu lösen und Potenziale zu heben, so ist es heute umso wichtiger, dieses schneller als der Wettbewerber zu tun. Schnell verfügbare Aktionsprogramme in Optimierungs- und Problemlösungsprozessen gewinnen dadurch an Bedeutung und damit die Notwendigkeit einer Standardisierung im Methodeninventar der Unternehmen.
Vor diesem Hintergrund entwickelten insbesondere die Unternehmen des Automobilbaus so genannte Produktionssysteme, die den Wertschöpfungsprozess ganzheitlich, d. h. von Anfang bis Ende unterstützen. Die Ziele dieser Produktionssysteme korrelieren daher mit den klassischen Unternehmenszielen, z. B. Qualität, Kosten oder (Liefer-) Zeit. Wesentliches Merkmal der Produktionssysteme ist aber nicht nur die Konzentration auf den Prozess, sondern die Fokussierung auf das methodische Inventar und übergeordnete Prinzipien.

Produktionssystem

Ein Produktionssystem bezeichnet die geregelte und durchgehende Nutzung von Arbeitsprinzipien, Vorgehensweisen und Instrumentarien zur effektiven Gestaltung der Prozesse im wirtschaftlichen und sozialen Sinne in allen Geschäftsfeldern (REFA, 2013).

Produktionssysteme bieten einen Ordnungsrahmen, in dem Werkzeuge und Methoden zur Gestaltung von Prozessen und zur zielgerichteten Lösung von Problemen zur Verfügung gestellt werden. Methoden und Werkzeuge stellen somit den ausführbaren Teil eines Produktionssystems dar und dienen dazu, die Ziele, die für die einzelnen Unternehmensprozesse bestimmt wurden, zu erreichen (VDI 2870 Blatt 1, 2012). In Abschnitt C 5.2 werden ausgewählte Methoden vorgestellt. Im Folgenden wird die Entwicklung von Produktionssystemen dargelegt.

B 5.4.1 Historische Entwicklung von Produktionssystemen

Taylorismus

Die ersten Forschungen, die sich mit der Organisation von Produktionsunternehmen und dadurch mit den ersten Produktionssystemen im weitesten Sinne beschäftigten, stellte der amerikanische Arbeitswissenschaftler Fredrik Winslow Taylor an. Seine Arbeit und seine Erkenntnisse wurden Ende des 19. Jahrhunderts unter dem Begriff des „Taylorismus“ bekannt. Mit Hilfe von Bewegungs- und Zeitstudien menschlicher Arbeitsabläufe versuchte er, die Methoden der experimentellen Wissenschaft auf den Produktionsbetrieb zu übertragen. Aus seinem wichtigsten Buch „The Principles of Scientific Management“ (1911) leitete sich später der Begriff „Wissenschaftliche Betriebsführung“ab (Neuhaus, 2007). Wird der Taylorismus bis heute auch immer wieder scharf kritisiert, so ist doch auffällig, dass viele seiner erarbeiteten Grundsätze höchste Aktualität genießen und sich in heutigen Produktionssystemen wieder finden. Einige wichtige Kernaussagen Taylors lassen sich wie folgt zusammenfassen (Neuhaus, 2007):

1. Trennung zwischen ausführender und planender Tätigkeit,
2. Zergliederung der Arbeit in Teilprozesse um überflüssige Schritte zu identifizieren und Zeiten zu beurteilen,
3. Vorgabe von Standards für alle Arbeitsgänge mit der Ermutigung an alle Betroffenen, diese Standards kontinuierlich zu verbessern,
4. Mitarbeitermotivation durch Anreizsysteme zur Leistungssteigerung,
5. Transparente Gestaltung der Produktionsprozesse.

Im Wesentlichen werden diese Kernaussagen Taylors auch umgesetzt, woran auch die anhaltende Kritik am Taylorismus nichts ändern kann. Ungeachtet des Widerspruchs zwischen dem Ruf des Taylorismus und Taylors grundsätzlich positiven Intentionen, gilt die Person Taylor heute als Vater der wissenschaftlichen Betriebsführung.

Fordismus

Aus dem Taylorismus heraus entwickelte sich 1913 der Fordismus, welcher nach Henry Ford benannt ist. Die von Taylor eingeführte Arbeitsteilung ergänzte Ford durch das Fließband. Dadurch musste der Arbeiter nicht mehr zum Fahrzeug gehen, sondern es wurde an ihm vorbeigeführt und hielt für die benötigte Arbeitszeit an seinem Arbeitsplatz an. Die Austauschbarkeit von Teilen und - durch die kurzen Arbeitsschritte - auch von Mitarbeitern war inzwischen schon so weit perfektioniert, dass durch das Fließband eine standardisierte Massenfertigung möglich wurde. Auch das Auslagern von einzelnen Prozessschritten wurde durch die Austauschbarkeit der Teile möglich, wodurch sich erstmals eine integrierte Zulieferkette für Teile und Material herausbildete (Oeltjenbruns, 2000).
Durch die geringen Arbeitsinhalte konnten auch vergleichsweise komplexe Produkte mit gering qualifizierten Beschäftigten (seinerzeit z. B. Landarbeiter) hergestellt werden.

Unter den Arbeitern führte diese Arbeitsorganisation zu steigender Unzufriedenheit aufgrund der monotonen Tätigkeiten und der damit verbundenen Entfremdung der Arbeit. Sie zeigten mangelnde Beteiligung, identifizierten sich weniger mit dem Betrieb und dem Produkt, was zu Qualitätsverlusten führte und hatten infolge der erhöhten Arbeitsintensität und deren negativen gesundheitlichen Folgen mehr Fehlzeiten. Daraus folgten Konflikte zwischen der Unternehmensführung und den Arbeitern, die zunehmend in den Dienstleistungssektor abwanderten.

Volvoismus („Humanisierung der Arbeit")

Ab Mitte der 60er Jahre des 20. Jahrhunderts setzte daher eine massive Gegenbewegung ein, die auf Humanisierung und Demokratisierung der Arbeitswelt drängte. In der Praxis versuchte man vor allem in Skandinavien den Auswirkungen des „Taylorismus" und dem Arbeitskräftemangel infolge des Wirtschaftswachstums entgegenzuwirken. Neben Produktivitätssteigerung standen Flexibilisierung und Innovation im Fokus der Unternehmen. So wurde im Volvo-Werk in Uddevalla erstmals ein gänzlich neues Konzept vollständig und konsequent umgesetzt, in dessen Vordergrund die ganzheitliche Montage der Fahrzeuge durch jede einzelne Produktionsgruppe stand. Unter den Gesichtspunkten der Ergonomie, der Materialzustellung nach dem Prinzip des Vorsortierens, einer baulichen Gestaltung des Werkes in kleine dezentrale Einheiten, weitgehender Parallelisierung sowie einer funktionalen Struktur von Informations- und Materialflüssen wurde die Produktion neu gestaltet und umgesetzt. Die Arbeitsorganisation basierte auf einer Art Gruppenarbeit, die sich von anderen Formen des „Teamworks" unterschied. Diese war streng an die Produktionsgestaltung gekoppelt, was eine umfassende Qualifizierung und Entkopplung von technischen Zwängen ermöglichte. Befugnisse und Qualifikationen wurden dezentralisiert, Managementstrukturen eingeflochten, die Funktion der Meister wurde abgeschafft. Die Arbeitsorganisation war stark auf Autonomie und Selbstregulation innerhalb der Gruppe ausgerichtet.
In Deutschland wurden ab 1974 im Rahmen des Forschungsprogramms der Bundesregierung „Humanisierung des Arbeitslebens" in vielen Betriebsprojekten mit wissenschaftlicher Beteiligung neue Formen der Arbeitsorganisation, insbesondere Gruppenarbeit, erprobt. Die Vorhaben waren in der Regel partizipativ unter Einbeziehung von Gewerkschaften und Arbeitgeberverbänden angelegt. Die erwünschte Breitenwirkung blieb allerdings aus, vermutlich auch deshalb, weil sich aufgrund der Mitte der 1970er Jahre ansteigenden Arbeitslosigkeit der Fokus von „humanen" auf sichere Arbeitsplätze veränderte.

Toyota-Produktionssystem

Im Jahr 1937 war im japanischen Nagoya aus der „Toyoda Automatic Loom Works" die „Toyota Motor Company Ltd." hervorgegangen. Das Unternehmen, das als Familienbetrieb mit dem Bau von Textilmaschinen begonnen hatte, mauserte sich während des Chinakrieges mit Hilfe der Lastwagenproduktion für das Militär zu einem beachtlichen Automobilunternehmen, das mit aller Macht versuchte, auch im Personenwagenbereich Fuß zu fassen.

Nach dem Ende des Zweiten Weltkrieges und bis in die 50er Jahre hinein ging es der japanischen Industrie allerdings sehr schlecht. Sie war geprägt von Nachkriegskonsequenzen, Rezessionen und Streiks. Auf dem Tiefpunkt der Krise einigten sich Arbeitnehmer und Gewerkschaften auf einen Kompromiss. Die Gewerkschaften stimmten einem Stellenabbau zu und erhielten im Gegenzug die Zusicherung der Arbeit für die verbliebenen Arbeitnehmer auf Lebenszeit mit einer Beteiligung am Profit des Unternehmens. Dies hatte zur Folge, dass alle Arbeitnehmer ein deutlich höheres Interesse daran hatten, für das Unternehmen hohe Gewinne zu erwirtschaften.

Das Toyota Produktions System (TPS) wurde nicht als eine neue Produktionsform geplant und dann zu einem bestimmten Zeitpunkt umgesetzt, wie es beispielsweise bei der Einführung des Fließbandes durch Henry Ford der Fall war. Vielmehr war die Entstehung des TPS ein Prozess, der sich über Jahre hinweg entwickelte. Es gab auch niemals das Bestreben, ein vollkommen neues Konzept zu erarbeiten und einzuführen. Das TPS entstand aus der Umsetzung kleiner Teillösungen, die aus der Situation heraus gefunden werden mussten. Der Entstehungsprozess war die Suche nach Antworten auf die Entwicklungen der Zeit und des Marktes in Japan. Demzufolge könnte gesagt werden, dass das TPS aus der Not heraus geboren wurde.

Im Jahr 1950 schickte Toyota seinen jungen Generaldirektor Eiji Toyoda in die USA, um bei Ford intensiv die amerikanischen Methoden der Produktion zu studieren. Mit der Vision, dass es Toyota gelingen könnte, selbst mit den Großen der weltweiten Automobilindustrie mitzuhalten, kam er nach Japan zurück und beauftragte den Ingenieur Taiichi Ohno, den ehemaligen Abteilungsleiter im Motorenwerk, mit der Organisation der Produktionsmethoden. Es stellte sich bald heraus, dass sich der amerikanische Fordismus mit seiner Massenproduktion nicht direkt auf die Situation in Japan anwenden ließ. Es herrschte nämlich ein andauernder Mangel an Material und Geld und auch die Nachfrage war begrenzt, so dass das Herstellen von großen Losgrößen zum späteren Einbau an der Montagelinie nicht möglich war. Wege mussten gefunden werden, um mit dem Mangel an Material zurechtzukommen und trotzdem weiter produzieren zu können. Diese Not, gekoppelt mit dem Interesse der Arbeitnehmer am Erfolg des Unternehmens und die vorhandene Zeit aufgrund geringer Nachfrage ermöglichten den Verantwortlichen, neue Wege einzuschlagen und Ideen auszuprobieren (Wartmann & Yukiyasu, 1995).

Lange Zeit blieb das TPS unbeachtet. Toyota erarbeitete sich langsam und mühsam Ansehen in der Automobilindustrie. Durch die zweite Ölkrise im Jahre 1979, die weltweit eine Verteuerung des Benzins zur Folge hatte und die zeitgleich eingeführten Abgasvorschriften zog das TPS jedoch Aufmerksamkeit auf sich, da Toyota schneller auf die neuen Anforderungen reagieren konnte als viele Konkurrenten. In dieser Zeit wurde Toyota zum drittgrößten Automobilhersteller der Welt. Zwei Jahre später wurde das erste Montagewerk nach den Prinzipien des TPS außerhalb Japans gegründet. General Motors und Toyota schlossen sich zu einem Joint Venture zusammen und gründeten die „New United Motors Manufacturing, Inc.“ (NUMMI), welche im ehemaligen GM-Werk in Fremont, USA eingerichtet wurde. Hier zeigte sich zum ersten Mal, dass die Methoden, die Toyota zu seinem beispiellosen Erfolg geführt hatten, auch außerhalb Japans und der japanischen Kultur erfolgreich angewendet werden konnten.

Die vollständige Beschreibung eines Produktionssystems ist aufgrund der häufig vorhandenen Komplexität schwierig. Um den Zugang zu erleichtern, wird meist versucht, die logischen Zusammenhänge mittels einer Grafik zu veranschaulichen. Im Falle Toyotas geschieht dies in Form des in Abbildung 5.29 dargestellten Hauses, in dem die wesentlichen Elemente abgebildet sind. Sie spiegeln auch die Verhältnisse zueinander wider, indem beispielsweise die Kostenreduzierung durch Vermeidung von Verschwendung als Fundament unter dem gesamten Gebäude dargestellt ist. Es trägt gewissermaßen die übrigen Elemente. Als weitere zentrale Elemente sind die beiden Hauptelemente „Just-in-Time“ und „Jidoka“, die autonome Automation (Autonomation) zu nennen, deren Grundlage die flexible Produktion ist. Umrahmt wird alles vom „Total Quality Control“ und das Dach bilden die vier Hauptziele des Produktionssystems: Produktivität, Qualität, Flexibilität und Humanität.

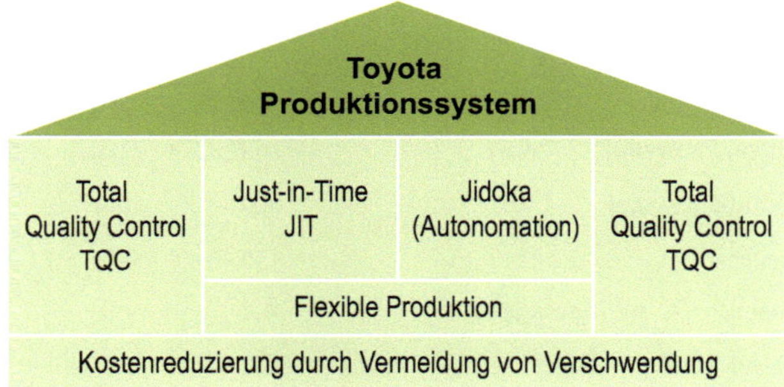

Abbildung 5.29: Toyota-Produktionssystem

Über die Grafik des Hauses hinaus spielen weitere Aspekte wie Kommunikation, Visualisierung, Standardisierung, kontinuierliche Verbesserung, Flexibilisierung sowie eine ganze Reihe von Werkzeugen, wie 5S (Ordnung und Sauberkeit), 5W-Fragen, Standardarbeitsblätter, Mehrmaschinenbedienung, Null-Fehler, kleine Regelkreise, Gruppenarbeit, Qualitätszirkel, Kanban, Bandstopp, Andon Board, Pull-Prinzip, Single-Piece-Flow, Poka Yoke, Heijunka, Kostenreduzierungsprinzip, TPM, Informationsbretter, Statistische Prozesskontrolle (SPC) und viele andere eine Rolle. Auf die wichtigsten Methoden zur Prozessoptimierung wird im Abschnitt C 5.2 näher eingegangen.

Lean Production

Lean Production

Lean Production stellt eine Sichtweise des industriellen Managements dar. Sowohl der sparsame als auch zeiteffiziente Einsatz der Produktionsfaktoren Betriebsmittel, Personal, Werkstoffe, Planung und Organisation im Rahmen aller Unternehmensaktivitäten wird hierunter subsumiert. Einzelne Prinzipien werden durch das komplexe Management-System, das häufig Produktionssystem genannt wird, gebündelt und der Mensch wird in den Mittelpunkt des unternehmerischen Geschehens gerückt.

Lean Production ist nicht, wie oft angenommen, ein japanisches Managementsystem. Der Begriff wurde 1990 vom Bostoner Massachusetts Institute of Technology (MIT) geprägt. In einer mehrjährigen Studie wurden japanische, europäische und amerikanische Unternehmen der Automobilindustrie miteinander verglichen. Die Unterschiede in der Produktivität und anderen wichtigen Kennzahlen der verglichenen Werke waren exorbitant. Einige Ergebnisse werden in Tabelle 5.7 dargestellt.

Tabelle 5.7: Weltweite Vergleichszahlen von Automobilwerken (Womack, Jones & Roos, 1994)

Lean Production - Vergleich von Kennzahlen der MIT-Studie				
	Jap. Werke		**US-Werke**	
	in Japan	**in USA**	**in USA**	**in Europa**
Produktivität [Stunden/Fahrzeug]	16,8	21,2	25,1	36,2
Montagefehler [x/100 Fahrzeuge]	60,0	65,0	82,3	97,0
Fläche [m^2/Fahrzeug]	0,5	0,8	0,7	0,7
Größe Nacharbeitsbereich [% der Montagefläche]	4,1	4,9	12,9	14,4
Lagerbestand [Tage für 8 ausgewählte Teile]	0,2	1,6	2,9	2,0
Arbeiter in Teams [%]	69,3	71,3	17,3	0,6
Job Rotation (4 = Maximum; 0 = keine)	3,0	2,7	0,9	1,9
Verbesserungsvorschläge [x/Mitarbeiter]	61,6	1,4	0,4	0,4
Abwesenheit [%]	5,0	4,8	11,7	12,1

Die genauere Aufschlüsselung einiger Zahlen der Studie im direkten Vergleich der zwei Montagewerke in Framingham (GM) und Takaoka (Toyota) zeigen noch deutlicher den Unterschied auf, der (bei ähnlichen Fahrzeugen) zwischen Toyota und den Wettbewerbern analysiert werden konnte (Tabelle 5.8).

Tabelle 5.8: Montagefabriken GM Framingham und Toyota Takaoka, 1986 (Womack et. al., 1994)

	GM Framingham	**Toyota Takaoka**
Montagestunden pro Auto	31	16
Montagefehler pro 100 Autos	130	45
Montagefläche (in m^2) pro Auto	0,75	0,45
Teilelagerbestand (Durchschnitt)	2 Wochen	2 Stunden

Diese Studie erregte Aufsehen und ließ die Frage aufkommen, weshalb Toyota so viel produktiver arbeitete als viele seiner Wettbewerber. Damit verbunden war natürlich die Frage, ob sich Toyotas Methoden auch auf andere Unternehmen einfach übertragen lassen. Viele Unternehmen versuchten, Toyotas Methoden zu übernehmen. Dies führte zwar zu einer

Steigerung von Produktivität und Qualität, doch selten waren die Verbesserungen mit Toyota vergleichbar. Häufig wurde als Erklärung dafür der kulturelle Unterschied genannt. Es ist zwar nicht zu leugnen, dass in Japan anders gearbeitet wird als in westlichen Kulturkreisen, doch der Erfolg Toyotas in den USA und an anderen Standorten auf der ganzen Welt relativiert dieses Argument.

Produktionssysteme aus Sicht der OEMs (Original Equipment Manufacturer)

Als Produktionssystem wird in unserer heutigen Arbeitsorganisation weniger das technische System zur Erzeugung von Produkten gesehen, sondern vielmehr ein organisatorisches (Management-)System.

Durch die MIT-Studie von Womack et al. (1994) war zu Beginn der 1990er Jahre die Aufmerksamkeit der Automobilwelt auf Toyota und sein TPS gelenkt worden. Viele der europäischen und amerikanischen OEMs (Original Equipment Manufacturer) begannen, sich mit dem Thema näher zu befassen und entwickelten im Laufe der Jahre ihre eigenen Produktionssysteme. So entstand 1990 in Eisenach ein Opelwerk mit dem neuen Opel-Produktionssystem. Audi, Ford, Daimler, GM und VW legten nach. Auch die ersten großen Zulieferer (z. B. BOSCH) entwickelten Konzepte, die sich an Toyota anlehnten, weil sie die Vorzüge eines solchen Produktionssystems für sich erkannten.

Die Systeme der großen OEMs sind allgemein bekannt und bereits teilweise in der Literatur anzutreffen. Bilder wie die Autos von Opel oder Audi, das Haus von Mercedes oder auch die Grafik des Ford-Produktionssystems sind mittlerweile geläufig. Die letzten zwei werden in Abbildung 5.30 und 5.31 dargestellt.

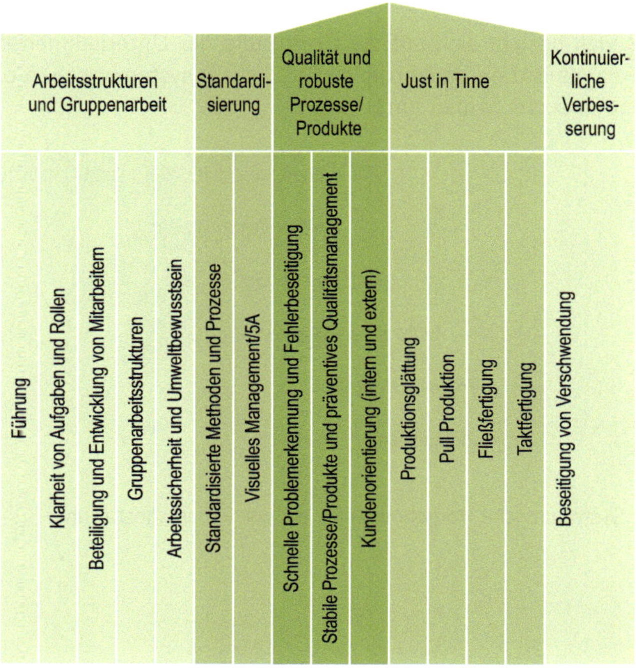

Abbildung 5.30: Produktionssystem Mercedes

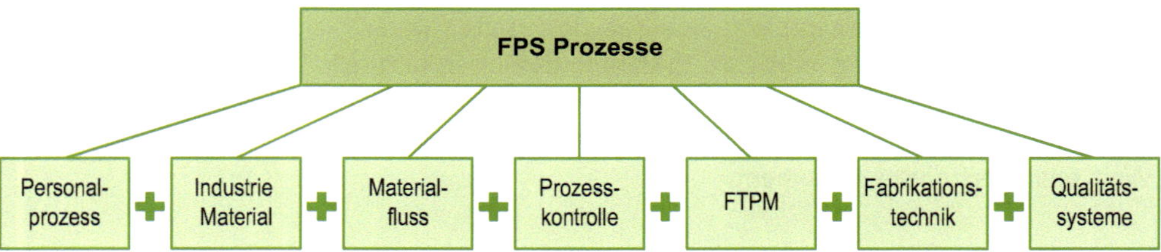

Abbildung 5.31: Produktionssystem Ford

B 5.4.2 Vorgehensweise bei der Prozessgestaltung

Für die Vorgehensweise zur Gestaltung von Unternehmensprozessen existieren unterschiedliche Empfehlungen. Alle besitzen eine im Wesentlichen dreigliedrige Struktur:

1. Analyse des Problems mit anschließender Aufgabenformulierung,
2. Untersuchung der möglichen Lösungen mit anschließender Eingrenzung auf aussichtsreiche Lösungsstrategien und
3. Einführung einiger weniger Lösungen mit anschließender Kontrolle.

In der Praxis werden verschiedene Problemlösungsmodelle verwendet, von denen nachfolgend das 6-Stufen-Modell und der PDCA-Zyklus vorgestellt werden.

6-Stufen-Modell

Das 6-Stufen-Modell bezieht sich auf die Gestaltung der Unternehmensprozesse im Rahmen einer Projektorganisation. In Abbildung 5.32 ist die systematische Vorgehensweise zur Prozessgestaltung in sechs Stufen unterteilt.

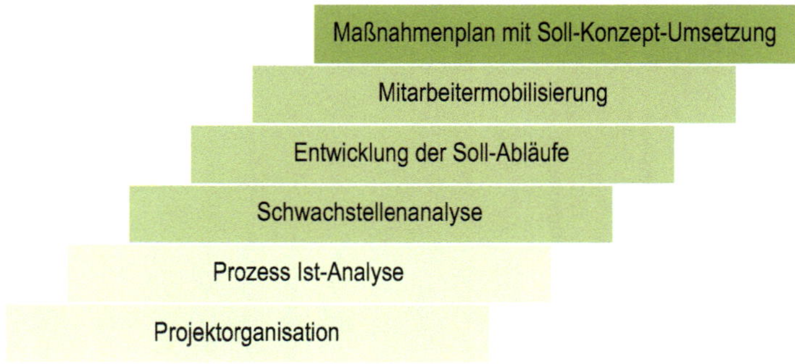

Abbildung 5.32: Systematische Vorgehensweise bei der Prozessgestaltung

Im Folgenden werden die Inhalte der 6 Stufen kurz erläutert:

1. Stufe: Projektorganisation
   - Projektziele definieren
   - Kernprozesse definieren
   - Terminrahmen abstecken
   - Vorgehensweise abstimmen
2. Stufe: Prozess Ist-Analyse
   - Funktionsübergreifende Workshops durchführen
   - Funktionsspezifische Analyse durchführen
   - Ist-Zustand modellieren
   - Prozesse bewerten
3. Stufe: Schwachstellenanalyse
   - Schwachstellen kennzeichnen
   - Schwachstellen verifizieren
   - Prioritäten vergeben
4. Stufe: Entwicklung der Soll-Abläufe
   - Geschäftsprozesse neu gestalten
   - Lösungsvarianten abstimmen
   - Interaktive Variantensimulation
   - Potenzialanalyse
5. Stufe: Mitarbeitermobilisierung
   - Schulungsplan erstellen
   - Schulung der Mitarbeiter
   - Qualifizierung der Mitarbeiter
6. Stufe: Maßrahmenplan mit Sollkonzept-Umsetzung
   - Projektorganisation
   - Hauptansatzpunkte
   - Projektaktivierung
   - Projektcontrolling
   - KVP-Einleitung

PDCA-Zyklus

Neben der Planungssystematik ist auch der PDCA-Zyklus als Vorgehensweise zur Prozessgestaltung weit verbreitet.
Der PDCA-Zyklus wurde durch William Edwards Deming (1900 – 1993), einem US-amerikanischen Physiker, Statistiker sowie Wirtschaftspionier im Bereich des Qualitätsmanagements bekannt. Ziel des PDCA-Zyklus (vgl. Abbildung 5.33) ist es, in vier Phasen (plan-do-check-act) Verbesserungsbedarf zu erkennen, Verbesserungen zu entwickeln und diese in den Unternehmensalltag einzuführen. Der PDCA-Zyklus dient dazu, den kontinuierlichen Verbesserungsprozess im Unternehmen voranzutreiben.

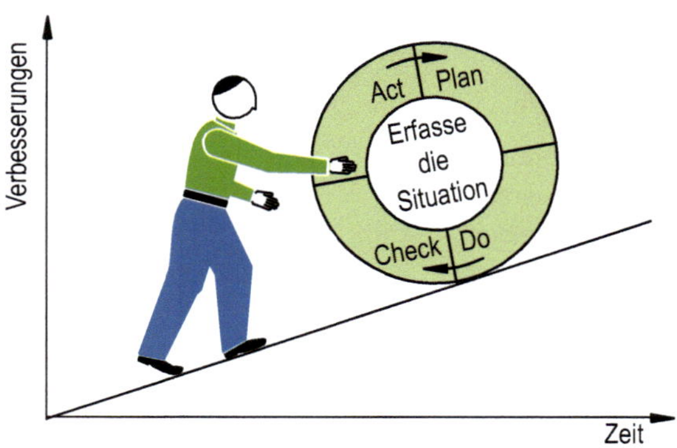

Abbildung 5.33: PDCA-Zyklus

In der Phase des „Planens" (plan) wird basierend auf einer Problemerkennung, eine Planung zur Verbesserung der betrachteten Prozesse oder Aufgaben entworfen. Die folgenden Tätigkeiten sind während dieser Phase durchzuführen:

- ggf. Daten analysieren,
- (Teil-) Ziele festlegen,
- Ideen sammeln,
- Lösungsmethoden festlegen,
- Aktionsplan erstellen (wer, was, wo, wann).

Die Phase „Durchführen" (do) dient der Umsetzung konkreter Maßnahmen zur Lösung des Problems. Diese Phase zeichnet sich dadurch aus, dass:

- der Aktionsplan durchgeführt wird,
- die Umsetzung einzelner geplanter Aktivitäten unter Einhaltung des Zeitplanes erfolgt und
- die Zwischenergebnisse ermittelt werden.

In der Phase „Checken" (check) werden die Ergebnisse bewertet und hinsichtlich der Zielsetzung überprüft. Hier wird im Anschluss an die Do-Phase überprüft und dokumentiert, welche Ergebnisse mit den geplanten Aktivitäten und den geplanten Veränderungen einzelner Prozesse im Vergleich zur Ausgangssituation erreicht wurden.
Die vierte Phase, das „Agieren" (act), dient der Verbesserung des Vorgehens oder der Situation. Sie führt zur Standardisierung erfolgreicher Vorgehensweisen und gibt Anstoß zu Folgeaktivitäten. In dieser Phase werden:

- die Aktivitäten zusammengefasst,
- die Ergebnisse bewertet,
- Defizite in der Zielerfüllung herausgearbeitet; das führt zum Neuanstoß des PDCA-Zyklus,
- ggf. die Zielerfüllung visualisiert und
- Best Practice standardisiert.

Wurde die Zielsetzung innerhalb eines Zyklus nicht erreicht, wird dieser so lange wiederholt, bis das Ziel erreicht wird. Treten in den vier Phasen des PDCA-Zyklus weitere Problemstellungen auf, werden diese dokumentiert und ebenfalls mit Hilfe des PDCA-Zyklus in Angriff genommen.
Weitere Ausgangspunkte für die wiederholte Anwendung des PDCA-Zyklus können Anregungen aus dem betrieblichen Vorschlagswesen oder die sukzessive Vermeidung von Verschwendung in den Unternehmensprozessen sein.

B 5.4.3 Verschwendung vermeiden

Eine Vorgehensweise zur Identifikation von Optimierungspotenzialen stellt das Konzept der 3 M dar. Dabei handelt es sich um:

- Muda (Verschwendung),
- Muri (Unzweckmäßigkeit, Überlastung von Maschinen und Arbeitern) sowie
- Mura (Ungleichmäßigkeit, ungleiche Auslastung der Produktion).

Muda

Um Verschwendungen erkennen zu können, werden Prozesse in drei Klassen von Tätigkeiten eingeordnet:

1. nicht wertschöpfende Prozesse,
2. zur Wertschöpfung des Produktes beitragende Prozesse und
3. nicht wertschöpfende, aber für den Produktionsprozess unverzichtbare Prozesse.

Zudem werden 7 Arten von Verschwendung (vgl. Abbildung 5.34) ermittelt, die es zu beseitigen gilt (Becker, 2006).

Abbildung 5.34: 7 Arten der Verschwendung

1. Überproduktion
   Die Produktion von Teilen, für die im konkreten Zeitpunkt der Produktion keine Nachfrage besteht, stellt die schlimmste Art der Verschwendung dar, denn es werden Arbeitskraft, Rohmaterial, Betriebsmittel und Lager verschwendet. Überproduktion führt zu ineffektiven Lagerbeständen, Doppelhandling von Erzeugnissen in Pufferlagern und nicht zinstragender Kapitalbindung.
2. Bestände
   Bestände sind große (Zwischen-)Lager, die unnötig Kapital binden und die Flexibilität des Produktionsprozesses behindern. Durch die Just-in-Time-Produktion soll dem Entstehen von großen Beständen entgegengewirkt werden.
3. Unnötiger Transport
   Vor allem in der Logistik gilt es, Materialien so kurz und selten wie möglich zu transportieren, um überflüssige Bewegungen zu vermeiden. Dazu muss der Informationsfluss zwischen Produktion und Logistik perfekt funktionieren, so dass zeitgerechte Bereitstellungen gewährleistet sind.
4. Wartezeiten und Leerlauf
   Wartezeiten entstehen vor allem, wenn Maschinen für die Produktion anderer Typen umgerüstet werden müssen oder wenn das benötigte Material nicht verfügbar ist. Um diese Leerläufe zu verringern, sollten die Maschinen möglichst universell nutzbar sein.
5. Arbeitsprozesse
   Idealerweise sollten Arbeitsprozesse nur aus wertschöpfenden Tätigkeiten bestehen. Dies ist in der Realität nicht möglich, jedoch sollen andere Prozesse nur begrenzt in der Produktion vorkommen.
6. Unnötige Bewegungen
   Sind Maschinen und Arbeitsplätze falsch angeordnet, resultieren daraus lange, ineffiziente Wege für die Beschäftigten, was der Produktivität entgegensteht.
7. Fehler
   Die Produktion von fehlerhaften Teilen sollte verhindert werden, da dies die kostspieligste Art von Verschwendung ist. Reparaturen und Nacharbeitung von fehlerbehafteten Produktionen binden Zeit, Arbeitskraft und Kapital.

Muri

Muri beschreibt die Überlastung von Mensch und Maschine. Damit ist keine optimale Auslastung gegeben und es kann zu Problemen der Sicherheit und der Qualität, zu Maschinenausfällen sowie zu Personalausfall oder -verlust (durch Fluktuation) kommen.

Mura

Die Verbindung von Muda und Muri ist Mura, d. h. es herrscht ein Wechselspiel zwischen Überlastung und Verschwendung. Ursachen dafür sind eine ungleichmäßige Produktion sowie ein schwankendes Produktionsvolumen. Durch Mura entsteht Verschwendung, da ein nicht nivelliertes Produktionsvolumen zu einem ungleichen Einsatz von Arbeitskräften, Maschinen und Zwischenprodukten führt. Mittels elektronischer Anzeigetafeln (z. B. Andon Boards), die gut sichtbar in der Produktionshalle angebracht sind, werden alle Arbeiter

über die technische Produktionsbereitschaft der Maschinen informiert. So kann mögliche Verschwendung zeitig erkannt und vermieden werden.
Im Abschnitt C 5.2 werden eine Auswahl an Methoden zur Vermeidung von Verschwendung für die drei Klassen Muda, Muri und Mura vorgestellt.

C 5 Methoden

C 5.1 REFA-Methodenlehre

Der REFA-Verband wurde zum Zweck der Gewinnung aussagefähiger Daten und Methoden für eine leistungsbezogene Entlohnung auf der Basis von Zeiten sowie für Zwecke der Kalkulation und der Planung der Fertigung gegründet (REFA, 1992). Da diese Methoden in möglichst vielen Industriezweigen Anwendung finden sollten, mussten die Methoden allgemein verwendbar und vermittelbar sein. Die historische Entwicklung des REFA-Verbandes und damit die Entstehung der REFA-Methodenlehre wird im Folgenden näher erläutert.

C 5.1.1 Historische Entwicklung

Die Ingenieure des 19. Jahrhunderts beschäftigten sich fast ausschließlich mit der Entdeckung neuer Energiequellen und der Erfindung neuer Maschinen. Der Mensch und seine Arbeit waren eher unbedeutend. Nur aus dieser Verkennung menschlicher Arbeit sind die Missstände zu Beginn des Industriezeitalters zu erklären. Erst der nordamerikanische Ingenieur F. W. Taylor hat mit seiner „Wissenschaftlichen Betriebsführung" die Möglichkeit einer effektiven Gestaltung der Arbeit zur Befriedigung der sozialen Verhältnisse durch höhere Produktivität der Arbeit aufgezeigt. Demzufolge gilt Taylor als einer der Begründer und Anreger des Arbeitsstudiums.
Am 30. September 1924 erfolgte in Berlin die Gründung des Reichsausschusses für Arbeitszeitermittlung. Nach dem Willen seiner Gründer hatte REFA die Aufgabe, alles, was sich auf dem Gebiet der Arbeitszeitermittlung in Wissenschaft und Praxis in den Betrieben und Schrifttum finden ließ, zu sichten und der Öffentlichkeit in einer Form zugänglich zu machen, die zum Selbststudium und als Unterlage besonderer Lehrgänge geeignet war (REFA, 1984).
Das Tätigkeitsfeld des Verbandes erstreckte sich bald auf das gesamte Gebiet des Arbeitsstudiums, was im Jahre 1936 auch nach außen hin durch eine Änderung des Namens in „Reichsausschuss für Arbeitsstudien" dokumentiert wurde (REFA, 1992).
Um von vornherein sicherzustellen, dass bei der Erarbeitung der Methodik des Arbeitsstudiums sowohl die Belange des Betriebes als auch die berechtigten Interessen aller Mitarbeiter gewahrt werden, wurde in der Gründung des Verbandes für Arbeitsstudien nach dem zweiten Weltkrieg den Arbeitgeberverbänden und den Gewerkschaften Sitz und Stimme in allen Gremien eingeräumt. Damit hat eine neue Ära des Arbeitsstudiums in der Bundesrepublik begonnen. Dazu konnten die 1947 neu gegründeten regionalen REFA-Gebiets- und Landesverbände erheblich beitragen. Sie schlossen sich zunächst lose in einer Arbeitsgemeinschaft zusammen, bis am 23. September 1951 der Verband für Arbeitsstudien - REFA e. V. - auf Bundesebene gegründet wurde.

Das wichtigste Lehrbuch und Nachschlagewerk für das Arbeitsstudium ist die 1971 erschienene „REFA-Methodenlehre des Arbeitsstudiums", die ein international anerkanntes Standardwerk für das Arbeitsstudium darstellt. Das Arbeitsstudium nach REFA ist eine umfassende Methodenlehre, zu der auch solche Verfahren gehören, die nicht unmittelbar von REFA entwickelt wurden. So lehrt REFA unter anderem die in den USA entwickelten Systeme vorbestimmter Zeiten, die Multimomentaufnahme und die der Betriebswirtschaftslehre entnommene Teilkostenrechnung (REFA, 1984).
Da sich immer stärker die Erkenntnis durchsetzte, dass starke Wechselwirkungen zwischen Arbeitsstudium und Betriebsorganisation vorhanden sind, die REFA schon seit langem in seine Lehre einbezogen hatte, wurde dies auch durch die Erweiterung des Verbandsnamens zum Ausdruck gebracht. Die Bundesmitgliedsversammlung beschloss 1977 die Bezeichnung „REFA - Verband für Arbeitsstudien und Betriebsorganisation e. V.".
Parallel zur Weiterentwicklung der Lehrgänge für das Gebiet Arbeitsvorbereitung wurde 1985 die „REFA-Methodenlehre der Planung und Steuerung" erarbeitet. In den folgenden Jahren wandte sich REFA immer stärker den Fragen der Betriebsorganisation zu und begann 1987 die „Methodenlehre der Betriebsorganisation" zu schaffen und die bisher erschienen Methodenlehren zusammenzufassen.
Nach der deutschen Wiedervereinigung besteht eine weitere Entwicklungstendenz des Arbeitsstudiums darin, die menschlichen und sozialen Belange des arbeitenden Menschen noch mehr als bisher zu berücksichtigen. In der Satzung des REFA-Bundesverbandes wird ausgeführt, dass sich der REFA über das Arbeitsstudium hinaus mit weiteren Methoden der wirtschaftlichen Betriebsführung befasst. Diese werden als Industrial Engineering bezeichnet.
Industrial Engineering etabliert sich zunehmend als eigenständiger Begriff auch im deutschen Sprachraum und löst damit seine ursprüngliche deutsche Vokabel „Arbeitsingenieurwesen" ab. Dies ist damit begründet, dass der Begriff moderner klingt und damit, dass sich das Anwendungsfeld des „Industrial Engineering" in den vergangenen Jahren erheblich erweitert hat und mit Arbeitsingenieurwesen kaum mehr zutreffend bezeichnet werden kann.
Mit dem Aufkommen der Lean-Production, des Geschäftsprozessmanagements, des Total-Quality-Managements (TQM) sowie des Kontinuierlichen Verbesserungsprozesses (KVP) nahm REFA auch diese Herausforderungen an und verdeutlichte das in der erneuten Namensänderung 1995. Seitdem wird REFA als Verband für Arbeitsgestaltung, Betriebsorganisation und Unternehmensentwicklung e. V. bezeichnet.
Bis heute bietet REFA eine Vielzahl von Seminaren an, bei denen je nach Zielgruppe die Kernkompetenzen der Methodenlehre (z. B. REFA-Grundschein, REFA-Techniker), die Schlüsselqualifikationen (z. B. Logistik und SCM, Umweltmanagement) oder aber auch Topqualifikationen (z. B. Industrial Engineer) geschult werden.
Der sogenannte REFA-Grundschein als Basis-Seminar ist in die zwei Themenschwerpunkte Arbeitssystem- und Prozessgestaltung sowie Prozessdatenmanagement gegliedert. Vorwiegender Schulungsinhalt im Bereich Prozessdatenmanagement liegt in der Qualifikation zu den Methoden der Zeitwirtschaft. Ausgewählte zeitwirtschaftliche Methoden werden im Folgenden vorgestellt. Seit 2012 erfolgt die Ausbildung mit überarbeiteten Ausbildungsinhalten und aktualisiertem Konzept (REFA Grundausbildung 2.0).

C 5.1.2 Zeitwirtschaftliche Methoden

Die Methoden und Techniken zur Ermittlung von Zeiten folgen verschiedenen Prinzipien. Sie lassen sich entsprechend Tabelle 5.9 unterschiedlich kennzeichnen. Auf eine detaillierte Beschreibung der Methoden wird hier verzichtet und nur weiterführende Literatur angegeben, da für die Anwendung der Methoden Expertenwissen notwendig ist, das z. B. in der REFA Grundausbildung vermittelt wird.

Tabelle 5.9: Verfahren zur Ermittlung von Zeitdaten (nach Binner, 2010; REFA, 1997; Bokranz & Landau, 2006; John, 1987)

	Verfahren/Methode	Prinzip
Ist-Zeiten	Multimomentverfahren	Das Multimomentverfahren ist ein Stichprobenverfahren, das mit relativ geringem Aufwand Aufschluss über die relative Häufigkeit bzw. Dauer von vorwiegend unregelmäßig auftretenden Arbeitsvorgängen oder Größen vergleichbarer Art gibt und damit den Ist-Zustand im Betrieb reflektiert.
	Zeitaufnahme	Bei der Zeitaufnahme steht die Transformation von Ist- in Soll-Zeiten durch Messen und Auswerten im Vordergrund. Der Gesamtablauf ist in Ablaufabschnitte (Teilaufgaben) zu gliedern. Für Ablaufabschnitte werden Ist-Zeiten gemessen und bei zyklischen Abfolgen Mittelwerte für die Ablaufabschnitte berechnet und addiert. Diese ermittelten Soll-Zeiten stellen Vorgabezeiten für Arbeitsabläufe bezogen auf den Menschen oder das Betriebsmittel dar.
	Selbstaufschreibung	Bei der Zeitdatenermittlung durch die Selbstaufschreibung werden Ist-Zeiten, Mengen oder Häufigkeiten durch die arbeitsverrichtende Person selbst oder durch selbstständig registrierende Messgeräte notiert.
Soll-Zeiten	Vergleichen und Schätzen	Das Vergleichen und Schätzen ermöglicht eine zügige Ermittlung der Soll-Zeiten. Bei dieser Methode erfolgt der Vergleich von bekannten Ist- oder Soll-Zeiten mit einer geplanten Aufgabe. Dabei wird eine Gegenüberstellung der Sachverhalte durchgeführt, um Unterschiede sowie Gemeinsamkeiten zu identifizieren. Durch das Schätzen wird versucht, quantitative Daten näherungsweise zu bestimmen, die immer nachweisbar sind. Insofern kommt dem Vergleich große Bedeutung zu, da vor dem Schätzen stets ein Vergleich durchzuführen ist. Konnten durch den Vergleich ähnliche Abläufe wie beim Schätzen identifiziert werden, können die Unterschiede durch zeitliche Zu- und Abschläge korrigiert werden
	Systeme vorbestimmter Zeiten	Mit den Systemen vorbestimmter Zeiten (SvZ) werden Soll-Zeiten für manuelle, vom Menschen beeinflussbare und vorher definierte Bewegungsabläufe bezeichnet. SvZ orientieren sich am Leistungsvermögen durchschnittlich geübter Arbeiter, ergänzt durch deren Leistungsgrad. SvZ werden in Deutschland hauptsächlich durch zwei Systeme repräsentiert: • Methods-Time Measurement (MTM), • Work-Factor-System (WF).

Hat man in den 1990er Jahren und Anfang der 2000er in vielen Unternehmen auf zeitwirtschaftliche Methoden verzichtet, so ist in Zeiten der Kostenersparnis und des Wettbewerbs deutlich zu spüren, dass eine erhöhte Nachfrage nach zeitwirtschaftlichen Methoden in allen Branchen stattfindet.

C 5.2 Methoden zur Prozessoptimierung

Die Vermeidung von Verschwendung dient der Verbesserung der betrieblichen Rentabilität. Nachdem die Einsparpotenziale aufgedeckt wurden, können überflüssige Bestände und Transporte reduziert, unnötige Bewegungen, Wartezeiten sowie Überproduktion, Ausschuss und Nacharbeit vermieden werden. Auch für die Beschäftigten im Betrieb entstehen Vorteile, da die Identifikation von Verbesserungspotenzialen ergebnis- und prozessorientiertes Denken fördert und Selbstlernprozesse initiiert sowie die Kritikfähigkeit steigert.

Das Bewusstmachen eines sorgfältigen Umganges mit Ressourcen ist die Voraussetzung, um Zeit- und Materialaufwände, die als Verschwendung deklariert wurden, zu erkennen und zu reduzieren.

Da enorme Einsparpotenziale durch die Vermeidung von Verschwendungen zu erwarten sind, werden im folgenden Methoden vorgestellt, mit denen Verschwendungen erkannt und eliminiert werden können. Ausgewählte Methoden zur Vermeidung von Verschwendungen sind in Tabelle 5.10 dargestellt.

Tabelle 5.10: Methoden zur Vermeidung von Verschwendungen

Ausgewählte Methoden	Gegenstand der Verschwendung
1. Poka-Yoke	Fehler/Nacharbeit
2. 5S- bzw. 5A-Methode	Arbeitsprozesse
3. Kanban	Bestände
4. Just-in-Time	Überproduktion
5. Wertstrom	Transport
6. Heijunka-Produktionsnivellierung	Auslastung
7. TQM	Fehler
8. TPM	Leerlauf
9. Kaizen/KVP	Mitarbeiterpotenzial

Diese neun ausgewählten Methoden zur Prozessoptimierung werden im Folgenden hinsichtlich Definition, Inhalten, Voraussetzungen zur Anwendung sowie Vor- und Nachteilen vorgestellt.

C 5.2.1 Poka-Yoke

Poka-Yoke

Der japanische Ausdruck Poka Yoke (deutsch „unglückliche Fehler vermeiden") bezeichnet ein aus mehreren Elementen bestehendes Prinzip, welches technische Vorkehrungen bzw. Einrichtungen zur sofortigen Fehleraufdeckung und -verhinderung umfasst.

Inhalt

Ziel dieser Null-Fehler-Strategie ist es, unglückliche oder unbeabsichtigte Fehler zu erkennen, diesen vorzubeugen und sie zu vermeiden. Daher werden technische Vorkehrungen, Einrichtungen und Hilfsmittel eingesetzt, die Fehler sofort aufdecken und verhindern. Fehlhandlungen im Fertigungsprozess sollen nicht zu Fehlern am Endprodukt führen. Unterschieden wird in Primär-, Sekundär- und sonstige Fehler. Zu ersteren zählen Bearbeitungsfehler wie das Auslassen von Arbeitsschritten oder die Montage von falschen Teilen. Einstellfehler, Fehlarbeitsschritte, falsche Werkstücke, falsches Einlegen oder Einrichten werden als Sekundärfehler bezeichnet. Sonstige Fehlhandlungen sind beispielsweise die unzureichende Vorbereitung von Werkzeugen oder Vorrichtungen.
Für die Verhinderung von Fehlern reichen, wie in Abbildung 5.35 zu erkennen ist, oftmals einfache Maßnahmen aus. Damit die Pole an der elektrischen Steckverbindung nicht vertauscht werden können, hat der Plus-Pol im Vergleich zu dem Minus-Pol einen größeren Durchmesser. Damit ist es ausgeschlossen, dass die Verbindung fehlerhaft gesteckt wird.

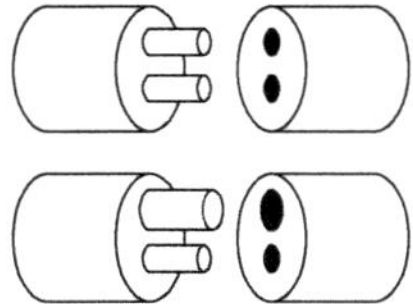

Abbildung 5.35: Poka-Yoke am Beispiel einer Steckverbindung

Die Poka-Yoke-Methode kann auch auf Prozesse angewendet werden. Beispielsweise geben Bankautomaten in Deutschland das gewünschte Bargeld erst dann heraus, wenn die Karte entnommen wurde. Dadurch wird verhindert, dass die Karte vergessen wird.

Voraussetzungen für die Anwendung

1. standardisierter Prozess (wiederholende Prozessschritte, manuell oder teilautomatisiert)
2. Kenntnis des Produktfehlers, der Fehlhandlung und der Fehlerquelle (Fehleranalyse)
3. geometrisches oder funktionelles Merkmal am Produkt oder Prozess

Vor- und Nachteile

Poka-Yoke ist meist kostengünstig und sofort einsetzbar und verbessert die Qualität des Endprodukts. Fehlhandlungen, Ausschuss, Nacharbeit und Wiederholungsfehler werden vermieden. Die fortlaufende 100%-Prüfung ist auf alle Bereiche anwendbar und kann gut in den wertschöpfenden Prozess integriert werden. Zudem entstehen Synergieeffekte im Arbeitsschutz, da betriebsmittelbedingte Arbeitsunfälle reduziert werden.
Poka-Yoke ist nur für bekannte Fehler anwendbar. Zudem können fehlerhafte Prüfmethoden zu neuen Fehlern führen, beispielsweise durch falsch eingestellte Sensoren. Poka-Yoke steht im Widerspruch zur Teilevereinfachung und birgt die Gefahr der Verzögerung bei den einzelnen Prozessschritten. Zudem verfolgt diese Methodik keinen Blick auf das gesamte System, sondern nur auf einzelne Teile. In Tabelle 5.11 werden die Vor- und Nachteile der Poka-Yoke-Methode gegenübergestellt.

Tabelle 5.11: Vor- und Nachteile der Poka-Yoke-Methode

Vorteile	Nachteile
Meist kostengünstig und sofort einsetzbar	Nur für bekannte Fehler anwendbar
Bessere Qualität des Endproduktes	Steht im Widerspruch zur Teilevereinfachung
Vermeidung von Wiederholungsfehlern	Gefahr der Verzögerung bei einzelnen Prozessschritten
Vermeidung von Ausschuss und Nacharbeit	Fehlerhafte Prüfmethode kann zu Fehlern führen
Anwendbar auf alle Unternehmensbereiche	Kein ganzheitlicher Ansatz

C 5.2.2 5S- bzw. 5A-Methode

5S- (5A-) Methode

Bei der 5S- bzw. 5A-Methode handelt es sich um eine fünfstufige Vorgehensweise zur Neuplanung und Verbesserung von sauberen, sicheren und standardisierten Arbeitsplätzen.

Inhalt

Jeder Mitarbeiter soll die Kontrolle über den eigenen Arbeitsplatz besitzen. Es muss ein angemessener und zweckdienlicher Platz für Werkzeuge und andere benötigte Materialien gefunden werden. Außerdem sollten einmal eingeführte Standards beibehalten und gepflegt werden.
Die 5S bezeichnen fünf japanische Begriffe:

1. Seiri steht für Selektieren und Aussortieren:
   Unnötiges und nicht benötigtes Material soll aus dem Arbeitsbereich entfernt werden.
2. Seiton bedeutet Sortieren oder Hinstellen:
   Die Dinge, die nach Seiri geblieben sind, sollen geordnet und alles auf einen geeigneten Platz gestellt werden, sowohl für schnelle Wiederbenutzung als auch zur Aufbewahrung.
3. Seiso steht für Säuberung:
   Der Arbeitsplatz soll gereinigt und sauber gehalten werden.
4. Unter Seiketsu versteht man Standardisierung:
   Ordnung und Sauberkeit sollte zum persönlichen Anliegen aller Mitarbeiter werden.
5. Shitsuke steht für Selbstdisziplin:
   Die 5S-Methode soll durch das Festlegen von Standards zur Gewohnheit werden.

In Deutschland spricht man anstelle der 5S-Methode auch von der 5A-Methode. Es handelt sich dabei um Aussortieren, Aufräumen und die ergonomische Anordnung der Arbeitsmittel, Arbeitsplatzsauberkeit, Anordnung zur Regel machen sowie alle Punkte einhalten und verbessern.
Im Allgemeinen ist diese Methode (5S bzw. 5A) der Ausgangspunkt für die Reduzierung von Verschwendung.

Voraussetzungen für die Anwendung

- 5S bzw. 5A als Unternehmenskultur etablieren
- gesamtes Personal involvieren
- standardisierte Arbeitsmittel schaffen
- festgelegten Zeitraum zur Umsetzung vorgeben
- verfügbare Ressourcen im Unternehmen
- Kontrolle der Umsetzung der Maßnahmen

Vor- und Nachteile

Die Einführung der 5S- bzw. 5A-Methode verursacht wenig Aufwand und Kosten. Durch die Einbeziehung der Mitarbeiter können Motivation und Zufriedenheit erhöht werden, zudem wird die Eigeninitiative gefördert. Im Allgemeinen werden die Qualität, die Arbeitseffizienz und die Produktivität verbessert, da Suchzeiten verringert, Umlaufbestände verkleinert und Verschwendung beseitigt werden. Zudem verbessern sich die Arbeitsbedingungen, die Arbeitssicherheit und der Gesundheitsschutz. Dank der 5S- bzw. 5A-Methodik werden Hindernisse bei der Arbeit beseitigt. Fehler können leichter verhindert oder Abweichungen aufgedeckt werden, bevor sie Fehler verursachen. Die Methode schafft geeignete Bedingungen für standardisierte Abläufe; Nachteile sind nicht bekannt. In Tabelle 5.12 sind die Vorteile der 5S- bzw. 5A-Methode dargestellt.

Tabelle 5.12: Vorteile der 5S- bzw. 5A-Methode

Vorteile
Verbesserung der Arbeitseffizienz
Erhöhung der Produktivität durch verringerte Suchzeiten
Verbesserung der Arbeitsbedingungen, Arbeitssicherheit, Gesundheitsschutz
Beseitigung von Verschwendung
Höhere Motivation und Zufriedenheit der Mitarbeiter, Förderung der Eigeninitiative
Geeignete Bedingungen für standardisierte Abläufe
Einführung verursacht wenig Aufwand und Kosten

C 5.2.3 Kanban

Kanban

Unter Kanban (d. h. Karte) versteht man das in Japan entwickelte System zur flexiblen, dezentralen Produktionsprozesssteuerung. Ziel dieser Produktion auf Abruf ist es, möglichst wenig Material am Produktionsprozess zu haben und somit Stellfläche und Material zu reduzieren. Kanban ist eine Methode, um ein Pull-System zu betreiben. Es erfolgt über die Kanban-Karte, eine bedruckte und versiegelte Plastikkarte auf der die Bezeichnungen von Teilen, Lieferant, Verwendungsort, Lagerort und Transportmenge vermerkt sind.

Inhalt

Bei dieser Methode handelt es sich um eine dezentrale Materialflusssteuerung. Sie basiert auf einer einfachen und direkten Form der Kommunikation am jeweils notwendigen Ort. Die Informationsübermittlung findet horizontal und vertikal statt, sowohl innerhalb des Produktionsbetriebs als auch an die Zulieferer.

Kanban ist ein selbststeuernder Regelkreis nach dem Warenhausprinzip, d. h. wird ein gewisser Bestand an einer definierten Stelle unterschritten, so wird aufgefüllt bzw. nachbestellt. An dem Behälter mit Waren sind Zettel mit Entnahme-, Transport- und Produktionsinformationen angebracht. Wenn Teile aus diesem Behälter verbraucht werden, wird der Kanban an die vorhergehende Arbeitsstation übermittelt, die anhand dieses Fertigungsauftrages die benötigte Menge anfertigt. Das Kanban-Prinzip ist in Abbildung 5.36 dargestellt und verdeutlicht den Ablauf beginnend von dem Zustand des leeren Behälters bis zu dem Zeitpunkt, an dem der Behälter wieder gefüllt dem Mitarbeiter zur Verfügung steht.

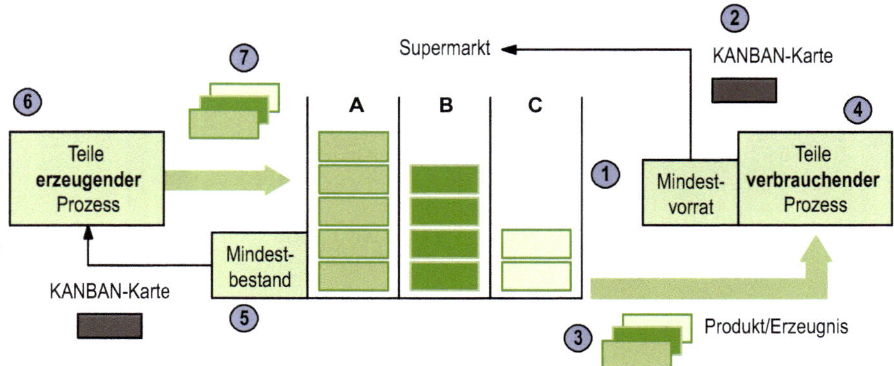

Abbildung 5.36: Kanban-Prinzip

Der Teilebedarf in der Produktion wird somit durch den tatsächlichen Verbrauch im vorgelagerten Fertigungsschritt determiniert. In Abbildung 5.37 sind beispielhaft die Inhalte dargestellt, die ein Kanban enthalten sollte.

KANBAN		
Artikel-Bezeichnung **Verschlusskappe**		Kanban-ID
Artikel-Nr. **3.1.**	Quelle/Lagerplatz **AP 5**	Lieferant **Firma XY**
	Senke **A06/B07**	**Nach dem Leeren des Behälters diese Karte an den Arbeitsplatz 3 weitergeben**
	Mindestbestand **4**	
	Menge/Behälter **40**	

Abbildung 5.37: Inhalte eines KANBAN

Voraussetzungen für die Anwendung

- Prüfung der Prozesse auf die Eignung für Kanban
- Aufbau einer Fließfertigung (geglättete, kontinuierliche Produktion)
- Verkleinerung der Losgrößen
- geringe Rüstzeiten
- Verkürzung und Vereinheitlichung der Transportzyklen
- konsequentes Behältermanagement
- hohe Qualität der Vorprodukte, ausgeprägte Qualitätssicherung
- qualifiziertes, reaktionsschnelles Personal
- genaue Planung und gute Koordination

Vor- und Nachteile

Kanban ermöglicht eine flexible Produktionssteuerung, wo nur nach tatsächlichem Verbrauch produziert wird und somit Über- und Unterproduktion vermieden werden. Just-in-Time-Aufträge können so besser bewältigt werden und Lagerbestände reduziert werden. Die stets aktuelle, zeitnahe und an die jeweilige Situation angepasste Informationsweiterleitung reduziert den Steuerungsaufwand und ermöglicht eine flexible Anpassung bei kurzfristigen Änderungen des Bedarfs. Daraus resultiert eine bessere Kundenorientierung, weil durch die höhere Flexibilität besser auf Kundenwünsche eingegangen werden kann.
Die Kanban-Methode ist nicht für jede Produktionsart geeignet (wie z. B. Einzel- oder Spezialfertigung). Sie funktioniert nur bei einer relativ geringen Variantenvielfalt, da mehr Varianten zu enormen Planungs- und Koordinationsaufwand führen. Die Umsetzung der Methode ist sehr komplex. Die Anpassung des Regelsystems an veränderte Produktionsabläufe ist sehr aufwendig und kann bei falscher Anwendung zu Problemen führen. Bei Störungen etwa führt der geringe Pufferbestand zum Ausfall aller nachfolgenden Fertigungsstufen. Zudem können Leerlaufzeiten auftreten, wenn Maschinen nur auf Anforderung produzieren. Kanban funktioniert deswegen nur bei strikter Einhaltung der Regeln (Ohno, 2013).

In Tabelle 5.13 werden die Vor- und Nachteile der Kanban-Methode gegenübergestellt.

Tabelle 5.13: Vor- und Nachteile von Kanban

Vorteile	Nachteile
Reduzierung der Lagerbestände	Nicht für jede Produktionsart geeignet
Vermeidung von Über- und Unterproduktion	Geringe Variantenvielfalt
Flexible Produktionssteuerung	Komplexe Umsetzung des Regelsystems
Bessere Kundenorientierung	Einhaltung strikter Regeln
Höhere Transparenz des Materialflusses	Bei Störungen führt geringer Pufferbestand zum Ausfall.

C 5.2.4 Just-in-Time (JIT)

Just-in-Time

Unter Just-in-Time versteht man die Bereitstellung auf Abruf, bei der sich jedes Teil in der gewünschten Anzahl zur rechten Zeit am rechten Ort befindet.

Inhalt

Diese Methodik beruht auf dem Supermarktprinzip und ist laut Ohno, dem Erfinder des Toyota-Produktionssystems, „ein Mittel, damit die Fabrik für das Unternehmen arbeitet wie der Körper für den Menschen" (Ohno, 2013). Als Supermarktprinzip wird eine Form des Zwischenlagers bezeichnet, das analog den Lebensmittel-Supermärkten aufgebaut ist. Hier werden größere Mengen vorgehalten, die dann an die einzelnen Arbeitsplätze gebracht werden.

Abbildung 5.38 zeigt eine schematische Darstellung, wie bei der JIT-Methode vorgegangen wird. Der Produzent liefert auf Basis des Produktionsprogrammes die Informationen über die zu fertigenden Produkte an den Lieferanten. Dieser liefert die für das Produkt benötigten Teile innerhalb einer vorgegebenen Zeitspanne bei Bedarf direkt an die Produktionslinie. Damit können große Lager vermieden werden, da lediglich ein geringer Sicherheitspuffer notwendig ist. Die Schaffung durchgängiger Material- und Informationsflüsse entlang der Wertschöpfungskette führt zu schnellerer Auftragsbearbeitung.

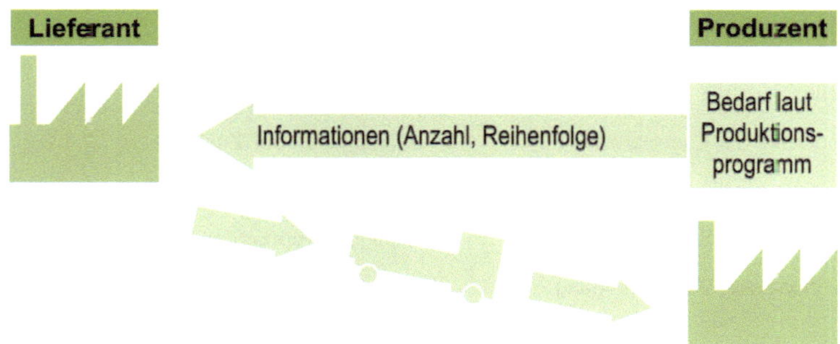

Abbildung 5.38: Vorgehensweise bei JIT-Abwicklung

Voraussetzungen für die Anwendung

- kontinuierlicher Bedarf, geringe Schwankungsbreite, geglättete Produktion
- kurze Rüstzeiten, hohe Verfügbarkeit der Betriebsmittel
- flexibler Personaleinsatz, Mehrmaschinenbedienung
- Flexibilität des Zulieferers/der Materialbereitstellung
- prozessbegleitende Qualitätssicherung
- Zuverlässigkeit, Pünktlichkeit, Schnelligkeit des Zulieferers
- integrierte Informationsverarbeitung im Pull-Prinzip
- perfekte zeitliche Koordination

Vor- und Nachteile

Der große Vorteil der JIT-Produktion sind die nur sehr geringen Pufferlager. Durch das Vermeiden großer Lagerbestände wird weniger Kapital gebunden, es werden weniger Lagerpersonal und keine großen Lagergebäude benötigt, wodurch die Lagerkosten vermindert werden. Durch die JIT-Anlieferung der benötigten Teile wird der Handlingaufwand geringer und die Durchlaufzeit der produzierten Artikel verkürzt sich, was zu geringeren Stückkosten führt. Ein weiterer Vorteil des JIT ist die Möglichkeit, den Herstellungsprozess des Zulieferers nahtlos mit dem Produktionsprozess des Kunden zu verknüpfen, etwa durch die Ansiedlung auf dem gleichen Gelände oder Industriepark. Der Zulieferer profitiert zudem durch die langfristige Bindung der Abnehmer, da diese vom Hersteller abhängig sind.
Für den Abnehmer kann diese Abhängigkeit vom Zulieferer allerdings nachteilig sein. Es kann zu Produktionsausfällen kommen, wenn die Lieferkette beispielsweise durch Verkehrsstörungen oder andere Zulieferungsprobleme behindert wird. Zudem ist eine sehr enge Abstimmung mit den Zulieferern nötig, z. B. zu Mehrarbeit, Werksurlaub oder Betriebsversammlungen. Für eine gut funktionierende JIT-Produktion ist ein ständiger Informationsaustausch erforderlich, was unter Umständen die Offenlegung von Betriebsgeheimnissen erfordert. Des Weiteren stellt sie hohe Anforderungen an die Logistik von Zulieferern und Kunden. Fehleinschätzung bei der Prognose, Fehler in den Unterlagen und fehlerhafte Produkte können schnell zu Problemen führen.
In Tabelle 5.14 werden die Vor- und Nachteile der JIT-Anwendung aufgeführt.

Tabelle 5.14: Vor- und Nachteile der JIT-Anwendung

Vorteile	Nachteile
Verringerung der Lagerkosten	Abhängigkeit vom Zulieferer
Geringere Lagerbestände	Gefahr von Produktionsausfällen
Verkürzung der Durchlaufzeit	Ständiger Informationsaustausch erforderlich
Vermeidung von Verschwendung	Hoher Koordinationsaufwand

C 5.2.5 Wertstromdesign

Wertstrom

Ein Wertstromdesign - auch Value Stream Design genannt - beschreibt, wie die aktuelle Fertigung zukünftig funktionieren soll. Das Ziel ist ein verbesserter und kundenorientierter Material- und Informationsfluss. Ein Wertstromdesign wird im Laufe der Zeit iterativ angepasst und verfeinert.

Inhalt

In Abbildung 5.39 ist ein typischer Wertstrom aus Makrosicht dargestellt. Ein ganzheitlicher Wertstrom eines Unternehmens beinhaltet sämtliche Prozesse, die ein Produkt zur Herstellung durchlaufen muss. Die Betrachtung beginnt demnach von dem Zeitpunkt der Anlieferung an die Rampe des Eingangslagers bis zur Versendung des Produktes von der Rampe des Ausgangslagers an den Kunden. Aus diesem Zusammenhang ist der sogenannte „Rampe-zu-Rampe"-Begriff entstanden.

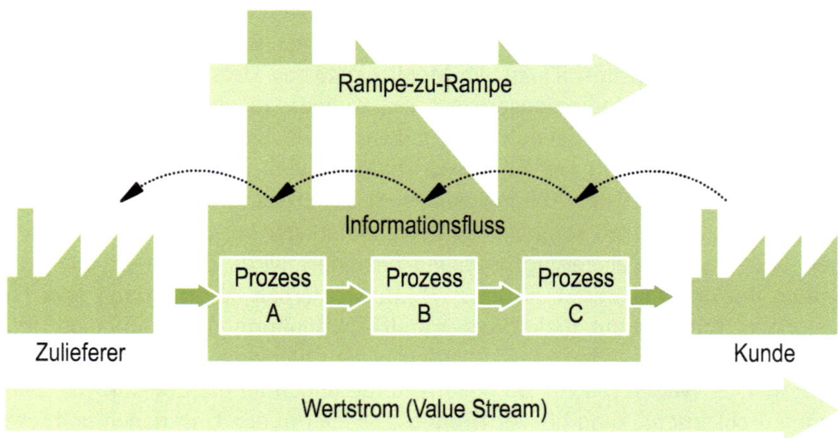

Abbildung 5.39: Wertstrom

Für eine detailliertere Beschreibung der Prozesse (A, B, C) stehen bei der Methode des Wertstromdesigns definierte Symboliken zur Verfügung. Eine Auswahl der gebräuchlichsten Symbole und ihrer Bedeutung ist in Tabelle 5.15 dargestellt.

Tabelle 5.15: Symbole des Wertstromdesigns

Symbol	Bedeutung	Symbol	Bedeutung
	Materialfluss		Mitarbeiter
Montage	Prozess		Lager
H2O	Teilstrom hinein	Abwasser	Teilstrom heraus
T	Transport	!	Handlungsbedarf
	Entnahme		Informationsfluss
	Unternehmen (extern/intern)		Anlieferung per LKW

Voraussetzungen für die Anwendung

- Wertstromanalyse: zeichnerisches Festhalten des Ist-Zustands
- optimale Gestaltung der Linien, die lange Materialströme und hohe Transportzeiten zwischen Prozessen vermeidet und Arbeitsschritte direkt verknüpft
- effektive Anordnung der Stationen und Ausrichtung der Aktivitäten
- stabile und fehlerfreie Prozesse

Vor- und Nachteile

Wertstromdesign ist eine einfache und pragmatische Herangehensweise, die durch einfache Visualisierung Transparenz ermöglicht, wobei die Konzentration der Betrachtung auf dem Wertstrom und dessen Einflussgrößen liegt. Durch das Wertstromdesign verkürzt sich die Durchlaufzeit. Bestände, Fehler und Ausschuss werden reduziert und Losgrößen optimiert. Prozessoptimierung und Handlungsprioritäten werden aufgezeigt. Ursachen von Verschwendung können leichter erkannt werden, und sofortiges Fehlerfeedback ermöglicht die Erhöhung der Qualität, was die Erhöhung der Liefertreue zum Kunden zur Folge hat. Die Methode ist vorrangig in der Serienfertigung anwendbar.
In Tabelle 5.16 werden die Vor- und Nachteile des Wertstromdesigns gegenübergestellt.

Tabelle 5.16: Vor- und Nachteile des Wertstromdesigns

Vorteile	Nachteile
Einfache pragmatische Herangehensweise (Visualisierung)	Anwendung vorrangig in der Serienfertigung
Schafft Transparenz	IST-Zustand (real oder geplant) wird beschrieben

Vorteile	Nachteile
Ursachen von Verschwendungen können leichter erkannt werden	Einheitliche Symbole und Begrifflichkeiten fehlen
Zeigt Prozessoptimierungspotenziale auf	
Konzentration auf den Wertstrom und dessen Einflussgrößen	

C 5.2.6 Heijunka-Produktionsnivellierung

Produktionsnivellierung

Unter Heijunka, d. h. Produktionsnivellierung - auch Auslastungsglättung genannt - versteht man den mengenmäßigen Ausgleich von sehr ungleichmäßig auftretenden Produktionsaufträgen, um einen glatten Fertigungsfluss zu erhalten.

Inhalt

Ziel der Produktionsnivellierung ist es, die „Produktionsspitzen" zu senken und die „Produktionstiefen" anzuheben. Wichtigste Grundlage der Produktionsnivellierung ist die Entkopplung der Fertigungsaufträge bezüglich Menge und zeitlicher Reihenfolge von den vorliegenden Kundenaufträgen. Zur Planung und Durchführung eines regelmäßigen und zyklischen Produktionsprogramms muss die Arbeit standardisiert und die Produktion sequenziert und in kleine Losgrößen aufgeteilt werden. Verschiedene Modelle werden nacheinander montiert. So soll ein gleichmäßiger Fertigungsrhythmus entstehen. Abbildung 5.40 verdeutlicht das Vorgehen bei der Heijunka-Produktionsnivellierung anhand eines Auslastungsdiagramms.

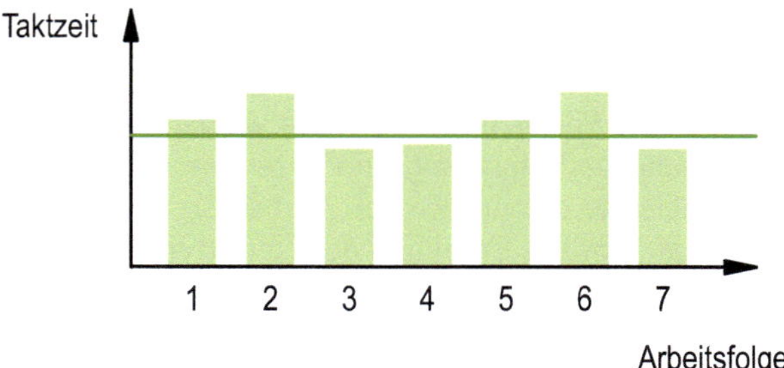

Abbildung 5.40: Auslastungsdiagramm (Beispiel)

Damit eine gleichmäßige Auslastung erreicht werden kann, müssen Arbeitsinhalte der Arbeitsfolgen zwei und sechs auf die anderen Arbeitsfolgen verteilt werden. Die Umverteilung sollte idealerweise auf die Arbeitsfolgen drei, vier oder sieben erfolgen, damit sich diese der Taktzeit annähern.

Voraussetzungen für die Anwendung

- Fließproduktion mit kurzen Transportwegen
- flexible Fertigungslinien für mehrere Produktvarianten
- Arbeiter, die verschiedene Maschinen bedienen können (multiskilled worker)
- kleine Losgrößen
- kurze Umrüstzeiten der Maschinen und Werkzeuge
- Vermeidung von Spezialeinrichtungen und -maschinen

Vor- und Nachteile

Hohe Flexibilität in der Reaktion auf schwankende Nachfragen und Variantenreichtum und damit eine höhere Liefertreue sind nur zwei Vorteile der Heijunka-Produktionsnivellierung. Der Fertigungsfluss wird verbessert, genauso wie das gesamte System, da Über- und Unterauslastung des Fertigungssystems vermieden werden. Die Durchlaufzeiten der Produkte werden verkürzt. Durch die Auslastungsglättung werden außerdem hohe Bestände, Wartezeiten und Liege- und Transportkosten vermieden. Im Fertigungsbereich werden weniger Arbeitskräfte benötigt. Mit Hilfe der Nivellierung können die Reihenfolgen der Kundenaufträge besser eingehalten werden und außerdem die Fluktuationen des Marktes besser absorbiert werden. Insgesamt kann die Arbeit besser für die tatsächliche Wertschöpfung genutzt werden.
Ein Nachteil besteht darin, dass bei zunehmender Marktdiversifizierung die Produktionsnivellierung schwieriger wird, da beispielsweise nicht alle unterschiedlichen Modelle aufgrund von Spezialwerkzeugen auf ein und demselben Fließband gefertigt werden können.
Tabelle 5.17 führt Vor- und Nachteile der Heijunka-Produktionsnivellierung auf.

Tabelle 5.17: Vor- und Nachteile der Produktionsnivellierung

Vorteile	Nachteile
Vermeidung von Über- und Unterauslastung des Fertigungssystems	Schwierigkeit bei zunehmender Marktdiversifizierung
Reduzierung der Bestände	
Vermeidung von Wartezeiten, Liege- und Transportzeiten	
Hohe Liefertreue und Flexibilität	
Verkürzung der Durchlaufzeiten	

C 5.2.7 Total Quality Management (TQM)

Total Quality Management

Total Quality Management (TQM) bezeichnet ein umfassendes Qualitätsmanagement. Dieses ist durch eine durchgängige, fortwährende und alle Bereiche einer Organisation erfassende, aufzeichnende, sichtende, organisierende und kontrollierende Tätigkeit gekennzeichnet, mit dem Ziel, Qualität einzuführen und dauerhaft zu garantieren. Die Qualität orientiert sich dabei am Kunden, da dessen vollste Zufriedenheit angestrebt wird.

Inhalt

Qualität setzt aktives Handeln voraus und muss durch Mitarbeiter aller Bereiche und Ebenen erarbeitet werden, somit sind alle Mitarbeiter für Fehler verantwortlich. Qualität bezieht sich auf Produkte und Dienstleistungen, vor allem aber auf deren Erzeugungsprozesse. Für ein erfolgreiches TQM müssen zunächst die gewünschten Ergebnisse bestimmt und das Vorgehen für die Umsetzung geplant werden. Anschließend ist die Umsetzung durchzuführen, zu bewerten und zu überprüfen. Qualität an sich stellt kein Ziel dar, sondern ist ein Prozess, der nie zu Ende geht. Es existieren acht Leitgedanken des TQM:

1. Führung und Zielkonsequenz,
2. Management mit Prozessen und Fakten,
3. Mitarbeiterentwicklung und Beteiligung,
4. Kontinuierliches Lernen, Innovation und Verbesserung,
5. Aufbau von Partnerschaften,
6. Verantwortung gegenüber der Öffentlichkeit,
7. Ergebnisorientierung sowie
8. Kundenorientierung.

Das meist verbreitete TQM-Konzept in Deutschland ist das EFQM-Modell. Dieses Modell ist ein Qualitätsmanagement-System des Total-Quality-Managements und wurde 1988 von der European Foundation for Quality Management (EFQM) entwickelt. Das EFQM-Modell hat einen ganzheitlichen, ergebnisorientierten Ansatz, welcher in Abbildung 5.41 dargestellt ist.

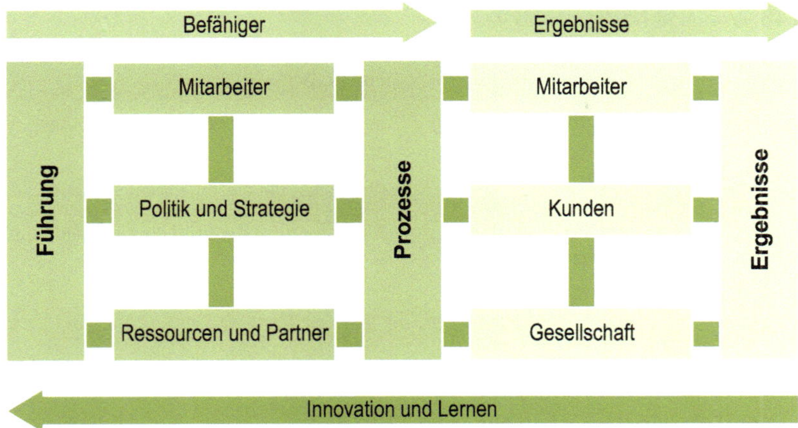

Abbildung 5.41: EFQM-Modell (nach EFQM, 2021)

Voraussetzungen für die Anwendung

- Unterstützung aller Mitarbeiter
- persönliches Engagement der obersten Führung
- Wille zur Verbesserung
- effizientes Projektmanagement, optimaler Einsatz der Ressourcen
- Methodenkenntnisse (z. B. KVP, Managementtechniken, Projektmanagement)

Vor- und Nachteile

TQM kann von allen Unternehmen angewandt werden und sorgt branchen- und größenunabhängig für eine allgemeine Verbesserung der Geschäftsprozesse. Die Effizienz wird gesteigert und Kosten werden gesenkt, zudem wird durch die Fokussierung auf Kundenanforderungen deren Zufriedenheit erhöht. Bei TQM handelt es sich um einen umfassenden Ansatz, der das ganze Unternehmen auf Qualität ausrichtet. Außerdem wird der Betrieb als sozio-technisches System gesehen. Dieser integrative Ansatz ermöglicht es, die technische und die soziale Kompetenz gleichrangig zu berücksichtigen.
TQM ist nicht konkret fassbar, und es existiert keine klare Trennung zwischen dem Management- und dem Qualitätsbegriff. Die Einführung kann sich vor allem bei großen Unternehmen schwierig gestalten, da TQM eine spezielle Unternehmenskultur voraussetzt, die möglicherweise erst entstehen muss.
In Tabelle 5.18 werden Vor- und Nachteile des TQM gegenübergestellt.

Tabelle 5.18: Vor- und Nachteile des TQM

Vorteile	Nachteile
Anwendung ist branchen- und größenunabhängig	keine Trennung zwischen Management- und Qualitätsbegriff
Steigerung der Effizienz	setzt spezielle Unternehmenskultur voraus
Fokussierung auf Kundenanforderungen, damit Erhöhung der Kundenzufriedenheit	Einführung bei großen Unternehmen zum Teil schwierig
Verbesserung der Geschäftsprozesse	
Integrierter Ansatz (sozio-technisches System)	

C 5.2.8 Total Productive Maintenance (TPM)

Total Productive Maintenance

TPM ist ein Programm zur kontinuierlichen Verbesserung (KVP) in allen Bereichen eines Unternehmens, mit dem Hauptfokus auf den Bereich der Produktion. Ziel ist es, jegliche Art von Verlusten und Verschwendungen zu vermeiden. Insbesondere mit dem Ziel von null Defekten, null Ausfällen, null Qualitätsverlusten, null Unfällen usw., z. B. durch vorbeugende Instandhaltung.

Inhalt

TPM steht im Original für Total Productive Maintenance. Heute wird TPM auch als Total Productive Manufacturing oder Total Productive Management im Sinne eines umfassenden Produktionssystems interpretiert.
Für die Maximierung der Anlagenproduktivität sollen null Defekte, null Ausfälle, null Qualitätsverluste und null Unfälle erreicht werden. Eine effektive Nutzung der Produktionsanlagen wird durch die Übertragung der Verantwortung für routinemäßige Instandhaltungsmaßnahmen an das Produktionspersonal erzielt.
Das TPM besteht, wie in Abbildung 5.42 dargestellt, insgesamt aus acht Säulen:

1. Verschwendung vermeiden,
2. Autonome Instandhaltung,
3. Geplante Instandhaltung,
4. Training und Ausbildung,
5. Anlaufüberwachung,
6. Qualitätsmanagement,
7. TPM in administrativen Bereichen und
8. Arbeitssicherheit, Umwelt- und Gesundheitsschutz.

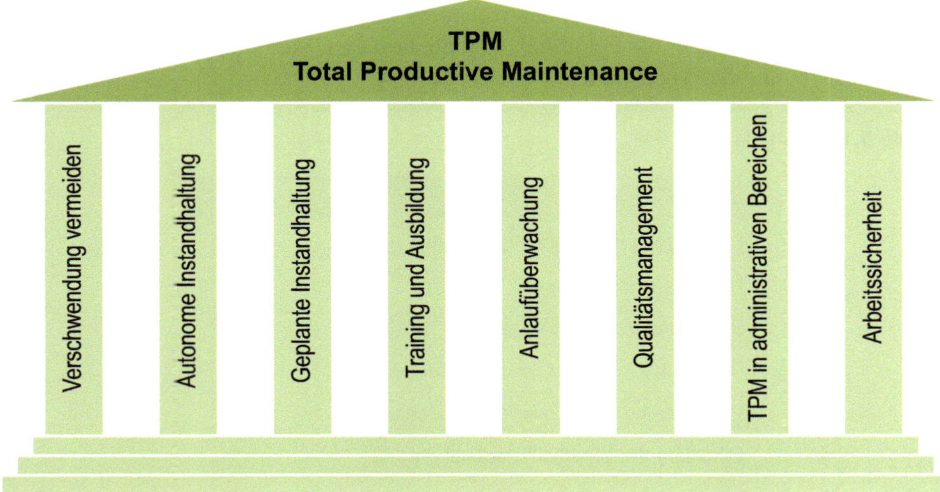

Abbildung 5.42: 8 Säulen des TPM

Durch das Vermeiden von Verschwendung findet eine kontinuierliche Verbesserung statt. Die Instandhaltung der Maschinen soll autonom erfolgen, d. h., dass die Anlagenbediener Inspektions-, Reinigungs- und Schmierarbeiten sowie kleine Wartungsarbeiten selbstständig durchführen. Durch die geplante Instandhaltung soll die 100%ige Verfügbarkeit der Anlagen sichergestellt werden. Mitarbeiter müssen bedarfsgerecht weitergebildet und trainiert werden, um für die Verbesserung der Bedienung und Instandhaltung qualifiziert zu sein. Mithilfe einer Anlaufüberwachung soll eine nahezu senkrechte Anlaufkurve bei neuen Produkten und Anlagen realisiert werden. Das Ziel, keine Qualitätsdefekte bei Produkten und Anlagen zu produzieren, soll durch das Qualitätsmanagement sichergestellt werden. Auch in administrativen Bereichen soll TPM eingeführt werden, um die Eliminierung von Verlust und Verschwendung in nicht direkt produzierenden Abteilungen zu unterstützen. Des Weiteren stehen Arbeitssicherheit, Umwelt- und Gesundheitsschutz im Mittelpunkt.
TPM stellt also einen produktivitätsorientierten Mix von vorbeugenden und zustandsorientierten Instandhaltungsleistungen, ergänzt um den kontinuierlichen Anlagenverbesserungsprozess, dar. Hier wird auch deutlich, dass die einzelnen Methoden der Prozessoptimierung durchaus Überschneidungen haben.

Voraussetzungen für die Anwendung

- Produktion muss im Pull-System arbeiten
- Kennzahlen müssen als Maßstab existieren

Vor- und Nachteile

Durch die Reduzierung von Funktionsstörungen wird eine hohe Prozesssicherheit erreicht, Ausschuss reduziert und somit die Produktivität gesteigert. TPM ermöglicht eine bessere Kontrolle der Instandhaltungskosten. Die Bedien- und Instandhaltungsfreundlichkeit der

Anlagen steigt, zudem werden Sicherheitsstandards verbessert, was wiederum die Erhöhung der Mitarbeitermotivation zur Folge hat. Nachteile dieser Methode sind nicht erkennbar. In Tabelle 5.19 sind die Vorteile des TPM dargestellt.

Tabelle 5.19: Vorteile des TPM

Vorteile
Reduzierung der Funktionsstörungen
Hohe Prozesssicherheit
Steigerung der Produktivität
Bessere Kontrolle der Instandhaltungskosten
Verbesserung von Sicherheitsstandards
Erhöhung der Mitarbeitermotivation

C 5.2.9 Kaizen/KVP

Kaizen

Kaizen bedeutet „Veränderung zum Besseren" und bezeichnet das Streben nach ständiger Verbesserung. Im Deutschen wird es oft mit „Kontinuierlichem Verbesserungsprozess (KVP)" bezeichnet.

Inhalt

Im Mittelpunkt des Kaizen-Gedankens steht nicht sprunghafte Verbesserung durch Innovation, sondern vielmehr eine schrittweise erfolgende Optimierung und Perfektionierung eines bewährten Produktes oder eines bestehenden Prozesses. In den Verbesserungsprozess werden alle Mitarbeiter (Geschäftsleitung, Führungskräfte und Arbeiter) einbezogen. Somit stellt es die Perfektionierung des betrieblichen Vorschlagswesens dar. Die mitarbeiterorientierte Führung bedarf der Investition in deren Weiterbildung, nur so kann Kaizen zum Erfolg werden. Ziel des KVP ist eine hohe Kundenzufriedenheit dank Kostensenkung, Qualitätssicherung und Zeiteffizienz. Außerdem wird versucht, das Leistungsvermögen der Beschäftigten auszuschöpfen. Kaizen stellt eine Kombination diverser Methoden dar. Zur Erreichung eines kontinuierlichen Verbesserungsprozesses können u. a. die bereits erläuterten Methoden zur Vermeidung von Verschwendungen wie z. B. das Kanban-Prinzip, TQM (Total Quality Management), TPM (Total Productive Maintenance) oder die 5S- bzw. 5A-Methode zur Anwendung kommen.

Voraussetzungen für die Anwendung

- das Management muss Unternehmenspolitik, Regeln, Anweisungen, Richtlinien, Kennzahlen festlegen

- das Management muss sich zu Kaizen/KVP bekennen und Mitarbeiter bei der Durchführung uneingeschränkt unterstützen
- jeder einzelne Beschäftigte muss über Verbesserungen nachdenken
- hohe Diszip in der Beschäftigten
- „Kulturwandel" im Betrieb notwendig
- Bereitschaft und Möglichkeit zur schnellen Umsetzung von KVP-Vorschlägen
- Verfolgen und Visualisieren der Fortschritte und Erfolge

Vor- und Nachteile

Kaizen ist sowohl für sehr kleine als auch für sehr große Unternehmen gleichermaßen geeignet. Es führt zu einer stetigen Verbesserung der Wettbewerbsposition und fördert die Individualität des Betriebs. Durch gezielten Personaleinsatz und das Ausschöpfen bereits vorhandener Potenziale können Produktionskosten gesenkt werden. KVP verbessert außerdem die Motivation der Mitarbeiter und erhöht die Identifikation mit dem Unternehmen.
Ein Nachteil bei der Kaizen-Methode besteht darin, dass die Einführung von Kaizen sehr lange dauern kann. Außerdem müssen die Mitarbeiter oft entsprechend geschult werden. KVP bedeutet die ständige Veränderung von Standards, deshalb besteht keine Kontinuität im Unternehmen und die Gefahr, dass die Mitarbeiter durch sich ändernde Standards überfordert werden.
In Tabelle 5.20 werden Vor- und Nachteile der Kaizen-Methode aufgeführt.

Tabelle 5.20: Vor- und Nachteile von Kaizen

Vorteile	Nachteile
Identifikation der Mitarbeiter mit dem Unternehmen	Einführungszeit kann sehr lange dauern
Stetige Verbesserung der Wettbewerbsposition	Mitarbeiter müssen entsprechend geschult werden
Kostensenkung durch Ausschöpfen bereits vorhandener Potenziale	Ständige Veränderung, keine Kontinuität, dadurch Überforderung der Mitarbeiter möglich
Für jede Größe von Unternehmen geeignet	Veränderungsprozess kann Probleme bereiten

C 5.3 Lean Office

C 5.3.1 Entstehung des Lean Office

Lean Office bezeichnet die Übertragung der Lean-Gedanken aus der Produktion in den administrativen Bereich, um auch dort die Arbeitsprozesse zu optimieren und kostengünstig abzuwickeln.
Anfang der 1990er Jahre gab es bereits vereinzelte Erscheinungen zum Thema Lean Office, die allerdings kaum Beachtung fanden. Seit dem Jahr 2002 ist ein steigendes Interesse am Lean Management nicht mehr nur in den Fertigungsbereichen zu beobachten, sondern auch im Dienstleistungssektor gewinnt das „Lean Thinking" an Bedeutung. Es geht um die Übertragung des Lean Gedankens von der Produktion in die Verwaltung. Mitunter werden die Termini „Office Excellence", „schlankes Büro" oder „Lean Administration" synonym für den Begriff des „Lean Office" verwendet.

Zahlreiche Publikationen im Hinblick auf das Toyota-Produktionssystem und die Lean-Production haben es Unternehmen erleichtert, das Lean-System zumindest in ihre Fertigung einzuführen. Die Übertragung auf den administrativen Bereich der Unternehmen ist hingegen noch nicht so verbreitet. Einerseits ist oft die Notwendigkeit von Lean Office nicht ersichtlich, andererseits sind die Übertragungsmöglichkeiten unbekannt, da in der Fachliteratur häufig versäumt wird, diese aufzuzeigen. Die Implementierung des Lean Managements in der Verwaltung wird oft durch mangelndes Führungsverhalten, schlechte Kommunikation im Betrieb und Abteilungsdenken erschwert. Wenn jedoch das Bewusstsein einsetzt, dass auch bei administrativen Prozessen Produkte im weiteren Sinne erzeugt werden, lassen sich Lean-Methoden aus dem Fertigungsbereich, wenn auch in veränderter Form, in das Büro übertragen.

Die in der Verwaltung entstehenden Produkte in Form von Informationen sind unsichtbar und müssen erst durch Formulare, E-Mails oder Kalkulationen sichtbar gemacht werden. Erst so wird es möglich, den im Gegensatz zur Produktion schwer nachvollziehbaren Materialfluss visuell zu verfolgen. Die Analyse-, Darstellungs- und Steuerungs-Werkzeuge aus dem Fertigungsbereich können nur in veränderter Form übernommen werden. In der Produktion sind die Arbeitsprozesse zudem viel umfassender beschrieben als im Büro.

Auch wenn Lean Management in ein Büro übertragen wurde, arbeitet dieses nicht immer optimal. Möglicherweise fehlt es an Akzeptanz des Lean Office, an Standards und Messgrößen sowie einer regelmäßigen Überprüfung, ob die Ressourcen auch optimal genutzt werden.

C 5.3.2 Notwendigkeit von Lean Office

Ebenso wie produzierende Betriebe müssen Dienstleistungsunternehmen und Verwaltungen auf dem globalen Markt bestehen. Effiziente, schnelle und sparsame Verwaltungsprozesse sind ein bestimmender wirtschaftlicher Erfolgsfaktor geworden.

„Obwohl die Arbeitsproduktivität in der Verwaltung nur zwischen 50 und 60 Prozent liegt, weigern sich viele Unternehmen, den Lean-Gedanken auch im Büro anzuwenden, weil sie keine Übertragungsmöglichkeiten aus der Produktion sehen. Man ist dabei der Auffassung, dass Verwaltungsaufgaben anders aussehen als Produktionsprozesse. Dabei können diese Prozesse ähnlich standardisiert und nach produktivitätsspezifischen Gesichtspunkten optimiert und geplant werden, wie eine Produktionsanlage“ (Wiegand & Franck, 2004). Werden die administrativen Aufgaben unter prozessualen Aspekten betrachtet, lassen sie sich in einzelne Tätigkeiten zerlegen, die je nach Bedarf aneinandergereiht werden können. Diese sind durchaus mess- und gestaltbar.

Ferner wird in vielen Verwaltungen noch stark arbeitsteilig gearbeitet. Das verursacht hohe Koordinationskosten, die die Wettbewerbsfähigkeit des Unternehmens beeinträchtigen. Durch die Arbeitsteilung entstehen viele Schnittstellen zwischen verschiedenen Mitarbeitern, die zu Informationsverlusten führen können, was wiederum die Durchlaufzeiten erhöht. Wenn jedoch Lean Office als Steuerinstrument genutzt wird, lassen sich die Prozesse optimieren. Eine ganzheitliche Vorgangsbearbeitung reduziert die Schnittstellen, wodurch dem Informationsverlust vorgebeugt wird. Werden die notwendigen Prozess-Schnittstellen eindeutig beschrieben, können die Mitarbeiter ihre Produkte Just-in-Time liefern. Durch eine Analyse können Abläufe und Kosten genauer überblickt werden, so dass Tätigkeiten planbar und benötigte Kapazitäten freigesetzt werden.

C 5.3.3 Vorgehensweise beim Lean Office

Bei Lean Office handelt es sich um eine auf den Lean-Prinzipien und -Werkzeugen aufbauende Methode zur Untersuchung und Optimierung aller informationsbearbeitenden und -verarbeitenden Leistungsprozesse. Lean Office eignet sich somit für alle indirekten Unternehmensbereiche, Dienstleistungs- und Servicebranchen sowie Verwaltungen. Ziel dieser Methode sind effiziente, transparente und planbare Geschäftsprozesse mit definierten Schnittstellen, hoher Produktivität, geringer Fehlerquote und geringen Verschwendungsanteilen.

Für das Lean Office muss das Prozessdenken auch in der Verwaltung angewandt werden. Bei Geschäftsprozessen entstehen ebenso Produkte, aber im Sinne von Informationen. Im Mittelpunkt steht eine allseitige Kundenorientierung. Dafür ist es notwendig, dass auch innerhalb des Unternehmens Kunden-Lieferanten-Beziehungen herrschen. Jeder Mitarbeiter muss sich als Lieferant betrachten, wenn er Informationen an andere Kollegen gibt und ist zugleich Kunde, indem er die Leistungen anderer Mitarbeiter in Anspruch nimmt. Hierdurch kann ein neues Qualitätsbewusstsein entstehen (Wiegand & Franck, 2004).

Voraussetzung für die Prozessoptimierung ist auch in der Verwaltung eine Wertstromanalyse, bei der wertschöpfende Tätigkeiten und nicht werterhöhende Tätigkeiten aufgezeigt werden. Zu letzteren zählen etwa Wartezeiten, Rückfragen oder unnötiges Suchen. Auch hier kann durch eine Just-in-Time-Bereitstellung von Leistungen und Informationen Überproduktion vermieden werden. Auch im administrativen Bereich lassen sich, wie in der Produktion, Prozesse in Grundmuster oder Routineaufgaben einordnen. Werden die Abläufe unter prozessualen Aspekten betrachtet, lassen sie sich in einzelne Tätigkeiten unterteilen, die aneinandergereiht werden. Diese sind wiederum flexibel kombinierbar. Neben den Tätigkeiten müssen auch die Schnittstellen reorganisiert werden, um mögliche Informationsverluste zu vermeiden und Transport- und Wartezeiten zu verringern.

C 5.3.4 Methoden des Lean Office

Für die Implementierung des Lean Office existieren verschiedene Methoden, die sowohl lokal am Arbeitsplatz als auch am Prozess ansetzen. Die lokal ansetzenden Methoden dienen der Optimierung einzelner Arbeitsplätze oder bestimmter Arbeitsabläufe. Methoden, die am Prozess ansetzen, betrachten das Zusammenspiel der Abläufe, der Beteiligten und der Schnittstellen. Diese unterschiedlichen Methoden werden nachfolgend dargestellt.

Zur Gruppe der lokal ansetzenden Methoden zählen unter anderem (Wittenstein & Wesoly, 2006):

- 7 Arten der Verschwendung,
- 5A/5S-Methode,
- Standardisierung und
- Total Productive Maintenance.

Die 7 Arten der Verschwendung werden auch in der Verwaltung gefunden. In Abbildung 5.43 wird die Übertragung der Verschwendung von dem Produktionsbereich in den Verwaltungsbereich dargestellt.

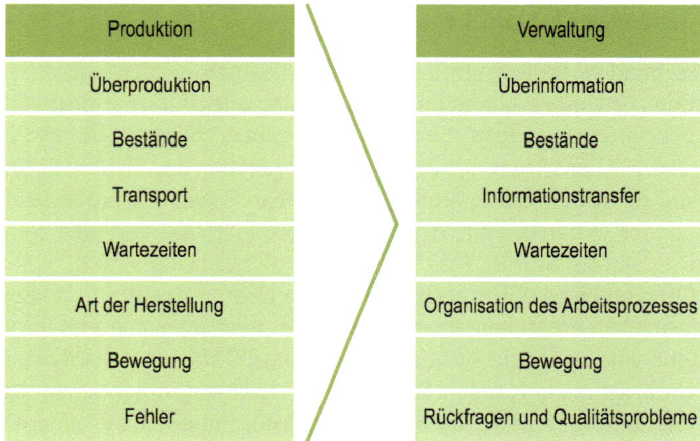

Abbildung 5.43: Verschwendungsarten in der Produktion und der Verwaltung

Diese sieben Verschwendungsarten sollten identifiziert und vermieden werden, um die Effektivität zu steigern und Ressourcen zu sparen.
Am Prozess ansetzende Methoden sind:

- Prozessmapping,
- Wertstromdesign,
- Schnittstellenworkshops,
- Business-Process-Reengineering und
- Prozess-Fehler-Möglichkeits- und Einflussanalyse.

Prozessmapping

Diese Methode soll komplizierte Prozesse einfach visualisieren und dabei den Arbeits- und Informationsfluss, Verantwortlichkeiten und Schnittstellen aufzeigen. Ziel ist es, unnötige Vorgänge und Verschwendung vollkommen abzustellen.

Wertstromdesign

Auch mithilfe des Wertstromdesigns können Vorgänge abgebildet werden. Dabei steht die Analyse von Informationsflüssen und Schnittstellen im Mittelpunkt. So soll durch Ablaufoptimierung ein kontinuierlicher Prozessfluss geschaffen werden. Damit einhergehend werden die Durchlaufzeiten verkürzt und Wartezeiten sowie Doppelarbeit vermieden.

Schnittstellenworkshops

An den Verbindungsstellen zwischen verschiedenen Abteilungen soll die Zusammenarbeit optimiert werden, etwa durch klare Leistungsvereinbarungen, Qualitäts- und Zeitvorgaben. Dafür können abteilungsübergreifende Workshops zur Schnittstellenoptimierung hilfreich sein.

Business-Process-Reengineering

Durch eine umfassende Neuorganisation der Geschäftsprozesse in Bezug auf die Möglichkeiten der Informations- und Kommunikationstechnologie kann eine größtmögliche Automatisierung erreicht werden, was wiederum zur Vermeidung von Verschwendung führt.

Prozess-Fehler-Möglichkeits- und Einflussanalyse

Durch die Untersuchung und Bewertung von möglichen Fehlern in Verarbeitungsprozessen sollen Fehlervermeidungs- und -früherkennungs-Maßnahmen abgeleitet werden. Dieser qualitätsorientierte Vorgang der Prozessoptimierung existiert in verschiedenen Varianten für den IT-Bereich, für Projekte und menschliche Handlungsfehler.

C 5.3.5 Ansätze zur Umsetzung des Lean Office

Die Lean-Methode lässt sich nicht unreflektiert von der Produktion auf die Verwaltung übertragen. Beispielsweise sind die hier entstehenden Produkte im Sinne von Informationen unsichtbar und immateriell, folglich ist der Materialfluss schwer zu beobachten. Demzufolge werden andere Analyse-, Darstellungs- und Steuerungswerkzeuge benötigt.
Bisher existiert nur begrenzt Literatur zur Umsetzung von Lean Office. Nachfolgend sollen zwei Ansätze, die sich schon erfolgreich durchsetzen konnten, vorgestellt werden.

6 Level zur Steigerung der Büroeffizienz

Das KAIZEN-Institut schlägt sechs Stufen vor, mit deren Hilfe die Büroeffizienz gesteigert werden kann (Leikep & Bieber, 2006). Level 1 stellt die Selbstorganisation dar, d. h. die Mitarbeiter werden für Verschwendung und Verluste sensibilisiert und sollen selbst die Arbeit angenehmer gestalten. Im 2. Level steht die Zusammenarbeit im Mittelpunkt. Diese wird durch einheitliche Standards und klare Kommunikation erreicht, wodurch wiederum Fehler vermieden und Wartezeiten verkürzt werden sollen. Anschließend werden in Level 3 die Arbeitsprozesse verbessert. Zur erfolgreichen Optimierung dienen Wertstromdesigns und Prozessmapping. Hiermit werden die Durchlaufzeiten reduziert, die Schnittstellen verbessert und Medienbrüche vermieden. Ebenso werden die Prozesse transparent und Problemlösungen offensichtlich. Dieser Zustand wird im 4. Level durch die Optimierung im Team erhalten, indem klare Zielvorstellungen kommuniziert werden. Flexibel im Team zu arbeiten, soll in Level 5 erreicht werden. Schließlich wird man im 6. Level zu „Best in Class" und kann die Methoden mit anderen Unternehmen austauschen und sich dem Wettbewerb stellen. In Abbildung 5.44 sind die sechs Stufen zur Steigerung der Büroeffizienz grafisch dargestellt.

Abbildung 5.44: 6 Level zur Steigerung der Büroeffizienz

Analyse zur Einführung von Lean Office nach Wiegand und Franck (2004)

Wichtigste Voraussetzung für eine erfolgreiche Einführung des Lean Office ist eine umfassende Analyse der gesamten Organisation des Unternehmens. Diese Analyse erfolgt aus verschiedenen Perspektiven. Die Auftragsstrukturanalyse identifiziert, sortiert und gruppiert Produkte und Mengen, die täglich in der Verwaltung produziert werden. In der anschließenden Wertstromanalyse werden die Geschäftsprozesse transparent gemacht. Außerdem werden die Prozessschritte, Schnittstellen und Informationsflüsse bewertet und Maßnahmen zur Prozessoptimierung abgeleitet. Die Aufgabenverteilung und -belastung der Mitarbeiter wird mit der Tätigkeitsstrukturanalyse untersucht, mit dem Ziel, die Aufgaben optimal auf das Personal zu verteilen. Bei der Informationsstrukturanalyse werden schließlich die Informations- und Kommunikationswege durchleuchtet. Anschließend können konkrete Optimierungsmaßnahmen abgeleitet werden. Konkret definierte Ziele werden etwa in einem Maßnahmenkatalog festgehalten. Im Anschluss an die Analyse findet die Modularisierung statt, wobei die Tätigkeiten in unabhängige Einzelprozesse oder Module zerlegt werden, die sich je nach Bedarf flexibel aneinanderreihen lassen. Diese Zuordnung der Module in Produkterstellungsprozesse erfolgt in der Phase der Integration. Die letzte Stufe der Umsetzung beinhaltet schließlich die Realisierung der neuen Prozesse. Ein kontinuierlicher Verbesserungsprozess (KVP) ist dabei wesentlicher Bestandteil.

C 5.4 Veränderungsmanagement

Die vorangegangenen Teile von Kapitel 5 haben gezeigt, dass Arbeitsorganisation, d. h. Aufbau- und Ablauforganisation ein Unternehmen maßgeblich bestimmen. Gerade die Aktivitäten im Hinblick auf Lean Management und Lean Office bedeuten für die meisten der Unternehmen einen sogenannten Veränderungsprozess. Veränderungen sind uns Menschen aber in aller Regel etwas „suspekt". Von gewohnten Abläufen abzugehen, etwas Neues auszuprobieren und Erprobtes zu hinterfragen, sind Vorgehensweisen, die wir meist nicht gelernt haben. Dabei sind sie notwendig, um den neuen Herausforderungen aus Technik,

Organisation und aus der sich verändernden Menschenwelt Rechnung zu tragen. Veränderungsprozesse müssen deshalb klug gemanagt werden. Dazu liegen gerade aus den letzten 20 Jahren viele Erfahrungsberichte und eine große Anzahl an in der Literatur dokumentierten Beispielen vor. Veränderungsmanagement bedeutet immer eine Berücksichtigung der arbeitspsychologischen Erkenntnisse im Hinblick auf den Menschen. Mitarbeiter rechtzeitig einzubeziehen, zu informieren und mit ihnen zu kommunizieren, sind wesentliche Regeln, um Ängste und Bedenken frühzeitig aus dem Weg zu räumen, die Veränderungen zumeist begleiten.
„Change Management" oder auch Veränderungsmanagement ist inzwischen eine eigene Teildisziplin der Betriebswirtschaftslehre.

D 5 Fallbeispiel

Vorbemerkung:
Zur Bestimmung von Vorgabezeiten werden Arbeitsabläufe in einzelne Ablaufabschnitte zergliedert, denen zur transparenten Beschreibung bestimmte Kategorien an Vorkommnissen, die Ablauf- beziehungsweise Zeitarten, zugeordnet werden können. Die auf Basis der Zeitarten errechneten Vorgabezeiten stellen beispielsweise die Basis zur Vorkalkulation, zur kostenorientierten Preisbildung, zur Kapazitätsplanung und -steuerung oder zur Kennzahlenbildung dar.
Rechenbeispiel:
In einem blechbearbeitenden Unternehmen sind für die Bearbeitung eines Arbeitsauftrages die Vorgabezeiten für Mensch und Betriebsmittel zu bestimmen. An einer 800-t-Ziehpresse sind aus gestanzten Platinen m = 300 Stahlblechschutzkappen zu fertigen (Arbeitsaufgabe: Ziehen von Stahlblechschutzkappen). Laut Betriebsvereinbarung beträgt der Verteilzeit-Prozentsatz $z_v = 7$ % und der Erholungszeit-Prozentsatz $z_{er} = 3$ %. Die Ablaufanalyse hat folgende Daten ergeben (vgl. Tabelle 5.21):

Tabelle 5.21: Arbeitsablauf „Ziehen von Stahlschutzblechkappen"

Nr.	Ablaufabschnitt	Soll-Zeit in min	Zeitart	
			M	B
1	Ziehwerkzeug in Presse einbauen	8,0	t_{MNR}	t_{BNR}
2	Probezug mit Kontrolle	1,3	t_{MNR}	t_{BNR}
3	Platine greifen und zur Presse transportieren	0,10	t_{MN}	t_{BA}
4	Platine in Matrize einlegen	0,05	t_{MN}	t_{BN}
5	Schutzkappen auf Ziehpresse pressen	0,15	t_{MH}	t_{BH}
6	Schutzkappe aus Matrize nehmen	0,08	t_{MN}	t_{BN}
7	Schutzkappe ablegen	0,06	t_{MA}	t_{BA}
8	Vom Transportkasten zur Palette gehen	0,06	t_{MN}	t_{BA}
9	Ziehwerkzeug ausbauen	5,0	t_{MNR}	t_{BNR}

1.) Berechnung der Auftragszeit T:

Errechnung der Zeit je Einheit t_e für den Menschen:

Grundzeit: $t_g = \sum t_{MH} + \sum t_{MN} + \sum t_{MA} = (0,15 + 0,35 + 0)\ min$
$= 0,5\ min$

Verteilzeit: $t_v = z_v/100 * t_g = 7/100 * 0,5\ min = 0,035\ min$

Erholungszeit: $t_{er} = z_{er}/100 * t_g = 3/100 * 0,5\ min = 0,015\ min$

Zeit je Einheit: $t_e = t_g + t_{er} + t_v = 0,5\ min + 0,015\ min + 0,035\ min$
$= 0,55\ min$

Errechnung der Ausführungszeit ta für m = 300 Stück:

Ausführungszeit: $t_a = m * t_e = 300 * 0,55\ min = 165\ min$

Errechnung der Rüstzeit t_r:

Rüstzeit: $t_r = t_{rg} + t_{rer} + t_{rv} = (14,3 + 0,429 + 1,001)\ min$
$= 15,73\ min$

Errechnung der Auftragszeit T:

Auftragszeit: $T = t_r + t_a = 15,73\ min + 165\ min = 180,73\ min$

2.) Berechnung der Belegungszeit T_{bB}:

Errechnung der Zeit je Einheit t_{eB} für die Presse:

Betriebsmittel-
Grundzeit: $t_{gB} = t_h + t_n + t_b = (0,15 + 0,13 + 0,22 + 0,015)\ min$
$= 0,515\ min$

Betriebsmittel-
Verteilzeit: $t_{vB} = z_v/100 * (t_{gB} - t_{BE}) = 7/100 * 0,5\ min = 0,035\ min$

Betriebsmittel-
Zeit je Einheit: $t_{eB} = t_{gB} + t_{vB} = (0,515 + 0,035)\ min = 0,55\ min$

Errechnung der Betriebsmittel-Ausführungszeit t_{aB} für m = 300 Stück:

Betriebsmittel-
Ausführungszeit: $t_{aB} = m * t_{eB} = 300 * 0,55\ min = 165\ min$

Errechnung der Betriebsmittelrüstzeit t_{rB}:

Betriebsmittel-

Rüstzeit: $t_{rgB} = t_{rgB} + t_{rvB} = 14,729\ min + 1,001\ min = 15,73\ min$

Errechnung der Belegungszeit tbB:

Belegungszeit: $T_{bB} = t_{rB} + t_{aB} = 15,73\ min + 165\ min = 180,73\ min$

E 5 Empfehlungen und Regeln (Vorschriften)

An dieser Stelle werden ausgewählte Regelwerke, die für die Arbeitsorganisation relevant sind und bei deren Gestaltung zu beachten sind, aufgeführt.

Tabelle 5.22: Ausgewählte Regelwerke zur Gestaltung für die Arbeitsorganisation

Dokument	Inhalt
DIN 66001	Informationsverarbeitung – Sinnbilder und ihre Anwendung
DIN 69900	Projektmanagement - Netzplantechnik; Beschreibungen und Begriffe
DIN EN ISO 9000	Qualitätsmanagementsysteme – Grundlagen und Begriffe
DIN EN ISO 9001	Qualitätsmanagementsysteme – Anforderungen
VDI 2870 Blatt 1	Ganzheitliche Produktionssysteme – Grundlagen, Einführung und Bewertung
VDI 2870 Blatt 2	Ganzheitliche Produktionssysteme – Methodenkatalog
Betriebsverfassungsgesetz (BetrVG)	Grundlage zur Ordnung der Zusammenarbeit von Arbeitgeber und der betrieblichen Interessenvertretung (von den Arbeitnehmern gewählt)
Tarifverträge (je nach Bezirk und Branche bzw. Art des Arbeitgebers)	Rechte und Pflichten der Tarifvertragsparteien; Inhalt, Abschluss und Beendigung von Arbeitsverhältnissen

F 5 Literatur

Adam, D. (1998) *Produktionsmanagement.* Wiesbaden: Gabler.

Arbeitszeitgesetz (ArbZG) vom 6. Juni 1994 (BGBl. I S. 1170, 1171), das zuletzt durch Artikel 6 des Gesetzes vom 22.Dezember 2020 (BGBl. I S. 3334) geändert worden ist.

Becker, H. (2006): *Phänomen Toyota.* Berlin, Heidelberg: Springer.

Beermann, B. (2005): *Leitfaden zur Einführung und Gestaltung von Nacht- und Schichtarbeit.* Dortmund: Bundesanstalt für Arbeitsschutz und Arbeitsmedizin.

Bergmann, R. & Garrecht, M. (2016): *Organisation und Projektmanagement* (2. Auflg.). Heidelberg: Physica.

Betriebsverfassungsgesetz (BetrVG) in der Fassung der Bekanntmachung vom 25. September 2001 (BGBl. I S. 2518), das zuletzt durch Artikel 4 des Gesetzes vom 16. Juli 2021 (BGBl. I S. 2959) geändert worden ist

Binner, H. F. (2010): *Prozessmanagement von A-Z - Erläuterung und Vernetzung zielgerichteter Begriffe.* Darmstadt: Hanser.

Binner, H. F. (2011): *Handbuch der prozessorientierten Arbeitsorganisation: Methoden und Werkzeuge zur Umsetzung* (4. Auflg.) München: Hanser.

Böck, R. (2002): *Personalmanagement.* München: Oldenbourg.

Bokranz, R. & Landau, K. (2006): *Produktivitätsmanagement von Arbeitssystemen. MTM-Handbuch.* Stuttgart: Schäffer-Poeschel.

Breisig, T. (2001): *Entlohnen und Führen mit Zielvereinbarungen: Orientierungs- und Gestaltungshilfen für Betriebs- und Personalräte sowie für Personalverantwortliche.* Frankfurt am Main: Bund-Verlag.

Britzke, B. (1996): *Mehrfachnutzung von Planungsgrundlagen.* In: Produktion + Planung, 4/1996, S. 32-34.

Britzke, B. & Finsterbusch, T. (2009): *MTM – Basismethode für das Industrial Engineering.* In: Angewandte Arbeitswissenschaft, Nr. 202/2009, S. 19-35.

Bröckermann, R. (2021): *Personalwirtschaft. Lehr- und Übungsbuch für Human Resource Management* (8. Auflg.). Stuttgart: Schäffer-Poeschel.

DIN 66001 (1983): *Informationsverarbeitung - Sinnbilder und ihre Anwendung.* Berlin: Beuth.

DIN 69900 (2009): *Projektmanagement – Netzplantechnik; Beschreibungen und Begriffe.* Berlin: Beuth.

DIN EN ISO 9001 (2015): *Qualitätsmanagementsysteme - Anforderungen.* Berlin: Beuth.

European Foundation for Quality Management [EFQM] (2021): *efqm.* Unter: https://www.efqm.org/, 22.12.2021.

Frese, E. (2000): *Grundlagen der Organisation: Konzept - Prinzipien - Strukturen.* Wiesbaden: Gabler.

Hensel, R. (2011): *Entwicklung einer Gestaltungssystematik für das Industrial Engineering (IE) : unter besonderer Berücksichtigung kultureller Einflussfaktoren am Beispiel von Tschechien und Polen.* Chemnitz: Universitätsverlag TU Chemnitz.

Hentze, J. (1980): *Arbeitsbewertung und Personalbeurteilung.* Stuttgart: Schäffer-Poeschel.

Hentze, J. & Graf, A. (2005): *Personalwirtschaft. Band 2: Personalerhaltung und Leistungsstimulation, Personalfreistellung, Personalinformationswirtschaft.* Stuttgart: UTB.

Holtbrügge, D. (2018): *Personalmanagement* (7. Auflg.). Berlin: Springer.

IG Metall (2003) *Entgeltrahmen-Tarifvertrag vom 16.09.2003 in der Metall- und Elektoindustrie.* Stuttgart: IG Metall Bezirk Baden-Württemberg.

John, B. (1987): *Handbuch der Planzeiten-Praxis.* München, Wien: Hanser.

Jugendarbeitsschutzgesetz (JArbSchG) vom 12. April 1976 (BGBl. I S. 965), das zuletzt durch Artikel 2 des Gesetzes vom 16. Juli 2021 (BGBl. I S. 2970) geändert worden ist.

Jung, H. (2016): *Allgemeine Betriebswirtschaftslehre* (13. Auflg.). München: Oldenbourg.

Katz, C. P. & Baitzsch, C. (2006): *Arbeit bewerten - Personal beurteilen: Lohnsysteme mit Abakaba. Grundlagen, Anwendung, Praxisberichte.* Zürich: vdf.

Kieser, A. & Kubicek, H. (1992): *Organisation.* Berlin: de Gruyter.

Kieser, A. & Walgenbach, P. (2010): *Organisation* (6. Auflg.). Stuttgart: Schäffer-Poeschel.

Knauth, P. & Hornberger, S. (1997): *Schichtarbeit und Nachtarbeit.* München: Bayerisches Staatsministerium für Arbeit und Sozialordnung, Familie, Frauen und Gesundheit.

Knebel, H. & Zander, E. (1989): *Arbeitsbewertung und Eingruppierung. Ein Leitfaden für die Entgeltfestsetzung.* Heidelberg: Sauer.

Koontz, H. & O'Donnell, C. (1955): *Principles of Management.* New York: McGraw-Hill.

Kosiol, E. (1962) *Leistungsgerechte Entlohnung.* Wiesbaden: Gabler.

Kosiol, E. (1976) *Organisation der Unternehmung.* Wiesbaden: Gabler.

Kruppe, E. (2007): *Zeitwirtschaft.* In: Landau, K.: Lexikon Arbeitsgestaltung - Best Practice im Arbeitsprozess, S. 1333-1336. Wiesbaden: Universum.

Landau, K. (2007): *Arbeitsbewertung und Entlohnung.* In: Landau, K.: Lexikon Arbeitsgestaltung - Best Practice im Arbeitsprozess, S. 88-92. Wiesbaden: Universum.

Leikep, S. & Bieber, K. (2006): *Der Weg - Effizienz im Büro mit Kaizen-Methoden.* Norderstedt: Books on Demand GmbH.

Lennings, F. (2004): *Ergonomische Schichtpläne - Vorteile für Unternehmen und Mitarbeiter.* In: Angewandte Arbeitswissenschaft, Nr. 180/2004, S. 33-51.

Lennings, F. (2011): *Bedarfsgerechte und ergonomische Schichtpläne - Praxisbeispiele, Erfahrungen und Empfehlungen.* In: Betriebspraxis & Arbeitsforschung, Zeitschrift für angewandte Arbeitswissenschaft, 06/2011, S. 24-36.

Lindemann, U., Maurer, M. & Braun, T. (2009): *Structural Complexity Management*. Berlin: Springer.

Lotter, B. (2006): *Manuelle Montage von Kleingeräten*. In: Lotter, B. & Wiendahl, H.-P.: Montage in der industriellen Produktion: Ein Handbuch für die Praxis, S. 127-192. Berlin: Springer.

Luczak, H., Volpert, W., Raeithel, A. & Schwier, W. (1989): *Arbeitswissenschaft. Kerndefinition – Gegenstandskatalog – Forschungsgebiete* (3. Auflg.). Eschborn: RKW-Verlag.

Mutterschutzgesetz (MuSchG) vom 23. Mai 2017 (BGBl. I S. 1228), das durch Artikel 57 Absatz 8 des Gesetzes vom 12. Dezember 2019 (BGBl. I S. 2652) geändert worden ist

Nachreiner (2011): *Datenbank Standardschichtpläne*. Unter: http://inqa.gawo-ev.de/cms/index.php?page=datenbank-standardschichtplaene, 19.05.2011.

Neuhaus, R. (2007): *Produktionssysteme Entstehung: Aufbau –Implementierung*. Bergisch Gladbach: Heider.

Niebler, M., Biebl, J. & Ross, C. (2003): *Arbeitnehmerüberlassungsgesetz. Ein Leitfaden für die betriebliche Praxis*. Berlin: Erich Schmidt Verlag.

Oechsler, W. A. (2012): *Personal und Arbeit. Grundlagen des Human Resource Management und der Arbeitgeber-Arbeitnehmer-Beziehungen* (9. Auflg.). München: Oldenbourg.

Oeltjenbruns, H. (2000): *Organisation der Produktion nach dem Vorbild Toyotas*. Aachen: Shaker.

Ohno, T. (2013): *Das Toyota-Produktionssystem* (3. Auflg.). Frankfurt: Campus.

Plath, H.-E. & Richter, P. (1984): *Ermüdung-Monotonie-Sättigung-Stress, BMS Handanweisung*. Dresden: Technische Universität.

REFA (1984): *Methodenlehre des Arbeitsstudiums: Teil 1 Grundlagen*. München: Hanser.

REFA (1989): *Methodenlehre der Betriebsorganisation. Band 5: Arbeitsbewertung*. München: Hanser.

REFA (1992): *Methodenlehre der Betriebsorganisation: Aufbauorganisation*. München: Hanser.

REFA (1997): *Methodenlehre der Betriebsorganisation. Band 2: Datenermittlung*. München: Hanser.

REFA (2013): *REFA-Lexikon: Industrial Engineering und Arbeitsorganisation* (4. Auflg.). Darmstadt: Hanser.

Richter, M. (2006): *Gestaltung der Montageorganisation.* In: Lotter, B. & Wiendahl, H.-P.: Montage in der industriellen Produktion: Ein Handbuch für die Praxis, S. 95-125. Berlin: Springer.

Rüegg-Stürm, J. & Grand, S. (2020): *Das St. Galler Management-Modell: Management in einer komplexen Welt* (2. Auflg.). Bern: Haupt.

Scheer, A.-W., Jost, W. & Wagner, K. (2005): *Von Prozessmodellen zu lauffähigen Anwendungen.* Berlin: Springer.

Schlick, C., Bruder, R. & Luczak, H. (2018): *Arbeitswissenschaft* (4. Auflg.). Berlin: Springer.

Schreyögg, G. (2016): *Organisation. Grundlagen moderner Organisationsgestaltung* (6. Auflg.). Wiesbaden: Gabler.

Schulte-Zurhausen, M. (2014): *Organisation* (6. Auflg.). München: Vahlen.

Spanner-Ulmer, B., Frieling, E., Landau, K. & Bruder, R. (2009): *Produktivität und Alter.* In: Landau, K.: Produktivität im Betrieb, Tagungsband der GfA Herbstkonferenz 2009, S. 81-117. Stuttgart: Ergonomia.

Spath, D. (2017): *Grundlagen der Organisationsgestaltung.* In: Spath, D. & Westkämper, E.: Handbuch Unternehmensorganisation: Strategien, Planung, Umsetzung. Wiesbaden: Springer Fachmedien.

Tarifvertragsgesetz (TVG) in der Fassung der Bekanntmachung vom 25. August 1969 (BGBl. I S. 1323), das zuletzt durch Artikel 8 des Gesetzes vom 20. Mai 2020 (BGBl. I S. 1055) geändert worden ist.

Taylor, F. W. (1911): *The Principles of Scientific Management.* New York, London: Harper & Brothers.

Ulich, E. (2020): *Arbeitspsychologie* (7. Auflg.). Zürich: vdf Hochschulverlag.

Vahs, D. (2012): *Organisation. Ein Lehr- und Managementbuch* (8. Auflg.). Stuttgart: Schäffer-Poeschel.

VDI 2870 Blatt 1 (2012): *Ganzheitliche Produktionssysteme: Grundlagen, Einführung und Bewertung.* Berlin: Beuth.

Verband der Metall- und Elektro-Industrie Nordrhein-Westfalen e. V. [METALL NRW] (2020): *Tarifkarte 2020* Unter: https://metall.nrw/fileadmin/content/Tarif/Tarifkarten/METALL_NRW_Tarifkarte_2020.pdf, 21.12.2021

Wagner, D. (2007): *Entgeltmanagement.* In: Landau, K.: Lexikon Arbeitsgestaltung - Best Practice im Arbeitsprozess, S. 486-488. Wiesbaden: Universum.

Warnecke, H.-J. (1995): *Der Produktionsbetrieb 2 – Produktion, Produktionssicherung* (3. Auflg.). Berlin: Springer.

Wartmann, W. & Yukiyasu T. (1995): *Nichts ist unmöglich: die Toyota Story.* Berlin: Ullstein.

Wiegand, B. & Franck, P. (2004): *Lean Administration I - So werden Geschäftsprozesse transparent - Die Analyse.* Aachen: Workbook.

Wittenstein, A.-K. & Wesoly, M. (2006): *Lean Office 2006.* Stuttgart: Fraunhofer IRB Verlag.

Wittlage, H. (1998): *Unternehmensorganisation. Eine Einführung mit Fallstudien.* Berlin: nwb.

Womack, J. P., Jones, D. T. & Roos, D. (1994): *Die zweite Revolution in der Autoindustrie: Konsequenzen aus der weltweiten Studie aus dem Massachusetts Institute of Technology.* Frankfurt/Main, New York: Campus.

Zander, E. (1990): *Handbuch der Gehaltsfestsetzung.* München: Beck.

Zülch, G. (2007): *Arbeitsorganisation.* In: Landau, K.: Lexikon Arbeitsgestaltung - Best Practice im Arbeitsprozess, S. 145-150. Stuttgart: Gentner.

6 Gestaltung der Arbeitsumwelt

Ein Teilgebiet der Arbeitswissenschaft bzw. Ergonomie ist die Arbeitsumwelt, auch als Arbeitsumweltgestaltung oder Arbeitsumgebung bezeichnet. Dieses Gebiet umfasst alle äußeren Umgebungsbedingungen, die den menschlichen Körper am Arbeitsplatz beeinflussen. Physikalische, chemische und biologische Umweltreize werden in der Arbeitsumweltgestaltung analysiert, bewertet und gestaltet. Teilweise wird die Beurteilung und Bewertung von Umgebungseinflüssen bei der Arbeit auch als Arbeitshygiene bezeichnet.

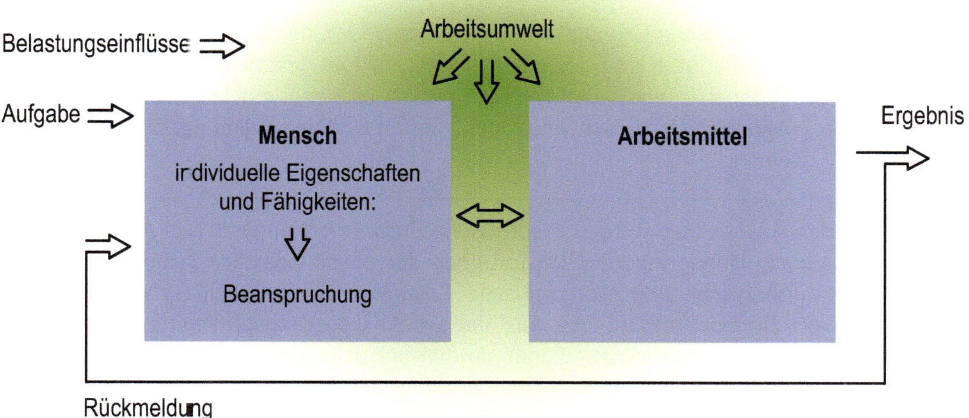

Abbildung 6.1: Strukturschema menschlicher Arbeit – Arbeitsumwelt

Die Anzahl und Gliederung der Arbeitsumweltfaktoren unterscheiden sich je nach Betrachtungsweise und Fachgebiet. So sind z. B. die Arbeitsumweltfaktoren im Arbeitsschutz eine Teilmenge der Gefährdungsfaktoren. Die Arbeitsumweltfaktoren können zwar durchaus einzeln betrachtet werden, sind jedoch immer in Kombination zu beurteilen und in ein Arbeitssystem einzuordnen. Die Wirkungen der Arbeitsumwelt sind in der Prozess- bzw. Produktionsergonomie zu berücksichtigen. Bei produktergonomischen Fragestellungen müssen sie ebenfalls betrachtet werden, da Maschinen u. ä. einerseits Emissionen wie Schall und Vibrationen verursachen, ihre Benutzung andererseits aber auch von den Arbeitsumweltbedingungen beeinflusst wird.

A 6 Bedeutung und Lernziele

Die Gestaltung der Arbeitsumwelt hat weitreichende Einflüsse auf die physische und psychische Belastung, die Arbeitsleistung und Arbeitssicherheit, das Wohlbefinden und die Zufriedenheit der Beschäftigten am Arbeitsplatz.

In diesem Kapitel werden die Grundlagen der Arbeitsumweltgestaltung dargelegt. Insbesondere sollen folgende Kenntnisse vermittelt werden:

- Analyse, Messung, Berechnung und Vermeidung bzw. Reduzierung des Schädigungspotenzials durch Lärm, Vibrationen, Gefahrstoffe und Strahlung,
- theoretische Grundlagen sowie Vermeidung der Beeinträchtigung durch ungünstige Klima-, Beleuchtungs- und Farbgestaltung sowie
- Potenziale und Möglichkeiten zur menschengerechten Gestaltung von Akustik, Klima, Schwingungen, Gefahrstoffen, Strahlung, Licht und Farbe.

In den folgenden Abschnitten werden theoretische Zusammenhänge zu den Arbeitsumweltfaktoren behandelt. Neben kurzen Erläuterungen der physiologischen Grundlagen stehen insbesondere methodische und systematische Zusammenhänge, technische Größen und Berechnungsvorschriften im Fokus. Es wird dabei das Gliederungsprinzip dieses Lehrbuchs beibehalten. Zuerst werden die Grundlagen zu den betrachteten Faktoren vermittelt, daran schließen sich Analyse- und Gestaltungsmethoden an. Fallbeispiele, Empfehlungen und Regeln sowie Literatur vervollständigen das Kapitel. Um den Rahmen des Lehrbuchs nicht zu sprengen, werden die einzelnen Faktoren eher knapp behandelt. Zu jedem Faktor sind in der Literatur bzw. im Regelwerk ausführliche Darstellungen vorhanden. Sofern es um konkrete Gestaltungsaufgaben geht, muss das Regelwerk beachtet werden.
Folgende Faktoren werden in den jeweiligen Abschnitten behandelt:

6.1 Lärm
6.2 Vibrationen
6.3 Klima
6.4 Gefahrstoffe
6.5 Licht und Farbe
6.6 Strahlung

6.1 Lärm

B 6.1 Grundlagen zu Lärm

Der Abschnitt Lärm behandelt die Ermittlung, Berechnung und Vermeidung gesundheitsschädlicher und beeinträchtigender Schallausbreitung.

Lärm

Lärm im Sinne der Lärm- und Vibrations-Arbeitsschutzverordnung ist jeder Schall im Frequenzbereich zwischen 16 Hz und 16 kHz (Hörschall), der zu einer Beeinträchtigung des Hörvermögens oder zu einer sonstigen mittelbaren oder unmittelbaren Gefährdung von Sicherheit und Gesundheit der Beschäftigten führen kann. [...] Hörschall wird als Lärm bezeichnet, wenn er durch seine Intensität und Struktur für den Menschen gesundheitsschädigend, belastend oder störend wirken kann (Technische Regeln zur Lärm- und Vibrations-Arbeitsschutzverordnung [TRLV Lärm], 2017).

Arbeitssysteme, in denen Lärm eine besondere Rolle spielt, finden sich insbesondere in der Metallverarbeitung, im Bergbau, im Bauwesen, in der Holzverarbeitung, in der Textilindustrie und im Verkehr, bei Berufsmusikern, bei Berufen mit Schusswaffengebrauch sowie allgemein durch beispielsweise laute Musik oder lautes Spielzeug. Als Arbeitsumweltfaktor ist Lärm stets zu betrachten, da zwischen auralen und extraauralen Wirkungen unterschieden wird.

Lärmschwerhörigkeit (BK 2301) ist die häufigste Berufskrankheit, weswegen diesem Arbeitsumweltfaktor besondere Bedeutung zukommt. Die Vermeidung von schädigendem Lärm, aber auch von störenden Geräuschen sollte und muss an jedem Arbeitsplatz erfolgen.

Neben der Betrachtung des Lärms als schädliche Schallauswirkung können mittels der Gestaltung der Akustik auch positive Effekte erzielt werden (Raffaseder, 2010; Pierce, 1999). Eine Informationsübertragung (siehe Abschnitt B 2.1.1) mittels akustischer Signale kann sowohl bei einer Mensch-Maschine-Schnittstelle als auch in Produktionsbereichen von Vorteil sein, da der optischen Informationsaufnahme wahrnehmungsbezogene Grenzen gesetzt sind. Gerade bei der Mensch-Roboter-Kooperation sind hier in den letzten Jahren Fortschritte erzielt worden, etwa um Menschen in Gefahrenbereichen zu warnen oder über Prozessgrößen zu informieren (Mühlstedt & Spanner-Ulmer, 2007).

B 6.1.1 Physiologische Grundlagen

Schallwellen sind sich longitudinal ausbreitende Luftdruckschwankungen, die das Trommelfell zum Mitschwingen anregen. Es kann zwischen einzelnen Tönen mit einer bestimmten Frequenz, aus mehreren Tönen zusammengesetzten Klängen sowie Geräuschen unterschieden werden. Allgemein wird je nach Übertragungsmedium zwischen Luft- und Körperschall getrennt.

Schallwellen werden über das Ohr als Hörorgan wahrgenommen (vgl. Abbildung 6.2). Im äußeren Ohr leiten die Ohrmuschel und der Gehörgang die Schallwellen bis zum Trommelfell, das mit dem knöchernen Hammer, Amboss und Steigbügel das Mittelohr bildet. Das Trommelfell wird von den Luftschallwellen zum Schwingen angeregt und überträgt diese auf das Innenohr. In diesem erfolgt die Übertragung auf die Hörschnecke, in der eine Umwandlung in Nervenimpulse stattfindet. Dem Innenohr wird außerdem das Gleichgewichtsorgan (vestibuläres System) zugeordnet. Die Informationstransformation erfolgt an sogenannten Haarzellen, die bei einer Hörschädigung irreversibel beschädigt werden können. Die Hörzellen leiten Nervenimpulse über den Hörnerv an das menschliche Gehirn weiter (Hellbrück & Ellermeier, 2004).

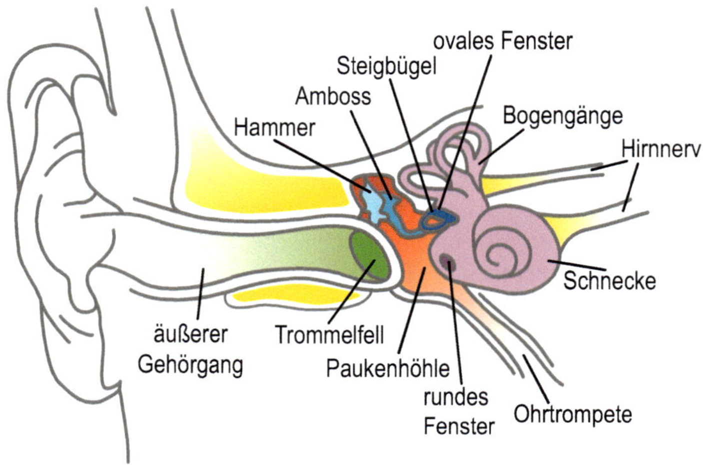

Abbildung 6.2: Aufbau des menschlichen Ohrs

Als aurale Gefährdung bezeichnet man die Möglichkeit der irreversiblen (nicht rückgängig zu machenden) Schädigung des Hörvermögens. Diese wird durch länger andauernden Aufenthalt unter hohen Schalldruckpegeln hervorgerufen. Hierbei werden die Sinneszellen im Innenohr unwiderruflich zerstört, was als Lärmschwerhörigkeit bezeichnet wird. Lärmschwerhörigkeit ist eine anerkannte Berufskrankheit (BK 2301). Jedes Jahr müssen mehrere Tausend Beschäftigte deswegen ihren Beruf aufgeben. Selbst schon eine leichte Schädigung des Gehörs führt im täglichen Leben zu erheblichen Verstehensschwierigkeiten mit massiven Verlusten an Lebensqualität. Oft können Aufgaben wie z. B. Kundengespräche nicht mehr mit guter Qualität bearbeitet werden.
Eine in jungen Jahren erworbene Gehörschädigung wird durch die altersbedingte Abnahme der Hörfähigkeit überlagert, so dass sie häufig erst im mittleren Alter erkannt wird und dann zu zunehmenden Beeinträchtigungen führt.
In allen Fällen, in denen vor auftretenden Gefährdungen durch akustische Signale (Warnsignale, Notsignale, Notrufe) zu informieren ist, besteht die Gefahr, dass Lärm diese Signale verdeckt, d. h. unhörbar macht (z. B. Warnsignale bei Gleisbauarbeiten, Notrufe beim Befahren von Behältern).
Zu den extraauralen Wirkungen, die schon bei niedrigen Schalldruckpegeln auftreten können, zählt man z. B. durch Lärm hervorgerufenen Ärger, Nervosität, Kopfschmerzen und körperliches Unwohlsein. Als Langzeitfolgen werden ein erhöhtes Herzinfarktrisiko, Blutdruckerhöhungen sowie Funktionsstörungen des Verdauungssystems genannt.
Die Auswirkungen können hierbei reversibel oder irreversibel sein. In Tabelle 6.1 sind kurz- und langfristige Auswirkungen aufgeführt.

Tabelle 6.1: Auswirkungen von Schall auf den Menschen (Ising, Sust & Rebentisch, 1996; TRLV Lärm Teil 1, 2017)

	Kurze Lärmexposition	Lange Lärmexposition	
Ab 30 dB(A)		Psychische Reaktionen: Ärger, Nervosität, Kopfschmerzen, Unwohlsein, Anspannung	Extraaurale Wirkungen
Ab 70 dB(A)	Weitung der Pupillen Abgabe von Schilddrüsenhormonen, Herzklopfen, Adrenalinabgabe, Hormonabgabe der Nebennierenrinde, Magen- und Darmbewegungen, Muskelreaktionen, Verengung der Blutgefäße	Erhöhtes Herzinfarktrisiko, Blutdruckerhöhungen, Verdauungsstörungen, erhöhter Sauerstoffbedarf, verringerte Leistungsfähigkeit	
Ab 80 dB(A)	TTS (temporary threshold shift): vorübergehende Hörminderung	Zerstörung der Sinneszellen im Innenohr (siehe PTS), Tinnitus, Doppeltonhörigkeit, Hyperakusis (erhöhte Geräuschempfindlichkeit)	Aurale Wirkungen
Ab 120 dB(A)	PTS (permanent threshold shift): bleibende Hörminderung (ab -40 dB bei 3 kHz)	Mechanische Hörschäden, Hörschwellenverschiebung, Lärmschwerhörigkeit, PTS	

B 6.1.2 Schalltechnische Grundgrößen

Der auf dem Menschen lastende Luftdruck beträgt ca. 100.000 Pascal ($Pa = N/m^2$). Luftdruckschwingungen von $p = 20\ \mu Pa$ (Hörschwelle) bis etwa $p = 20\ Pa$ (Schmerzschwelle) werden vom Menschen als Hörschall wahrgenommen. Da es sich bei Luftdruckschwankungen um sehr kleine Druckänderungen handelt, werden diese in der Regel in μPa angegeben (1 Mikropascal = 10^{-6} Pascal). In Tabelle 6.2 werden die grundlegenden schalltechnischen Größen aufgeführt. Bezüglich der Wirkung auf den Menschen ist insbesondere der Schalldruck von Bedeutung.

Tabelle 6.2: Schalltechnische Größen (DIN 45630-1, 1971)

Größe	Einheit	Berechnung	Größen
	Druckschwankungen im Schallübertragungsmedium		
Schalldruck p	Pa... Pascal	$p = \frac{F}{A} = p_{ges} - p_0$	F... Kraft A... Fläche p_{ges}... Gesamtdruck p_0... Luftdruck
	Pro Zeiteinheit von einer Schallquelle abgegebene Schallenergie		
Schallleistung P_{ak}	W... Watt	$P_{ak} = \frac{p^2}{\rho \cdot c} \cdot A$	p... Schalldruck ρ = 1,189 kg/m³... Dichte Luft c = 343 m/s... Schallgeschwindigkeit Luft A... durchschallte Fläche

Größe	Einheit	Berechnung	Größen
	Die Schallleistung, die je Flächeneinheit durch eine durchschallte Fläche tritt		
Schallintensität I	W/m²	$I = \frac{P_{ak}}{A} = \frac{p^2}{\rho \cdot c}$	p... Schalldruck ρ = 1,189 kg/m³... Dichte Luft c = 343 m/s... Schallgeschwindigkeit Luft A... durchschallte Fläche

Die Auswirkungen der Schallexposition hängen nicht nur von der Intensität, sondern auch von der Expositionsdauer, dem Frequenzspektrum, der zeitlichen Änderung, der Umgebung, dem Umgebungsschall sowie der inter- und intraindividuell verschiedenen physischen, aber vor allem psychischen Schallempfindung ab. Abbildung 6.3 zeigt einige Beispiele für unterschiedliche Schalldruckpegel.

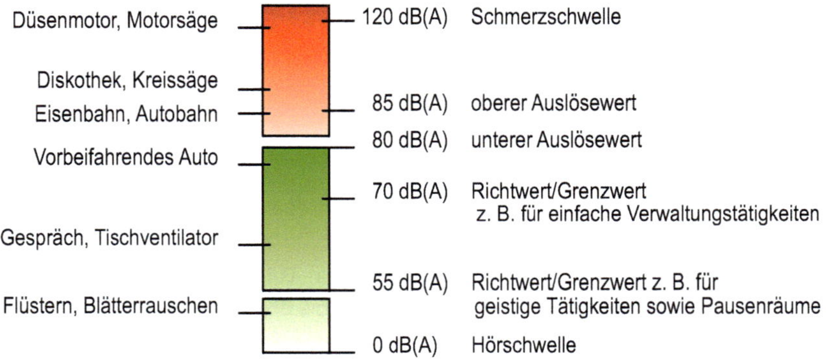

Abbildung 6.3: Beispiele für unterschiedliche Schalldruckpegel

Unter der Schallemission versteht man die Schallabstrahlung einer Schallquelle, also z. B. einer Maschine. Die Höhe der Schallemission wird durch den Schallleistungspegel L_{WA} in dB(A) angegeben. Je höher der Wert ist, umso stärker ist die Schallerzeugung.
Unter Schallimmission wird der Schallanteil verstanden, der an einem bestimmten Ort – z. B. am Arbeitsplatz – eintrifft und auf die dort tätige Person einwirkt. Die Höhe der Schallimmission ist abhängig vom Schallleistungspegel des Schallerzeugers, der Entfernung von der Schallquelle und von den spezifischen Bedingungen am Arbeitsplatz. Hier trägt der an Wänden, Decken und Fußböden reflektierte Schall (Reflexionsschall) sowie der über den Boden übertragene Körperschall zur Schallimmission bei. Beschrieben wird die Schallimmission durch den Schalldruckpegel L_A der auch in dB(A) angegeben wird. In Abbildung 6.4 werden die drei Schallausbreitungswege dargestellt.

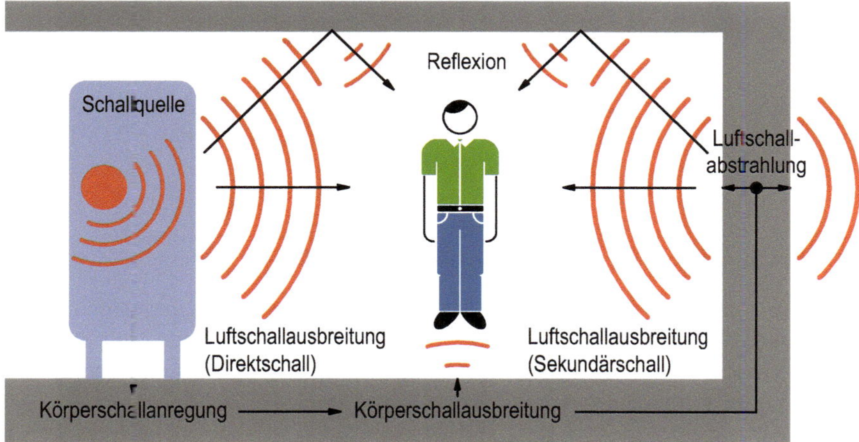

Abbildung 6.4: Schallausbreitungswege

B 6.1.3 Schallkennwerte

Das Lautstärkeempfinden des Menschen ist zum Logarithmus des Schalldrucks proportional (Weber-Fechnersches-Gesetz, d. h. eine Verzehnfachung des Schalldrucks bewirkt eine Verdoppelung der Hörempfindung). Daher werden Schallereignisse durch den Schalldruckpegel in Dezibel (dB) angegeben. Die dimensionslose Einheit Bel wurde nach dem Erfinder des Telefons, Alexander Graham Bell, benannt ($1\ Bel = 10\ dB$). In Tabelle 6.3 werden der Schalldruckpegel sowie der Schallleistungspegel und der Schallintensitätspegel als Schallkennwerte näher beschrieben.

Tabelle 6.3: Schallkennwerte (DIN 45630-1, 1971)

Größe	Einheit	Berechnung	Größen
Schalldruckpegel L_p	Objektive, für die Schallempfindung maßgebliche Schallmessgröße		
	dB... Dezibel	$L_P = 10 \cdot \lg \frac{p^2}{p_0^2}$	$p_0 ... 2*10^{-6}$ Pa – $L_0 = 0$ dB(A)
Schallleistungspegel L_w	Der von einer Schallquelle insgesamt abgestrahlte Luftschall		
	dB... Dezibel	$L_W = 10 \cdot \lg \frac{P_{ak}}{P_0}$	P_{ak}... Schallleistung $P_0 = 10^{-12}$ W... genormter Bezugswert

Größe	Einheit	Berechnung	Größen
	Gibt die auf eine Fläche bezogene Schallleistung an		
Schallintensitätspegel L_I	dB... Dezibel	$L_I = 10 \cdot \lg \frac{I}{I_0}$	I... Schallintensität $I_0 = 10^{-12}$ W/m²

Alle diese Schallgrößen können ebenso mit den Frequenzbewertungskurven (A, C und weitere) korrigiert auftreten

Werden die Schallwellen mehrerer Quellen überlagert, so können diese rechnerisch oder grafisch addiert werden. Zwei gleichlaute Schallquellen ergeben einen Gesamtschallpegel, der um drei Dezibel höher ist als der der Einzelquellen; selbst die Addition von zwei Mal null Dezibel ergibt in der Summe drei Dezibel (DIN 18005-1, 2002).

Addition von Schallpegeln	$L_{ges} = 10 \cdot \lg \left(\frac{1}{n} \sum_{i=1}^{n} 10^{\frac{L_i}{10}} \right)$	i... Schallquelle n... Anzahl Schallquellen L_i... Einzelschallpegel

Schall breitet sich im Freien anders aus als im geschlossenen Raum. Während sich im Freien eine logarithmische Verringerung des Schalldruckpegels mit steigendem Abstand im sogenannten Freifeld zeigt, bildet sich in einem geschlossenen Raum ein sogenanntes diffuses Schallfeld (Abbildung 6.5). Ausgehend von einer Einzelschallquelle ist auch im geschlossenen Raum ein gewisser Bereich hauptsächlich durch das Direktschallfeld der Schallquelle beeinflusst. In größerer Entfernung von der Schallquelle nähert sich der Schallpegel dem des diffusen Schallfeldes, das durch Reflexionen der Schallwellen an Wänden und Objekten entsteht und einem Grundpegel im ganzen Raum entspricht.

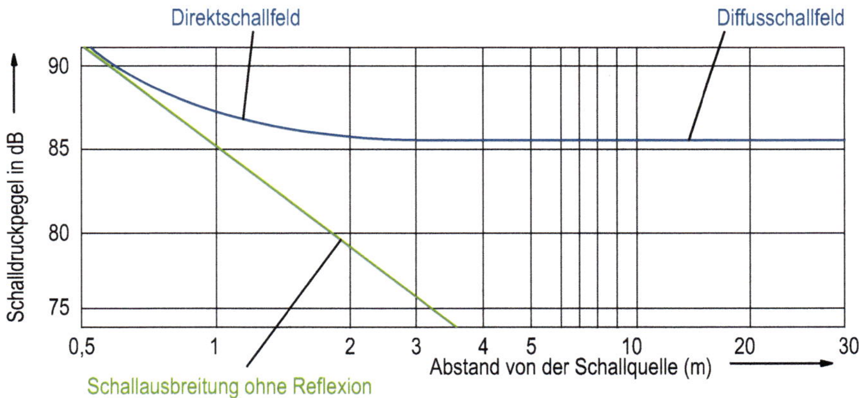

Abbildung 6.5: Schallausbreitung im geschlossenen Raum bei punktförmiger bzw. genügend kleiner Schallquelle und Raumvolumen $V < 5000\ m^3$ (TRLV Lärm Teil 3, 2017)

Sowohl im Direktschallfeld als auch im diffusen Schallfeld kann an einem bestimmten Abstand r von der Schallquelle der Schalldruckpegel bestimmt werden (vgl. Tabelle 6.4).

Tabelle 6.4: Schal ausbreitung (VDI 3760, 1996; Schirmer, 2006)

Schallpegel im Direktschallfeld	$L_{dir} = L_W - 20 \cdot \lg \frac{r}{r_0}$ Entfernungsgesetz: $L_2 = L_1 - 20 \cdot \lg \frac{r_2}{r_1}$	L_W... Schallleistungspegel r... Abstand von der Schallquelle r_0... Bezugsradius (0,4 m bei Halbkugelabstrahlung und 0,28 m bei Vollkugelabstrahlung)
Schallpegel im diffusen Schallfeld	$L_{dir} = L_W - 10 \cdot \lg \frac{A}{A_0}$ Absorptionsvermögen: $A = 0{,}163 \cdot \frac{V}{T}$ $A = \bar{\alpha} \cdot S_R = \sum_{i=1}^{n} \alpha_i \cdot S_i$	L_W... Schallleistungspegel A... Absorptionsvermögen $A_0 = 4\ m^2$... konstante Bezugsgröße V... Raumvolumen [m^3] T... Nachhallzeit [s] $\bar{\alpha}$... Absorptionsgrad S_i... Teilfläche des Raumes [m^2]
Grenzradius (Übergang Direktschallfeld – diffuses Schallfeld)	$r_G = \sqrt{\frac{A}{4 \cdot \Omega}}$	A... Absorptionsvermögen Ω... Raumwinkel (2π bei Halbkugel- und 4π bei Vollkugelabstrahlung)

1... ohne Reflexion eines Bodens

Das Absorptionsvermögen entspricht jeweils einer Fläche mit dem Absorptionsgrad $\alpha = 1$, die das gleiche Absorptionsvermögen wie der gesamte Raum hat. Die Nachhallzeit T bzw. T_{60} ist die Zeit, die vergeht, bis der Schallpegel nach dem Abschalten der Schallquelle um 60 dB abgeklungen ist. Diese kann z. B. mittels des Impulsschalls einer Schreckschusspistole gemessen werden (DIN EN ISO 3382-2, 2008). Geringe Nachhallzeiten (< 0,3 s) werden für Aufnahme und Regieräume genutzt, hohe Nachhallzeiten für Musik- und Konzertsäle (1,5 s – 3 s). Übliche Nahhallzeiten für arbeitsplatzorientierte Innenräume liegen etwa bei 0,6 s bis 0,8 s. Neben der Nachhallzeit gibt es weitere Parameter, die einen (Arbeits-)Raum charakterisieren, z. B. die Artikulationsklasse zur Beschreibung der Sprachverständlichkeit oder das Deutlichkeitsmaß zur Untersuchung der Klarheit bei Sprache oder Musik.

Das menschliche Ohr nimmt tiefe Töne und hohe Töne schlechter wahr als mittlere Frequenzen, d. h. die Hörempfindung ist frequenzabhängig. Luftdruckschwingungen mit Frequenzen ab etwa 20 Hz werden vom Menschen als sehr tiefe Töne, bis etwa 16 kHz als sehr hohe Töne wahrgenommen. Zwischen Wahrnehmungsgrenze und Schmerzschwelle befinden sich die Felder von Musik und Sprache (vgl. Abbildung 6.6).

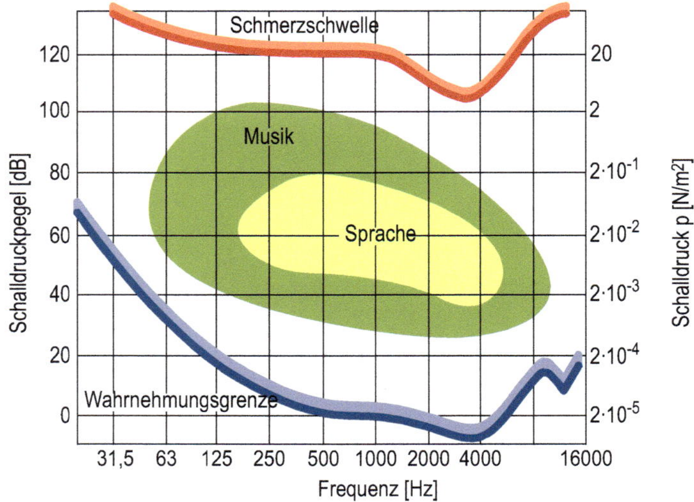

Abbildung 6.6: Hörflächendiagramm mit Lautstärkeempfinden sowie Hörschwelle (Wahrnehmungsgrenze) und Schmerzschwelle (Bullinger, 1994)

Um Schallereignisse vergleichbar zu machen, ist eine Frequenzbewertung von Schallpegeln notwendig (DIN EN 61672-1, 2014). Die A-Bewertung wird üblicherweise für die Bewertung von Schallsituationen in Arbeitssystemen verwendet. Die C-Bewertung wird für Impulsschall herangezogen. Für Spezialfälle sind weitere Bewertungskurven verfügbar. Bei allen schalltechnischen Größen wird durch einen Index kenntlich gemacht, welche Bewertung zugrunde liegt, z. B. L_{pA} für den A-bewerteten Schalldruckpegel oder L_{WC} für den C-bewerteten Schallleistungspegel.

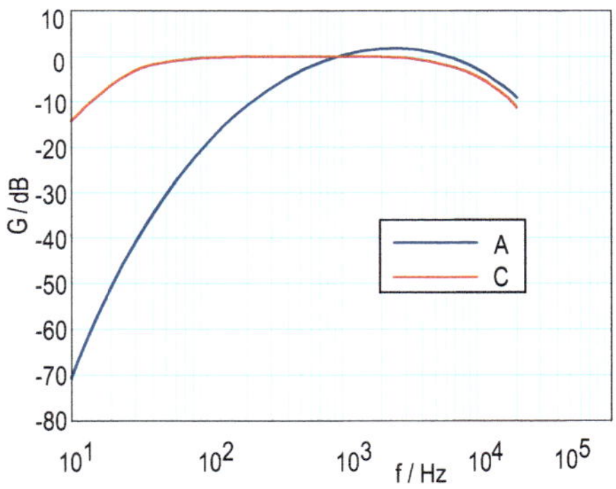

Abbildung 6.7: Frequenzbewertungskurven A und C (Werte aus DIN EN 61672-1, 2014)

Außerdem ist es notwendig, eine Zeitbewertung von Schallpegeln vorzunehmen, z. B. um bei einer Messung richtige Werte zu erzielen. Es wird zwischen der Zeitbewertung slow (S) mit einer Dauer von $\tau = 1$ s, der Bewertung fast (F) mit $\tau = 0,125$ s (Zeitkonstante des Ohrs) sowie der Bewertung Impuls (I) mit $\tau_1 = 0,035$ s für den Pegelanstieg und $\tau = 1,5$ s für den Pegelabfall unterschieden. Die Zeitbewertung wird je nach Signalcharakter gewählt, z. B. konstante Geräusche, schnell wechselnde Geräusche oder Geräusche mit Schlägen.

B 6.1.4 Lärmbewertung

Um die Gefährdung durch Schall einzuschätzen, können Schall- bzw. Lärmkennwerte herangezogen werden. Hierzu wird zuerst der arbeitsplatzbezogene äquivalente Dauerschalldruckpegel (Mittelungspegel) gebildet, der sich zeitlich verändernde Schallsignale zusammenfasst. Anschließend wird mithilfe des Tages-Lärmexpositionspegels die Lärmbelastung auf eine Arbeitsschicht bezogen. Beides wird in Abbildung 6.8 dargestellt.

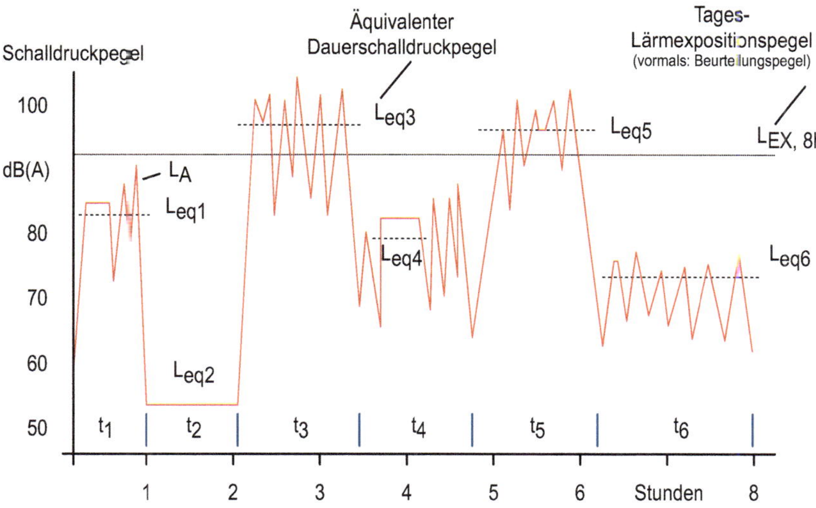

Abbildung 6.8: Lärmkennwerte in der Übersicht

Der Mittelungspegel L_{eq} bzw. L_m gibt den Schallpegel wieder, der einer Mittelung verschiedener Schallpegel über dazugehörige Zeitdauern entspricht (VDI 2058 Blatt 3, 2014; DIN 45641, 1990). Be besonderen Verhältnissen kann weiterhin der korrigierte Mittelungspegel L_{eqk} ermittelt werden.

Der Tages-Lärmexpositionspegel $L_{EX,8h}$ entspricht dem mittleren Schalldruckpegel über eine Arbeitsschicht von 8 Stunden und beschreibt die Wirkung von Lärm auf den Menschen.

Tages-Lärmexpositions-pegel $L_{EX,8h}$	$$L_{EX,8h} = 10 \cdot \lg \left(\frac{1}{T_B} \sum_{j=1}^{m} 10^{\frac{L_{eqk}}{10}} \cdot T_j \right)$$ für n = 1: $$L_{EX,8h} = L_{eqk} + 10 \lg \frac{T}{T_B}$$	T_B... Bezugszeitraum (8h) T... Gesamtzeit L_{eqk}... Pegel während T_j T_j... Einzelzeit

(TRLV Lärm, 2017)

Darüber hinaus kann auch ein Wochen-Lärmexpositionspegel $L_{EX,40h}$ ermittelt und beurteilt werden.

Wochen-Lärmexpositions-pegel $L_{EX,40h}$	$$L_{EX,40h} = L_{pAeq,T_e} + 10 \lg \frac{T_e}{T_B}$$	$L_{pAeq,Te}$... Schallpegel eines repräsentativen Arbeitstages T_e... effektive Zeitdauer des repräsentativen Arbeitstages T_B... Bezugszeitraum (8h)

(TRLV Lärm, 2017)

B 6.1.5 Grenzwerte und Empfehlungen

Nach der Lärm- und Vibrationsarbeitsschutzverordnung (LärmVibrationsArbSchV) gelten der untere und obere Auslösewert als Grenzwerte für die aurale Lärmgefährdung (Tabelle 6.5).

Tabelle 6.5: Grenzwerte zu Lärmbelastungen

Beschreibung	Art	Schallexpositionswert	Hinweise
Schallimpulse (C-Bewertung beachten) $L_{pC,peak}$	Vorschrift laut LärmVibrations-ArbSchV, TRLV Lärm (2017); Grenzwert nach VDI 2058 Blatt 3 (2014)	137 dB(C) 135 dB(C)	Schallpegel über 130 dB(C) sind kennzeichnungspflichtig; ab 135 dB(C) PSA zur Verfügung stellen, ab 137 dB(C) Pflicht
Oberer Auslösewert $L_{EX,8h}$		85 dB(A)	Die Benutzung persönlicher Gehörschutzmittel ist vorgeschrieben, Gebotszeichen sind anzubringen
Unterer Auslösewert $L_{EX,8h}$		80 dB(A)	Persönliche Gehörschutzmittel sind bereitzustellen

Weiterhin gelten Empfehlungen zur Lärmbelastung für bestimmte Bereiche und Arbeiten (Tabelle 6.6).

Tabelle 6.6: Empfehlungen zu Lärmbelastungen

Beschreibung	Art	Schallpegel	Hinweise
Richtlinie für industrielle Tätigkeiten	Empfehlung nach DIN EN ISO 11690-1 (2021)	75-80 dB(A)	Empfehlung für alle sonstigen Tätigkeiten
Richtlinie für einfache oder überwiegend mechanisierte Bürotätigkeiten	Grenzwert nach VDI 2058 Blatt 3 (2014)	70 dB(A)	Empfehlung für routinemäßige Büroarbeit oder Pausenräume
	Empfehlung nach DIN EN ISO 11690-1 (2021)	45-55 dB(A)	
	Empfehlung nach ASR A3.7 (2021)	70 dB(A)	Empfehlung für Tätigkeiten mit überwiegend mittlerer Konzentration oder mittlerer Sprachverständlichkeit
Richtlinie für überwiegend geistige Tätigkeiten	Grenzwert nach VDI 2058 Blatt 3 (2014)	55 dB(A)	Empfehlung für Tätigkeiten, die besondere Konzentration verlangen
	Empfehlung nach DIN EN ISO 11690-1 (2021)	35-45 dB(A)	
	Empfehlung nach ASR A3.7 (2021)	55 dB(A)	Empfehlung für Tätigkeiten mit überwiegend hoher Konzentration oder hoher Sprachverständlichkeit

B 6.1.6 Lärmminderungsmaßnahmen

Die Schall- oder Lärmminderungsmaßnahmen werden in primäre, sekundäre und tertiäre unterteilt. Die primären Maßnahmen betreffen die Schallquelle, indem durch geräuschärmere Maschinen oder Verfahren eine Lärmminderung erzielt wird. Die sekundären Maßnahmen beziehen sich auf den Übertragungsweg und reichen von der Kapselung der Schallquelle über technische Lärmabsorption bis hin zur Anordnung der Schallquellen in Bezug auf die Immissionsorte. Zu den tertiären Maßnahmen zählen persönliche Schutzausrüstungen und organisatorische Maßnahmen. Die Maßnahmen dieser Gliederung lassen sich auch in die Maßnahmenhierarchie des Arbeitsschutzes einordnen (siehe Abschnitt B 7.4.3).
Primäre Lärmminderungsmaßnahmen sind zuerst zu prüfen bzw. durchzuführen. Aber auch nachträglich ist durch Modifikationen bestehender Lärmquellen eine primäre Lärmminderung möglich (Tabelle 6.7).

Tabelle 6.7: Allgemeine primäre Lärmminderungsmaßnahmen (TRLV Lärm, 2017)

Primäre Lärmminderungsmaßnahmen – die Schallquellen betreffend
• Minderung der unmittelbaren Luftschallanregung sowie der körperschallanregenden Wechselkräfte – Bohren statt Stanzen, Schneiden statt Sägen, Kleben statt Nieten – Drehschrauber statt Schlagschrauber – Schrägschnitt statt Geradschnitt bei Stanzwerkzeugen – Elektrischer oder hydraulischer Antrieb statt Verbrennungsmotor – Riemen- oder Kurbel- statt Kettenantriebe – Heben und Senken statt Rollen oder Fallenlassen • Einhaltung lärmarmer Betriebszustände • Minderung der Körperschallanregung und -ausbreitung • Körperschalldämpfung und -dämmung • Minderung der mittelbaren Luftschallabstrahlung

Sekundäre Lärmminderungsmaßnahmen setzen an der Übertragung des Schalls an und können in Lärmdämmung sowie Lärmabsorption unterteilt werden. Lärmdämmung bezeichnet die Verminderung der Übertragung von Luftschall, z. B. durch Trennwände oder Kapselung. Bei der Lärmabsorption werden Schallreflexionen hauptsächlich an Wänden und Decken, aber auch an Böden vermieden, z. B. indem sie mit schallabsorbierendem Material überzogen werden. Tabelle 6.8 gibt einen Überblick über allgemeine Wirkungseffekte sekundärer Lärmminderungsmaßnahmen.

Tabelle 6.8: Allgemeine Wirkungsweisen sekundärer Lärmminderungsmaßnahmen (Lange & Windel, 2019)

Allgemeine sekundäre Lärmminderungsmöglichkeiten – die Übertragungswege betreffend				
Feste Wände		Einschalige Wand	Tür	Verbundfenster
	Lärmminderung ΔLA	25-50 dB	15-25 dB	20-30 dB
Kapseln/ Einhausung		Schalldämmende Matten	Einschalige Kapsel	Zweischalige Kapsel
	Lärmminderung ΔLA	3-10 dB	5-25 dB	20 dB
Schall schirme/ Trennwände		In Werkhallen (Schirmhöhe/ Raumhöhe 0,3-0,5)	In Großraumbüros (Schirmhöhe 1,3-2,2)	
	Lärmminderung ΔLA	4-10 dB	4-9 dB	

Eine weitere Möglichkeit zur sekundären Lärmminderung ist die Nutzung von Gegen- bzw. Antischall. Hierbei werden Systeme genutzt, die Schall messen und gegenphasigen Schall abgeben, so dass die Lärmimmission verringert wird. Dies kann sowohl als sekundäre sowie als tertiäre Lärmschutzmaßnahme angewandt werden.

Tertiäre Lärmminderungsmaßnahmen (Tabelle 6.9) werden am Arbeitsplatz bzw. direkt am Menschen durchgeführt und sollten damit auch nur zum Einsatz kommen, wenn sowohl primäre als auch sekundäre Maßnahmen nicht ausreichend sind. Grundsätzlich sollten die vorgeschlagenen Maßnahmen dazu führen, dass tertiäre Lärmminderungsmaßnahmen in den relevanten Bereichen nicht notwendig sein sollten.

Tabelle 6.9: Allgemeine Wirkungsweisen tertiärer Schallminderungsmaßnahmen (Lange & Windel, 2019)

Allgemeine tertiäre Lärmminderungsmaßnahmen – PSA (persönliche Schutzausrüstung)		
	Stöpsel	Kapsel
Geräuschminderung ΔL_A	10-25 dB	5-30 dB

Kapselgehörschützer existieren dabei in verschiedenen Varianten. So sind Kapseln mit pegelabhängiger Schalldämmung oder mit Kommunikationseinrichtung verfügbar. Die Gehörschutzstöpsel können entweder in Standard-Größen oder als dem Gehörgang angepasste Otoplastik genutzt werden.
Weiterhin kann mittels organisatorischer Maßnahmen die Lärmexposition (z. B. in einer Schicht) verringert werden, indem lärmbelastete Aufgaben mit nichtlärmbelasteten Aufgaben kombiniert werden.

C 6.1 Methoden zur Lärmmessung

Bei Messungen von Schall und Lärm werden Emissionsmessungen und Immissionsmessungen unterschieden. Emissionsmessungen dienen der Beurteilung einer Schall- oder Schwingungsquelle. Hierzu werden Emissionskennwerte (Beispiel: der A-bewertete äquivalente Dauerschallpegel L_{pAeq}) ermittelt, beispielsweise durch die Messung der Pegel auf einer virtuellen Hülle um die Schallquelle (TRLV Lärm, 2017).
Immissionsmessungen werden personen- oder arbeitsplatz- bzw. ortsbezogen durchgeführt und ermitteln z. B. einen Tages-Expositionsschallpegel ($L_{EX,8h}$) oder auch eine Schalldosis. Bei einer personenbezogenen Messung kommen Lärmdosimeter zum Einsatz, die von den Beschäftigten am Körper getragen werden.
Lärmmessgeräte für ortsfeste Messungen sind in verschiedenen Varianten und für verschiedene Anwendungen verfügbar (Abbildung 6.9). Eine wesentliche Eigenschaft ist die Genauigkeitsklasse, wobei Klasse 1 mit einer kombinierten Standardunsicherheit von ≤ 2 dB die genauesten Messungen erlaubt (TRLV Lärm, 2017).

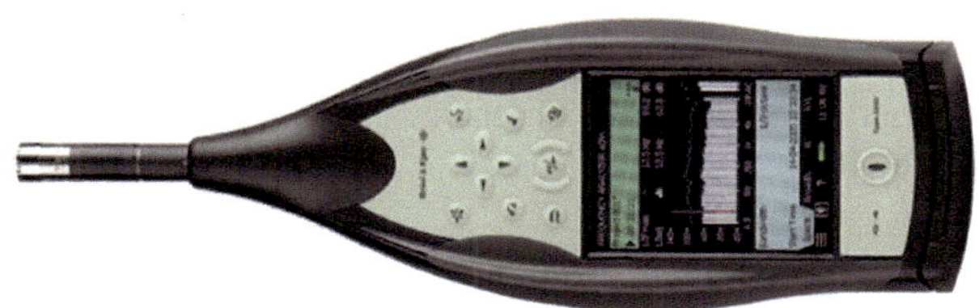

Abbildung 6.9: Brüel & Kjaer Sound Level Meter - Type 2250-S (Brüel & Kjaer, 2021)

Die Messungen basieren auf repräsentativen Arbeitstagen, die auf einer sorgfältigen Arbeitsanalyse beruhen. Um einen Lärmexpositionspegel zu ermitteln, können drei verschiedene Strategien zum Einsatz kommen (DIN EN ISO 9612, 2009):

- tätigkeitsbezogene Messungen, die basierend auf einer Arbeitsanalyse mit vergleichsweise geringem Aufwand durchgeführt werden können,
- berufsbildbezogene Messungen, bei denen zeitlich zufällige Stichprobenmessungen erfolgen sowie
- Ganztagsmessungen, bei denen mehrere Tage messtechnisch erfasst werden, was mit erhöhtem Messaufwand verbunden ist, aber z. B. bei mobilen Beschäftigten zu empfehlen ist.

Für alle Varianten der Messung sind die Besonderheiten bei den jeweiligen Messungen zu beachten, z. B. in welcher Höhe oder in welchem Abstand zur Person bzw. deren Ohr die Messungen durchgeführt werden. Für alle Messungen sind kalibrierte Messgeräte zu verwenden, die Ergebnisse in einem Bericht zu dokumentieren und für 30 Jahre zu archivieren (TRLV Lärm, 2017).
Für orientierende Messungen bzw. erste Analysen können außerdem Smartphones mit Apps zur Lärmmessung genutzt werden (Abbildung 6.10). Diese sind zwar weder kalibriert noch ist sichergestellt, wie genau die Software-Hardware-Kombinationen funktionieren, dennoch sind sie für überschlägige Erstanalysen anwendbar.

Abbildung 6.10: Smartphone und App zur Einschätzung von Lärmpegeln (Krafthand Verlag Walter Schulz GmbH, 2012)

Vorgehensweise zur Ermittlung und Beurteilung von Lärm

Abbildung 6.11 verdeutlicht die Vorgehensweise zur Ermittlung und Beurteilung von Lärm im Betrieb.

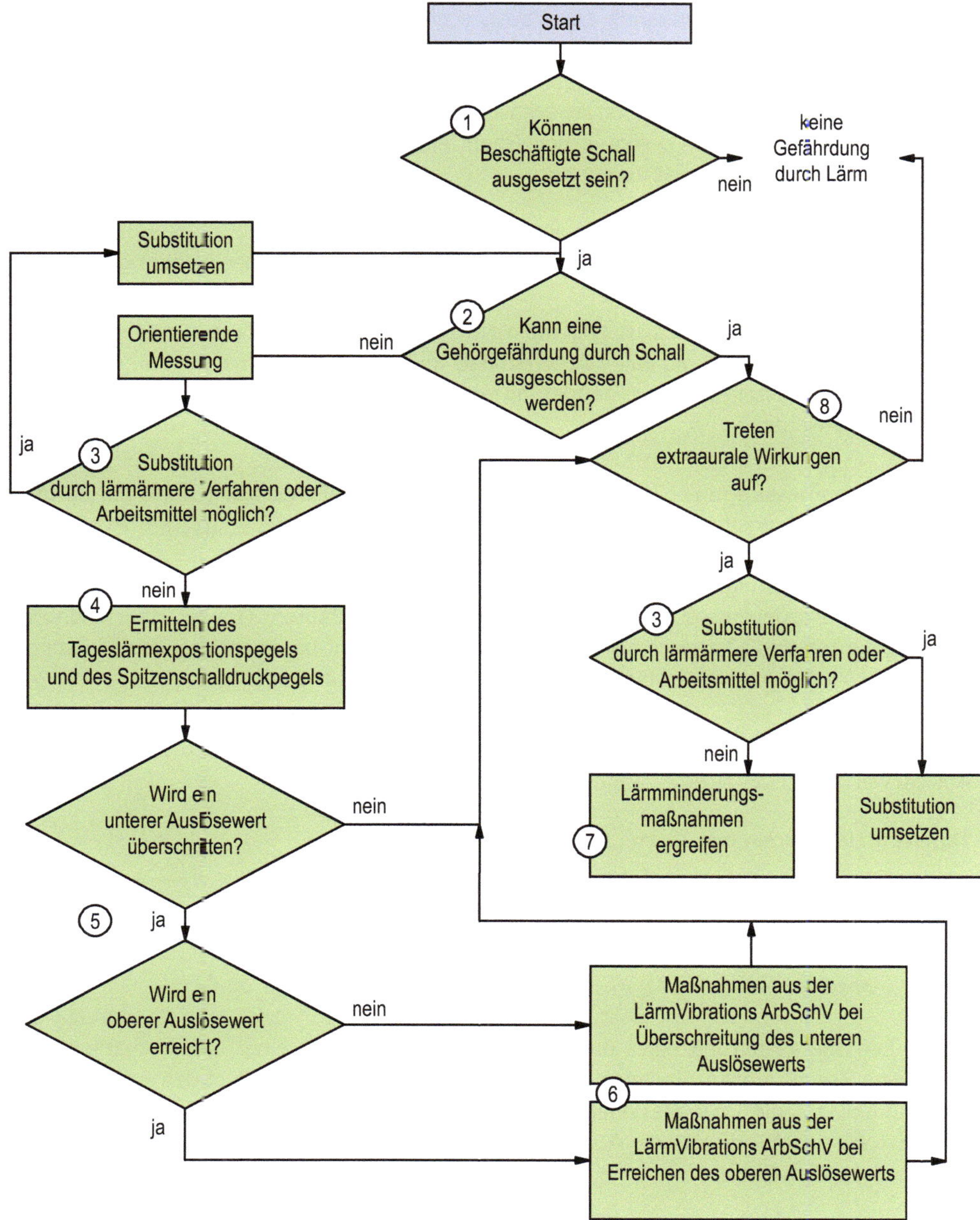

Abbildung 6.11: Vorgehensweise zum Ermitteln und Beurteilen von Lärm (nach TRLV Lärm, 2017)

1 Orientierung Zunächst ist festzustellen, ob Beschäftigte Lärm ausgesetzt sind oder sein können.

2 Erste Abschätzung Ist eine Lärmbelastung möglich, ist zu klären, ob eine Gesundheitsgefährdung des Gehörs durch Lärm ausgeschlossen werden kann. Es handelt sich hier um eine Abschätzung, die ggf. durch eine orientierende Messung ergänzt wird.
Einen Anhaltspunkt bieten die Angaben der Hersteller von Maschinen zur Geräuschemission, wie Schalldruckpegel, Spitzenschalldruckpegel und Schallleistungspegel. Auch die Schallreflexion und die von außen in den Raum eindringenden Geräusche müssen berücksichtigt werden. Weiterhin ist zu klären:

- Sind besonders gefährdete Personengruppen betroffen?
- Ist die Wahrnehmung akustischer Signale oder Warnsignale beeinträchtigt?

3 Substitution (Ersatz) Es ist allgemein zu prüfen, ob eine Verbesserung der Situation durch lärmärmere Verfahren oder Arbeitsmittel möglich ist. Kann durch die Substitution keine zufriedenstellende Lärmminderung erzielt werden, muss eine Immissionsmessung durchgeführt werden.

4 Immissionsmessungen Zur Bestimmung der konkreten Belastung muss die Lärmdosis (Tages-Lärmexpositionspegel $L_{EX,8h}$; Spitzenschalldruckpegel $L_{pC,peak}$) am Arbeitsplatz bestimmt werden.
Orientierende Messungen können mit einfachen Schallpegelmessgeräten durchgeführt werden. Genaue Betriebsmessungen erfordern aufwendige Verfahren. Bei der Beurteilung der Messergebnisse sind Messunsicherheiten zu berücksichtigen: bei orientierenden Messungen +/− 6 dB(A), bei genaueren Betriebsmessungen +/− 1,5 bis 3 dB(A).

5 Auslösewerte In der LärmVibrationsArbSchV werden die in Tabelle 6.10 dargestellten Auslösewerte (= Grenzwerte) angegeben.

Tabelle 6.10: Auslösewerte (nach LärmVibrationsArbSchV)

	Untere Auslösewerte	Obere Auslösewerte
Tages-Lärmexpositionspegel $L_{EX,8h}$	80 dB(A)	85 dB(A)
Spitzenschalldruckpegel $L_{pC,peak}$	135 dB(C)	137 dB(C)

Schon bei Überschreitung eines unteren Auslösewerts ist mit einer Gehörschädigung für betroffene Beschäftigte zu rechnen. Die LärmVibrationsArbSchV ordnet den Auslösewerten Maßnahmen zu, die im Falle einer Überschreitung (für die unteren Auslösewerte) oder eines Erreichens (für die oberen Auslösewerte) mindestens zu ergreifen sind. Sie werden in Tabelle 6.11 aufgeführt.

6 Maßnahmen nach LärmVibrationsArbSchV Es gibt eine Reihe von Maßnahmen, die abhängig von der Schallexposition am Arbeitsplatz zu ergreifen sind (Tabelle 6.11). Oft ist die Kombination mehrerer Maßnahmen sinnvoll, um eine Lärmbelastung der Mitarbeiter auszuschließen bzw. zu verringern.

Tabelle 6.11: Maßnahmen zur Lärmminderung (nach LärmVibrationsArbSchV)

Maßnahmen	Schallexposition ab	
	unterer Auslösewert	oberer Auslösewert
Gefährdungsbeurteilung durch fachkundige Person	X	X
Informations- und Unterweisungspflicht	X	X
Gehörschutz zur Verfügung stellen	X	X
Angebot von audiometrischen Untersuchungen	X	X
Arbeitsmedizinische Vorsorgeuntersuchung		X
Gehörschutz Tragepflicht		X
Lärmminderungsprogramm		X
Lärmbereichskennzeichnung		X
Minderungsmaßnahmen nach dem Stand der Technik	X	X

7 Lärmminderungs- und Substitutionsmaßnahmen Maßnahmen entsprechend dem Stand der Technik sind durchzuführen.

8 Extraaurale Wirkungen Extraaurale Wirkungen (Ärger, Nervosität, Kopfschmerzen, ...) können oft nicht anhand von Grenzwerten o. ä. beurteilt werden. Häufig liegt die Ursache in der Art des Geräusches (Gespräche, Lüftergeräusche, Verkehrsgeräusche, . . .). Hinweise zur Bewertung und Gestaltung von Arbeitsbedingungen sind in der DIN EN ISO 11690-1 (2021) und -2 (2021): „Akustik – Richtlinien für die Gestaltung lärmarmer maschinenbestückter Arbeitsstätten" enthalten.

Tabelle 6.12: Empfohlene Schallpegel (nach DIN EN ISO 11690-1, 2021)

Tätigkeit	Empfehlung (Maximalwert)
Tätigkeiten, die Konzentration verlangen; auch Tätigkeiten in Konferenz- und Sitzungsräumen	35 bis 45 dB(A)
Routinemäßige Büroarbeiten	45 bis 55 dB(A)
In industriellen Arbeitsstätten	75 bis 80 dB(A)

Auch für extraaurale Wirkungen ist stets zu prüfen, ob eine Substitution durch lärmärmere Verfahren oder Arbeitsmittel möglich ist (allgemeines Minimierungsgebot).

D 6.1 Fallbeispiel Lärm

D 6.1.1 Lärmanalyse

Im ersten Fallbeispiel wird ein Arbeitsplatz an einer Kreissäge untersucht. Hierzu wird eine arbeitsplatzbezogene Immissionsmessung an allen vier zugänglichen Seiten der Kreissäge durchgeführt. Zusätzlich wird eine Messung oberhalb der Kreissäge vorgenommen. Die Messergebnisse sind in Tabelle 6.13 aufgeführt.

Tabelle 6.13: Messwerte der Lärmmessung an einer Kreissäge

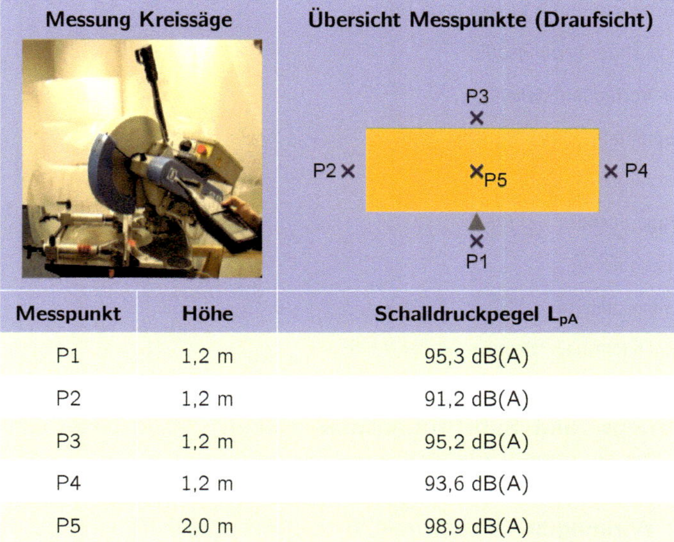

Messpunkt	Höhe	Schalldruckpegel L_{pA}
P1	1,2 m	95,3 dB(A)
P2	1,2 m	91,2 dB(A)
P3	1,2 m	95,2 dB(A)
P4	1,2 m	93,6 dB(A)
P5	2,0 m	98,9 dB(A)

An allen Messpunkten werden die oberen Auslösewerte überschritten, es ist demnach Handlungsbedarf gegeben. Um die Art des Lärms weiter zu präzisieren und um Ansatzpunkte für die Lärmminderung zu finden, werden vertiefende Messungen durchgeführt.

Am Messpunkt P1, der häufigsten Arbeitsstelle an der Kreissäge, wurde eine Terzanalyse durchgeführt, die frequenzbezogene Schalldruckpegel angibt (eine Terz ist ein Tonintervall mit drei Tönen Abstand). Für jede Terz wird hier eine eigene Messung durchgeführt. Die in Abbildung 6.12 dargestellten Ergebnisse dieser Frequenzanalyse zeigen, dass wesentliche Frequenzanteile oberhalb 500 Hz liegen und ein Maximum bei etwa 5.000 Hz vorhanden ist. Die Kreissäge verursacht somit vergleichsweise hochfrequenten, aber sehr breitbandigen Lärm.

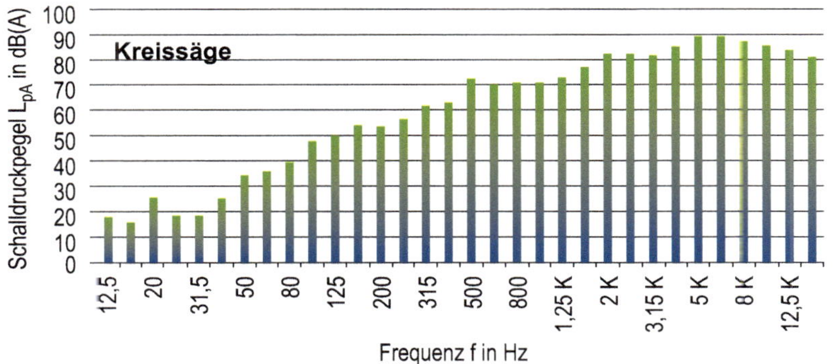

Abbildung 6.12: Ergebnisse der Terzanalyse bei P1

D 6.1.2 Lärmminderung

In diesem Fallbeispiel ist ein Großraumbüro mit einer Konfektionierung in einer gemeinsamen Halle untergebracht. Bei der Konfektionierung von Produkten entsteht durch die Nutzung von Tackern, Hämmern und Schneidevorrichtungen ein Lärmpegel, der sich auf die Bildschirmarbeitsplätze ausbreitet und die Menschen negativ beeinflusst. Hierzu wurden verschiedene Lärmschutzmaßnahmen erarbeitet. Der Einsatz von Trennwänden ist vor allem in Großraumbüros verbreitet. Besonders bei Arbeiten mit hohen Konzentrationsanforderungen oder Kundenkontakten ist es wichtig, in Ruhe arbeiten zu können. Durch Trennwände oder entsprechende Trennwandsysteme ist es möglich, die Arbeitsplätze voneinander abzugrenzen. Einerseits schafft das den Mitarbeitern ein ruhigeres Arbeitsumfeld, in welchem sie ihrer Arbeit gewissenhaft nachgehen können, andererseits sind sie weiterhin schnell für andere Mitarbeiter verfügbar, was kurze Kommunikationswege im Unternehmen bedeutet. Mit Hilfe von entsprechenden Absorbern an den Trennwänden werden störende Geräusche absorbiert und deren Schallausbreitung verringert. Förderlich sind hierbei auch Deckenabsorber (vgl. Abbildung 6.13), die zusätzlich die Schallausbreitung reduzieren.

Abbildung 6.13: Beispiel für sekundäre Lärmminderungsmaßnahmen: Deckenabsorber

E 6.1 Empfehlungen und Regeln (Vorschriften) zu Lärm

An dieser Stelle sind ausgewählte Regelwerke, die für die Beurteilung von Lärm relevant sind und bei der Gestaltung der Arbeitsumwelt Berücksichtigung finden sollten, aufgeführt.

Tabelle 6.14: Ausgewählte Regelwerke für die Beurteilung von Lärm

Norm	Inhalt
Arbeitsstättenverordnung (ArbStättV)	Sicherheit und Gesundheitsschutz der Beschäftigten beim Einrichten und Betreiben von Arbeitsstätten
ASR A3.7	Lärm
Lärm- und Vibrations-Arbeitsschutzverordnung (LärmVibrationsArbSchV)	Schutz der Beschäftigten vor tatsächlichen oder möglichen Gefährdungen ihrer Gesundheit und Sicherheit durch Lärm oder Vibrationen bei der Arbeit
TRLV Lärm (Technische Regel zur Lärm- und Vibrations-Arbeitsschutzverordnung)	Teil Allgemeines Teil 1 Beurteilung der Gefährdung durch Lärm Teil 2 Messung von Lärm Teil 3 Lärmschutzmaßnahmen
BGV B3 Lärm	Unfallverhütungsvorschrift Lärm
DIN EN ISO 4871	Akustik - Angabe und Nachprüfung von Geräuschemissionswerten von Maschinen und Geräten
DIN EN ISO 9612	Bestimmung der Lärmexposition am Arbeitsplatz („Ingenieurverfahren")
DIN EN ISO 11200	Akustik – Geräuschabstrahlung von Maschinen und Geräten – Leitlinien zur Anwendung der Grundnormen zur Bestimmung von Emissions-Schalldruckpegeln am Arbeitsplatz und an anderen festgelegten Orten
DIN EN ISO 11688-1	Akustik – Richtlinien für die Konstruktion lärmarmer Maschinen und Geräte: Planung
DIN EN ISO 11688-2	Akustik – Richtlinien für die Gestaltung lärmarmer Maschinen und Geräte: Einführung in die Physik der Lärmminderung durch konstruktive Maßnahmen
DIN EN ISO 11690-1	Akustik – Richtlinien für die Gestaltung lärmarmer maschinenbestückter Arbeitsstätten: Allgemeine Grundlagen
DIN EN ISO 11690-2	Akustik – Richtlinien für die Gestaltung lärmarmer maschinenbestückter Arbeitsstätten: Lärmminderungsmaßnahmen
DIN EN 61672-1	Elektroakustik – Schallpegelmesser
DIN 45630	Grundlagen der Schallmessung
DIN 45641	Mittelung von Schallpegeln
DIN 45645-2	Ermittlung des Beurteilungspegels am Arbeitsplatz bei Tätigkeiten unterhalb des Pegelbereiches der Gehörgefährdung

Norm	Inhalt
VDI 2058 Blatt 2	Beurteilung von Lärm am Arbeitsplatz hinsichtlich Gehörgefährdung
VDI 2058 Blatt 3	Beurteilung von Lärm am Arbeitsplatz unter Berücksichtigung unterschiedlicher Tätigkeiten
VDI 2720 Blatt 2	Schallschutz durch Abschirmung in Räumen
VDI 2720 Blatt 3	Schallschutz durch Abschirmung im Nahfeld; teilweise Umschließung
VDI 3760	Berechnung und Messung der Schallausbreitung in Arbeitsräumen
BGR 194	Einsatz von Gehörschützern
BGI 675	Geräuschminderung im Betrieb
TA Lärm	Technische Anleitung zum Schutz gegen Lärm

6.2 Vibrationen

B 6.2 Grundlagen zu Vibrationen

Ein weiterer Arbeitsumweltfaktor sind Vibrationen, auch als mechanische Schwingungen oder Humanschwingungen bezeichnet. Diese sind den Schwingungen der Luft bei Schallwellen in einigen Eigenschaften ähnlich, besitzen jedoch meist größere Amplituden, geringere Frequenzen und sind im Gegensatz zu den Longitudinalwellen des Schalls Transversalwellen.

Vibrationen

Vibrationen sind mechanische Schwingungen eines Gegenstandes um seine Ruhelage, die durch Kontakt übertragen werden.

Die mechanischen Schwingungen von Objekten werden bei bestehendem Kontakt auf den menschlichen Körper übertragen und beeinflussen diesen auf unterschiedliche Weise. Vibrationen entstehen beispielsweise an stationären Maschinen wie Pressen, Motoren, Generatoren oder Turbinen, bei der Nutzung von Transportmaschinen wie Erdbaumaschinen, Zügen, Schiffen, Flugzeugen oder Fahrzeugen sowie bei der Handhabung handgeführter Maschinen wie Bohrmaschinen, Kettensägen, Motormähgeräten oder Presslufthämmern. Grundlegende Unterteilungen der Vibrationen können nach der Schwingungsart in periodische und stochastische Schwingungen erfolgen. Bezüglich der Auswirkungen wird in Ganzkörper- und Teilkörper- bzw. Hand-Arm-Schwingungen unterteilt. Im Gegensatz zu sich möglicherweise negativ auswirkenden Vibrationen, die hauptsächlich in der Arbeitsumwelt untersucht werden, können Schwingungen in Form von taktilen bzw. haptischen Rückmeldungen auch positiv genutzt werden. Diese besitzen eine meist höhere Frequenz und vor allem eine sehr geringe Amplitude sowie eine sehr kurze Einwirkdauer. Besonders Mensch-Maschine-Schnittstellen können mit derartigen Schwingungen als haptischen Signalen (z. B. Vibrationsalarm) ausgestattet werden, um andere Sinne nicht zu überlasten oder um multimodale Konzepte umzusetzen (Technische Regeln zur Lärm- und Vibrations-Arbeitsschutzverordnung [TRLV Vibrationen], 2015).

B 6.2.1 Physiologische Grundlagen

Der menschliche Körper ist in der Lage, Schwingungen wahrzunehmen. Dies erfolgt mittels der sogenannten Vater-Pacini-Tastkörperchen (Abbildung 6.14). Diese biologischen Sensoren finden sich in der Unterhaut (Subkutis), an den großen Sehnenplatten sowie im Gewebe um Nieren, Milz, Zwölffingerdarm, Dickdarm und Harnblase.

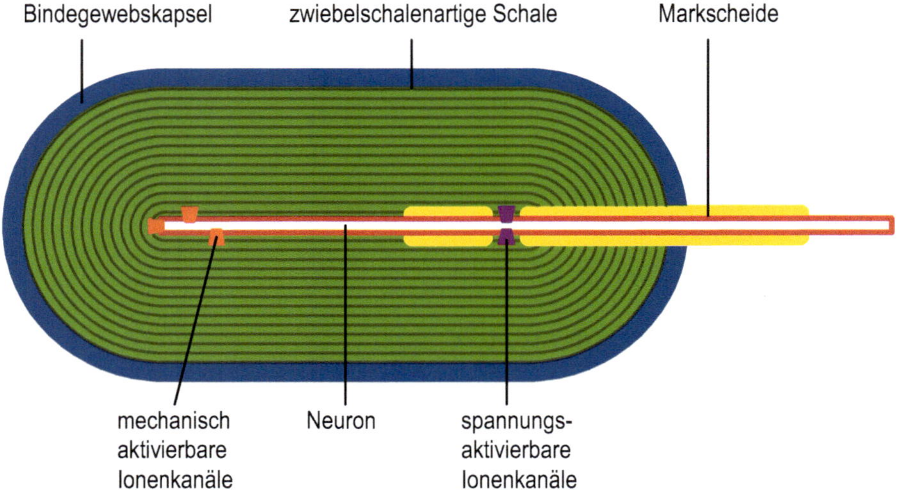

Abbildung 6.14: Schematischer Aufbau der Vater-Pacini-Körperchen

Wenn der menschliche Körper Vibrationen ausgesetzt ist, dann kann je nach Resonanzfrequenz der betroffenen Körperteile (Abbildung 6.15) eine Abschwächung oder Verstärkung der Schwingungsamplituden stattfinden.

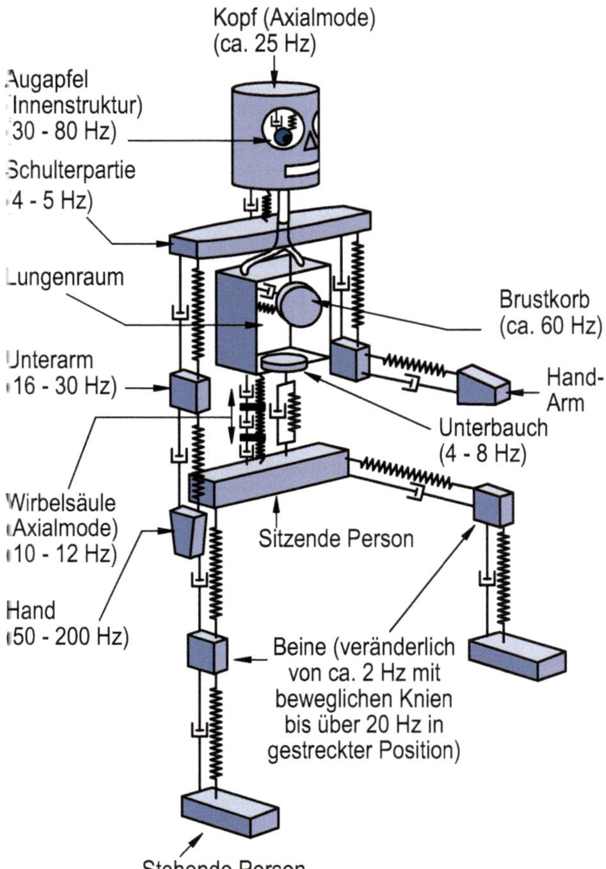

Abbildung 6.15: Resonanzfrequenzen der Körperteile des Menschen (Robert Koch-Institut, 2007)

Die Auswirkungen dieser Vibrationen sind in Art und Ausmaß unterschiedlich und von den Schwingungsparametern abhängig. Neben einigen positiven Effekten mechanischer Schwingungen, wie sie z. B. bei Rüttelgurten durch die geförderte Durchblutung existieren, zielt die Betrachtung im Rahmen der Arbeitsumwelt insbesondere auf die Vermeidung von negativen Auswirkungen und Schädigungen. Diese reichen von allgemeinem Unbehagen über die Beeinflussung der Atmung und Muskelkontraktionen bis hin zu Unterleibs-, Rücken- und Kopfschmerzen. Eine Übersicht zeigt Abbildung 6.16.

Ganzkörperschwingungen	Hand-Arm-Schwingungen
Akute Wirkungen	
Beeinflussung des biomechanischen Schwingungsverhaltens	
des Rumpfes und des Kopfes	des Hand-Arm-Schulter-Systems
physiologische Reaktionen	
- erhöhtes Atemminutenvolumen - erhöhte Muskelaktivität - vegetative Störungen (Reflexminderung)	- verminderte periphere Durchblutung - erhöhte Muskelaktivität - Störung des peripheren Nervensystems
Unangenehme subjektive Wahrnehmung, Unwohlsein und Schmerzen	
Leistungsbeeinflussung	
- erschwerte feinmotorische Koordination - verminderte visuelle Wahrnehmung	- erschwerte feinmotorische Koordination
Chronische Wirkungen	
Gesundheitsschädigung im Bereich der Wirbelsäule und des Magens	Schädigung von Knochen und Gelenken, Weißfingerkrankheit

Abbildung 6.16: Akute und chronische Auswirkungen von Vibrationen auf den Menschen

Bei einer langjährigen und starken Exposition können Vibrationen zu Berufskrankheiten führen (Berufskrankheiten-Verordnung [BKV]). Die Berufskrankheit BK 2103 (Erkrankung bei Arbeiten mit Druckluftwerkzeugen) betrifft vibrationsbedingte Knochen- und Gelenkerkrankungen, die sich z. B. in Muskel- und Gelenkschmerzen, Knochenwucherungen, Deformierungen der Gelenkflächen, Knochenabsplitterungen im Ellenbogengelenk, Knorpelzerstörungen oder Muskelatrophie (Schwund) äußern können. Ursachen dafür sind Arbeiten mit Geräten, die Schwingungen mit niederen Frequenzen und großen Amplituden erzeugen, z. B. Presslufthämmer. Die Berufskrankheit BK 2104 (vibrationsbedingte Durchblutungsstörungen an den Händen) bezieht sich auf das vasospastische Syndrom (vibrationsbedingte Durchblutungsstörungen) bzw. die Weißfingerkrankheit (auch Raynaudsches Phänomen). Diese Gefäßerkrankung ist durch bleibende Durchblutungsstörungen der Finger gekennzeichnet, die sich in Weißwerden und Gefühllosigkeit äußern. Ursachen sind Arbeiten mit Geräten, die Schwingungen im Bereich von 20-40 Hz erzeugen, z. B. Handschleifmaschinen, Kettensägen oder Motormähgeräte.

B 6.2.2 Vibrationskennwerte

Periodische Schwingungen besitzen die Grundgrößen Frequenz f, Amplitude s, Schwingungsgeschwindigkeit v sowie Schwingungsbeschleunigung a. Weiterhin messtechnisch erfassbar sind die Einwirkdauer T, Einwirkstelle und -richtung, Andruck- und Greifkraft und Körperhaltung. Stochastische Schwingungen können weiterhin durch Spitzenwerte, Mittelwerte, Standardabweichungen sowie Effektivwerte und das Frequenzspektrum charakterisiert werden (vgl. Abbildung 6.17).

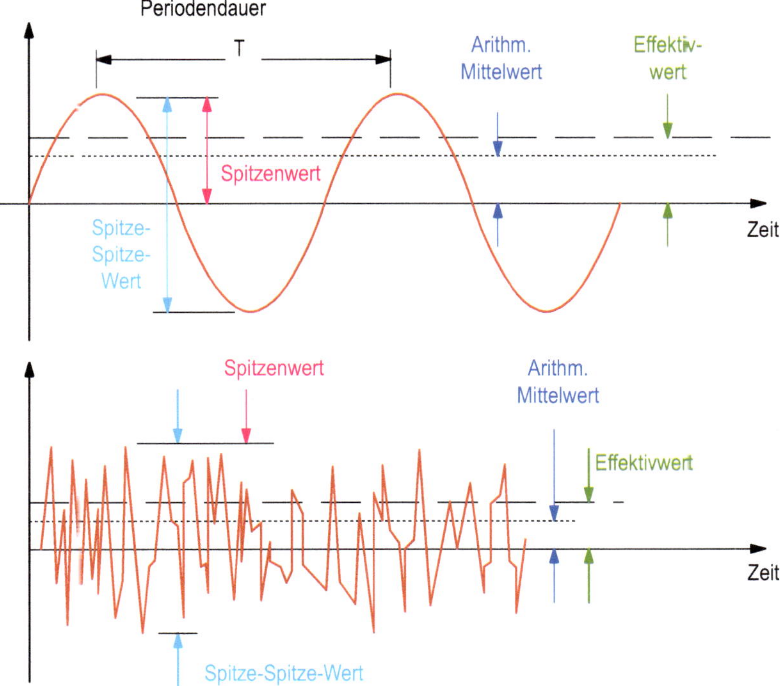

Abbildung 6.17: Amplitudenverlauf und Kennwerte einer periodischen (oben) sowie einer stochastischen (unten) Schwingung

Um Ganzkörperschwingungen zu bewerten, ist zunächst die Festlegung der Koordinatenachsen notwendig (Abbildung 6.18). Dies kann im Sitzen, Stehen oder Liegen erfolgen.

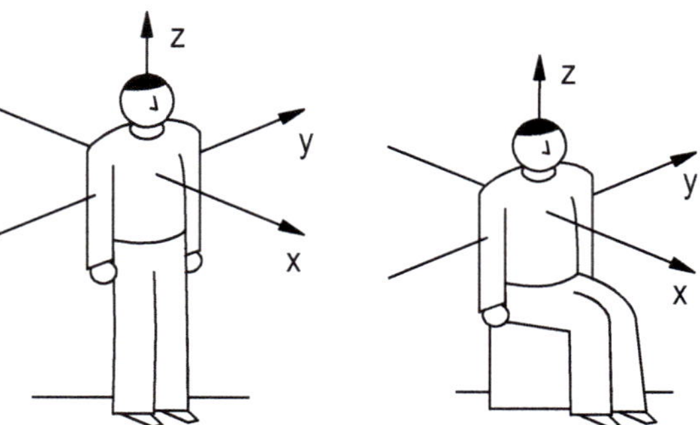

Abbildung 6.18: Koordinatensysteme und Achsen zur Bewertung von Ganzkörperschwingungen (TRLV Vibrationen, 2015)

Um die Auswirkungen von Vibrationen auf den menschlichen Körper einzuschätzen, können Ganzkörper- und Teilkörperschwingungen bewertet werden. Hierzu gibt es, ähnlich den Frequenzbewertungskurven bei Schallpegeln (vgl. Abbildung 6.7), Schwingungsbewertungskurven. Diese sind auf die Schwingungsfrequenz bezogen und müssen für die drei Koordinatenrichtungen angewandt werden, da die Wirkung auf den Menschen je nach Richtung unterschiedlich ist. Ein Beispiel für eine Bewertungskurve ist in Abbildung 6.19 enthalten.

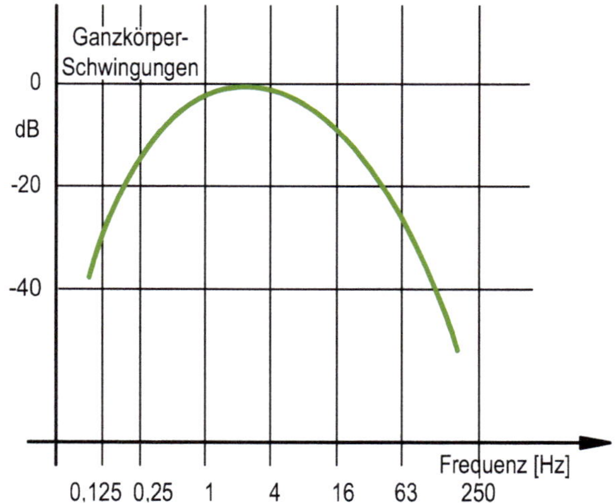

Abbildung 6.19: Beispiel einer Frequenzbewertungskurve (vertikale Ganzkörper-Vibrationen, z-Achse) für die Bewertung von Vibrationen (nach DIN EN ISO 8041-1, 2017)

Die Wirkung auf den Menschen ergibt sich maßgeblich durch die Schwingungsintensität (= frequenzbewertete Schwingungsbeschleunigung a_w) und die Expositionszeit. In Abbildung 6.20 sind dafür Orientierungswerte enthalten.

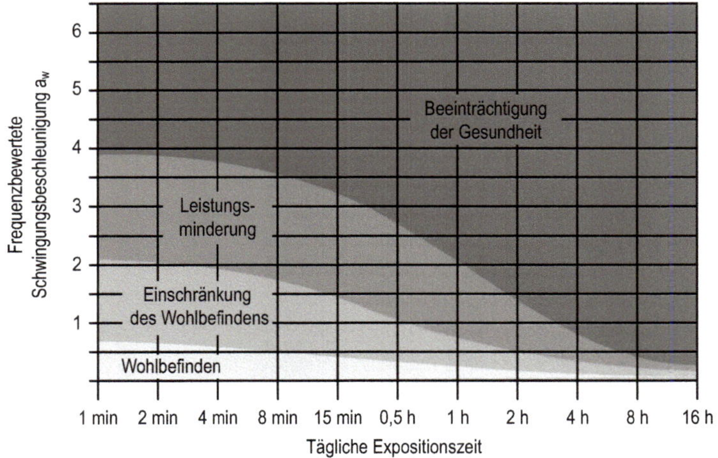

Abbildung 6.20: Wirkung von Ganzkörper-Vibrationen auf den Menschen (in Anlehnung an Bullinger, 1994 und VDI 2057 Blatt 1, 2017)

Zur Bewertung der Auswirkungen einer Vibration auf den menschlichen Körper in der Arbeitswelt wird der Tages-Vibrationsexpositionswert A(8) herangezogen. Um diesen zu ermitteln, wird ausgehend von dem Effektivwert der Schwingungsbeschleunigung eine Frequenzbewertung vorgenommen. Der sich ergebende Effektivwert der frequenzbewerteten Schwingungsbeschleunigung a_{wi} wird mit der Einwirkdauer T_i sowie der Beurteilungsdauer T_0 zu dem Tages-Vibrationsexpositionswert A(8) verrechnet. Der Mensch reagiert auf Schwingungen aus den Richtungen x und y empfindlicher als aus der z-Richtung. Um Schwingungen aus den verschiedenen Richtungen vergleichbar zu machen, werden sie mit den Korrekturfaktoren k gewichtet. Bei der Bewertung der Gesundheitsgefährdung wird die Richtung mit dem höchsten Tages-Vibrationsexpositionswert verwendet.

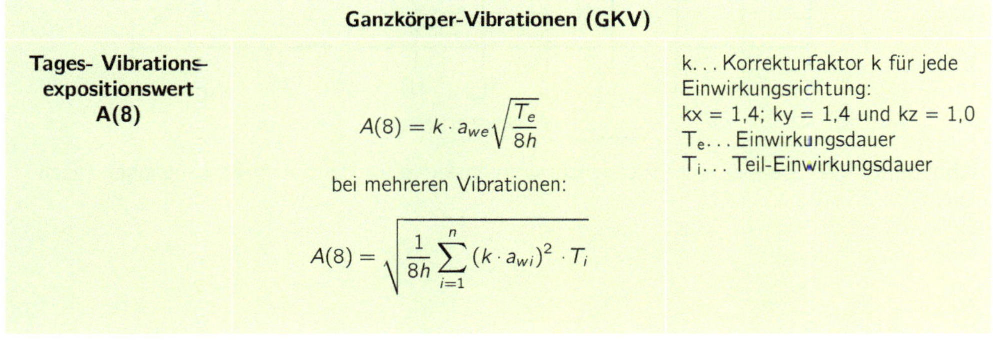

Ganzkörper-Vibrationen (GKV)		
Tages- Vibrations-expositionswert A(8)	$A(8) = k \cdot a_{we}\sqrt{\frac{T_e}{8h}}$ bei mehreren Vibrationen: $A(8) = \sqrt{\frac{1}{8h}\sum_{i=1}^{n}(k \cdot a_{wi})^2 \cdot T_i}$	k... Korrekturfaktor k für jede Einwirkungsrichtung: kx = 1,4; ky = 1,4 und kz = 1,0 T_e... Einwirkungsdauer T_i... Teil-Einwirkungsdauer

Bei der Bewertung von Hand-Arm-Schwingungen erfolgt ebenfalls eine Frequenzbewertung auf Basis der Koordinatenachsen der Schwingungseinwirkung (Abbildung 6.21), wobei hier die drei Vibrationen in den Schwingungsachsen zu einem Schwingungsgesamtwert a_{hv} zusammengerechnet werden (Vektorbetrag).

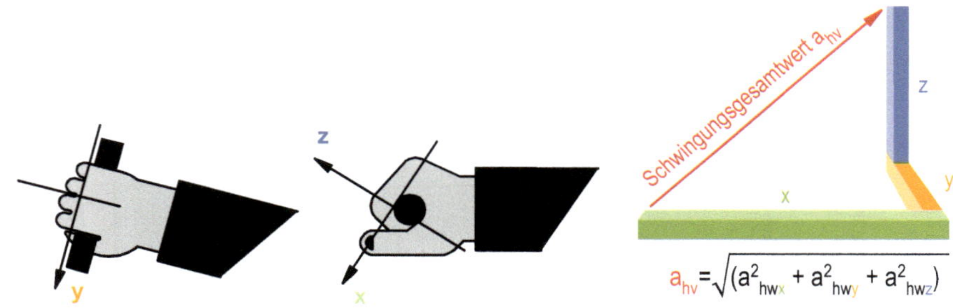

Abbildung 6.21: Koordinatenachsen zur Bewertung von Hand-Arm-Schwingungen (VDI 2057 Blatt 2, 2016)

Die Frequenzbewertung ist ebenso wie bei Ganzkörperschwingungen bei Hand-Arm-Schwingungen vorzunehmen (Abbildung 6.22).

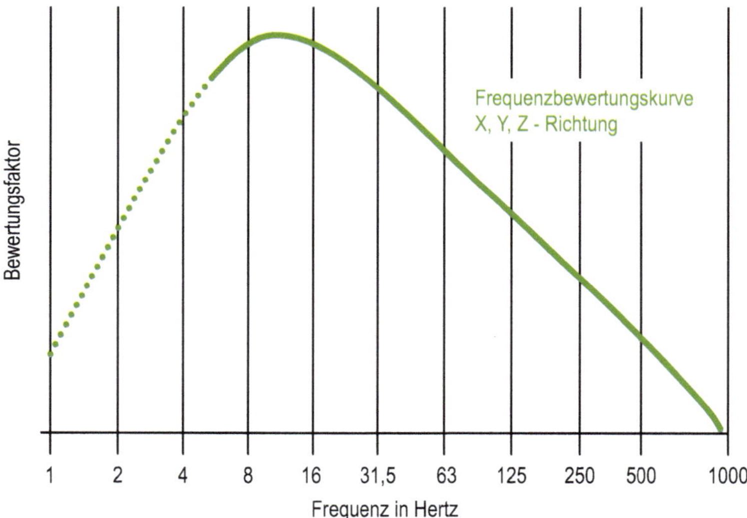

Abbildung 6.22: Beispiel einer Frequenzbewertungskurve für Hand-Arm-Schwingungen (nach DIN EN ISO 8041-1, 2017)

B 6.2.3 Vibrationsbeurteilung

Im Anschluss an die Schwingungsberechnung kann nun beurteilt werden, inwiefern eine Schwingungsbelastung Einfluss auf die Gesundheit des Menschen hat. Dies muss wiederum für Ganzkörper- oder Hand-Arm-Schwingungen erfolgen. Bei der Beurteilung der Grenzwerte von Ganzkörperschwingungen wird der Tages-Vibrationsexpositionswert A(8) herangezogen. Es wird in Auslösewerte und Expositionsgrenzwerte differenziert. Der Expositionsgrenzwert ist derjenige Wert, normiert auf einen Bezugszeitraum von 8 Stunden, bei dessen Überschreitung mit dem Entstehen von Gesundheitsschäden zu rechnen ist. Der Auslösewert ist derjenige Wert, ab dem ein mittleres Risiko besteht. In der Technischen Regel zur Lärm-Vibrationsarbeitsschutzverordnung (TRLV Vibrationen, 2015) wird zur Vibrationsbewertung das Ampelprinzip verwendet:

- Wird der Auslösewert erreicht, dann besteht Handlungsbedarf zur Verbesserung der Situation.
- Oberhalb des Expositions-Grenzwertes sind Sofortmaßnahmen notwendig.

In Abbildung 6.23 werden die Grenzwerte und die ggf. erforderlichen Maßnahmen aufgeführt.

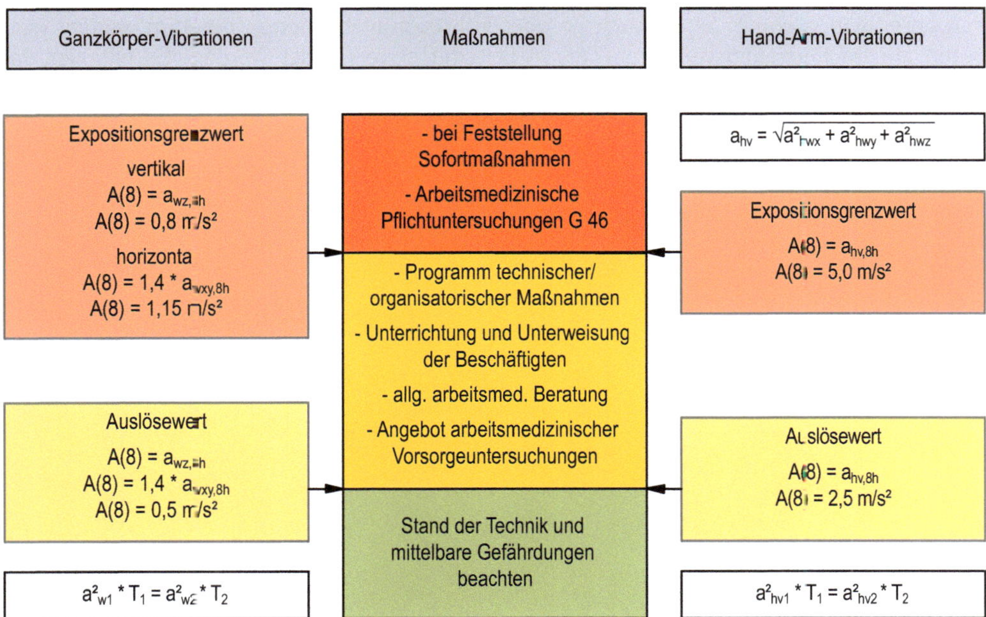

Abbildung 6.23: Grenzwerte der Vibrationsbeurteilung und erforderliche Maßnahmen, Ganzkörper-Vibrationen und Hand-Arm-Vibrationen (TRLV Vibrationen, 2015)

Bei der Beurteilung von Arbeitsräumen kann die frequenzbewertete Schwingungsbeschleunigung a_{we}, der Tages-Vibrationsexpositionswert A(8) oder der Maximalwert des gleitenden Mittelwertes $\max\{a_{wF}(t)\}$ herangezogen werden (Tabelle 6.15).

Tabelle 6.15: Empfehlungen für nicht zu überschreitende Vibrationswerte (TRLV Vibrationen, 2015)

Einwirkungsort	a_{we}	**A(8)**	$\max\{a_{wF}(t)\}$
Erholungsräume, Ruheräume, Sanitätsräume (eventuell auch Aufenthaltsräume)	0,01		0,03
Arbeitsplätze mit hohen Anforderungen an die Feinmotorik (z. B. Forschungslabor)	0,015		0,015
Arbeitsplätze mit überwiegend geistiger Tätigkeit (z. B. Schaltwarten, Büroräume)		0,015	0,045
Arbeitsbereiche mit erhöhter Aufmerksamkeit (z. B. Werkstätten)		0,04	0,12
Arbeitsbereiche mit einfachen oder überwiegend mechanischen Tätigkeiten		0,08	
Sonstige Arbeitsbereiche		0,15	

In Abbildung 6.24 wird die Vorgehensweise bei der Ermittlung der Vibrationsbelastung aufgezeigt. Oft lässt sich eine Vibrationsbelastung ohne aufwändiges Bewertungsverfahren beseitigen, wenn z. B. Unwuchten oder Fahrbahnunebenheiten beseitigt werden oder wenn andere Fertigungsverfahren oder Arbeitsmittel verwendet werden. Es gilt hier das allgemeine Minimierungsgebot („weniger ist besser“).

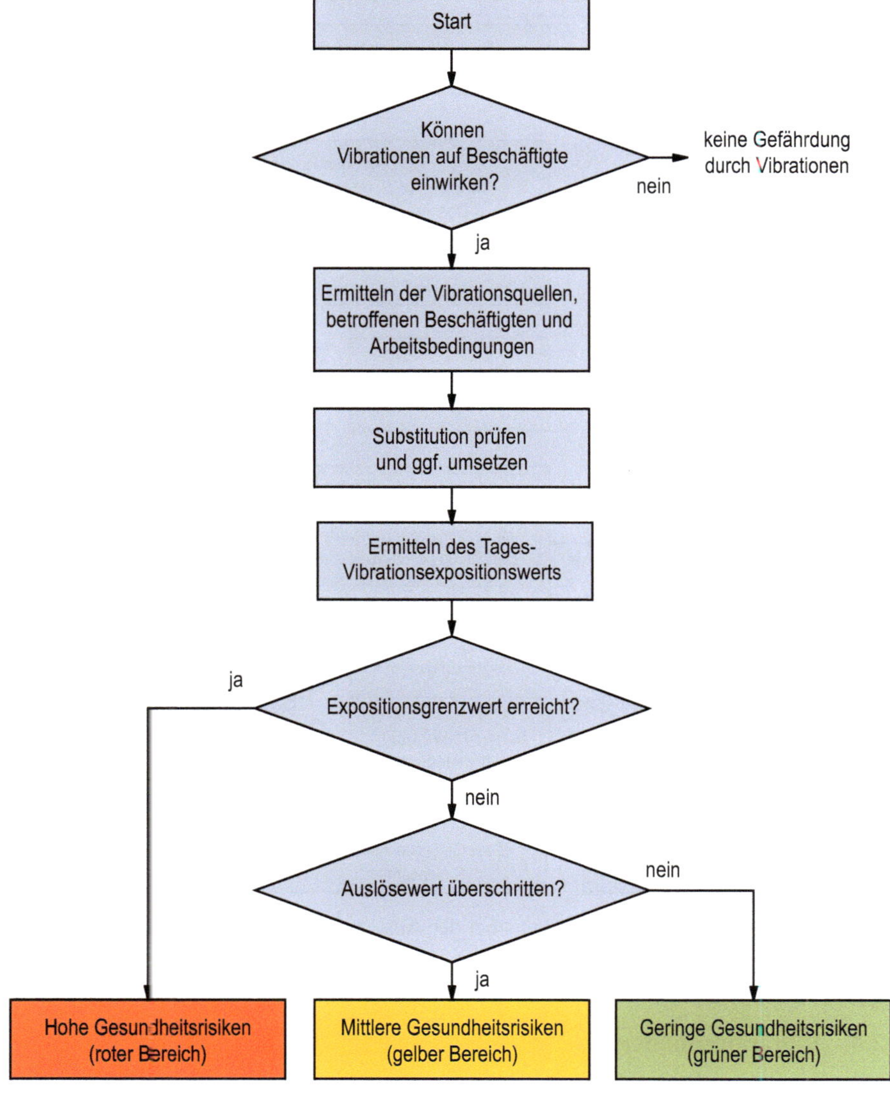

Abbildung 6.24: Vorgehensweise bei der Vibrationsbeurteilung

Der Tages-Vibrationsexpositionswert muss nicht in jedem Fall durch Messungen ermittelt werden. Es können Herstellerangaben oder Angaben aus Datenbanken und Tabellenwerken (Bundesanstalt für Arbeitsschutz und Arbeitsmedizin [BAuA], 2021 a) verwendet werden. Die BAuA hat hierzu die in Abbildung 6.25 dargestellte Vorgehensweise entwickelt.

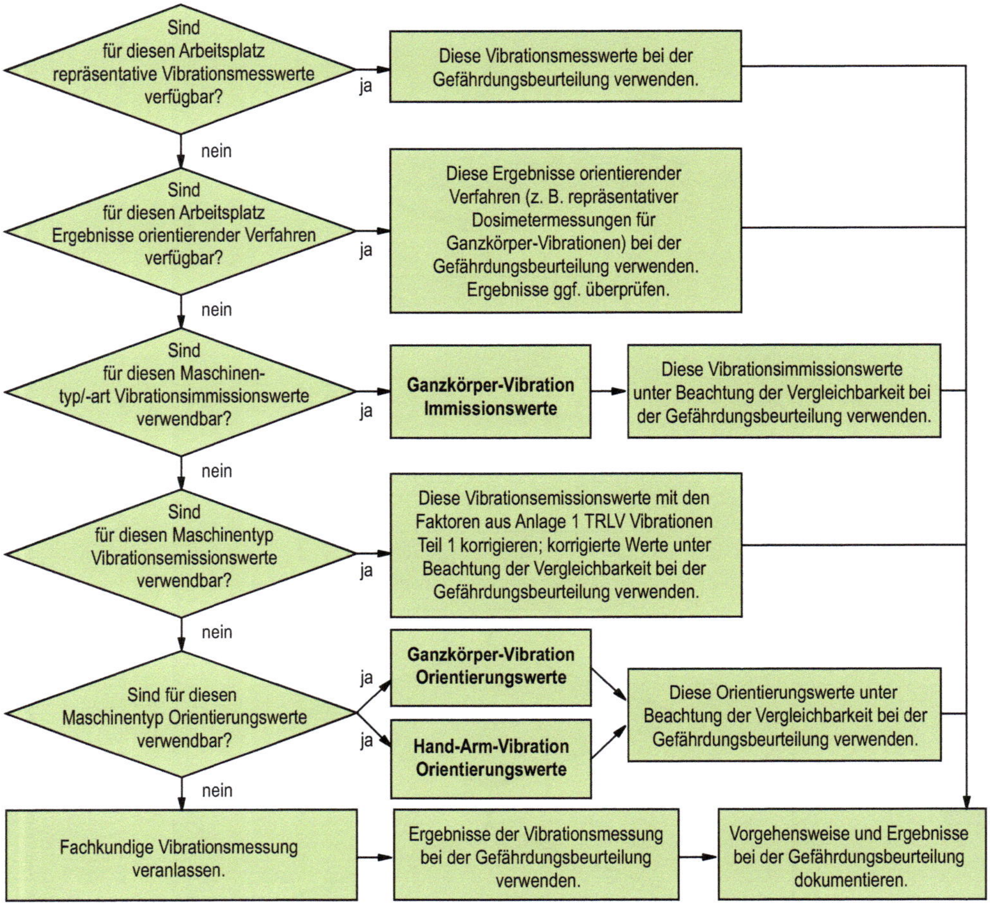

Sind für diesen Arbeitsplatz repräsentative Vibrationsmesswerte verfügbar?
ja → Diese Vibrationsmesswerte bei der Gefährdungsbeurteilung verwenden.
nein
Sind für diesen Arbeitsplatz Ergebnisse orientierender Verfahren verfügbar?
ja → Diese Ergebnisse orientierender Verfahren (z. B. repräsentativer Dosimetermessungen für Ganzkörper-Vibrationen) bei der Gefährdungsbeurteilung verwenden. Ergebnisse ggf. überprüfen.
nein
Sind für diesen Maschinentyp/-art Vibrationsimmissionswerte verwendbar?
ja → **Ganzkörper-Vibration Immissionswerte** → Diese Vibrationsimmissionswerte unter Beachtung der Vergleichbarkeit bei der Gefährdungsbeurteilung verwenden.
nein
Sind für diesen Maschinentyp Vibrationsemissionswerte verwendbar?
ja → Diese Vibrationsemissionswerte mit den Faktoren aus Anlage 1 TRLV Vibrationen Teil 1 korrigieren; korrigierte Werte unter Beachtung der Vergleichbarkeit bei der Gefährdungsbeurteilung verwenden.
nein
Sind für diesen Maschinentyp Orientierungswerte verwendbar?
ja → **Ganzkörper-Vibration Orientierungswerte**
ja → **Hand-Arm-Vibration Orientierungswerte**
→ Diese Orientierungswerte unter Beachtung der Vergleichbarkeit bei der Gefährdungsbeurteilung verwenden.
nein
Fachkundige Vibrationsmessung veranlassen. → Ergebnisse der Vibrationsmessung bei der Gefährdungsbeurteilung verwenden. → Vorgehensweise und Ergebnisse bei der Gefährdungsbeurteilung dokumentieren.

Abbildung 6.25: Rangfolge des Vorgehens bei der Auswahl geeigneter Informationsquellen (nach BAuA, 2021 a)

B 6.2.4 Vibrationsminderung

Zur Vermeidung bzw. Verminderung von Vibrationen sowie deren negativen Auswirkungen sollte zuerst an der Entstehungsquelle der Vibrationen angesetzt werden. Diese primären Maßnahmen zur Verminderung der Vibrationen sind durch den Ersatz des Verfahrens bzw. einer Technologie gekennzeichnet, was zweifelsohne eine tiefgreifende Entscheidung ist. Eventuell gibt es aber weitere Gründe, die einen Technologiewechsel nahelegen. Weitere primäre Maßnahmen sind die Nutzung optimaler Drehzahlen und Geschwindigkeiten, die Vermeidung von Unwuchten, der Einsatz von Zusatzmassen zur Senkung der Eigenfrequenz (TRLV Vibrationen Teil 3, 2015).

Weiterhin können sekundäre Maßnahmen zur Vibrationsvermeidung und -minderung angewandt werden. Dies sind Maßnahmen zur Verminderung der Vibrationsübertragung, die sich in aktive und passive Isolierungsmaßnahmen unterteilen. Aktive Schwingungsisolierung betrifft die mechanische Abschirmung des Schwingungserregers; passive Schwingungsisolierung bezieht sich auf die Abschirmung des zu schützenden Arbeitsplatzes. Zusätzlich können tertiäre Maßnahmen die Verringerung der Vibrationseinwirkung auf den Menschen unterstützen. Hier kommen persönliche Schutzmaßnahmen, wie z. B. Handschützer, Handschuhe oder Schuhe zum Einsatz. Organisatorische Schutzmaßnahmen betreffen die Reduzierung der Expositionszeit, z. B. durch Aufgaben- oder Arbeitsplatzwechsel.

E 6.2 Empfehlungen und Regeln (Vorschriften) zu Vibrationen

An dieser Stelle sind ausgewählte Regelwerke, die für die Beurteilung von Vibrationen relevant sind und bei der Gestaltung der Arbeitsumwelt Berücksichtigung finden sollten, aufgeführt.

Tabelle 6.16: Ausgewählte Regelwerke für die Beurteilung von Vibrationen

Norm	Inhalt
Lärm- und Vibrations-Arbeitsschutzverordnung (LärmVibrationsArbSchV)	Schutz der Beschäftigten vor tatsächlichen oder möglichen Gefährdungen ihrer Gesundheit und Sicherheit durch Lärm oder Vibrationen bei der Arbeit
TRLV Vibrationen (Technische Regel zur Lärm- und Vibrations-Arbeitsschutzverordnung)	Teil Allgemeines Teil 1: Beurteilung der Gefährdung durch Vibrationen Teil 2: Messung von Vibrationen Teil 3: Vibrationsschutzmaßnahmen
DIN EN ISO 5349-1	Mechanische Schwingungen – Messung und Bewertung der Einwirkungen von Schwingungen auf das Hand-Arm-System des Menschen: Allgemeine Anforderungen
DIN EN ISO 5349-2	Mechanische Schwingungen – Messung und Bewertung der Einwirkungen von Schwingungen auf das Hand-Arm-System des Menschen: Praxisgerechte Anleitung zur Messung am Arbeitsplatz
DIN EN 13059	Sicherheit von Flurförderzeugen – Schwingungsmessung
DIN EN 14253	Mechanische Schwingungen – Messung und rechnerische Ermittlung der Einwirkung von Ganzkörperschwingungen auf den Menschen am Arbeitsplatz im Hinblick auf seine Gesundheit – Praxisgerechte Anleitung
DIN 4150-2	Erschütterungen im Bauwesen: Einwirkungen auf Menschen in Gebäuden
DIN 45661	Schwingungsmesseinrichtungen – Begriffe
VDI 2057 Blatt 1	Einwirkung mechanischer Schwingungen auf den Menschen – Ganzkörper-Schwingungen
VDI 2057 Blatt 2	Einwirkung mechanischer Schwingungen auf den Menschen – Hand-Arm-Schwingungen

6.3 Umgebungsklima

B 6.3 Grundlagen zum Umgebungsklima

Sowohl bei Arbeitsplätzen im Freien, wie z. B. in der Bauwirtschaft, als auch in Gebäuden spielt für das Wohlbefinden am Arbeitsplatz das Umgebungsklima eine große Rolle. Bei der Gestaltung des Klimas am Arbeitsplatz müssen nicht nur extreme Klimata wie z. B. bei der Stahlerzeugung oder in der Glasindustrie, sondern auch bei der Herstellung und Lagerung von Tiefkühlprodukten in den Blick genommen werden. Da das Zusammenspiel der einzelnen Klimafaktoren mit der menschlichen Physiologie und der zu leistenden Arbeitsaufgabe sehr komplex und das individuelle Klimaempfinden zudem auch noch unterschiedlich ist, kommt der richtigen Klimagestaltung eine hohe Bedeutung zu.

In Tabelle 6.17 werden die relevanten Faktoren für die Klimaempfindung des Menschen aufgeführt.

Tabelle 6.17: Einflussgrößen auf die Klimaempfindung

Äußere Klimagrößen	Personenbezogene Größen
Lufttemperatur	Bekleidung
Luftbewegung	Kondition
Luftfeuchte	Arbeitsschwere
Wärmestrahlung	Konstitution

B 6.3.1 Klimagrößen

Raumtemperatur

Die Raumtemperatur ist die vom Menschen empfundene Temperatur. Sie wird u. a. durch die Lufttemperatur und die Temperatur der umgebenden Flächen (insbesondere Fenster, Wände, Decke, Fußboden) bestimmt. Eine gesundheitlich zuträgliche Raumtemperatur liegt vor, wenn die Wärmebilanz (Wärmezufuhr, Wärmeerzeugung und Wärmeabgabe) des menschlichen Körpers ausgeglichen ist.

Lufttemperatur

Die Lufttemperatur ist die Temperatur der den Menschen umgebenden Luft ohne Einwirkung von Wärmestrahlung.

Klimasummenmaß

Ein Klimasummenmaß ist eine Zusammenfassung von mehreren Klimagrößen (Lufttemperatur, Luftfeuchte, Luftgeschwindigkeit, Wärmestrahlung).

Die auf den Menschen einwirkenden äußeren Klimagrößen bilden zusammen mit den personenbezogenen Größen Bekleidung, Arbeitsschwere und Expositionsdauer die Klimabelastung. Die individuellen Eigenschaften eines Menschen, d. h. eine mittelfristig änderbare Kondition bzw. Form sowie die langfristig festgelegte Konstitution bzw. der Anthropometrietyp, beeinflussen die Höhe der Klimabeanspruchung.
Die technisch relevanten Klimagrößen sind Lufttemperatur und -feuchte sowie ergänzend Luftgeschwindigkeit und Wärmestrahlung. Sie werden in Tabelle 6.18 näher beschrieben.

Tabelle 6.18: Klimagrößen, ihre Definitionen und Messgeräte (DIN EN ISO 7726, 2021; DIN EN ISO 7730, 2006)

Klimagröße	Lufttemperatur	Luftfeuchte	Luftgeschwindigkeit	Wärmestrahlung
Definition	Temperatur des umgebenden Mediums (Trockentemperatur)	Maß für den Wassergehalt der Luft, Grad der Sättigung der Luft mit Wasser	Bewegung der Luftmassen in einem Inertialsystem	Ortsgebundene Klimagröße, die durch unterschiedlich temperierte Flächen zustande kommt
Messgröße	Trockentemperatur	Feuchttemperatur, Luftfeuchte	Luftströmungsgeschwindigkeit	Wärmestromdichte
Einheit	°C... Grad Celsius, K... Kelvin	% rLF... Prozent relativer Feuchte	m/s	W/m²
Messgerät	Thermometer	Aspirationspsychrometer, Hygrometer	Flügelrad- oder thermisches Anemometer	Globethermometer, Infrarotmesssonden

Um klimatischen, insbesondere kalten, Umgebungsbedingungen nicht schutzlos ausgeliefert zu sein, kann anforderungsgerechte Kleidung zum Einsatz kommen. Die Eigenschaften dieser Kleidung werden über den sogenannten Isolationswert in clo bzw. in $m^2 * K * W^{-1}$ ermittelt (DIN 33403-3, 2011). Einer unbekleideten Person wird dabei der Isolationswert 0 clo und einer Person in fester Arbeitskleidung ein Isolationswert von 1 clo zugeordnet. Tabelle 6.19 enthält Beispiele für verschiedene Bekleidungen und deren Isolationswerte.

Tabelle 6.19: Isolationswerte von ausgewählten Bekleidungen im trockenen Zustand (DIN 33403-3, 2011)

Bekleidung	I_{cl} [clo]	I_{cl} [$m^2 * K * W^{-1}$]
Unbekleidet	0	0
Shorts	0,1	0,016
Leichte Arbeitskleidung	0,6	0,093
Overall (Baumwolle)	0,8	0,124
Regenschutzanzug (Polyurethan)	0,9	0,140
Feste Arbeitskleidung	1,0	0,155
Leichter Straßenanzug	1,0	0,155

Bekleidung	I_{cl} [clo]	I_{cl} [m^2*K*W^{-1}]
Freizeitbekleidung	1,2	0,186
Schmelzeranzug und Hitzeschutzmantel	1,4	0,217
Kleidung für nasskaltes Wetter	1,5 bis 2,0	0,233 bis 0,310
Polarkleidung	ab 3,0	ab 0,465

Nun kann einer Arbeitssituation, die sich im menschlichen Körper durch einen gewissen Arbeitsenergieumsatz widerspiegelt sowie einer klimatischen Umgebungssituation, die im Wesentlichen durch die Temperatur charakterisiert wird, eine günstige thermische Isolation der Bekleidung zugeordnet werden. Hierbei ist zu beachten, dass eine zu geringe Isolation zur Unterkühlung, eine zu hohe Isolation zur Überhitzung führen kann. Es ist eine den Anforderungen entsprechende Bekleidung zu wählen. Insbesondere wechselnde Arbeitsbedingungen stellen weitere hohe Anforderungen an die Bekleidung. Dabei können Möglichkeiten verschiedener, kombinierbarer Bekleidungselemente gewählt werden.
Zur Klimabewertung müssen die Klimafaktoren zusammengeführt werden, da nur eine einzige Größe (z. B. Raumlufttemperatur) zu wenig Aussagekraft hat. Verfahren zur thermischen Behaglichkeit bzw. Klimasummenmaße sind hierzu verfügbar. Der PMV-Index (Predicted Mean Vote) ist ein Klimasummenmaß, das von der operativen Temperatur, der Bekleidungsisolation, der Luftgeschwindigkeit und dem Arbeitsenergieumsatz abhängig ist und eine vorhergesagte mittlere Beurteilung des Umgebungsklimas ergibt. Der PPD-Index (Predicted Percentage of Dissatisfied) ist direkt aus dem PMV-Index ableitbar und sagt den Prozentsatz der mit dem Umgebungsklima unzufriedener Menschen voraus. Die Normaleffektivtemperatur NET dient zur orientierenden Ermittlung der Erträglichkeitsgrenze für Klima-Dauerexpositionen und ist ein Klimasummenmaß aus Lufttemperatur, Feuchttemperatur und Luftgeschwindigkeit (DIN 33403-3, 2011). Weiterhin existiert eine Feucht-Kugel-Temperatur WGBT (Wet-Bulb-Globe-Temperature), ein von der ISO empfohlenes Klimasummenmaß, das von der Lufttemperatur, der Wärmestrahlungstemperatur, der relativen Luftfeuchte, der Luftgeschwindigkeit sowie dem Arbeitsumsatz abhängig ist (DIN 33403-3, 2011; Berufsgenossenschaft Holz und Metall [BGHM], 2013). Eine weitere Größe zur Klimabewertung ist die erforderliche Schweißrate S_{reg}, die von der Trocken- und Feuchttemperatur, dem Arbeitsumsatz, der thermischen Isolation und der Luftgeschwindigkeit abhängt (ebenfalls DIN 33403-3, 2011). Hierbei wird eine Unterscheidung zwischen Kurzzeit- und Dauerexposition getroffen.

B 6.3.2 Physiologische Grundlagen

Bezogen auf den menschlichen Körper ist die wichtigste Größe, die von den Arbeitsumweltbedingungen beeinflusst wird, die Körpertemperatur. Diese liegt im Normalzustand bei ca. 37 °C, lediglich Hände und Füße weisen geringere Temperaturen auf. Sinkt die Außentemperatur beispielsweise auf 20 °C, findet – beginnend bei den Extremitäten – eine Temperaturverringerung statt, da die im Inneren des menschlichen Körpers erzeugte Wärmeenergie nicht schnell genug in alle Körperregionen transportiert werden kann. Die Energie wird zu rasch auf die Umgebung übertragen, was durch Schweißverdunstung, Wärmestrahlung, Konvektion oder Wärmeleitung geschehen kann (Abbildung 6.26).

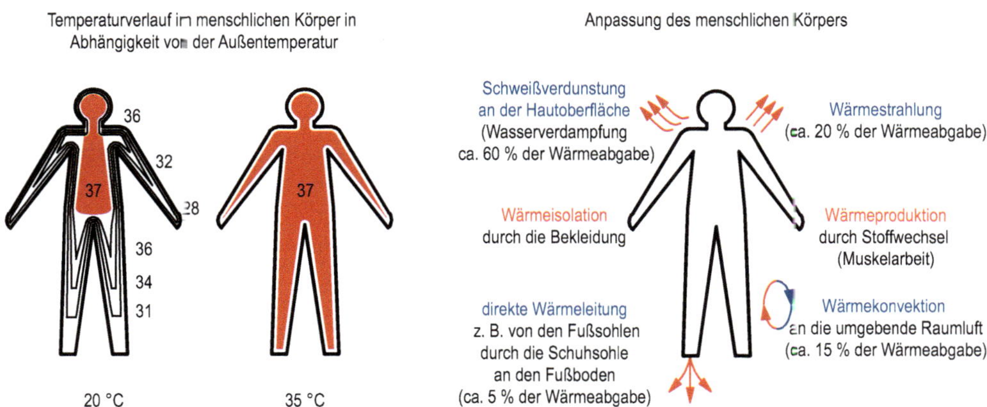

Abbildung 6.26: Temperaturverlauf im menschlichen Körper in Abhängigkeit von der Außentemperatur sowie Wege der Wärmeabgabe des Menschen an die Umgebung (Bullinger, 1994)

Der menschliche Körper ist bestrebt, die 37 °C Optimaltemperatur bei wechselnden Umgebungsbedingungen einzustellen. Dies gilt nicht nur für kältere Umgebungstemperaturen, sondern ebenso für die Wärmeabgabe bei Tätigkeiten verschiedener Art. Insbesondere bei mechanischer Arbeit kommt es zu einer erhöhten Energieabgabe in Wärmeform (Tabelle 6.20). Diese kann im Vergleich zur Wärmeabgabe in Ruhe (liegend) auf ein Vielfaches ansteigen. Aus diesem Grund sind die Umgebungsbedingungen der Arbeitstätigkeit anzupassen.

Tabelle 6.20: Wärmeabgabe einer männlichen Person bei verschiedenen Beschäftigungsgraden (DIN EN ISO 8996, 2020)

Klasse		Energieumsatz	Beschreibung	Beispiele (in W/m²)
0:	Ruhezustand	100-125 W = 55-70 W/m²	Bequem sitzend	(Liegend 50) Ruhig sitzend 60 Ruhig stehend 70
1:	Niedriger Umsatz	125-235 W = 70-130 W/m²	Leichte Handarbeit, Tätigkeit mit Hand/Arm, Fahren eines Fahrzeugs, Arbeiten mit Maschinen	Sekretärin 70-85 Kraftfahrer 70-100 Büroarbeit 70-100 Feinmechanik 70-110
2:	Mittlerer Umsatz	235-360 W = 130-200 W/m²	Arm- und Körperarbeiten, Handhaben von Material, manuelle Arbeiten	Bäcker 110-140 Gärtner 115-190
3:	Hoher Umsatz	360-465 W = 200-260 W/m²	Intensive Arm- und Körperarbeit, Tragen von Lasten, Arbeiten mit schwerem Gerät, Ziehen schwerer Wagen	Hochofen-/ Gießereiarbeiter 140-240
4:	Sehr hoher Umsatz	> 465 W > 260 W/m²	Sehr intensive Tätigkeiten mit schnellem bis maximalem Tempo, Schlagen, Schaufeln, Graben, Treppensteigen	

Die Auswirkungen sind bezogen auf das Wohlbefinden intra- und interindividuell stark different sowie schwer zu systematisieren. Der günstige Bereich der Klimagrößen bildet einen sogenannten Behaglichkeitsbereich, der sich durch eine ausgeglichene Wärmebilanz kennzeichnet (Abbildung 6.27). Liegt die abgegebene Wärme über der aufgenommenen, tritt ein zunehmender Wärmeverlust ein und der menschliche Körper kühlt ab. Liegt die abgegebene Wärmeenergie unter der aufgenommenen, so kommt es zuerst zu einer Wärmeregulation, die hauptsächlich durch Wasserverdampfung bzw. -verdunstung erreicht wird. Steigt der Energieeintrag weiter an, findet eine zunehmende Erwärmung des Körpers statt.

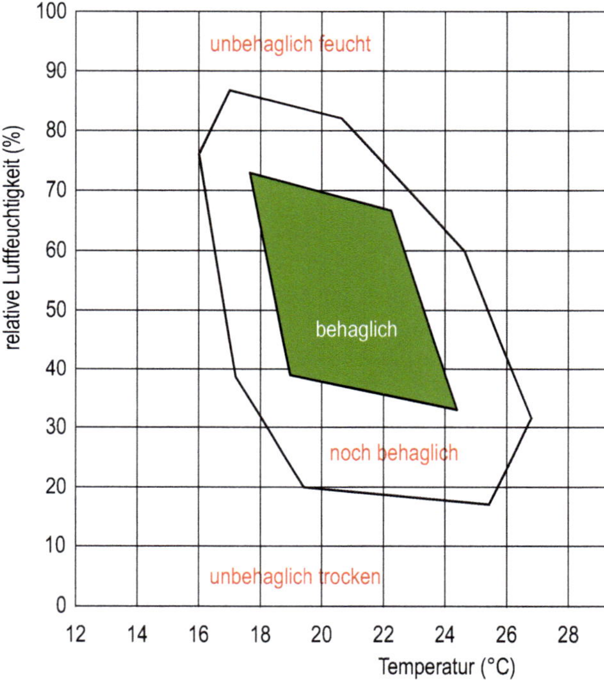

Abbildung 6.27: Wärmebilanz des Körpers bei verschiedenen Klimabedingungen (Österreichisches Institut für Baubiologie und Bauökologie [IBO], 2021)

Ein Abkühlen des Körpers kommt demzufolge durch eine zu lange Expositionszeit in kalten Umgebungen, Bewegungsarmut oder zu gering isolierende Kleidung zustande. Ein Aufwärmen des Körpers tritt durch eine zu lange Expositionszeit in warmen Umgebungen, körperliche Arbeit oder stark isolierende Kleidung ein. Tabelle 6.21 zeigt die Auswirkungen dieser Effekte sowie die Auswirkungen weiterer Klimagrößen.

Tabelle 6.21: Auswirkungen ungünstiger thermischer Bedingungen auf den Menschen

Größe	Bedingung	Effekt	Auswirkungen
Temperatur	Zu kalt	Körper gibt mehr Wärme ab, als er erzeugt; erhöhte Sauerstoffaufnahme, niedrigere Herzfrequenz	• Wohlbefinden sinkt • Erhöhung des Stoffwechsels • Kältezittern • feinmotorische Arbeiten schwieriger • Erkältungskrankheiten häufiger
	Zu warm	Körper kann erzeugte Wärme nicht an Umgebung abgeben, Schweißverdunstung, erhöhte Herzfrequenz	• Wohlbefinden sinkt • höhere Hautdurchblutung • Schwitzen • erhöhte Pulsfrequenz • Konzentration lässt nach • Reizbarkeit nimmt zu • Leistungsfähigkeit nimmt ab • Ermüdung tritt früher ein
Luftfeuchte	Zu trocken	Schleimhäute trocknen aus	• Wohlbefinden sinkt • Heiserkeit tritt auf • Erkrankungen des Nasen-Rachenraumes und der Atemwege
	Zu feucht	Schweißverdunstung wird behindert	• Wohlbefinden sinkt • Gefahr schneller Überwärmung bei gleichzeitiger Hitze
Luftgeschwindigkeit	Zu hoch	Örtliche Unterkühlung, besonders bei gleichzeitigem Schwitzen	• Erkältungen • Schleimhäute trocknen aus • Erkrankungen des Nasen-Rachenraumes und der Atemwege
Strahlung	Wärmestrahlung	Lokale oder ganzkörperbezogene Aufheizung	• Wohlbefinden sinkt • Thermoregulation wird gestört
	Wärmeabstrahlung an kältere Oberflächen	Lokale oder ganzkörperbezogene Abkühlung	• Wohlbefinden sinkt • Thermoregulation wird gestört

B 6.3.3 Klimabereiche

Die Betrachtungsbreite zum Umgebungsklima reicht von der Vermeidung von Schädigungen bis hin zur Erzeugung von Behaglichkeit (Tabelle 6.22). Besonders für Büroarbeitsplätze steht das Wohlbefinden im Vordergrund, da die kognitive Leistungsfähigkeit nicht unerheblich eine thermische Behaglichkeit voraussetzt. In der Arbeitsstättenverordnung wird ein gesundheitlich zuträgliches Klima am Arbeitsplatz gefordert. Die Technische Regel für Arbeitsstätten ASR A3.5 „Raumtemperatur" (2010) konkretisiert die Vorgaben der Arbeitsstättenverordnung (ArbStättV), nennt Grenzwerte und beschreibt den Stand der Technik.

Die Abluft elektrischer Geräte, Schadstoffe aus Maschinen, verbrauchte Atemluft, menschliche Ausdünstungen, Zigarettenrauch usw. betreffen im weiteren Sinne auch das klimatische Wohlbefinden am Arbeitsplatz. Diese Sachverhalte werden aber nicht dem Raumklima zugeordnet, sondern der Raumluftqualität. Vorgaben dazu aus der Arbeitsstättenverordnung werden in der ASR A3.6 „Lüftung" (2012) konkretisiert.

Tabelle 6.22: Klimabereiche

Gestaltung	Kriterien
Kälte	Tiefkalter Bereich (unter - 30 °C) Sehr kalter Bereich (- 30 bis unter - 18 °C) Kalter Bereich (- 18 bis unter - 5 °C) Leicht kalter Bereich (- 5 bis unter + 10 °C) Kühler Bereich (+ 10 bis unter + 15 °C) Zur Sicherung der Schädigungslosigkeit sind teilweise Aufwärmpausen notwendig.
Hitze	Ab ca. 32 – 40 °C Hitzearbeit, z. B. in Bäckereien, Küche, Hochöfen, Schmieden oder Gießereien
Schädigungslosigkeit	Kurzzeitiges Arbeiten unter extremer Hitze oder Kälte sowie heißen oder kalten Berührungsflächen ist möglich. Hier spielt der zeitliche Aspekt eine hohe Rolle.
Ausführbarkeit	Belastungen und Beanspruchungen von Arbeit und Klima können nur begrenzte Zeit ausgehalten werden; erfordern Abkühl- oder Aufwärmpausen, z. B. Hitzezone, Tiefkälte.
Erträglichkeit	Belastungen und Beanspruchungen von Klima und Arbeit liegen im Erträglichkeitsbereich; z. B. Wärmezone, leichte Kälte. ab ca. 26 °C bis ca. 32 – 35 °C in Abhängigkeit von den anderen Klimagrößen
Behaglichkeit	Thermisch-neutral, Wärmebilanz ausgeglichen, zwischen ca. 10 °C und 26 °C in Abhängigkeit von den anderen Klimagrößen

Für die Klimagrößen Temperatur, relative Luftfeuchtigkeit sowie Luftgeschwindigkeit können günstige Bereiche sowie Optima für verschiedene Tätigkeiten angegeben werden (Tabelle 6.23). Bezüglich der Temperatur lässt sich ergänzend anführen, dass Frauen aufgrund physiologischer Voraussetzungen meist eine ein bis zwei Kelvin höhere Temperatur als Optimum empfinden. Weiterhin ist der Behaglichkeitsbereich auch von der Jahreszeit abhängig: während er im Sommer zwischen 20 und 23 °C liegt, ist er im Winter aufgrund der Kleidung und eines angepassten Grundumsatzes zwischen 18 und 22 °C.

Tabelle 6.23: Behaglichkeitsbereiche der Klimagrößen bei unterschiedlichen Tätigkeiten (Lange & Windel, 2019)

	Temperatur [°C]			Relative Luftfeuchtigkeit %			Luftgeschwindigkeit [m/s]
Art der Tätigkeit	**Min.**	**Opt.**	**Max.**	**Min.**	**Opt.**	**Max.**	**Max.**
Büroarbeit	18	21	24	30	50	65	0,1
Leichte Handarbeit im Sitzen	18	20	24	30	50	65	0,1
Leichte Arbeit im Stehen	17	18	22	30	50	70	0,2
Schwerarbeit	15	17	21	30	50	70	0,4
Schwerstarbeit	14	16	20	30	50	80	0,5
Hitzearbeit	12	15	18	20	35	60	1,0-1,5

Für Arbeitsplätze verbindliche Grenzwerte sind in der Technischen Regel für Arbeitsstätten ASR A3.5 „Raumtemperatur" (2010) festgeschrieben. Tabelle 6.24 zeigt die aufgeführten Mindestwerte der Lufttemperatur in Arbeitsräumen in Abhängigkeit von Arbeitsschwere und Körperhaltung.

Tabelle 6.24: Mindestwerte der Lufttemperatur in Arbeitsräumen (ASR A3.5, 2010)

	Arbeitsschwere		
Überwiegende Körperhaltung	**Leicht**	**Mittel**	**Schwer**
Sitzen	+ 20 °C	+ 19 °C	–
Stehen, gehen	+ 19 °C	+ 17 °C	+ 12 °C

Neben den Mindestwerten werden auch Maximalwerte angegeben. So soll die Lufttemperatur in Arbeitsräumen + 26 °C nicht überschreiten. Bei Außenlufttemperaturen über 26 °C müssen bei Überschreitung der Lufttemperaturen im Raum von + 30 °C wirksame Maßnahmen ergriffen werden. Dabei sind technische und organisatorische personenbezogenen Maßnahmen vorzuziehen. Wird eine Lufttemperatur von + 35 °C im Raum überschritten, so ist für die Zeit der Überschreitung der Raum ohne geeignete Maßnahmen nicht als Arbeitsraum geeignet.

Um eine zuträgliche Atemluft vorzufinden, sollte der Luftraum je Person mindestens 12 m^3 betragen, empfohlen werden 15 m^3. Fenster oder Oberlichter müssen so beschaffen sein oder mit Einrichtungen versehen werden, dass die Räume gegen unmittelbare und mittelbare Sonneneinstrahlung abgeschirmt werden können. Eine individuelle Steuerung des Sonnenschutzes soll möglich sein (siehe auch Abschnitt 6.5). Nach Möglichkeit sollte weiterhin eine freie Lüftung (z. B. durch Fenster, die geöffnet werden können) vorgesehen werden (Verwaltungs-Berufsgenossenschaft [VBG], 2012; ASR A3.6, 2012).

Personenbezogene Maßnahmen zum Umgebungsklima können technischer Art sein (z. B. Luftduschen, Wasserschleier), auf organisatorischer Ebene ansetzen (z. B. Abschwitzpausen, Aufwärmpausen) oder sich auf persönliche Schutzausrüstung beziehen (z. B. Hitzeschutzkleidung).

C 6.3 Methoden zur Klimamessung

Klimamessungen können ortsbezogen, z. B. in Form eines Klimakatasters, oder personenbezogen erfolgen. Für die Messung spielen räumliche Gegebenheiten wie Türen und Fenster ebenso eine Rolle wie Jahreszeit, Außenklima, Sonneneinstrahlung und weitere Wärme- bzw. Kältequellen. Ortsbezogen sind Messungen etwa an Fensterfronten, Türen, Klimaanlagen und natürlich an den Arbeitsstellen sinnvoll. Die Messung kann personenbezogen in verschiedenen Höhen (Kopf-, Brust-, Knöchelhöhe) erfolgen. Die genauen Messbedingungen richten sich nach der Zielstellung der Untersuchung.
Zur Klimamessung werden Thermometer, Aspirationspsychrometer, Hygrometer, Flügelrad- oder thermische Anemometer, Globethermometer, Infrarotmesssonden oder mehrere Messgrößen aufzeichnende Klimalogger bzw. Raumklimaanalysatoren genutzt.

E 6.3 Empfehlungen und Regeln (Vorschriften) zum Umgebungsklima

An dieser Stelle sind ausgewählte Regelwerke, die für die Beurteilung des Umgebungsklimas relevant sind und bei der Gestaltung der Arbeitsumwelt Berücksichtigung finden sollten, aufgeführt.

Tabelle 6.25: Ausgewählte Regelwerke für die Beurteilung des Umgebungsklimas

Norm	Inhalt
Arbeitsstättenverordnung (ArbStättV)	Sicherheit und Gesundheitsschutz der Beschäftigten beim Einrichten und Betreiben von Arbeitsstätten
ASR A3.5	Raumtemperatur
ASR A3.6	Lüftung
BGI 7003	Beurteilung des Raumklimas
BGI 579	Hitzearbeit: Erkennen – beurteilen – schützen
DIN EN ISO 7730	Ergonomie der thermischen Umgebung – Analytische Bestimmung und thermische Interpretation der thermischen Behaglichkeit durch Berechnung des PMV- und des PPD-Indexes und Kriterien der lokalen thermischen Behaglichkeit
DIN EN ISO 7933	Ergonomie der thermischen Umgebung – Analytische Bestimmung und Interpretation der Wärmebelastung durch Berechnung der vorhergesagten Wärmebeanspruchung
DIN EN ISO 9886	Ergonomie – Ermittlung der thermischen Beanspruchung durch physiologische Messungen

Norm	Inhalt
DIN EN ISO 9920	Ergonomie der thermischen Umgebung – Abschätzung der Wärmeisolation und des Verdunstungswiederstandes einer Bekleidungskombination
DIN EN ISO 13731	Ergonomie des Umgebungsklimas – Begriffe und Symbole
DIN EN ISO 15265	Ergonomie der thermischen Umgebung – Strategie zur Risikobeurteilung zur Abwendung von Stress oder Unbehagen unter thermischen Arbeitsbedingungen
DIN EN 342	Schutzkleidung – Kleidungssysteme und Kleidungsstücke zum Schutz gegen Kälte
DIN EN 15251	Eingangsparameter für das Raumklima zur Auslegung und Bewertung der Energieeffizienz von Gebäuden – Raumluftqualität, Temperatur, Licht und Akustik
DIN 33403-3	Klima am Arbeitsplatz und in der Arbeitsumgebung: Beurteilung des Klimas im Warm- und Hitzebereich auf Grundlage ausgewählter Klimasummenmaße
DIN 33403-5	Klima am Arbeitsplatz und in der Arbeitsumgebung: Ergonomische Gestaltung von Kältearbeitsplätzen

6.4 Gefahrstoffe

B 6.4 Grundlagen zu Gefahrstoffen

Als Gefahrstoffe am Arbeitsplatz werden alle festen, flüssigen oder in der Luft schwebenden Stoffe bezeichnet, die gesundheitsgefährdende oder -beeinträchtigende Wirkungen haben können. Lösemittelhaltige Produkte, Farben und Lacke, Klebstoffe, Rauche oder Stäube beim Schweißen, Holzstäube, Abgase von Otto- und Dieselmotoren, Kraftstoffe usw. zeigen exemplarisch das Spektrum der in der Arbeitswelt vorkommenden Stoffe.
Gefahrstoffe sind gefährliche Stoffe, Zubereitungen und Erzeugnisse, die

- explosionsgefährlich,
- brandfördernd,
- entzündlich
- giftig,
- gesundheitsschädlich,
- ätzend,
- reizend,
- sensibilisierend,
- krebserzeugend,
- fortpflanzungsgefährdend,
- erbgutverändernd oder
- umweltgefährlich

sind bzw. sonstige chronisch schädigende Eigenschaften besitzen. Außerdem können Gefahrstoffe bei der Herstellung oder Verwendung von Stoffen oder Zubereitungen mit den genannten gefährlichen Eigenschaften entstehen oder freigesetzt werden.
Abbildung 6.28 zeigt eine Gliederung der Gefahrstoffe am Arbeitsplatz.

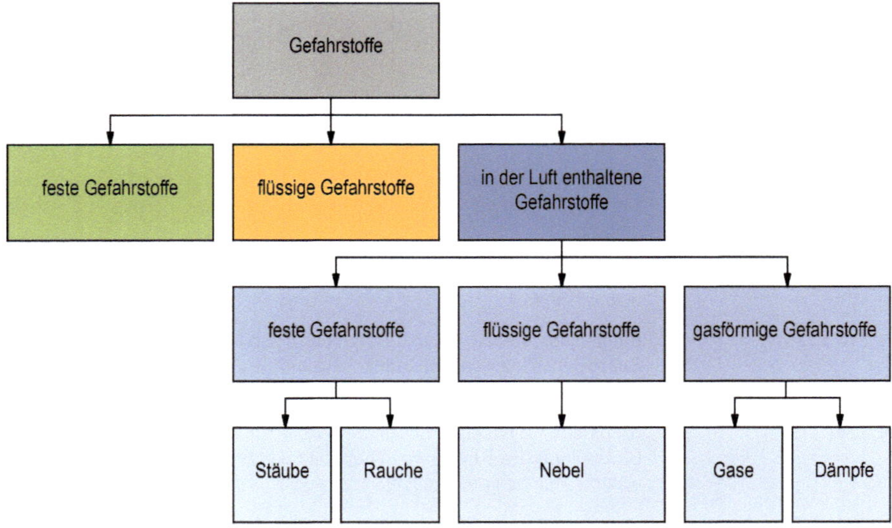

Abbildung 6.28: Gliederung der Gefahrstoffe am Arbeitsplatz

Die Aufnahme von Gefahrstoffen Schadstoffen in den menschlichen Körper erfolgt über Hautkontakt, Verschlucken und Einatmen. Den in der Atemluft enthaltenen Gefahrstoffen kommt aufgrund der Notwendigkeit der Atmung eine besondere Bedeutung zu.

Stäube

An Arbeitsplätzen muss mit Staub gerechnet werden. Die Schädlichkeit des Staubes hängt im Wesentlichen ab von der

- Partikelgröße,
- spezifischen Schadstoffwirkung,
- Konzentration und
- Expositionszeit.

Stäube sind disperse Verteilungen fester Stoffe in Gasen, die durch mechanische Prozesse oder Aufwirbelungen entstanden sind. Staub kann pflanzlicher, tierischer, metallischer oder mineralischer Herkunft sein und daher organische (z. B. Samen, Pollen, Sporen) oder anorganische Bestandteile (z. B. Sand, Kohle, Kalk, Zement) enthalten. Typische Beispiele für Stäube bei der Arbeit sind Quarz-, Zement- und Metallstaub.

Rauche

Unter Rauchen sind disperse Verbindungen feinster fester Stoffe in einem Gas, insbesondere in der Luft, zu verstehen. Sie können durch thermische bzw. chemische Prozesse entstehen. Im Gegensatz zu den meisten Stäuben muss auch die chemisch-irritative bzw. chemisch-toxische Wirkung beachtet werden. Beispiele für Rauche sind Löt- und Schweißrauch, Zinkoxidrauch sowie Dieselruße.

Nebel

Nebel sind fein verteilte flüssige Stoffe (z. B. Wassertröpfchen) in Gasen, insbesondere in der Luft. Natürlicher Nebel entsteht, wenn sich wassergesättigte Luft abkühlt. Dadurch kann die Luft nicht mehr genug Wasser aufnehmen, und das überschüssige Wasser kondensiert in kleinen Tröpfchen aus. Künstlich wird Nebel entweder durch Übersättigung von Luft mit Wasser (z. B. Verdampfen von Wasser) oder direkt durch feines Versprühen von Flüssigkeit hergestellt.

Gase

Unter Gasen sind elementare und molekulare Stoffe zu verstehen, die bei normalen Raumluftbedingungen weit von ihrem Taupunkt entfernt sind und daher nicht als Feststoff oder Flüssigkeit vorliegen. Bekannte Beispiele für Gase sind Kohlenmonoxid, Stickstoffmonoxid und Fluorwasserstoff.

Dämpfe

Dämpfe sind gasförmige Stoffe, die durch Verdunstung oder Verdampfen entstehen und mit ihrer flüssigen oder festen Phase im Gleichgewicht stehen. Am Arbeitsplatz treten insbesondere Dämpfe von Lösungsmitteln (z. B. Benzol, Aceton) auf.

B 6.4.1 Wirkung auf den Menschen

Gefahrstoffe gelangen auf verschiedenen Wegen in den Körper. Die Aufnahme erfolgt zu einem großen Teil über die Atemwege (z. B. Dämpfe, Staube und Rauche). Wie tief die Stoffe eindringen, hängt vor allem von ihrem Durchmesser ab. Zudem spielt eine Rolle, ob die Flimmerhärchen in der Luftröhre intakt sind. Durch Vorschäden (z. B. Rauchen) kann dieser Schutz teilweise außer Kraft gesetzt sein, so dass mehr und auch größere Teile in die Lunge gelangen. Die in den Körper aufgenommenen Stoffe gelangen in den Blutkreislauf und können für den gesamten Organismus gefährlich werden. Dies gilt vor allem für Gase und Rauche. Bei Rauchen steht die chemisch-irritative oder chemisch-toxische Wirkung im Vordergrund. Gesundheitsschädliche Rauche und Dämpfe können verschiedene Erkrankungen im Bereich des Atemtraktes verursachen.
Das Verschlucken von Gefahrstoffen, d. h. die Aufnahme über den Magen-Darm-Trakt, steht am Arbeitsplatz nicht im Vordergrund, kann jedoch zu zusätzlichen Belastungen führen. Mahlzeiten sollen deshalb nicht in Räumen aufbewahrt oder verzehrt werden, in denen mit Gefahrstoffen gearbeitet wird.
Ein weiterer, bedeutsamer Eintrittspfad für Gefahrstoffe ist die Haut. Die meisten Substanzen werden durch die Schutzschichten der Haut abgewehrt. Dennoch können einige Substanzen in das Gewebe eindringen. Dies ist vor allem der Fall, wenn die Haut vorgeschädigt oder der Gefahrstoff fettlöslich ist. Abbildung 6.29 zeigt die Aufnahmewege in den Körper in der Übersicht.

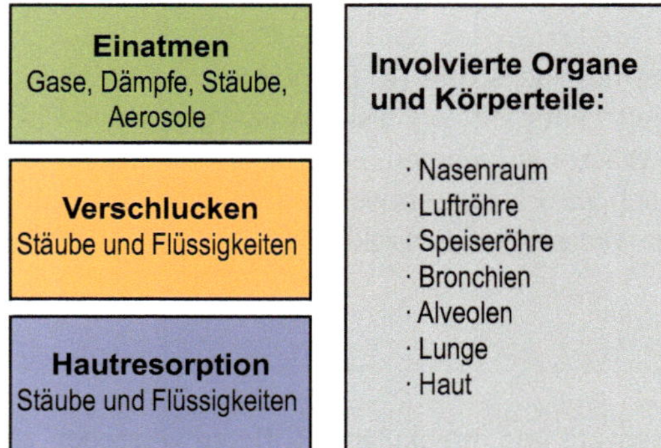

Abbildung 6.29: Aufnahmewege für Chemikalien in den menschlichen Körper

Die Verteilung von Gefahrstoffen im Körper wird teilweise durch physiologische Barrieren verhindert. Dies gilt jedoch nicht für alle Stoffe. So überwinden Schwermetalle und Lösemittel häufig die Blut-Hirn- oder die Plazentaschranke und können so zu Nervenschäden oder zur Schädigung eines ungeborenen Kindes führen. Einige Stoffe gelangen durch die Zellmembranen ins Innere des Zellkerns und können dort das Erbgut verändern. Dadurch können Krebserkrankungen entstehen.
Gefahrstoffe verteilen sich meist nicht gleichmäßig im Körper, sondern sind in bestimmten Körperregionen in unterschiedlicher Konzentration vorhanden. Fetthaltige Körperregionen, wie das Gehirn, der Bereich unter der Haut oder um die Niere, reichern Fremdstoffe an. Hier finden sich höhere Schadstoffkonzentrationen als im Blut.
Typische Krankheitsbilder beim Umgang mit Gefahrstoffen werden als Berufskrankheit (z. B. Asbestose, Mehlstauballergie) anerkannt (siehe Berufskrankheiten-Liste, BKV Anlage 1).

B 6.4.2 Umgang mit und Schutz vor Gefahrstoffen

Zum Schutz vor Gefahrstoffen sind insbesondere die geltenden Grenzwerte (Arbeitsplatzgrenzwerte) einzuhalten. Zentrale Vorschrift ist das Chemikaliengesetz (ChemG). Durch die Verpflichtung zur Prüfung und Anmeldung von Stoffen und Einstufung, die Kennzeichnung und die Verpackung gefährlicher Stoffe und Zubereitungen, durch Verbote und Beschränkungen sowie durch besondere giftrechtliche und arbeitsschutzrechtliche Regelungen sollen Menschen und Umwelt vor schädlichen Einwirkungen gefährlicher Stoffe geschützt werden (§ 1 ChemG). Das Gesetz stellt die Grundlage für ausführende Verordnungen dar, z. B. für die Gefahrstoffverordnung (GefStoffV) nach § 19 ChemG, die konkrete Anweisungen für den Umgang mit Chemikalien im Betrieb enthält.

Die Gefahrstoffverordnung konkretisiert die Bestimmungen des Chemikaliengesetzes. Folgende Punkte werden angesprochen:

- Verpflichtung des Arbeitgebers, sich über die Gefahrenpotenziale eines Stoffes zu informieren (Gefährdungsbeurteilung),
- Suche nach ungefährlicheren Ersatzstoffen,
- Verpflichtung zum Ergreifen von Schutzmaßnahmen,
- Verpflichtung zur Information der Beschäftigten über die Gesundheitsgefahren von Stoffen,
- Beschäftigungseinschränkung für empfindliche Personengruppen (z. B. Jugendliche, Schwangere).

Jeder Betrieb ist verpflichtet, die Anforderungen der Gefahrstoffverordnung umzusetzen. Erster Schritt ist hier die Feststellung, mit welchen Gefahrstoffen umgegangen wird. Dabei sind auch die Gefährdungspotenziale von Stoffen zu berücksichtigen, die erst durch das Arbeitsverfahren entstehen können.
Die Technischen Regeln für Gefahrstoffe (TRGS) geben den Stand der sicherheitstechnischen, arbeitsmedizinischen, hygienischen sowie arbeitswissenschaftlichen Anforderungen an Gefahrstoffe wieder. Die in den TRGSen beschriebenen Maßnahmen zum Umgang mit Gefahrstoffen lösen Vermutungswirkung aus. Für die Gefahrstoffe, die hinsichtlich ihrer Wirkung auf den Menschen ausreichend untersucht sind (das ist eher der kleinere Teil), sind in der TRGS 900 Arbeitsplatzgrenzwerte (AGW) verfügbar.

Kennzeichnung

Im Handel befindliche Gefahrstoffe werden mit den nachfolgend aufgeführten Symbolen gekennzeichnet. Da der Mensch Gefahrstoffe nicht mit seinen Sinnesorganen einschätzen kann (viele Gefahrstoffe sind z. B. geruchs- und/oder farblos), kommt der Kennzeichnung von Gefahrstoffen eine hohe Bedeutung zu. Es muss jedoch festgestellt werden, dass viele Gefahrstoffe erst im Bearbeitungsprozess (z. B. Schweißrauch und Schleifstaub) entstehen und folglich auch nicht gekennzeichnet werden können. Abbildung 6.30 zeigt die zur Kennzeichnung zu verwendenden Gefahrstoffsymbole.

C-M-R: Carcinogenic, Mutagenic and toxic to Reproduction - Karzinogen, Mutagen, Reproduktionstoxisch
TOST: Target Organ Systemic Toxicity - Spezifische ZielorganToxizität

Abbildung 6.30: Gefahrstoffsymbole nach GHS (= Globally Harmonized System of Classification and Labelling of Chemicals)

Die Gefährlichkeit eines Gefahrstoffs kann entsprechend seiner Kennzeichnung eingeschätzt werden, sofern dieser in entsprechend gekennzeichneten Behältnissen (z. B. Dosen, Flaschen) vorliegt.

Der Hersteller muss Sicherheitsdatenblätter zu den von ihm hergestellten bzw. vertriebenen Stoffen zur Verfügung stellen (Verordnung (EG) Nr. 1907/2006, REACH). Aus den Sicherheitsdatenblättern lassen sich die physikalischen, sicherheitstechnischen, toxikologischen und ökologischen Daten sowie Empfehlungen für den Umgang mit dem Stoff (auch in Notfällen) entnehmen. Im Sicherheitsdatenblatt werden weiterhin die für den jeweiligen Stoff gültigen H- und P-Sätze aufgeführt:

- die H-Sätze (englisch Hazard, Gefahr) beschreiben Gefährdungen, die von den chemischen Stoffen oder Zubereitungen ausgehen;
- die P-Sätze (englisch precaution, Sicherheitsmaßnahme, Vorsicht) geben Sicherheitshinweise im Umgang Gefahrstoffen an.

Beispiele für H-Sätze sind:

- H241 Erwärmung kann Brand oder Explosion verursachen.
- H301 Giftig bei Verschlucken.
- H310+H330 Lebensgefahr bei Hautkontakt oder Einatmen.

Beispiele für P-Sätze sind:

- P271 Nur im Freien oder in gut belüfteten Räumen verwenden.
- P273 Freisetzung in die Umwelt vermeiden.
- P280 Schutzhandschuhe/Schutzkleidung/Augenschutz/Gesichtsschutz tragen.

Schutzmaßnahmen

Eine Tätigkeit mit Gefahrstoffen darf erst aufgenommen werden, nachdem eine Gefährdungsbeurteilung vorgenommen wurde und die erforderlichen Schutzmaßnahmen getroffen sind. Hierbei muss folgende Rangfolge von Maßnahmen eingehalten werden:

- Vermeidung: Oberstes Ziel ist die Vermeidung des Einsatzes von chemischen Gefahrstoffen durch die Anwendung anderer Verfahren oder den Ersatz des gefährlichen Stoffes durch einen ungefährlicheren Stoff (Substitution, Ersatzstoffprüfung).
- Zwischen Vermeidung und technischen Maßnahmen liegt die Verwendung staubarmer Formen für feste und pulverförmige Stoffe, z. B. in Form von Granulaten, Pellets oder Pasten.
- Technische Maßnahmen: Bei Vorliegen gefährdender Stoffe sollen in erster Linie geschlossene Systeme zum Einsatz kommen, so dass keine gefährlichen Gase, Dämpfe oder Schwebstoffe frei werden. Ist dies nicht möglich, so sind die Stoffe an der Austritts- oder Entstehungsstelle vollständig zu erfassen oder zu beseitigen. An dritter Stelle folgen Lüftungsmaßnahmen.
- Organisatorische Maßnahmen: Laut Gefahrstoffverordnung dürfen Gefahrstoffe nur in solchen Mengen am Arbeitsplatz aufbewahrt werden, wie es die Fertigung erfordert.
- Persönliche Schutzmaßnahmen: Sind an einem Arbeitsplatz persönliche Schutzausrüstungen erforderlich, müssen diese vom Unternehmer zur Verfügung gestellt und vom Beschäftigten in ordnungsgemäßem Zustand gehalten werden.

- Verhaltensanweisungen bzw. -anforderungen: Durch verständliche Betriebsanweisungen sind die Beschäftigten zu informieren, welche Gefahren ihnen drohen und welche Schutzmaßnahmen und Verhaltensregeln beachtet werden müssen (z. B. „Nicht essen und trinken am Arbeitsplatz").

C 6.4 Methoden zu Gefahrstoffen

Um z. B. die Konzentration von Gefahrstoffen in der Atemluft zu messen sind spezifische Kenntnisse und oft aufwendige Messverfahren notwendig. Beim Umgang mit Gefahrstoffen ist jedoch nicht immer eine Messung notwendig. Im umfangreichen Regelwerk zur Gefahrstoffverordnung (TRGS Technische Regeln für Gefahrstoffe) sind viele Hinweise enthalten, wie man auch ohne Messungen einen qualifizierten Umgang mit den Stoffen erlangen kann. In der 400er-Reihe sind Hinweise zur Gefährdungsbeurteilung und zu standardisierten Verfahren (Branchenlösungen) enthalten, z. B.:

- TRGS 400 Gefährdungsbeurteilung für Tätigkeiten mit Gefahrstoffen
- TRGS 401 Gefährdung durch Hautkontakt - Ermittlung, Beurteilung, Maßnahmen
- TRGS 402 Ermitteln und Beurteilen der Gefährdungen bei Tätigkeiten mit Gefahrstoffen: Inhalative Exposition
- TRGS 420 Verfahrens- und stoffspezifische Kriterien (VSK) für die Gefährdungsbeurteilung

In der 500er-Reihe finden sich Hinweise zu konkreten Stoffen und Arbeitsverfahren, z. B.:

- TRGS 517 Tätigkeiten mit potenziell asbesthaltigen mineralischen Rohstoffen und daraus hergestellten Gemischen und Erzeugnissen
- TRGS 519 Asbest: Abbruch-, Sanierungs- oder Instandhaltungsarbeiten
- TRGS 524 Schutzmaßnahmen bei Tätigkeiten in kontaminierten Bereichen
- TRGS 528 Schweißtechnische Arbeiten
- TRGS 553 Holzstaub
- TRGS 554 Abgase von Dieselmotoren

Als weitere Methode bietet sich das Einfache Maßnahmenkonzept Gefahrstoffe (EMKG) der Bundesanstalt für Arbeitsschutz und Arbeitsmedizin (BAuA, 2021 b) an. Mit dem EMKG hat die BAuA ein Instrument entwickelt, mit dem der Praktiker vor Ort Gefährdungen durch Einatmen oder durch Hautkontakt ermitteln kann. In acht Schritten wird die Gefährdung ermittelt, und es werden die notwendigen Maßnahmen angegeben.

E 6.4 Empfehlungen und Regeln (Vorschriften) zu Gefahrstoffen

An dieser Stelle sind ausgewählte Regelwerke, die für Gefahrstoffe relevant sind und bei der Gestaltung der Arbeitsumwelt Berücksichtigung finden sollten, aufgeführt.

Tabelle 6.26: Ausgewählte Regelwerke zu Gefahrstoffen

Norm	Inhalt
Chemikalien-Verordnung (EG) Nr. 1907/2006 (REACH)	Registrierung, Bewertung, Zulassung und Beschränkung von chemischen Stoffen
Verordnung (EG) Nr. 1272/2008 (GHS oder CLP)	Einstufung, Kennzeichnung und Verpackung von Stoffen und Gemischen
Bundesimmissionsschutzgesetz (BImSchG)	Gesetz zum Schutz vor schädlichen Umwelteinwirkungen durch Luftverunreinigungen, Geräusche, Erschütterungen und ähnliche Vorgänge
Technische Anleitung zur Reinhaltung der Luft - TA Luft	Schutz der Allgemeinheit und der Nachbarschaft vor schädlichen Umwelteinwirkungen durch Luftverunreinigungen und Vorsorge gegen schädliche Umwelteinwirkungen durch Luftverunreinigungen
Gesetz zum Schutz vor gefährlichen Stoffen – Chemikaliengesetz (ChemG)	Zweck des Gesetzes ist es, den Menschen und die Umwelt vor schädlichen Einwirkungen gefährlicher Stoffe und Gemische zu schützen, insbesondere sie erkennbar zu machen, sie abzuwenden und ihrem Entstehen vorzubeugen
Verordnung zum Schutz vor gefährlichen Stoffen – Gefahrstoffverordnung (GefStoffV)	Einstufung, Kennzeichnung und Verpackung Maßnahmen zum Schutz der Beschäftigten und anderer Personen Beschränkungen für das Herstellen und Verwenden bestimmter gefährlicher Stoffe, Zubereitungen und Erzeugnisse
TRGS - Technische Regeln für Gefahrstoffe	Stand der Technik, Arbeitsmedizin und Arbeitshygiene sowie sonstige gesicherte wissenschaftliche Erkenntnisse für Tätigkeiten mit Gefahrstoffen, einschließlich deren Einstufung und Kennzeichnung

6.5 Licht und Farbe

B 6.5 Grundlagen zu Licht und Farbe

Die Arbeitsumweltfaktoren, die sich mit dem Sehen, der visuellen Wahrnehmung und der dazugehörigen technischen Umsetzung befassen, sind die Themengebiete Licht und Farbe. Das Sehen ist der perzeptiv wichtigste Sinneskanal des Menschen: etwa vier Fünftel aller Informationen werden über das Auge wahrgenommen. Die Beleuchtung von Arbeitsplätzen und Arbeitsstätten hat sicherheitstechnische und ergonomische Aspekte. Neben der notwendigen Beleuchtung für qualitativ hochwertiges Arbeiten, der Orientierung in dunklen Gängen usw. spielen zunehmend die Aspekte zur Schaffung einer Lichtatmosphäre für Wohlbefinden und Leistungsförderung eine Rolle.

Auch die Farbgestaltung bezieht sich auf die Bandbreite von der sicherheitstechnischen über die informationsorientierte Farbgestaltung bis hin zu psychologischen Effekten und der Beeinflussung des Wohlbefindens. Farbe kann verschiedene Effekte von der Erhöhung der Sicherheit, verbesserter Wahrnehmung, Schaffen von Ordnung und Fördern der Orientierung bis hin zum Verbessern des Wohlbefindens und der Leistung erzielen.

B 6.5.1 Physiologische Grundlagen

Die Wahrnehmung des Lichts sowie von Farben erfolgt mit dem menschlichen Sehapparat. Dieses hochkomplexe System beinhaltet die Augen, in denen die Informationsaufnahme erfolgt. Weiterhin sind die sogenannte Sehbahn (Sehnerven etc.) und der visuelle Cortex des Gehirns an der Weiterverarbeitung der Informationen beteiligt. Das menschliche Auge besteht aus dem Augapfel mit den für den Sehprozess wichtigen Bestandteilen der Hornhaut, Iris, Linse, Ziliarmuskeln, dem Glaskörper und der Netzhaut sowie aus den Anhangsorganen (Augenmuskeln, Tränenapparat, Lider). In der Netzhaut befinden sich die eigentlichen Sehzellen, in denen Photonenanregungen in Nervenimpulse gewandelt werden. Der Aufbau der menschlichen Augen wird in Abbildung 6.31 dargestellt.

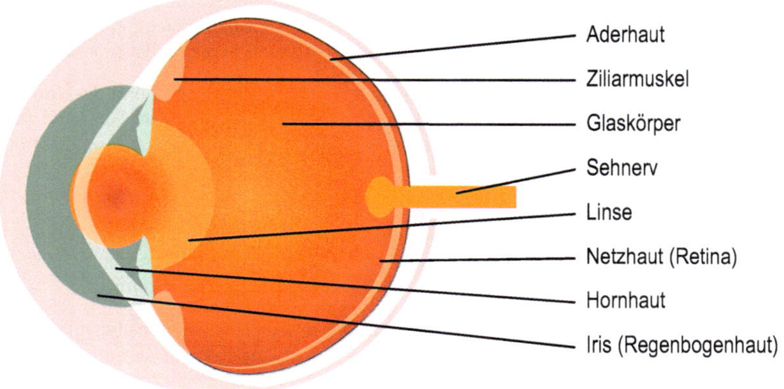

Abbildung 6.31: Aufbau des menschlichen Auges

Die menschliche Wahrnehmung hat spezifische Unterschiede für das Tag- und Nachtsehen. Das Nachtsehen, auch Hell-Dunkel-Sehen, Dämmerungssehen oder skotopisches Sehen, hat eine maximale Hellempfindlichkeit bei einer Wellenlänge von 505 nm. Hierfür werden die auf der Netzhaut befindlichen sogenannten Stäbchen genutzt, deren Wahrnehmung den Graustufen entspricht. Die Stäbchen befinden sich auf der ganzen Netzhaut, wobei die Dichte peripher abnimmt. Das Tagsehen, auch photopisches Sehen oder Farbensehen, hat eine maximale Hellempfindlichkeit bei einer Wellenlänge von 555 nm. Hierfür werden auf der Netzhaut drei verschiedene Arten von sogenannten Zapfen genutzt, die sich hauptsächlich im zentralen Sehbereich befinden (Abbildung 6.32).

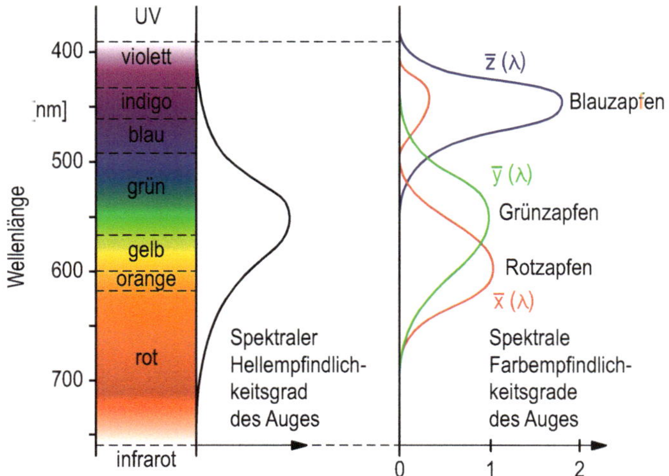

Abbildung 6.32: Spektrale Hell- und Farbempfindlichkeit mittels Zapfen

Es existieren Rot-Gelb-[Orangerot]-Rezeptoren, Grün-Rezeptoren sowie Blau-Violett-Rezeptoren. Am „blinden Fleck“ auf der Netzhaut, dem Ort der Nervenweiterleitung in den Sehnerv, sind keine Sinneszellen vorhanden, was vom Wahrnehmungsapparat jedoch kompensiert wird. Die Netzhautgrube (Fovea Centralis) ist die Stelle, an der die Sehschärfe maximal ist (zentrales Sehen). Hier ist die Zäpfchendichte am höchsten und folglich muss sich der Brennpunkt der Lichtstrahlen in der Netzhautgrube befinden. Außerhalb der Netzhautgrube wird unscharf gesehen (peripheres Sehen), es können jedoch Bewegungen wahrgenommen werden.

Aufgrund dieses Sachverhalts ergeben sich Sehbereiche (siehe auch Abschnitt B 3.2.3). Es wird zwischen dem Gesichtsfeld, in dem keine Kopf- und Augenbewegung stattfindet, dem Blickfeld, bei dem die Augen bewegt werden müssen, und dem Umblickfeld, bei dem sowohl Augen als auch der Kopf bewegt werden müssen, unterschieden.

Das Auflösungsvermögen des Auges beträgt etwa ein Grad bzw. 60 Bogenminuten. Für die Überprüfung bzw. Messung dieses Auflösungsvermögens (Sehtest) werden sogenannte Landoltsche Ringe genutzt (Abbildung 6.33). Bei diesen gibt es eine bestimmte Entfernung, in der die Öffnungsseite des Ringes erkannt wird (DIN EN ISO 8596, 2020).

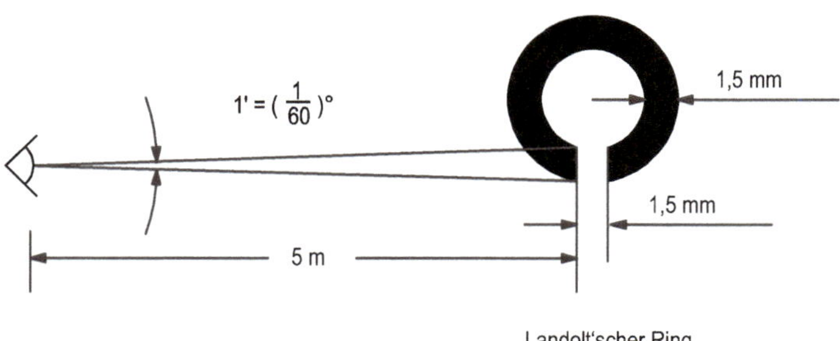

Abbildung 6.33: Landoltscher Ring zur Bestimmung bzw. Kontrolle der Sehschärfe (DIN EN ISO 8596, 2020)

Ein arbeitswissenschaftlich relevanter Vorgang des Sehens ist die Adaptation. Das Auge passt sich an Lichtreize unterschiedlicher Leuchtdichte und Farbe an, wozu zwei Effekte genutzt werden. Zuerst erfolgt eine Anpassung mittels des Pupillenlichtreflex, d. h. der Kontraktion der Irismuskulatur. Als zweites ändern die Sehzellen ihre Lichtempfindlichkeit. Hierbei erfordert die Dunkeladaptation von hellen zu dunklen Umgebungen (Leuchtdichten unter 0,034 cd/m^2) Anpassungszeiten von bis zu 45 Minuten. Die Helladaptation von dunkel zu hell (bzw. an Leuchtdichten über 3,4 cd/m^2) ist bereits nach ca. einer Minute erfolgt (Gekle, Wischmeyer, Gründer, Petersen, Schwab, Markwardt, Klöcker, Baumann & Marti, 2015). Die häufige Adaptation an abwechselnd sehr helle und sehr dunkle Objekte erfordert die wiederholte Anpassung des Auges. Dies kann zur Ermüdung führen. Abbildung 6.34 zeigt die Anpassung des Auges an unterschiedliche Leuchtdichten durch Größenänderung der Pupille.

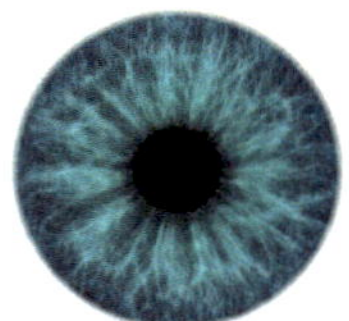
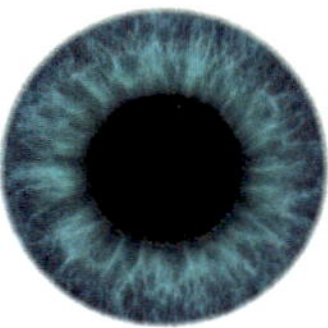

Abbildung 6.34: Anpassung des Auges an unterschiedliche Leuchtdichten durch Größenänderung der Pupille: links hohe Leuchtdichte, rechts: niedrige Leuchtdichte

Ein weiterer relevanter physiologischer Effekt wird als Akkommodation bezeichnet. Hierunter wird die Anpassung der Brennweite bzw. der Brechkraft der Augenlinse bezeichnet, um das Bild eines Objektes scharf auf der Netzhaut abzubilden (Abbildung 6.35). Dazu variiert die Brechkraft des Auges zwischen 15 Dioptrien (Dpt) bei Fernsicht bzw. im entspannten Zustand und 50 Dpt bei Nahsicht, was einer Brennweite von 20-70 mm entspricht (Schwegler & Lucius, 2021). Mit zunehmendem Alter nimmt die Akkommodationsbreite ab (siehe auch Abschnitt B 3.2.3).

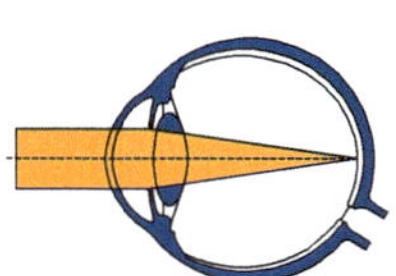

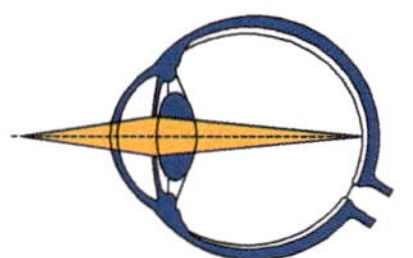

Abbildung 6.35: Effekt der Akkommodation: Anpassung des Auges an entfernte (links) oder nahe (rechts) Objekte

Ein weiterer physiologischer Effekt ist die chromatische Aberration. Licht unterschiedlicher Wellenlänge wird von einer Linse unterschiedlich stark gebrochen. Dies führt dazu, dass verschiedenfarbige Objekte, die sich in gleicher Entfernung vom Auge befinden, bei gleicher Linsenstellung in unterschiedlicher Entfernung vor oder hinter der Netzhaut abgebildet werden (siehe auch Abschnitt B 3.2.3)

Neben den visuellen physiologischen Effekten existieren weitere nichtvisuelle physiologische Wirkungen des Lichts. Licht und Beleuchtung beeinflussen den zirkadianen Rhythmus. Hierfür dient ein dritter Rezeptortyp auf der Netzhaut. Neben Stäbchen und Zapfen existieren spezielle Ganglienzellen, die besonders im Bereich blauen Lichts empfindlich sind. Über diese Zellen kann beispielsweise die sogenannte Vigilanz – der Aktivierungsgrad des menschlichen Körpers – gesteuert werden. Weiterhin kann fehlendes Licht in Verbindung mit schlechter Beleuchtung zu saisonaler Depression beitragen.

B 6.5.2 Lichttechnische Grundgrößen

Zur Gestaltung von Licht und Beleuchtung werden in der Arbeitsumwelt lichttechnische Grundgrößen herangezogen. Insbesondere die Beleuchtungsstärke sowie die Leuchtdichte spielen dabei eine bedeutende Rolle (vgl. Abbildung 6.36).

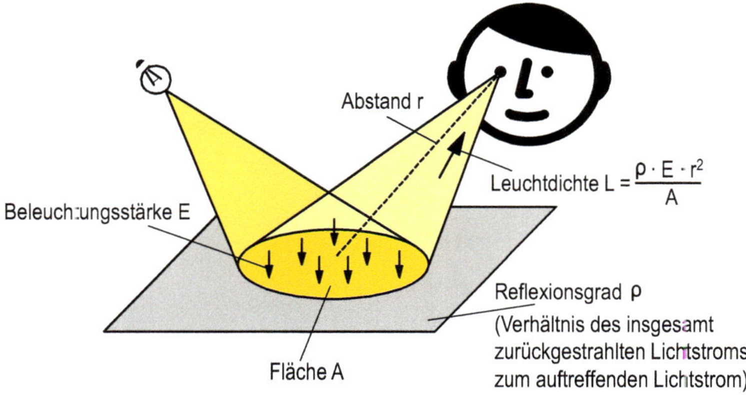

Abbildung 6.36: Lichttechnische Grundgrößen und Zusammenhänge

In Tabelle 6.27 sind kurze Definitionen sowie Berechnungsvorschriften für die zwei in der Ergonomie wesentlichen lichttechnischen Grundgrößen aufgeführt.

Tabelle 6.27: Lichttechnische Grundgrößen

Größe	Einheit	Berechnung	Messgerät
Beleuchtungsstärke E	Lichtstrom einer Lichtquelle, der auf eine bestimmte Fläche trifft, definiert durch Lichtstrom pro beleuchteter Fläche		
	lx. . . Lux = lm/m^2	$E = \frac{\Phi}{A}$ Φ. . . Lichtstrom A. . . beleuchtete Fläche	Beleuchtungsstärkemesser (Luxmeter)

Leucht-dichte L	reflektierte Lichtstärke einer gesehenen Fläche, vom Auge wahrgenommen		
	cd/m²	$L = \frac{I}{A}$ I. . . auf Auge einwirkende Lichtstärke A. . . Fläche des einwirkenden Lichtes	(Spektro-)Densitometer, Luminanzmeter, Leuchtdichtekamera

In Tabelle 6.28 und Tabelle 6.29 sind beispielhafte Beleuchtungsstärken für verschiedene Situationen sowie beispielhafte Leuchtdichten verschiedener Objekte dargestellt. Diese Werte verdeutlichen, dass der menschliche Sehapparat für eine sehr große Spanne von Lichtsituationen empfindlich ist.

Tabelle 6.28: Beispiele für Beleuchtungsstärken (nach Lange & Windel, 2019) sowie beispielhafte Beleuchtungsanforderungen für Arbeitsräume, Arbeitsplätze und Tätigkeiten (nach ASR A3.4, 2011)

Beispiele für Beleuchtungsstärken	
Sonniger Sommertag	Bis 100.000 lx
Sommertag bei bedecktem Himmel	10.000 bis 30.000 lx
Trüber Wintertag	200 bis 4.000 lx
Licht vom Vollmond	0,24 lx
Klare Neumondnacht	0,01 lx
Mindestanforderungen der Beleuchtungsstärke für beispielhafte Arbeitsräume, Arbeitsplätze und Tätigkeiten	
Orientierungsbeleuchtung	10 lx (z. B. Betriebliche Parkplätze)
Einfache Sehaufgaben	100 lx (z. B. Lagerräume mit Suchaufgaben bei nicht gleichartigem Lagergut)
Durchschnittliche Sehaufgaben	500 lx (z. B. Büroarbeit mit Lesen, Schreiben und Datenverarbeitung)
Schwierige Sehaufgaben	1000 lx (z. B. Qualitätskontrolle in der Automobilindustrie)

Tabelle 6.29: Beispielhafte Leuchtdichten verschiedener Objekte (ca.-Angaben)

Leuchtende Fläche	Leuchtdichte L
Sonne im Zenit	1.600.000.000 cd/m²
Glühlampe, klar, 100 W	1.000.000 cd/m²
Glühlampe, matt, 100 W	50.000 cd/m²
Leuchtstofflampe, 62 W, weiß	7.500 cd/m²
Schreibpapier, weiß (bei 500 lx)	150 cd/m²

B 6.5.3 Gütemerkmale der Beleuchtung

Die Mindestbeleuchtungsstärke (Mindestwert der Beleuchtungsstärke) $\bar{E}_m$ ist nach der ASR A3.4 „Beleuchtung" (2011) der Wert, unter den die mittlere Beleuchtungsstärke auf einer bestimmten Fläche nicht sinken darf. Der Rückgang der Beleuchtungsstärke durch Alterung und Verschmutzung von Lampen, Leuchten sowie der Wände und Decken im Raum wird mit dem Wartungsfaktor berücksichtigt. Die in DIN EN-Normen angegebenen Werte der Beleuchtungsstärke sind Wartungswerte (alt: Neuwert = Nennbeleuchtungsstärke * 1,25) was mit dem in der ASR A3.4 (2011) eingeführten Mindestwert der Beleuchtungsstärke identisch ist. Mit dem Mindestwert der Beleuchtungsstärke werden grundsätzliche Anforderungen an Arbeitsstätten festgelegt.

Die Leuchtdichteverteilung beschreibt das Verhältnis unterschiedlicher Helligkeiten in verschiedenen Bereichen am Arbeitsplatz. Hierbei gilt es, zu hohe Leuchtdichte-Unterschiede zu vermeiden, da sonst Adaptationsprozesse zur Ermüdung der Augen führen können. Zu geringe Unterschiede hingegen erzeugen Langeweile, da zu wenige Anregungen die menschliche Wahrnehmung „unterfordern". Als sinnvolle Vorgaben (siehe DIN EN 12464-1, 2021) haben sich Verhältnisse vom Arbeitszentrum zur direkten Umgebung von maximal 3:1 und vom Arbeitszentrum zur weiteren Umgebung von 10:1 erwiesen (siehe auch Abschnitt B 3.2.3).

Der arbeitsumweltbezogene Kontrast bezeichnet den Helligkeitsunterschied zwischen Objekten und deren Umgebung. Der auch als Helligkeitskontrast bezeichnete Effekt kann durch Farbkontraste ergänzt werden.

Kontrast K		
	$$K = \frac{L_{Obj} - L_U}{L_{Obj} + L_U}$$	L_{Obj}... Objektleuchtdichte L_U... Umgebungsleuchtdichte

Die Blendung beschreibt störende Effekte durch direktes oder reflektiertes Licht. Direktblendung entsteht durch nicht abgeschirmte Lampen, was zu Adaptationsstörungen führen kann. Reflexblendung entsteht durch Reflexion von Lichtquellen mit hoher Leuchtdichte auf Oberflächen, die das Licht gerichtet oder gestreut reflektieren.

Zur Vermeidung von Blendungen ist es sinnvoll, einen diffusen Lichteinfall auf den Arbeitsplatz anzustreben. An den Leuchten wird dies meist über einen Diffusor (z. B. Spiegel-Raster oder Milchglas) realisiert. Licht, welches auf diffus reflektierende Raumoberflächen trifft, wird absorbiert und zum Teil reflektiert. Reflexionsgrade verschiedener Materialien sowie Empfehlungen enthält Tabelle 6.30.

Tabelle 6.30: Beispiele und Empfehlungen für Reflexionsgrade (DIN EN 12464-1, 2021)

Beispiele für Reflexionsgrade			
Material	Reflexionsgrad	Material	Reflexionsgrad
Metallspiegel	0,95 - 0,99	Holz hell	0,30 - 0,50
Silber hochpoliert	0,90 - 0,92	Holz dunkel	0,10 - 0,15
Papier	0,70 - 0,85	Samt schwarz	0,005 - 0,01
Empfehlungen für Reflexionsgrade			
Decken	Arbeitsflächen	Wände	Boden
0,6 - 0,9	0,2 - 0,6	0,3 - 0,8	0,1 - 0,5

Zur Reduzierung der Direktblendung können verschiedene Maßnahmen zum Einsatz kommen. Leuchten mit Raster und Lamellen in Längsachse und Seitenreflektoren in der Querachse verringern das Blendungsrisiko. Durch parabolisch geformte Leuchten kann eine breitstrahlende Lichtstärkeverteilung erreicht werden, ohne die Leuchtdichtegrenzkurven zu überschreiten. Weiterhin kann die Nutzung von Vorhängen, Jalousien und Stellwänden zur Vermeidung von Blendungen beitragen. Mögliche Abhilfemaßnahmen zur Unterbindung von Reflexblendung sind:

- Aufstellen der Anzeigefläche von Bildschirmen senkrecht zur Fensterfront und fensterfern,
- Verwendung reflexionsarmer, mattierter Arbeitsflächen,
- Erhöhung des seitlichen Lichteinfalls auf das Sehobjekt,
- Auswahl von Leuchten mit großer Oberfläche und geringer Leuchtdichte,
- Antireflexmaßnahmen an Bildschirmen und Oberflächen.

Die Lichtrichtung und Schattigkeit bezeichnet die Ausgewogenheit zwischen diffuser und gerichteter Beleuchtung (Abbildung 6.37). Hierbei muss ein Kompromiss zwischen diffuser Beleuchtung, bei der Objekte schwerer erkennbar sind, und direkter Beleuchtung, bei der starke Schlagschatten entstehen, gefunden werden.

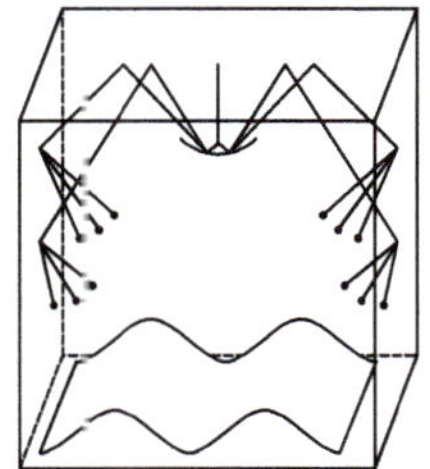
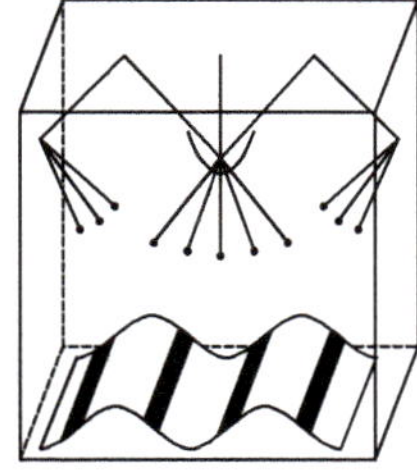
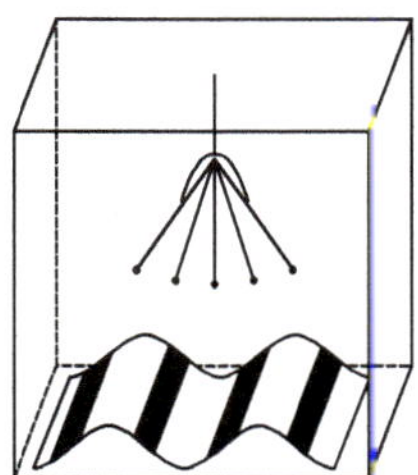

Abbildung 6.37: Arten der Schattigkeit: links: diffuses Licht, Mitte: kombiniert und rechts: direktes Licht

Die Lichtfarbe und Farbwiedergabe sind weitere Gütemerkmale der Beleuchtung. Die Lichtfarbe ist der Eindruck des von einer Lichtquelle ausgesendeten Lichtes. Zur Einstufung der Lichtfarbe dient die Farbtemperatur T_{cp} (Tabelle 6.31). Die Farbwiedergabe ist die Eigenschaft einer Lichtquelle, die Körperfarbe möglichst naturgetreu wiederzugeben. Diese wird durch den Farbwiedergabeindex R_a erfasst. Anforderungen an den Mindestwert des Farbwiedergabeindexes in Arbeitsstätten sind auch in der ASR A3.4 „Beleuchtung" (2011) enthalten.

Tabelle 6.31: Lichtfarbe, Beispiele (Theiss, 2000)

Farbtemperatur T_{cp}	Bezeichnung	Einsatzbereich
< 3.300 K	Warmweiß (ww)	Büros, Pausenräume
3.300...5.300 K	Neutralweiß (nw)	Produktionsräume
> 5.300 K	Tageslichtweiß (tw)	Arbeitsplätze mit hohen Sehanforderungen

Eine weitere Größe, die als Gütemerkmal der Beleuchtung herangezogen werden kann, ist der Tageslichtquotient D, der das Verhältnis der Beleuchtungsstärke am Messort zur Beleuchtungsstärke im Freien wiedergibt. Über diesen kann eine Aussage zum Tageslichtanteil getroffen werden. Für Arbeitsstätten wird ausreichendes Tageslicht durch einen Tageslichtquotienten $D > 2\ \%$ gefordert (ASR A3.4, 2011).

B 6.5.4 Beleuchtungstechnik

Die Größen zur Beleuchtung dienen der lichttechnischen Gestaltung von Arbeitsplätzen und Räumen. Im Gebiet der Beleuchtungstechnik werden technisch relevante Umsetzungen dazu betrachtet. Hierzu zählen verschiedene Beleuchtungsarten, Lichtarten, Lampenarten und die nutzbaren Leuchtenarten bzw. Leuchtmittel.

Um einen Raum lichttechnisch zu gestalten, sollte die Beleuchtungsart differenziert festgelegt werden. Es wird zwischen Allgemeinbeleuchtung, arbeitsplatzorientierter Allgemeinbeleuchtung und Einzelplatzbeleuchtung unterschieden (Abbildung 6.38). Die Allgemeinbeleuchtung stellt eine gleichmäßige Beleuchtung des ganzen Raumes sicher, wodurch überall gleiche Sehbedingungen herrschen. Diese Beleuchtungsart ist in der Regel anzuwenden. Die arbeitsplatzorientierte Allgemeinbeleuchtung orientiert sich an verschiedenen Raumzonen und stellt durch ein Raster der Deckenleuchten je nach Sehaufgabe bestimmte

Beleuchtungssituationen zur Verfügung. Geeignete Leuchtentypen für die Arten der Allgemeinbeleuchtung sind Einbauleuchten, Aufbauleuchten, Pendelleuchten, freistrahlende Leuchten, Reflektorleuchten, Wannenleuchten und Rasterleuchten. Bei der Einzelplatzbeleuchtung orientiert sich die Gestaltung an den Arbeitsplätzen und stellt mit Maschinen- oder Schreibtischleuchten ein individuelles Licht zur Verfügung. Der Allgemeinanteil sollte stets mindestens 60 % vom Einzelanteil betragen. Für die Einzelplatzbeleuchtung sollten Leuchten mit vorwiegend direkter Lichtverteilung genutzt werden, die eine konzentrierte, tiefstrahlende oder konusförmig strahlende Lichtstärkeverteilung besitzen und möglichst flexibel verstellbar sowie einstellbar sind.

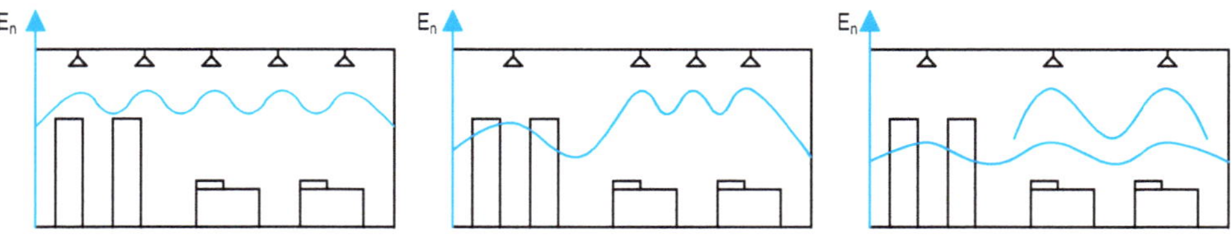

Abbildung 6.38: Beleuchtungsarten, die an Arbeitsstätten zum Einsatz kommen können

Um eine Beleuchtung zu gestalten, ist weiterhin die Betrachtung der Lichtarten notwendig. Es kann zwischen direktem und indirektem gerichtetem Licht sowie direktem und indirektem diffusem Licht unterschieden werden (Tabelle 6.32). Direktes Licht beleuchtet gezielt und differenziert Objekte oder Bereiche, kann aber auch zu Leuchtdichteunterschieden führen. Indirektes Licht ermöglicht eine hohe Gleichmäßigkeit der Beleuchtung im Blickfeld, verursacht aber auch höheren Energieverbrauch. Gerichtetes Licht erzeugt starke Schlagschatten, was positiv für die Wahrnehmung von Objekten und Konturen ist, jedoch bei zu starken Kontrasten zu verstärkter Lokaladaptation führen kann. Diffuses Licht stellt eine gleichmäßige Beleuchtung von Objekten und Bereichen dar, verringert jedoch die Objektwahrnehmung. Bei der Gestaltung von Beleuchtungsanlagen sollte jeweils eine örtlich und zeitlich optimale Kombination der Lichtarten umgesetzt werden.

Tabelle 6.32: Lichtarten und deren Auswirkungen auf Objekt- und Raumbeleuchtungen

	Direkt gerichtet	**Indirekt gerichtet**	**Direkt diffus**	**Indirekt diffus**
Schatten	Sehr stark	Stark	Schwach	Sehr schwach
Kontrast	Sehr hoch	Hoch	Gering	Sehr gering
Objektwahrnehmung	Sehr gut	Gut	Niedrig	Sehr niedrig
Blendung	Möglich	Möglich	Keine	Keine

Um die Beleuchtung in reale, technische Lösungen zu übersetzen, müssen Leuchten und Leuchtmittel (Lampen) ausgewählt werden. Als Leuchte wird dabei der gesamte Beleuchtungskörper inklusive aller für Befestigung, Betrieb und Schutz der Lampe notwendigen Komponenten verstanden. Die Leuchte schützt die Lampe, verteilt und lenkt deren Licht und verhindert, dass es blendet. Beispiele für Leuchten sind Schreibtischleuchten für Arbeitsplätze, Wannen-, Pendel- und Reflektorleuchten für Räume oder Industrieleuchten für Fabrikhallen.

Als Lampe wird die technische Ausführung einer künstlichen Lichtquelle bezeichnet. Die Lampe wandelt elektrische Energie in Licht um. Die meist auf genormten Fassungen, z. B. zum Schrauben oder Stecken, basierenden Leuchtmittel sind das eigentliche lichterzeugende Element. Grundvoraussetzung für eine gute und gleichzeitig effiziente Beleuchtung ist die Auswahl geeigneter, an die jeweiligen Anforderungen angepasster, Leuchtmittel. Im Folgenden werden Glühlampen, Halogenlampen, Gasentladungslampen, Leuchtstoffröhren und Energiesparlampen, LEDs sowie weitere Leuchtmittel beschrieben.

Die Glühlampe ist neben flammenbasierten das älteste Leuchtmittel, das technische Anwendung findet. Ein elektrischer Leiter aus Wolfram dient als Glühfaden, der so stark erhitzt wird, dass er glüht. Dies hat zur Folge, dass Wärmestrahlung sowie sichtbares Licht emittiert werden. Glühlampen wurden durch Regelungen der EU zwischen 2009 und 2012 aufgrund ihres schlechten Wirkungsgrades nicht mehr zur Verwendung zugelassen (umgangssprachlich als Glühlampenverbot bekannt, EG-Verordnung Nr. 244/2009).

Halogenlampen besitzen ein ähnliches Funktionsprinzip wie Glühlampen, mit dem Unterschied, dass verdampfte Wolfram-Atome wieder zum Glühdraht zurück befördert werden. Dabei arbeiten sie mit normaler Netzspannung oder Niedervolt. Halogenlampen sind sinnvoll für direktes, gerichtetes Licht einsetzbar. Im Allgemeinen sind sie günstig in der Anschaffung, haben aber eine kurze Lebensdauer.

Als Gasentladungslampen und –röhren wird eine ganze Gruppe von Leuchtmitteln bezeichnet. Dazu zählen:

- Niederdruck-Entladungslampen, darunter Leuchtstofflampen, Neonröhren und Niederdruck-Natriumdampflampen sowie
- Hochdruck-Entladungslampen (HID), darunter Quecksilberdampflampen (HQL), Hochdruck-Natriumdampflampen (NAV) und Halogen-Metalldampflampen (HQI).

Gasentladungslampen kommen in verschiedenen Anwendungen zum Einsatz: von Leuchtmitteln für Beamer über Straßen- und Fußwegbeleuchtung, Industriebeleuchtung bis hin zu Flutlichtern. Im Folgenden wird aufgrund ihrer hohen Relevanz gesondert auf Leuchtstofflampen eingegangen.

Leuchtstofflampen nutzen elektrisch ionisiertes Gas in Verbindung mit Beschichtungen, sogenannten Leuchtstoffen, zur Lichterzeugung. Hierfür werden entweder in der Lampe oder der Leuchte befindliche Vorschaltgeräte benötigt. Leuchtstoffröhren erreichen eine sehr gute Farbwiedergabe mit Werten von $R_a \geq 90$ und sind geeignet für indirekte, diffuse Raumbeleuchtung. Energiesparlampen, auch Compact Fluorescent Lamp (CFL, Kompaktleuchtstofflampe) genannt, stellen quasi „gefaltete“ Leuchtstofflampen dar. Das Vorschaltgerät ist im Sockel integriert, und die Lampen besitzen einen Schraubsockel (E27 oder E14). Bei Leuchtstoffröhren, insbesondere aber bei Energiesparlampen, müssen besondere Recyclingvorschriften beachtet werden, da sie schädliche Stoffe (z. B. Quecksilber) enthalten.

LEDs, auch Leuchtdioden oder Light Emitting Diodes, basieren auf Halbleitereffekten und erzeugen Strahlung im infraroten und sichtbaren Bereich. LEDs zeichnen sich meist durch einen geringen Energieverbrauch, eine hohe Lebensdauer und geringe Wärmeabgabe aus. Weiterhin ermöglichen LEDs durch ihre kleine Bauform neue Anwendungen, können aber ebenfalls wie herkömmliche Leuchtmittel eingesetzt werden.
Darüber hinaus sind auch OLEDs, sogenannte Organic Light Emitting Diodes, für einige technische Anwendungen im Einsatz. Sie stellen nicht wie z. B. LEDs eine Punktleuchtquelle dar, sondern bieten als Flächenleuchter erneut andere Anwendungsmöglichkeiten.
Welches Leuchtmittel und welche Leuchte für eine Beleuchtung zum Einsatz kommen, hängt von den speziellen Anforderungen der Arbeitsstätte ab. Jede Kombination hat dabei ihre eigenen Vor- und Nachteile, die sich u. a. im Energieverbrauch, der spektralen Verteilung, der Dimmbarkeit oder der Lichtfarbe zeigen. So arbeitet beispielsweise eine Natriumdampf-Niederdruck-Lampe durch ihre hohe Lichtausbeute sehr effizient. Durch ihre ebenfalls hohe Lebensdauer verursacht sie relativ geringe Betriebskosten. Die hohe Effizienz kann sich jedoch nur entfalten, wenn die Lampe über eine längere Zeit hinweg eingeschaltet bleibt. Wird sie häufig ein- und ausgeschaltet, sinkt der Wirkungsgrad enorm. Zudem ist ihre große Einschaltverzögerung zu beachten. Bedingt durch ihr physikalisches Wirkungsprinzip strahlen Natriumdampf-Niederdruck-Lampen nur Licht einer ganz bestimmten Wellenlänge aus. Deshalb ist die Farbtreue dieser Leuchten sehr schlecht, was sich im niedrigen Farbwiedergabeindex widerspiegelt. Eine generelle Aussage, welche Leuchtmittel „gut" oder „schlecht" sind, lässt sich nicht treffen. Es ist deshalb wichtig, die Leuchtmittel genau nach den jeweiligen Gegebenheiten auszuwählen. Dazu sollten das Nutzungsverhalten analysiert oder abgeschätzt und Vorgaben aus der DIN EN 12464-1 (2021) (z. B. zum Farbwiedergabeindex) berücksichtigt werden.
Lampen haben je nach Typ eine unterschiedliche spektrale Strahlungsverteilung, wodurch auch ein unterschiedlicher Farbwiedergabeindex R_a zustande kommt. Temperaturstrahler haben ein kontinuierliches Spektrum, bei Hochdruck- und Niederdruck-Entladungslampen entspricht das Spektrum der Zusammensetzung der Inhaltsstoffe – zum Beispiel des Halogens in Halogen-Metalldampflampen oder dem Mischungsverhältnis der Leuchtstoffe bei Leuchtstofflampen. Die spektrale Strahlungsdichteverteilung von unterschiedlichen Lichtquellen wird in Abbildung 6.39 gezeigt. Es gilt, dass bei künstlicher Beleuchtung nur diejenige Farbe wahrgenommen werden kann, die auch im Lichtspektrum enthalten ist.

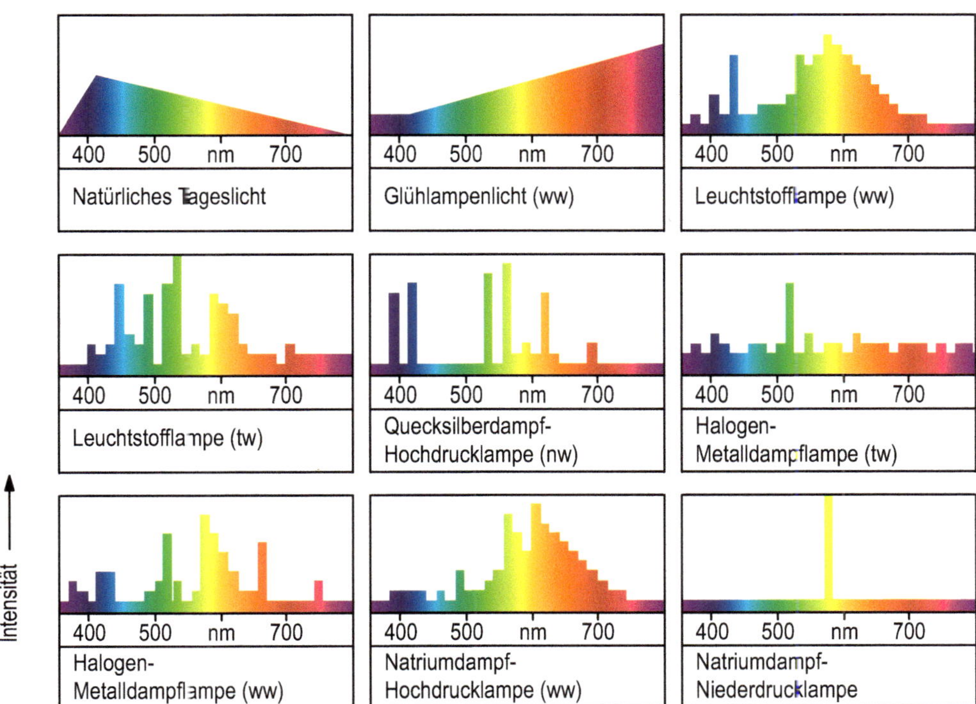

Abbildung 6.39: Spektrale Strahlungsdichteverteilung von Lichtquellen

B 6.5.5 Farbwirkungen

Bei der farblichen Gestaltung von Produkten oder Arbeitsplätzen müssen deren psychologische Wirkungen berücksichtigt werden. Diese sind interindividuell sowie interkulturell unterschiedlich. Für den westlichen Kulturraum können aber durchaus einige Konsenswirkungen angegeben werden (Tabelle 6.33). Hierzu werden den Farben verschiedene Eigenschaften oder Aussagen in Adjektivform zugeordnet.

Tabelle 6.33: Psychologische Farbwirkungen

Farbbereich		Wirkungen
Gelb		sonnig, hell, leicht, frisch, warm
Orange		sonnig, vordergründig, trocken, warm
Orangerot		feurig, strahlend, kräftig, laut
Purpur		mächtig, kompakt, erdrückend, feierlich, gewaltig, würdevoll
Violett		schwül, schwer, dunkel, düster, stumpf, drückend
Blau		kühl, frisch, schattig, zurücktretend, vertiefend, festigend
Türkis		matt, fern, wässrig, kalt, zurückhaltend, eisig
Grün		ruhig, naturhaft, begrenzend, sicher, ausgeglichen, schlicht
Weiß		kühl, hell, leicht, hygienisch, rein
Schwarz		dunkel, schwer, erdrückend
Beige		hell, erwärmend, trocken, leicht
Rosa		duftig, zart, kraftlos, süßlich
Braun		derb, schwer, erdig, alternd, nüchtern, festigend
Dunkelblau		dunkel, schwer, drohend
Dunkelgrün		verhaltend, ruhig, drückend
Hellblau		luftig, wässrig, weit, kühl
Hellgrau		neutral, differenziert, vornehm
Dunkelgrau		trostlos, drohend, trüb

Farbkontraste

Bei der Betrachtung der Farbwirkungen sind neben der einzelnen Farbe immer auch Beziehungen zwischen verschiedenfarbigen Objekt- oder Arbeitsplatzelementen relevant, da Farben immer in Beziehung zu ihrer Umgebung stehen. Wesentliche Beziehungen können mithilfe von Kontrasten beschrieben werden (Tabelle 6.34), da das Sehen auf der Wahrnehmung von Farb- und Helligkeitskontrasten, d. h. auf der Wahrnehmung unterschiedlicher Wellenlängen bzw. Leuchtdichten, beruht. Durch Kontraste können gezielt bestimmte Effekte erzielt oder vermieden werden, weswegen sie technisch besonders relevant sind.

Tabelle 6.34: Wichtige Kontraste sowie ihre Wirkungsweise (Hammer, 2008)

Hell-Dunkel-Kontrast	Warm-Kalt-Kontrast	Komplementärkontrast	Simultankontrast
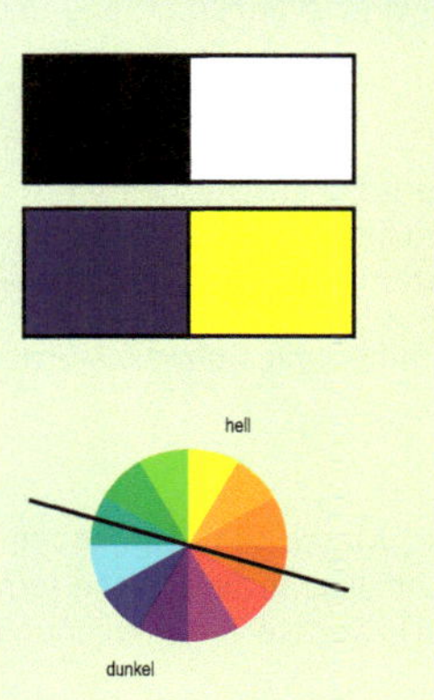 hell dunkel	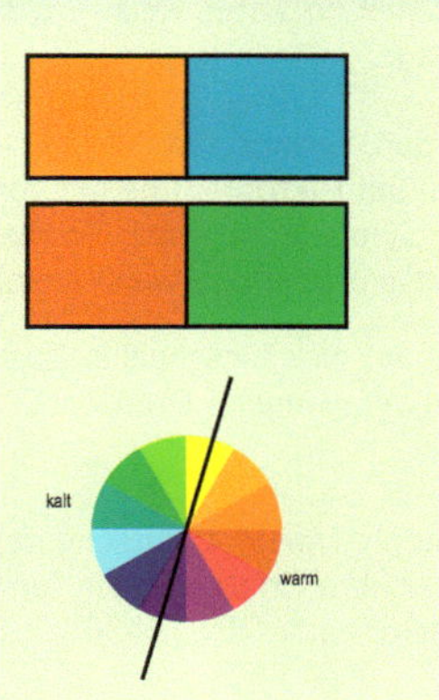 kalt warm	 Komplementärfarben liegen im Farbkreis gegenüber	
gleiche Helligkeiten machen Farben verwandt, ein starker Hell-Dunkel-Kontrast lässt Plastizität entstehen	beruht auf psychologischer Farbwirkung: steht immer in Beziehung zu den benachbarten Farben	Komplementärfarben verstärken sich gegenseitig in ihrer Leuchtkraft	unbunte Flächen (grau) tendieren zu der sie umgebenden Farbe

Weitere technisch relevante Kontraste sind (Hammer, 2008):

- der Sukzessivkontrast, auch Nachbildphänomen genannt, der die Entstehung eines komplementärfarbenen Nachbildes bei längerer Betrachtung eines Objektes beschreibt,
- der Flimmerkontrast, der die Entstehung von Flimmereffekten an sich wiederholenden Kontrastgrenzen beschreibt,
- der Farbe-an-sich-Kontrast, der sich zwischen zwei unterschiedlichen Farben ausbildet,
- der Qualitätskontrast, der zwischen mehr und weniger gesättigten Farben entsteht sowie
- der Quantitätskontrast, der verschiedene Farbmengen vergleicht.

Farben und Sicherheit

Die grundlegenden (genormten) Sicherheitsfarben sind Rot, Orange, Gelb, Grün und Blau. Ergänzend z. B. zur Beschriftung werden Schwarz und Weiß genutzt (vgl. Tabelle 6.35).

Tabelle 6.35: Sicherheits- und Ordnungsfarben (ASR A1.3, 2013; DGUV, 2002; DIN 4844-1/-2, 2012/2021)

Rot  Alarmfarbe – Verbot	Fordert eine Handlung. Es hat den höchsten Reizwert, bewirkt Alarmstimmung und ist vorwiegend emotional geprägt. Unmittelbare Gefahr, Halt, Stopp, Brandschutz Verbote, Notschalter, Zeichen und Piktogramme mit rotem Durchstreichbalken Kontrastfarbe: weiß; grafische Symbole: schwarz; Formzeichen: Kreis und Querbalken oder Streifenmuster wie bei Absperrbändern, wenn gleichzeitig warnend, auch Dreieck
Gelb  Warnfarbe – Warnung	Lenkt die Aufmerksamkeit wie auf eine Lichtquelle. Zusammen mit Schwarz warnt es (vgl. Warnfarben im Tierreich). Vorwiegend emotional. Vorsicht, Warnung Piktografisch erläutert etwa durch: Vorsicht Rutschgefahr, Maschine in Bewegung usw.; Hinweisschilder mit gedruckten Erläuterungen für Unfallverhütung (siehe ferner Kennzeichnung im Strahlenschutz nach DIN 25430 (2016), weitere Kennzeichnungen für Elektrotechnik) Kontrastfarbe: schwarz; grafische Symbole: schwarz; Formzeichen: Dreieck
Grün  Sicherheitsfarbe – Hinweis	Bietet die Vorstellung von Zuflucht und Sicherung, weist – im Gegensatz zu Blaugrün – auf Spannungslosigkeit. Emotional wie auch rational geprägt. Als Lichtzeichen aufmerksamkeitserregend. Gefahrlosigkeit und Rettung Kennzeichnung von Notausgängen (auch mit grünem Licht über der Tür). Piktografische Hinweise auf Fluchtwege, Notleitern, Ausgang (siehe DIN 4844-2, 2021). Kontrastfarbe: weiß; grafische Symbole: weiß; Formzeichen: Quadrat
Blau  Ordnungsfarbe – Gebot	Macht bewusst, lässt überlegen und entscheiden. Rationalisiert unser Tun (dürfen, aber auch nicht dürfen) und ist vorwiegend rational geprägt. Als Lichtzeichen alarmierend, wenn blitzend! Betriebliche Anordnungen, Erlaubnisse, Fahrtrichtungsanzeige. Empfehlungen: Händewaschen, Kopfschutz tragen, Maske anlegen, Gehörschutz tragen usw., Erlaubnis für Rauchen, Parken. Kontrastfarbe: Weiß; Formzeichen: Kreis

Farben und Informationen

Farben können im Rahmen einer ergonomischen Farbgestaltung als Gliederung von Informationen genutzt werden. Hierbei können sie Ordnung schaffen, Prozesse verdeutlichen und Eigenschaften bzw. Aktionen kodieren. Allgemeine Vorgaben beziehen sich auf häufig wiederkehrende Objekte oder Funktionen und sind in Tabelle 6.36 dargestellt.

Tabelle 6.36: Allgemeine Vorgaben/Orientierungswerte zur ergonomischen Farbgestaltung

a)	Kraftspender (z. B. Motoren, Hebewerkzeuge, Roboter)	Rotorange bis Orange
b)	Kraftsteuerer (z. B. Befehlszentralen, Verteiler, Schaltpulte, Bediengriffe)	Pulte, Verteilerkästen: Blau- und Graubereich Äußere Umgrenzung: in warmen Farben, z. B. Orangegelb + Weiß
c)	Transporteinrichtungen (z. B. Rollenbänder, Krane, aber auch Stapler und automatische Fahrzeuge aller Art)	Gefahrteile Schwarz-Gelb, siehe ASR A1.3 (2013), Seiten von Rollbändern Blau Krane und Fahrzeugkörper Orange
d)	Maschinen (die nicht voll roboterhaft arbeiten, z. B. Werkzeugmaschinen, Stanzen, Pressen usw.)	Eher zurückhaltend im Grau-, Blau- oder Grünbereich (Maschinenfarben)
e)	Behälter	Je nach Inhalt, Anwendung bzw. unternehmensspezifisch
f)	Regale	Je nach gelagertem Gut leicht gegenfarbig dazu; Tischauflagen immer hell, neutral Grau, aber auch Holz
g)	Arbeitsfluss, Verkehr (auch Ver- und Entsorgung)	Versorgung: unterschiedlich kennzeichnen, werksintern, warme Farben; Entsorgung (Abtransport von Ausschuss, Schmutzteilen): Blaugrau Weiße Flächen oder Streifen für „Nicht Verstellen“; Gelb für Trennung (z. B. Transport = Weg am Boden)

Um mittels Farben bei einer ergonomischen Gestaltung Ordnung zu schaffen, sollen gerade gleiche Elemente, wie Behälter, Ordner, Hefter, Boxen, Kisten, Halterungen etc. mit jeweils sinnhaften, möglichst wenigen Farben versehen werden. Um Orientierung zu schaffen, sollten folgende Gestaltungsregeln genutzt werden: Anbringung so weniger Farben wie nötig sowie Anwendung von Kontrasten. Bei der Kodierung sollten folgende Grundsätze Beachtung finden: gezielte Auswahl der Farbflächen und eingefärbten Objektteile, Kombination mit Formen, Mustern oder Zeichen bzw. Text, Kodierung ähnlicher Bedeutungen mit ähnlichen Farben, Beachtung der Population und Kultur.

Farben und Ästhetik, psychologische Effekte

Farben können Leistung und Wohlbefinden beeinflussen. Ein sehr individuumsbezogener Begriff ist der der Lieblingsfarbe. Über die Hälfte der Menschen besitzt eine solche Lieblingsfarbe. Der Anteil von Personen mit mehreren Lieblingsfarben ist sehr gering – die meisten Menschen können sich auf genau eine Lieblingsfarbe festlegen. Weiterführende Untersuchungen belegen, dass Lieblingsfarben geschlechtsspezifisch sind und weiterhin von Faktoren wie Alter, Bildungsstand, Einkommen, Lebensraum und Persönlichkeit abhängen. Psychologische Farbwirkungen ermöglichen weiterhin, Störungen auszugleichen oder Effekte zu verstärken. Es ist beispielsweise möglich, Umgebungsbedingungen wie zu eng (mit gelb, blau), zu laut (mit blaugrün), zu schrill (mit graugrün), zu heiß (mit blau), zu kühl (mit orange) oder zu betriebsam (mit hellblau) auszugleichen.

C 6.5 Methoden zu Licht und Farbe

C 6.5.1 Gestaltung von Beleuchtungsanlagen

Bei der Lichtgestaltung sind je nach Tätigkeitsfeld verschiedene Anforderungen an die Beleuchtung zu stellen. Wesentliche Kriterien sind dabei Schattenbildung, Kontrast, Objektwahrnehmung und Blendung. Diese lassen sich durch die Auswahl geeigneter Beleuchtungssituationen regulieren. So können durch direkten, gerichteten Lichteinfall schneller Blendungen entstehen als bei indirektem, diffusem Lichteinfall. Dafür werden Objekte in direktem Licht aufgrund einer ausgeprägten Schattenbildung und starkem Kontrast sehr deutlich wahrgenommen. An allen Arbeitsplätzen, an denen es möglich ist, sollte das natürliche Tageslicht in die Planung einbezogen werden. Direktes Sonnenlicht sollte jedoch vermieden werden. Weiterhin ist es möglich Akzente zu setzen oder das Licht in seiner Intensität oder Farbe dynamisch zu gestalten. So kann beispielsweise eine Tageslichtnachahmung realisiert werden. Licht mit einer Farbtemperatur von 5000 K wird als Normlicht bezeichnet und ist zur Farbkontrolle von Fotos geeignet, da die Farben in diesem Licht korrekt wiedergegeben werden.
Bei der lichttechnischen Gestaltung von Arbeitsstätten sind einige Grundsätze zu beachten. So ist die Beleuchtung von sicherheitsrelevanten Bereichen, wie Fluchtwegen und sicherheitsrelevanten Bedienelementen, sicherzustellen. Zur Optimierung der Sehleistung aller Mitarbeiter liefert vor allem die DIN EN 12464-1 (2021) Richtwerte zur Beleuchtungssituation, die bei der Auslegung der Beleuchtung berücksichtigt werden sollten. Nicht zuletzt hängt die Leistungsfähigkeit des Menschen auch von seiner Befindlichkeit ab. Deshalb ist auch das visuelle Ambiente von großer Bedeutung.
Die Gestaltung von Beleuchtungsanlagen bezieht sich auf die Ebenen:

- Sicherheit,
- Information,
- Wohlbefinden am Arbeitsplatz, Komfort und Entspannung sowie Biorhythmus.

Jede dieser Ebenen sollte Berücksichtigung bei der Gestaltung finden, wobei für verschiedene Anforderungen verschiedene Ebenen im Vordergrund stehen können. Die Planung einer Beleuchtungsanlage beinhaltet:

- das Lichtkonzept und Beleuchtungsarten,
- das Lichtmanagement,
- die Komponenten der Beleuchtung (Leuchten, Lampen, Betriebsgeräte) sowie
- den Wartungsplan.

Bei der Gestaltung von Beleuchtungsanlagen können weitere moderne Konzepte, speziell dynamisches Licht und Tageslichtnachahmung, genutzt werden. Dynamisches Licht umfasst Veränderungen der Beleuchtungsstärken, Lichtfarben und Lichtverteilung und kann beispielsweise über eine Lichtsteuerung realisiert werden. Hier wird der Effekt von vorbeiziehenden Wolken nachgeahmt, der die Vigilanz des menschlichen Körpers erhöht. Das Konzept der Tageslichtnachahmung, auch „active light“ genannt, bedeutet eine Veränderung der Helligkeitsverteilung, der Lichtfarbe sowie der Beleuchtungsstärke im Tagesverlauf. Somit wird die natürliche Beleuchtung nachgeahmt, wodurch der zirkadiane Rhythmus nachempfunden wird.

C 6.5.2 Rasterverfahren

Das Rasterverfahren ist eine Methode zur Vermessung des Beleuchtungsniveaus eines Raumes oder einer Halle (vgl. Abbildung 6.40). Dazu wird der Grundriss in gleich große Quadrate unterteilt, in deren Mittelpunkt Messungen der Beleuchtungsstärke erfolgen. Es kann somit eine mittlere Beleuchtungsstärke sowie die Gleichmäßigkeit der Beleuchtung ermittelt werden (siehe auch DIN EN 12464-1, 2021).

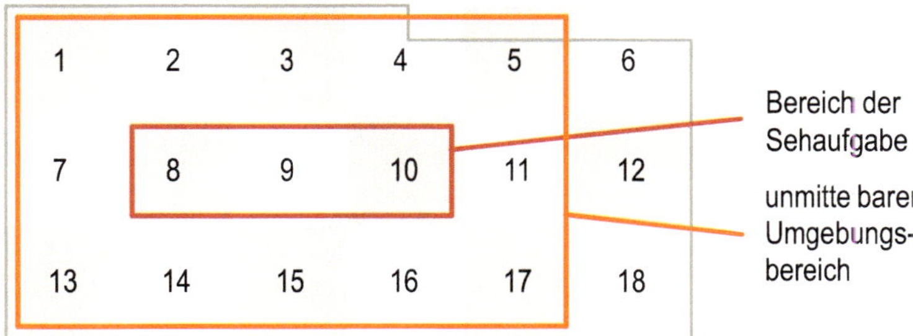

Abbildung 6.40: Grundriss eines Raumes und Unterteilung in ein Messraster

C 6.5.3 Wirkungsgradverfahren

Die Berechnung von Beleuchtungsanlagen nach dem Wirkungsgradverfahren dient der Planung und Kontrollberechnung von Beleuchtungsanlagen (Deutsche Lichttechnische Gesellschaft e. V. [LiTG], 1988). Hierzu wird die mittlere Beleuchtungsstärke auf eine Fläche bzw. der auf die Fläche einfallende Lichtstrom sowie der Indirektanteil des Lichtes berechnet. Die Methode ist ausreichend genau für normale Beleuchtungsaufgaben wie Büros oder Werkhallen. Als Ergebnis erhält man die Anzahl der benötigten Lampen. Darüber hinaus kann die erforderliche elektrische Leistung der Anlage bestimmt werden. Dennoch ist insbesondere für die Auswahl der Lampen und Leuchten lichtplanerische Expertise notwendig. Ohne diese kann auch mithilfe der Methode eine Fehlplanung entstehen. Alternativen sind die Lichtstärke- oder Punktberechnungsmethode.

Berechnete Anzahl Leuchten	$n = \frac{A \cdot p \cdot E_n}{z \cdot \Phi_{LP} \cdot \eta_B}$	A... Raum-Grundfläche p... Planungsfaktor $E_n \mathrel{\hat{=}} \bar{E}_m$ ... geforderte Nennbeleuchtungsstärke η_B ... Beleuchtungs-Wirkungsgrad z... Anzahl Lampen pro Leuchte Φ_{LP}... Lichtstrom der Lampe
Elektrische Leistung der Anlage	$P = n_l \cdot z \cdot (P_l + P_{VG})$	n_l... gewählte Anzahl Lampen P_l... Leistung der Lampe P_{VG}... Leistung des Vorschaltgerätes

C 6.5.4 Farbgestaltung

Die ergonomische Farbgestaltung betrachtet die Farbgebung von Produkten, Arbeitsplätzen und Räumen und bezieht sich auf sicherheitstechnische, informatorische und ästhetische Funktionen der Farbe (Tabelle 6.37).

Tabelle 6.37: Dimensionen ergonomischer Farbgestaltung

Dimension	Vorgaben	Spielraum	Beispiel
Sicherheit	Regelwerk, Normen	Kein	Not-Aus-Schalter, Fluchtwege, Rohrleitungen
Information	Kataloge	Groß	Maschinen, Geräte, Behälter, Ablagen, Unterlagen
Ästhetik, psychologische Effekte	Empfehlungen	Sehr groß	Wände, Polsterflächen, Rahmen, Kanten, Objekte

Bei der Farbgestaltung müssen verschiedene Gestaltungsmerkmale festgelegt werden: die Dimensionen der Farbe (Farbton, Sättigung, Helligkeit), das Material (Textur), Farbe als Eigenschaft der Lacke, die räumliche Lage der Farbe (nebeneinander) sowie die Beleuchtung der Gegenstände und Räume. Allgemein sollten bei der Farbgestaltung zu starke Kontraste, zu große, farbige Flächen, zu viele Farben sowie Flimmerkontraste vermieden werden.

Farbgestaltungsmethodik

Die Farbgestaltungsmethodik ermöglicht die Erstellung eines arbeitswissenschaftlichen Farbkonzeptes für Produkte, Arbeitsplätze oder Räume. In sechs Schritten werden zuerst die Objekte mit ihren Eigenschaften erfasst, anschließend die Ansprüche an eine Farbgestaltung beschrieben und abschließend die Farben gewählt und in ein visuelles Konzept gebracht. Tabelle 6.38 führt die sechs Schritte der Methodik auf.

Tabelle 6.38: Farbgestaltungsmethodik für Produkte, Arbeitsplätze oder Räume

Schritt		Inhalt
1	Bestandsanalyse	Funktionelle Gegebenheiten, Beleuchtung
2	Erfassung der Ansprüche	Sicherheit, Information, psychologische Effekte
3	Bewertung der gesammelten Daten	Wichtigste Tätigkeiten, Informationssystem
4	Farbabgrenzung	Farben festlegen und Bereichen zuordnen
5	Farbenwahl	Visuelle Konzeption, Harmoniearten
6	Dokumentation	

Hierzu können einige Festlegungen und Empfehlungen gegeben werden:

- Maschinen und Arbeitsvorrichtungen sollten sich zur eindeutigen Konturbildung vom Hintergrund abheben und auf die Wandfarbe abgestimmt sein.
- Maschinenkörper sollten in ruhigen, nicht drängenden Farben matt und blendfrei gestaltet werden.
- Maschinen sollten visuell gegliedert werden.
- Funktionale Unterschiede von Objekten oder Objektteilen sollten zum Ausdruck gebracht werden.
- Wichtige Elemente, wie Bedienteile und Gefährdungsstellen, sollten als Blickfang in erhöhten Farb- und Leuchtdichtekontrasten zur Maschine gestaltet werden.
- Äußere Schutzvorrichtungen sind Bestandteile der Maschine und sollten daher in derselben Farbe gestaltet werden.
- Gefahrzonen hinter der Schutzvorrichtung sollten im Gegensatz dazu lebhafte Farben erhalten.
- Vor allem in der Arbeitszone muss die Farbgestaltung die Wahrnehmung unterstützen.

D 6.5 Fallbeispiel Beleuchtungsgestaltung

In folgendem Beispiel wurde die Beleuchtung für eine neue Produktionshalle gestaltet. Das betreffende Unternehmen fertigt Drucksachen, von Leinwänden über Fotoabzüge bis hin zu verschiedenen bedruckten Artikeln, wie Tassen oder T-Shirts. Die in der DIN EN 12464-1 (2021) vorgegebenen Größen für Arbeitsplätze in der Produktion (Maschinenbedienung, -bestückung, Vorkontrolle, Logistik) sind in Tabelle 6.39 dargestellt. Gleiche Werte für die Beleuchtungsstärke und den Farbwiedergabeindex sind als Vorgaben für die Arbeitsstättengestaltung im Anhang der ASR A3.4 (2011) enthalten.

Tabelle 6.39: Genormte Anforderungen an einen Arbeitsplatz in der Produktion sowie an einen Arbeitsplatz mit zusätzlicher Farbkontrolle

	Beleuchtungsstärke	Blendung	Gleichmäßigkeit	Farbwiedergabe
Produktionsarbeitsplatz	$E_m = 500$ lx	$UGL_R < 19$	$U_0 < 0{,}60$	$R_a > 80$
	Ergänzt um Lichtfarb-definierte Leuchte (neutralweiß, UV-Anteil)			
Arbeitsplatz mit zusätzlicher Farbkontrolle	$E_m = 1500$ lx	$UGL_R < 16$	$U_0 < 0{,}70$	$R_a > 90$
	$5000\ K \leq TCP \leq 6500\ K$			
(laut DIN EN 12464-1, 2021: nach Ref. Nr. 5.19.3 [Allgemeine Buchbinderarbeiten, z. B. Falten, Sortieren, Leimen, Schneiden, Prägen, Nähen], 5.21.1 [Zuschneiden, Vergolden, Prägen, Ätzen von Klischees, Arbeiten an Steinen und Platten, Druckmaschinen, Matrizenherstellung] sowie 5.21.4 [Farbkontrolle bei Mehrfarbendruck])				

Die Produktion und Qualitätskontrolle der Druckerzeugnisse erfordert eine geringe Blendung, gute Kontraste, gute Objektwahrnehmung und Farbechtheit. Hierzu eignet sich eine Kombination aus indirekter, gerichteter Allgemeinbeleuchtung und zusätzlich farbechter Einzelarbeitsplatzbeleuchtung. Als technische Umsetzung wurde eine Deckenbeleuchtung mit Diffusor gewählt. Am Arbeitsplatz kommen farbechte Leuchtstoffröhren (Normlicht D50 nach ISO 3664, 2009) zum Einsatz. Für spezielle Farbprüfungen wird außerdem eine Farbprüfkabine genutzt.

E 6.5 Empfehlungen und Regeln (Vorschriften) zu Licht und Farbe

An dieser Stelle sind ausgewählte Regelwerke, die für Licht und Farbe relevant sind und bei der Gestaltung der Arbeitsumwelt Berücksichtigung finden sollten, aufgeführt.

Tabelle 6.40: Ausgewählte Regelwerke zu Licht und Farbe

Norm	Inhalt
Bundesimmissionsschutzgesetz (BImSchG)	Gesetz zum Schutz vor schädlichen Umwelteinwirkungen durch Luftverunreinigungen, Geräusche, Erschütterungen und ähnliche Vorgänge
ASR A1.3	Sicherheits- und Gesundheitsschutzkennzeichnung
ASR A3.4	Beleuchtung
ASR A3.4/3	Sicherheitsbeleuchtung, optische Sicherheitsleitsysteme
BGV A8	Sicherheits- und Gesundheitsschutzkennzeichnung am Arbeitsplatz
BGR 131-1	Natürliche und künstliche Beleuchtung von Arbeitsstätten: Handlungshilfen für den Unternehmer
BGR 131-2	Natürliche und künstliche Beleuchtung von Arbeitsstätten: Leitfaden zur Planung und zum Betrieb der Beleuchtung
BGI 650	Bildschirm- und Büroarbeitsplätze – Leitfaden für die Gestaltung
DIN EN 12464-1	Licht und Beleuchtung – Beleuchtung von Arbeitsstätten: Arbeitsstätten in Innenräumen
DIN EN 12665	Licht und Beleuchtung – Grundlegende Begriffe und Kriterien für die Festlegung von Anforderungen an die Beleuchtung
DIN EN 13032-1	Licht und Beleuchtung – Messung und Darstellung photometrischer Daten von Lampen und Leuchten: Messung und Datenformat
DIN EN 15193	Energetische Bewertung von Gebäuden – Energetische Anforderungen an die Beleuchtung
DIN 4844-1	Graphische Symbole – Sicherheitsfarben und Sicherheitszeichen: Erkennungsweiten und farb- und photometrische Anforderungen
DIN 4844-2	Graphische Symbole – Sicherheitsfarben und Sicherheitszeichen: Registrierte Sicherheitszeichen
DIN 5031-3	Strahlungsphysik im optischen Bereich und Lichttechnik – Größen, Formelzeichen und Einheiten der Lichttechnik
DIN 5034-1	Tageslicht in Innenräumen: Allgemeine Anforderungen
DIN 5035-6	Beleuchtung mit künstlichem Licht: Messung und Bewertung
DIN V 5031-100	Strahlungsphysik im optischen Bereich und Lichttechnik: Über das Auge vermittelte nichtvisuelle Wirkung des Lichts auf den Menschen – Größen, Formelzeichen und Wirkungsspektren
DIN 5381	Kennfarben
DIN 11664	Farbmetrik: CIE (Teil 1 bis 5)

6.6 Strahlung

B 6.6 Grundlagen zur Strahlung

Als Arbeitsumweltfaktor Strahlung werden alle durch meist nichtsichtbare Strahlungsquellen entstehenden Gefährdungen bezeichnet. Dazu zählen hauptsächlich elektromagnetische Strahlungen (Abbildung 6.41) sowie radioaktive Strahlung. Elektromagnetische Strahlungen können in niederfrequente Strahlungen, zu denen technische Wechselströme zählen, hochfrequente Strahlungen, zu denen Radiowellen, Wärmestrahlen, sichtbares Licht und UV-Strahlung zählen, und ionisierende Strahlung, zu der Röntgen- und Gammastrahlen gehören, unterteilt werden. Neben den genannten Strahlungen muss im Bereich von Technik und Medizin auch noch die Laserstrahlung berücksichtigt werden.

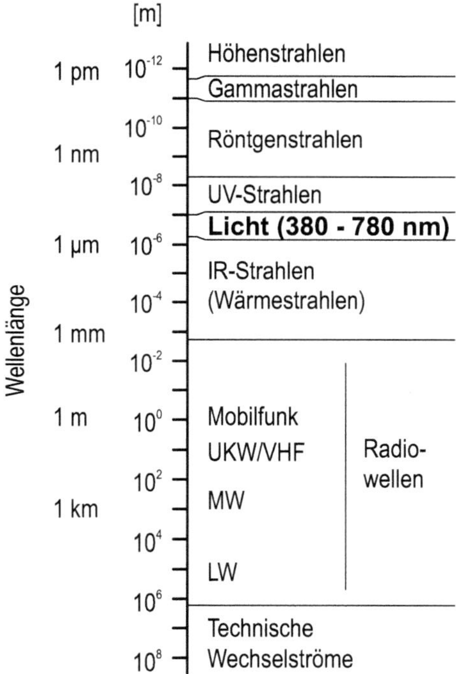

Abbildung 6.41: Elektromagnetische Strahlungen

B 6.6.1 Auswirkungen von Strahlung

Elektromagnetische und ionisierende Strahlungen haben, abhängig von der Strahlungsexposition, unterschiedliche und überwiegend negative Auswirkungen auf den menschlichen Körper. Nach der Absorption der Strahlung in den Organen kommt es zu physikalischen Primärprozessen und anschließend zu chemisch-biologischen Veränderungen. Dies betrifft kurzfristige, akute Schäden sowie langfristige Spätschäden bis hin zu genetischen Schäden (Abbildung 6.42).

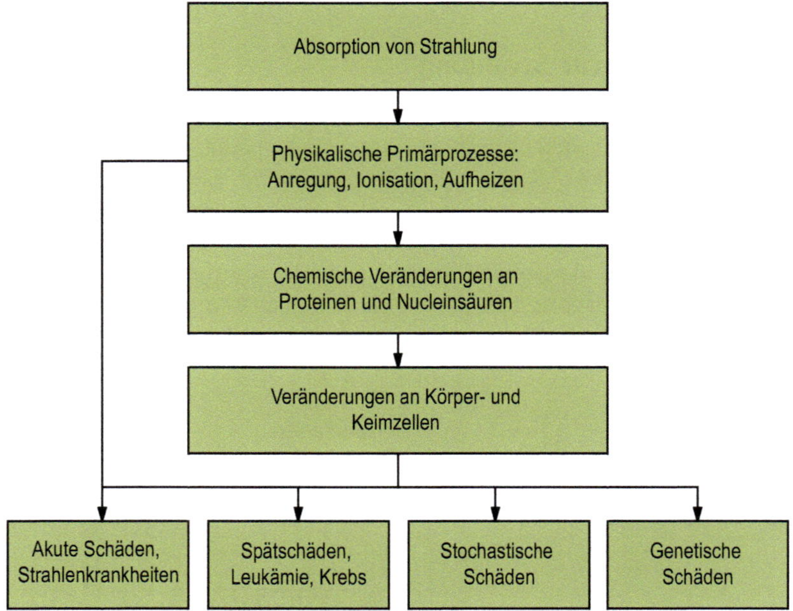

Abbildung 6.42: Verlauf der Strahlenschädigung

Verschiedene Strahlungsarten haben unterschiedliche Auswirkungen auf den menschlichen Körper. Hierbei sind, ähnlich wie bei anderen Arbeitsumweltfaktoren, die Größen der Strahlungs-„höhe" oder -energie sowie der Strahlungseinwirkungsdauer entscheidend für die Exposition.

Auch sichtbares Licht sowie dessen „Nachbarn" Infrarot- und Ultraviolett-Strahlung (optische Strahlung) haben unterschiedliche Auswirkungen auf den menschlichen Körper, insbesondere die Haut und die Augen (Tabelle 6.41). Kurzfristige Auswirkungen, wie cerebale Beschwerden oder Sonnenbrand, sind hierbei meist reversibel und erreichen nach einer Erholungszeit wieder den Ausgangszustand. Langfristige Auswirkungen sind zum Teil irreversibel, weswegen diese besonders wirksam verhindert werden müssen.

Tabelle 6.41: Auswirkungen optischer Strahlung (Berufsgenossenschaft Energie Textil Elektro Medienerzeugnisse [BG ETEM], 2004)

		Infrarot	**Sichtbares Licht**	**Ultraviolett**
Haut	**Positiv**	Wärme	Aktivierung	Bildung von Vitamin D
	Negativ kurzfristig	Verbrennungen	Cerebale Beschwerden	Sonnenbrand, phototoxische Reaktionen und Allergien
	Negativ langfristig		Photoretinitis	Hautalterung, Hautkrebs
Augen	**Negativ**	Trübung der Augenlinsen, Verbrennung der Augen	Augenreizung, Verbrennung, Trübung, Entzündung	Hornhaut- und Bindehautentzündungen

B 6.6.2 Schutz vor Strahlung

Beim Strahlungsschutz kann, ähnlich wie bei anderen Arbeitsumweltfaktoren, in primäre, sekundäre und tertiäre Maßnahmen unterschieden werden. Die primären Maßnahmen betreffen dabei die künstlichen Strahlungsquellen, die technisch substituiert oder verbessert werden können, sodass sie weniger oder keine Strahlung aussenden. Sekundäre Maßnahmen umfassen die Verringerung oder Verhinderung der Strahlungsübertragung. Abschirmungen von Strahlungsquellen oder Anlagen, Einsatz von Faradayschen Käfigen oder Minimierung von Reflexionsflächen gehören zu dieser Kategorie. Tertiäre Maßnahmen beziehen sich auf persönliche Schutzausrüstungen, die von Brillen und Handschuhen bis hin zu Hitze- und Strahlungsanzügen reichen können. Tabelle 6.42 gibt einen Überblick über beispielhafte Strahlungsschutzmaßnahmen.

Tabelle 6.42: Maßnahmen zur Vermeidung von Gefährdungen durch Strahlung (DIN EN 12198-1, 2008; BG ETEM, 2004)

Strahlung	Maßnahmen
Niederfrequente Strahlung	• Erdung von Objekten im Bereich niederfrequenter elektrischer Wechselfelder (Gefahr der elektrostatischen Aufladung)
Hochfrequente Strahlung	• Inbetriebnahme von Geräten nur in einwandfreiem Zustand • Abschirmung von Mikrowellenstrahlern • Einsatz von Abschirmanzügen aus metallisiertem Nylon
Optische Strahlung: Infrarot	• Hitzeschutzeinrichtungen, Abschirmungen • Kühleinrichtungen • Hitzeschutzkleidung, Brillen
Optische Strahlung: Ultraviolett	• Abschirmungen, Brillen und Augenfilter • Schutzkleidung, Handschuhe (Leder) • Minimierung der Reflexion

E 6.6 Empfehlungen und Regeln (Vorschriften) zu Strahlung

An dieser Stelle sind ausgewählte Regelwerke, die für Strahlung relevant sind und bei der Gestaltung der Arbeitsumwelt Berücksichtigung finden sollten, aufgeführt.

Tabelle 6.43: Ausgewählte Regelwerke zu Strahlung

Norm	Inhalt
OStrV	Arbeitsschutzverordnung zu künstlicher optischer Strahlung
Technische Regeln zur Verordnung zu künstlicher optischer Strahlung: TROS Inkohärente optische Strahlung (TROS IOS)	Teil Allgemeines Teil 1: Beurteilung der Gefährdung durch inkohärente optische Strahlung Teil 2: Messung und Berechnung von inkohärenter optischer Strahlung Teil 3: Schutzmaßnahmen bei inkohärenter optischer Strahlung
EG-Richtlinie 2004/40/EG	Richtlinie über elektromagnetische Felder am Arbeitsplatz
Bundesimmissionsschutzgesetz (BImSchG)	Gesetz zum Schutz vor schädlichen Umwelteinwirkungen durch Luftverunreinigungen, Geräusche, Erschütterungen und ähnliche Vorgänge
Röntgenverordnung (RöV)	Verordnung über den Schutz vor Schäden durch Röntgenstrahlen
Strahlenschutzverordnung (StrlSchV)	Verordnung über den Schutz vor Schäden durch ionisierende Strahlen
Gesetz über die elektromagnetische Verträglichkeit von Geräten (EMVG)	Gilt für alle Betriebsmittel, die elektromagnetische Störungen verursachen können oder deren Betrieb durch elektromagnetische Störungen beeinträchtigt werden kann
9. ProdSV Neunte Verordnung zum Produktsicherheitsgesetz	Regelt das Inverkehrbringen von neuen Maschinen
DIN EN 12198	Sicherheit von Maschinen – Bewertung und Verminderung des Risikos der von Maschinen emittierten Strahlung (Teil 1 bis 3)
VDE 0848	Sicherheit bei elektromagnetischen Feldern (mehrteilig)
BGV B11	Elektromagnetische Felder
BGI 5006	Expositionsgrenzwerte für künstliche optische Strahlung

F 6 Literatur

Arbeitsstättenverordnung (ArbStättV) vom 12. August 2004 (BGBl. I S. 2179), die zuletzt durch Artikel 4 des Gesetzes vom 22. Dezember 2020 (BGBl. I S. 3334) geändert worden ist.

ASR A1.3 Sicherheits- und Gesundheitsschutzkennzeichnung. Technische Regeln für Arbeitsstätten [TRA]. Ausgabe Februar 2013, zuletzt geändert GMBl 2017, S. 398.

ASR A3.4 Beleuchtung. Technische Regeln für Arbeitsstätten [TRA]. Ausgabe April 2011, zuletzt geändert GMBl 2014, S. 287.

ASR A3.5 Raumtemperatur. Technische Regeln für Arbeitsstätten [TRA]. Ausgabe Juni 2010, zuletzt geändert GMBl 2021, S. 561.

ASR A3.6 Lüftung. Technische Regeln für Arbeitsstätten [TRA]. Ausgabe Januar 2012, zuletzt geändert GMBI 2018, S. 474.

ASR A3.7 Lärm. Technische Regeln für Arbeitsstätten [TRA]. Ausgabe März 2021, zuletzt geändert GMBI 2021, S. 456.

Berufsgenossenschaft Energie Textil Elektro Medienerzeugnisse [BG ETEM] (2004): *Expositionsgrenzwerte für künstliche optische Strahlung.* BGI 5006. Köln: BG ETEM.

Berufsgenossenschaft Holz und Metall [BGHM] (2013): *Hitzearbeit. Erkennen – beurteilen – schützen.* BGI 579. Mainz: BGHM.

Berufskrankheiten-Verordnung (BKV) vom 31. Oktober 1997 (BGBl. I S. 2623), das zuletzt durch Artikel 1 der Verordnung vom 29. Juni 2021 (BGBl. I S. 2245) geändert wurde.

Brüel & Kjaer (2021): *Sound Level Meter — Type 2250-S.* Unter: https://www.bksv.com/en/instruments/handheld/sound-level-meters/2250-series/type-2250-s, 20.12.2021

Bullinger, H.-J. (1994): *Ergonomie: Produkt- und Arbeitsplatzgestaltung.* Stuttgart: Teubner.

Bundesanstalt für Arbeitsschutz und Arbeitsmedizin [BAuA] (2021 a): *Branchenbezogene Gefährdungstabellen bei Vibrationen.* Unter: https://www.baua.de/DE/Angebote/Rechtstexte-und-Technische-Regeln/Regelwerk/TRLV/TRLV-Vibration-Tabellen.html, 11.10.2021.

Bundesanstalt für Arbeitsschutz und Arbeitsmedizin [BAuA] (2021 b): *Einfaches Maßnahmenkonzept Gefahrstoffe (EMKG).* Version 2.2. Unter: https://www.baua.de/DE/Themen/Arbeitsgestaltung-im-Betrieb/Gefahrstoffe/EMKG/Einfaches-Massnahmenkonzept-EMKG_node.html, 11.10.2021.

Chemikaliengesetz (ChemG) in der Fassung der Bekanntmachung vom 28. August 2013 (BGBl. I S. 3498, 3991), das zuletzt durch Artikel 115 des Gesetzes vom 10. August 2021 (BGBl. I S. 3436) geändert worden ist.

Deutsche Gesetzliche Unfallversicherung [DGUV] (2002): *Sicherheits- und Gesundheitsschutzkennzeichnung am Arbeitsplatz.* BGV A8. Berlin: DGUV.

Deutsche Lichttechnische Gesellschaft e. V. [LiTG] (1988): *Projektierung von Beleuchtungsanlagen nach dem Wirkungsgradverfahren.* Berlin: LiTG.

DIN 18005-1 (2002): *Schallschutz im Städtebau: Grundlagen und Hinweise für die Planung.* Berlin: Beuth.

DIN 25430 (2016): *Sicherheitskennzeichnung im Strahlenschutz.* Berlin: Beuth.

DIN 33403-3 (2011): *Klima am Arbeitsplatz und in der Arbeitsumgebung. Beurteilung des Klimas im Warm- und Hitzebereich auf Grundlage ausgewählter Klimasummenmaße.* Berlin: Beuth.

DIN 45630-1 (1971): *Grundlagen der Schallmessung; Physikalische und subjektive Größen von Schall*. Berlin: Beuth.

DIN 45641 (1990): *Mittelung von Schallpegeln*. Berlin: Beuth.

DIN 4844-1 (2012): *Graphische Symbole – Sicherheitsfarben und Sicherheitszeichen – Teil 1: Erkennungsweiten und farb- und photometrische Anforderungen*. Berlin: Beuth.

DIN 4844-2 (2021): *Graphische Symbole – Sicherheitsfarben und Sicherheitszeichen – Teil 2: Registrierte Sicherheitszeichen*. Berlin: Beuth.

DIN EN 12198-1 (2008): *Sicherheit von Maschinen – Bewertung und Verminderung des Risikos der von Maschinen emittierten Strahlung – Teil 1: Allgemeine Leitsätze*. Berlin: Beuth.

DIN EN 12464-1 (2021): *Licht und Beleuchtung – Beleuchtung von Arbeitsstätten – Teil 1: Arbeitsstätten in Innenräumen*. Berlin: Beuth.

DIN EN 61672-1 (2014): *Elektroakustik – Schallpegelmesser - Teil 1: Anforderungen*. Berlin: Beuth.

DIN EN ISO 11690-1 (2021): *Akustik – Richtlinien für die Gestaltung lärmarmer maschinenbestückter Arbeitsstätten – Teil 1: Allgemeine Grundlagen*. Berlin: Beuth.

DIN EN ISO 11690-2 (2021): *Akustik – Richtlinien für die Gestaltung lärmarmer maschinenbestückter Arbeitsstätten – Teil 2: Lärmminderungsmaßnahmen*.Berlin: Beuth.

DIN EN ISO 3382-2 (2008): *Akustik – Messung von Parametern der Raumakustik: Nachhallzeit in gewöhnlichen Räumen*. Berlin: Beuth.

DIN EN ISO 7726 (2021): *Umgebungsklima – Instrumente zur Messung physikalischer Größen*. Berlin: Beuth.

DIN EN ISO 7730 (2006): *Ergonomie der thermischen Umgebung – Analytische Bestimmung und thermische Interpretation der thermischen Behaglichkeit durch Berechnung des PMV- und des PPD-Indexes und Kriterien der lokalen thermischen Behaglichkeit*. Berlin: Beuth.

DIN EN ISO 8041-1 (2017): *Schwingungseinwirkung auf den Menschen – Messeinrichtung – Teil 1: Schwingungsmesser für allgemeine Anwendungen*. Berlin: Beuth.

DIN EN ISO 8596 (2020): *Augenoptik – Sehschärfeprüfung – Normsehzeichen und klinische Sehzeichen und ihre Darbietung* . Berlin: Beuth.

DIN EN ISO 8996 (2020): *Ergonomie der thermischen Umgebung – Bestimmung des körpereigenen Energieumsatzes*. Berlin: Beuth.

DIN EN ISO 9612 (2009): *Akustik – Bestimmung der Lärmexposition am Arbeitsplatz – Verfahren der Genauigkeitsklasse 2 (Ingenieurverfahren)*. Berlin: Beuth.

Gefahrstoffverordnung (GefStoffV) vom 26. November 2010 (BGBl. I S. 1643, 1644), die zuletzt durch Artikel 2 der Verordnung vom 21. Juli 2021 (BGBl. I S. 3115) geändert worden ist.

Gekle, M., Wischmeyer, E., Gründer, S., Petersen, M., Schwab, A., Markwardt, F., Klöcker, N., Baumann, R. & Marti, H. (2015): *Taschenlehrbuch Physiologie* (2. Aufl). Stuttgart: Thieme.

Hammer, N. (2008): *Mediendesign für Studium und Beruf: Grundlagenwissen und Entwurfssystematik in Layout, Typografie und Farbgestaltung.* Berlin, Heidelberg: Springer.

Hellbrück, J. & Ellermeier, W. (2004): *Hören: Physiologie, Psychologie und Pathologie.* Göttingen, Bern, Toronto, Seattle: Hogrefe.

Ising, H., Sust, Ch. A. & Rebentisch, E. (1996): *Lärmbeurteilung – Extra-aurale Wirkungen. Auswirkungen von Lärm auf Gesundheit, Leistung und Kommunikation.* Arbeitswissenschaftliche Erkenntnisse Nr. 98, Dortmund: Bundesanstalt für Arbeitsschutz und Arbeitsmedizin.

ISO 3664 (2009): *Betrachtungsbedingungen für die graphische Technologie und die Fotografie.* Berlin: Beuth.

Krafthand Verlag Walter Schulz GmbH (2012): *App von Würth für den Gehörschutz.* Unter: http://www.krafthand.de/aktuell/details/article/app-von-wuerth-fuer.html, 20.12.2021.

Lange, W. & Windel, A. (2019): *Kleine ergonomische Datensammlung.* (17. Aufl.). Köln: TÜV-Media.

Lärm- und Vibrations-Arbeitsschutzverordnung (LärmVibrationsArbSchV) vom 6. März 2007 (BGBl. I S. 261), die zuletzt durch Artikel 3 der Verordnung vom 21. Juli 2021 (BGBl. I S. 3115) geändert worden ist.

Mühlstedt, J. & Spanner-Ulmer, B. (2007): *Akustische Informations- und Warnsignale.* In: Rötting M.; Wozny, G.; Klostermann, A.; Huss, J.: Prospektive Gestaltung von Mensch-Technik- Interaktion. 7. Berliner Werkstatt Mensch-Maschine-Systeme, 10.-12. Oktober 2007. ZMMS Spektrum Band 21. VDI Fortschritt-Berichte Reihe 22 Nr. 25, S. 203-208. Düsseldorf: VDI- Verlag.

Österreichisches Institut für Baubiologie und Bauökologie [IBO] (2021): *Raumklima & Behaglichkeit.* Unter: http://www.raumluft.org/gesunde-raumluft/raumklima-behaglichkeit/, 20.12.2021.

Pierce, J. R. (1999): *Klang. Musik mit den Ohren der Physik. Heidelberg*, Berlin: Spektrum.

Raffaseder, H. (2010): *Audiodesign* (2. Aufl.). München: Carl Hanser.

Robert Koch-Institut (2007): *Infraschall und tieffrequenter Schall – ein Thema für den umweltbezogenen Gesundheitsschutz in Deutschland?* In: Bundesgesundheitsblatt, Dezember 2007, Volume 50, Issue 12, S. 1582-1589. Berlin: Springer.

Schirmer, W. (2006): *Technischer Lärmschutz* (2. Aufl.). Berlin, Heidelberg: Springer.

Schwegler, J. S. & Lucius, R. (2021): *Der Mensch – Anatomie und Physiologie* (7. Aufl.). Stuttgart: Thieme.

Technische Regeln zur Lärm- und Vibrations-Arbeitsschutzverordnung [TRLV Lärm] -– *Allgemeines*. Ausgabe August 2017. GMBl. Nr. 34/35 vom 05. September 2017, S. 590.

Technische Regeln zur Lärm- und Vibrations-Arbeitsschutzverordnung [TRLV Lärm] -– *Teil 1 Beurteilung der Gefährdung durch Lärm*. Ausgabe August 2017. GMBl. Nr. 34/35 vom 05. September 2017, S. 592.

Technische Regeln zur Lärm- und Vibrations-Arbeitsschutzverordnung [TRLV Lärm] -– *Teil 3 Lärmschutzmaßnahmen*. Ausgabe August 2017. GMBl. Nr. 34/35 vom 09. September 2017, S. 615

Technische Regeln zur Lärm- und Vibrations-Arbeitsschutzverordnung [TRLV Vibrationen] — *Teil Allgemeines*. Ausgabe März 2015. GMBl. Nr. 25/26 vom 24. Juni 2015, S. 482.

Technische Regeln zur Lärm- und Vibrations-Arbeitsschutzverordnung [TRLV Vibrationen] — *Teil 3 Vibrationsschutzmaßnahmen*. Ausgabe März 2015. GMBl. Nr. 25/26 vom 24. Juni 2015, S. 524.

Theiss, E. (2000): *Beleuchtungstechnik: neue Technologien der Innen- und Außenbeleuchtung*. München: Oldenbourg Industrieverlag.

VDI 2057 Blatt 1 (2017): *Einwirkung mechanischer Schwingungen auf den Menschen – Ganzkörper-Schwingungen*. Berlin: Beuth.

VDI 2057 Blatt 2 (2016): *Einwirkung mechanischer Schwingungen auf den Menschen – Hand-Arm-Schwingungen*. Berlin: Beuth.

VDI 2058 Blatt 3 (2014): *Beurteilung von Lärm am Arbeitsplatz unter Berücksichtigung unterschiedlicher Tätigkeiten*. Berlin: Beuth.

VDI 3760 (1996): *Berechnung und Messung der Schallausbreitung in Arbeitsräumen*. Berlin: Beuth.

Verordnung (EG) Nr. 1907/2006 des Europäischen Parlaments und des Rates vom 18. Dezember 2006 zur Registrierung, Bewertung, Zulassung und Beschränkung chemischer Stoffe (REACH-Verordnung), zur Schaffung einer Europäischen Agentur für chemische Stoffe, zur Änderung der Richtlinie 1999/45/EG und zur Aufhebung der Verordnung (EWG) Nr. 793/93 des Rates, der Verordnung (EG) Nr. 1488/94 der Kommission, der Richtlinie 76/769/EWG des Rates sowie der Richtlinien 91/155/EWG, 93/67/EWG, 93/105/EG und 2000/21/EG der Kommission vom 30. Dezember 2006 (Abl. L 396 S. 1).

Verordnung (EG) Nr. 244/2009 der Kommission zur Durchführung der Richtlinie 2005/32/-EG des Europäischen Parlaments und des Rates im Hinblick auf die Festlegung von Anforderungen an die umweltgerechte Gestaltung von Haushaltslampen mit ungebündeltem Licht vom 18. März 2009 (ABl. L 76 S. 3).

Verwaltungs-Berufsgenossenschaft [VBG] (2012): *Bildschirm- und Büroarbeitsplätze: Leitfaden für die Gestaltung*. BGI 650. Hanmburg: BC-Verlag.

7 Gestaltung des Arbeitsschutzes

Unter Arbeitsschutz wird der umfassende Schutz der Beschäftigten vor arbeitsbedingten Gesundheitsgefahren und schädigenden Belastungen bei der Arbeit verstanden. Arbeitsschutz umfasst Arbeitssicherheit und Gesundheitsschutz. Nach zeitgemäßem Verständnis ist darüber hinaus die Gesundheitsförderung auch in den Arbeitsschutz integriert. Es muss aber zwischen gesetzlichen Anforderungen und Betriebspraxis differenziert werden. Notwendig ist die Erfüllung von gesetzlichen Vorgaben, für einen qualitativ hochwertigen Arbeitsschutz reicht das aber nicht aus, da es sich hier um Mindestanforderungen handelt. In der Betriebspraxis zeichnen sich gute Betriebe dadurch aus, dass sie über die Mindestanforderungen hinaus einen höheren Standard umgesetzt haben.

Ziel der Arbeitssicherheit ist der verletzungsfreie Betrieb: Die Beschäftigten sollen im Zusammenhang mit ihrer Arbeit keine Arbeitsunfälle erleiden. Demzufolge ist die Arbeitssicherheit ein anzustrebender gefahrenfreier Zustand bei der Berufsausübung. Ziel des Gesundheitsschutzes ist der krankheitsfreie Betrieb: Die Beschäftigten sollen im Zusammenhang mit ihrer Arbeit keine arbeitsbedingten Erkrankungen erleiden. Zudem sollen außerberuflich erworbene Erkrankungen durch die Arbeitsverhältnisse in ihrem Verlauf nicht ungünstig beeinflusst werden. Das Leistungsvermögen der Beschäftigten soll nicht zusätzlich negativ beeinflusst werden.

Die Gesundheitsförderung verfolgt das Ziel, die körperliche und psychische Gesundheit der Beschäftigten zu verbessern und dadurch deren Leistungsfähigkeit zu fördern. Aufgrund der Differenziertheit möglicher Maßnahmen kann der Gestaltungsbereich der Gesundheitsförderung nur begrenzt einer gesetzlichen Regelung unterliegen.

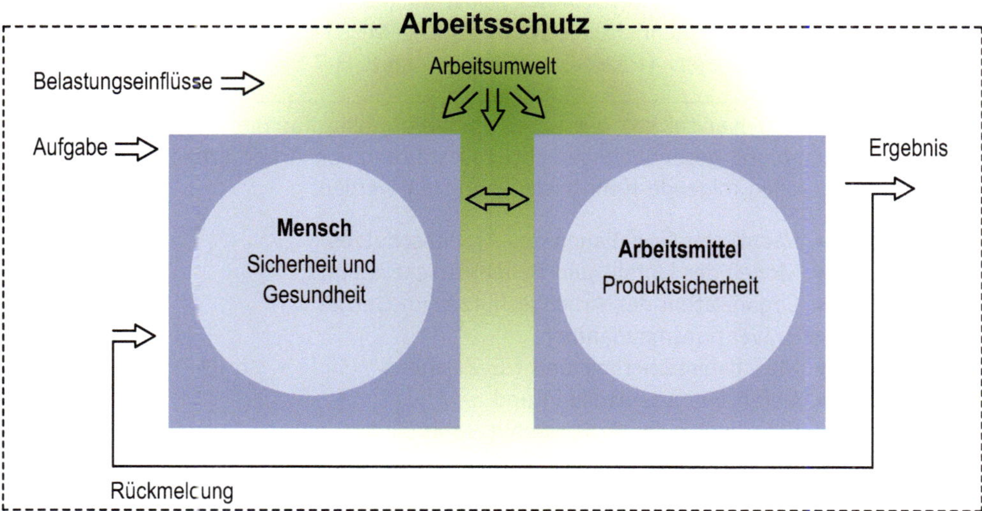

Abbildung 7.1: Strukturschema menschlicher Arbeit - Arbeitsschutz (Sicherheit und Gesundheitsschutz)

A 7 Bedeutung und Lernziele

Arbeitsschutz ist die Bewahrung von Leben und Gesundheit in Verbindung mit der Berufsarbeit (Abwehr von Unfallgefahren und arbeitsbedingten Gesundheitsgefahren, Schutz vor Verletzungen und arbeitsbedingten Erkrankungen) und zugleich auch Schaffung und ständige Verbesserung von Voraussetzungen, dass die Arbeit insgesamt den körperlichen, geistigen und seelischen Kräften des Beschäftigten entspricht (menschengerechte Arbeitsgestaltung).

Die humane und menschengerechte Gestaltung von Arbeit ist ein arbeitswissenschaftlicher Grundsatz. Im Artikel 2, Absatz 2 des Grundgesetzes der Bundesrepublik Deutschland (GG) ist ausgeführt: „Jeder hat das Recht auf Leben und körperliche Unversehrtheit“. Dieses Grundrecht betrifft auch die Arbeit und wird aufgrund der möglichen vielfältigen Gesundheitsbeeinträchtigungen durch weitere Gesetze und Vorschriften untersetzt (siehe Abschnitt E 7).

Aus arbeitswissenschaftlicher Sicht ist insbesondere von Bedeutung, dass im Arbeitsschutzgesetz (ArbSchG) § 5 die Beurteilung der Arbeitsbedingungen festgeschrieben ist. Es geht darum, festzustellen, ob eine Gefährdung für die Gesundheit so hoch ist, dass Maßnahmen zur Gefährdungsreduzierung notwendig sind. Ziel ist die Verbesserung von Sicherheit und Gesundheitsschutz der Beschäftigten. Arbeitswissenschaftliche Erkenntnisse müssen berücksichtigt werden und es muss der Stand der Technik erreicht werden.

Gesicherte arbeitswissenschaftliche Erkenntnisse, z. B. der Arbeitsmedizin, der Ergonomie oder der Arbeitspsychologie sind solche, die in den betroffenen Disziplinen als gültig anerkannt sind, nicht widerlegt sind und die herrschende Meinung der internationalen Fachwelt darstellen.

Damit Arbeit mit Arbeitsmitteln sicher durchgeführt werden kann, muss neben dem sicheren Umgang mit dem Arbeitsmittel dieses selbst auch sicher sein. Dieser Aspekt betrifft den Rechtskreis der Maschinenrichtlinie 2006/42/EG (MRL) bzw. als nationale Umsetzung das Produktsicherheitsgesetz (ProdSG) (siehe Abschnitt B 7.5).

In diesem Kapitel soll der Leser ein Verständnis für die Notwendigkeit der sicheren und gesundheitsgerechten Gestaltung von Arbeit erhalten. Insbesondere sollen folgende Kenntnisse vermittelt werden:

- Rechtliche Grundlagen des Arbeitsschutzes,
- Modell der Unfall- und Krankheitsentstehung,
- Organisation des Arbeitsschutzes im Betrieb,
- Präventionsmaßnahmen,
- Maschinensicherheit und CE-Zeichen,
- Gefährdungsbeurteilung und
- Einordnung des Arbeitsschutzes in die betriebliche Organisation.

B 7 Grundlagen des Arbeitsschutzes

B 7.1 Historische Entwicklung

Die Wurzeln des Arbeitsschutzes reichen weit in die Vergangenheit zurück. Bereits das Alte Testament verweist im 5. Buch Mose: „Wenn du ein neues Haus baust, so mache ein Geländer ringsum auf deinem Dache, auf dass du nicht Blutschuld auf dein Haus lädst, wenn jemand herabfällt." Etwa 400 v. Chr. berichtete Hippokrates über Haltungsschäden bei Schneidern als Folge unausgewogenen Arbeitens. Er riet den Ärzten, die Frage an den Patienten zu richten, „was er für eine Arbeit ausübt." Die Zitate zeigen, dass ein Zusammenhang zwischen Krankheit und Beruf früh belegt wurde.

Als Begründer der neuzeitlichen Arbeitsmedizin gilt der italienische Arzt Bernardino Ramazzini (1633-1714). Er befasste sich mit Fragen der Epidemiologie und beschrieb als Erster die Krankheiten der Gewerbetreibenden.

Im Zuge der Industrialisierung erfolgte am Ende des 18. Jahrhunderts eine umfassende Mechanisierung mit neu auftretenden, spezifischen Arbeitsschutzproblemen. In der Folge verlagerte sich die Arbeit vom Handwerk zu maschinellen Arbeiten, wobei die Unfallgefahr stark anstieg. Stellvertretend für die Mechanisierung sei die Dampfmaschine genannt, die die Nutzung immer größerer Energien erlaubte, deren Kontrollverlust zu erheblichen Gefahren führte (z. B. Bewegungen schwerer Gegenstände, Lärm, Hitze). Insbesondere durch den Einsatz kraftbewegter Maschinen entstanden erhebliche Gefährdungs- und Unfallrisiken. Hierbei galten Unfälle in den Augen zahlreicher Unternehmer als schicksalhafte Tributleistung und zwangsläufige Begleiterscheinungen der Technisierung und Industrialisierung. Auch heute herrscht in Betrieben mit hoher Unfallrate zuweilen eine solche Meinung: „Das ist bei uns so, da kann man nichts machen. Wo man hobelt, da fallen Späne und bei uns passiert eben ab und zu etwas. Das war schon immer so." Unfälle werden als Teil der Arbeit akzeptiert. Andererseits gibt es immer mehr Betriebe, die das Ziel „Null Unfälle" erreichen.

Die Weiterentwicklung des industriellen Fabriksystems mit seinen vielfältigen Gefährdungspotenzialen sorgte im Arbeitsschutz für weitere Impulse. Nach Energieumwandlung, Mechanisierung und Einsatz gefährlicher Stoffe führte die fortschreitende Industrialisierung zu neuen, arbeitsteiligen Formen der Arbeitsorganisation. Sinnentleerung der Arbeit, Monotonie und Zeitdruck führten zu neuen Problemen.

In den 1920er Jahren ereigneten sich in den gewerblichen Betrieben Deutschlands etwa 500.000 Unfälle jährlich. 80.000 Unfälle waren so schwer, dass sie zu erheblichen Einbußen an Arbeitskraft führten; 7.000 Unfälle verliefen tödlich. Diese Vorkommnisse führten zu einem Bewusstseinswandel. Der Unfallverhütung wurde eine immer stärkere soziale und wirtschaftliche Bedeutung zugeschrieben.

Automatisierung und Informatisierung prägen die weitere Entwicklung. Zu Beginn des 21. Jahrhunderts ist der Weg in die Dienstleistungs- und Wissensgesellschaft vorgezeichnet. Die menschliche Arbeit wandelt sich von der Handarbeit hin zur Kopfarbeit.

Der gesellschaftliche Wandel führt auch zu einem veränderten Belastungsgeschehen für die Beschäftigten. Der Anteil der „harten" Arbeitsbelastungen verringert sich. Darunter fallen körperlich schwere Tätigkeiten oder stark beanspruchende Umgebungseinflüsse.

Dem steht eine starke Zunahme „weicher" Belastungen gegenüber; hierunter fallen vor allem psychische Belastungen, z. B. auf Grund von Einflüssen der Arbeitsorganisation sowie Über- oder Unterforderung. Dezentrale Unternehmenseinheiten und flache Hierarchien

erhöhen häufig den Arbeitsdruck. In der Folge steigen die daraus resultierenden Gesundheitsstörungen deutlich an.
Bei den Männern sind die in der Vergangenheit dominierenden Herz-Kreislauf-Erkrankungen inzwischen durch Muskel- und Skeletterkrankungen als häufigste Ursache für eine Berentung wegen verminderter Erwerbsfähigkeit abgelöst worden. Bei den Frauen dominieren nun psychische Erkrankungen (wie Depressionen und Burnout). Erkrankungen dieser Art haben in den letzten Jahren auch bei den Männern erheblich zugenommen.
Psychische Fehlbelbeanspruchungen haben erhebliche Folgen für die Unternehmen. Beeinträchtigtes psychisches Befinden gehört mit zu den häufigsten Ursachen für mangelhafte Arbeitsleistungen und krankheitsbedingte Fehlzeiten.
Die Wandlungsprozesse in der Arbeitsgesellschaft und veränderte Arbeitsbedingungen haben im Arbeitsschutz wesentliche Entwicklungen befördert (vgl. Tabelle 7.1).

Tabelle 7.1: Veränderungen und Entwicklungstrends im Arbeitsschutz

Dimension	Traditionell	Zukünftig
Zielorientierung	Abwehr von Schädigungen (z. B. durch Unfälle)	Optimierung psychosozialer Belastungen; Realisierbarkeit psychosozialer Bedürfnisse bei der Arbeit
Problemfokus	Überwiegend technisch-stoffliche Belastungsfaktoren mit eindeutiger Wirkung auf die Gesundheit	Organisatorisches und soziales Bedingungsgefüge des Betriebs mit komplexen gesundheitlichen Wirkungen
Typ der Problembearbeitung	Handlungsmuster: Vorschrift - Vollzug - Kontrolle; Delegation an medizinische und technische Experten	Kooperative Problembewertung und Maßnahmenentwicklung; Partizipation der Beschäftigten; Integration in betriebliche Entscheidungsstrukturen/ -abläufe
Dominierende Maßnahmen	Medizinische Untersuchungen, Sicherheitsüberwachung	Arbeitsgestaltung, Organisationsentwicklung, Gesundheitsmanagement

Angesichts veränderter Arbeitsbedingungen ist der Arbeitsschutz gefordert, auch zukünftig zu sicheren und gesundheitsgerechten Arbeitsbedingungen beizutragen. Hierfür besitzt der Arbeitsschutz eine solide Grundlage, da Belastungs- und Ressourcenfaktoren in innovativen Arbeitsformen weitgehend bekannt sind.

Institutionalisierung und Professionalisierung

Die in der frühen Industrialisierung aufkommenden Produktionsweisen führten zu einer Ausdehnung der Arbeitszeit, die häufig von der Ausbeutung der Arbeitenden, insbesondere von Frauen und Kindern begleitet wurde. Eine Folge dieser ungünstigen Arbeitsverhältnisse waren regelmäßige Produktionsstörungen. Sicherheit und Gesundheit der Beschäftigten spielten zunächst kaum eine Rolle bei der Durchsetzung von Arbeitsschutzvorschriften – vorrangig war die Gewährleistung einer störungsarmen Produktion. Das preußische Regulativ für die Beschäftigung jugendlicher Arbeiter in Fabriken von 1839 schrieb erstmals verbindliche Regeln fest: Demnach durften Kinder unter 9 Jahren nicht in der Industrie beschäftigt werden; Jugendliche unter 16 Jahren durften maximal 10 Stunden am Tag arbeiten. Aufgrund seiner mangelnden Durchsetzung besaß das preußische Regulativ jedoch nur eine geringe praktische Relevanz. Im Rahmen der Bismarck'schen Sozialgesetzgebung wurden 1884 die Berufsgenossenschaften gebildet. Eine wesentliche Aufgabe der gesetzlichen Unfallversicherungsträger ist die Entschädigung der betrieblichen Unfallopfer. Die Ablösung der vormaligen Unternehmerhaftpflicht schuf einerseits eine solide Grundlage zur Erfüllung der Entschädigungsansprüche von Unfallopfern. Andererseits führte dies zu einer Risikominimierung der Unternehmen. Ein Beschäftigter, der aufgrund von Sicherheitsmängeln einen Unfall erleidet, kann seinen Arbeitgeber nicht auf Schadenersatz bzw. Schmerzensgeld verklagen, es sei denn, dieser hat grob fahrlässig oder vorsätzlich gehandelt.

Zudem hatten die Berufsgenossenschaften von Beginn an die Aufgabe der vorbeugenden Unfallverhütung. Seit 1925 werden Versicherungsleistungen bei anerkannten Berufskrankheiten erbracht. Die Berufsgenossenschaften veröffentlichten verbindliche Unfallverhütungsvorschriften, deren Einhaltung in den Mitgliedsbetrieben durch Aufsichtspersonen (alte Bezeichnung: Technische Aufsichtsbeamte) kontrolliert wird. Das Unfallversicherungsgesetz von 1884 war das erste dieser Art weltweit.

Das betriebliche Arbeitsschutzsystem basiert auf der Gewerbeordnung des Norddeutschen Bundes von 1869. Sie verpflichtete jeden Unternehmer, „auf seine Kosten alle diejenigen Einrichtungen herzustellen und zu unterhalten, welche, mit Rücksicht auf die besondere Beschaffenheit des Gewerbebetriebes und der Betriebsstätte, zu tunlichster Sicherung der Arbeiter gegen Gefahr für Leben und Gesundheit notwendig sind." Damit wurden erstmals Unternehmerpflichten zum Arbeitsschutz festgelegt.

Eine steigende Komplexität der technischen und betrieblichen Abläufe erforderte eine fachkundige Unterstützung des Unternehmers in Belangen des Arbeitsschutzes, der ab 1920 in Großbetrieben durch die Einführung von Sicherheitsingenieuren (ohne gesetzliche Regelung) entsprochen wurde; Betriebsärzte waren bereits einige Jahre früher tätig. Das Gesetz über Betriebsärzte, Sicherheitsingenieure und andere Fachkräfte für Arbeitssicherheit (ASiG) von 1973 verpflichtet den Unternehmer zur Bestellung von Betriebsärzten und Fachkräften für Arbeitssicherheit.

Mit der Europäischen Akte von 1986 wurde eine europäische Grundlage (Arbeitsschutzrahmenrichtlinie 89/391/EWG) zur ständigen Verbesserung von Sicherheit und Gesundheitsschutz am Arbeitsplatz sowie zu Mindestanforderungen an Maschinen geschaffen. Es ging zum einen um die Schaffung eines einheitlichen Binnenmarktes durch die Beseitigung von materiellen, technischen und finanziellen Schranken und um Mindestanforderungen des Arbeitsschutzes (vgl. Abbildung 7.2). Das Arbeitsschutzgesetz (ArbSchG) von 1996 setzt die europäische Arbeitsschutzrahmenrichtlinie in nationales Recht um.

Europäische Union

Grundlagen zur Schaffung des **einheitlichen Binnenmarktes**	**Sozialcharta** Grundlagen zu Sicherheit, Hygiene, Gesundheit am Arbeitsplatz
Produkte (Maschinen, Geräte, Anlagen, Bauprodukte usw.)	**Arbeitsumwelt** „Sicherheit und Gesundheit bei der Arbeit"
Harmonisierung technischer Vorschriften und Normen	Mindestvorschriften

Abbildung 7.2: Arbeitsschutz in Europa

B 7.2 Arbeitsschutzverständnis

Das betriebliche und überbetriebliche Handeln im Arbeitsschutz orientiert sich an einem zeitgemäßen Verständnis (vgl. Abbildung 7.3).

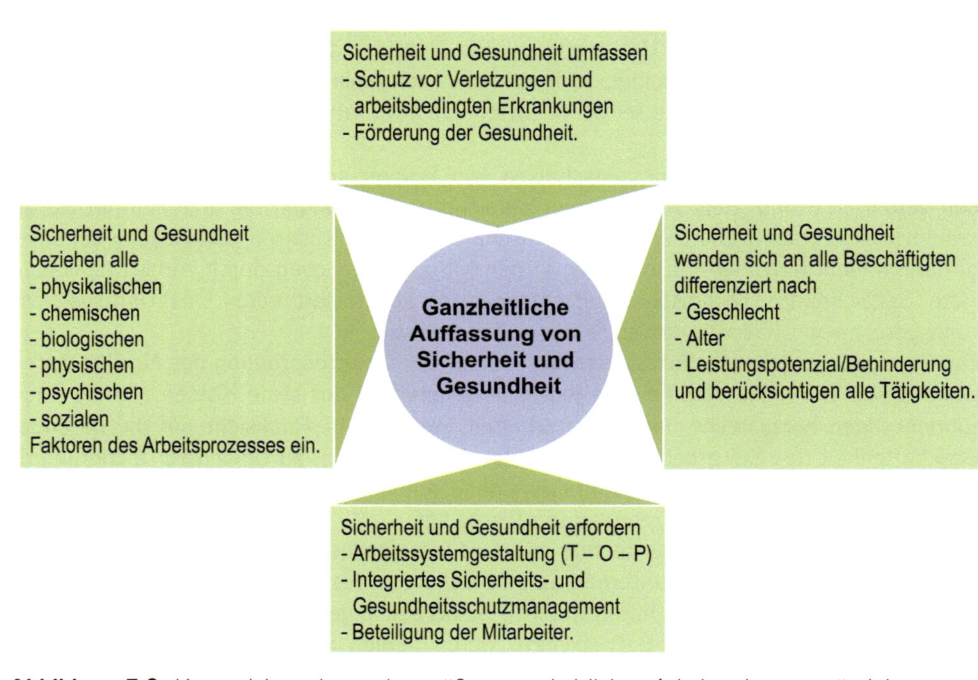

Abbildung 7.3: Kennzeichen eines zeitgemäßen, ganzheitlichen Arbeitsschutzverständnisses

Das Arbeitsschutzverständnis ist durch die nachfolgenden Leitsätze charakterisiert, die als Grundanforderung für das betriebliche Handeln gelten:

- Arbeitsschutz erfüllt ein grundlegendes Bedürfnis des Menschen durch den Schutz und die Förderung der Gesundheit der Beschäftigten. Das erfordert die Gestaltung technischer, organisatorischer und sozialer Bedingungen sowie ein Wissen, Wollen und Können der Beschäftigten für ihre Arbeitsaufgaben.
- Arbeitsschutz ist keine Ressortaufgabe für bestimmte Einrichtungen, Funktionen oder Disziplinen. Er ist eine gemeinschaftliche Aufgabe, der jeder im Rahmen seiner Möglichkeiten nachkommen muss. Arbeitsschutz beginnt im Denken und Handeln der Unternehmensführung.
- Arbeitsschutz ist nicht isoliert. Er wird in der Vernetzung mit anderen betrieblichen Aufgabengebieten realisiert.
- Arbeitsschutz dient menschlichen, betriebswirtschaftlichen und ökologischen Erfordernissen.
- Arbeitsschutz darf nicht nur Probleme (wie Gesundheitsrisiken) benennen; diese risikoorientierte Sicht soll überwunden und durch eine nutzenorientierte Betrachtung (wie Qualitätsverbesserung und Produktivitätssteigerung) ergänzt werden.

Nach zeitgemäßem Verständnis ist Arbeitsschutz mehr als der Schutz vor Unfällen. Vielmehr soll der Arbeitsschutz zur Gestaltung menschengerechter Arbeitsbedingungen beitragen; dies schließt Aspekte einer Gesundheitsförderung ein. Wurde Arbeitsschutz in der Vergangenheit vor allem unter der Leitfrage „Was macht krank?" betrieben, kommt im zeitgemäßen Verständnis die Leitfrage „Was macht gesund?" hinzu. Durch diese inhaltliche Erweiterung werden auch arbeitswissenschaftliche Erkenntnisse zur menschengerechten Gestaltung von Arbeit zum Gegenstand des Arbeitsschutzes und erweitern damit die klassische Sicherheitstechnik.

B 7.3 Überbetriebliches (duales) Arbeitsschutzsystem

Das überbetriebliche Arbeitsschutzsystem in Deutschland umfasst zwei Bereiche und wird deshalb als duales Arbeitsschutzsystem bezeichnet:

- staatliche Institutionen des Bundes und der Länder,
- Unfallversicherungsträger und Institutionen im Rahmen des siebten Sozialgesetzbuches.

Für den Bund und die Länder ergibt sich der Auftrag zur Gewährleistung von Sicherheit und Gesundheit bei der Arbeit aus dem Grundgesetz und seiner Aufgaben- und Kompetenzverteilung. Die Rechtsetzungskompetenz für den Arbeitsschutz liegt vornehmlich beim Bund. Die Bundesländer wirken bei der Gesetzgebung über den Bundesrat mit. Zudem können die Bundesländer Gesetze für den Arbeitsschutz erlassen, solange für das Bundesgebiet keine einheitliche Regelung durch den Bund erfolgt ist.
Die Unfallversicherungsträger (z. B. Berufsgenossenschaften, Unfallkassen) nehmen ihre Präventionsaufgaben als Körperschaften des öffentlichen Rechts mit Selbstverwaltung wahr.
Wesentliche Aufgaben des überbetrieblichen Arbeitsschutzsystems sind der Erlass von Arbeitsschutz- bzw. Unfallverhütungsvorschriften sowie deren Durchführung bzw. Kontrolle. Staatliche Arbeitsschutzinstitutionen und Unfallversicherungsträger ergänzen sich hierbei in ihrer Tätigkeit; man spricht daher vom dualen Arbeitsschutzsystem. Staat und Unfallversicherungsträger wirken gemeinsam, aber mit unterschiedlichen gesetzlichen Grundlagen und Kompetenzen für Sicherheit und Gesundheit der Beschäftigten bei der Arbeit. Zudem haben sie die Aufgabe, die Einhaltung der im Arbeitsschutzrecht festgelegten Gebote und Verbote in den Betrieben zu überwachen, die Durchführung des Arbeitsschutzes ständig zu verbessern, hierbei zu beraten und damit zur Prävention beizutragen. Wesentliche Aufgaben im dualen Arbeitsschutzsystem sind in Tabelle 7.2 übersichtsartig dargestellt.
Das Arbeitsschutzgesetz fordert eine enge Zusammenarbeit und einen intensiven Erfahrungsaustausch der staatlichen Institutionen mit den Unfallversicherungen. Dadurch soll vermieden werden, dass verschiedene Institutionen unabgestimmt vorgehen und dadurch in den Betrieben unklare Situationen entstehen.

Tabelle 7.2: Aufgaben im dualen Arbeitsschutzsystem

Aufgaben	Staatliche Institutionen	Unfallversicherungsträger
Gesetzgebung	Staatliche Gesetze, Verordnungen	Vorschriften- und Regelwerk der DGUV — Deutsche Gesetzliche Unfallversicherung (Berufsgenossenschaften und Unfallkassen)
Prävention, Beratung	Präventive Einwirkung auf den betrieblichen Arbeitsschutz	Fachliche Beratung, Aus- und Weiterbildung betrieblicher Funktionsträger
Überwachung, Kontrolle	Durchführung von Gesetzen und Vorschriften	Durchführung der DGUV-Vorschriften
Spezielle Aufgaben	Technischer Öffentlichkeitsschutz	Rehabilitation, Heilbehandlung, Renten

Staatliche Institutionen

Staatliche Arbeitsschutzinstitutionen sind das Bundesministerium für Arbeit und Soziales (BMAS) sowie die fachlich zuständigen Ministerien der jeweiligen Bundesländer (z. B. Arbeits- oder Sozialministerium). Diese Institutionen werden auf Bundesebene durch die Bundesanstalt für Arbeitsschutz und Arbeitsmedizin (BAuA) und auf Landesebene durch die Arbeitsschutzbehörden der Länder - z. B. die Gewerbeaufsichtsämter - fachlich unterstützt. Hierzu gehören folgende Aufgabenbereiche:

- die Untersuchung von Unfällen und Erkrankungen und die Erarbeitung von Präventionsmaßnahmen,
- die Aufklärung durch Veröffentlichungen, Ausstellungen etc.,
- die Mitarbeit in Fach- und Normungsausschüssen,
- die Förderung der Aus- und Weiterbildung.

Aufgabe des Staates ist es, die Funktion und Qualität des Arbeitsschutzsystems zu sichern. Das Aufgabenspektrum im staatlichen Arbeitsschutz ist breit gefächert: Es umfasst Fragen des betrieblichen Arbeitsschutzsystems, der Technikgestaltung und der Arbeitsverfahren, der chemischen, physikalischen und biologischen Gefährdungen, der psychischen Belastungen, der Arbeitsgestaltung sowie des Schutzes besonderer Personengruppen.
Darüber hinaus deckt der Staat weitere Schutzaspekte ab:

- Die sichere technische Gestaltung von Geräten dient dem Verbraucherschutz. Hier übernimmt der Staat die Aufgabe der Marktüberwachung. Durch Kontrollen werden unsichere Produkte identifiziert und vom Markt genommen. Untersagungsverfügungen, Produktrückrufe und eine Produktmängelstatistik sind auf den Seiten der Bundesanstalt für Arbeitsschutz und Arbeitsmedizin unter „Produktsicherheit" zu finden (siehe www.baua.de).
- Im Bereich der Anlagensicherheit kommen die sichere technische Gestaltung und der sichere Betrieb der Anlagen den dort Beschäftigten, aber auch Dritten zugute.
- Durch die Regelungen des Strahlenschutzes werden Beschäftigte, aber auch Patienten und die Umwelt geschützt.

Zudem regelt der Staat den Umgang und den Verkehr mit Sprengstoffen und Chemikalien; hierzu gestaltet er die rechtlichen Vorgaben und sorgt dafür, dass alle Beteiligten ihre Verantwortung erkennen und ihre Aufgabe erfüllen.
Die staatliche Gewerbeaufsicht bzw. die Arbeitsschutzämter als ausführende Behörden überwachen die Einhaltung des staatlichen Arbeitsschutzrechts zum Schutz der Beschäftigten in den Betrieben. Zudem beraten sie die Arbeitgeber bei der Erfüllung ihrer Pflichten.
Die staatliche Arbeitsschutzaufsicht wird wie folgt fachorientiert tätig:

- Besichtigungen bzw. Revisionen (angemeldet und unangemeldet, auch nachts),
- Untersuchung von Unfällen und Schadensfällen mit dem Ziel der Ursachenermittlung und Einleitung von Schutzmaßnahmen,
- Prüfung von privaten Beschwerden (z. B. Lärmbelästigung durch Gewerbebetrieb),
- Prüfung gesetzlich vorgeschriebener Anzeigen (z. B. Nutzung von Geräten mit ionisierender Strahlung),
- Erteilung von Genehmigungen und Ausnahmen (z. B. Anlagen zur Lagerung, Abfüllung und Beförderung brennbarer Flüssigkeiten),
- Abgabe von Stellungnahmen und Gutachten zu Anträgen und Anfragen (z. B. Überprüfung von Sicherheitsanalysen bei genehmigungspflichtigen Anlagen).

Verstöße gegen Gesetze, Rechtsverordnungen und -vorschriften sowie Zuwiderhandlungen bzw. Nichteinhaltung von Anordnungen werden festgestellt und ggf. sanktioniert. Dazu stehen den für die Gewerbeaufsicht zuständigen Behörden weitreichende Befugnisse zu. Sie haben das Recht zur jederzeitigen Besichtigung und Prüfung von Arbeitsstätten und Gewerbeanlagen. Zur wirksamen Erfüllung ihrer Aufgaben sind die Gewerbeaufsichtsbeamten zu einer vertrauensvollen Zusammenarbeit mit den Betrieben angehalten.

Unfallversicherungsträger

Die gesetzliche Unfallversicherung ist Teil der Sozialversicherung. Sie bietet Arbeitnehmern, Unternehmern, Kindern in Tageseinrichtungen, Schülern und Studierenden einen umfassenden Versicherungsschutz. Unter den Versicherungsschutz fallen Unfälle, die sich am Arbeitsplatz oder in der Schule sowie auf dem Arbeits- bzw. Schulweg (d. h. Wegeunfälle) ereignen. Zudem sind Berufskrankheiten versichert. Im Rahmen der gesetzlichen Unfallversicherung ist jeder Betrieb, der Personen beschäftigt, Mitglied eines Unfallversicherungsträgers (Pflichtversicherung).
Die Unfallversicherungsträger erfüllen die Aufgaben der Prävention und Unfallversicherung in paritätischer Selbstverwaltung der Arbeitgeber, Unternehmer und Arbeitnehmer. Dies stellt sicher, dass die Interessen aller Beteiligten gewährleistet sind.
Die Finanzierung der gesetzlichen Unfallversicherung erfolgt ausschließlich aus den Beiträgen der Unternehmer. Die Höhe der Beiträge wird über ein Umlageverfahren ermittelt und vom branchen- bzw. betriebsspezifischen Unfallrisiko beeinflusst. Im öffentlichen Bereich tragen Bund, Länder und Gemeinden die Kosten.
Die Unfallversicherungsträger sind im Spitzenverband der deutschen gesetzlichen Unfallversicherung (DGUV) zusammengeschlossen (siehe www.dguv.de).

Die Träger der gesetzlichen Unfallversicherung erfüllen drei Hauptaufgaben:

- Prävention von Unfällen, Berufskrankheiten und arbeitsbedingten Gesundheitsgefahren und Sorge für eine wirksame Erste Hilfe,
- Medizinische und berufliche Rehabilitation nach Eintritt von Unfällen bzw. Berufskrankheiten durch Wiederherstellung der Gesundheit und der Arbeitskraft durch Arbeitsförderung (d. h. Berufshilfe) und durch Heilbehandlung (d. h. Rehabilitation),
- Entschädigung von gesundheitlichen, beruflichen, finanziellen Folgen durch Unfälle und Berufskrankheiten in Form von Geldleistungen (auch Rentenzahlungen).

Die Unfallversicherungsträger sind zuständig für die Überwachung des Arbeitsschutzes in den Unternehmen ihres Gewerbezweiges. Im Rahmen dieser Verantwortung steht dem jeweiligen Unfallversicherungsträger das Recht zu, bindende Vorschriften und Regeln (z. B. Unfallverhütungsvorschriften) zu erlassen. Der Auftrag der Unfallversicherungsträger zur betrieblichen Gesundheitsvorsorge wurde um die Verhütung von arbeitsbedingten Gesundheitsgefahren erweitert und beinhaltet auch die Pflicht zur Gefährdungsermittlung.
Um ihren Präventionsauftrag zu erfüllen, nehmen die Unfallversicherungsträger über ihre Technischen Aufsichtsdienste Aufsichtsfunktionen in den Betrieben wahr, bieten Beratungen, Informationen und Fortbildungen an. Die Aufsichtspersonen haben das Recht der Betriebsbesichtigung während der Arbeitszeit. Sie können Auskünfte über Einrichtungen, Arbeitsstoffe usw. verlangen und Proben von Arbeitsstoffen fordern oder entnehmen. Zur Durchsetzung sicherheitsbezogener Anforderungen können die Aufsichtspersonen Anordnungen erlassen, Ordnungswidrigkeiten feststellen oder Bußgelder initiieren. In besonderen Fällen können von den Unfallversicherungsträgern Ausnahmegenehmigungen zu Berufsgenossenschaftlichen Vorschriften erteilt werden.
Der Unfallversicherungsträger kann im Falle eines vorsätzlich oder grob fahrlässig herbeigeführten Arbeitsunfalls von dem Schädigenden Ersatz aller Aufwendungen verlangen, die ihm durch den Unfall entstanden sind.

B 7.4 Betriebliches Arbeitsschutzsystem

Der betriebliche Arbeitsschutz umfasst alle Maßnahmen zur Verhütung von Unfällen und arbeitsbedingten Erkrankungen, einschließlich der menschengerechten Gestaltung und ständigen Verbesserung der Arbeit. Er befasst sich hierzu mit den vielfältigen Wirkungen der technischen, organisatorischen und sozialen Arbeitsbedingungen. Der Arbeitsschutz ist damit eine ständige Aufgabe, um die körperliche und psychische Unversehrtheit der Beschäftigten zu bewahren und ihre Arbeitskraft dauerhaft und langfristig zu erhalten.
Arbeitsschutz ist somit ein übergeordneter Begriff für alle Maßnahmen der Unfallverhütung, der Verhinderung von arbeitsbedingten Erkrankungen, der menschengerechten Arbeitsgestaltung, der sicheren Technikgestaltung und der Betriebs- bzw. Anlagensicherheit. Dieser Zusammenhang wird in Abbildung 7.4 schematisch dargestellt.

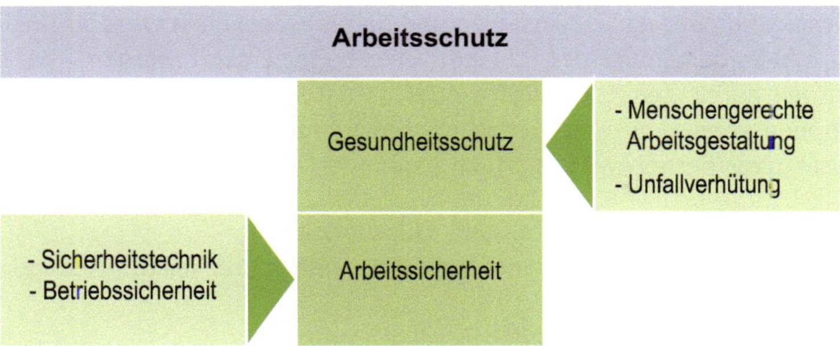

Abbildung 7.4: Arbeitsschutz als übergeordneter Begriff (Kern & Schmauder, 2005)

Dass es einen Bedarf für Maßnahmen zur Verbesserung von Sicherheit und Gesundheitsschutz gibt, ergibt sich aus der Betrachtung der Unfall- und der Berufskrankheitenstatistik. Die Entwicklung der Anzahl der meldepflichtigen Arbeitsunfälle (einschließlich Wegeunfälle) in Deutschland im Zeitraum von 1960 bis 2019 ist in Abbildung 7.5 dargestellt.

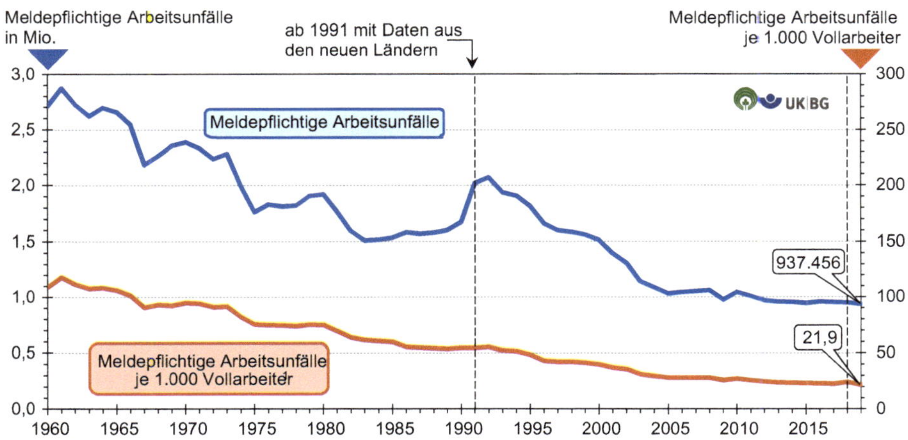

Abbildung 7.5: Anzahl der meldepflichtigen Arbeitsunfälle in der Bundesrepublik Deutschland von 1960 bis 2019 (Bundesanstalt für Arbeitsschutz und Arbeitsmedizin [BAuA], 2021 a)

Die Unfallstatistiken verdeutlichen die tendenziell rückläufige Anzahl der meldepflichtigen Arbeitsunfälle (d. h. Arbeitsunfähigkeit länger als 3 Tage) sowie der tödlichen Arbeitsunfälle. Diese Entwicklung ist nicht zuletzt auf die Anstrengungen und umfassenden Aktivitäten des Arbeitsschutzes zurückzuführen.

Aufgrund von Arbeitsunfällen und Berufskrankheiten gehen in Deutschland jährlich rund 500 Millionen Arbeitstage verloren. Es wird keine Arbeitsleistung erbracht, wodurch sich der Unternehmensgewinn reduziert. Zudem kann jeder Arbeitsunfall (und jeder Ausfall eines Mitarbeiters) zu einer kostenintensiven Störung betrieblicher Produktionsabläufe führen. Weiterhin leidet die Verfügbarkeit qualifizierter Mitarbeiter, was zu Verzögerungen bei der

Auftragsabwicklung oder gar zu Ausfällen und damit erheblichen wirtschaftlichen Schäden führen kann. Außerdem muss der fehlende Mitarbeiter ersetzt werden - bei langen Fehlzeiten eventuell durch Zeitarbeitskräfte oder befristete Arbeitsverhältnisse. Ausfälle und Kompensationen können zu erheblichen Kosten führen. Insofern lassen sich Maßnahmen des Arbeitsschutzes betriebswirtschaftlich begründen durch:

- die Verringerung von Fehlzeiten und Fluktuation,
- die Verbesserung der Arbeits- und Produktqualität durch leistungsfähige und gesunde Mitarbeiter,
- die Erhöhung der Motivation der Beschäftigten.

Aus dem zeitgemäßen Arbeitsschutzverständnis lassen sich drei zentrale Aufgabenkomplexe für ein betriebliches Handeln ableiten:

- Ermitteln und Beurteilen von arbeitsbedingten Unfall- und Gesundheitsgefährdungen: Das erfordert das Analysieren, Beurteilen und Dokumentieren von Risiken durch physikalische, chemische und biologische Gefährdungsfaktoren sowie durch physische und psychische Belastungen der Beschäftigten.
- Vorbereiten, Gestalten und Aufrechterhalten sicherer und gesundheitsgerechter Arbeitssysteme: Das erfordert ein Bestimmen von Zielen und Anforderungen (Soll-Zuständen), die - abhängig von der Höhe der bewerteten Risiken - von der Rangfolge der notwendigen Maßnahmen ausgehen. Daraus folgen das Entwickeln von Sicherheitskonzepten, die Gestaltung von Arbeitsstätten, die Auswahl und der Einsatz von Maschinen, Geräten und Anlagen sowie von Arbeitsstoffen.
- Integration von Sicherheit und Gesundheitsschutz in Management und Führung von Prozessen: Hierzu ist der Arbeitsschutz wirksam in die betriebliche Aufbau- und Ablauforganisation einzubinden, so dass Sicherheit und Gesundheitsschutz bei allen Tätigkeiten und bei der Wahrnehmung von Führungsaufgaben beachtet werden. Neben der Gestaltung der Arbeitsorganisation betrifft dies vornehmlich personelle und soziale Arbeitsbedingungen.

Die Komplexität der Aufgaben steigt von der Beschäftigung mit unfall- und krankheitsbewirkenden Faktoren über die Gestaltung von sicheren und gesundheitsgerechten Arbeitssystemen hin zur Integration des Anliegens des Arbeitsschutzes in die betriebliche Aufbau- und Ablauforganisation. Abbildung 7.6 zeigt diese Zunahme der Wirksamkeit bei einer gleichzeitig zunehmenden Komplexität der Maßnahmen und des Handelns.

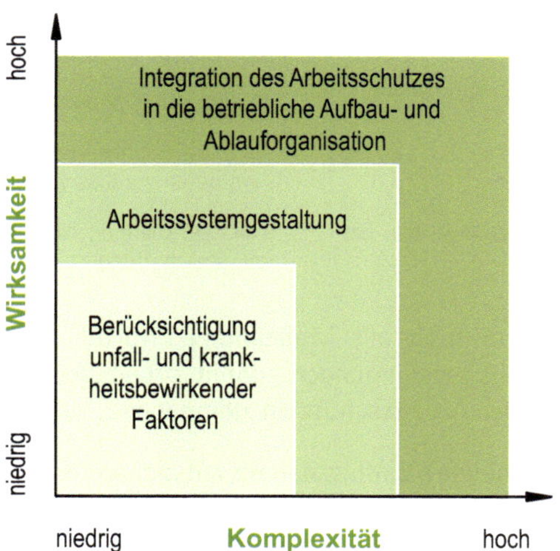

Abbildung 7.6: Wirksamkeit und Komplexität von Arbeitsschutzmaßnahmen

B 7.4.1 Prävention

Arbeitsschutz hat eine vorbeugende - d. h. präventive - Intention. Vorbeugend heißt, alles zu tun, um Unfälle und arbeitsbedingte Erkrankungen zu vermeiden und die Gesundheit der Beschäftigten zu erhalten und zu verbessern. Dieser präventive Ansatz wird durch konzeptive Maßnahmen getragen. Die Medizin unterscheidet in Primärprävention (d. h. Vermeidung), Sekundärprävention (d. h. Verhinderung der Verschlechterung) und Tertiärprävention (d. h. Rehabilitation). Im Arbeitsschutz ist mit Prävention im Allgemeinen Primärprävention gemeint.

Für die Unternehmen bedeutet präventiver Arbeitsschutz, nicht erst Arbeitsbedingungen zu schaffen - z. B. Arbeitsplätze einzurichten und Maschinen einzusetzen - und anschließend zu fragen, ob es zu Unfällen und arbeitsbedingten Erkrankungen kommen kann. Vielmehr muss der Unternehmer bereits bei der konzeptiven Vorbereitung, Planung und Einrichtungen von Arbeitsplätzen die Möglichkeit des Entstehens von Unfällen und arbeitsbedingten Erkrankungen beurteilen und auf dieser Grundlage frühzeitig die notwendigen Vorkehrungen treffen. Im Gegensatz dazu setzen korrektive Maßnahmen erst an, wenn Defizite festgestellt werden oder es bereits zu Unfällen oder arbeitsbedingten Erkrankungen gekommen ist. Im Allgemeinen führt das dazu, dass

- menschliches Leid aufgetreten ist,
- vorhandene Gefahren teilweise nicht vollständig reduziert werden können,
- hoher zusätzlicher Aufwand an Kosten akzeptiert werden muss,
- Imageverluste auftreten.

Tabelle 7.3 verdeutlicht den Unterschied von korrektivem und konzeptivem Vorgehen.

Tabelle 7.3: Korrektives versus konzeptives Vorgehen im Arbeitsschutz

Korrektives Vorgehen	Konzeptives Vorgehen
Beseitigen/Verringern vorhandener Schädigungsmöglichkeiten	Direktes Suchen von Schädigungsmöglichkeiten und deren vorausschauendes Vermeiden
Anlässe: Unfall, Erkrankung, Beschwerden, Behördliche Auflagen	Anlässe: Planung, Umgestaltung, Neuorganisation, Beschaffung

Konzeptiver Arbeitsschutz umfasst alle Maßnahmen, Mittel und Methoden zur vorbeugenden Gestaltung von Arbeitsbedingungen, damit arbeitsbedingte Gesundheitsschäden verhütet werden. Konzeptiver Arbeitsschutz ist demnach:

- vorausschauende (planende) Einflussnahme auf sichere und gesundheitsgerechte Arbeitssysteme,
- kontinuierliche Verbesserung der vorhandenen Arbeitsbedingungen,
- ständige Gewährleistung von Sicherheit und Gesundheit entsprechend den sich ändernden Gegebenheiten der Arbeitsbedingungen,
- Anpassung an Fortschritte von Sicherheit und Gesundheitsschutz, Umsetzung neuer Erkenntnisse oder weiterentwickelter Lösungen.

Abbildung 7.7 zeigt - analog den Erkenntnissen des Qualitätsmanagements - dass es sinnvoll ist, den Arbeitsschutz bereits in der Planung zu berücksichtigen.

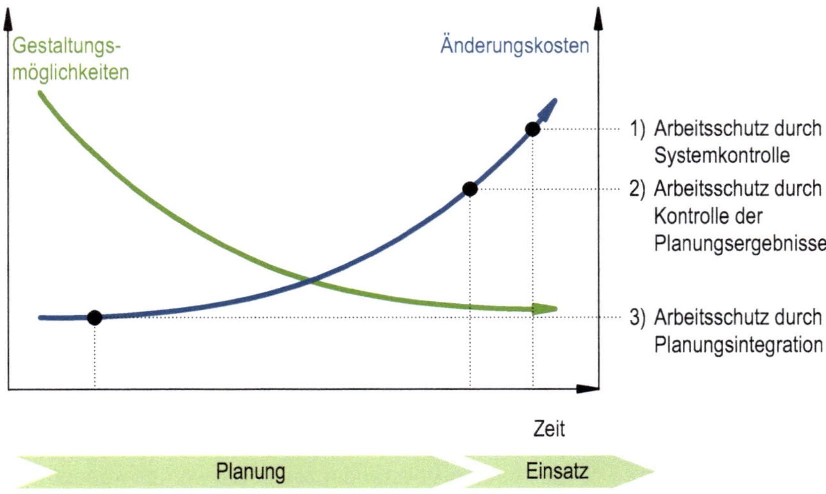

Abbildung 7.7: Gestaltungsmöglichkeiten und Änderungskosten des Arbeitsschutzes in der Planungsphase

Als grundlegende Strategie muss der konzeptive Arbeitsschutz bei allen planerischen Aufgaben im Betrieb einbezogen werden. Dies kann durch frühzeitiges Sammeln von Informationen über sichere und gesundheitsgerechte Lösungen, Beratung durch Experten, Nutzung praktischer Erfahrungen anderer Betriebe usw. geschehen. Konzeptiver Arbeitsschutz erfordert eine Qualifikation der Mitarbeiter, eine Schaffung organisatorischer Rahmenbedingungen sowie eine Kooperation der betrieblichen Experten. Das Arbeitsschutzhandeln hat eine zeitliche und eine inhaltliche Dimension. Dieser Zusammenhang wird mit dem Portfolio in Abbildung 7.8 verdeutlicht

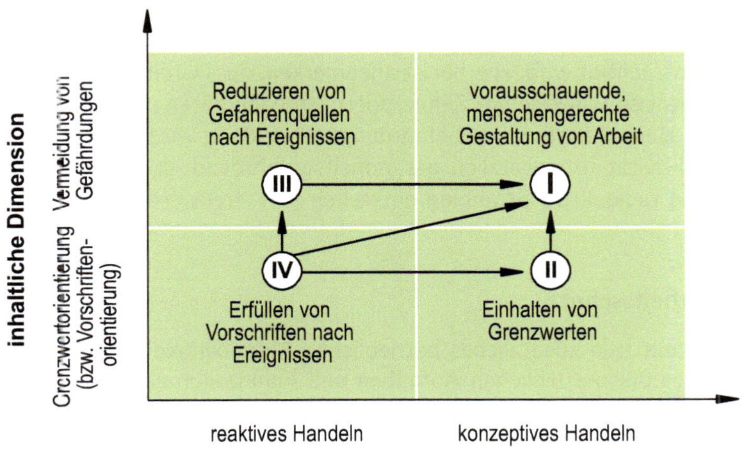

Abbildung 7.8: Strategien im Arbeitsschutz

Vier Strategien werden unterschieden:

I. Konzeptives Handeln mit dem inhaltlichen Verständnis des Vermeidens von Gefährdungen
II. Konzeptives Handeln mit Orientierung an Standards (z. B. Normen, Grenzwerte)
III. Korrektives Handeln mit dem inhaltlichen Verständnis des Vermeidens von Gefährdungen
IV. Korrektives Handeln mit Orientierung an Standards

Die Strategien betreffen zum einen das zeitlich orientierte Handeln (d. h. Handlungsebene), das in die Ansätze korrektiv oder konzeptiv (mit fließenden Übergängen) eingeteilt wird. Die zweite Dimension bezieht sich auf das inhaltliche Verständnis des Arbeitsschutzes (d. h. Gestaltungsebene). Hier werden mit fließenden Übergängen die Ansätze Vorschriftenorientierung und Gefährdungsvermeidung unterschieden. Bei der Grenzwertorientierung wird die Ansicht vertreten, dass Gefährdungen bis zu einem Grenzwert den Menschen nicht schädigen. Als Grenzwerte werden häufig die in Vorschriften und Regelwerken genannten Werte herangezogen. Der zweite Ansatz, nach dem Gefährdungen prinzipiell zu vermeiden sind, geht von der Annahme aus, dass die Gesundheit nicht nur zu schützen, sondern auch zu fördern ist. Der zeitgemäße Arbeitsschutz zielt auf betriebliche Maßnahmen im Feld I (vgl. Abbildung 7.8).

Beispiel für den Unterschied zwischen der Vorschriftenorientierung und dem Vermeiden von Gefährdungen

Beim vorschriftenorientierten Ansatz wird eine gewisse Beaufschlagung des Menschen durch radioaktive Strahlung bis zu einem Grenzwert zugelassen. Es wird davon ausgegangen, dass bis zu diesem Wert die Gesundheit nicht beeinträchtigt wird. Hierbei ist anzumerken, dass Grenzwerte durch neuere Erkenntnisse teilweise um Zehnerpotenzen nach unten oder oben korrigiert werden. Beim Ansatz einer Gefährdungsvermeidung wird argumentiert, dass Radioaktivität grundsätzlich gesundheitsgefährdend ist. Folglich soll möglichst wenig radioaktive Strahlung entstehen bzw. frei werden.

Integrativer Arbeitsschutz

Arbeitsschutz stellt kein zusätzliches betriebliches Aufgabenfeld dar, sondern ist als integraler Bestandteil der betrieblichen Aufgaben und Funktionen zu betrachten. Sichere und gesundheitsgerechte Arbeitsbedingungen sind durch eine integrierte Gestaltung zu gewährleisten. Zentrales Betrachtungs- und Gestaltungsobjekt ist das Arbeitssystem mit seinen technischen, organisatorischen und personellen Elementen in ihren Wechselwirkungen. Die Gestaltung des gesamten Arbeitssystems mit seinen Zusammenhängen ist wirksamer als das isolierte Herausgreifen einzelner Gefährdungen.
Zur Erfüllung dieser Aufgaben ist der Arbeitsschutz in die betriebliche Organisation zu integrieren und als durchgängiges Leitprinzip in allen betrieblichen Aufgabenfeldern zu verankern. Das bedeutet:

- Einbindung in unternehmerische Zielsetzungen und Strategien,
- Erfüllung der Fürsorgepflicht durch Wahrnehmen der Verantwortung durch Führungskräfte,
- Integration des Arbeitsschutzes in dispositive betriebliche Aufgabenfelder.

In der Diskussion mit betrieblichen Führungskräften wird häufig argumentiert: „Ich habe so viele Aufgaben und weiß nicht, wo mir der Kopf steht - und jetzt soll ich mich auch noch um den Arbeitsschutz kümmern." Diese Argumentation offenbart ein Verständnis von Arbeitsschutz als zusätzliche Aufgabe. Dem ist nicht so: Jede Führungskraft hat die Aufgabe, ihren Bereich so zu organisieren, dass Qualität, Termine und Kosten eingehalten werden. Das Instrument zur Beeinflussung des Verhaltens von Beschäftigten ist die Unterweisung. Sichere und gesundheitsgerechte Arbeitsbedingungen liefern einen Beitrag zur Einhaltung von Qualität, Terminen und Kosten. Deshalb ist Arbeitsschutz keine zusätzliche, sondern eine integrierte Aufgabe.

Oft wird dem Arbeitsschutz eine geringe Umsetzungskonsequenz gegeben. Führungskräfte wundern sich dann, wenn Anweisungen zu sicherem und gesundheitsgerechtem Arbeiten (z. B. durch das Tragen von Schutzausrüstungen) nicht ernst genommen werden. Es heißt: „Er ist eigentlich mein bester Mann, aber mit der Arbeitssicherheit nimmt er es nicht so genau, da bin ich machtlos." Eine Führungskraft, die auf eine solche Aussage hin gefragt wird, was sie eigentlich macht, wenn jemand regelmäßig zu spät kommt, gibt vermutlich die Antwort: „So etwas kommt in meinem Bereich nicht vor - alle wissen, dass mir Pünktlichkeit wichtig ist." Es zeigt sich: Was einer Führungskraft wichtig ist, setzt sie um. Dies gilt auch für sicheres und gesundheitsgerechtes Arbeiten.

In größeren Unternehmen kann beobachtet werden, dass Unfallzahlen und Krankenstand von der jeweiligen Führungskraft bei einem Wechsel tendenziell in die neue Abteilung „mitgenommen" werden.

In vielen, überwiegend nach amerikanischem Vorbild geführten Unternehmen ist die Vermittlung von Arbeitsschutzkenntnissen Bestandteil der Führungskräftequalifizierung. Bei anstehenden Beförderungen wird beurteilt, welchen Stand von Sicherheit und Gesundheit die Führungskraft in ihrer aktuellen Aufgabe erreichen konnte.

Anzusetzen ist bei einer systematischen Einordnung der Arbeitsschutzerfordernisse in die betriebliche Aufbau- und Ablauforganisation. Arbeitsschutzmaßnahmen müssen in alle betrieblichen Prozesse integriert, auf ihre Wirksamkeit überprüft und an neue Erkenntnisse angepasst werden. Für ein systematisches Vorgehen im Arbeitsschutz wurden in den vergangenen Jahren Konzepte für Arbeitsschutzmanagementsysteme entwickelt. Derartige Managementsysteme sollen ein zielgerichtetes und wirksames Arbeitsschutzhandeln der betrieblichen Akteure und Verantwortungsträger unterstützen.

B 7.4.2 Entstehung von Unfällen und Erkrankungen

Um Arbeitsschutz betreiben zu können und Ansatzpunkte für eine vorausschauende Vermeidung von Arbeitsunfällen und arbeitsbedingten Erkrankungen zu finden, muss man wissen, wie Unfälle und arbeitsbedingte Erkrankungen entstehen. Eine Vielzahl von Faktoren trägt zum Eintritt eines Gesundheitsschadens bei. Das Vorhandensein der Gefahrenquelle mit verletzungs- bzw. krankheitsbewirkenden Faktoren ist die unbedingte Voraussetzung für den Eintritt des Unfallereignisses. Daneben ist das räumliche und/oder zeitliche Zusammentreffen von Mensch/Faktor (Gefahrenquelle) notwendige Voraussetzung für den Eintritt des Unfallereignisses. Der Zusammenhang wird in Abbildung 7.9 erläutert.

Ausgangspunkt der Betrachtungen im Arbeitsschutz ist der Mensch mit seinen individuellen Leistungsvoraussetzungen (siehe Abschnitt B 4.1). Der Mensch hat eine gewisse Widerstandskraft gegenüber schädigenden Energien, Stoffen und Arbeitsbedingungen.

Gefahrenquelle

Die Gefahrenquelle ist der konkrete Ort, an dem der Gefährdungsfaktor vorhanden ist. Es ist wichtig, dass die Gefahrenquellen ermittelt werden, denn sie sind der Ansatzpunkt für die Beseitigung der Gefährdung.

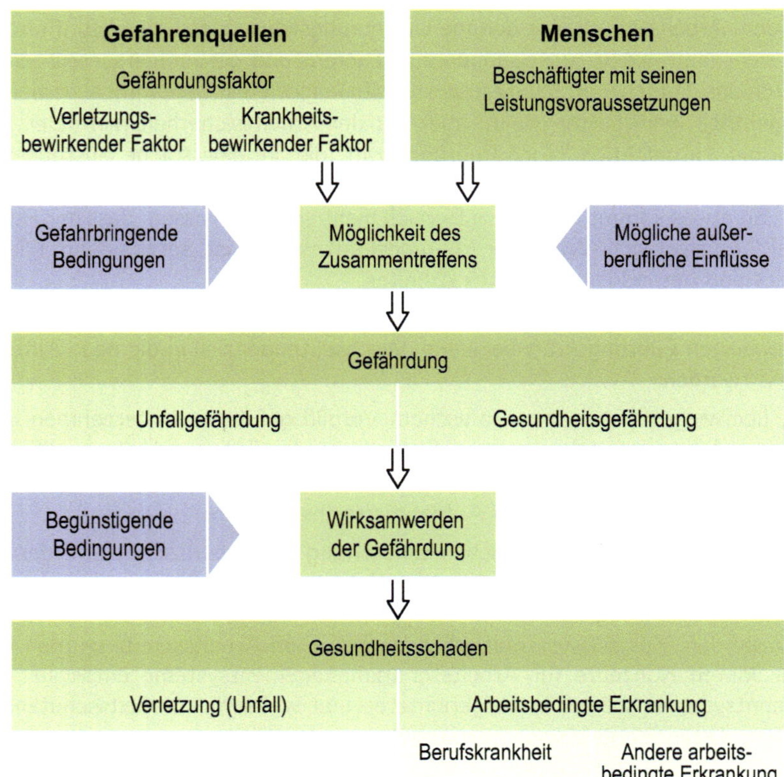

Abbildung 7.9: Erklärungsmodell „Entstehungszusammenhänge von Unfällen und arbeitsbedingten Erkrankungen" (Deutsche Gesetzliche Unfallversicherung [DGUV] & Bundesanstalt für Arbeitsschutz und Arbeitsmedizin [BAuA], o. J.)

Beim Stolpern ist die Gefahrenquelle beispielsweise die konkrete Stolperstelle. Die Quelle eines möglichen Absturzes ist die Höhe des Dachs (die fehlende Umzäunung wäre dann eine gefahrbringende Bedingung). Ein Transportmittel (z. B. der Hubwagen) kann auch eine Gefahrenquelle sein (defekte Teile daran sind wiederum gefahrbringende Bedingungen).

Gefährdungsfaktor

Faktor (Bedingung, Zustand, Eigenschaft), der durch seine Eigenschaften zur Verletzung (Unfall) bzw. Erkrankung führen kann. Es wird zwischen verletzungsbewirkenden und krankheitsbewirkenden Faktoren unterschieden.

Ein Gefährdungsfaktor ist ein latent vorhandener Faktor, der entsprechend seiner Eigenschaften, Mengen, Operationen unter bestimmten Bedingungen zu einer Gefährdung führen kann. Der latente Zustand charakterisiert ein vorhandenes Gefährdungspotenzial mit möglichen schadensbewirkenden Eigenschaften der objektiven Arbeitsbedingungen. Es muss aber auch gesehen werden, dass Gefährdungsfaktoren auch als gesundheitsbewirkende Faktoren auftreten können. Es sind die gleichen Dinge, die Krankheit und Gesundheit bewirken - es kommt auf die Ausprägung an. Schon Paracelsus stellte fest: „Die Dosis macht das Gift!"

Gefahrbringende Bedingungen

Gefahrbringende Bedingungen sind die Gegebenheiten, die ein Zusammentreffen des Gefährdungsfaktors mit dem Menschen nicht (z. B. durch fehlende Möglichkeiten) oder nicht hinreichend verhindern (z. B. durch Abschirmen, Abkapseln, Absaugen, Umlenken, Filtrieren, Aufnehmen).

Auch wenn bei vorhandenen Abschirmungen, Abkapselungen usw. die Eigenschaften (Abmessungen, Dimensionierungen u. ä.) für den Verwendungszweck nicht ausreichend sind, handelt es sich um gefahrbringende Bedingungen - z. B. wenn vorhandene Behälter für die aufnehmenden Stoffe nicht genügend korrosionsgeschützt sind oder Fanggerüste durch ihre Dimensionierung den Absturz nicht verhindern.

Gefahrbringende Bedingungen sind auch solche Bedingungen, die ein Zusammentreffen des Gefährdungsfaktors zeitlich und organisatorisch, durch die Art und Weise der Arbeitsfolge, der Arbeitsteilung u. ä. ermöglichen.

Gefahrbringende Bedingungen resultieren aus technischen und organisatorischen Mängeln (z. B. innere Korrosion von Behältern, unzureichender Materialfestigkeit für den vorgesehenen Verwendungszweck), charakterisieren unzureichende Eigenschaften bezüglich des bestimmungsgemäßen Einsatz- oder Verwendungszwecks. Es handelt sich u. a. um solche Probleme wie technische Sicherheit, Funktionssicherheit, fehlende sicherheitstechnische Maßnahmen.

Es sind Bedingungen im Arbeitssystem, die im Allgemeinen vorausschauend erkannt werden können, d. h. das Zusammentreffen des Gefährdungsfaktors mit dem Menschen ist vorhersehbar. Mit entscheidend sind hier natürlich das fachliche Wissen und die Erfahrung desjenigen, der die Situation analysiert.

Tabelle 7.4 zeigt eine Auswahl von Gefährdungsfaktoren, Gefahrenquellen und gefahrbringenden Bedingungen. Es besteht nicht der Anspruch auf Vollständigkeit, sondern es soll aufgezeigt werden, welche Faktoren und Bedingungen einen Einfluss auf die Gesundheit des arbeitenden Menschen haben können.

Tabelle 7.4: Übersicht zu Gefährdungsfaktoren, Gefahrenquellen und gefahrbringende Bedingungen (DGUV & BAuA, o. J.)

Symbol	Gefährdungsfaktoren, Gefahrenquellen, gefahrbringende Bedingungen
Mechanische	
	• Bewegte Teile/ungeschützte Bewegungen von Teilen • Oberflächenbeschaffenheit (gefährliche Oberflächen) • Bewegte Transportmittel, bewegte Arbeitsmittel • Unkontrolliert bewegte Teile/herabfallende Teile • Sturz, Ausrutschen, Stolpern, Umknicken • Absturz
Elektrische	
	• Elektrischer Schlag • Lichtbögen • Elektrostatische Aufladungen
Gefahrstoffe	
	• Flüssigkeiten • Feststoffe • Gase • Dämpfe • Aerosole, Stäube, Rauche, Nebel • Arbeiten in feuchtem Milieu
Biologische Gefährdungen	
	• Infektionsgefährdung durch pathogene Mikroorganismen (z. B. Bakterien, Viren, Pilze) • Gentechnisch veränderte Organismen • Sensibilisierende und toxische Wirkungen von Mikroorganismen • Sensibilisierende und toxische Wirkungen von Pflanzen und pflanzlichen Produkten
Brände, Explosionen	
	• Brandgefährdung durch Feststoffe, Flüssigkeiten, Gase • Explosionsfähige Atmosphäre • Explosivstoffe
Thermische	
	• Heiße Medien/Oberflächen • Kalte Medien/Oberflächen

Symbol	Gefährdungsfaktoren, Gefahrenquellen, gefahrbringende Bedingungen
Spezielle physikalische Einwirkungen	
	• Hand-Arm-Vibrationen • Ganzkörpervibrationen
	• Lärm • Infra-, Ultraschall
	• Elektromagnetische Felder • Ionisierende Strahlung (z. B. elektromagnetische Strahlung wie Röntgen- und Gammastrahlung oder Teilchenstrahlung wie Alpha-, Beta- und Neutronenstrahlung) • Nicht ionisierende Strahlung (z. B. ultraviolette Strahlung (UV), infrarote Strahlung (IR), Laserstrahlung)
	• Arbeiten in Über- und Unterdruck
Arbeitsumgebungsbedingungen	
	• Klima (Hitze, Kälte, Zugluft, Luftfeuchtigkeit)
	• Beleuchtung, Licht
	• Farbe
	• Ersticken, Ertrinken
Physische Belastung/Arbeitsschwere	
	• Schwere dynamische Arbeit • Einseitige dynamische Arbeit • Haltungsarbeit (Zwangshaltungen), Haltearbeit • Kombination aus statischer und dynamischer Arbeit

Symbol	Gefährdungsfaktoren, Gefahrenquellen, gefahrbringende Bedingungen
Psychische Belastungen	
	• Ungenügend gestaltete Arbeitsaufgabe (z. B. mit den Dimensionen Aufmerksamkeit, Verantwortung, Abwechslung, Vorhersehbarkeit) • Ungenügend gestaltete Arbeitsorganisation (z. B. mit den Dimensionen Zeitvorgabe, Aufgabenwechsel, Schichtarbeit, Teamarbeit/Einzelarbeit) • Ungenügend gestaltete Arbeitsplatz- und Arbeitsumgebungsbedingungen (z. B. mit den Dimensionen Signalerkennbarkeit, Signalverständlichkeit, Lärm, Klima, Räumliche Enge) • Ungenügend gestaltete soziale Bedingungen (z. B. mit den Dimensionen Status, Rückmeldung, Zusammenarbeit, Kommunikation)
Sonstige	
	• Menschen (z. B. Überfall) • Durch Menschen übertragene Krankheitserreger
	• Tiere (z. B. gebissen, gestochen oder getreten werden)
Multifaktorielle Gefährdungen	
	• Zusammenwirken mehrerer Gefährdungen

Außerberufliche Einflüsse

Einflüsse (z. B. zusätzliche Belastungen oder Vorschädigungen) aus den privaten Lebensumständen und -weisen, die positive als auch negative Auswirkungen haben können.

Mögliche außerberufliche Einflüsse können das Zusammentreffen von Mensch und Gefahrenquelle beeinflussen.

Gefährdung

Zustand oder Situation, in der die Möglichkeit des Eintritts eines Gesundheitsschadens besteht. Es handelt sich um einen Zustand oder eine Situation, bei der ein plötzliches räumliches und/oder zeitliches Zusammentreffen des Menschen mit einem bzw. mehreren verletzungs- bzw. krankheitsbewirkenden Faktoren an der Gefahrenquelle möglich ist.

Wie beschrieben kann das Zusammentreffen durch gefahrbringende Bedingungen und/oder mögliche außerberufliche Einflüsse beeinflusst werden.
Das Wirksamwerden der Unfallgefährdung kann sich in Verletzungen bzw. Unfällen äußern. Das Wirksamwerden der Gesundheitsgefährdung kann sich in Erkrankungen äußern.

Begünstigende Bedingungen (nicht vorhersehbar)

Situationen, Ereignisse oder Zustände, die dazu beitragen, dass die Gefahr tatsächlich zu einem Gesundheitsschaden führen kann. Solche begünstigenden Bedingungen liegen in der jeweiligen spezifischen, momentanen oder individuellen Situation, in denen die kritischen Eigenschaften der Gefahrenquelle mit dem Beschäftigten zusammenwirken.

Begünstigende Bedingungen können z. B. technische Störungen, Ausfälle, aktuelle Organisationsabläufe, momentane individuelle physische oder/und psychische Leistungsvoraussetzungen des Beschäftigten (situative Faktoren, Tagesform u. ä.) sein.

Gesundheitsschaden

Ein Gesundheitsschaden umfasst eine Verletzung oder sonstige Schädigung (z. B. arbeitsbedingte Erkrankung) der Gesundheit.
Da nicht jede Erkrankung ihre Ursachen in den Arbeitsbedingungen hat, muss hier weiter differenziert werden. Teilweise gibt es Erkrankungen, die sowohl aus den privaten Lebensumständen als auch aus den Arbeitsbedingungen resultieren. Oft wird auch von arbeitsbezogenen Erkrankungen gesprochen. Bezüglich der Übernahme von Behandlungs- und Rehabilitationskosten (private bzw. gesetzliche Krankenversicherung oder Unfallversicherungsträger) muss deshalb weiter differenziert werden.
Arbeitsbedingte Erkrankungen gliedern sich auf in:

Berufskrankheiten nach § 9 des siebten Sozialgesetzbuches (SGB VII) Eine Berufskrankheit ist jener Teil der arbeitsbedingten Erkrankungen, die ein Versicherter bei einer beruflichen Tätigkeit erleidet, wenn nach den Erkenntnissen der medizinischen Wissenschaft die Krankheit durch besondere Einwirkungen verursacht ist, denen bestimmte Personengruppen durch ihre Arbeit in erheblich höherem Grade als die übrige Bevölkerung ausgesetzt sind.
Die Krankheit ist in einer Verordnung (Berufskrankheiten-Verordnung) bezeichnet oder sie kann im Einzelfall als Berufskrankheit entschädigt werden, wenn nach neuen Erkenntnissen die Voraussetzungen für die Anerkennung einer Berufskrankheit erfüllt sind. Berufskrankheiten unterscheiden sich von arbeitsbedingten Erkrankungen dadurch, dass bei Berufskrankheiten ein Zusammenhang von Arbeitsbedingungen und Erkrankung nachweisbar ist.

Andere arbeitsbedingte Erkrankungen im Sinne des Präventionsverständnisses Hierbei handelt es sich um den Teil der Krankheiten, bei denen Mitverursachung durch Arbeitsbedingungen vermutet werden, ohne dass ein Entschädigungsanspruch vorliegt.

Aus der Annahme des Vorliegens einer arbeitsbedingten Erkrankung kann nicht gefolgert werden, dass Ansprüche an Entschädigungsleistungen bestehen. Aus der Bezeichnung „arbeitsbedingt" kann lediglich abgeleitet werden, dass arbeitsbedingte Umstände zum Entstehen einer solchen Krankheit beigetragen haben können. Diese Umstände verleihen den Erkrankungen nicht den Charakter einer Berufskrankheit. Die Annahme vermutlicher Arbeitsbedingtheit dient ausschließlich der Auswertung für die weitere Verbesserung der betrieblichen Arbeitsbedingungen im Sinne des Präventionsverständnisses im Arbeitsschutz.

Unfall

Im Arbeitsschutz wird ein Unfall als ein plötzliches, ungewolltes, auf den menschlichen Körper einwirkendes Ereignis definiert, das zu einem Gesundheitsschaden (d. h. Verletzung) oder zum Tod führt. Ein Unfall erfolgt durch das Aufeinanderwirken von Mensch und Faktor, der eine Körperverletzung bewirkt (§ 8 des achten Sozialgesetzbuches (SGB VIII)).

Ein plötzliches Ereignis bezieht sich auf einen kurzen Zeitraum. Gesundheitsschäden, die durch körperliche Dauerbelastung entstehen, erfüllen die Anforderung der Plötzlichkeit nicht. Bei einem von außen auf den Körper einwirkenden Ereignis kann es sich um eine Berührung mit einem anderen Menschen oder einem Gegenstand handeln; die Einwirkung eines chemischen Gases sowie elektrische oder thermische Einwirkungen erfüllen diese Voraussetzung ebenfalls. Eigenbewegungen (z. B. Verletzung beim Hantieren) gelten als von außen einwirkend. Innere Vorgänge, wie ein Schlaganfall, zählen hingegen nicht dazu. Ein Unfallereignis kann sowohl durch menschliches Handeln als auch durch ein Naturereignis (z. B. Glatteis, Blitz) ausgelöst werden.

Der Arbeitsunfall grenzt sich vom allgemeinen Unfall dadurch ab, dass es ein Unfall ist, den eine versicherte Person bei einer versicherten Tätigkeit erleidet. Es kommt aus versicherungsrechtlicher Sicht also auf die Person und die Tätigkeit an. Ab drei Ausfalltagen muss der Unfall dem Unfallversicherungsträger auf einem Formular gemeldet werden.

Ausgehend von dem Erklärungsmodell „Entstehungszusammenhänge von Unfällen und arbeitsbedingten Erkrankungen" (vgl. Abbildung 7.9) sind prinzipiell verletzungs-/schadensbewirkende Faktoren in der Arbeitssituation erkennbar und beeinflussbar, somit können Unfälle vermieden bzw. die Wahrscheinlichkeit des Eintritts kann verringert werden.

- Unfälle und arbeitsbedingte Erkrankungen sind auf Ursachen, die in der Arbeitssituation vorhanden sind, zurückzuführen.
- Unfällen und arbeitsbedingten Erkrankungen liegen verletzungs- bzw. krankheitsbewirkende (schädigende) Faktoren zugrunde.
- Das Ursachengefüge besteht aus
  - Vorhandensein eines Gefährdungsfaktors an der Gefahrenquelle,
  - Gefahrbringenden Bedingungen (Umstände, die ein Wirksamwerden der Gefährdungsfaktoren ermöglichen),
  - Unfallgefährdungen führen zum Unfall, wenn begünstigende Bedingungen hinzutreten,
  - Gesundheitsgefährdungen führen zur Erkrankung, wenn begünstigende Bedingungen hinzutreten.

Erkenntnisse aus dem Erklärungsmodell:

- Unfallgefährdungen sind bereits vor Eintritt des Unfallereignisses vorhanden.
- Bei bestehenden Unfallgefährdungen ist prinzipiell immer die Möglichkeit des Eintritts eines Unfalls gegeben.
- Unfallgefährdungen (verletzungsbewirkende Faktoren und gefahrbringende Bedingungen) sind unabhängig von Unfällen erkennbar.
- Sind Gesundheitsgefährdungen vorhanden, ist prinzipiell die Möglichkeit einer arbeitsbedingten Erkrankung gegeben.
- Gesundheitsgefährdungen sind wie Unfallgefährdungen unabhängig vom Eintritt von arbeitsbedingten Erkrankungen erkennbar, und zwar immer dann, wenn die Wirkungszusammenhänge bekannt sind oder als wahrscheinlich bewertet werden müssen.
- Aufdecken von Belastungen (im Sinne von Gesundheitsgefährdung) ermöglicht ein Eingreifen, bevor eine arbeitsbedingte Erkrankung eintritt.
- Das Erkennen von krankheits- und verletzungsbewirkenden Faktoren und Unfallgefährdungen ist Voraussetzung für die vorausschauende Vermeidung von Unfällen.

Als generelle Erkenntnis lässt sich festhalten:
Unfälle passieren nicht, sondern werden verursacht, d. h. sie haben Ursachen. Diese können erkannt und beseitigt werden. Besonders wirksam ist es, bereits vor Eintritt eines Schadens aktiv zu werden und die Gefährdung zu beseitigen. Dieses erfolgt mittels einer Gefährdungsbeurteilung, d. h. einer vorausschauenden Analyse und Bewertung der Situation. Notwendig ist es natürlich auch, dass Unfälle und arbeitsbedingte Erkrankungen untersucht werden (rückschauende Gefährdungsermittlung). Es müssen die entsprechenden Ursachen ermittelt und beseitigt werden. Auch im Arbeitsschutz gilt die Regel des Qualitätsmanagements: Gleiche Fehler dürfen sich nicht wiederholen! Ein Unfall mit den gleichen Ursachen darf sich also kein zweites Mal ereignen.
Der Zusammenhang zwischen rückschauender und vorausschauender Gefährdungsermittlung wird in Abbildung 7.10 verdeutlicht.

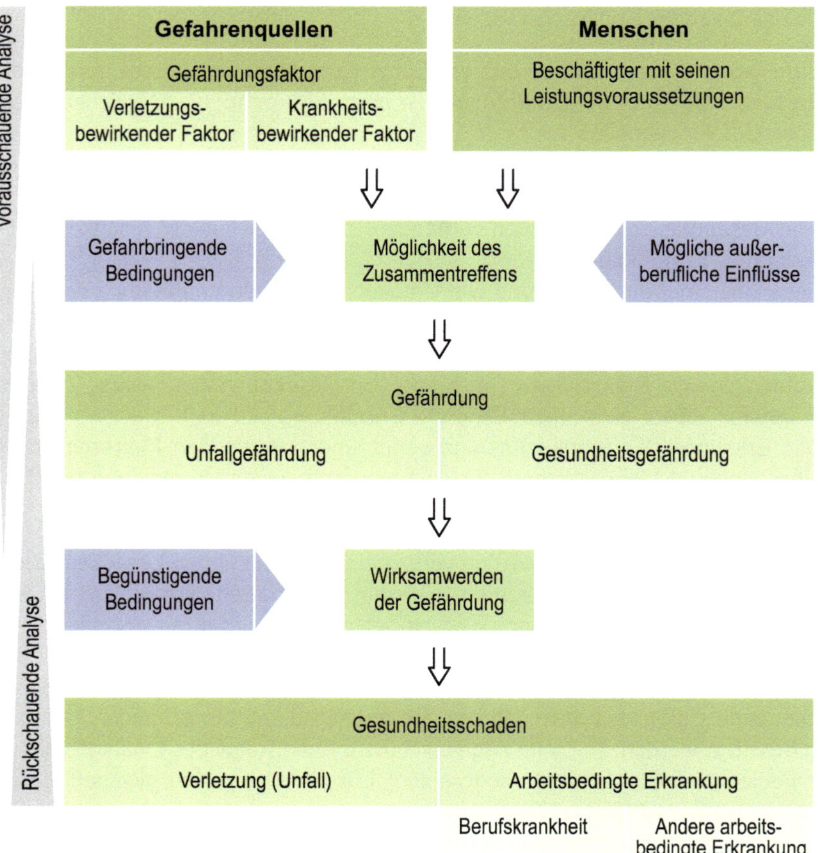

Abbildung 7.10: Vorausschauende und rückschauende Analyse von Gefährdungen (DGUV & BAuA, o. J.)

Unfallschwere und Schädigungsprozesse

Bezüglich der Verdeutlichung der Unfallschwere und der Häufigkeit wird oft die sogenannte Unfallpyramide (vgl. Abbildung 7.11) herangezogen. Es zeigt sich ein statistisch signifikanter Zusammenhang zwischen Unfallschwere und Häufigkeit. Tödliche Unfälle sind in der Arbeitswelt – im Gegensatz zum Straßenverkehr – eher selten. Kritische Ereignisse, bei denen es durchaus einen Schaden hätte geben können, sind häufiger. Aus der Unfallpyramide können Ansätze für die Prävention abgeleitet werden. Es ist sinnvoller, schon sogenannte kritische Ereignisse zu betrachten als nur Unfälle mit Personenschaden. Es bestehen bei diesen Ereignissen die prinzipiell gleichen Zusammenhänge, nur ist durch glückliche Umstände keine Person zu Schaden gekommen.

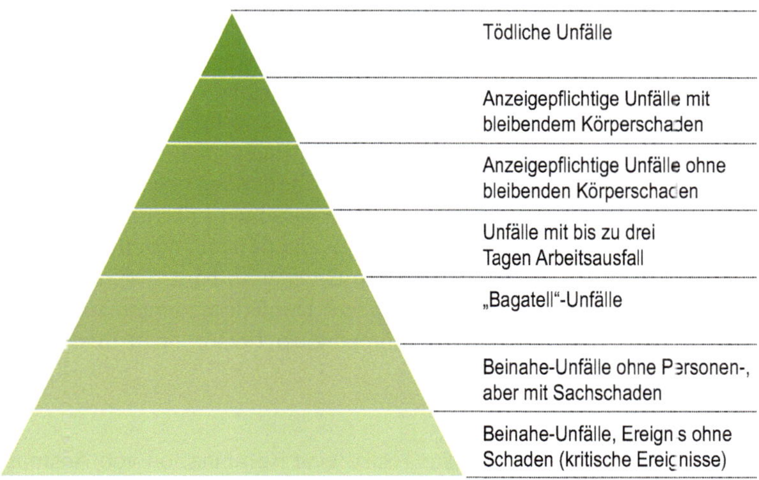

Abbildung 7.11: Unfallpyramide (DGUV & BAuA, o. J.)

Eine ähnliche Darstellung (Erkrankungspyramide, Abbildung 7.12) erläutert die Krankwerdungsprozesse im menschlichen Körper.

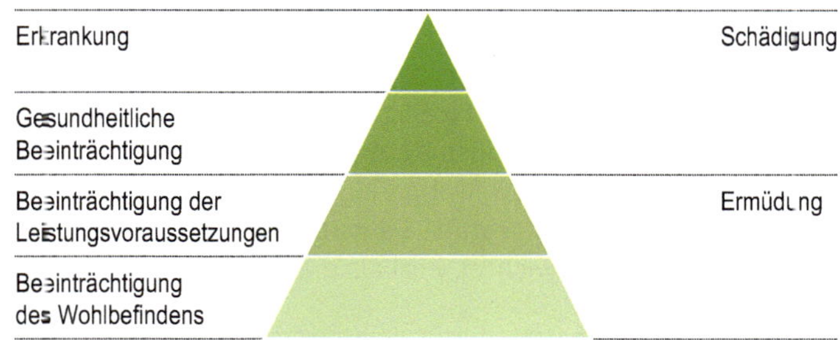

Abbildung 7.12: Erkrankungspyramide (DGUV & BAuA, o. J.)

In jedem Fall rufen Belastungen im menschlichen Körper und/oder der Psyche Wirkungen hervor. Solche Wirkungen bestehen zum Beispiel in physiologischen Umstellungen wie der Erhöhung der Herzschlagfrequenz, des Blutdrucks oder ähnlichem.

Dies muss nicht in jedem Fall negativ beurteilt werden: Ein bestimmtes Maß an Bewegung hat z. B. auf das Herz-Kreislauf-System fördernde Wirkung. Die individuelle Reaktionsbreite auf Belastungen hat biologische und psychologische Grenzen (siehe Abschnitt B 4.1).

Gesundheitliche Schädigungsprozesse werden von individuellen und situativen Voraussetzungen bei der Arbeit beeinflusst. Neben den Bedingungen der Arbeit sind individuelle Eigenschaften und Voraussetzungen, wie anatomische und physiologische Leistungsvoraussetzungen sowie die Handlungsfähigkeit auf der Grundlage von Wissen, Können und Einstellungen der Betroffenen zu berücksichtigen. Zudem sind Voraussetzungen wie Alter, Gewicht und Konstitution einzubeziehen. Beim Eintritt eines Schadensereignisses ist die Multikausalität der Einflussfaktoren zu berücksichtigen; dies bedeutet, dass ein gesundheitlicher Schaden meist durch mehrere, sich ergänzende Ursachen im Arbeitssystem beeinflusst wird. Je nach Art, Einwirkungsdauer und Höhe der Gefährdung sowie den individuellen Voraussetzungen können biologische bzw. psychologische Grenzen früher oder später erreicht oder überschritten werden.

Durch eine Anpassung des Körpers können sich Gefährdungen bzw. Belastungen zu gesundheitsförderlichen Ressourcen entwickeln. Beispielsweise wird der Organismus durch Übungen belastet; beim richtigen Maß führt dieses zu einem Trainingseffekt, der Leistungsressourcen im Herz-Kreislauf- und im muskulären Bereich aufbaut. Ressourcen können einen moderierenden Einfluss auf Gefährdungen haben. Um Erkrankungen zu vermeiden, dürfen Gefährdungen bzw. Belastungen die Ressourcen einer Person nicht überschreiten.

Risiko und Sicherheit

Nach DIN EN ISO 12100 (2011) ist das Risiko eine Kombination von Ausmaß und Wahrscheinlichkeit des Eintritts des Schadens. Diese Definition umfasst nicht nur das vorausschauend ermittelte Risiko eines Gefährdungsereignisses, sondern beschreibt auch das Restrisiko einer bereits umgesetzten Gestaltungslösung. Im Falle eines technischen Lösungsansatzes bezieht sich die Definition auf ein akzeptables Restrisiko.

Fallbeispiel

Die Risikoakzeptanz als gesellschaftliches Phänomen unterliegt einer subjektiven Einschätzung. So entspricht die Anzahl der Todesopfer, die der Straßenverkehr jährlich in Europa fordert, der Bevölkerung einer mittleren Stadt. Würde durch das Versagen eines Kernkraftwerks alle 10 Jahre eine Stadt ausgelöscht, so wäre das ein 10 Mal geringeres Risiko. Ein solches Risiko würde als völlig unakzeptabel eingestuft. Es wird ersichtlich, dass das Ausmaß eines Schadens viel stärker gewichtet wird als die Wahrscheinlichkeit des Schadenseintritts.

Seltene Ereignisse werden in ihrem Risiko überschätzt, häufige Ereignisse unterschätzt.

Fallbeispiel

In einer Druckerei gab es regelmäßig Schnittverletzungen der Hände an Papierkanten. Auf die Frage, ob man dagegen nicht etwas tun könnte, wurde die Antwort „Das ist normal in unserer Branche, da kann man nichts machen." gegeben. Es zeigt sich, dass geringfügige Unfälle bei großer Häufigkeit akzeptiert und als normal bewertet werden.

Abbildung 7.13 vermittelt den Zusammenhang von Risiko, Gefahr und Sicherheit schematisch.

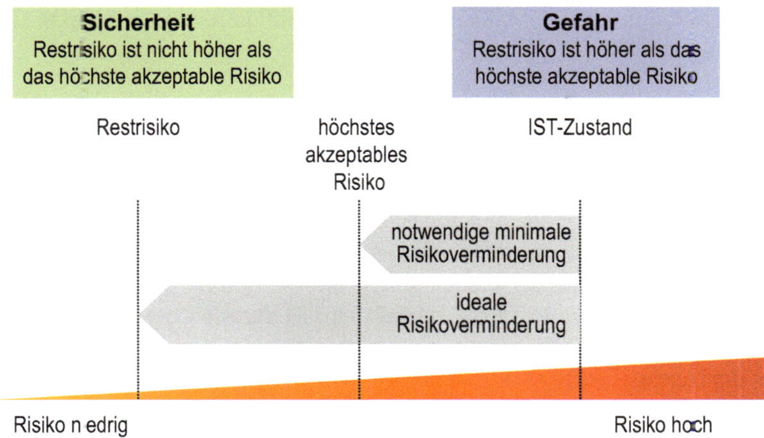

Abbildung 7.13: Zusammenhang zwischen Risiko, Sicherheit und Gefahr (DGUV & BAuA, o. J.)

Wird das abgebildete Risikomodell zur Gestaltung von sicheren und gesundheitsgerechten Arbeitssystemen herangezogen, dann ergibt sich aus dem Begriff der „notwendigen (minimalen) Risikoverminderung" das Minimalziel der Verbesserung, aus der „idealen Risikoverminderung" das Maximalziel.

B 7.4.3 Maßnahmenhierarchie

Zur Reduzierung von Gefährdungen bzw. zur Gestaltung von sicheren Arbeitsbedingungen gibt es Maßnahmen mit unterschiedlicher Wirksamkeit bzw. Reichweite (vgl. Abbildung 7.14).

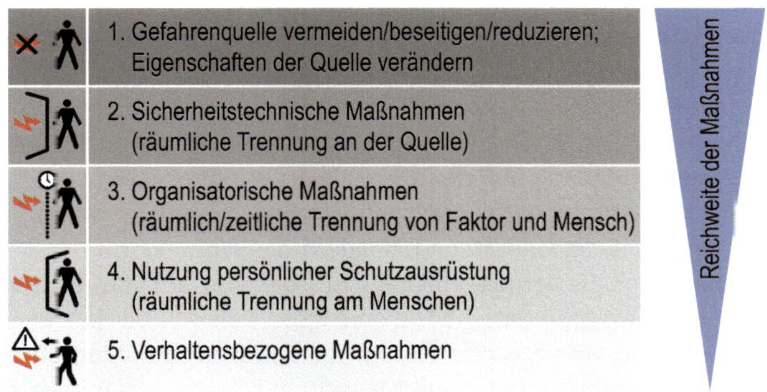

Abbildung 7.14: Maßnahmenhierarchie des Arbeitsschutzes (DGUV & BAuA, o. J.)

Als anerkannte Rangfolge der Maßnahmen für die Einflussnahme auf Unfall- und Gesundheitsgefährdungen gilt:

1. Maßnahmen, die gewährleisten, dass Gefahren nicht entstehen bzw. vorhandene beseitigt werden: Das beinhaltet insbesondere Gestaltung bzw. Auswahl der Technik sowie die Auswahl und den Einsatz der Arbeitsstoffe mit dem Ziel, dass Gefahren möglichst nicht vorhanden sind bzw. nicht entstehen. Dies umfasst technisch-konstruktive Gestaltungen und den Einsatz ungefährlicher Arbeitsstoffe. Merkmal der Maßnahmen ist die Vermeidung von Gefahren. Auch bei psychischen Faktoren gilt die Regel, dass die Quelle der Gefahr durch die Gestaltung der Arbeitsbedingungen zu eliminieren ist. Die Rangstufe 1 schließt ein: Reduzieren der Gefährdung etwa durch Verringerung des Energiebetrages auf eine nicht mehr verletzungsbewirkende Größe (bei elektrischen Gefährdungen z. B. durch Schutzkleinspannung).
2. Maßnahmen, die gewährleisten, dass Gefahren nicht wirksam werden: Dies beinhaltet insbesondere sicherheitstechnische Maßnahmen (wie Schutzeinrichtungen) mit der speziellen Zielsetzung, vorhandene bzw. zu erwartende Gefahren durch räumliche Trennung von Gefahr und Mensch zu beherrschen (z. B. durch Abschirmen). Derartige Maßnahmen sollen eine möglichst umfassende und zwangsläufige Wirkung haben und zwangsläufig und zuverlässig verhindern, dass Mensch und Gefährdungsfaktoren zusammentreffen können.
3. Nutzung organisatorischer Sicherheitsmaßnahmen zur Beherrschung vorhandener Gefährdungen bzw. Gesundheitsrisiken (auch nach Einsatz sicherheitstechnischer Einrichtungen): Das Wirksamwerden der Gefahr wird durch organisatorische Maßnahmen verhindert, die ein Fernhalten des Menschen von der Gefahr bewirken (d. h. räumliche bzw. zeitliche Trennung von Gefahr und Mensch). Es handelt sich um organisatorische Sicherheitsmaßnahmen, z. B. Regelungen zur Arbeitsorganisation, Arbeitsablauf, Arbeitszeit- und Pausengestaltung, Beschäftigungsbeschränkungen. Das Kennzeichen von organisatorischen Maßnahmen ist, dass die Gefährdung durch genau diese Maßnahme reduziert wird. Häufig werden Maßnahmen, die eben organisiert werden müssen, hier fälschlicherweise genannt, z. B. Organisation von Unterweisungen und arbeitsmedizinischen Untersuchungen oder Organisation der Prüfung von elektrischen Geräten.
4. Nutzung persönlicher Schutzausrüstungen (PSA) zur Verhinderung bzw. Verringerung verbliebener Unfall- und Gesundheitsrisiken: Eine potenziell verletzungsbewirkende Energie wirkt zwar auf den Menschen ein, eine Verletzung wird aber durch z. B. den Sicherheits- bzw. Schutzschuh vermieden bzw. verringert.
   PSA reduziert nicht die Gefährdung, sondern die Wirkung auf den Menschen!
5. Verhaltensbezogene Sicherheitsmaßnahmen, die sich auf das Wissen, Können und Wollen der Beschäftigten beziehen, damit diese sich den vorhandenen Gesundheitsrisiken entziehen können bzw. sie diese nicht auslösen. Der Mensch verringert durch sein Verhalten die Möglichkeit, dass Mensch und Faktor zusammentreffen.

Manchmal wird auch Technik - Organisation - Personal (T-O-P) als Rangfolge der Maßnahmen bezeichnet. Das ist so nicht korrekt. Maßnahmen zur Verbesserung der Arbeitsbedingungen stammen aus den Bereichen Technik, Organisation und Personal. Hieraus kann noch keine Rangfolge abgeleitet werden, da sich diese aus dem Charakter des jeweiligen Gefährdungsfaktors ergibt. In manchen Fachgebieten sind auch die Begriffe primäre, sekundäre und tertiäre Maßnahmen bekannt. Diese Betrachtungsweise ist für ein zeitgemäßes Arbeitsschutzverständnis nicht allgemein genug, da die jeweilige Maßnahmenhierarchie eben nur für den speziellen Gefährdungsfaktor zutrifft (z. B. Lärm). So lassen sich z. B. die Gefährdungen durch Gefahrstoffe sehr wohl durch technische Maßnahmen reduzieren. Günstiger ist es jedoch, den Stoff durch einen weniger gefährlichen Stoff zu ersetzen. Auch psychische Faktoren lassen sich z. B. nicht umfassend wirksam mit technischen Maßnahmen bekämpfen. In Abbildung 7.15 wird gezeigt, an welchen Stellen im Erklärungsmodell die einzelnen Maßnahmen ansetzen.

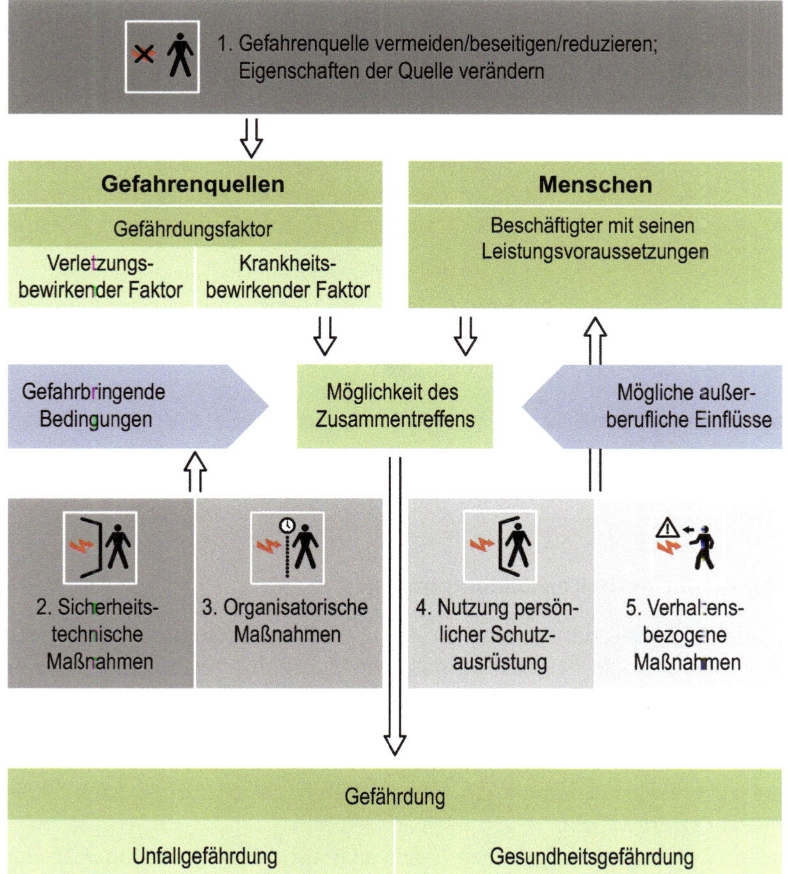

Abbildung 7.15: Ansatzpunkte von Arbeitsschutzmaßnahmen (DGUV & BAuA, o. J.)

Mit Blick auf die Maßnahmenhierarchie ist festzuhalten: Verhaltensbezogene Maßnahmen sind ergänzende Maßnahmen zu sicherheitstechnischen und organisatorischen Maßnahmen bzw. zum Einsatz persönlicher Schutzausrüstungen. Nur wenn Gefahrenquellen beseitigt werden, werden das Entstehen von Gefährdungen und damit nicht akzeptable Risiken ausgeschlossen. Bei allen anderen Maßnahmen wird diese hohe Wirksamkeit nicht erreicht und es sind regelmäßige Maßnahmen (Prüfungen) zur Sicherstellung der Wirksamkeit notwendig. Weiterhin sind verhaltensbezogene Maßnahmen ergänzend notwendig, um den verbleibenden Restrisiken zu begegnen. Allgemein wird unter Verhalten jedes Tun verstanden. Auch das Nicht-Tun, z. B. das Unterlassen einer Reaktion auf einen äußeren Reiz, ist ein Verhalten. Verhalten im Sinne dieser Definition ist prinzipiell beobachtbar.

Arbeitsschutzgerechtes Verhalten bedeutet aktives Tun oder Unterlassen von Handlungen mit dem Ziel, die eigene Sicherheit und Gesundheit und diejenige anderer zu schützen bzw. zu erhalten und zu fördern. Sicherheitsgerechtes Verhalten zeichnet sich dadurch aus, dass das mögliche Eintreten einer Gefährdung vorweggenommen und so der Gefahr aktiv begegnet wird. Gesundheitsgerechtes Verhalten zeichnet sich dadurch aus, dass Gesundheitsgefährdungen vermieden und Möglichkeiten zur Steigerung der gesundheitlichen Ressourcen genutzt werden.

Arbeitsschutzwidriges Verhalten bezieht sich im Gegensatz dazu auf das Fehlverhalten auf der Basis einer bewussten Entscheidung oder auf das Nichterkennen bzw. Nichtbewältigen von Arbeitsschutzerfordernissen. Verhalten als beobachtbares und nach außen wirkendes Tun und Handeln eines Mitarbeiters ist das Ergebnis eines psychischen Steuerungsprozesses. Dieser kognitive Prozess lässt sich als dreistufiger Informationsverarbeitungsprozess beschreiben:

1. Wahrnehmen der Situation bzw. Gefährdung (Gefährdungswahrnehmung),
2. Bewerten der Situation bzw. Gefährdung (Gefährdungsbewertung),
3. Entscheiden über das folgende Verhalten.

Beeinflusst wird dieser Prozess vom Wissen (d. h. Kenntnisse, Fertigkeiten), Wollen (d. h. Motive, Einstellungen) und Können (d. h. Fähigkeiten) des Mitarbeiters. Hinzu kommt das Dürfen, d. h. die wahrgenommenen Erwartungen und Anforderungen der Arbeitsgruppe und der Vorgesetzten.

Bewusstseins- und Verhaltensbildung im Arbeitsschutz

Beim Verhalten der Beschäftigten spielt das Sicherheitsbewusstsein eine entscheidende Rolle. Aus der Psychologie ist bekannt, dass der Mensch das wahrnimmt, was ihm wichtig ist und was in Bezug zu seinen aktuellen Bedürfnissen steht. Beispielsweise nimmt man bei Hunger, d. h. beim Bedürfnis nach Nahrung, einen Imbissstand intensiver wahr als im gesättigten Zustand. Ziel der betrieblichen Sicherheitsarbeit ist es, ein Arbeitsschutzbewusstsein zu entwickeln, damit die Beschäftigten ein Bedürfnis nach Sicherheit und Gesundheitsschutz entwickeln.

Unfallursachen in komplexen Systemen lassen sich auf die in Abbildung 7.16 dargestellten Fehlertypen zurückführen (siehe auch Abschnitt B 2.1.4). Patzer, Schnitzer und Fehler können minimiert werden, wenn ihre jeweiligen Ursachen bekannt sind.

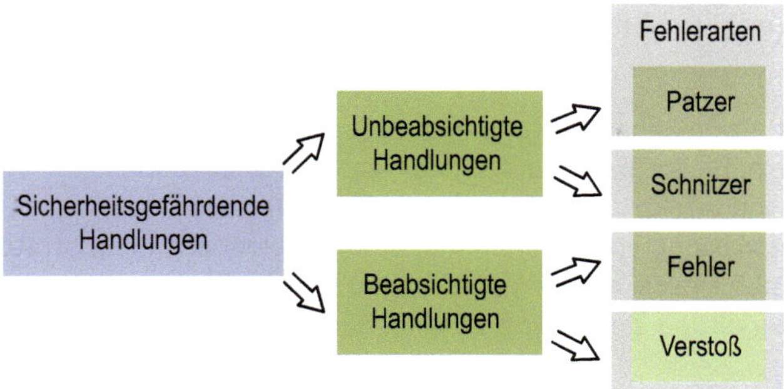

Abbildung 7.16: Fehlerklassifikation des menschlichen Verhaltens (nach Reason, 1994)

Patzer sind Aufmerksamkeitsfehler, die durch Unaufmerksamkeit oder Überaufmerksamkeit beim Fokussieren auf ein Einzelereignis entstehen. Schnitzer sind Gedächtnisfehler. Regelbasierte Fehler treten dann auf, wenn Regeln falsch angewandt werden oder wenn die Regel falsch ist. Der Begriff der Verhaltensbildung bezeichnet den abschließenden Lernprozess, der zur Entwicklung von Gewohnheiten führt. Das Entstehen arbeitsschutzgerechter bzw. arbeitsschutzwidriger Gewohnheiten ist Ergebnis von Lern- und Rückkopplungsprozessen. Drei Lerngesetze steuern die Entwicklung von Verhaltensgewohnheiten:

- Ein Verhalten, dessen Ergebnis als Erfolg erlebt wird, tendiert dazu, wiederholt zu werden.
- Ein Verhalten, dessen Ergebnis als Misserfolg erlebt wird, tendiert dazu, verändert zu werden.
- Ein Verhalten, dessen Ergebnis wiederholt als Erfolg erlebt wird, entwickelt sich zu einer entsprechenden Gewohnheit.

Grundsätze für die Verhaltensbildung

Arbeitsschutzgerechtes Verhalten bringt dem Mitarbeiter kurzfristig wesentlich häufiger Nachteile als Vorteile. Daraus kann sich eine arbeitsschutzwidrige Gewohnheit entwickeln. Zur Förderung arbeitsschutzgerechten Verhaltens haben sich folgende Strategien bewährt:

- Arbeitsschutzgerechtes Verhalten verstärken: D. h. zusätzliche Vorteile für arbeitsschutzgerechtes Verhalten schaffen.
- Vorhandene Nachteile arbeitsschutzgerechten Verhalten abbauen: D. h. arbeitsschutzgerechtes Verhalten vereinfachen (arbeitsschutzgerechtes Verhalten für den Mitarbeiter einfacher und bequemer machen).
- Vorhandene Nachteile arbeitsschutzwidrigen Verhaltens aufzeigen und zusätzliche Nachteile schaffen: D. h. arbeitsschutzwidriges Verhalten erschweren (arbeitsschutzwidriges Verhalten bestrafen).
- Vorhandene Vorteile arbeitsschutzwidrigen Verhaltens abbauen: D. h. arbeitsschutzwidriges Verhalten für den Mitarbeiter erschweren bzw. unmöglich machen.

Bei der Entwicklung von Maßnahmen zur Verhaltensbildung sind folgende Grundsätze zu beachten:

- Nicht auf Einzelmaßnahmen und einmalige Aktionen setzen, sondern vielfältige Maßnahmen in zeitlicher Reihung durchführen bzw. wiederholen.
- Kognitive und affektive Komponenten verknüpfen.
- Bei der Entwicklung von Maßnahmen problemorientiert, nicht strategieorientiert vorgehen. In der Praxis ist die Wirksamkeit von Maßnahmen entscheidend, nicht die theoretisch richtige Zuordnung zu einer Strategie.

Maßnahmen zur Verhaltensbildung

Folgende Maßnahmen zur arbeitsschutzgerechten Verhaltensbildung haben sich in der betrieblichen Praxis bewährt:

Zusätzliche Vorteile für arbeitsschutzgerechtes Verhalten schaffen Mitarbeiter können zu arbeitsschutzgerechtem Verhalten angeregt werden, wenn sie regelmäßig angesprochen und für Belange des Arbeitsschutzes sensibilisiert werden. Voraussetzung für eine wirksame Verhaltensbildung ist ein überzeugendes Auftreten und Verhalten der jeweiligen Führungskraft bzw. der Fachkraft für Arbeitssicherheit. Führungskräfte sollen sich mit dem Arbeitsschutz identifizieren und diese Identifikation erkennen lassen. Für eine wirksame Ansprache bzw. Unterweisung haben sich folgende Kriterien bewährt:

- praktische Experimente veranschaulichen die langfristigen Vorteile arbeitsschutzgerechten Verhaltens,
- durch aktive Beteiligung der Mitarbeiter Akzeptanz erreichen,
- den Mitarbeiter als Fachmann ansprechen (d. h. aus Betroffenen Beteiligte machen),
- Arbeitsschutzgerechtes Verhalten der Mitarbeiter kann gefördert werden, indem es mit Karrierechancen gekoppelt wird. Positives Verhalten soll beispielsweise im Rahmen eines Sicherheitswettbewerbs positiv dargestellt und kommuniziert werden. In vielen amerikanischen Unternehmen machen nur diejenige Führungskräfte Karriere, die auch hervorragende Zahlen im Arbeitsschutz vorweisen können.

Arbeitsschutzgerechtes Verhalten vereinfachen Um das arbeitsschutzgerechte Verhalten zu vereinfachen, soll u. a. die persönliche Schutzausrüstung auf die individuellen Bedürfnisse (auch Modebedürfnisse) des Mitarbeiters angepasst werden und bequem sitzen. Außerdem soll die Schutzausrüstung leicht zugänglich aufbewahrt werden. Die Mitarbeiter sollen bei Kaufentscheidungen einbezogen werden und probeweise Trageversuche mit der persönlichen Schutzausrüstung durchführen können. Nur so ist gewährleistet, dass die Schutzausrüstung auch getragen wird. Darüber hinaus gilt es, die Sicherheitsvorkehrungen handhabbar und die Sicherheitsregeln verständlich zu machen sowie die Akzeptanz von Sicherheitseinrichtungen, -materialien und -verfahren zu erproben.

Arbeitsschutzwidriges Verhalten erschweren Um den Sicherheits- und Gesundheitsschutz zu verbessern, soll versucht werden, arbeitsschutzwidriges Verhalten zu erschweren. D. h. alle Mitarbeiter sollen über mögliche Gefährdungen in ihrem Arbeitsumfeld informiert werden. In diesem Zusammenhang empfiehlt sich auch die Demonstration von Unfallmechanismen. Das Herausarbeiten der Langfristigkeit der Nachteile arbeitsschutzwidrigen Verhaltens ist ebenso sinnvoll wie das Belegen der Kurzfristigkeit der Vorteile eines solchen Verhaltens. Dies lässt sich durch eingestreute Abschreckungsbeispiele unterstützen, die die Folgen arbeitsschutzwidrigen Verhaltens verdeutlichen und nachhaltig einprägen. Darüber hinaus sind mögliche Gefährdungen deutlich zu kennzeichnen.

Vorhandene Vorteile arbeitsschutzwidrigen Verhaltens abbauen Arbeitsschutzwidriges Verhalten geht zuweilen mit kurzfristigen Vorteilen einher. Zu erwähnen sind Weg- oder Zeitvorteile. Um arbeitsschutzwidriges Verhalten zu erschweren, haben sich folgende Maßnahmen bewährt:

- Gitter, Absperrungen vorsehen,
- Zwangskanalisierungen vornehmen,
- Schutzmaßnahmen an Funktionen koppeln,
- Rechtfertigungen für arbeitsschutzwidriges Verhalten sorgfältig aufarbeiten,
- ungeeignete oder beschädigte Hilfsmittel und Werkzeuge vernichten.

B 7.4.4 Organisation des Arbeitsschutzes im Betrieb

Aus den vorher beschriebenen Maßnahmen des Arbeitsschutzes zur Verbesserung von Sicherheit und Gesundheitsschutz im Betrieb ergeben sich organisatorische Anforderungen zur Sicherstellung der dauerhaften Wirksamkeit der Maßnahmen (vgl. Abbildung 7.17). Darüber hinaus bestehen auch gesetzliche Anforderungen und Anforderungen der Unfallversicherungsträger an die Organisation des Arbeitsschutzes im Betrieb.
In der folgenden Abbildung wird ausgehend von der realen Arbeitssituation, d. h. den Bedingungen im Betrieb der Weg zur Arbeitsschutzorganisation beschrieben. Es wird deutlich, dass dieses im Sinne der kontinuierlichen Verbesserung und der Weiterentwicklung des Standes der Technik ein iterativer Prozess ist. Zunächst müssen alle vorhandenen Gefährdungen analysiert und bewertet werden. Sind hier im Regelwerk Grenzwerte vorhanden bzw. wird der Stand der Technik beschrieben, dann kann durch einen IST-SOLL-Vergleich abgeleitet werden ob Handlungsbedarf gegeben ist. Die Einhaltung der Vorgaben des Regelwerks löst die Vermutungswirkung aus. Wenn also die betriebliche Situation so gestaltet ist, wie im Regelwerk beschrieben, dann ist kein Nachweis der Wirksamkeit der getroffenen Maßnahmen notwendig.
Gibt es im Regelwerk keine Vorgaben, dann muss eine spezifische Risikoanalyse erfolgen. Die Bewertung des Risikos wird dabei von der Risikoakzeptanz in der Gesellschaft (z. B. arbeitsbedingte Erkrankungen des Muskel- und Skelettsystems werden nicht akzeptiert) und dem betrieblich festgelegten Anspruch an die Arbeit (z. B. wir wollen gesunde und leistungsfähige Mitarbeiterinnen und Mitarbeiter) beeinflusst. Auch die eventuell unterschiedliche Leistungsfähigkeit der Beschäftigten (z. B. durch die demografische Entwicklung bedingt) muss berücksichtigt werden. Auf die Risikobewertung folgt auch die Entscheidung, ob Handlungsbedarf gegeben ist oder nicht.

Wenn keine Maßnahmen zur Verbesserung der Arbeitsbedingungen notwendig sind, dann sind trotzdem regelmäßige Prüfungen durchzuführen und die organisatorischen Anforderungen zu erfüllen. Wenn sich z. B. zeigt, dass es im Betrieb keine Gefahren durch den elektrischen Strom gibt, da alle Installationen bzw. Geräte die einschlägigen Vorgaben erfüllen, dann sind keine konkreten Verbesserungsmaßnahmen notwendig, es muss aber trotzdem regelmäßig der Stand der Elektrosicherheit geprüft werden, da sich durch den Gebrauch bzw. die Abnutzung Defekte (z. B. Durchscheuern der Isolation) ergeben können. Ähnliches gilt für Aufzüge, Druckbehälter, Fahrzeuge usw. (Betriebssicherheitsverordnung, BetrSichV). Da sich im Betrieb durch die Leistungserstellung Veränderungen und Abnutzungserscheinungen (auch im Verhalten der Beschäftigten) ergeben können, muss auch regelmäßig eine erneute Beurteilung der Arbeitsbedingungen durchgeführt werden.
Wurde festgestellt, dass Maßnahmen zur Verbesserung von Sicherheit und Gesundheitsschutz notwendig sind, dann können diese entsprechend der im vorangegangenen Abschnitt B 7.4.3 behandelten Maßnahmenhierarchie aus- und festgelegt werden. Auch hier muss durch eine Wirkungskontrolle und ggf. regelmäßig zu wiederholende Kontrollen die Dauerhaftigkeit gesichert werden. Oft werden auch im Regelwerk geeignete Maßnahmen zur Sicherstellung der Wirksamkeit aufgeführt.
Durch diesen Kreislauf wird der Zusammenhang von der faktorenbezogenen Gestaltung des Arbeitssystems und dem Arbeitsschutzmanagement aufgezeigt.

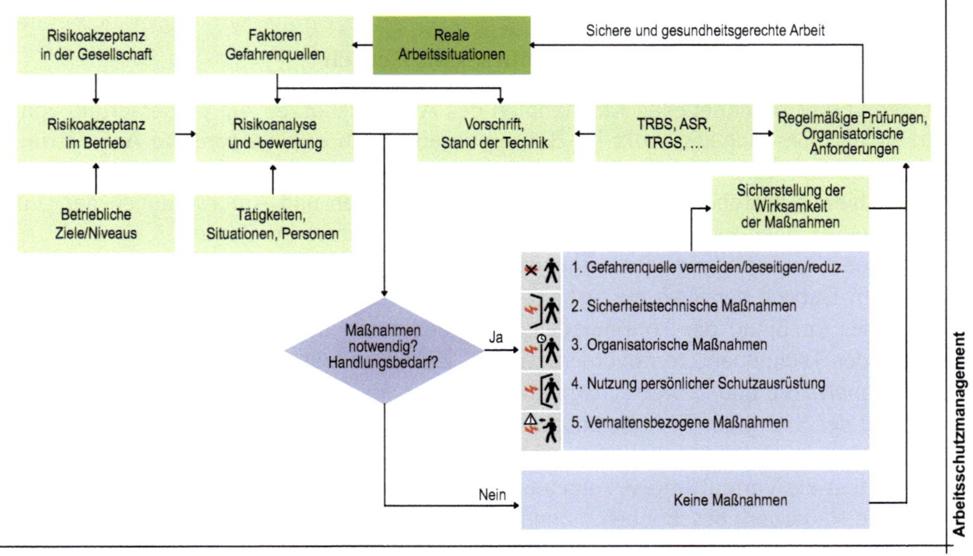

Abbildung 7.17: Zusammenhang von Arbeitssystemgestaltung und Arbeitsschutzmanagement

Im Arbeitsschutzmanagement ergeben sich Anforderungen an die unterschiedlichen Akteure im Betrieb. Diese werden in Abbildung 7.18 benannt.

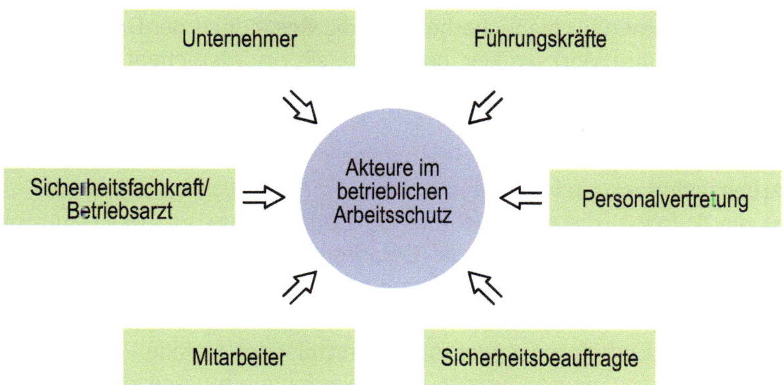

Abbildung 7.18: Akteure im betrieblichen Arbeitsschutz

Das Arbeitsschutzsystem sieht im Unternehmer (im Folgenden synonym bezeichnet für Arbeitgeber) den hauptverantwortlichen Organisator für Sicherheit und Gesundheitsschutz. Ihn unterstützen die Fachkraft für Arbeitssicherheit (Sicherheitsfachkraft, Sifa), der Betriebsarzt, die Sicherheitsbeauftragten sowie weitere innerbetriebliche Aufgabenträger. Mitarbeiter und Personalvertretungen leisten wichtige Beiträge bei der Umsetzung des Arbeitsschutzes. Aufgaben und Pflichten der Akteure werden nachfolgend benannt.
Die Aufgaben und Pflichten der betrieblichen Arbeitsschutzakteure sind rechtlich geregelt und können bei Verstößen sanktioniert werden. Bei der Diskussion von Rechtsfolgen spielt der Verantwortungsaspekt eine zentrale Rolle. Verstöße gegen Rechtsvorschriften können im Einzelfall geahndet werden.

Aufgaben und Pflichten des Unternehmers

Unternehmer sind natürliche oder juristische Personen und rechtsfähige Personengesellschaften, die andere Personen beschäftigen. Unternehmer ist, wer die betrieblichen und finanziellen Mittel in der Hand hält und somit letztlich die Entscheidungen trifft. Je nach Unternehmensform können Einzelpersonen oder Personengruppen verantwortlich sein. Die Verantwortung des Unternehmers für den Arbeitsschutz ist ein untrennbarer Bestandteil seiner unternehmerischen Gesamtverantwortung. Der Unternehmer trifft alle sicherheitsrelevanten Entscheidungen und ist für deren Umsetzung und Überwachung verantwortlich. Wesentliche Aufgaben und Pflichten sind:

- Der Unternehmer sorgt für die betriebliche Organisation des Arbeitsschutzes und stellt die hierfür erforderlichen Mittel zur Verfügung.
- Er hat die Gefährdungen für jeden Arbeitsplatz zu ermitteln. Die Beurteilung ist je nach Art der Tätigkeit durchzuführen. Arbeitsplätze können bei der Gefährdungsbeurteilung zusammengefasst werden, sofern gleichartige Arbeitsbedingungen und Tätigkeiten vorliegen. Die Gefährdungsbeurteilung ist zu dokumentieren.
- Er hat Gefahren wirksam und somit ursächlich zu bekämpfen. Dabei wird als Maßstab für die Sicherheitsvorkehrungen der Stand der Technik gesetzt. Kosten für Maßnahmen im Bereich der Arbeitssicherheit darf der Unternehmer nicht den Beschäftigten auferlegen.

- Er trifft Maßnahmen für die Sicherheit und die Gesundheit der Beschäftigten. Er überprüft diese auf ihre Wirksamkeit und passt sie erforderlichenfalls an sich ändernde Gegebenheiten an. Er sorgt für die Verbesserung von Sicherheit und Gesundheitsschutz der Beschäftigten.
- Er trägt dafür Sorge, dass die Beschäftigten den Mitwirkungspflichten im Bereich des Arbeitsschutzes nachkommen können.
- Er hat die Aufgabe, die Arbeitnehmer zur Eigenverantwortlichkeit zu motivieren.
- Die Beschäftigten müssen über die Gefahren bei der Arbeit ausreichend und angemessen unterwiesen werden. Dabei hat die Unterweisung vor Aufnahme der Tätigkeit zu erfolgen. Veränderungen in der Arbeit - wie Neueinstellungen, Veränderungen im Arbeitsbereich, Einführung neuer Arbeitsmittel oder Unfälle - sollen als Anlass für eine Unterweisung genutzt werden. Darüber hinaus müssen die Unterweisungen in regelmäßigen Zeitabständen wiederholt werden.

Der Unternehmer hat nach dem Arbeitsschutzgesetz § 7 „Übertragung von Aufgaben“ und § 13 (2) „Verantwortliche Personen“ die Möglichkeit, Aufgaben und Verantwortlichkeiten an andere geeignete Personen (d. h. Führungskräfte) oder Institutionen zu übergeben. Wenn der Unternehmer Verantwortung an andere Personen delegiert, muss er sich von der Zuverlässigkeit dieser Personen überzeugen.

Aufgaben und Pflichten der Führungskräfte

Führungskräfte übernehmen durch Delegation Unternehmeraufgaben für die ihnen unterstellten Beschäftigten und damit eine Garantenstellung. Diese Verantwortung reicht so weit, wie ihnen Weisungs- und Organisationsbefugnisse übertragen sind. Führungskräfte haben Weisungsbefugnis gegenüber den ihnen unterstellten Mitarbeitern, auch dann, wenn die Weisungsbefugnis nur vorübergehend ausgeübt wird, z. B. beim Anlernen eines neuen Mitarbeiters. Für die Führungskräfte ergeben sich folgende Aufgaben im Arbeitsschutz:

- Auswahl und Einsatz von Maschinen und Werkzeugen,
- Organisation von Fertigungs- und Arbeitsabläufen,
- Auswahl und Einsatz der Beschäftigten,
- Durchführung oder Organisation von Gefährdungsbeurteilungen,
- Kontrolle der Wirksamkeit von getroffenen Maßnahmen,
- Durchführung bzw. Veranlassung von Maßnahmen zur Gefahrenminimierung und Unterweisungen, sofern erforderlich,
- Überwachung der Einhaltung von Prüffristen,
- Kontrolle der Durchführung von arbeitsmedizinischen Vorsorgeuntersuchungen,
- Erstellung von Betriebsanweisungen,
- Bereitstellung von persönlicher Schutzausrüstung,
- Kontrolle und Überwachung von Erste-Hilfe-Maßnahmen und Brandschutz.

Gegebenenfalls müssen Führungskräfte anordnen, dass gefährliche Arbeiten eingestellt werden. Bei Maßnahmen, die über die Kompetenzen der betreffenden Führungskraft hinausgehen, sind der zuständige Vorgesetzte zu informieren und vorläufige Sicherungsmaßnahmen zu veranlassen.

Fallbeispiel

Ein Beschäftigter wird von seiner Führungskraft hingewiesen, dass er bei einer speziellen Tätigkeit eine Schutzbrille zu tragen hat. Der Beschäftigte lehnt dies ab. Er wolle auf eigenes Risiko keine Schutzbrille tragen. Falls etwas passiere, wolle er den Vorgesetzten dafür nicht verantwortlich machen. Diese Argumentation ist unakzeptabel. Es gibt im Betrieb kein „Arbeiten auf eigenes Risiko". Die Führungskraft trägt die Verantwortung für Sicherheit und Gesundheitsschutz in ihrem Bereich. Im Falle eines Unfalls wird immer die Verantwortlichkeit geklärt. Verkürzt gesagt, ist immer derjenige verantwortlich, der die Zustände hätte ändern können.

Aufgaben der Fachkraft für Arbeitssicherheit

Die Fachkraft für Arbeitssicherheit (Sifa) ist dem Unternehmer direkt unterstellt. Die Bestellung einer Tätigkeit als Fachkraft für Arbeitssicherheit erfolgt durch den Arbeitgeber in Absprache mit dem Betriebsrat. Die Tätigkeit als Fachkraft für Arbeitssicherheit steht dem Arbeitgeber in Fragen des Arbeitsschutzes beratend zur Seite und übt im Betrieb unterstützende Tätigkeiten aus (ASiG; DGUV, 2012). Die Aufgaben der Tätigkeit als Fachkraft für Arbeitssicherheit umfassen alle Bereiche des Arbeitsschutzes, einschließlich der Gefährdungsbeurteilung und der Entwicklung von Maßnahmen. Im Einzelnen soll die Fachkraft für Arbeitssicherheit nach ASiG § 6:

- den Arbeitgeber bei allen Fragen der Arbeitssicherheit und der menschengerechten Gestaltung der Arbeit beraten und unterstützen,
- die Durchführung des Arbeitsschutzes und der Unfallverhütung beobachten,
- die Beschäftigten zu Fragen des Unfall- und Gesundheitsschutzes beraten und unterweisen,
- regelmäßig die Arbeitsstätten begehen und die Betriebsanlagen und technische Arbeitsmittel überprüfen,
- Gefährdungsanalysen durchführen und betriebliche Sicherheitsprobleme systematisch aufdecken und bewerten,
- die Ursachen von Arbeitsunfällen untersuchen und auswerten und Maßnahmen zu deren Verhütung vorschlagen,
- bei der Schulung der Sicherheitsbeauftragten mitwirken.

Voraussetzung für die Tätigkeit als Fachkraft für Arbeitssicherheit ist eine Ausbildung als Ingenieur, Techniker oder Meister sowie eine zweijährige praktische Tätigkeit in diesem Beruf. Zusätzlich ist der Erwerb der sicherheitstechnischen Fachkunde erforderlich. Nach dem Arbeitssicherheitsgesetz benötigt jeder Betrieb eine sicherheitstechnische Betreuung. Umfang (Grundbetreuung + bedarfsbezogene Betreuung) und Art der Betreuung werden im ASiG und der DGUV Vorschrift 2 (DGUV, 2012) geregelt.

Bei Kleinbetrieben sind häufig keine geeigneten Personen zur Qualifizierung als Fachkraft für Arbeitssicherheit vorhanden. Unter Berücksichtigung dieser Problematik existiert das Unternehmermodell bzw. eine alternative Betreuung. Das Unternehmermodell sieht grundsätzlich vor, dass dem Unternehmer durch eine mehrtägige Schulung die Grundkenntnisse des betrieblichen Arbeitsschutzes vermittelt werden. Damit kann dieser die sicherheitstechnische Situation in seinem Betrieb besser beurteilen und das Fachwissen einer externen Fachkraft für Arbeitssicherheit gezielt nutzen und umsetzen.

Aufgaben des Betriebsarztes

Die Betriebsärzte haben die Aufgabe, den Arbeitgeber beim Arbeitsschutz und bei der Unfallverhütung in allen Fragen des Gesundheitsschutzes zu unterstützen (ASiG; DGUV, 2012). Sie haben nach ASiG § 3 insbesondere den Arbeitgeber und die sonst für den Arbeitsschutz verantwortlichen Personen zu beraten, vor allem bei:

- der Planung, Ausführung und Unterhaltung von Betriebsanlagen und von sozialen und sanitären Einrichtungen,
- der Beschaffung von technischen Arbeitsmitteln und der Einführung von Arbeitsverfahren und Arbeitsstoffen,
- der Auswahl und Erprobung von Körperschutzmitteln,
- arbeitsphysiologischen, arbeitspsychologischen und sonstigen ergonomischen sowie arbeitshygienischen Fragen, insbesondere des Arbeitsrhythmus, der Arbeitszeit und der Pausenregelung, der Gestaltung der Arbeitsplätze, des Arbeitsablaufs und der Arbeitsumgebung,
- der Organisation der Ersten Hilfe im Betrieb,
- Fragen des Arbeitsplatzwechsels sowie der Eingliederung und Wiedereingliederung Behinderter in den Arbeitsprozess,
- der Beurteilung der Arbeitsbedingungen.

Zudem kommt den Betriebsärzten die Aufgabe zu, die Arbeitnehmer zu untersuchen, arbeitsmedizinisch zu beurteilen und zu beraten. Hierunter fallen z. B. Augenvorsorgeuntersuchungen oder Untersuchungen des Hörvermögens. Für eine arbeitsmedizinische Untersuchung ist die Einwilligung des Betroffenen erforderlich; ebenfalls muss ihm auf Wunsch das Ergebnis der arbeitsmedizinischen Untersuchung mitgeteilt werden. Hingegen darf der Unternehmer keine Untersuchungsbefunde erhalten.
Eine weitere Aufgabe des Betriebsarztes liegt darin, die Durchführung des Arbeitsschutzes und der Unfallverhütung zu beobachten und im Zusammenhang damit:

- die Arbeitsstätten in regelmäßigen Abständen zu begehen und festgestellte Mängel dem Arbeitgeber oder der sonst für den Arbeitsschutz verantwortlichen Person mitzuteilen, Maßnahmen zur Beseitigung dieser Mängel vorzuschlagen und auf deren Durchführung hinzuwirken,
- auf die Benutzung der Körperschutzmittel zu achten,
- Ursachen von arbeitsbedingten Erkrankungen zu untersuchen, die Untersuchungsergebnisse zu erfassen und auszuwerten und dem Arbeitgeber Maßnahmen zur Verhütung dieser Erkrankungen vorzuschlagen.

Betriebsärzte wirken darauf hin, dass sich alle im Betrieb Beschäftigten den Anforderungen des Arbeitsschutzes und der Unfallverhütung entsprechend verhalten. Hierzu klären sie über die arbeitsbedingten Unfall- und Gesundheitsgefahren sowie über Einrichtungen und Maßnahmen zur Abwendung dieser Gefahren auf. Zudem wirken sie bei der Einsatzplanung und Schulung der Ersthelfer und des medizinischen Hilfspersonals mit. Zu den Aufgaben der Betriebsärzte gehört nicht, Krankmeldungen der Arbeitnehmer auf ihre Berechtigung zu überprüfen. Betriebsärzte wirken im Arbeitsschutzausschuss mit.
Wenngleich die Betriebliche Gesundheitsförderung (BGF) nicht rechtsverbindlich ist, stellt ihre Durchführung einen bedeutenden Teilaspekt der betriebsärztlichen Tätigkeit dar. Aufgrund ihres speziellen Wissens und ihrer praktischen Erfahrungen ist die Einbeziehung der Betriebsärzte bei der Aufstellung von gesundheitsfördernden Konzepten und Maßnahmen unverzichtbar.

Aufgaben der Beschäftigten

Es ist offensichtlich, dass das Erkennen, Bewerten und Lösen betrieblicher Arbeitsschutzprobleme die Mitwirkung aller Beteiligten erfordert. Nach zeitgemäßem Verständnis wird den Beschäftigen eine aktive Rolle im betrieblichen Arbeitsschutz zugewiesen, damit diese selbstverantwortlich zu sicheren und gesundheitsgerechten Arbeitsbedingungen beitragen können. Nach § 16 Arbeitsschutzgesetz haben die Beschäftigten besondere Aufgaben und Pflichten:

- Die Beschäftigten haben gemäß den Unterweisungen des Unternehmers aktiv für ihre Gesundheit und Sicherheit zu sorgen.
- Sie tragen auch für die Sicherheit und Gesundheit der Personen Sorge, die von ihren Handlungen oder Unterlassungen betroffen sind.
- Sie haben Arbeitsmittel und Schutzausrüstungen bestimmungsgemäß und sicher zu verwenden.
- Die Beschäftigten haben dem Arbeitgeber oder dem zuständigen Vorgesetzten jede von ihnen festgestellte unmittelbare erhebliche Gefahr für die Sicherheit und Gesundheit sowie jeden an den Schutzsystemen festgestellten Defekt unverzüglich zu melden.
- Sie sollen von ihnen festgestellte Gefahren für Sicherheit und Gesundheit und Mängel an den Schutzsystemen auch der Fachkraft für Arbeitssicherheit, dem Betriebsarzt oder dem Sicherheitsbeauftragten mitteilen.
- Sie haben gemeinsam mit dem Betriebsarzt und der Fachkraft für Arbeitssicherheit den Arbeitgeber darin zu unterstützen, die Sicherheit und den Gesundheitsschutz der Beschäftigten bei der Arbeit zu gewährleisten.

Auch wenn das Arbeitsschutzgesetz die Mitarbeiterbeteiligung nicht explizit benennt, so ist diese jedoch notwendig, wenn es um die Beurteilung psychischer Belastungen oder Befindlichkeitsstörungen geht. Mitarbeiterbeteiligung fördert zudem das Verständnis und die Akzeptanz bei der Einführung verhaltensbezogener Präventionsmaßnahmen. Dies verbessert die Wirksamkeit derartiger Maßnahmen. Werden Beschäftigte umfassend über Arbeitsschutzmaßnahmen informiert, fühlen sie sich im Umgang mit Gefahren sicherer. Bei organisatorischen und technischen Umstellungen ist die Akzeptanz durch die Beschäftigten ein erfolgsentscheidender, jedoch nicht selbstverständlicher Aspekt.

Beschäftigte haben nach der DGUV Vorschrift 1 (DGUV, 2013) das Recht zur Leistungsverweigerung bei sicherheitswidrigen Weisungen. Zudem räumt das Arbeitsschutzgesetz das Recht der Beschäftigten auf Beschwerdeführung an die zuständigen Stellen ein. Im Interesse eines positiven Betriebsklimas gilt es zunächst alle betrieblichen Möglichkeiten auszuschöpfen. Wenn sich Mitarbeiter jedoch mit sicherheitswidrigen Zuständen zufrieden geben und nichts unternehmen, tragen sie eine Unterlassungsschuld.

Aufgaben der Sicherheitsbeauftragten

Für Betriebe mit mehr als 20 Beschäftigten ist die Bestellung eines Sicherheitsbeauftragten vorgeschrieben (§ 22 SGB VII). Die Sicherheitsbeauftragten unterstützen den Unternehmer bzw. die jeweiligen Führungskräfte bei der Durchführung von Maßnahmen zur Verhütung von Arbeitsunfällen und Berufskrankheiten und weisen auf mögliche Gefahren für die Beschäftigten hin. Sie haben im Rahmen ihrer fachlichen Kompetenzen beratende Funktion und sind vor Ort Ansprechpartner auf kollegialer Ebene. Sie können als erste Mängel erkennen und auf deren Beseitigung hinwirken.

Aufgaben des Betriebsrats/Personalrats

Der betriebliche Arbeitsschutz gehört zu den thematischen Schwerpunkten der Arbeitnehmervertretung. Betriebsräte bzw. Personalräte haben nach dem Betriebsverfassungsgesetz (BetrVG) bzw. den Personalvertretungsgesetzen und dem Arbeitssicherheitsgesetz folgende Mitbestimmungs- und Mitwirkungsrechte im Arbeitsschutz:
Der Betriebs- bzw. Personalrat arbeitet bei Aufgaben des Arbeitsschutzes mit den Fachkräften für Arbeitssicherheit und den Betriebsärzten zusammen. Diese unterrichten den Betriebsrat über Angelegenheiten des Arbeitsschutzes und der Unfallverhütung; sie teilen die Vorschläge, die sie dem Arbeitgeber machen, dem Betriebs- bzw. Personalrat mit. Der Betriebs- bzw. Personalrat hat der Bestellung und Abberufung von Fachkräften für Arbeitssicherheit und Betriebsärzten zuzustimmen.

Aufgaben des Arbeitsschutzausschusses

In Betrieben mit mehr als 20 Beschäftigten hat der Unternehmer einen Arbeitsschutzausschuss (ASA) zu bilden (ASiG § 11). Der Arbeitsschutzausschuss hat die Aufgabe, in Anliegen des Arbeitsschutzes und der Unfallverhütung zu beraten. Er dient vor allem der Koordination wesentlicher Probleme des betrieblichen Arbeitsschutzes sowie der Besprechung von Analysen und Empfehlungen. Zudem koordiniert er Arbeitssicherheitsaufgaben und erarbeitet Arbeitsschutz- oder Aktionsprogramme.

B 7.5 Maschinensicherheit

Um beim Umgang mit Produkten bzw. bei deren Benutzung Tätigkeiten schädigungslos ausführen zu können, müssen Produkte sicher sein. Ein Produkt darf demnach „nur auf dem Markt bereitgestellt werden, wenn es bei bestimmungsgemäßer oder vorhersehbarer Verwendung die Sicherheit und Gesundheit von Personen nicht gefährdet“ (Produktsicherheitsgesetz (ProdSG), § 3).

Demzufolge müssen Produkte, wenn sie auf dem Markt bereitgestellt werden, bestimmte Spezifikationen besitzen, die sich u. a. aus speziellen Rechtsvorschriften ergeben. Somit ist schon bei der Herstellung von Produkten darauf zu achten, nicht nur die Wünsche der zukünftigen Nutzer einzubeziehen, sondern auch die Anforderungen einschlägiger Rechtsvorschriften und Regelwerke einzuhalten, die sich in grundlegenden Beschaffenheitsanforderungen sowie formalen Pflichten widerspiegeln. Nur so kann grundlegend von der Gewährleistung von Sicherheit und Gesundheit der Benutzer der Produkte ausgegangen werden.

Die Produktsicherheit bzw. die Geräte- oder auch Maschinensicherheit ist damit ein Teil des Arbeitsschutzes. Nur mit sicheren Arbeitsmitteln kann der unfallfreie Betrieb realisiert werden. Die Produktsicherheit bekommt in Europa und Deutschland von Seiten der Rechtsorgane einen hohen Stellenwert zugesprochen. Darüber hinaus wird die Stellung der Produktsicherheit auch durch deren allgemeine gesellschaftliche Akzeptanz gestärkt. Produktherstellern sind demnach durch die konsequente Realisierung der gestellten Anforderungen unter Beachtung aktueller Regelwerke und des Standes der Technik dazu angehalten, ausnahmslos sichere und gesundheitsgerechte Produkte herzustellen und in Verkehr zu bringen.

Leider sieht hier die Realität immer noch etwas anders aus, da zahlreiche Produkthersteller Unkenntnis bei der Erfüllung grundlegender formaler Anforderungen aufweisen und somit zugleich Schwächen bei der Entwicklung sicherheits- und gesundheitsgerechter Produkte an den Tag legen.

Die Produktsicherheit ist durch das Produktsicherheitsgesetz geregelt. Dieses setzt die EU-Maschinenrichtlinie in nationales Recht um (vgl. Abbildung 7.19).

Die Maschinenrichtlinie stellt innerhalb der EG die grundlegende Maßgabe für die Entwicklung und Herstellung von Maschinen dar, welche insbesondere an deren Hersteller gerichtet ist. Zur Vereinheitlichung der Vorgaben an die Herstellung von Maschinen wurde im Jahr 1989 die erste Maschinenrichtlinie 89/392/EWG (MRL) erlassen. Generell beinhaltet die Maschinenrichtlinie Vorgaben für die Konstruktion und den Bau von Maschinen und anderen als Maschinen bezeichneten Erzeugnissen und richtet sich somit an die Maschinenhersteller selbst. Hersteller sind in diesem Fall diejenigen natürlichen oder juristischen Personen oder deren Bevollmächtigte, die diese Maschinen in Verkehr bringen bzw. in Betrieb nehmen und dies unter ihrem Namen oder Warenzeichen tun.

Nachfolgend werden die von der Maschinenrichtlinie gestellten Anforderungen exemplarisch aufgeführt. Für Sonderfälle und unvollständige Maschinen gelten weiterführende Regelungen.

- Die Maschine muss alle an sie gestellten grundlegenden Sicherheits- und Gesundheitsschutzanforderungen der Maschinenrichtlinie (Anhang I) erfüllen.
- Alle genannten technischen Unterlagen müssen zur Verfügung stehen (diese ergeben sich aus Anhang VII Teil A der MRL).
- Benutzern müssen die erforderlichen Informationen zur Verfügung stehen.
- Das zutreffende Konformitätsbewertungsverfahren muss für die Maschine durchgeführt werden.
- Die EG-Konformitätserklärung für die Maschine muss ausgestellt und der Maschine beigefügt werden (Anhang II Teil 1 Abs. A).
- Die CE-Kennzeichnung muss an der Maschine angebracht sein.

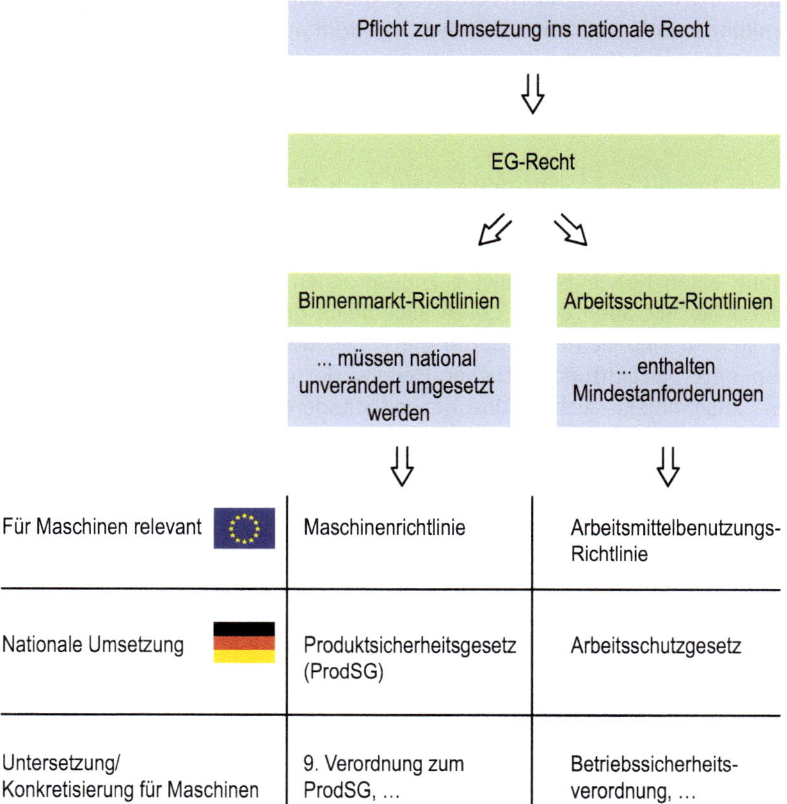

Abbildung 7.19: EG-Recht, Maschinenrichtlinie und Produktsicherheitsgesetz

Maschinenhersteller müssen folglich im Entwicklungs- und Konstruktionsprozess Risikobeurteilungen durchführen, um das erforderliche Maß an Sicherheit zu erhalten. Die Produkte müssen den Bestimmungen entsprechen und bei bestimmungsgemäßer Verwendung oder vorhersehbarer Fehlanwendung Sicherheit und Gesundheit der Anwender sowie Dritter nicht verletzen.

Die 9. Verordnung zum Produktsicherheitsgesetz (9. ProdSV), auch Maschinenverordnung genannt, ist, mit kleinen Anpassungen des Textes, die Umsetzung der Maschinenrichtlinie in deutsches Recht. Die Vorgaben und Anforderungen, welche die MRL stellt, gelten demnach genauso für die Bereitstellung auf dem Markt und die Inbetriebnahme von neuen Produkten in Deutschland.

Eine Maschine im Sinne der 9. ProdSV ist eine mit einem anderen Antriebssystem als der unmittelbar eingesetzten menschlichen oder tierischen Kraft ausgestattete oder dafür vorgesehene Gesamtheit miteinander verbundener Teile oder Vorrichtungen, von denen mindestens eines beziehungsweise eine beweglich ist und die für eine bestimmte Anwendung zusammengefügt sind.

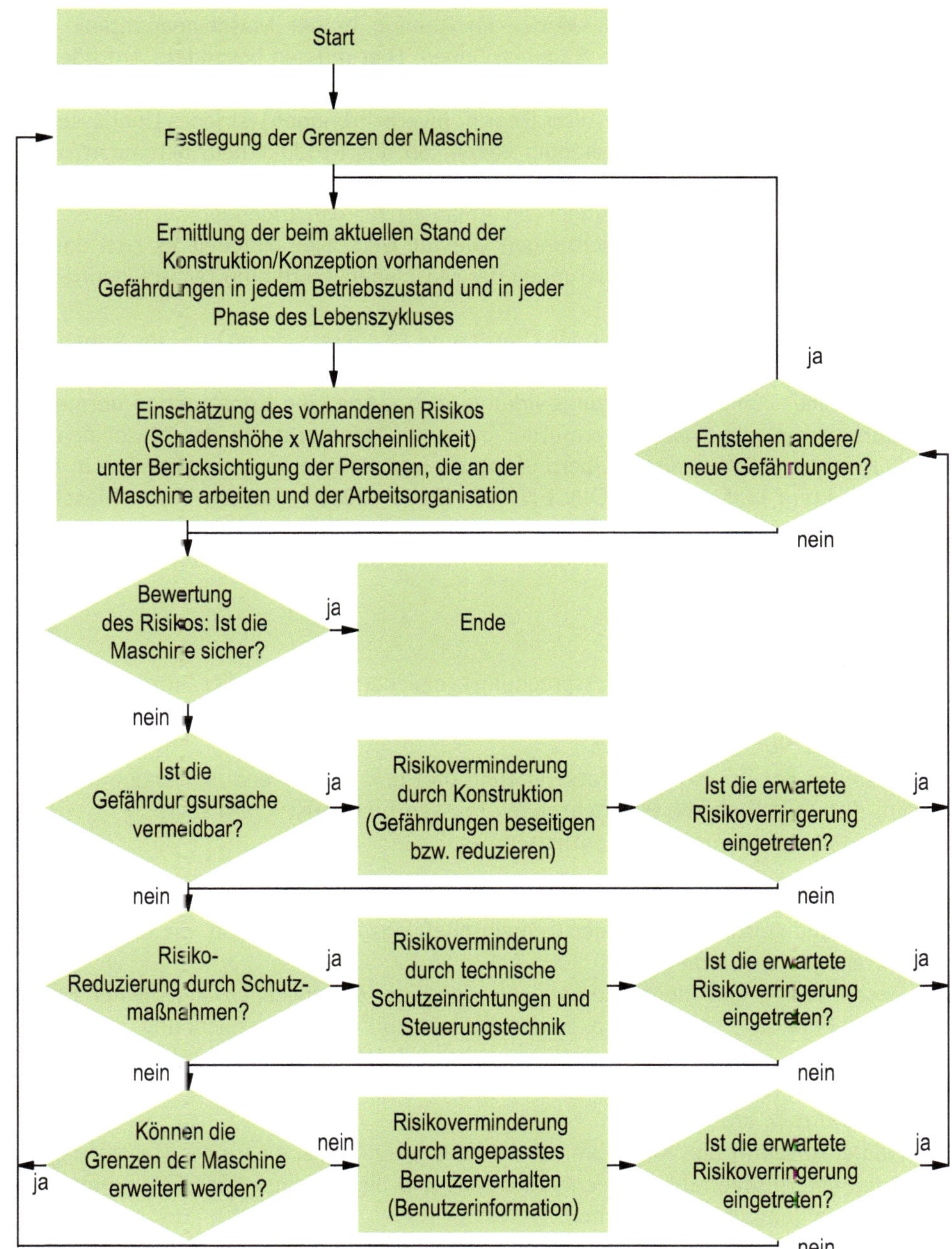

Abbildung 7.20: Vorgehensweise zur sicheren Maschinenkonstruktion (in Anlehnung an DIN EN ISO 12100, 2011)

Besonders gefährliche Maschinen werden im Anhang IV der Maschinenrichtlinie aufgeführt, z. B. Pressen, Hebebühnen, Sägemaschinen. Hier müssen besondere Anforderungen berücksichtigt werden.
Die Bereitstellung auf dem Markt (alter Begriff: Inverkehrbringen) ist jedes Überlassen eines Produkts an einen anderen, unabhängig davon, ob das Produkt neu, gebraucht, wiederaufgearbeitet oder wesentlich verändert worden ist. Werden Arbeitsmittel (Betriebsmittel, Vorrichtungen oder auch Ergänzungen an Anlagen) für den Eigengebrauch selbst hergestellt, gelten die gleichen Verpflichtungen wie für Hersteller. Handelt es sich dabei um eine Maschine, müssen die Anforderungen der Maschinenverordnung (Maschinenrichtlinie) erfüllt werden.
Harmonisierte Normen können bei der Umsetzung (Konkretisierung) der im Anhang I der Maschinenrichtlinie enthaltenen Anforderungen an Maschinen herangezogen werden. Man spricht dann hier von der Vermutungswirkung, d. h. wenn eine Konstruktion normgerecht ausgeführt wurde, dann ist zu vermuten, dass die Anforderungen der Maschinenrichtlinie erfüllt werden. Eine weitere Überprüfung ist in der Regel nicht notwendig. In der für den Konstrukteur maßgeblichen DIN EN ISO 12100 (2011) „Sicherheit von Maschinen - Allgemeine Gestaltungsleitsätze, Risikobeurteilung und Risikominderung" ist eine Vorgehensweise zur sicheren Maschinenkonstruktion enthalten (siehe Abbildung 7.20).

Konformität, CE-Zeichen

Mit der Konformitätserklärung (Versprechung) versichert der Hersteller/Importeur oder der Bevollmächtigte, dass er bei der Herstellung der Maschine alle zutreffenden europäischen Richtlinien und Normen erfüllt hat.
Das Ausstellen der EG-Konformitätserklärung darf nur für verwendungsfertige Maschinen erfolgen, d. h. alle Sicherheitseinrichtungen müssen funktionstüchtig sein.
Die Konformitätserklärung muss enthalten:

1. Firmenbezeichnung und Anschrift des Herstellers bzw. Bevollmächtigten,
2. Name und Anschrift der in der Gemeinschaft ansässigen Person, die die technischen Unterlagen zusammenstellt,
3. Beschreibung und Identifizierung der Maschine, einschließlich allgemeiner Bezeichnung, Funktion, Modell, Typ, Seriennummer und Handelsbezeichnung,
4. Einen Satz, in dem die Übereinstimmung mit den für sie geltenden Richtlinien erklärt wird. Dazu sind die Referenzen, die im Amtsblatt der Europäischen Union veröffentlicht wurden, anzugeben,
5. Name, Anschrift und Kennnummer der benannten Stelle, die für die Maschine ein EG-Baumusterprüfverfahren durchgeführt hat und die Nummer der EG-Baumusterprüfbescheinigung (bei Erfordernis),
6. Name, Anschrift und Kennnummer der benannten Stelle, die für die Maschine das umfassende Qualitätssicherungssystem genehmigt hat (bei Erfordernis),
7. Die Fundstellen der angewandten harmonisierten Normen (bei Erfordernis),
8. Die Fundstellen der angewandten sonstigen technischen Normen und Spezifikationen (bei Erfordernis),
9. Ort und Datum der Erklärung, Unterschrift,
10. Angaben zur Konformitätserklärung ausstellenden Person.

In Abbildung 7.21 wird ein Beispiel für eine Konformitätserklärung gezeigt.

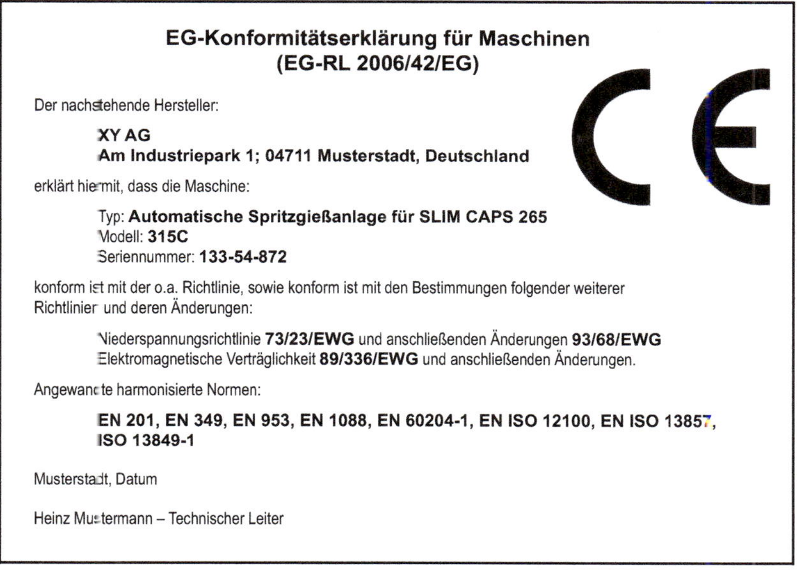

EG-Konformitätserklärung für Maschinen
(EG-RL 2006/42/EG)

Der nachstehende Hersteller:

XY AG
Am Industriepark 1; 04711 Musterstadt, Deutschland

erklärt hiermit, dass die Maschine:

Typ: **Automatische Spritzgießanlage für SLIM CAPS 265**
Modell: **315C**
Seriennummer: **133-54-872**

konform ist mit der o.a. Richtlinie, sowie konform ist mit den Bestimmungen folgender weiterer Richtlinien und deren Änderungen:

Niederspannungsrichtlinie **73/23/EWG** und anschließenden Änderungen **93/68/EWG**
Elektromagnetische Verträglichkeit **89/336/EWG** und anschließenden Änderungen.

Angewandte harmonisierte Normen:

EN 201, EN 349, EN 953, EN 1088, EN 60204-1, EN ISO 12100, EN ISO 13857, ISO 13849-1

Musterstadt, Datum

Heinz Mustermann – Technischer Leiter

Abbildung 7.21: Beispiel für eine Konformitätserklärung

Sicherheitsanforderungen an die Mensch-Maschine-Schnittstelle

Die Mensch-Maschine-Schnittstelle umfasst nach DIN EN 61310-1 (2008) die Teile von Einrichtungen, die dazu bestimmt sind, ein direktes Mittel für die Kommunikation zwischen Bediener und Einrichtung zu sein. Sie ermöglicht dem Bediener, die Maschine zu steuern und zu überwachen. Die Schnittstelle besteht aus Bedienteilen, mit deren Hilfe der Mensch Handlungen startet und Anzeigen, durch die der Bediener Informationen erhält. Bedienteile sind Stellteile (z. B. Handgriffe, Knöpfe, Tasten), auf denen von außen eine Betätigungskraft aufgebracht wird und mit denen u. a. das Ingangsetzen und Stillsetzen gesteuert werden kann.
Von sicherheitstechnischer Relevanz bei der Schnittstellengestaltung sind der Betriebsartenwahlschalter und die Störung der Energieversorgung. Daraus ergeben sich spezifische Anforderungen:

- Betriebsartenwahlschalter: Ist die Maschine so konzipiert und gebaut worden, dass mehrere Steuerungsabläufe oder Betriebsarten mit unterschiedlichen Sicherheitsstufen möglich sind (z. B. Wartung, Rüsten, Inspektion), so muss sie mit einem in jeder Stellung abschließbaren Betriebsartenwahlschalter versehen sein. Die gewählte Betriebsart muss eindeutig zu erkennen sein.
- Energieversorgung: Der spontane Wiederanlauf einer Maschine nach einem Energieausfall bei Wiederkehr der Energie muss verhindert werden, wenn durch einen derartigen Wiederanlauf eine Gefährdung entstehen könnte.

Schutzmaßnahmen zur Risikominderung bei mechanischen Gefährdungen

Mechanische Gefährdungen an Maschinen sind z. B. herausfallende oder herausschleudernde Gegenstände, gefährliche Oberflächen und Formen, bewegliche Teile, Instabilität oder Materialversagen. Es sind geeignete Schutzmaßnahmen zur Risikominderung bei mechanischen Gefährdungen zu treffen, wobei zwischen eigensicherer Konstruktion und Schutzeinrichtungen unterschieden wird.
Eigensichere Konstruktion beinhaltet Wirkungen von konstruktiven Schutzmaßnahmen, die ohne Anwendung von trennenden oder anderen Schutzeinrichtungen entweder Gefährdung(en) beseitigen oder das mit den Gefährdungen verbundene Risiko vermindern. Beispiele für eigensichere Konstruktion sind:

- Vermeidung scharfer Kanten und Ecken,
- Berücksichtigung von geometrischen und physikalischen Faktoren (Begrenzung der Massen, Geschwindigkeiten, Energien, Lärm),
- elektrische Energiezufuhr als Sicherheitskleinspannung.

Technische Schutzeinrichtungen sollen nur dann eingesetzt werden, wenn die Gefährdung der Personen nicht durch eigensichere Konstruktion ausreichend begrenzt werden kann. Die grundlegenden Anforderungen an trennende und nicht trennende Schutzeinrichtungen sind in der DIN EN ISO 12100 (2011) enthalten. Schutzeinrichtungen

- müssen demnach stabil gebaut sein, z. B. schlag-, stoßfest,
- dürfen keine zusätzlichen Gefahren verursachen, z. B. Quetschgefahr durch Zufallen, Stoßgefahr, Gefahr durch Strahlung,
- dürfen nicht auf einfache Weise umgangen werden; Entfernen darf nur mit Werkzeug möglich sein,
- müssen ausreichenden Abstand zum Gefahrenbereich haben, um ein Erreichen der Gefahrenstelle zu verhindern,
- dürfen die Beobachtung des Arbeitszyklus nicht mehr als notwendig einschränken,
- müssen für die Werkstückzu- und/oder -abführung oder die für Wartungsarbeiten erforderlichen Eingriffe möglichst ohne Demontage der Schutzeinrichtung zulassen.

Eine trennende Schutzeinrichtung ist ein Teil einer Maschine, das speziell als eine Art körperliche Sperre zum Schutz gebraucht wird. Je nach Bau kann eine trennende Schutzeinrichtung Gehäuse, Abdeckung, Schirm, Tür, Verkleidung usw. bedeuten. Ausführungen von trennenden Schutzeinrichtungen sind:

- Feststehende trennende Schutzeinrichtungen: Dies sind geschlossene Schutzeinrichtungen, die an einer Stelle gehalten werden. Eine feststehende trennende Schutzeinrichtungen ist entweder dauerhaft (z. B. geschweißt) oder mit Hilfe von Elementen (z. B. Schloss) befestigt, die ein Öffnen unmöglich machen.
- Bewegliche trennende Schutzeinrichtungen: Dies sind Schutzeinrichtungen, die meistens mechanisch mit dem Maschinengestell oder einem festen Element verbunden sind (z. B. über Scharniere) und die ohne Verwendung von Werkzeug geöffnet werden können. Bei den beweglich trennenden Schutzeinrichtungen werden kraftbetriebene, selbsttätig schließende, steuernde und verriegelte Schutzeinrichtungen ohne Zuhaltung unterschieden. Die Verriegelungseinrichtung bewirkt, dass die gefährdenden Maschinenfunktionen (die die Schutzeinrichtung absichert) nicht ausgeführt werden können, solange die Schutzeinrichtung nicht geschlossen ist.

Bei nicht trennenden Schutzeinrichtungen fehlt die körperliche Sperre zwischen dem Bediener und den gefährdenden Maschinenfunktionen. Der Mensch wird erkannt, wenn er in den Gefahrenbereich eintritt oder hineingreift. Durch Erkennen der Person wird das Risiko, das durch die gefährdende Maschinenfunktion besteht, vermindert bzw. vermieden. Man unterscheidet folgende nicht trennende Schutzeinrichtungen:

- Steuereinrichtungen mit selbsttätiger Rückstellung: Steuereinrichtung, die den Betrieb von Maschinenteilen in Gang setzt und nur so lange aufrechterhält, wie die Handsteuerung oder das Stellteil betätigt wird. Beim Verlassen des Stellteils wird z. B. die gefährdende Maschinenbewegung abgebremst und zum Stillstand gebracht. Beispiele sind Handbohrmaschine und Winkelschleifmaschine.
- Zweihandschaltungen: Steuereinrichtung, die mindestens die gleichzeitige Betätigung beider Hände erfordert, um gefährdende Maschinenfunktionen in Gang zu setzen und aufrecht zu erhalten und so eine Schutzmaßnahme nur für die Person bietet, die die Steuereinrichtung betätigt.
- Schutzeinrichtung mit Annäherungsfunktion: Einrichtung, die das Anhalten von gefährdenden Maschinenteilen bewirkt (oder einen anderweitig sicheren Betriebszustand sicherstellt), sobald sich eine Person oder ein Teil ihres Körpers über eine festgelegte Grenze bewegt.
- Druckempfindliche Einrichtungen: Dienen zur Absicherung von Gefahrenzonen. Sie sind so mit der Maschinensteuerung verbunden, dass ein vom Signalgeber (z. B. Schaltmatte) ausgehendes Signal - Betreten der Gefahrzone - dazu führt, dass die Maschine in den sicheren Zustand überführt wird.
- Optoelektronische Schutzeinrichtungen: Ist ein häufiger Zugang zu gefährlichen Maschinenteilen während des Arbeitsablaufs erforderlich, bieten sich optoelektronische Schutzeinrichtungen (z. B. Laserscanner) an.

Betriebssicherheitsverordnung

Neben der Maschinenrichtlinie spielt im Arbeitsschutz auch noch die Betriebssicherheitsverordnung eine Rolle (vgl. Abbildung 7.22).

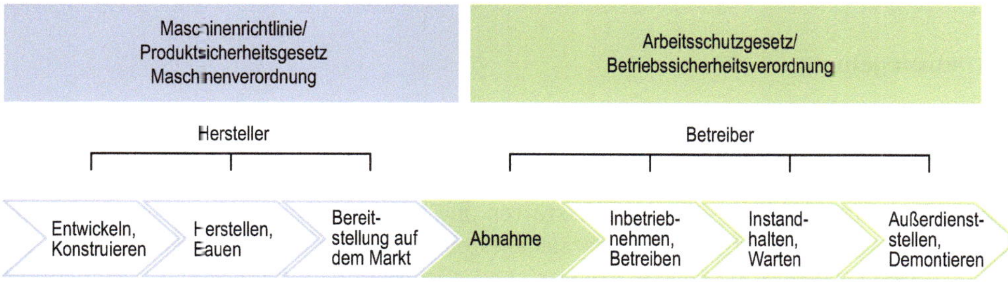

Abbildung 7.22: Maschinenverordnung und Betriebssicherheitsverordnung

Der Adressat der Betriebssicherheitsverordnung ist der Betreiber, Unternehmer oder Arbeitgeber, der das Arbeitsmittel bereitstellt. Der Arbeitgeber hat geeignete Maßnahmen zu treffen, um eine Gefährdung möglichst zu minimieren.

Dabei muss er folgende Gefährdungen berücksichtigen:

- Gefährdungen, die mit der Benutzung des Arbeitsmittels selbst verbunden sind,
- Gefährdungen, die am Arbeitsplatz durch Wechselwirkung der Arbeitsmittel untereinander entstehen,
- Gefährdungen, die mit Arbeitsstoffen oder der Umgebung hervorgerufen werden.

Hierzu muss der Betreiber eine Gefährdungsermittlung am Arbeitsmittel selbst sowie am vorgesehenen Arbeitsplatz in Wechselwirkung mit anderen Arbeitsmitteln durchführen. Bei der sicherheitsgerechten Gestaltung von Arbeitsmitteln sind folgende Grundsätze zu befolgen:

- Beseitigung oder Minimierung der Gefährdungen (d. h. Integration des Sicherheitskonzepts in die Entwicklung und den Bau der Maschine),
- Ergreifen von Schutzmaßnahmen gegen nicht zu beseitigende Gefahren bzw. Gefährdungen,
- Unterrichtung der Benutzer über die Restgefahren aufgrund der nicht vollständigen Wirksamkeit der getroffenen Schutzmaßnahmen; Hinweis auf eine eventuell erforderliche Spezialausbildung und persönliche Schutzausrüstung.

C 7 Methoden

C 7.1 Gefährdungsbeurteilung

Die Gefährdungsbeurteilung umfasst die Schritte Gefährdungsanalyse und Risikobewertung (Barth & Schmauder, 2021). Bei der Gestaltung von sicheren und gesundheitsgerechten Arbeitssystemen hat die vorausschauende Ermittlung von Gefährdungen einen hohen Stellenwert. Insbesondere ist abzugrenzen, welche Arbeitsbereiche, Tätigkeiten und Beschäftigten betroffen sind. Vom Grundsatz her werden drei Verfahren (vgl. Abbildung 7.23) der vorausschauenden Gefährdungsermittlung unterschieden. Im Bedarfsfall werden diese jeweils durch vertiefende Analysen ergänzt. Zwischen den Verfahren existieren Unterschiede bei der Ermittlung von Gefährdungen bezüglich Aufwand, Betrachtungsgegenstand und Ergebnisqualität.

Betriebsbegehung

Die Begehung ist eine gemeinsame Besichtigung von Arbeitsstätten und Arbeitsplätzen durch die betrieblichen Arbeitsschutzakteure. Bei Bedarf können außerbetriebliche Fachleute zur Begehung herangezogen werden.
Bei der Betriebsbegehung sollen Arbeitsstätten und -plätze in Hinblick auf Unfallgefahren, Belastungen von Beschäftigten und daraus entstehende gesundheitliche Gefährdungen beurteilt werden. Nach § 3 und § 6 Arbeitssicherheitsgesetz sind festgestellte Mängel dem Unternehmer oder anderen für den Arbeitsschutz verantwortlichen Personen mitzuteilen, Maßnahmen zur Beseitigung dieser Mängel vorzuschlagen und auf deren Durchführung hinzuwirken.

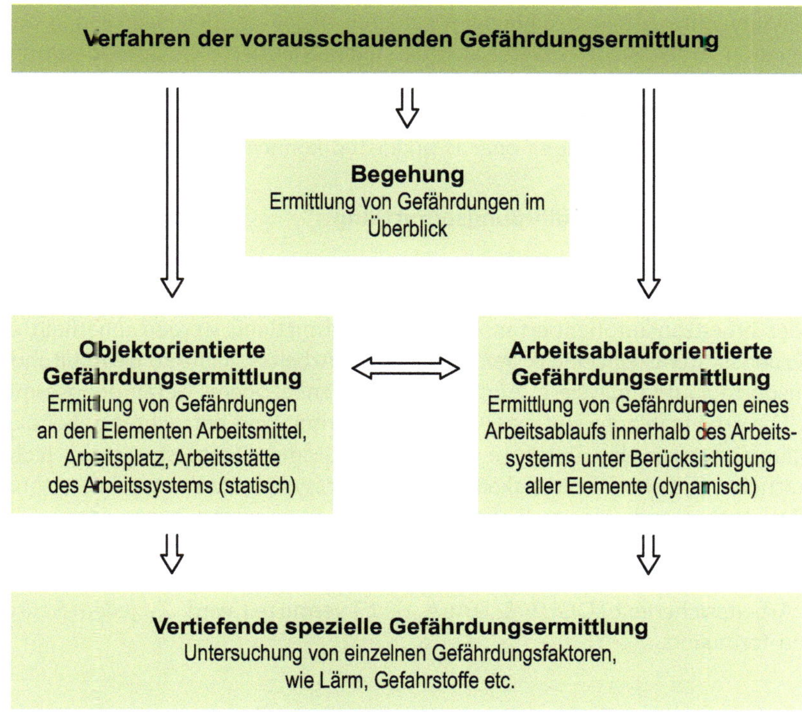

Abbildung 7.23: Verfahren der Gefährdungsermittlung

Vor der Begehung sollte geklärt werden:

- Was wird hier gearbeitet (Produkte, Verfahren, Dienstleistungen)?
- Wer arbeitet hier (Anzahl der Beschäftigten, Geschlecht, Altersverteilung, Ausbildung, Fluktuation)?
- Welche besonderen Gefährdungen treten auf (Stoffe, Materialien, Arbeitsgeräte, äußere Einflüsse)?
- Häufigkeit und Art von Arbeitsunfällen.
- Wurden besondere Arbeitsschutzmaßnahmen verwirklicht?

Oft sind orientierende Messungen notwendig. Dazu gehört ein geeignetes Instrumentarium, wie z. B. Schallpegelmesser, Beleuchtungsmesser, Klima-Messgerät.
Die Begehung geht über eine Besichtigung hinaus. Es ist erforderlich, mit einer gewissen Systematik den Arbeitsplatz, die Tätigkeit, Umgebungsbedingungen, Belastungen und Gefährdungen zu beurteilen.

Objektorientierte Gefährdungsermittlung

Mit der objektorientierten Gefährdungsermittlung können von einem Arbeitssystemelement (z. B. einem Arbeitsmittel) ausgehende Gefährdungen vor der Inbetriebnahme erkannt werden. Daraufhin ergriffene wirksame Maßnahmen können von Anfang an sichere und gesundheitsgerechte Arbeitsbedingungen schaffen. Auch bei der Beurteilung der Arbeitsbedingungen in Arbeitsstätten bietet sich die objektorientierte Gefährdungsermittlung an. So kann z. B. die gesamte Arbeitsstätte als Objekt gesehen werden und Sachverhalte wie Verkehrswege (z. B. Feststellen von Stolperstellen), Abschrankungen (z. B. Geländer), Beleuchtung, Raumabmessungen oder Brandlasten können betrachtet werden.

Arbeitsablauforientierte Gefährdungsermittlung

In der betrieblichen Praxis empfiehlt sich eine arbeitsablauforientierte Vorgehensweise, eventuell unter Nutzung der Erkenntnisse von objektorientierten Gefährdungsermittlungen. In der arbeitsablauforientierten Gefährdungsermittlung werden innerhalb eines definierten Arbeitssystems einzelne Arbeitstätigkeiten, Arbeitsschichten, Bearbeitungsabfolgen und Transportabläufe analysiert. Auch eine personenbezogene Gefährdungsermittlung ist möglich. Die arbeitsablauforientierte Gefährdungsermittlung betrachtet dabei das dynamische Zusammenwirken der Elemente des Arbeitssystems. Dabei ist wichtig, nicht nur den Normalbetrieb mit seinen Teiltätigkeiten des Arbeitssystems zu betrachten, sondern auch andere Betriebszustände, wie z. B. Störungen oder Instandsetzungsarbeiten.
Nachfolgend wird die Durchführung einer arbeitsablauforientierten Gefährdungsermittlung in fünf Schritten (vgl. Abbildung 7.24) beschrieben, so wie sie in der Ausbildung zur Fachkraft für Arbeitssicherheit (DGUV & BAuA, o. J.) vermittelt wird. Zu jedem Schritt werden Leitfragen formuliert.

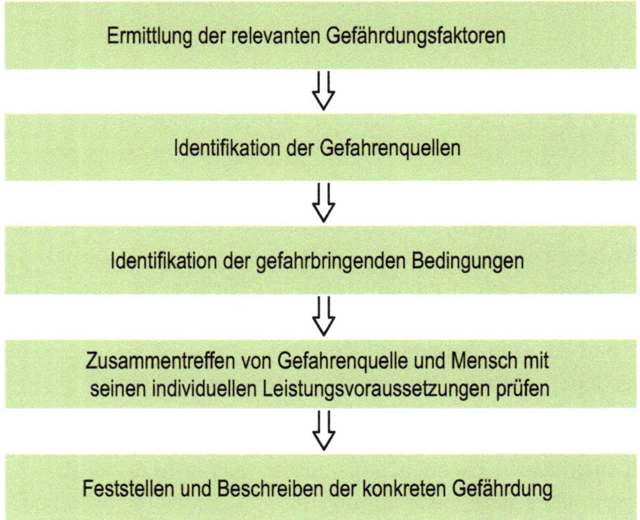

Abbildung 7.24: Ermittlung von Gefährdungen

Schritt 1: Ermittlung der relevanten Gefährdungsfaktoren Welche Gefährdungsfaktoren liegen am Arbeitsplatz oder bei der konkreten Tätigkeit vor? Es geht hier um die grundsätzliche Fragestellung: Liegen Eigenschaften vor, die zu Unfällen oder Gesundheitsschäden führen könnten? Sind diese Eigenschaften so, dass die physischen und psychischen

Leistungsvoraussetzungen des Menschen die Einwirkung nicht „aushalten" können? Es ist hier das Gesamtspektrum aller Gefährdungsfaktoren zu betrachten (vgl. Tabelle 7.4).

Schritt 2: Identifikation der Gefahrenquellen Fragen hierzu sind:

- An welchem Gerät oder welcher Maschine gibt es diese gefährlichen Eigenschaften?
- Welcher Teil des Arbeitsplatzes hat die gefährlichen Eigenschaften?
- Bei welcher Tätigkeit treten die gefährlichen Eigenschaften auf?

Es soll also die Gefahrenquelle erkannt werden. Das ist der Ort der Arbeitsbedingungen, der die eigentliche Ursache für die mögliche Gefährdung ist, von dem also die Gefährdung letztendlich ausgeht.

Schritt 3: Identifikation der gefahrbringenden Bedingungen Mögliche Fragen hierzu sind:

- Können die gefährdenden Eigenschaften direkt auf den Menschen treffen (z. B. wegfliegende Späne oder Funken als mechanische Faktoren; die Lärmemission der Maschine breitet sich ungehindert im Raum aus)?
- Kann der Mensch direkt den Gefährdungsfaktor anfassen, in den Faktor hineingreifen (möglicher Kontakt mit einem Sägeblatt, Hineingreifen in bewegte Walzen, unter den Pressenstößel greifen können; im Bereich der Lärmausbreitung tätig sein)?
- Kann der Mensch bei seiner Tätigkeit (oder Anwesenheit) mit dem Gefährdungsfaktor in anderer Art und Weise zusammentreffen (gefährliche Gegenstände fallen lassen; die Absturzstelle in entsprechender Höhe übersehen können und ungehindert abstürzen)?

Über die Beantwortung dieser Fragen werden gefahrbringende Bedingungen erkannt. Gefahrbringende Bedingungen sind die Gegebenheiten, die ein Zusammentreffen des Gefährdungsfaktors mit dem Menschen ermöglichen.
Gefahrbringende Bedingungen sind in der Regel – je nach Ausbildungsstand bzw. Erfahrung – vorhersehbar, d. h. es sind bekannte Bedingungen.

Schritt 4: Zusammentreffen von Gefahrenquelle und Mensch mit seinen individuellen Leistungsvoraussetzungen prüfen Bestehen besondere individuelle Leistungsvoraussetzungen der Menschen, die für das Zusammenwirken mit dem Gefährdungsfaktor zu berücksichtigen sind?
Mögliche Frage hierzu:

- Gibt es spezielle Leistungsvoraussetzungen der am konkreten Arbeitsplatz oder für die konkrete Tätigkeit eingesetzten Menschen (besondere Körpergröße, Jugendliche, Ältere, Schwangere, Behinderte)?

Es geht also um die allgemeinen generellen Leistungsvoraussetzungen einerseits und um die individuellen Leistungsvoraussetzungen andererseits. Beides muss berücksichtigt werden, um eine Aussage treffen zu können, ob eine Gefährdung tatsächlich besteht.

Schritt 5: Feststellen und Beschreiben der konkreten Gefährdung Mögliche Fragen hierzu:

- Kann ein erkannter unfallbewirkender Faktor (z. B. mechanischer Faktor) tatsächlich mit dem Menschen zusammentreffen? Wenn ja, in welchem Ausmaß (Expositionszeit/Dosis)?
  - Wenn Ja: Dann besteht eine Unfallgefährdung.
  - Wenn Nein: Es gibt zwar eine Gefahrenquelle, einen Gefährdungsfaktor mit gefährlichen Eigenschaften, aber ein möglicher Unfall kann ausgeschlossen werden. Es liegt keine Gefährdung vor.
- Kann ein erkannter krankheitsbewirkender Faktor (z. B. hohe Lärmemission an einer Maschine) auf den Menschen einwirken?
  - Wenn Ja: Es liegt eine Gesundheitsgefährdung vor.
  - Wenn Nein: Es gibt zwar beispielsweise einen hohen Lärmpegel, aber dort kommt kein Beschäftigter hin. Es liegt keine Gefährdung vor.

Die Gefährdung entsteht erst durch ein mögliches räumliches und/oder zeitliches Zusammentreffen einer Gefahrenquelle mit dem/den Beschäftigten, bei dem eine schädigende Wirkung eintreten kann. Das Zusammentreffen kann durch gefahrbringende Bedingungen und/oder mögliche außerberufliche Einflüsse beeinflusst sein.

Beurteilung von Gefährdungen (Risikoeinschätzung und Risikobewertung)

An die Gefährdungsermittlung schließt sich eine Gefährdungsbeurteilung an. Sofern es einen dokumentierten Stand der Technik mit entsprechenden Grenzwerten gibt, muss lediglich festgestellt werden, ob die ermittelte Gefährdung ober- bzw. unterhalb des Grenzwerts liegt. In diesem Fall haben bereits Experten in Fachgremien die Risikobeurteilung vorgenommen. So enthalten z. B. die Lärm- und Vibrations-Arbeitsschutzverordnung (LärmVibrationsArbSchV), diverse Technische Regeln für Arbeitsstätten (ASR), Technische Regeln für Gefahrstoffe (TRGS), Technische Regeln zur Betriebssicherheit (TRBS), Technische Regeln zu biologischen Arbeitsstoffen (TRBA), Unfallverhütungsvorschriften usw. konkrete Werte.

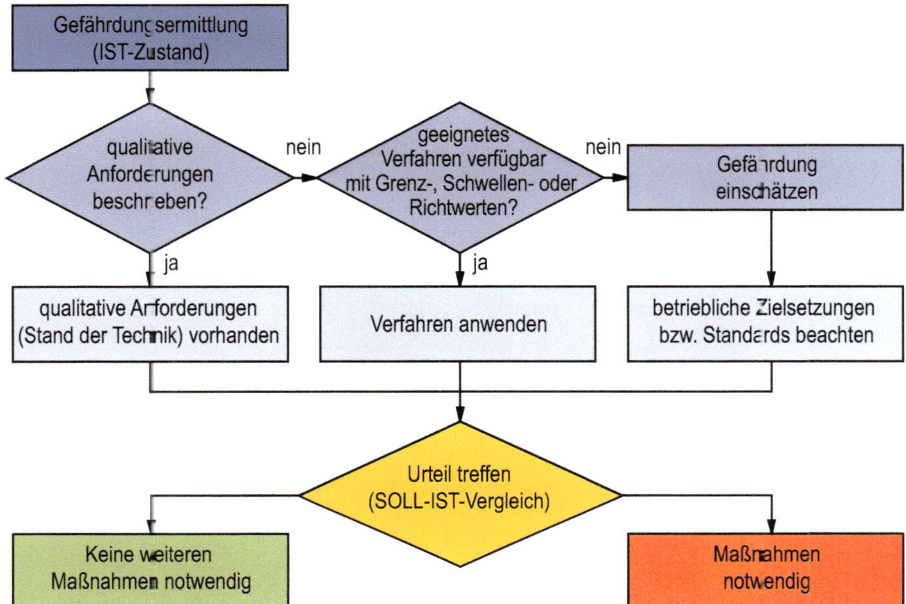

Abbildung 7.25: Vorgehensweise bei der Beurteilung der Gefährdungen

Wenn keine qualitativen Anforderungen im Regelwerk enthalten sind, dann ist zu prüfen, ob spezifische Bewertungsverfahren, wie z. B. Leitmerkmalmethoden zur Bewertung physischer Belastungen oder das Einfache Maßnahmenkonzept Gefahrstoffe (BAuA, 2021 b) zur Bewertung der Gefahrstoffexposition oder Klimarechner zur Klimabeurteilung usw. verfügbar sind.

Sind solche spezifischen Verfahren auch nicht vorhanden, so muss eine Risikobeurteilung, bestehend aus Risikoeinschätzung und Risikobewertung, durchgeführt werden. Ziel ist es, festzustellen, ob ein ermittelter Zustand belassen werden kann oder ob Maßnahmen notwendig sind. Grundlage hierfür ist die Entscheidung, ob das ermittelte Risiko in Bezug auf das Grenzrisiko akzeptabel ist oder nicht. Ist das ermittelte Risiko nicht akzeptabel, ist weiteres Handeln erforderlich. Nachfolgend wird die Vorgehensweise zur Risikobeurteilung beschrieben, so wie sie in der Ausbildung zur Fachkraft für Arbeitssicherheit (DGUV & BAuA, o. J.) vermittelt wird.

Bei der Risikoeinschätzung geht es darum, das Ausmaß des Risikos einzuschätzen. Dazu werden die von einer Gefährdung ausgehende mögliche Schadensschwere und die Wahrscheinlichkeit eingeschätzt, dass ein solcher Schaden eintritt. Anschließend geht es darum, das Risiko mithilfe der möglichen Schadensschwere und der Eintrittswahrscheinlichkeit nachvollziehbar zu beschreiben.

Bei der Risikobewertung wird festgestellt, ob und mit welcher Dringlichkeit Handlungsbedarf besteht (vgl. Abbildung 7.26).

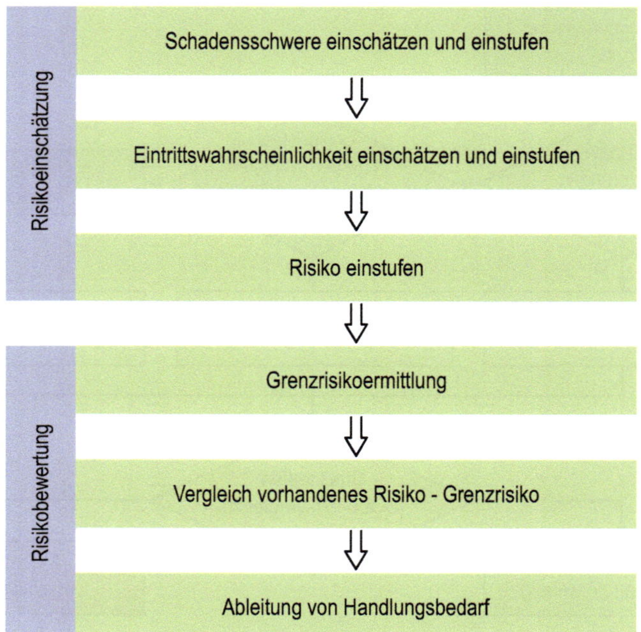

Abbildung 7.26: Ablauf der Risikobeurteilung

Schritt 1: Schadensschwere einschätzen und einstufen (Risikoeinschätzung) Die Intensität der Einwirkung je nach Gefährdungsfaktor, z. B. kinetische Energie (Masse, Fallhöhe, Geschwindigkeit) und andere Eigenschaften der Gefahrenquelle wie Form, Härte, Rauigkeit, Temperatur, Lärmpegel oder Stoffkonzentration wird betrachtet. Aber auch die betroffenen Teile des Organismus oder die Wirkung auf die Psyche spielen eine Rolle.

Die Schadensschwere kann mit Hilfe einer Skala eingestuft werden (z. B. mit einer fünfstufigen Skala wie in Tabelle 7.5 gezeigt).

Schritt 2: Eintrittswahrscheinlichkeit einschätzen und einstufen (Risikoeinschätzung) Bei der Einschätzung der Eintrittswahrscheinlichkeit sind erneut die Gefährdung und die Gefahrenquelle(n) des betrachteten Faktors, aber auch die gefahrbringenden Bedingungen und die individuellen Leistungsvoraussetzungen der Ausgangspunkt. Einzuschätzen ist, wie wahrscheinlich es ist, dass ein Schaden eintritt. Kriterien der Eintrittswahrscheinlichkeit sind:

- Expositionszeit:
  Wie lange und wie häufig sind wie viele Beschäftigte der Gefährdung ausgesetzt?
- Intensität der Einwirkung:
  Wie hoch genau ist die Intensität der Einwirkung, durch die ein entsprechender Schaden entstehen kann? Hierzu gehören beispielsweise die kinetische Energie (Masse, Fallhöhe, Geschwindigkeit) eines Gegenstandes, der Lärmpegel oder die Stoffkonzentration.

Tabelle 7.5: Einstufung der möglichen Schadensschwere

Schwere der Gesundheitsschädigung			
Schweregrad	**Beschreibung**	**Beispiele für Unfallfolgen**	**Beispiele für Erkrankungen**
1	Keine gesundheitlichen Folgen	Keine Verletzung	Keine Erkrankung
2	Bagatellfolgen (die Arbeit kann fortgesetzt werden)	Kleine Schnittverletzung, Lokale Verbrennung ersten Grades	Leichte Erkältung, Kopfschmerzen
3	Mäßig schwere Folgen (Arbeitsausfall, ohne Dauerschäden)	Platzwunde, Einfache Brüche	Grippaler Infekt, Hörsturz
4	Schwere Folgen (irreparable Dauerschäden möglich)	Verlust von Gliedmaßen	Organschädigungen, Posttraumatische Belastungsstörung
5	Tödliche Folgen	Tödliche Verletzungen	Asbestose, Krebs

- Gefahrbringende Bedingungen:
  Welche Arbeitsbedingungen liegen vor, durch die eine Unfall- oder Gesundheitsgefährdung wirksam werden kann? Hierzu gehören z. B. Unordnung, Zeitdruck oder unergonomische Körperhaltung.
- Schutzsysteme:
  Gibt es bereits Schutzsysteme wie Fehlerstromschutzschalter oder räumliche Trennung? Falls ja, wie wirksam und zuverlässig sind sie? Und inwieweit können Fehlverhalten, technisches Versagen oder Verschleiß die Eintrittswahrscheinlichkeit beeinflussen?
- Bewältigungsmöglichkeiten:
  Können die Beschäftigten mit ihren individuellen Leistungsvoraussetzungen (wie Qualifikation und Sensibilität) auch unter ungünstigen Bedingungen wie Ablenkung oder Zeitdruck sicher arbeiten? Das heißt, können sie die wirksam werdende Gefährdung rechtzeitig wahrnehmen, die Gefahr richtig einschätzen, haben sie ausreichend Zeit und Möglichkeiten, der Einwirkung auszuweichen bzw. den Schaden zu begrenzen?
- Hinweise auf bereits eingetretene Ereignisse:
  Bei häufig oder lang anhaltend auftretenden Expositionen: Sind bereits (Beinahe-) Unfälle bzw. Erkrankungen oder Erkrankungsanzeichen aufgetreten?

Es wird deutlich, dass für die Einschätzung der Eintrittswahrscheinlichkeit zahlreiche Informationen aus der Gefährdungsermittlung erforderlich sind. Eine systematische Gefährdungsermittlung ist damit eine wichtige Grundlage für die fachgerechte Risikoeinschätzung. Auch die Eintrittswahrscheinlichkeit kann mit einer Skala eingestuft werden (z. B. mit einer fünfstufigen Skala wie in Tabelle 7.6).

Tabelle 7.6: Einstufung der Eintrittswahrscheinlichkeit

	Eintrittswahrscheinlichkeit	
	Skala 1	**Skala 2**
A	Praktisch unmöglich	Sehr unwahrscheinlich
B	Vorstellbar	Gering
C	Durchaus möglich	Mittel
D	Zu erwarten	Hoch
E	Fast gewiss	Sehr hoch

Schritt 3: Risiko beschreiben/einstufen (Risikoeinschätzung) Die beiden Einschätzungen „Schadensschwere" und „Eintrittswahrscheinlichkeit" werden nun zusammengeführt. Dieses kann mittels einer sogenannten Risikomatrix (vgl. Tabelle 7.7) oder eines Risikographen (vgl. Abbildung 7.27) erfolgen.

Tabelle 7.7: Risikomatrix

	Schadensschwere				
Eintritts-wahrscheinlichkeit	Keine gesundheitlichen Folgen 1	Bagatellfolgen (die Arbeit kann fortgesetzt werden) 2	Mäßig schwere Folgen (Arbeitsausfall, ohne Dauerschäden) 3	Schwere Folgen (irreparable Dauerschäden möglich) 4	Tödliche Folgen 5
fast unmöglich A	extrem gering 1	extrem gering 1	sehr gering 2	eher gering 3	mittel 4
vorstellbar B	extrem gering 1	sehr gering 2	eher gering 3	mittel 4	hoch 5
durchaus möglich C	sehr gering 2	eher gering 3	mittel 4	hoch 5	sehr hoch 6
zu erwarten D	sehr gering 2	mittel 4	hoch 5	sehr hoch 6	extrem hoch 7
fast gewiss E	sehr gering 2	mittel 4	sehr hoch 6	extrem hoch 7	extrem hoch 7

Bei der anschließenden Risikobewertung geht es darum, festzustellen, ob das vorhandene Risiko akzeptabel oder tolerabel ist; die zentrale Frage lautet also: „Ist das Risiko akzeptabel oder nicht?".

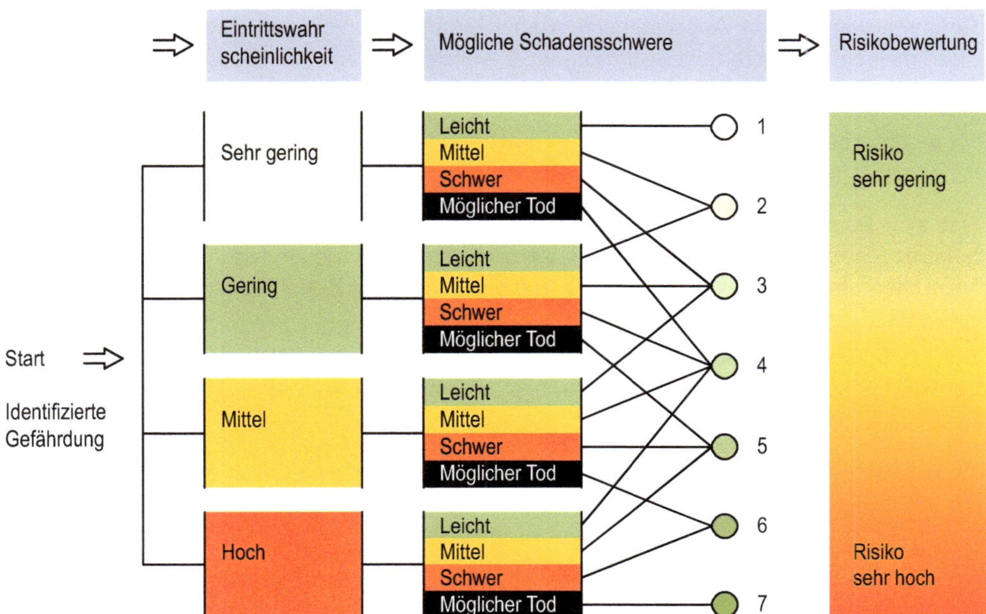

Abbildung 7.27: Risikograph

Schritt 4: Ermittlung/Bestimmung von Risikoschwellen (Risikobewertung) Wenn im Regelwerk keine Grenzwerte enthalten sind, dann muss betrieblich vereinbart werden, welches Risiko akzeptabel ist. Hilfreich ist es, Grenzen für einen Akzeptanz-, Besorgnis- und Gefahrenbereich zu vereinbaren (vgl. Abbildung 7.28). Dadurch entsteht ein Spielraum für die Dringlichkeit und dem Umfang der eventuell notwendigen Maßnahmen.
Risiken werden von verschiedenen Personen unterschiedlich beurteilt. Es entsteht deshalb in den Betrieben oft eine Diskussion, welches Restrisiko akzeptiert werden kann. Diese Diskussion mündet in der Frage der Verantwortung. Wenn ein Risiko akzeptiert wird, so muss auch die Verantwortung übernommen werden, wenn das Ereignis eintritt.
Aus der Psychologie ist bekannt, dass es eine Rolle spielt, ob Gefährdungen anschaulich oder abstrakt sind. Je abstrakter eine Gefahr ist, umso weniger wird sie als Gefahr wahrgenommen. Wenn Ursache-Wirkungszusammenhänge sofort deutlich werden, ist die Gefährdung anschaulich. So wird z. B. bei einem fehlenden Geländer eine Absturzgefährdung sofort erkannt. Der Umgang mit Gefahrstoffen wird hingegen als weniger gefährlich gesehen, da sich Wirkungen erst nach einer gewissen Zeit einstellen.
Folgende Sachverhalte sind bekannt:

- Wir überschätzen das Eintreffen von positiven Ereignissen.
- Wir unterschätzen Gefahren, in die wir uns selbst begeben.
- Wir überschätzen Gefahren, auf die wir keinen Einfluss haben.
- Wir unterschätzen Gefahren, die selten wirksam werden.

Gefahren werden von Außenstehenden eher erkannt als von den Betroffenen selbst, da diese meinen, sie hätten die Situation unter Kontrolle. Fragt man Beschäftigte, warum sie unter einem hohen Risiko arbeiten, dann kommen Antworten wie:

- „das haben wir schon immer so gemacht" oder
- „es ist noch nie etwas passiert."

Hat eine Person den Eindruck, dass sie eine Situation kontrollieren kann, dann wird ein höheres Risiko akzeptiert als in nicht kontrollierbaren Situationen (deshalb fühlen sich viele Menschen am Steuer eines Fahrzeugs wohler als auf dem Beifahrersitz).

Schritt 5: Vergleich vorhandenes Risiko – Risikoschwelle (Risikobewertung) Nachdem die Risikoschwelle als Bewertungsmaßstab ermittelt bzw. festgelegt worden ist, können folgende Zustände eintreten:

- Liegt das vorhandene Risiko über der Toleranzschwelle (= Gefahrenschwelle), besteht Gefahr: Gefahr ist ein Zustand oder Ereignis, bei dem ein nicht akzeptables, d. h. unvertretbares Risiko eines Schadenseintritts besteht.
- Liegt das vorhandene Risiko zwischen der Toleranz- und der Akzeptanzschwelle besteht ein Zustand innerhalb des Besorgnisbereichs. Das vorhandene Risiko sollte reduziert werden.
- Ist das vorhandene Risiko niedriger als die Akzeptanzschwelle (= Besorgnisschwelle), spricht man von Sicherheit: Sicherheit ist ein Zustand, bei dem das vorhandene Risiko als vertretbar angesehen wird; es handelt sich also um keine absolute Sicherheit, sondern eine relative Sicherheit, die im Einzelfall trotzdem zu Schadensfällen führen kann; es bleiben also grundsätzlich weitere Risikominderungspotenziale. Es besteht ein allgemein akzeptiertes Risiko.

Da die Schwellenwerte auf Annahmen oder Vereinbarungen beruhen, ist das Vorliegen von Gefahr eine subjektive Bewertung bzw. Beurteilung einer Gefährdung, die zum Ergebnis Gefahr (nicht akzeptables Risiko, Gefahrenbereich), Besorgnis (tolerables Risiko, Besorgnisbereich) oder Sicherheit (akzeptables Risiko, Akzeptanzbereich) führt.

Schritt 6: Urteil treffen/Ableitung von Handlungsbedarf (Risikobewertung) Nach der Feststellung bzw. Entscheidung, ob eine Gefahr vorliegt, d. h. es ist Handlungsbedarf gegeben, muss noch der Handlungsbedarf mit der zugehörigen Dringlichkeit festgelegt werden. Dieser Sachverhalt wird häufig auch durch eine Ampeldarstellung visualisiert (vgl. Abbildung 7.28).

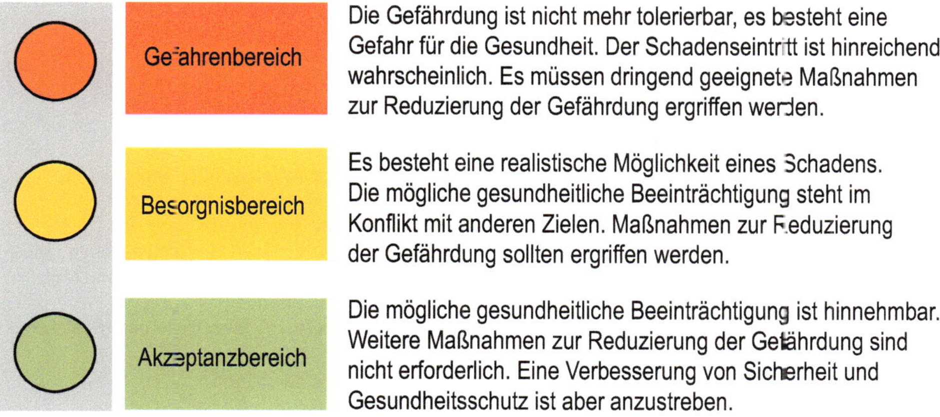

Abbildung 7.28: Ampel zur Charakterisierung des Risikos

Auch im Regelwerk ist das Ampelmodell verankert. Typisches Beispiel ist hier „Lärm“: der obere Schwellenwert (Tageslärmexpositionspegel: 85 dB(A)) beschreibt das Grenzrisiko (Übergang von Gelb nach Rot); der unter Schwellenwert von 80 dB(A) markiert den Übergang von Grün nach Gelb; im gelben Bereich darf noch gearbeitet werden, allerdings nur mit besonderen Maßnahmen. Die oberen bzw. unteren Schwellenwerte grenzen aber nicht automatisch die Bereiche voneinander ab. Sind z. B. Wechselwirkungen mit anderen Gefährdungen zu beachten, können schon Lärmwerte unter 85 dB(A) nicht akzeptabel sein.

Ist die Entscheidung getroffen, ob Maßnahmen zur Verbesserung von Sicherheit und Gesundheitsschutz notwendig sind, dann müssen entsprechend der Maßnahmenhierarchie (siehe Abschnitt B 7.4.3) die geeigneten Maßnahmen mit der notwendigen Reichweite festgelegt werden.

C 7.2 Arbeitsschutzmanagement

Zur Feststellung, welchen Grad die Einordnung des Arbeitsschutzes in Aufbau- und Ablauforganisation hat, bietet sich die Überprüfung mittels des folgenden Fragebogens (DGUV & BAuA, o. J.) an.

Grundlage der Bewertung sind die Anforderungen gemäß „Nationalem Leitfaden für Arbeitsschutzmanagementsysteme“ (BAuA, 2002).

Tabelle 7.8: Einordnung des Arbeitsschutzes in die Aufbau- und Ablauforganisation

Kernelement	Kurzbeschreibung	Beurteilungskriterien
1. Arbeitsschutzpolitik und -ziele	Grundsätze zum Umgang mit Sicherheit und Gesundheit. Arbeit mit betrieblichen Zielvorgaben.	Unternehmensleitbild mit integriertem Arbeitsschutz (inhaltliche Qualität Bekanntmachung) Instrument „Ziele setzen" auf Arbeitsschutz angewendet? Selbstverpflichtung zum Arbeitsschutz vorhanden? Selbstverpflichtung inhaltlich umfassend? Führungskräfte auf den verschiedenen Hierarchieebenen (Meister, Vorarbeiter usw.) zur Einhaltung der Ziele verpflichtet (z. B. Arbeitsschutz in Zielvereinbarungen)? Konkrete (messbare, überprüfbare) Einzelziele im Arbeitsschutz vereinbart? Werden Zielvereinbarungen abgerechnet?
2. Integration in die Führung	Arbeitsschutz als Bestandteil des Führungshandelns	Zusammenarbeit der Führungskräfte mit Fachkraft für Arbeitssicherheit/Betriebsarzt geregelt? Ist geregelt, dass Arbeitsschutz ein Thema auf regelmäßig stattfindenden Besprechungen ist - außerhalb des Arbeitsschutzausschusses? Wie ist die Vorbildwirkung der Führungskräfte im Arbeitsschutz entwickelt? Entwicklung und Verankerung von Anforderungen an den Führungsstil im Arbeitsschutz (z. B. Umgang mit Konflikten, mitarbeiterorientiertes Führen) Aktivitäten zur kontinuierlichen Fortbildung im Arbeitsschutz der Führungskräfte Arbeitsschutz als Bestandteil der Personalentwicklung Sicherstellung von besonderen Qualifikationsnachweisen (z. B. Gabelstapler) Finden regelmäßig Arbeitsschutzausschusssitzungen zu grundlegenden Themen zu Sicherheit und Gesundheit statt?
3. Mitarbeiterbeteiligung	Schaffen von Beteiligungs- und Mitwirkungsmöglichkeit; Motivieren und Verpflichten der Beschäftigten zu sicherem und gesundheitsgerechtem Verhalten	Regelungen zur systematischen Beteiligung der Beschäftigten vorhanden (z. B. Arbeitsschutzzirkel, Gesundheitszirkel, Sicherheitsbesprechungen)? Einordnung Arbeitsschutz in das betriebliche Vorschlagswesen Bestehen Anreize zur Meldung von Verbesserungsmöglichkeiten im Arbeitsschutz? Beschwerdemanagement zum Arbeitsschutz Organisation der Rückmeldung über Hinweise/Beschwerden usw. Möglichkeiten zur Mitwirkung der Beschäftigten bei der Auswahl von Schutzmaßnahmen Umgang mit Vorschlägen der Mitarbeiter

Kernelement	Kurzbeschreibung	Beurteilungskriterien
4. Integration in die Aufbauorganisation	Zuweisung von Aufgaben, Kompetenzen und Verantwortung an alle Linien- und Stabsstellen	Arbeitsschutzaufgaben auf Träger von Linien- und Querschnittsfunktionen konkret und eindeutig übertragen? Erforderliche Strukturen (z. B. Arbeitsschutzausschuss) eingerichtet? Übertragung von Auswahl-, Organisations- und Kontrollpflichten im Arbeitsschutz an Führungskräfte Sind die Kompetenzen klar abgegrenzt (z. B. keine Mehrfachunterstellung)? Gibt es Vorgaben für die Arbeitsschutzqualifikation von Führungskräften? Erforderliche Qualifikation der Führungskräfte im Arbeitsschutz sichergestellt? Übertragung von besonderen Aufgaben an Beschäftigte mit erhöhter Verantwortung im Arbeitsschutz (z. B. Beschaffer, Planer) Haben die Beschäftigten die für ihre Arbeit notwendige Qualifikation (Ausbildung)? Wurden Beschäftigte für spezielle Aufgaben (z. B. Gabelstaplerfahrer) zusätzlich ausgebildet und beauftragt? Wird die gesundheitliche Eignung von Beschäftigten für spezielle Tätigkeiten (z. B. durch Untersuchungen vor Aufnahme der Tätigkeit) festgestellt? Erforderliche Fachkraft für Arbeitssicherheit bestellt bzw. alternative Betreuungsform vereinbart? Direkte Unterstellung der Fachkraft unter den Betriebsleiter Erforderliche arbeitsmedizinische Betreuung sichergestellt? Alle erforderlichen Beauftragten bestellt? Je nach Erfordernis: • Sicherheitsbeauftragte • Ersthelfer • Strahlenschutzbeauftragter • Störfallbeauftragter • Betriebsbeauftragter für Immissionsschutz • Beauftragter für die biologische Sicherheit • Gefahrgutbeauftragter • Laserschutzbeauftragter • Gefahrstoffbeauftragter • Brandschutzbeauftragter • Hygienebeauftragter Geforderte Qualifikation der Beauftragten vorhanden? Ist die Qualifikation des Prüfpersonals für Arbeitsmittel gemäß BetrSichV vorhanden? Erforderliche Wiederholung/Anpassung der Qualifikation der Beauftragten gesichert? Werden bei Zusammenarbeit mehrerer Arbeitgeber erforderliche Koordinatoren mit entsprechenden Kompetenzen eingesetzt (§ 8 ArbSchG)? Wird entsprechend der Erfordernisse ein SiGeKo gemäß BaustellV eingesetzt?

Kernelement	Kurzbeschreibung	Beurteilungskriterien
5. Ressourcen bereitstellen	Erforderliche Ressourcen betreffen ausreichendes und geeignetes Personal sowie finanzielle und sachliche Mittel	Vorhalten der für den Betrieb erforderlichen Einsatzzeiten für Fachkräfte für Arbeitssicherheit Vorhalten der für den Betrieb erforderlichen Einsatzzeiten für die arbeitsmedizinische Betreuung Besteht eine zeitgemäße Büroausstattung für die Fachkraft für Arbeitssicherheit? Ist zeitgemäße Kommunikationstechnik für die Fachkraft nutzbar? Sind die erforderlichen Prüfgeräte und -mittel vorhanden und verfügbar? Entspricht die Ausstattung mit Vorschriften, Regeln und Fachliteratur zum Arbeitsschutz den Anforderungen? Ist die kontinuierliche Fortbildung (fachlich, methodisch und sozial) der Fachkraft gewährleistet?
6. Kommunikation und Zusammenarbeit	Organisatorische Sicherstellung, dass über Arbeitsschutzbelange regelmäßig und für alle transparent informiert und kommuniziert wird; Erforderliche Zusammenarbeit aller Aufgabenträger zu Sicherheit und Gesundheit	Regelmäßige Teilnahme von Fachkraft und Betriebsarzt an Dienst- bzw. Arbeitsberatungen des Betriebsleiters Erfolgt eine Information über beabsichtigte betriebliche Veränderungen, Planungen, Investitionen usw., die eine vorausschauende Berücksichtigung des Arbeitsschutzes ermöglicht? Werden die Fachkraft und/oder der Betriebsarzt zur Unterstützung durch Führungskräfte herangezogen? Werden Informationen zu Sicherheit und Gesundheit im Unternehmen anschaulich vermittelt? Wird auf Betriebsversammlungen zum Arbeitsschutz informiert? Beziehen betriebliche Informationssysteme die Fragestellungen zu Sicherheit und Gesundheit mit ein? Bestehen Festlegungen zur Zusammenarbeit zwischen Fachkraft, Betriebsarzt und anderen am Arbeitsschutz Beteiligten (gemäß §§ 9,10 und 11 ASiG)?
7. Integration in betriebliche Prozesse	Regelungen, wie die Anforderungen des Arbeitsschutzes in den betrieblichen Kern- und Unterstützungsprozessen integriert werden (Ablauforganisation); Bestimmen der zeitlich-logischen Reihenfolge von Arbeitsschutzaktivitäten mit Zuweisung der Verantwortung sowie der mitwirkenden und der zu informierenden Stellen	Nachhaltige Einordnung von Sicherheit und Gesundheit in den Prozess der . . . Herstellung der Produkte bzw. der Dienstleistung (z. B. für Produktionsablauf, konkrete Arbeitsvorgänge) Arbeitsvorbereitung (z. B. Bereitstellung von Informationen, Auswahl von Bearbeitungsverfahren, Ablauf) Materialbeschaffung (z. B. Vorgaben für Bedarfsermittlung, Beschaffenheitsanforderungen, Ausschreibungen, Bewerten von Angeboten) betrieblichen Logistikprozesse (z. B. zur Materialbereitstellung, Umschlagprozesse, Lagerung) Vorbereitung und Durchführung von Investitionen (Vorgaben für Gefährdungsermittlungen und die Beherrschung von Risiken etc.) Reorganisation bzw. Umstrukturierung unter Berücksichtigung des Arbeitsschutzes Vorbereitung und Durchführung von Instandhaltung (Vorgaben zur Gefährdungsbeurteilung, Instandhaltungssteuerung etc.)

Kernelement	Kurzbeschreibung	Beurteilungskriterien
8. Organisation arbeitsschutzspezifischer Prozesse	Regelungen zu bestimmten Aspekten des Arbeitsschutzes; Bestimmen der zeitlich-logischen Reihenfolge von Arbeitsschutzaktivitäten mit Zuweisung der Verantwortung sowie der mitwirkenden und der zu informierenden Stellen.	Organisation der Ermittlung und Umsetzung der Vorschriften und Regeln zu Sicherheit und Gesundheit (Vorschriften- und Regelwerksmanagement) Umgang mit Anordnungen der Unfallversicherungsträger und behördlichen Anordnungen (Auflagenmanagement) Vorbereitung, Durchführung und Auswertung von Begehungen; Begehungsplanung Organisation der Beurteilung der Arbeitsbedingungen (Ermitteln und Beurteilen von Gefährdungen zur Vorbereitung und Durchsetzung von Maßnahmen sowie entsprechende Dokumentation); Nutzung der Gefährdungsbeurteilung als gesamtbetriebliche Aufgabe Fortbildungs- und besondere Qualifizierungsmaßnahmen im Arbeitsschutz Organisation der Prüfung von Geräten (Kataster, Art der Prüfung, Umfang, Tiefe, Prüfungsfristen, Dokumentation, Befähigungsgrad der mit der Prüfung beauftragten Personen); Überwachung des Zustands der Arbeitsbedingungen Organisation der Meldung von Unfällen und Verdachtsfällen von Berufskrankheiten Organisation des Erstellens von Betriebsanweisungen Organisation der Vorbereitung, Durchführung und Auswertung von Unterweisungen zu Sicherheit und Gesundheit Organisation der Beschaffung, Auswahl, Erprobung, Bereitstellung, Überwachung der Funktionsfähigkeit von PSA Regelungen zur Gewährleistung von Sicherheit und Gesundheit bei gefährlichen Arbeiten - einschließlich Regelungen zu Erlaubnisscheinen (§ 9 ArbSchG; § 8 BetrSichV § 2, Anhang II BaustellV, BGV A1; BGR A1) Regelungen zur Gewährleistung von Sicherheit und Gesundheit für Einzelarbeitsplätze Regelungen zur Umsetzung von vorgeschriebenen Beschäftigungsbeschränkungen (schwangere und stillende Frauen, Jugendliche u. Ä.) Organisation der Sicherstellung, Vorbereitung, Durchführung und Auswertung arbeitsmedizinischer Vorsorgeuntersuchungen Erste-Hilfe- und Notfallorganisation Planung des Einsatzes von Fremdfirmen; Arbeitsschutz bei Einsatz von Zeitarbeitnehmern (Informationsfluss, Definition der Anforderungen, Vorbereitung, Vertragsabschluss, Unterweisung, Koordinierung beim Einsatz, Auswertung)
9. Bewerten von Stand und Entwicklung des betrieblichen Arbeitsschutzes	Organisation einer systematischen und regelmäßigen Bewertung des Standes und der Entwicklung des betrieblichen Arbeitsschutzes	Nutzen von Indikatoren und Kennziffern zur Bewertung der betrieblichen Arbeitsschutzorganisation: Bewertung von Ergebnissen, wie Zustand der Arbeitsbedingungen (Umfang noch vorhandener Gefährdungen bezogen auf die Anzahl der Beschäftigten), Gesundheit der Beschäftigten, Mitarbeiterzufriedenheit, Beiträge zum Geschäftsergebnis Bewertung der Integration des Arbeitsschutzes in die betrieblichen Strukturen Bewertung der Integration des Arbeitsschutzes in die betrieblichen Prozesse Bewertung von Zielerreichungen im Arbeitsschutz

Kernelement	Kurzbeschreibung	Beurteilungskriterien
10. Maßnahmen zur Verbesserung	Organisation eines kontinuierlichen Verbesserungsprozesses der Arbeitsschutzorganisation	Systematische Auswertung von regelmäßigen Bewertungen von Stand und Entwicklung des Arbeitsschutzes im Gesamtbetrieb Ableiten von Maßnahmen aus der systematischen Analyse von Stand und Entwicklung des Arbeitsschutzes für den Gesamtbetrieb Systematische Auswertung von regelmäßigen Bewertungen von Stand und Entwicklung des Arbeitsschutzes in den verschiedenen Betriebsbereichen Ableiten von Maßnahmen aus der systematischen Analyse von Stand und Entwicklung des Arbeitsschutzes für die verschiedenen Betriebsbereiche

E 7 Empfehlungen und Regeln (Vorschriften)

Die humane und menschengerechte Gestaltung von Arbeit ist ein arbeitswissenschaftlicher Grundsatz. Im Artikel 2, Absatz 2 des Grundgesetzes der Bundesrepublik Deutschland ist ausgeführt: „Jeder hat das Recht auf Leben und körperliche Unversehrtheit". Dieses Grundrecht betrifft auch die Arbeit und wird aufgrund der möglichen vielfältigen Gesundheitsbeeinträchtigungen durch weitere Gesetze und Vorschriften untersetzt.

Aus arbeitswissenschaftlicher Sicht ist insbesondere von Bedeutung, dass im Arbeitsschutzgesetz (ArbSchG § 5) die Beurteilung der Arbeitsbedingungen festgeschrieben ist. Es geht darum, festzustellen, ob eine Gefährdung für die Gesundheit so hoch ist, dass Maßnahmen zur Gefährdungsreduzierung notwendig sind. Ziel ist die Verbesserung von Sicherheit und Gesundheitsschutz der Beschäftigten. Arbeitswissenschaftliche Erkenntnisse müssen berücksichtigt werden und es muss der Stand der Technik erreicht werden.

Die gesetzlichen Vorschriften bestimmen das Schutzziel und die Regeln und Erkenntnisse füllen diesen Rahmen konkret im Detail aus. Sie sind in die Auslegung der Rechtsvorschriften miteinzubeziehen. Sie sind zwar keine Rechtsnormen, lösen aber eine Vermutungswirkung aus. Wenn die in den Regeln beschriebenen Maßnahmen angewandt werden, dann kann davon ausgegangen werden, dass das im Gesetz genannte Schutzziel erfüllt wird.

Der Stand der Technik ist der Entwicklungsstand fortschrittlicher Verfahren, Einrichtungen oder Betriebsweisen, der die praktische Eignung einer Maßnahme zum Schutz der Gesundheit und zur Sicherheit der Beschäftigten gesichert erscheinen lässt. Bei der Bestimmung des Standes der Technik sind insbesondere vergleichbare Verfahren, Einrichtungen oder Betriebsweisen heranzuziehen, die mit Erfolg in der Praxis erprobt worden. Im Regelwerk zu den Arbeitsschutzverordnungen (TRBS, TRLV, ASR, TRGS usw.) wird u. a. der Stand der Technik beschrieben.

Gesicherte arbeitswissenschaftliche Erkenntnisse, z. B. der Arbeitsmedizin, der Ergonomie, der Arbeitspsychologie sind solche, die in den betroffenen Disziplinen als gültig anerkannt sind, nicht widerlegt sind und die herrschende Meinung der internationalen Fachwelt darstellen. Dazu gehören

- DIN, EN- und ISO-Normen,
- Regeln der Unfallversicherungsträger (Berufsgenossenschaften, Unfalkassen),
- Veröffentlichungen der Bundesanstalt für Arbeitsschutz und Arbeitsmedizin (BAuA) und der staatlichen Arbeitsschutzbehörden.

Die gesicherten arbeitswissenschaftlichen Erkenntnisse stellen einen vergleichbaren Schutzstandard dar wie der Stand der Technik, sie gelten für die Praxis als hinreichend gesichert. Ihre Anwendung ist im Arbeitsschutzgesetz § 4 Nr. 3 gefordert und im Betriebsverfassungsgesetz §§ 90, 91 erwähnt und sie haben damit eine wichtige Bedeutung für die Mitbestimmung der Interessenvertretung.
Damit Arbeit mit Arbeitsmitteln sicher durchgeführt werden kann, muss neben dem sicheren Umgang mit dem Arbeitsmittel dieses selbst auch sicher sein. Dieser Aspekt betrifft den Rechtskreis der EG-Maschinenrichtlinie bzw. als nationale Umsetzung das Produktsicherheitsgesetz (siehe Abschnitt B 7.5).
Vor dem Hintergrund einer human-ethischen Verpflichtung schreibt die Allgemeine Erklärung der Menschenrechte in Artikel 23 das Recht eines Jeden auf angemessene Arbeitsbedingungen fest. Die prinzipielle rechtliche Verpflichtung „zum Schutz von Leben und körperlicher Unversehrtheit" ist in Artikel 2 (2) des Grundgesetzes der Bundesrepublik Deutschland dokumentiert. Für den Staat ergibt sich hieraus die Verpflichtung, die Beschäftigten vor vorhandenen und möglichen Gefahren zu schützen. Hierzu muss der Staat entsprechende Gesetze und Bestimmungen erlassen und für ihre Durchführung sorgen.
Das Arbeitsschutzrecht regelt sämtliche Belange zum Schutz von Leben und körperlicher Unversehrtheit der Beschäftigten im Betrieb. Es wird zum einen aus den grundgesetzlichen Vorgaben abgeleitet. Zum anderen handelt es sich um die Umsetzung des Europäischen Gemeinschaftsrechts.
Die rechtlichen Grundlagen im Arbeitsschutz wurden in den vergangenen Jahren durch vier Gesetzesinitiativen neu strukturiert:

- Die Arbeitsschutzrahmenrichtlinie 89/391/EWG sowie die sie konkretisierenden Einzelrichtlinien verpflichteten die Mitgliedsstaaten der Europäischen Union (EU), das nationale Arbeitsschutzrecht inhaltlich und strukturell zu reformieren. Es wurden EU-weite Mindeststandards eingeführt, so dass aufgrund unterschiedlicher Arbeitsbedingungen keine Wettbewerbsverzerrungen eintreten.
- Die Umsetzung der EU-Richtlinien, u. a. in Form des Arbeitsschutzgesetzes von 1996, verpflichtet die Arbeitgeber zu umfassenden, dynamischen Schutzzielen sowie zu einem präventiv ausgerichteten, systematischen Vorgehen im Arbeitsschutz.
- Das Unfallversicherungsrecht (SGB VII) verpflichtet die Unfallversicherungsträger seit 1996 zu einem erweiterten Präventionsauftrag, der über den traditionellen, engen Bereich der Arbeitsunfälle und Berufskrankheiten hinaus die Verhütung arbeitsbedingter Gesundheitsgefahren umfasst.
- Das Krankenversicherungsrecht (fünftes Sozialgesetzbuch, SGB V) berechtigt seit 1989 die Krankenkassen, Leistungen zur Gesundheitsförderung auf betrieblicher Ebene anzubieten.

Darüber hinaus wird die Rehabilitation als Aufgabe des Arbeitsschutzes durch das neunte Sozialgesetzbuch (SGB IX) geregelt. Demnach erhalten Behinderte oder von Behinderung bedrohte Menschen von den Rehabilitationsträgern Leistungen, um ihre Selbstbestimmung und gleichberechtigte Teilhabe am Leben in der Gesellschaft zu fördern, Benachteiligungen zu vermeiden oder ihnen entgegenzuwirken.
Diese Grundvorschriften verankern ein zeitgemäßes Arbeitsschutzverständnis, das neben der Verhütung von arbeitsbedingten Unfällen und Gesundheitsgefahren auch Maßnahmen zur menschengerechten Arbeitsgestaltung und zur Rehabilitation umfasst.

Gliederung der Gesetze und Vorschriften im Arbeitsschutz

Aufgaben und Strukturen im Arbeitsschutz werden durch Gesetze, Vorschriften und Regeln festgelegt. Das bundesdeutsche Gesetzes- und Vorschriftenwerk stützt sich hierzu auf drei Säulen:

- das staatliche Arbeitsschutzrecht,
- das autonome Unfallverhütungsrecht der Unfallversicherungsträger,
- das private Recht durch Tarifverträge bzw. Betriebsvereinbarungen.

Das staatliche Arbeitsschutzrecht und das Unfallverhütungsrecht - die beide dem öffentlichen Recht zugeordnet werden - setzen einschlägige Richtlinien der Europäischen Union in deutsches Recht um. Untersetzt werden das staatliche Arbeitsschutzrecht, das autonome Unfallverhütungsrecht und privatrechtliche Vereinbarungen durch allgemein anerkannte sicherheitstechnische, arbeitsmedizinische und hygienische Regeln und Normen. Abbildung 7.29 stellt die Säulen des bundesdeutschen Arbeitsschutzrechts dar.
Übergeordnetes Ziel des Vorschriften- und Regelwerkes ist es, die Sicherheit und den Gesundheitsschutz der Beschäftigten bei der Arbeit in allen Tätigkeitsbereichen zu sichern und zu verbessern.

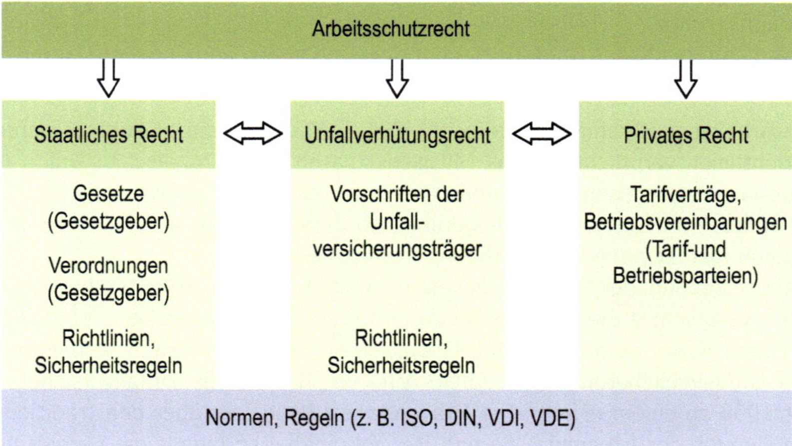

Abbildung 7.29: Systematik des Gesetzes- und Vorschriftenwerks in Deutschland

Nationales Arbeitsschutzrecht

Die EU-Mitgliedsstaaten sind verpflichtet, die Arbeitsschutz-Richtlinien in nationales Arbeitsschutzrecht umzusetzen; dabei steht ihnen die Wahl des Mittels zur Umsetzung (z. B. staatliches Recht oder Unfallverhütungsrecht) grundsätzlich frei. Der private Bereich (d. h. Normen, Regeln) dient lediglich dazu, das staatliche Recht und das Unfallverhütungsrecht zu erfüllen; er setzt keine EU-Richtlinien um. Mit der Umsetzung in nationales Arbeitsschutzrecht sind die Regelungsbereiche der europäischen Richtlinien für die Adressaten verbindlich. Um eine nochmalige Auflistung sämtlicher Anforderungen in der nationalen Umsetzung zu vermeiden, wird in den deutschen Rechtstexten auf grundlegende Anforderungen der europäischen Richtlinien verwiesen. Somit müssen Anwender neben den nationalen Gesetzen und Verordnungen auch die europäischen Richtlinien berücksichtigen. Das öffentliche Arbeitsschutzrecht wird von den staatlichen Institutionen und den Unfallversicherungsträgern ausgestaltet (siehe duales Arbeitsschutzsystem, Abschnitt B 7.3). Es beruht auf einem abgestimmten Vorschriften- und Regelwerk aus staatlichem Arbeitsschutzrecht und Unfallverhütungsrecht.

Gesetze beschreiben allgemeine Rechtsgrundsätze mit relativ langer zeitlicher Gültigkeit. Um einen erhöhten Änderungsbedarf zu vermeiden, wird in den Gesetzen auf einen detaillierten Regelungsgrad verzichtet. Gesetze werden durch Verordnungen, Berufsgenossenschaftliche Vorschriften, aber auch durch allgemeine Verwaltungsvorschriften ergänzt. Diese enthalten konkrete Angaben zur Erreichung von Gestaltungs- und Schutzzielen. Detaillierte sicherheitstechnische, hygienische und arbeitsmedizinische Tatbestände lassen sich nicht zweckmäßig durch Gesetze, Verordnungen und Verwaltungsvorschriften regeln; entsprechende Einzelheiten sind vielmehr in Normen und technischen bzw. arbeitsmedizinischen und hygienischen Regeln aufgenommen (vgl. Abbildung 7.30).

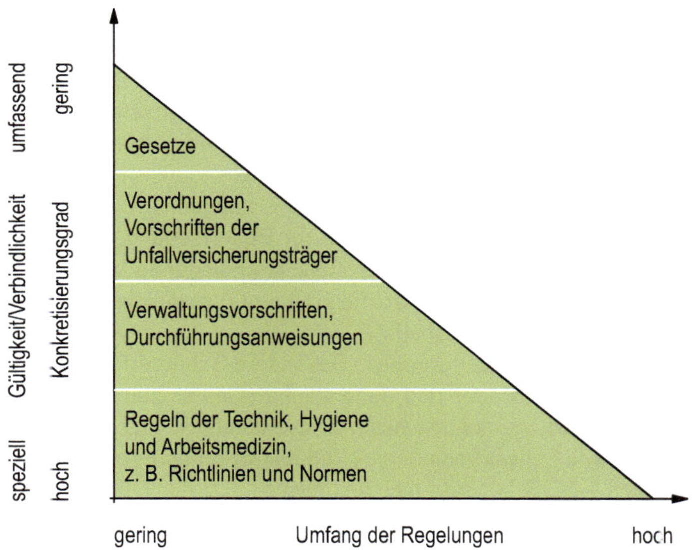

Abbildung 7.30: Umfang, Verbindlichkeit und Konkretisierungsgrad des bundesdeutschen Gesetzes- und Vorschriftenwerks

Das bundesdeutsche Arbeitsschutzrecht orientiert sich in seinen politischen und rechtlichen Rahmenbedingungen an einem Arbeitsschutzverständnis, das die spezifischen Bedürfnisse von Betrieben und Branchen berücksichtigt und die Eigenverantwortlichkeit des Unternehmers im betrieblichen Arbeitsschutz stärkt. Demnach werden nur grundlegende Pflichten in Form von allgemein gehaltenen Schutzzielen gesetzlich festgelegt; auf die Beschreibung von Details wird weitgehend verzichtet. Die hierdurch ermöglichte Flexibilität ist mit einem höheren Maß an Eigenverantwortung der Betriebe, aber auch mit einem möglichen Verlust an Rechtssicherheit verbunden.

Seit dem Wegfall detaillierter rechtlicher Gestaltungsvorgaben ist festzustellen, dass sich ein eigenständiges Handeln in den Betrieben zuweilen problematisch gestaltet. Die Betriebe fordern teilweise verstärkt externe Handlungsempfehlungen und Vorgaben ein, damit sie einfach Rechtssicherheit erhalten können.
Das staatliche Arbeitsschutzrecht unterscheidet sechs Hauptgruppen:

- Rechtliche Grundpflichten der Arbeitgeber und Arbeitnehmer: Gegenstand sind grundlegende Forderungen an den Unternehmer, an Beauftragte und an die Beschäftigten. Wesentliche Vorschriften sind das Arbeitsschutzgesetz (ArbSchG), die Arbeitsstättenverordnung (ArbStättV), das Arbeitssicherheitsgesetz (ASiG), das siebte Sozialgesetzbuch (SGB VII) und die Gewerbeordnung (GewO).
- Beschaffen, Inverkehrbringen und Betreiben von Maschinen, Geräten und Anlagen: Es werden Beschaffenheitsforderungen an Maschinen, Geräte usw. sowie Forderungen an ihr Betreiben festgelegt. Zudem werden Forderungen an den Hersteller und Importeur zum Inverkehrbringen (bzw. dem Markt zur Verfügung stellen) und den Inhalt von Betriebsanleitungen gestellt. Wichtige Vorschriften sind das Produktsicherheitsgesetz (ProdSG) sowie die Betriebssicherheitsverordnung (BetrSichV).
- Arbeitsstättenrecht: Es regelt Anforderungen an die Einrichtung und Unterhaltung von Arbeitsräumen, Transport- und Verkehrswegen, Arbeitsplätzen in Räumen und im Freien sowie auf Baustellen. Enthalten sind auch grundlegende Festlegungen zur Betriebshygiene mit Forderungen an Pausen-, Bereitschafts-, Liege-, Umkleide-, Wasch-, und Toilettenräume sowie an Sanitätsräume. Wesentliche Vorschrift ist die Arbeitsstättenverordnung (ArbStättV).
- Schutz vor Gefahrstoffen und anderen Einwirkungen am Arbeitsplatz: Es werden Regelungen für Hersteller und Anwender zur Beherrschung von Stoffen mit gesundheitsschädigenden Eigenschaften getroffen. Grundlegende Vorschriften sind das Gesetz zum Schutz vor gefährlichen Stoffen (ChemG) sowie die Verordnung zum Schutz vor gefährlichen Stoffen (GefStoffV).
- Schutz bestimmter Personengruppen: Besondere Schutzerfordernisse für bestimmte Personengruppen wie Kinder und Jugendliche (Gesetz zum Schutz der arbeitenden Jugend - JArbSchG), werdende Mütter (Gesetz zum Schutz der erwerbstätigen Mutter - MuSchG) und Schwerbehinderte (Rehabilitation und Teilhabe von Menschen mit Behinderungen – SGB IX) sind hier festgelegt.
- Arbeitszeitregelungen: Vorschriften betreffen die Vermeidung von belastenden Überstunden - so auch Nacht- und Schichtarbeit - vor allem bei schwerer körperlicher Arbeit und die Verkürzung der Arbeitszeit als Ausgleich für hohe Belastung. Zentrale Bedeutung hat das Arbeitszeitgesetz (ArbZG).

Unfallverhütungsrecht

Die Unfallversicherungsträger als Körperschaften des öffentlichen Rechts sind auf der Grundlage des siebten Sozialgesetzbuches (§ 15 SGB VII) befugt, ein Unfallverhütungsrecht als autonomes Recht zu erlassen. Das Unfallverhütungsrecht gibt verbindliche Mindestvorschriften für Mitgliedsbetriebe der Unfallversicherungsträger vor, die nicht unterschritten werden dürfen. Das Unfallverhütungsrecht regelt das Verhältnis von Arbeitgeber bzw. Arbeitnehmer und Unfallversicherungsträger.

Vorgaben des Unfallverhütungsrechts sind in den Vorschriften der Unfallversicherungsträger festgeschrieben. Diese benennen Sicherheitsanforderungen an betriebliche Einrichtungen (z. B. Arbeitsmittel, Anlagen, Maschinen, Arbeitsplätze usw.), schreiben Anordnungen und Maßnahmen des Unternehmers zur Unfallverhütung und zur Ersten Hilfe vor, beschreiben Pflichten für die Beschäftigten zum sicherheitsgerechten Verhalten, legen arbeitsmedizinische Vorsorgeuntersuchungen für die Beschäftigten fest und regeln Fragen der innerbetrieblichen Arbeitsschutzorganisation.
Die aktuellen Fassungen der Unfallverhütungsvorschriften sind unter www.dguv.de verfügbar.

Regeln und Normen im Arbeitsschutz

Detaillierter Regelungsbedarf zu Sicherheit und Gesundheitsschutz ist in Normen und technischen bzw. arbeitsmedizinischen und hygienischen Regeln festgelegt. Regeln und Normen haben keine rechtsgültige Verbindlichkeit, ergänzen aber das Arbeitsschutzrecht. Regeln und Normen dynamisieren das Recht hinsichtlich der Entwicklung in Technik und Organisation.
Arbeitsschutzmaßnahmen sollen sich an anerkannten Regeln der Technik, gesicherten Erkenntnissen sowie dem Stand der Technik orientieren. Bei allgemein anerkannten Regeln der Technik sind Fachleute vorherrschend überzeugt, dass sie den jeweils vorgegebenen technischen Anforderungen entsprechen, in der Fachpraxis erprobt sind und sich bewährt haben. Von der allgemeinen Anerkennung durch die Fachwelt kann ausgegangen werden, wenn solche Regeln veröffentlicht wurden. Es kommen hierfür Normen, Richtlinien, Empfehlungen oder Merkblätter in Frage. Sie können sowohl vom Staat als auch von den Unfallversicherungsträgern oder von privaten Einrichtungen fixiert werden. Beispiele sind die Technischen Regeln für Arbeitsstätten (ASR), die Technischen Regeln für Gefahrstoffe (TRGS), die Regeln für Arbeitsschutz am Bau (RAB) und das Regelwerk der Unfallversicherungsträger. Insbesondere staatliche Regeln lösen Vermutungswirkung aus.

F 7 Literatur

Achtes Buch Sozialgesetzbuch – Kinder und Jugendhilfe – in der Fassung der Bekanntmachung vom 11. September 2012 (BGBl. I S. 2022), das zuletzt durch Artikel 32 des Gesetzes vom 5. Oktober 2021 (BGBl. I S. 4607) geändert worden ist.

Arbeitsschutzgesetz (ArbSchG) vom 7. August 1996 (BGBl. I S. 1246), das zuletzt durch Artikel 1 des Gesetzes vom 22. Dezember 2020 (BGBl. I S. 3334) geändert worden ist.

Arbeitsstättenverordnung (ArbStättV) vom 12. August 2004 (BGBl. I S. 2179), die zuletzt durch Artikel 4 des Gesetzes vom 22. Dezember 2020 (BGBl. I S. 3334) geändert worden ist.

Arbeitszeitgesetz (ArbZG) vom 6. Juni 1994 (BGBl. I S. 1170, 1171), das zuletzt durch Artikel 6 des Gesetzes vom 22. Dezember 2020 (BGBl. I S. 3334) geändert worden ist.

Barth, C. & Schmauder, M. (2021): *Arbeitsbedingungen beurteilen und gestalten.* Bochum: DC-Verlag.

Betriebssicherheitsverordnung (BetrSichV) vom 3. Februar 2015 (BGBl. I S. 49), die zuletzt durch Artikel 7 des Gesetzes vom 27. Juli 2021 (BGBl. I S. 3146) geändert worden ist.

Betriebsverfassungsgesetz (BetrVG) in der Fassung der Bekanntmachung vom 25. September 2001 (BGBl. I S. 2518), das zuletzt durch Artikel 4 des Gesetzes vom 16. Juli 2021 (BGBl. I S. 2959) geändert worden ist.

Bundesanstalt für Arbeitsschutz und Arbeitsmedizin [BAuA] (2002): *Leitfaden für Arbeitsschutzmanagementsysteme des Bundesministeriums für Wirtschaft und Arbeit (BMWA), der obersten Arbeitsschutzbehörden der Länder, der Träger der gesetzlichen Unfallversicherung und der Sozialpartner.* Dortmund: BAuA.

Bundesanstalt für Arbeitsschutz und Arbeitsmedizin [BAuA] (2021 a): *Sicherheit und Gesundheit bei der Arbeit 2019 - Unfallverhütungsbericht Arbeit.* Dortmund: BAuA.

Bundesanstalt für Arbeitsschutz und Arbeitsmedizin [BAuA] (2021 b): *Einfaches Maßnahmenkonzept Gefahrstoffe (EMKG) am Computer anwenden* Unter: https://www.baua.de/DE/Themen/Arbeitsgestaltung-im-Betrieb/Gefahrstoffe/EMKG/EMKG-Software.html, 15.12.2021.

Chemikaliengesetz (ChemG) in der Fassung der Bekanntmachung vom 28. August 2013 (BGBl. I S. 3498, 3991), das zuletzt durch Artikel 115 des Gesetzes vom 10. August 2021 (BGBl. I S. 3436) geändert worden ist.

Deutsche Gesetzliche Unfallversicherung [DGUV] (2012): *Unfallverhütungsvorschrift Betriebsärzte und Fachkräfte für Arbeitssicherheit. DGUV Vorschrift 2, abgestimmter Mustertext.* Berlin: DGUV.

Deutsche Gesetzliche Unfallversicherung [DGUV] (2013):*BG-Vorschrift: Unfallverhütungsvorschrift Grundsätze der Prävention.* BGV A1. Berlin: Carl Heymanns Verlag.

Deutsche Gesetzliche Unfallversicherung [DGUV] und Bundesanstalt für Arbeitsschutz und Arbeitsmedizin [BAuA] (o. J.): *Ausbildungsunterlagen der Ausbildung zur Fachkraft für Arbeitssicherheit.* Berlin: DGUV.

DIN EN 61310-1 (2008): *Sicherheit von Maschinen – Anzeigen, Kennzeichen und Bedienen: Anforderungen an sichtbare, hörbare und tastbare Signale (IEC 61310-1:2007).* Berlin: Beuth.

DIN EN ISO 12100 (2011): *Sicherheit von Maschinen — Allgemeine Gestaltungsleitsätze – Risikobeurteilung und Risikominderung.* Berlin: Beuth.

Fünftes Buch Sozialgesetzbuch – Gesetzliche Krankenversicherung – (Artikel 1 des Gesetzes vom 20. Dezember 1988, BGBl. I S. 2477, 2482), das zuletzt durch Artikel 8 Absatz 9 des Gesetzes vom 27. September 2021 (BGBl. I S. 4530) geändert worden ist.

Gefahrstoffverordnung (GefStoffV) vom 26. November 2010 (BGBl. I S. 1643, 1644), die zuletzt durch Artikel 2 der Verordnung vom 21. Juli 2021 (BGBl. I S. 3115) geändert worden ist.

Gesetz über Betriebsärzte, Sicherheitsingenieure und andere Fachkräfte für Arbeitssicherheit (ASiG) vom 12. Dezember 1973 (BGBl. I S. 1885), zuletzt geändert durch Artikel 3 Absatz 5 des Gesetzes vom 20. April 2013 (BGBl. I S. 868).

Gewerbeordnung (GewO) in der Fassung der Bekanntmachung vom 22. Februar 1999 (BGBl. I S. 202), die zuletzt durch Artikel 2 des Gesetzes vom 10. August 2021 (BGBl. I S. 3504) geändert worden ist.

Grundgesetz (GG) für die Bundesrepublik Deutschland in der im Bundesgesetzblatt Teil III, Gliederungsnummer 100-1, veröffentlichten bereinigten Fassung, das zuletzt durch Artikel 1 u. 2 Satz 2 des Gesetzes vom 29. September 2020 (BGBl. I S. 2048) geändert worden ist.

Jugendarbeitsschutzgesetz (JArbSchG) vom 12. April 1976 (BGBl. I S. 965), das zuletzt durch Artikel 2 des Gesetzes vom 16. Juli 2021 (BGBl. I S. 2970) geändert worden ist.

Kern, P. & Schmauder, M. (2005): *Einführung in den Arbeitsschutz: für Studium und Betriebspraxis.* München: Hanser.

Lärm- und Vibrations-Arbeitsschutzverordnung (LärmVibrationsArbSchV) vom 6. März 2007 (BGBl. I S. 261), die zuletzt durch Artikel 3 der Verordnung vom 21. Juli 2021 (BGBl. I S. 3115) geändert worden ist.

Mutterschutzgesetz (MuSchG) vom 23. Mai 2017 (BGBl. I S. 1228), das durch Artikel 57 Absatz 8 des Gesetzes vom 12. Dezember 2019 (BGBl. I S. 2652) geändert worden ist.

Neunte Verordnung zum Produktsicherheitsgesetz (Maschinenverordnung) (9. ProdSV) vom 12. Mai 1993 (BGBl. I S. 704), die zuletzt durch Artikel 23 des Gesetzes vom 27. Juli 2021 (BGBl. I S. 3146) geändert worden ist

Neuntes Buch Sozialgesetzbuch vom 23. Dezember 2016 (BGBl. I S. 3234), das zuletzt durch Artikel 7c des Gesetzes vom 27. September 2021 (BGBl. I S. 4530) geändert worden ist.

Produktsicherheitsgesetz (ProdSG) vom 27. Juli 2021 (BGBl. I S. 3146, 3147), das durch Artikel 2 des Gesetzes vom 27. Juli 2021 (BGBl. I S. 3146) geändert worden ist

Reason, J. (1994): *Menschliches Versagen: psychologische Risikofaktoren und moderne Technologien.* Heidelberg: Spektrum.

Richtlinie 2006/42/EG des europäischen Parlaments und des Rates vom 17. Mai 2006 über Maschinen und zur Änderung der Richtlinie 95/16/EG (Neufassung). Maschinenrichtlinie (MRL) 2006/42/EG (ABl. L 157 S. 24 ff.).

Richtlinie 89/391/EWG des Rates über die Durchführung von Maßnahmen zur Verbesserung der Sicherheit und des Gesundheitsschutzes der Arbeitnehmer bei der Arbeit (Arbeitsschutzrahmenrichtlinie 89/391/EWG) vom 12. Juni 1989 (ABl. EG Nr. L 183, S. 1), zuletzt geändert durch Artikel 1 der Verordnung vom 22. Oktober 2008 (ABl. EG L 311, S. 1), in Kraft getreten am 11. Dezember 2008.

Siebtes Buch Sozialgesetzbuch – Gesetzliche Unfallversicherung – (Artikel 1 des Gesetzes vom 7. August 1996, BGBl. I S. 1254), das zuletzt durch Artikel 41 des Gesetzes vom 20. August 2021 (BGBl. I S. 3932) geändert worden ist.

Tabellenverzeichnis

Abbildungsverzeichnis

Index